U0379744

江苏美食文脉

邵万宽 著

东南大学出版社

·南京·

图书在版编目(CIP)数据

江苏美食文脉 / 邵万宽著. — 南京：东南大学出版社，2023.1

ISBN 978-7-5766-0556-3

Ⅰ．①江… Ⅱ．①邵… Ⅲ．①饮食-文化-江苏 Ⅳ．①TS971.202.53

中国版本图书馆 CIP 数据核字(2022)第 251167 号

责任编辑：张丽萍　　责任校对：张万莹　　封面设计：余武莉　　责任印制：周荣虎

江苏美食文脉

JIANGSU MEISHI WENMAI

著　　者：邵万宽
出版发行：东南大学出版社
社　　址：南京市四牌楼 2 号　　邮编：210096　　电话：025-83793330
网　　址：http://www.seupress.com
电子邮箱：press@seupress.com
经　　销：全国各地新华书店
印　　刷：南京艺中印务有限公司
开　　本：787 mm×1092mm　1/16
印　　张：28
字　　数：658 千字
版　　次：2023 年 1 月第 1 版
印　　次：2023 年 1 月第 1 次印刷
书　　号：ISBN 978-7-5766-0556-3
定　　价：118.00 元

作者简介

邵万宽，南京旅游职业学院教授、中国餐饮文化大师，全国烹饪职业教育优秀教师，全国餐饮业一级评委，江苏省首批烹饪高级技师，文化和旅游部国家级非物质文化遗产名录评审专家，江苏省人力资源和社会保障厅饮食类专业技术资格评审专家评委，江苏省职业院校技能大赛中职烹饪项目专家组组长等。

从事中国美食文化与餐饮研究及教学工作40余年，曾在欧洲荷兰文华酒店工作2年，在国内饭店管理公司担任过行政总厨等职；先后为全国各地旅游和烹饪协会、饭店企业及管理者培训授课150多场，多次担任国家、省、自治区、市级烹饪大赛评委和裁判长。

出版著作、规划教材和科普书籍共40余本，发表论文150余篇。代表著作有：《食之道：中国人吃的真谛》《中国美食设计与创新》《中国面点文化》《金瓶梅饮食大观》《现代餐饮经营创新》《美食节策划与运作》《餐饮时尚与流行菜式》《菜点开发与创新》《菜点创新30法》《厨房管理与菜品开发新思路》《现代烹饪与厨艺秘笈》《中华面点文化概论》等。

谨以此书献给为江苏餐饮业作出过贡献

以及奋战在江苏餐饮一线的同仁们!

2019 年江苏高校哲学社会科学重点研究(建设)基地—江苏旅游文化研究院基金项目(项目批准号：2019JSLWY003)

前不久，接到邵万宽教授的电话，说他的《江苏美食文脉》出版在即，想请我写一篇序。因为近年来视力减退，看小字得用放大镜，所以我有些迟疑。但万宽很有诚意，推迟不得，也就应允下来。过了几天，六十多万字的《江苏美食文脉》的校样就寄到了。

浏览全书，以及重点看了几个章节后，我有一种被震撼之感：《江苏美食文脉》是一部反映江苏美食源和流的力作。它的出现，乍看"突然"，又实属"必然"。而作者却是邵万宽这个既懂烹饪工艺，又善餐饮管理，还爱读书，肯钻研，多调研，勤写作的人。可谓是"机遇"历史地选择了他。

这话并非虚语。数十年来，品味江苏菜点的散文小品很多，写某市某地饮食风情的文集也不少，亦不乏名家的佳作。但是，比较全面系统深入研究江苏美食的著述"未之有也"。从"美学"高度、"文化"深度去研究的更是凤毛麟角。这固然是由多种因素造成的，但"文化人"不懂烹饪，烹饪工作者"文化"不足恐怕是重要原因。在这种形势下，邵万宽这一"多面手"主动承担起这一写作任务，恰恰是顺理成章的。

当然，顺理成章是一回事，那《江苏美食文脉》的质量呢？我以为，这是一部具有相当学术水平且又深入浅出的好书。

首先，从上篇看。上篇写江苏美食的历史发展过程，从史前至民国，脉络清晰，简明而有特点。书中以考古成果、史书、方志、农书、食书、笔记、诗文集等为依据，勾勒出了各个历史阶段江苏美食的概况。如晋、南北朝时的建康地区美食，以往虽有学者研究，但力度不够，量也不多。这回，书中在吸收已有成果的基础上，加上自己的研究心得，使得这一研究更为深入，内容也丰富了不少。

再如元代从《至顺镇江志》看镇江物产，从《云林堂饮食制度集》谈无锡美食，清代从《随园食单》看江苏美食，民国从《白门食谱》谈南京民间美食，均属以史带论，从史实出发分析某一地区美食特点的治学方法，避免了"想当然"的主观臆断和空泛的议论，所得的结论也就能站得住，能给读者以启发。

由于资料掌握较多，并进行过长期思考，故书中对某一历史时期的美食的分析、评介就更加全面、深入。在上篇第三章中，作者从《宋氏养生部》《易牙遗意》等书出发，对明代的冷菜、热菜、面点的制作技艺进行了全面分析，是很到位的。

其次看下篇。下篇共有七章，分别从"江苏美食菜谱与美食文化研究""江苏美食环境与名特产品""江苏美食与传统地方风味""江苏地方菜肴赏与析""江苏美点小吃品与鉴""江苏美食与主题文化宴席""江苏美食文化的传承与发展"七个方面对1949年中华人民共和国成立至今的江苏美食进行了全方位的梳理、评析、介绍。用力尤勤，构思细密，颇多独到见解，值得关心江苏美食者细读。

如反映江苏的菜谱，他不是随意找到几本就据以评论、发挥的，而是找了数十本乃至上百本，进行比对之后才发言的。在第六章第二节"1949—1999年江苏美食谱五个里程碑"中，作者对1958年出版的《江苏名菜名点介绍》、1979年出版的《中国菜谱（江苏）》、1985年出版的《中国小吃（江苏风味）》、1986年出版的《江苏风味》、1990年出版的《中国名菜谱（江苏风味）》进行了详细介绍、相互对比研究，从而使人看到数十年来江苏菜点的流变、发展，以及江苏淮扬、苏锡、金陵、徐海等菜肴流派的情况。

又如第八章，对江苏四个主要地方风味（南京风味、淮扬风味、苏锡风味、徐海风味）的历史发展概况及菜品风味特色、主要菜品的介绍均下了功夫，客观而公允。

在文中，我发现一个细节值得重视。在写到宿迁菜品时，作者提到了与"楚汉文化"联系的问题。这实际上是研究江苏美食的一把主要钥匙——地域文化。如今的江苏，苏南有吴文化，苏北有江淮文化，徐州一带有汉文化，南京有六朝文化，此外，大运河文化、长江文化、东海黄海之海洋文化，还有与徐州相近的齐鲁文化，与苏州相近的越文化，与金陵、扬州相近的徽州文化……而这种种文化的熏陶、影响，也就造成了江苏美食的多姿多彩，风味万种。这么多种文化的影响，倘细写，必然篇幅太多，搞不好会"喧宾夺主"。但《江苏美食文脉》一书中注意到了这个问题，也做了适当论述。这当是本书的亮点之一。

美食要发展，必然要靠人。在今天，尤其需要有文化、懂科学、有技艺、会管理的人才。因此，烹饪教育、饮食科技、美食文化、餐饮管理的研究显得更加重要。《江苏美食文脉》中有专门章节写到了这些问题，也是值得重视的。

由于邵万宽本身搞过烹饪，到过江苏全省各地考察，加之勤于思考，故本书下篇中对江苏名菜、名点、名小吃、名宴的品鉴和介绍均是较为准确的。当然，其中有着他自己的"审美情趣"和"评判标准"。因而，精彩的片段很多。诸如姑苏的糕、团、船点，扬州的早茶、细点（富春的三丁包子、翡翠烧卖、千层油糕、汤包），淮安的文楼汤包、淮饺、茶馓，泰州的黄桥烧饼、靖江汤包，夫子庙的小吃（金陵七绝等）、酥点，无锡的小笼包、馄饨，徐州的糁汤、馄饼夹馓子、多种煎角子，苏州的枫镇大面、奥灶面，镇江的锅盖面，扬州的阳春面，东台的鱼汤面，高邮的鳝鱼面，盐城、宝应的藕粉圆子，常州的大麻糕，南通的脆饼，秦淮船宴，太湖船宴，瘦西湖沙飞船餐，苏州虎丘船宴，各地的特色筵宴（淮安长鱼宴、金陵全鸭宴、宝应全藕宴、扬州的三头宴和春晖宴、苏州的大运河宴、南京的素宴），徐州的伏羊节菜品，木渎、海门的羊肉菜，江苏南北所喜爱的咸鲜、红烧、糖醋三种口味……真是令人目不暇接了。

总之，《江苏美食文脉》是一部体大思精的好书，是值得饮食烹饪、旅游院校师生和餐饮工作者参考的好读物。

此外，海内外来江苏旅游的客人，也不妨以此书作为寻觅江苏美食的指南。至于客居异国他乡的江苏籍人士，亦可以翻阅此书，以"乡味"来慰乡情，化乡愁，解乡思，如同宋代大诗人陆游那样："例缘乡味忆还乡"！

邱庞同

二〇二二年六月三十日于扬州

江苏美食源远流长，美食文化底蕴深厚，美食制作精工独特，美食产品四方皆宜，美食书籍丰富多彩，美食创新层出不穷，美食传播影响中外。江苏美食在中华文化的历史长河中有着不可或缺的地位。

在江苏这片沃土上，自古百姓"民食鱼稻"，古代有张翰思念的莼鲈，有倪瓒善制的云林鹅，有李渔创意的八珍面，有袁枚爱吃的蜜火腿，有淮扬盐商的满汉席，还有太湖游赏的船宴……而今，有胡长龄大师的冬瓜鸡方，有刘学家大师的早红橘酪鸡，有薛泉生大师的翠珠鱼花，有徐鹤峰大师的黑椒生炒甲鱼等，更有创新菜品酥皮海鲜、灌蟹鱼球、丁香排骨、盐水乳鸽、五味鱼头、虾黄豆腐、麦香龙虾、雨花石汤圆、芦蒿煎饼等。

新中国建立之初的30年，由于物资匮乏，中国餐饮业的发展相当缓慢。在江苏餐饮的发展初期，许多老一辈餐饮人为之作出了巨大的贡献。南京胡长龄大师，为了解决当时烹饪事业后继乏人的状况，进一步弘扬中国饮食文化，从1975年开始，将主要精力转移到烹饪教学和烹饪理论研究方面，其教学范围从技校、职校、中专，一直到大学及各种烹饪培训班、厨师进修班等。全省各地的老一辈大师们都在积极奉献，把毕生精力献给了烹饪事业和为人民服务。他们没有拿过高薪，大部分人员没有得到重大奖励，一直默默耕耘，不计名利，为江苏餐饮的发展立下了汗马功劳。

历史上一代代餐饮人为江苏美食、江苏餐饮作出了卓越的贡献。我们不能忘却他们为之付出的努力。我作为20

世纪70年代后期跨入饮食行业的从业者，在人才奇缺的时候走进了厨房之地，同时也担负着承上启下的责任，前辈们留下的丰富文化资源需要我们去发掘、去总结、去传扬，所以，我有这个必要把这些历史文化的精髓记录下来，传承下去，为年青一代的餐饮人找寻到祖先的足迹、前辈的成果、发展的脉络，把传统美食发扬光大。

本书的上篇以古代和近代部分为主，下篇主要以1949年至2020年之间为主，所撰写的内容重点还是强调"文脉"二字。当书稿付梓完成之际，我心中不免有几许忐忑，在此，特别有四点需要说明：一是江苏美食丰富多彩，各市县都有许多名特产品和特色菜点，由于品种太丰富，不能一一罗列其中，一本书的资料是有限的，恳请同行给予谅解。二是由于作者的目力所限，难免有遗珠之憾。对未收集载入的相关书籍、特产和名菜，也请相关作者和同仁表示理解。三是江苏各地的大师、名师较多，这里主要是选取部分老前辈和中年的代表，特请大家宽谅。四是对有些美食的认识可能不够全面或叙述有误，这是我的学识和水平所限。该书的所有内容，只是我个人的研究和心得体会，不代表任何组织和单位的意见。

期待更多的江苏餐饮人以及居住在江苏的文化学者、专家，更多地研究江苏美食，撰写江苏美食，共同续写江苏美食文化的新篇章。

邵万宽

2022年6月于南京江宁大学城共和湖畔

目录 Contents

下　篇

上篇

第一章

江苏饮食形成时期的历史概述

　　江苏是位于我国东部沿海中心地带且开发较早的地区，地处长江、淮河下游，具有悠久的文明史和丰富的美食文化。江苏自古就为富庶之地，物华天宝，人杰地灵，交通便利，经济繁荣，风景秀丽，文化发达，又多山林寺院，历史名城颇多，素有"鱼米之乡"之称，兼有海产之利，饮食资源十分丰富。南京古为六朝金粉之地，饮食市场素称繁荣，茶榭酒肆屡见于古今诗文，杂味肴馔珍美云集，菜蔬精美冠于江左。徐州是我国东夷族的发祥地，彭祖是黄帝的后裔，汉代的彭城发展迅速，烹饪技艺娴熟多变。苏州、无锡一带烹饪技艺在春秋战国时期即已具相当造诣，鱼馔如"全鱼炙""鱼脍"等早已见于文献。扬州、淮安地区经济稳定，食品丰饶，调味料丰富，菜品异常丰盛。先秦至六朝时期，江苏城镇市肆、官府、家庖、寺斋无不力求精美。

第一节　远古至先秦时期的饮食

　　人类的进化是一个非常漫长的历史过程。在遥远的上古，人类和动物一样，都要从大自然中寻觅自然形态的食物，以采集野生植物为主要食料，如树木的嫩叶、植物的果实和种子等，当然也吃一些小型的动物，如昆虫、小鸟、鱼、虾……后来慢慢吃一些较大的野兽。从江苏众多考古资料看，人类早在旧石器时代就已发明打制石器的技术，并用打制的石器制造木器和骨器。木器和骨器等工具的主要功能之一就是获取和加工食物。在七八千年以前，江苏地区的先民所食用的食物品种除了野菜以外，主要是稻米、水产和部分蔬菜，而进入先秦时期，动物原料增多，并出现了早期的糕、饼品种。

一、石器时代与考古文化实证

　　1985—1995 年，经过 10 余年中外科学家联合考察和严密论证，在江苏溧阳市上黄镇水母山上发现的距今大约 4 500 万年的哺乳动物群化石，经过大量古动物化石研究证明，该动物群分属 12 个目共 60 余种动物。上黄在远古时期是森林茂密、草丰鱼肥的古动物乐园，是包括人在内的一切灵长类动物的摇篮。这些古动物化石，是新生代中始新世中期动物遗骸，其中有在我国首次发现的高级灵长类动物的祖先——中华曙猿。其生长年代比北非发现的要早800到1 000万年。这一举世震惊的划时代发现证明：高级灵长类的祖先起源于亚洲而不是非洲。[①] 上黄的发现引起中外专家的极大关注。中国科学院院士、美国科学院院士贾兰坡先生评价这一发现时说："上黄动物群，特别是高级灵长类(化石)祖先的发现，其意义可与周口店北京人的发现媲美。它是我国20世纪古生物学上又一极为重要的发现。"

江苏地区历史文化悠久。1993年3月，在南京市东郊汤山葫芦洞发现了两块古人类头骨化石。这些距今大约60万—35万年的"南京猿人"，是江苏境内发现的时间较为久远的古人类遗迹。"南京猿人"头骨的出土，在国内是继"北京人""元谋人""蓝田人"等之后又一重要的古人类化石的重大发现。1999年12月，南京博物院等单位在句容市华阳镇东南约14公里放牛山旧石器时代遗址进行抢救性发掘，历时30天，出土了一批与南京猿人同时期的石器，300平方米内发掘和采集的石制品共54件，包括石核、石片、砍砸器、刮削器、石球、镐、薄刃斧、雕刻器等。1954年6月，在泗洪县下草湾出土了距今约四五万年的新人化石，这是江苏迄今发现的最古老的人类活动遗址。考古发现，在连云港桃花涧的旧石器时代的文化遗址，是我国东部沿海地区最早的文化遗址，距今约4万年。淮安青莲岗文化为代表的长江下游的新石器时代中期的文化遗址，以苏北中部地区为中心，一直延伸到苏南及皖南地区。1985年，考古工作者在太湖中的三山岛(属苏州)发现1万多年前的旧石器晚期的遗址，这是苏南地区首次发现的旧石器遗址，它把吴地区太湖流域的人类历史推至上万年前。距今大约1万年前，江苏境内分布着一些原始群落。南京溧水区神仙洞内发现的木炭屑，是当时用火的遗迹。

据淮安青莲岗、吴县草鞋山、吴江梅堰、苏州越城、无锡仙蠡墩、常州圩墩等遗址出土的文物表明，最迟在距今6 000多年以前，太湖附近出现了原始农业生产，从出土文物看，当时已经出现了水稻种植。在苏州阳澄湖与澄湖一带被挖掘的草鞋山遗址，有40余块水稻田，由浅坑、水沟、水口和蓄水井组成，这是我国目前发现最早有灌溉系统的古稻田。1973年春，南京博物院及吴县文管会的几位专家来到草鞋山遗址，在遗址的第10层，从封冻的泥土中发现了两块黑色的炭状遗存，后经江苏省农业科学院鉴定确是6 000多年前的稻谷，有籼稻也有粳稻，其出土的炭化稻为人工栽培稻，这是我国发现最早的人工栽培水稻之一，为中国稻作农业栽培稻起源的研究提供了实物依据。在遗址中还出土了多种加工谷物的工具等，以及留有草绳、草束、芦席、竹席、芦苇秆印痕的红烧土块，表明太湖地区是我国也是世界上最早种植水稻的地区之一。这时期江苏先民已采用陶器烹调食物，居住在采用榫卯技术的木结构建筑里，以及饲养猪、狗、水牛等家畜，并开始养家蚕，能缫丝、织绢。江南马家浜文化遗址与黄淮大汶口文化墓

---

① 齐陶，克里斯托弗·毕尔德，王伴月，等. 江苏溧阳上黄中始新世哺乳动物群的发现与意义. 古脊椎动物学报，1996(3)：202-208.

地出土了一些龟甲；江宁区湖熟镇老鼠墩发现距今6 000年左右新石器时代遗址出土的大量螺蛳壳，表明江苏地区的居民已经有食用龟鳖、螺蛤等水产品的习惯。

在距今至少5 800年前的张家港市金港镇东山村遗址崧泽文化早中期高等级大墓的重大发现，给考古界以颠覆性的认识，出土各类文物300多件。它反映的地域文化面貌非常有特色，出土的玉器、陶器种类繁多，数量丰富。很多相关的房子、居住区、相关墓葬，反映了早期该地域先民们繁荣的生活状况。[①] 它还原了6 000年前当时先吴人的居住、生活、劳作、手工技术及社会进化状况。

在崧泽文化时期，太湖地区的原始农业有了进一步发展，出现了我国最早的犁耕（使用石犁），使土地得到深翻细作，这比黄河流域要早近千年。手工业的发展以制陶业最为突出，出现了用漆彩绘的陶器。约距今四五千年，吴地进入良渚文化时期，它代表了太湖地区原始文化的最高水平。这时期农业有了飞速发展，农具得到改进，出现了双翼弧刃石耘田器、有柄石刀、半月形双孔石刀等新型农具。水井大量出现，井内还有用圆木剖挖而成的井圈，可能人们已开始进行人工灌溉。除种植水稻外，在一些遗址还发现了花生、芝麻、蚕豆、西瓜、葫芦、毛桃等植物的种核，说明蔬菜瓜果的种植和栽培已成为当时农业生产的一个重要方面。

谷物是农耕中栽培出的最重要的农作物。这类植物结籽众多，拥有较高的种植价值。根据考古的有关资料，水稻是我国早期生长的粮食作物。在《食物的历史》一书中也有详细的描绘："在现在被称作中华文明的地方，随着不断涌现的新的考古证据，水稻的历史也与早期各方面文明的历史一样不断得到延伸。现在可以证明，在长江中下游一带的湖泊周围，人们已经于8 000多年前在洪水退去后的地方开始了水稻的栽培。在大约5 000多年前，一种适应干旱气候、依靠雨水灌溉的丘陵水稻已经在中国的中南部地区开始种植。"[②]

原始古吴地区，水乡泽国，饮食鱼米。除水稻种植以外，江苏早期的自然环境，自上游江、河带来的大量泥沙，与湖泊形成水网交错、土壤肥沃的冲积性平原，整个地区地势平坦，以平原和丘陵为主，东面临海，江湖密布，这种地理环境为稻谷生长提供了十分优越的条件。据考古发掘，仅江苏省境内已发现5 000年以前的稻作遗址就有20多处（见下表列出的部分）。

表1-1　江苏省境内已发现的部分5 000年以前的稻作遗址[③]

遗址名	地址	距今年代	稻作证据
顺山集和韩井遗址	泗洪县梅花镇大新庄	8 000多年	炭化稻颗粒

---

① 徐国宝. 吴文化的根基与文脉. 南京：东南大学出版社，2018：28.

② （美）菲利普·费尔南德斯·阿莫斯图. 何舒平，译. 食物的历史. 北京：中信出版社，2005：111.

③ 徐国宝. 吴文化的根基与文脉. 南京：东南大学出版社，2018：63-64.

续表

遗址名	地址	距今年代	稻作证据
东山村遗址	张家港南沙镇	6 000～8 000 年	水稻蛋白石
龙虬庄遗址	高邮龙虬镇北首	6 300～7 000 年	炭化米、水稻蛋白石
圩墩遗址	常州圩墩	5 500～7 000 年	炭化米
薛城遗址	高淳薛城乡	6 000～6 500 年	水稻蛋白石
三星村遗址	金坛三星村	5 500～6 500 年	炭化米
草鞋山遗址	苏州唯亭镇	5 900～6 200 年	古稻田、炭化米
广福村遗址	吴江桃源镇	6 000 年	水稻蛋白石
青墩遗址	海安青墩	5 695 年左右	炭化米与谷壳
少卿山遗址	昆山千灯镇	5 500 年	水稻蛋白石
龙南遗址	吴江梅埝龙南村	5 235 年左右	稻谷印痕、水稻蛋白石
绰墩遗址	昆山巴城镇	6 250 年	水稻蛋白石

江苏境内多湖泊、河流和沼泽地，故水生植物及蔬菜瓜果也相对较多。根据考古发现，新石器时代可以利用的植物，包括蔬菜瓜果有 25 种之多。这是利用上海青浦崧泽遗址的孢粉组合资料，依据发掘报告作论，即可知道在先秦时期太湖地区就存在着的有关植物。[①] 他们研究归纳起来的基本植物有蕨菜、蒿、酸模、扁蒲、胡桃、甜瓜、板栗、芦笋、菱角、葛根、葫芦、竹笋、桃子、杏子、梅子、枣等。在江苏地区考古遗址中，除了炭化稻粒外，还有邳州大墩子、新沂三里墩出土的炭化粟粒、高粱粒。新石器时代水产鱼类原料是较普遍的动物食物，其吃法大致有鱼生（即鱼脍）、烧烤、水煮、汽蒸、鱼酱等。由于新石器时代陶罐、甑、鬲等的出现，水产原料的多种加工已成为可能。

江苏境内的先民，过着以原始农业为主，兼营家畜饲养和打猎捕鱼，并伴有原始手工业的经济生活。依据浙江河姆渡考古发现的猪骨，有人认为东南区域"米饭加猪肉"的饮食习惯可追溯到五六千年以前。[②] 江南良渚文化早期，太湖地区已经开始养蚕、缫丝、织帛。酿酒业在长江南北已经相当兴盛，各遗址都出土了一些陶壶、酒器。

这时，江苏地区比较有代表性的食物有：

水稻。大量的出土文物，可以清楚地证明，我国谷类作物的栽培是极早的，尤其是水稻的种植，可以追溯到 9 000 年以前。江苏地区的水稻在泗洪县梅花镇大新庄顺山集和韩井遗址中就已发现 8 000 年前的稻作遗存——炭化稻颗粒。在草鞋山遗址中，发现

---

① 闻惠芬. 太湖地区先秦饮食文化初探. 东南文化，1993(4)：1-8.
② 王长俊. 江苏文化史论. 南京：南京师范大学出版社，2005：27.

有籼稻、粳稻，这也是我国发现最早的人工栽培水稻之一。

龟鳖。乌龟和鳖（甲鱼）同是水生动物，长相又很相似。乌龟是地球上最古老的动物之一，已有两亿年的历史。它是动物中的"老寿星"。动物学家认为龟在动物中是很长寿的，有的乌龟能活100～300年，这在动物界是很少的。乌龟种类很多，体积大小不等，最大的海龟可重达500公斤，最小的只有铜钱大。鳖，又名甲鱼、团鱼等。吴楚地区的遗址中就有龟、鳖的化石。

螺蛳。螺蛳在湖塘里有近万年的历史。属于田螺科环棱螺属的软体动物，是淡水螺的一个物种，江浙一带俗称螺蛳。其贝壳中等大小，壳质厚、坚固，外形呈长圆锥形，有7个螺层，栖息于河流、湖泊、池塘等，喜好夜间活动，以水生植物嫩茎叶、细菌和有机碎屑等为食，常以宽大的足部匍匐爬行，或附着在岸边岩石上，是早期江苏地区常食用的食物之一。

蕨菜。蕨菜为蕨类植物，食用蕨菜是处于卷曲未展时的嫩叶，蕨菜是野菜的一种。《诗经·召南》有"陟彼南山，言采其蕨。"其注曰："初生无叶，可食。"在三四千年以前我们的祖先就已经用蕨做菜了。植物性标明了它是蕨类植物，早在古生代二叠纪（距今二亿多年）就已诞生了，在藻类植物之后、种子植物之前，可见其历史悠久。

蒿。古代称作"蒿"的可食植物有好些种。周代以前就已经有青蒿（蒿）、白蒿（蘩）、蒌蒿（蒌）、廪蒿（莪）等。《诗经》中有"呦呦鹿鸣，食野之蒿""春日迟迟，采蘩祁祁""翘翘错薪，言刈其蒌""菁菁者莪，在彼中阿"等。《楚辞·大招》把它赞美了一番："吴酸蒿蒌，不沾薄只。"[1] 即是说"吴人工调咸酸，燂蒿、蒌以为齑，其味不浓不薄，适其美也"。

蒲。蒲和芦苇一样生长在浅水滩上，属香蒲科。古代，从书籍上看，我国产蒲的地方是较多的，江苏、山东、四川、湖北等地都产。《国语》卷十九《吴语》曰："其民必移就蒲蠃于东海之滨"，还有《泗州志》："蒲傍城濠而生，剖为蒲笋，充素供上馔。丛生水涯，忽蕃忽萎，非可种植者，土人呼为神蒲。"泗州在今洪泽湖周近，当时的蒲是野生的。我国古代香蒲资源广博，我国人民早就认识了蒲，并且充分利用它了。

二、春秋战国时期饮食文化

《尚书·禹贡》曰："海岱及淮，惟徐州""淮海惟扬州""淮夷蠙珠暨鱼"。传说夏禹治水后分天下为九州。江苏境内淮北先后称为徐州、青州，淮南与江南称为扬州，居民分别为徐夷、淮夷与越夷，泛称东夷、九夷。江南居民又被称为南夷、南蛮等。《说文解字》曰："夷，东方之人也，从大从弓。"淮河周边的人们常常进食蚌珠和鱼类。江苏地区水网密布，盛产水产品，食用鱼类是平常之事。《黄帝内经》曰："东方之域……鱼

---

[1]　林家骊译注. 楚辞. 北京：中华书局，2015：230.

盐之地，海滨傍水，其民食鱼而嗜咸，皆安其处，美其食。"① 也说明江苏的地理位置使江淮之地的饮食有别于他处的饮食特点。

图1-1 早期煮海盐图

《楚辞·天问》载，远在帝尧时代，就有名厨彭铿因制野雉羹供尧享用而被封赏赐封城邑的传说，其雉羹是江苏见于典籍最早的名菜。屈原在《楚辞·天问》中写道："彭铿斟雉，帝何飨？受寿永多，夫何久长？"② 早期名厨彭铿"好和滋味"，作野雉羹供食帝尧，尧很欣赏，封他建立大彭国，即今彭城徐州，故名彭铿。这充分地反映了彭祖在早期的饮食制作方面已做出了卓越贡献。夏、商、周三代，有"淮夷贡鱼"之说，说明当时的淮鱼已是很有名气的美味佳肴，淮白鱼直至明清时期均为贡品。《国语》卷十九《吴语》中记载"农夫作耦，以刈杀四方之蓬蒿"。商汤时，"菜之美者，具区之菁"，江南佳蔬已扬名天下，并已占据了宫廷的大雅之堂。春秋时，齐国调味圣手易牙在江苏徐州传艺，并创制了名馔"鱼腹藏羊肉"，千古流传。吴国专诸在太湖从太和公学全鱼炙，吴王阖闾于太湖游宴，食鱼脍，说明了春秋时期太湖地区鱼肴已闻名九州。吴都美味，名不虚传。

春秋时期，吴越楚地农夫耕田已使用铁制犁铧，发展至"铁耕"水平。吴都郊区有吴王室饲养牛羊的牛宫，有"周数百里"的鸭城，越都郊区有鸡山、豕山，所养禽畜有"吴牛""越鸡"之称。吴越"东有海盐之饶"，煮盐业是春秋战国之际吴越新兴的手工业。

金陵（今南京）地处江东，春秋时有"吴头楚尾"之称，故在饮食上兼有吴、楚的饮食习惯。据考古学家考证：距今五六千年前，先民在南京鼓楼岗高地已建立了这里的第一批村落。春秋末年勾践灭吴，越国大臣范蠡在秦淮河畔的中华门外长干里建越城，城周仅2公里80步，这便是最早的南京城，距现在有2 500年了。楚亡越，楚威王七年（前333年）在江边石头山（今清凉山）建金陵邑，改称金陵。

春秋战国时期，江苏肴馔可溯源于当时的吴楚风味。南京就有"筑地养鸭"的记载。《楚辞·招魂》中提及的当时吴楚贵族的南味名食："肥牛之腱，臑若芳些，和酸若苦，陈吴羹些。胹鳖炮羔，有柘浆些。鹄酸臇凫，煎鸿鸧些。露鸡臛蠵，厉而不爽些。粔籹蜜饵，有餦餭些。瑶浆蜜勺，实羽觞些。挫糟冻饮，酎清凉些。华酌既陈，有琼浆些。"③ 辞中

① 黄帝内经素问. 北京：人民卫生出版社，1963：80.
② （战国）屈原. 林家骊译注. 楚辞. 北京：中华书局，2015：97.
③ （战国）屈原. 林家骊译注. 楚辞. 北京：中华书局，2015：219.

的菜品有烧牛筋、烧甲鱼、烤羊羔、炸烹天鹅、红焖野鸭、铁扒肥雁、卤汁鸡、炖大龟、蜜米粑、甜馅饼、果子浆、糯米酒等。这些以水产禽类为主的吴地菜品，可以映现出吴楚地区贵族的饮食文化水准，酸浆和甜酱的出现，也说明当时调料发展的情况。《楚辞·大招》中也有："五谷六仞，设菰粱只。鼎臑盈望，和致芳只。内鸧鸽鹄，味豺羹只。魂乎归来！恣所尝只。鲜蠵甘鸡，和楚酪只。醢豚苦狗，脍苴蓴只。吴酸蒿蒌，不沾薄只。魂兮归来！恣所择只。炙鸹烝凫，煔鹑敶只。煎鰿臛雀，遽爽存只。魂乎归来！丽以先只。四酎并孰，不涩嗌只。清馨冻饮，不歠役只。吴醴白蘖，和楚沥只。魂乎归来！不遽惕只。"[①] 这份菜单中有菰米饭、肥美的鸧、鸽子、天鹅，调和的肉羹，新鲜的大龟、可口的肥鸡和乳酪，肉酱、狗肉、蒿菜蒌芽，烤鸹鸟、蒸野鸭、煮鹌鹑、煎鲫鱼、煮雀肉，这些美味的菜肴，还有那吴、楚之地的美酒，展现出吴楚之地食物原料的丰富多样和贵族饮食的华美与讲究。从口味上看，酸甜苦咸辛五味俱全，但酸、甜之味尤爱。《淮南子·本经训》说："煎熬焚炙，调齐和之适，以穷荆、吴甘酸之变。"[②]《黄帝内经素问·异法方宜论》也曰："南方者，天地所长养，阳之所盛处也，其地下，水土弱，雾露之所聚也，其民嗜酸而食胕。"[③] 在烹调方法上，有腌、腊、风、脍、炙、炮（烤）、胹（炖）、煎、羹、蒸、腤（干烧）等多种手法。就食物类型上来看，有菜肴、点心，有主食，还有冷饮。这些食品都体现了吴楚江南地区浓郁的水乡情韵和独特的江淮特色。

先秦时期江苏地区比较有代表性的食物和食品有：

鱼。自有史以来，鱼就和人类建立了密切的关系。早在一万七千年以前，我们的祖先山顶洞人就已经知道捕鱼充饥。江苏河网密布，是鱼的生长繁殖之地，人类在远古就开始食用鱼类。鱼类是动物界的最大的"家族"，鱼类品种有万种，江苏的江河、湖溪，都有鱼类存在。多种淡水鱼是江苏人类早期的饮食珍物。

盐。在远古时期，饮食是单调的。自陶器产生以后，促进了盐的产生与发展。《淮南子·修务训》记载着在伏羲氏和神农氏之间，诸侯中有宿沙氏（夙沙氏）始煮海作盐。《世本·作篇》说："夙沙氏煮海水为盐。"可见早在新石器时代，我国东部海滨的夙沙氏族已发现煮海水为盐的方法，正是因为有了陶器才可以煮海水为盐。

猪。猪是从野猪驯化而来的，是人类最早驯养的家畜之一。在河姆渡遗址中发现一件 7 000 年前的陶猪模型，其形态处于亚洲野猪和现代家猪之间，属于原始家猪阶段。在各地新石器时代遗址出土的家畜骨骼和模型中，以猪的数量最多，可见猪在我国原始畜牧业中已占据重要的位置。

牛。耕牛包括不同属的黄牛和水牛，它们各有其野生的祖先。1957 年，江苏省邳州市刘林遗址发现有 30 多件牛的牙床和牙齿，说明牛的驯养早在 6 000 年前的新石器

---

① （战国）屈原. 林家骊译注. 楚辞. 北京：中华书局，2015：230.

② （西汉）刘安. 淮南子全译. 贵阳：贵州人民出版社，1993：435.

③ 黄帝内经素问. 北京：人民卫生出版社，1963：81.

时代就已开始。水牛的饲养在南方可早到 7 000 年前，河姆渡遗址就出土了 16 块水牛头骨。

鸡。鸡是由野生的原鸡驯化而来的。在新石器时代晚期，长江流域都有条件驯养家鸡，鸡成为主要的家禽。

大雁。大雁是飞禽，为鸭科雁属动物，原始时期阶段也常作为人们捕食的对象。后来经过人们饲养驯化而变成家鹅。我国养鹅至少有 3 000 多年的历史。我国是世界上最早养鹅的起源国之一，从古到今也是养鹅最多的国家。许多国家的鹅都是由中国传入的。

野鸭。早期江苏地区湖泊、芦荡较多，这里是野鸭生存的最好的地区。最早的野鸭，脖颈长，嘴稍尖，翅膀大而善于飞翔，趾连蹼而适宜游水，栖于湖荡池沼。几千年来，江苏的许多芦荡湖沼之中还有大量的野鸭栖息繁衍。

菱角。菱角古时叫"菱"，又称水栗子，是江苏著名土特产之一，已有 3 000 多年的栽培历史。《楚辞·招魂》等书中均有关于菱的记载。梁代陶弘景说"菱实皆取火燔以为粒粮，今多蒸暴食之"。

荠菜。荠菜是天然的野菜，味道鲜美，有一股清香。古人把荠菜誉为"天然之美"。《诗经》云："谁谓荼苦，其甘如荠"，师旷也说："岁欲甘，甘草先生，荠是也。"其谓荠是菜中甘草。

粔籹。类似后代馓子的油炸食品。《楚辞·招魂》记曰："粔籹蜜饵，有餦餭些。"据朱熹《楚辞集注》："粔籹，环饼也。吴谓之膏环，亦谓之寒具。以蜜和米面煎熬作之。"

蜜饵。饵，一种蒸制的糕，也有说是饼的。这是饵的具体品种之一。当时有粉面，又有蜜，这是吴楚地出现的一种甜点。

餦餭。见于《楚辞·招魂》中，是一种蜜制糖食。也有认为是油瀹类吃食的较早品种。

第二节　汉代的饮食与烹饪技术

秦汉的统一，各地方割据势力消失，特别是汉初的"文景之治"，恢复了国家的安定，加速了地方的发展。汉代时期，我国的饮食文化已不再局限于先秦时代的单纯性饮食消费上，江苏地区在饮食习俗、主副食的制作品种、肉类和蔬菜的加工制作及饮食器具的制作和使用上都发生了很大的变化。特别是市井生活的变化，在商品交换的集市上，不仅经营商业，同时也有许多手工业产品作为商品出售，如陶器、铁器、珠宝玉器等。民间通过市场贩卖的商品有药材、牲畜、家禽、刀剑、鞋制品、肉类、盐、果菜、酒类等，几乎民用的各类物品都有经销。

一、汉代的粮食加工水平

汉代是我国饮食相对丰富的阶段。在主食方面，江苏仍以水稻为主，水稻属于粮食作物的首位，并有籼稻、粳稻、糯稻之分，在江南被普遍地种植起来。米制品也得到了发展，用黏性的稻米经捣制或磨制后，蒸成粢糕、米饼，是当时较简易的做法。汉代的江淮人喜爱食粥，故稻米、粟米等也常被熬成粥来供食，还常常多用米粥来侍奉老人和儿童。在江淮地区有些地方也有少量的杂粮，利用杂粮煮饭做粥也是常有的事，特别是稻米不足的家庭。

汉代的粮食加工技术在不断地提高。从收获的原粮变为直接食用的口粮，需要经过脱壳去皮加工或粒食碾碎磨细的过程。这一时期，除先秦时期就已出现的杵臼和石磨继续使用以外，汉代还相继发明了脚踏碓、水碓、风车等新型粮食加工机具。在这些粮食加工生产过程中，先民们经历了一个漫长的发展道路。

杵臼。舂谷物的工具，一般用石头凿成臼，也有挖地为臼的。古文献中有不少的记载。《易系辞》："断木为杵，掘地为臼。"《世本》："雍父作舂杵臼。"桓谭《新论》："宓牺之制杵臼，万民以济。"杵臼为两种工具，需要配合操作。杵为一根石棒或木棒，臼是掘地成坑，后来又发明了石臼。其加工方法有手（单、双手）握舂和用脚踩踏两种。这时期利用木杵石臼加工粮食已经十分普遍，由于加工粮食的劳动较为繁重，有条件的人也常常雇佣别人为其舂谷，受雇人谓之"赁舂"。

碓臼。用脚踩踏，亦称为"碓"，用脚踩踏往往需要两人配合同时操作，一人在臼内翻拌谷物，一人用脚踩踏杠杆木棍，木棍的另一端装杆或缚石棒，用脚踩踏木杠，使杵（石棒）起落，脱去谷粒的皮，将谷粒舂成粉。因脚踩与舂臼是在木杠的两头，故需要有另一人在臼旁翻拌粮谷（使其均匀），借以脱去木杵或石杵下面臼中的谷皮，故也称"践碓"。这种利用脚踩的方法不仅大大减轻了劳动强度，还提高了加工的速度。

碾。碾的出现，在汉代的史料中已有所见。东汉服虔在《通俗文》中曾提到"石碨辗谷曰碾"。在江苏北部地区已有使用。碾是由碾盘、碾架、碾轮石等组成。碾盘中心有一个固定的中轴，中轴上要有一小横轴，横轴上装碾轮。碾轮有两种形式：一为涡轮式（碾盘上有碾槽），一为石辊式（碾盘上无碾槽），由人力推动，亦可用畜力或水力带动，以使碾轮绕中轴作圆形运动。既可以将谷物碾成米，也可以把米、麦磨成面。这时期碾已由人力改为畜力或水力推动，大大提高了粮食加工的效率，而且形成了大规模的专业化碾磨加工业。

石磨。我国在战国时代就已经出现了石磨。在汉代已经被广泛应用，这是与小麦大面积推广种植同步的。汉代石磨、陶磨在全国各地的不断出土就是较好的明证。江苏的南京、江都、扬州等地均先后发现过两汉时石磨或其明器模型。这说明石磨的使用更加广泛，充分证明中国粮食的"粉食"加工已十分普及，对主食、面点文化产生了深远影响，百姓自制饼食和市场上购买饼食已成为平常之事。

箕簸。箕，又称簸箕。这是较简单的去秕糠的方法，即用箕来簸。在簸飏之中，飏去秕糠，留下粮谷。东汉李尤《箕铭》载："神农植谷，以养蒸民。箕主簸扬，糠秕乃陈。"（《全后汉文》卷五十）这是广大百姓利用箕簸功能去除粮食秕糠的常用操作方法，简单而实用。

飏扇。飏，风所飞扬也。此法是以手摇两块扇板生风以清除谷物秕糠。如徐州汉画像石馆的"舂米图"，画面表现的是一幅生动田园劳作丰收的场面：画像中人物较多，其中刻有两个人物，一人用簸箕去糠秕，一人手持飏扇。从图中可以看出，这手持簸箕的劳作者并非自己在簸箕，而是在倾倒从碓中取出的粮食，利用中间持扇者形成的风力扬去秕糠[①]。

扇车。这是一种清选谷物的农具，又称风车，利用转轴转动片状扇板而生风，以清除从上方木斗中下流的谷粒中的秕糠、尘末。这是汉代加工稻米常使用的方法。西汉史游《急就篇》中有"碓磑(wèi，石磨)扇隤(tuí)舂簸扬"句，唐颜师古注："扇，扇车也；隤，扇车之道也……隤之言坠也，言既扇之且令下坠也。"可以说明汉代用扇车作粮食加工是较普及的事。

罗筛。稻、麦等经过碾、舂、扇、磨等工序后，为了取得精细的粉料，还需在磨出以后，较好地清除粉料中的麸皮，最后才可以得到纯净的米粉和面粉，这就是当时人们创制的一种加工器具——"罗"。这一时期已运用"罗"来筛选粮食。经过罗筛，所制白面、米粉更为精细可口。

二、汉代的饮食制作简况

汉初的文景之治，人们的生活水平相对得到了提高。江苏地区物产相对丰饶，当时人们的经济生活状况，正如汉代史学家司马迁在《史记·货殖列传》中所描写的，江南地区"彭城以东，东海、吴、广陵，此东楚也。其俗类徐、僮……楚越之地，地广人稀，饭稻羹鱼，或火耕而水耨，果隋蠃蛤，不待贾而足，地势饶食，无饥馑之患，以故呰窳偷生，无积聚而多贫。是故江、淮以南，无冻饿之人，亦无千金之家。"[②] 这表明当时人们吃的是稻米饭，副食品则以瓜果鱼蚌等繁殖较快的块根作物、野果和水生动物为主，以螺蛤为主的水产品做菜，喝的是鱼汤，这表明进入文明时代，人们的饮食生活有了基本的依靠。

在动物原料上，这时猪的饲养量已占首位，成为肉食中的主角。鱼类品种已较丰富，水产品上市量很多，人们已学会了一些养鱼的方法，掌握了一些养鱼的经验。《古今图书集成》卷一百三十五引《吴郡诸山录》中说"吴王鱼城在田间，当年养鱼在此"。可见，当时长江下游地区鱼池的规模已不小。在烹饪上，经过青铜器时代的变迁之后，长

---

① 史晓雷. 汉代"扬扇"考辨. 四川文物，2011(4)：45.
② （汉）司马迁. 史记. 长沙：岳麓书社，2001：735-736.

江下游一带较早地进入了铁器时代，铁刀、铁锅、炉灶等铁制炊具的使用，以及优质煤、植物油等普遍运用，使江苏烹饪进一步发展提高。

在先秦时期，野生菱草在江南已经出现，它结的籽，古称菰米或雕胡，为六谷之一，是当时一种很重要的粮食。大约在汉代开始人工栽培菰。江南地区湖泊密布，适宜菰的生长繁殖。菰米可以炊制成饭、饼、羹三种主食。汉代的"雕胡饭"特别有名，因其带有一种大自然的清香，故古代的王公贵族常常用来招待宾客，因而被人们视为席上珍品。汉代人们已懂得培育菱白，菱草的利用已从粮食转到蔬菜上来了。菰的茎部拔节抽穗时，被菰黑粉菌寄生，茎部组织便畸形膨大，成为肥嫩的肉质茎，这就是人们常吃的菱白。

在江苏多地的出土汉墓中，发现了不少蔬菜和果品的种子。如扬州市博物馆的《扬州西汉"姜莫书"木椁墓》文中记载西汉晚期墓中出土有薤菜的种子；在南京博物馆的《海州西汉霍贺墓清理简报》中记载了出土有瓠子的种子等。汉乐府有"江南可采莲，莲叶何田田"的诗句，说明莲藕已是江苏地区的日常蔬菜。在果品种类方面，在扬州博物馆的《江苏邗江胡场五号汉墓》文中记载，邗江汉墓出土有梅、枣、甜瓜籽。而江苏海州西汉的霍贺墓中出土有粟、枣、杏等。

西汉名士枚乘，淮阴人，为吴王濞郎中。在他的传世之作《七发》中，述说了许多名物和美食。如"刍牛之腴，菜以笋蒲；肥狗之和，冒以山肤……芍药之酱，薄耆之炙，鲜鲤之鲙，秋黄之苏，白露之茹。"[1] 这是枚乘描述的古吴江淮风味食单，内容丰富而多样：小牛的腹部肥肉，配上竹笋和鲜嫩蒲菜；肥厚的狗肉羹，配上山中的石耳菜。还有五味调和之酱，烧烤兽肉薄片，新鲜鲤鱼片，以及秋日变黄的紫苏与白露浸润过的蔬菜等。枚乘如数家珍地阐述了吴楚之地的天下美食，从其描述所看，炖、焖、烧、烩、炒、烤多种烹调法兼备，时蔬的鲜嫩、烤肉的芳香、羹汤的醇厚，这几道菜在原料的配制、刀工的处理、酱汁的调味上均体现了江淮地区官府之家的饮食特色。

江苏地区百姓在汉代食用的肉食主要以猪、狗、鸡为主，在吃肉时，人们还特别喜欢吃动物下水，舌、心、肺、胃、肠、肝、头、蹄。一般平民吃不起肉，所以常买些下水来调剂一下生活。鸡是上自贵族下至平民都爱饲养和食用的家禽，鸡肉和鸡蛋在汉代饮食生活中有重要位置。在大多数汉墓中，都可以找到鸡骨。在一般家庭中，鸡肉是待客的常菜。江苏地区水网密布，家禽中还有鸭和鹅，这是江苏地区较常食用的原料。水产品则有鲂、鲤、鲫、鳜、白鱼、鳖、泥鳅、鳝鱼等，另外，蟹、螺、蚌、贝、蛤等，也常成为食案上的佳肴。

汉代北方出现了面食，当时凡面制的食品统称为饼，特别是"胡饼"的引进，朝野上下食胡饼成风。汉代的面食已经是上至朝廷下至百姓的普遍性食品，这种流行之风也会影响江苏之地。《三辅旧事》曰："太上皇不乐关中，思慕乡里，高祖徙丰、沛屠儿、

---

① （汉）枚乘. 七发//瞿蜕园选注. 汉魏六朝赋选. 上海：上海古籍出版社，2019：13.

酤酒、卖饼商人，立为新丰县。"由此看来，面饼已成为通行的食品了。

汉代的调味品较先秦时期更为丰富。长江下游地区的主产调料海盐是咸味调料的主角，吴王刘濞因经营海盐而富足。有了盐就可以制作其他咸味调料，如利用豆类制作的豆酱。汉代早期用盐梅作为酸味料使用，在江苏邗江汉墓中有"梅一笥"的题记。至于甜味料，除蜜以外，汉代用饧(麦芽糖浆、饴糖)已相当普遍，江苏邗江汉墓中有"饧一笥"的题记。辛香调料如葱、姜、椒、辛夷的使用也较为普遍。

三、汉画像石中的烹饪技术

作为汉高祖刘邦的故乡，徐州成为国家宗教中的"圣地"之一。因此，汉代徐州的政治、经济、文化对汉画像石的产生有重要影响。徐州也是皇亲国戚的聚居之地，豪强之家生时恣意享乐，极尽其欲，死后则崇尚厚葬，加之崇仰鬼神，迷信好名之风甚盛，多爱把自己所崇拜、爱慕的东西在墓中雕刻成画像，豪家贵戚如此，平民百姓竞相效仿。同时，徐州附近盛产石灰岩青石，因此，众多汉画像石墓葬，首先在徐州一带盛行起来。这正是徐州画像石产生的地理、历史原因。两汉时期，徐州的自然条件较好，河网纵横，池塘湖陂较多，桑蚕业、冶铁业、炼铜业都较发达。农业、手工业的发展，促使了人口的大量增加。东汉之时，彭城国八县人口已有 50 万，其中彭城一县就有人口 20 万。这是清代以前徐州人口的最高纪录，有史家称此地"地小人众"。①

在我国古代，汉代人常常利用画像石、画像砖以图像的表达方式记载着当时人们的饮食生活场景。徐州是汉代画像石出土最多的地区之一。在徐州地区出土的汉代画像石中，宴饮庖厨图的数量仅少于车马出行图。烹饪加工、庖厨烹调、饮宴场面、锅碗瓢盆等，一幅幅食物制作场面井然有序。

在徐州汉画像石中，有一些与生产活动有关的图像，如粮食加工中的舂米、踏碓，汲水中的辘轳、桔槔，酿酒生产的酤酒、贩酒等。这些图像反映了当时先进的生产工具及生产方式，对于研究汉代的庄园经济生产及科学技术有重要的意义。徐州汉画像石中有两幅踏碓舂米图，一幅为石鼓形小祠堂，阴线刻，画面下层为碓米图；另一幅 2005 年在贾汪发现，画面上层为十字穿环，下层为碓米飏扇图。② 这两幅画像石都表现了人们踏碓舂米的繁忙情景。

江苏徐淮地区出土的大量的汉代画像石，多以浮雕艺术形式记录了当时社会的生活风貌，有许多是记录当时的饮食与烹饪的场面。如徐州铜山区茅村汉墓的一幅《楼宇栉比图》，使我们看到了汉代的地主庄园和庄园主的生活。其中在庭院中，主人在曲柄华盖下迎宾待客；楼上设宴置酒，举觞飞饮；楼下奴仆家人捧食进馔，鱼贯而入；庖厨在其旁，椎牛烹羊。一派豪门之家钟鸣鼎食的情景，赫然石上。③ 徐州画像石在表现当时

① 武利华. 徐州汉画像石通论. 北京：文化艺术出版社，2017：16-18.
② 武利华. 徐州汉画像石通论. 北京：文化艺术出版社，2017：196.
③ 蔡葵. 楚汉文化概观. 南京：南京师范大学出版社，1997：88.

现实生活的图景中，最可贵的是反映生产活动的《牛耕图》。《牛耕图》反映了当时依附于地主的农家的劳动场景，图中一人呵牛耕田，儿童随堋播种，田间停着装满肥料的大车，车旁憩息一犬，田边一人"箪食壶浆"给家人送饭，情韵生动，形象逼真，表现了当时农村农民的生活情景。

图 1-2　徐州汉画像石·庖厨图

图 1-3　铜山汉王东沿村 10 号小祠堂辘轳汲水图

如现藏于徐州市汉画像石艺术馆的一幅《庖厨图》，出土于徐州市铜山区汉王乡东沿村。石高 1.85 米，图分为三格，类似今天的连环画。据专家考证为东汉时期，此图最下面一格刻有一辆马车，上坐二人，像是官员。他们的前面有一人引路，其对面有一人抱盾迎客；中间一格，有两位厨师，一个站在井前提水，一个坐于灶前烧火，后面像是餐具、火锅之类，另有三条鱼；最上一格为肉食加工场景，从左至右依次是悬挂的动物腿肉、鱼肉，下面捆绑的是待杀的羔羊，还有惊慌奔跑的狗和惊吓欲飞的公鸡，中下是一人跪在俎案前剔骨切肉，手中拿着一把长刀，把俎案上的肉切成丁状，以备他后面的人炙烤。他后面的一人，正在烤炉上炙烤肉串，一手持肉串数枚，一手轻摇着便扇，神情专注。用于炙烤肉串的烤炉上部曲凹，这样便于放置肉串和炉内炭火热量的均匀。[1] 汉画像石被誉为"石上史诗"，既有历史价值，又有艺术价值。这块《庖厨图》描绘了一个大户人家为宴请客人正在紧张做饭的情景，忙碌的场面栩栩如生，非常生动，被史学家们视为一幅徐州的民俗画卷。

四、饮食礼俗与烹饪制作技术

汉代在进食礼俗方面的许多做法仍是沿袭古礼，这从汉代出土的许多画像石砖及壁画中都可以得到充分的验证。汉代饮食习俗的一项重要内容是分食制的用餐，即是一人一案的饮食形式，在徐州画像石中的图像和相关文献记载中几乎都是一人一案的饮食场面。食案如今日之茶几，很轻很矮，所以汉代人在饮食中一般是席地而坐。但对于普通

---

① 赵绍印，宋国盛，姜川. 徐州汉画像石中的饮食器具. 四川烹饪高等专科学校学报，2010(2)：9-12.

贫民来说，那就比较简朴了，还谈不上案食的问题，维持温饱就算不错了。

1. 汉代饮食礼俗的影响

汉代是我国最讲究饮食礼仪的时期，不仅宴客座次有讲究，吃饭时也有许多讲究。这些在《礼记》中都有明确的规定。如宿迁人项羽宴请刘邦的"鸿门宴"记载，《史记·项羽本纪》中曰："项王、项伯东向坐。亚父南向坐，亚父者，范增也。沛公北向坐，张良西向侍。"西汉初的主位是坐西面东，也是最尊贵的席位。汉代南方人以坐南面北，即同主宾相向的位置为稍差者，然后才是东西两侧的陪座席。这种宴席位次的排序在今天某些地方还在沿袭，其影响深远。

不同等级的人士在饮食上是有许多差别的，礼节较为讲究。对于普通百姓来说，也是存在着一些差异的，这主要是以年龄来区分。如《礼记·乡饮酒义》记载道："乡饮酒之礼，六十者三豆，七十者四豆，八十者五豆，九十者六豆，所以明养老也。"[①] 可见，乡饮之礼中，厚待长者是最受崇敬的。这是我国自古以来的尊老孝敬之俗。

江苏地区自古以来有许多饮食文明的优良传统，这些都可以从《礼记》中找到记载。

"凡进食之礼，左肴右胾。食居人之左，羹居人之右；脍炙处外，醯酱处内；葱渫处末，酒浆处右……卒食，各自前跪，彻饭齐以授相者。主人兴辞于客，然后客坐。侍食于长者，主人亲馈，则拜而食；主人不亲馈，则不拜而食。"[②]

"共食不饱，共饭不泽手。毋抟饭，毋放饭，毋流歠。毋咤食，毋啮骨，毋反鱼肉，毋投与狗骨，毋固获，毋扬饭，饭黍毋以箸，毋嚃羹，毋絮羹，毋刺齿，毋歠醢。客絮羹，主人辞，不能亨；客歠醢，主人辞以窭。濡肉齿决，干肉不齿决，毋嘬炙。"[③]

汉代的饮食礼仪是以尊重长辈和宾客为基本前提的。在宴席的陈列方面，具体的菜肴摆放都有一定的规定，如左边带骨肉，右边无骨肉；饭食放在客人的左边，带汤食物放在客人的右边。切碎的肉类与火烤的肉类，放得离客人远些，斩成酱状的肉类，放得离客人近些。葱叶之类放在案桌的末端，酒浆则放在客人的右边。宴食结束，客人要向前跪一步，亲手撤去食器交给旁边的服侍人员，这时，主人起立，表示道谢，然后客人又重坐下。如果是陪长者宴饮，当长者亲自馈食，则应拜而后食；如不是长者亲自馈食，则不必拜即可就食。

与人一起用餐，不能只顾自己吃饱。在同一食器内取食，不能临食搓手。抓饭时，不要捏饭成团，不可把吃剩的饭食倒回食器，不能大口喝汤。饮食时，口中不要发出各种声响，不要啃嚼骨头，不要把吃剩余的鱼、肉放回食器，不要把肉骨投向猫狗，不能把喜欢吃的食物据为己有，不要与人争挟某一食物。不要不咀嚼而大口吞噬，不能在酒席上剔牙齿，吃烤肉不要大块往口里塞，如此等等，不一而足。这些要求对后世的饮食有许多指导性的意义，对整个中华儿女的饮食礼仪起到了积极的作用。直到今天仍有许

① (汉)郑玄注. (唐)孔颖达正义. 礼记正义. 上海：上海古籍出版社，1990：1004.
② (汉)郑玄注. (唐)孔颖达正义. 礼记正义. 上海：上海古籍出版社，1990：38.
③ (汉)郑玄注. (唐)孔颖达正义. 礼记正义. 上海：上海古籍出版社，1990：40.

多条目还在江苏各地被人们所遵奉、所倡导。

2. 食用的副食原料

汉代，江苏地区食用的副食品主要包括蔬菜和肉食品两大门类。在上层贵族家庭，"食粱肉"成为其生活的基本内容之一。地方官吏对肉食也是极力追求的；但对于普通百姓来说，他们的主要副食品还是以蔬菜为主。

葵。即冬葵，我国汉代重要的蔬菜之一。可腌制，称葵菹。《左传·成公十七年》载："葵犹能卫其足。"《史记·循吏列传》记载："食茹而美，拔其园葵而弃之。"汉代文献《四民月令》曰："九月作葵菹、乾葵。"[①]秦汉时期人们已掌握冬葵的播种、耕耘、浇水、施肥及生长情况，汉代乐府诗《长歌行》描写汉代人广种冬葵的情景时说："青青园中葵，朝露待日晞。"

芋。即芋头、毛芋，是江南地区蔬菜的一种。既可以当蔬菜，又可以做主食。汉代农书《氾胜之书》详细记载了区田种芋法和一般种芋法。那时人们吃芋的方法已较多，如煨烤、蒸煮、做菜都可食用。芋的另一特点就是充饥当粮食，因此，《齐民要术》将芋归入粮食类。江南的田埂、垛田，最适宜种植芋头。

韭菜。韭菜是汉代大规模园圃作物之一。《史记·货殖列传》曾有"千畦姜韭"之语，在江南各地都有种植韭菜的记录。汉代韭菜成为最早的温室栽培蔬菜。韭菜，四季常青，食用时间长，一生可被剪数十次，剪而复生，已成为汉代百姓的主要副食蔬菜，还可作为调味品供人享用。

萝卜。萝卜是汉代人经常食用的蔬菜之一。我国是萝卜的原产地之一。栽培萝卜是从莱菔属植物的野生萝卜进化而来。它成为我国最古老的一种蔬菜。汉代人称萝卜为"芦菔"。我国古文献如《尔雅》《诗经》中都有记载。江苏地区也是萝卜的主要种植之地，是作为日常食用的主要蔬菜来种植经营的。

蔓菁。即芜菁，又称大头菜。汉代人称蔓菁，也是汉代人食用的主要蔬菜品种之一。蔓菁是高产蔬菜，叶和根均可食用。蔓菁在灾荒之年可部分地替代粮食，对救荒应急十分重要。《后汉书·桓帝纪》讲到桓帝永兴二年（公元154年）六月水患之灾时，桓帝曾下诏："其令所伤郡国种芜菁以助人食。"《齐民要术》在论述它的价值时说："若值凶年，一顷乃活百人耳。"所以它是汉代人们喜爱的日常蔬菜。

汉代的蔬菜除上述几项外，还有芹菜、葱、瓠、蕹菜、芥菜、笋、菠菜、葫芦、藕、蒜、豆芽，等等。特别是从西域传入的豆类制品，大大丰富了汉代人的饮食生活，成为汉代人副食品的一个新门类。[②]自汉代开始，各种豆制品开始逐渐出现，豆芽、豆酱、豆豉、豆羹、豆腐等相继进入人们的日常生活中。

在肉食品中，猪、羊、狗、鸡是江苏人民食用的原材料。在徐州出土的汉画像石及

① （汉）崔寔. 石声汉校注. 四民月令校注. 北京：中华书局，2013：65.

② 王凯旋. 秦汉生活掠影. 沈阳：沈阳出版社，2002：209.

墓葬壁画中，都大量记载市民杀猪、屠狗、宰鸡、烹羊的场面。江苏河网地区的水产品极其丰富，鲤鱼、鲫鱼、白鱼、虾、蟹、鳖等品种众多，加上螺、蚌、蛤、贝等贝类都是江苏人常食用的品种。

3. 常用的烹饪技法

汉代的烹饪技法和菜肴食品很少见于记载，我们可以通过相关汉墓遣策、壁画、画像石、画像砖等有所了解，归纳起来看，江苏地区的代表烹调方法有羹、炙、炮、熬、蒸、脍、脯、腊、醢、菹等。

羹。就是肉汤。《尔雅》曰："肉谓之羹。"郭璞注："旧说肉有汁曰羹。"《礼记·内则》提到的羹就有雉羹、鸡羹、兔羹等数种。且曰："羹食，自诸侯以下，至于庶人，无等。"早在帝尧时期，彭铿就制作了野雉羹供尧享用。

炙。即是将褪了毛的肉，和以盐椒调料，用竹签穿成串，架于火上烧烤。这是人类早期的食用方法，把捕捉到的鱼、肉、鸟等直接放火上烤制。江苏地区常用的是将鱼用竹签或小棍子串起而烤制，吃时各自切割。

炮。是将带有皮毛的禽、畜肉，裹上泥，放在火上烧烤。周代即有"八珍"，其中有"炮豚""炮牂"（烤乳猪、烤羊羔），洛阳汉墓陶壶题字也有"炮豚"。在江南，利用炮制法炮鸡、炮鱼亦为常食。

蒸。放食物于甑中，离水隔火，以水蒸气炊熟食物。主要用于蒸鱼，如蒸鳅、蒸鸡、蒸鸭。今南方仍喜食清蒸鱼。

脍。即切生肉而食。"脍，细切肉也。"（《说文》）据《释名》所言，猪肉、羊肉也均可作脍。而鱼脍是江南地区招待贵客的较普通的菜肴。

熬。即是将鱼、肉之物放入釜中，加水烧至汤汁干稠，鱼、肉烂熟。烧鱼、煮肉时放入葱、姜、盐、桂等调料，留有少量的汤汁，味道浓香。

脯。即用盐腌制而晒干的咸肉。腊，是将畜禽肉去毛，经火烘烤而再晒干的干肉。遣策和汉墓中都有相关的内容。

菹。就是腌制的酱菜，具体分菜菹和瓜菹两种。据文献记载，周代的先民们就已经掌握了食品的腌制加工技术。当时民众不但懂得腌菜，而且可腌的菜很多，如韭菹、菁菹、葵菹、芹菹、笋菹等。

以上烹调方法均与调味品的使用有很大关系，当时常见的调味品有盐、酱、醋、豉、曲、糖、蜜、姜、葱、韭、桂皮、花椒、茱萸等。

第三节　三国至南北朝时期的饮食

三国至南北朝时期，江苏饮食制作在秦汉时期火耕水耨、饭稻羹鱼、无饥馑之患的基础上，进入了初步发展时期。在这360多年中，由于战乱，一方面人口迁徙频繁，在北方少数民族进入中原和中原人口大量南迁的同时，江苏地区人口也出现了南北交融的状况；另一方面，由于南北分裂的局面又相对阻隔了南北饮食文化的相互交流。由此，也就出现了这一时期江苏饮食文化的一大特点：大体以长江中下游吴越地区和江淮地区的传统饮食为主，但也受到北方饮食风尚的影响，以当地习俗文化和地缘文化为主流的饮食方式也掺杂了南、北地区的饮食习尚，形成了以本地风味兼具南北风格的饮食文化。从晋代到南朝时期，又融合了道家、佛家的饮食特点，形成了注重火工、味兼南北、讲究清淡、四方皆宜的饮食风格。在菜品制作方面，江苏地区除荤食菜肴之外，面食、素食与腌菹食品之类均达到了一定的水平。

一、三国孙吴时期的饮食状况

三国时期，公元 229 年吴国大帝孙权定都南京（当时称建业），其后又有东晋及南朝的宋、齐、梁、陈五朝建都（改名为建康），史称六朝时代（公元 229—589 年）。建业作为南中国的政治、经济、文化中心与首都的身份出现在历史上。

三国鼎立局面形成前，诸葛亮出使孙吴时，途径秣陵（今南京），曾经赞叹秣陵山川的壮美。晋朝张勃《吴录》云："刘备曾使诸葛亮至京（今镇江），因观秣陵山阜，曰：'钟山龙盘，石头虎踞，此乃帝王之宅也。'"后来，这一词语已成为南京山雄水秀的代名词。孙权建立吴都，建业的地理形势中，最突出的是拥有长江天堑，"吴越依大江以为固"，正因为建业有这些地理优势，才使得六朝偏安政权维持三百余年。

孙吴时期建业的居民区主要分布在建业城南，也就是秦淮河以南的长干里一带，这是贵族和平民聚居的场所。晋人左思《吴都赋》描述建业市场时写道："水浮陆行，方舟结驷，唱棹转毂，昧旦永日。开市朝而并纳，横阛阓而流溢。混品物而同廛，并都鄙而为一。士女伫眙，商贾骈坒。纻衣絺服，杂沓傱萃。轻舆按辔以经隧，楼船举帆而过肆。果布辐凑而常然，致远流离与珂珬。繉贿纷纭，器用万端……富中之甿，货殖之选。乘时射利，财丰巨万。竞其区宇，则并疆兼巷；矜其宴居，则珠服玉馔。"①《吴都赋》勾画了孙吴时代都城建业的风貌，描写了当时繁荣的经济，店肆林立，百货齐全，车水马龙，船帆竞渡，人声鼎沸，流光溢彩，一派生机勃勃、繁荣昌盛的景象。那时金陵富人"器用万端""珠服玉馔"，宴饮享用十分讲究。"钩铒纵横，网置接绪"，江苏渔业发达，水产丰富。禽畜鳞介之外，海产石发（海带）、紫菜、岭南交、广和南方地区的龙眼、荔枝、橄榄、椰子等，诸种珍品，吴都多有。在烹饪技艺上，也不断地吸收各地技法。三国时期的名医华佗曾在江苏行医，他和他的江苏弟子吴晋均提倡"火化熟食"，以食物为民治疗，为江苏烹饪利用火工烹调食物奠定了一定的基础。

孙吴时期的南京饮食文化，实际上代表了整个长江中下游和南中国的特色。随着主

---

① （晋）左思. 吴都赋 //高步瀛. 文选李注义疏. 北京：中华书局，1985：1147-1159.

图 1-4　吴大帝孙权

食品稻米供应的充足，副食品的范围也不断扩大。如吴大帝孙权和末帝孙皓喜食的"武昌鱼"，即是产于古武昌樊口一带的团头鲂，其味肥美可口。产于江南松江的鲈鱼，以之作脍，与菰菜、莼羹并称为吴中名菜，也是在建业做官的吴中大族子弟嗜食之菜。在调味品中，三国以前的甜食或佐料均用饴糖，即用麦类和高粱等制成。但孙吴宫中的食品库中已收藏有南海所产蔗糖，供皇族食用，并有蜜渍果品，如蜜渍梅等。① 总体来说，孙吴时期的江苏地区饮食结构以粮食和蔬菜等素食为主，兼具水产鱼类和少量的禽畜食物。

二、晋代时期建康及周边地区饮食

晋代的江苏地区，农作物除了大面积种植水稻以外，北方旱地农业耕作技术南传。在主要产麦区的北方人口南移之后，麦子的种植和食用在长江以南地区得到推广。到了南朝以后，在长江下游地区终于形成了稻麦一年两熟的耕作格局。东晋政权为了解决粮食问题，曾用行政手段推广种麦，《晋书·食货志》载，晋元帝司马睿于太兴元年（公元 318 年）下诏："徐、扬二州，土宜三麦，可督令熯地，投秋下种，至夏而熟，继新故之交，于以周济，所益甚大。"这时的扬州，系指长江南岸的皖南、苏南、浙江以及福建和江西；徐州，则是指长江北岸的皖北、苏北和鲁南地区。这一时期可以说是长江下游地区稻麦两熟耕作制度的最终形成时期，至今依然如故。②

自孙吴至东晋以来，京都建康成为长江下游的第一大埠，商贾云集，形成商业中心，是当时著名的城乡物资和商品流通渠道。长江水道，商船往来频繁。晋代时期的都城建康，在西晋时称建邺，是西晋南方的重镇，东晋时改称建康，成为都城，不仅是江南政治、军事、经济、文化的中心，也是当时中外经济、文化交流的中心。当时建康城的规模和宫殿建筑又在东吴的基础上加以扩建，共有十二座城门。在东吴和西晋时期，这个城市的工商业就相当兴盛。从西晋左思《吴都赋》的描绘中已能全面了解建康城的繁华与富人生活的基本状况。

西晋时，江南吴地有一道地方特色菜"莼羹鲈脍"，得到了张翰和陆机的由衷喜爱。张翰，字季鹰，西晋文学家，为江南吴人。秋风一起，张翰想起了家乡吴中的特色菜莼羹鲈鱼脍，于是卷起了行囊，弃官而归。南宋辛弃疾《水龙吟·登建康赏心亭》曰"休说鲈鱼堪脍，尽西风，季鹰归未③"，正是吟咏的此事。同是晋代吴郡人陆机，与张翰同

---

① 蒋赞初. 六朝时代金陵的饮食文化. 中国烹饪，1990(12)：8-9.
② 季鸿崑，李维冰，马健鹰. 中国饮食文化史(长江下游地区卷). 北京：中国轻工业出版社，2013：88.
③ (宋)辛弃疾. 登建康赏心亭//徐荣街，朱宏辉. 唐宋词选译. 南京：江苏人民出版社，1980：214.

嗜，有人问他江南什么食物可与北方羊酪媲美，他立即回答"千里莼羹"。莼，又名水葵，为水生草本，叶浮水上，嫩叶可为羹。口感清、爽、鲜、滑，为蔬菜上品。鲈鱼为长江下游近海之鱼，河流海口常可捕到，肉味鲜美。食之清鲜淡爽，嫩滑无比。

东晋时，都城建康商业更加发达，当时建康城内除了东吴时设立的建康大市和建康东市外，又增加了建康北市和秣陵斗市，此外，秦淮河北还有大市和十余所小市。① 这里工商业者众多，商舟云集。在众多的商业群中，南京饮食酒楼、饮食摊点比较普遍，以接待南来北往的各路商客。孙楚酒楼成为名闻遐迩的酒楼，其影响遍及全国。除建康以外，江苏的京口、毗陵、吴郡、广陵等城市及其商业也逐渐发展和兴盛。

东晋皇族是建都在洛阳的西晋司马氏的后代，西晋在北方各少数民族的打击下灭亡后，残余的皇族、北方大族和一般人民有几十万人渡江南迁到南京地区，重新建立起政权，并以南京（当时称建康）为首都。

由于北方人的大批南下，北方的主要农作物麦、粟等也逐渐传入南方，这对长江下游地区农业的发展，以及百姓粮食的补充与接济具有重要的影响。东晋时期江苏的饮食，也汇集了北方大族的饮食风格和习惯。主食是米面并重，麦面饼从这时开始在建康流行，北方的"胡饼"和蒸饼在市场上传播，如大书法家王羲之青年时居南京乌衣巷，他就非常喜欢吃"胡饼"，甚至在豪门世族前来相亲时，他仍只是"坦腹东床啮胡饼"，而不顾其他。属于蒸饼类的"曼头"亦已在市场上出现。副食品中以鱼类和猪肉为主，鹅、鸭、鸡、果蔬类亦为常食。

晋代时期的"鲊"菜较为普遍，这是秦汉之遗风，曾是上从皇帝下至平民日常佐酒下饭的美味。东晋王羲之曾用荷叶包裹的鱼鲊分赠亲朋好友，留下了书法名帖《裹鲊帖》，其曰："裹鲊味佳，今致君，所须可示，弗难。"东汉末年刘熙的《释名》说："鲊，菹也，以盐米酿之（鱼）如菹（生酿之遂使阻于寒温之间不得烂也），熟而食之也。"② 鲊是用米饭和鱼片一起酿制而成，摊鱼片于瓮中，加饭于其上，一层鱼、一层饭至瓮满，然后以箬封口，瓮置于室内多天待其成熟。食用时开瓮随取随用，是当时较流行的大众化食品。

江苏句容人葛洪，东晋道教理论家和医药学家，一生追求长生不老、修道成仙的精神境界，形成了一套与长生观念相适应的养生之道或长生术。在饮食上利用多种植物的药用价值加以配比制作来达到长生、修道效果。在他的《抱朴子·内篇》中对于许多药用植物的产地、习性、特征、药用及治病等作用均做了详细的记载和说明，他提倡的"五味入口，不欲偏多"的饮食理论，对我国后世养生学的发展产生了很大的影响。

以记载东汉后期到晋宋年间一些名士的言行与轶事的名著《世说新语》一书，作者南

① 王文清. 江苏史纲（古代卷）. 南京：江苏古籍出版社，1993：275.
② （汉）刘熙. 释名. 北京：中华书局，2016：59.

朝人刘义庆，江苏彭城（今徐州）人，元嘉十七年（440年）调任南兖州（今扬州一带）刺史。在以后的四年中，他完成了该书。在"汰侈"中介绍了官宦人家奢侈饮食与制作考究的菜品。文中说：王武子（王济）招待客人的蒸豚（乳猪）肥美异于常味；石崇请客人喝豆粥，很快就能做好，而且冬天也有韭蓱齑。这反映了官僚之家烹饪制作水平和菜肴之讲究。

三、南朝时期江苏地区饮食的发展

东晋以后，又经过南朝四代，连续170年建都，南京进一步发展为全国最繁华的城市，商市有10余处，并与印度半岛、马来半岛、中南半岛、日本列岛和朝鲜半岛诸国都有着频繁的经济和文化往来。

南朝时期在粮食加工方面，出现了以水为动力的水碓磨。南朝著名科学家祖冲之在国都建康"于乐游苑造水碓磨，武帝亲自临视"（《南史·祖冲之传》），经过祖冲之改进的新式水碓磨建成后，连皇帝都来"亲自临视"，可见它的轰动效果。水碓磨的建造为稻麦的规模化加工开辟了新的途径。

图1-5 明版画，梁武帝像

江苏地区土地肥沃，民勤本业，又有鱼盐之利。江淮间的盐业在南朝时也已有相当规模，《太平寰宇记》卷一百二十四引《南兖州记》道："（盐城县）盐亭一百二十三所，县人以鱼盐为业，略不耕种，擅利巨海，用致饶沃。公私商运，充实四远；舳舻往来，恒千为许。"[1] 展现了江淮沿海地区一派生机繁忙的景象。

梁武帝时期是六朝建康城市发展的鼎盛时期，人口达28万余户。天监十年，梁武帝将宫城的两重城墙增加到三重城墙，每个门两个门道。建康的城市建设持续稳定发展。由于六朝时期的扬州刺史府和丹阳郡治均在建康，故当时建康又别称扬州或丹阳。《隋书·食货志》认为建康的繁荣可与长安、洛阳这两处都城相比；南朝人所作的《殷芸小说》更进一步说"腰缠十万贯，骑鹤下扬州"是当时人们的一种向往，此指当时扬州之治所建康（建康即今南京；扬州当时称广陵或江都县，属徐州刺史管辖）。

在建康都城内外，宫殿、衙署、苑囿、离宫、别墅、邸宅、商市及佛寺、道观林立，特别是佛教最为流行，数达500余所，"僧尼十余万，资产丰沃"。道家的代表人物陶弘景，丹阳秣陵（今江苏南京）人，也被齐、梁皇帝尊为"山中宰相"。所以，佛家的素食和讲究饮茶，以及道家的"日啖百果"的饮食特点，也对南京食俗有重大的影响。

① （宋）乐史. 太平寰宇记 //纪昀，永瑢，等. 景印文渊阁四库全书（第470册）. 台北：台湾商务印书馆，1982：233.

1. 南朝时期江苏地区的食品制作

南朝时江苏地区种植的粮食作物以水稻为主，以稻米煮成的米饭、米粥成为江苏居民的主要食物。除米饭、米粥的主食品以外，小麦种植也较为普遍，麦饭、麦粥也是当时的主要食物之一。利用麦粉制作的胡饼已较为流行，水煮饼、水引饼（早期面条）、起面饼（发酵的饼）都广为流传。南齐时祭祀用的食品，甚至不用米饭，而用一种"起面饼"。在江苏地区，麦类食品的比重逐渐增大，故在梁军的军粮中亦以麦饭为主，偶食米饭。用大米包裹的"角黍（米粽）"也较流行。南朝时，发酵面技术已在民间广泛流传，起面饼、馒头等，因其松软易消化，得到人们的普遍喜爱。

在副食品中，鱼类是江苏人的主要食品。江苏河道纵横，水产丰富，鱼类及其他水产在江苏居民的日常食品中占较大比重。除食用各种鲜鱼外，人们还将鲜鱼制成鱼干。《梁书·良吏传·何远》曰："江左多水族，甚贱，远每食不过干鱼数片而已。"[1] 除此之外，鱼类还被加工制作成"鲊"，供随时食用。南朝时食用的水产品还有蚌螯、螃蟹、蛤蜊、蚶、蛎等。

猪肉、羊肉也见诸文献，作脍、脯和肉糜。南朝时鸡、鹅、鸭的食用较为普遍，炖鸡、蒸鸡是常食用的菜肴，炙鹅被认为是美食，鸭肉羹和鸭蛋是较流行的食品。《南史·陈本记》中在覆舟山一带抗击北齐军的入侵，梁军"炊米煮鸭……人人裹饭，媲以鸭肉，"[2] 使得士气大振，终于以少击众，大获全胜。这种鸭肉饭在梁军战胜北齐军的过程中起过一定的作用。六朝时期，在人们的日常生活中，肉食并不普及，有时连官府也少食用，百姓还是以蔬菜为日常食品。

居民日常食用的蔬果类，见之于文献的有：菘（白菜）、韭、菰（茭白）、薤、葵、冬瓜、胡瓜（黄瓜）、莼、笋、葱、姜、大蒜等菜蔬，莲、藕、菱、栗、桃、李、苹果等水生植物和果品。由于佛教的流行和梁武帝的提倡素食，使得当时素菜的制作很精细。此外，调味品的酱和腌制食品在南朝时品种已较多，除食用胡麻油外，甜味常用饴和蜜，蔗糖和石蜜（冰糖）仍属稀罕物；酸味多用梅子；豆豉和酱曲已常使用，酱冬瓜、酱胡瓜、腌菜、酸菜、泡菜、咸蛋、腌蟹等亦普遍食用[3]。在素食的研究和烹制中，当时建康城烹制的一种面筋食品，已为席上佳品。

在北朝杨炫之的《洛阳伽蓝记》中也记述了一段南朝扬州地区的饮食状况："菰稗为饭，茗饮作浆，呷啜莼羹，唼嗍蟹黄……网鱼漉鳖，在河之洲。咀嚼菱藕，捃拾鸡头。蛙羹蚌臛，以为膳羞。"[4] 列举的这些原料都是江苏地区常食用的品种，也是水乡之地最普通的食物原材料。

在主食和点心上出现了"锅底饭"和"裹蒸"的品种。锅底饭，即锅巴。《南史·

① （唐）姚察，姚思廉. 梁书. 北京：中华书局，1973：778.
② （唐）李大师，李延寿. 南史. 北京：中华书局，1975：263.
③ 蒋赞初. 六朝时代金陵的饮食文化. 中国烹饪，1990(12)：8-9.
④ （北朝）杨炫之. 周祖谟校译. 洛阳伽蓝记校释. 北京：中华书局，1963：107.

孝义上》曰："宋初吴郡人陈遗，少为郡吏，母好食鎗底饭。遗在役，恒带一囊，每煮食辄录其焦以贻母。后孙恩乱，聚得数升，恒带自随。及败逃窜，多有饿死，遗以此得活。"[1] 鎗（锅）底饭酥香、硬实、耐饥，可作干粮充饥饱腹。裹蒸是早期的粽子，《南齐书·明帝》云："太官进御食，有裹蒸，帝曰：'我食此不尽，可四片破之，余充晚食。'"[2]《资治通鉴》"明帝建武三年"亦载此事，胡三省注："今之裹蒸，以糖和糯米，入香药、松子、胡桃仁等物，以竹箬裹而蒸之，大才二指许，不劳四破也。"[3] 南朝时制作裹蒸所用食材和工艺基本和宋、元时相似，明帝分四片食之，原因有二：一是南朝裹蒸比元代外形要大，故齐明帝四破而食；其二，建武年明帝晚年身体有恙、年龄偏大，少进糯食，分而享之，也合情合理。

魏晋南北朝时期，是中国各民族大迁移、大融合时期，各族文化艺术、风俗习尚熔于一炉，饮食文化、烹饪技术此时亦得到了长足发展，当时从西域传进的烤肉、涮肉，南方闽粤带来的烤鹅、鱼生，西南地区的腊味、川饭，北方的胡饼、油香等，从东晋到南朝，在江苏已汇集出现，并相互融汇，与本地的原料与口味一起，形成江苏地区风味的初始特征。

2. 南朝佛寺与素食技艺的发展

经东晋之发展，南朝建康城的商业比孙吴建业时更加繁荣。众多商业集市的出现，又使建康城人口急剧增长，城市规模迅速扩大。而南朝之都南京，曾是以佛教风靡一时而使得中外佛教徒顶礼朝拜的城市。古往今来，由于六朝时云光法师在雨花台讲经，出现了"天雨落花，天厨献食"的美妙奇观，吸引了无数文人墨客前来游历怀古，写下了许多壮丽诗篇。"千里莺啼绿映红，水村山廓酒旗风。南朝四百八十寺，多少楼台烟雨中。"杜牧的《江南春》生动、形象地概括了当时南京寺院林立的盛况。这绝非是诗人的夸张之词。据记载，南朝梁武帝笃信佛教，并采取佛化治国方略，极大地促进了佛教在我国南方地区的发展。梁武帝在位 48 年，提出天下僧民素食的主张，自作《断酒肉行》一文诏颁天下，而且身体力行，几次削发为僧。据《梁书》记载：梁武帝"日止一食，膳无鲜腴，惟豆羹粝食而已。"[4] 尽管其做法在当时曾经遭到不少人的非议，但作为皇帝的萧衍带头素食，举国上下影响甚大。中国从此开始了佛家素食制度，素食烹饪技艺也开始有了很大发展。

《太平寰宇记》卷九十《江南道二·升州》引《金陵记》载："梁都之时，城中二十八万余户，西至石头城，东至倪塘，南至石子岗，北过蒋山，东西南北各四十里。"[5] 此时建康人口已在百万以上，为当时第一个人口达到百万之城市；从面积来看，梁代建康城

① （唐）李延寿. 南史. 北京：中华书局，1975：1804.
② （南朝梁）萧子显. 南齐书. 北京：中华书局，1972：92.
③ （宋）司马光，（元）胡三省注. 资治通鉴. 北京：中华书局，2013：3680.
④ （唐）姚察，姚思廉. 梁书. 北京：中华书局，1973：97.
⑤ （宋）乐史. 太平寰宇记 //纪昀，永瑢，等. 景印文渊阁四库全书（第 470 册）. 台北：台湾商务印书馆，1982：8.

的范围与今日南京城相比也相差无几。倪塘，大约在今江宁区上坊镇泥塘村；蒋山，为钟山，即紫金山。在这百万人口中，僧尼约有 11 万之众。这么多佛寺，上万僧人，香火之盛，可以想见。僧人的饮食和招待施主的素斋，这时期是十分精美而丰富多彩的，制作者能够"卖一瓜为数十种，食一菜为数十味"，展现了南朝素食技艺的精湛和多变。如南朝建立且驰名中外的栖霞寺、鸡鸣寺、灵谷寺、清凉寺等，在历代虽几经战火，但这些千年古寺都被保存了下来，成为历史的见证。而这些寺庙的素菜在千年的演化中一直留存和发展着。南朝时期代表性的寺庙还有大报恩寺、瓦官寺、石观音寺、凤游寺、正觉寺等，在后代均毁于战火。

佛教的兴盛，使素食之风风靡南京全城。尤其是南朝梁时期，梁武帝萧衍崇尚佛教，提倡斋食，以"麸"做菜，"麸"即面筋。他甚至对古代的祭祀活动也进行了改革，用蔬果作为祭品。据载，他的这一举动曾受到了以虞悰为代表的大臣们的反对。但梁武帝始终坚持素食的观点，在他的极力推动下，寺观素斋在烹饪技艺上得到了较大的发展，将蔬菜千变万化，制作出许多种风味来，以丰富素菜品种，取代了过去的"见血"祭祖方式。可以说，梁武帝是推动南京乃至全国素菜发展的有功之臣。至此江苏南京、苏州、镇江、扬州素馔极精，继承和发扬了这一古老的传统。

东晋时句容人葛洪提出的"五芝"之说，对江苏食馔用菌类烹调有很大影响，赵宋吴僧赞宁作《笋谱》，总结了食笋的经验。号称素菜"四大金刚"的豆腐、面筋、笋、蕈，都与江苏有很深的渊源。

3. 南朝美食与天厨美名

南朝时期，江苏地区相对偏安，经济相对繁荣，造成了上层社会奢侈豪华的生活习尚，豪门显贵"珠服玉食"，"与宾客相对，膳必方丈"，但客观上也造成了不少达观缙绅精研饮馔，讲究美食。例如刘宋时，尚书吏郎谢弘微擅长膳馐，以至宋文帝经常到他府上用膳；南齐时，尚书虞悰就擅长饮食烹饪之术，"善为滋味，和齐皆有方法"，并著有《食珍录》，齐武帝向他要"诸饮食方，悰秘不出"。后来武帝醉酒，身体不适，他才勉强献了"醒酒鲭鲊"一方，其"扁栅"一直为后世所称道。崇尚素食、善和滋味的厨师高手，在南朝时期名副其实，而这种风习一直影响到唐宋时期。

南京秦淮的内河从东水关至西水关全长 4.2 公里，又称"十里秦淮"。从南朝开始，秦淮河就成为名门望族的栖居之地。两岸间酒家林立，杯盏笙歌，无数商船昼夜往来河上，许多歌女寄身其中，轻歌曼舞，丝竹缥缈，文人才子流连其间，佳人故事流传千古。

南朝时期的金陵"天厨"，实乃南京厨艺能手。代表者当推南齐的虞悰，他所制杂味肴馔珍美胜过宫中太官膳食。南朝时的金陵食器十分精美。当时的肴馔品种很多，荤菜以外，菜蔬亦精美冠于江左。当时南京的"天厨"，一个瓜可作几十种菜肴，一种菜肴可以翻出几十种口味。南朝时，南京饮食专著很多。梁代建康人诸葛颖撰《淮南王食经》120 卷，并有《淮南王食经音》13 卷，齐国刘休撰《食方》一卷，刘宋虞悰还有《食珍录》一卷。可惜这些著作几经战火，早已佚失。^① 江苏烹饪的发展以及后来的《随园食单》，其中许多经验为当时南京厨师所授，是古《食经》《食方》的继承和发展。江苏的腌制食品也很出名，盐制咸蛋，酱制黄瓜，一千五百年前即已载入典籍。

南北朝时期是我国封建社会的第二次大分裂时期，战乱频繁，破坏性很大，但却是一次规模巨大的民族大融合和经济文化大交流的时期。当时江南的战乱相对较少，经济发展迅速，保存的传统文化相对较多。但由于史籍记载内容的不足，对当时的饮食市场和民间美食的情况难以进一步知晓。

---

① 陶文台. 金陵天厨美誉久长. 中国烹饪，1983（7）：14.

隋唐宋元时期的江苏美食文化

南朝时期的江苏饮食，在当时的发展是明显的，但与北朝相互处在分裂割据局面。进入隋代，南北重新走向统一，统一后带来了经济的繁荣，社会的大发展，特别是唐代的开元盛世。宋元时期，南方经济得到飞速的发展，饮食行业兴盛，烹饪原料增多。在这期间，尽管政治中心从北方的长安到开封，再到临安、北京，但南方战乱相对较少，经济较为稳定，人民安居乐业。南京商业繁盛，夜市兴旺，"夜泊秦淮近酒家"，秦淮画舫之船宴，也曾因"万声齐沸，应接不暇"而为人称道。扬州自隋唐大运河通航后，曾经是我国南北交通枢纽、东南经济文化中心，饮食市场繁荣发达。扬州肴馔素有"饮食华侈，制作精巧，市肆百品，夸视江表"之誉。宋代的苏州富庶繁华超过唐代，被赞誉为"人间天堂"。这期间江苏地区的经济与文化处在较快的发展之中。

第一节　隋唐两宋时期的饮食

一、粮食的种植与加工

隋唐五代时期，江苏地区的农作物以水稻种植为主，并在南朝的基础上进一步加大种植面积，粮食总产量居于首位。其次，以麦粟种植为辅。随着一年两熟制的逐渐形成，麦类的种植面积和产量超过于粟类，并成为饮食生活中居第二位的主食。

在农作物方面，由于粟类作物对土地的要求不高，有耐旱、耐贫瘠、适应性强等特点，在江苏不少地区也多有种植。粟类作为江苏地区稻麦粮食的重要补充，普遍得到人们的欢迎，并且还出现了一些粟类特色品种。据《新唐书·地理志》记载，扬州和苏州生产的蛇粟，润州生产的黄粟，都是进贡朝廷的贡品。

隋唐以前，雕胡米是南方地区的粮食资源之一，很受重视。隋唐以来，随着稻麦产量的迅速增加，雕胡米不再是主粮，成为山村野味，已很少被人所食用。这时期大豆的种植也有所发展，人们对豆腐、豆豉等豆制品的需求大大增加，特别是豆腐的制作。豆腐汉代已出现，汉魏时期豆腐制作偶有出现，唐代才正式为人们所熟知，特别是佛教徒食素的影响与豆腐的广泛制作有很大的关系。

隋唐在南朝时期推广种麦的基础上，江苏地区的麦作生产普遍得到较大的提高，这在许多文人墨客的"咏麦"的诗文中可以看出端倪。如楚州，李白《赠徐安宜》诗云："川光净麦陇，日色明桑枝。"如润州，许浑《闲居孟夏即事》诗云："箪凉初熟麦，枕腻乍经梅。"李中《村行》诗云："极目青青垄麦齐。"如江宁，张潮《长干行》诗云："孟夏麦始秀。"如苏州，白居易《答刘禹锡白太守行》诗云："去年到郡时，麦穗黄离离。今年去郡日，稻花白霏霏。"从这些诗作里可看出，当时江苏地区的麦作生产已比较发达。

唐宋时代在粮食的加工方面比前代更加精细。脱粒的工具主要还是杵臼、碓臼、碾、簸扇等。利用木杵石臼加工粮食消耗的体力较大，有条件的人也常常雇佣别人为其舂谷，受雇人谓之"赁舂"。江苏地区的人民在南朝碓臼、石磨的基础上进一步运用和推广水碓、水磨，使其在隋唐五代更为普及。以水为动力的磨，以其优越的效能而得到不断的改进和推广。如唐代诗人岑参《题山寺僧房》诗云："野炉风自爇，山碓水能舂。"水碓被广泛使用，已成为主要谷物加工机械之一，这也导致成规模的专业化粮食加工业的出现。还有一种用水流驱动的水碾也开始应用于谷物脱粒，这种工具比较先进，效率很高。

进入宋代，粮食加工业已成为一个独立的手工业部门，出现了一大批专门从事粮加工业的磨户和碓户。从经营性质来看，可分为官营和私营两种。在江南地区，粮食加工技术进一步提高，利用水力的作用，水磨、水碓加工稻谷较为普遍。

利用扇车作粮食加工工具在隋唐两宋时期已是较普及的事，而簸箕加工在民间家庭较为普遍。罗筛的工艺进一步精细化，在《食次》记载"粲"的食品制作中，就有"用秫稻米，绢罗之"[1] 的说明，即将糯米屑筛为米粉。经过"绢罗"，所制白面、米粉更为精细。唐宋时期对米、面加工的精细要求更高，一些点心的制作要重罗三次至四次，[2] 从而保证了面点品质的细腻口感。

二、饮食市场与名菜名点

隋唐、两宋时期是江苏饮食发展的高峰期，不少海味菜、糟醉菜成为贡品。隋朝开辟大运河后，江苏成为国内重要的南北交通枢纽。那时，江苏多地的夜市十分繁盛，夜市的重要场所是酒家。唐朝杜牧《泊秦淮》诗中有："烟笼寒水月笼沙，夜泊秦淮近酒家。"诗人王建《夜看扬州市》有"夜市千灯照碧云"等，餐饮店除日市以外，还出现了夜市。不仅秦淮河岸有夜市酒家，其他地方亦有。夜市，是一个城市夜晚最明亮的地方，这里充斥着烟火气、食物的香气和人潮涌动的乐趣，这里有各式各样的食店和食摊，提供着各色各样的美食，供人品尝和享受。

隋唐时，扬州是当时富甲天下的商业大城市，那里中外"商贾如织，故谚称'扬一

① （北魏）贾思勰. 石声汉校释. 齐民要术. 北京：中华书局，2009：922.
② （宋）浦江吴氏. 吴氏中馈录//纪昀，永瑢，等. 景印文渊阁四库全书（第881册）. 台北：台湾商务印书馆，1982：408.

益（成都）二'，谓天下之盛，扬为一而蜀次之也"（宋·洪迈《容斋随笔》卷九）。当时的苏州也是商贾云集，市场繁荣，据《吴郡志·杂志》中说："在唐时，苏之繁雄，固为浙右第一矣。"

唐代的金陵食风，还可以从饮食市场来考察。晋代孙楚酒楼至唐代还在石头城侧，诗人李白路经南京时，还登临该酒楼赋酒吟诗："朝沽金陵酒，歌吹孙楚楼。"后因李白题诗，亦名李白酒楼。李白很喜欢金陵的酒，"堂上三千珠履客，瓮中百斛金陵春"。金陵春即南京美酒，此酒质清味美。李白对金陵酒家是颇有好感的，"风吹柳花满店香，吴姬压酒劝客尝"。诗仙名句，道出当年金陵酒肆之盛。

方德远在《金陵记》云："富人贾三折夜以方囊盛金钱于腰间，微行市中买酒，呼秦女置宴。""胡姬压酒劝客尝"，金陵、广陵均有"胡人"经营的酒店。天下名城"扬一益二"，繁荣的市场促进了烹饪技艺的发展。隋唐松江"金齑玉脍"糖姜蜜蟹，苏州的玲珑牡丹鲊，扬州的缕子脍等，都是造型精美的花色菜肴。江苏的主食点心亦早已达到相当水平，五代时即有"建康七妙"之称。说明江苏菜点工艺已达到相当水平，有"东南佳味"之美誉。

南京夫子庙形成于北宋时期，宋代南京的美食小吃已闻名天下了。宋人陶谷《清异录》卷下"建康七妙"载："金陵士大夫渊薮，家家事鼎铛，有七妙：齑可照面，馄饨汤可注砚，饼可映字，饭可打擦擦台，湿面可穿结带，醋可作劝盏，寒具嚼者惊动十里人。"[1] 这是陶谷杂采隋、唐至五代典故所写的一部随笔集。说南京是文人士大夫的聚集之地，家家户户都十分重视饮食的烹饪。"建康七妙"反映了当时南京饮馔技艺的精湛：齑汁匀洁，可以当镜子照面；馄饨汤至清，可以注砚磨墨；饼很薄，如蝉翼轻纱，字在饼下可以映出来；饭煮得颗粒分明，柔韧不碎，擦台子不黏，吃起来有咬劲；面条煮后有筋道，当带子打结而不断；醋之鲜美爽口，可以直接饮用；馓子香脆，嚼在嘴里清脆有声，可惊动十里人。"饼可映字"的饼，指的是春饼，即现在的春卷皮。这里除了"惊动十里人"是对馓子酥脆的夸张，其他应该都是真实的写照。

《清异录》中还记载了江苏地区的多款食品，如："玲珑牡丹鲊：吴越有一种玲珑牡丹鲊，以鱼叶斗成牡丹状，既熟，出盎中，微红如初开牡丹。"[2] "缕金龙凤蟹：炀帝幸江都，吴中贡糟蟹、糖蟹。每进御，则上旋洁拭壳面，以金缕龙凤花云贴其上。"[3] "麦穗生：吴门萧琏，仕至太常博士。家习庖馔，慕虞悰、谢讽之为人，作卷子生，止用肥荠，包卷成云样然，美观而已。别作散钉麦穗生，滋味殊冠。"[4]

晋时王恺、谢安之家饮食自不用说。后唐五代，徐锴、陶谷以及韩熙载等人均是老饕。李煜派顾闳中考察韩熙载的夜宴，画了长卷《韩熙载夜宴图》一展当时金陵官府家宴的盛况。此卷共有 5 个部分组成，开卷段描绘了韩熙载一边与宾客酣畅饮啖，一边悠然

---

① （宋）陶榖，吴淑. 孔一校点. 清异录·江淮异人录. 上海：上海古籍出版社，2012：110.
② （宋）陶榖，吴淑. 孔一校点. 清异录·江淮异人录. 上海：上海古籍出版社，2012：104.
③ （宋）陶榖，吴淑. 孔一校点. 清异录·江淮异人录. 上海：上海古籍出版社，2012：106.
④ （宋）陶榖，吴淑. 孔一校点. 清异录·江淮异人录. 上海：上海古籍出版社，2012：107.

欣赏歌姬弹奏琵琶，桌上摆着酒壶、酒杯和丰盛而精美的菜肴，展示出南唐金陵餐饮的繁荣与奢华，生动地反映了当时官府娱乐交替的景况。其中的饮食场面，资料尤为珍贵。宾主面前各置一份食物（四大簋四小碟），显然是分食制，符合卫生原则。簋碗菜碟中的果品菜点五色缤纷，盘盏杯壶与席面菜点果品配伍得当。

图 2-1 （五代）顾闳中《韩熙载夜宴图》（局部）

宋代江南地区有句流行语："拼死吃河豚"。许多美食之人敢于冒险尝试河豚美味。苏东坡虽不是江南人，但他在常州做过官，晚年也常居住在常州。宋人孙奕的《示儿编》曾记道：东坡谪居常州时，极好吃河豚，有一士人家烹制河豚极妙，准备让东坡来尝尝他们的手艺。东坡入席后，这士人的家眷都藏在屏风后面，想听听这位苏学士如何品鉴。只见这位苏大人光顾着埋头咀嚼，并无只言片语，使得这家主人十分失望。正在沮丧之中，忽听得里面东坡大声赞叹："也值得一死！"是说吃了这美味，死了也值得。因为河豚毒素较大，所以一些人不敢吃，又因为味道绝美，而使许多人馋涎欲滴。

唐宋时期，宴席之上已经是"水陆具备""山肴野蔌"杂然前陈，可以说食品相当丰富。就南京地区而论，不少食品作为土贡奉献皇室。如宋时素菜中的蒌蒿、茭白，鱼类中的鲥鱼、鲟鱼、鳊鱼、河豚，禽类中的凫鹥鸠等。其中有的已经入诗。苏轼诗云"蒌蒿满地芦芽短，正是河豚欲上时。"蒌蒿是南京特产，每逢春夏之交，荷塘岸边，到处生长，人们肩背担挑走向市场。河豚虽肉质鲜美异于常菜，因含有剧毒不易烹调，一般市民很少采买。

两宋时期，江南的苏州、江宁（即南京）、镇江，江北的扬州、真州（仪征）、楚州、徐州等城市，都是商品经济发达的城市。其中，苏州、江宁、扬州等都是商业繁荣的名城。市场交易既打破了唐代城市中居住区"坊"与商业区"市"的界线，随处街面都有店铺、酒楼、旅店等以及商贩；又打破了过去的营业时间限制，街市买卖昼夜不断。

苏州在北宋时就是"望郡"，后升为"平江府"。自唐至宋，苏州城的经济发展地位与杭州齐名，但在杭州之上，所以《吴郡志·杂志》引谚语"天上天堂，地下苏杭"说"谚犹先苏后杭"，说明苏州的经济地位先于杭州。北宋时，苏州就是江南的一大都会，"井邑之富，过于唐世，郛郭填溢，楼阁相望，飞杠如虹，栉比棋布，近郊隘巷，悉甃以甓，冠盖之多，人物之盛，为东南冠。"（《吴郡图经续记》卷上《城邑》）现存的宋代石刻《平江图》，描绘苏州城的位置、规模以及山丘、湖泊、河道、桥梁、街巷和重要建筑，都同现在的状况基本相符；居民住宅前门面街，后门临河，桥路相连，图中注明名称的桥就有304座。图上反映出的富庶繁华又超过了唐代。而今在苏州大石头巷曾发现两宋之世平权坊的遗址，出土了许多宋代遗物，有砖、木柱、木桩、青石板等建筑材料，有陶质熔制坩埚、铁铲、铁叉、铁凿、铁钎子、铁剪刀等酒楼厨房工具，有漆器和执壶、碗、盘碟等大批瓷器和瓷片，等等。① 这些遗物反映了宋代苏州城中坊市商业发展和餐饮业经营的状况。

宋代，宋太祖曾下令军队不准破坏南唐都城，金陵城廓得以保留下来。在此基础上，宋代设置了江宁府，作为东南重镇。江宁府的经济也进入了繁荣时期。江宁，南宋改为建康府，有"陪京"之称，也是江南商船往来、工商业发达、市场繁荣的城市。北宋词人张昇在《离亭燕》一词中描绘这里"江山如画""天际客帆高挂，门外酒旗低迤"。周邦彦在《西河·金陵怀古》一词中，也说这里"酒旗戏鼓甚处市"，说明当时江宁府城到处都有店铺、酒肆，街市热闹。朱雀桥一带街市的晚市更是繁荣异常，所以朱敦儒的《朝中措》词中有"朱雀桥边晚市"的词句。

扬州是宋代的"淮左名都"，舟车日夜往来，商船众多，市场繁荣。北宋时有人描绘这里"万商落日船交尾，一市春风酒并垆"。宋仁宗时，韩琦任扬州太守，曾描写这里"二十四桥千步柳，春风十里上珠帘"。说明这里十里长街的热闹和唐代一样。直到南宋时也是如此。扬州之西的真州，在宋代也繁荣起来。这里"沙头缥缈千家市，舻尾连翻万斛舟"，号为"万商之渊"，有"风物东南第一州"之誉。有的市镇，如泰州海陵县的海安、西溪两镇，则是盐的集散地。②

南宋吴曾著有《能改斋漫录》，这是南宋人笔记小说中比较重要的一种，其内容有记载宋朝史事，辨证诗文，解释名物等几方面。其中有多处谈到江苏的名物。如：

石首鱼："予偶读张勃《吴录·地理志》载：'吴娄县（今江苏昆山东北）有石首鱼，至秋化为冠凫，言头中有石'……随其大小，脑中有一石子，如荞麦，莹如白玉。"③

虾蟆："关右人笑吴人食虾蟆……余按，《周礼》'蝈氏'郑氏谓：'蝈，虾蟆，今御所食蛙也。'然则汉以来，虽至尊亦食虾蟆矣。"④

图2-2 宋代厨娘

① 苏州博物馆考古组. 苏州大石头巷宋代坊市遗址出土文物介绍. 文博通讯，1977(16).
② 王文清. 江苏史纲(古代卷). 南京：江苏古籍出版社，1993：499-500.
③ (宋)吴曾. 王仁湘注释. 能改斋漫录：饮食部分. 北京：中国商业出版社，1986：108.
④ (宋)吴曾. 王仁湘注释. 能改斋漫录：饮食部分. 北京：中国商业出版社，1986：110.

莼羹:"《世说》说:'千里莼羹,但未下盐豉耳。'盖洛中去吴有千里之远,吴中莼羹,自可敌羊酪。第以其地远,未可卒致(很快到达),故云'但未下盐豉耳'。意谓莼羹得盐豉尤美也。"①

宋代,江苏人的口味有较大的变化,本来南人重甜而北人重咸,江南进贡到长安、洛阳的鱼蟹要加糖蜜,后来,宋都南迁,中原大批士族南下,中原风味也随之南来。特别是金元以来,回民到江苏定居者日多,所以江苏清真菜占有一定的地位,使烹饪更加丰富多彩。

三、江南美食与地方菜点

在元代人陶宗仪编写的《说郛》中,收录了宋代江南地区的一本食谱,名为《浦江吴氏中馈录》,作者生平不详。从载录的70多种菜点制作方法来看,几乎都是吴越江南地区的市肆与民间之法。食谱主要载录了脯鲊、制蔬、甜食三个部分。脯鲊类有22个品种,大部分记载的是冷菜、酱类,也有几道热菜;制蔬类有38种,主要是蔬菜的加工制作;甜食类有15个品种,主要是甜点心,也有少量的咸点心。这些品种都是江浙地区的家常食法。

1. 脯鲊类菜肴

脯鲊类中,主要是水产品菜肴,如蟹生、炙鱼、水腌鱼、蒸鲥鱼、风鱼法、鱼酱法、酒腌虾法、蛏鲊、醉蟹、煮鱼法;其次是肉类菜,有肉鲊、算条巴子、夏月腌肉法、肉生法、糟猪头(蹄、爪)法、造肉酱;禽类有炉焙鸡和黄雀鲊两款。这里还记载了烹调制作的诸多诀窍:一是晒虾不变红色,二是煮蟹青色、蛤蜊脱丁,三是治食有法,介绍了多种加工方法及其技巧,这些都是比较有价值的内容。

脯鲊类菜肴,在唐宋时期是比较流行的。脯,即干肉制法;鲊,为一种腌制品。鱼、肉类原料都是制作脯鲊最常用的原料。江苏地区水产原料多,制作方法也较多样,如"蟹生"与"醉蟹",方法相近,只是用酒与不用酒的差别。"蟹生"的制法是:"用生蟹剁碎,以麻油先熬熟,冷,并草果、茴香、砂仁、花椒末、水姜、胡椒俱为末,再加葱、盐、醋共十味,入蟹内拌匀,即时可食。"②而"醉蟹"的制作方法是:"香油入酱油内,亦可久留,不砂。糟、醋、酒、酱各一碗,蟹多,加盐一碟。又法:用酒七碗、醋三碗、盐二碗,醉蟹亦妙。"③这是江苏水乡民间的制作方法,历代一直被沿袭着。

"水腌鱼"与"风鱼法"是民间较常用的制作方法,"水腌鱼"是:"腊中鲤鱼切大块,拭乾。一斤用炒盐四两擦过,淹一宿,洗净晾乾,再用盐二两、糟一斤,拌匀,入瓮,纸、箬、泥封涂。"④而"风鱼法"的制作是:"用青鱼、鲤鱼破去肠胃,每斤用盐

① (宋)吴曾. 王仁湘注释. 能改斋漫录. 北京:中国商业出版社,1986:118.
② (宋)浦江吴氏. 吴氏中馈录//纪昀,永瑢,等. 景印文渊阁四库全书(第881册). 台北:台湾商务印书馆,1982:406.
③ (宋)浦江吴氏. 吴氏中馈录//纪昀,永瑢,等. 景印文渊阁四库全书(第881册). 台北:台湾商务印书馆,1982:407.
④ 同②.

四、五钱，腌七日。取起，洗净，拭干。鳃下切一刀，将川椒、茴香加炒盐，擦入鳃内并腹里，外以纸包裹，外用麻皮扎成一个。挂于当风之处，腹内入料多些方妙。"① 鲤鱼、青鱼是江苏人常吃、常腌制的鱼类，古代一般人家多用此法，以便家中来个客人急需之用。

糟制法是江南地区较流行的制作方法，"糟猪头、蹄、爪法"的制作是："用猪头、蹄、爪，煮烂，去骨。布包摊开，大石压匾，实落一宿，糟用甚佳。"②

这里比较有特色的两款菜肴是"炉焙鸡"和"蒸鲥鱼"。"炉焙鸡"的制作是："用鸡一只，水煮八分熟，剁作小块。锅内放油少许，烧热，放鸡在内略炒，以镟子或锅盖定。烧及热，醋、酒相半，入盐少许，烹之。候干，再烹。如此数次，候十分酥熟取用。"③ 这是一道口味干香浓郁的菜肴，其制作的绝妙就在于酥、嫩、香、爽的独特口感，相当于现在流行的干锅菜。这在宋代是特色鲜明的美味菜品。江苏盛产鲥鱼，尤以镇江地区的长江之畔最为集中。"蒸鲥鱼"的制法是："鲥鱼去肠不去鳞，用布拭去血水，放汤锣内，以花椒、砂仁、酱擂碎，水、酒、葱拌匀，其味和，蒸之。去鳞，供食。"④ 鲥鱼是扬子江特色的水产品，号称长江名品食材，也是江苏人常用的菜肴。宋代已知鲥鱼不去鳞，因其脂肪含量多，故蒸制后去鳞，这是一道营养丰富、口感细腻的清鲜菜肴。

2. 制蔬类菜肴

制蔬类的原料有茄子、蒜苗、芥菜、佛手、香橼、梨子、萝卜、生姜、胡萝卜、蒜菜、瓮菜、茭白、冬瓜、韭菜、黄芽菜、笋、豆豉、梅子等。而以茄子制作的菜肴最多，如糖蒸茄、糟茄子法、淡茄干方、盘酱瓜茄法、鹌鹑茄、食香瓜茄、糟瓜茄、糖醋茄。在这些制蔬类菜肴中，绝大多数是酱菜系列，运用腌、糟、泡、拌、酱等技法制作的酱菜类，如蒜瓜、酱佛手、糟萝卜法、糟姜方、做蒜苗方、盘酱瓜茄法、糖醋茄、红盐豆等。只有个别是凉拌菜和热菜，如三和菜、暴齑、撒拌和菜、蒸干菜。

宋代的蔬菜腌制已较普遍，许多家庭都能制作一些简易的酱菜。书中的这些内容都是江南民间百姓的制作方法。如：

"蒜苗干：蒜苗切寸段，一斤，盐一两。腌出臭水，略晾干，拌酱、糖少许，蒸熟，晒干，收藏。"⑤

"糟萝卜方：萝卜一斤，盐三两。以萝卜不要见水，揩净，带须半根晒干。糟与盐

① （宋）浦江吴氏. 吴氏中馈录//纪昀，永瑢，等. 景印文渊阁四库全书(第881册). 台北：台湾商务印书馆，1982：407.
② （宋）浦江吴氏. 吴氏中馈录//纪昀，永瑢，等. 景印文渊阁四库全书(第881册). 台北：台湾商务印书馆，1982：406.
③④　同②.
⑤ （宋）浦江吴氏. 吴氏中馈录//纪昀，永瑢，等. 景印文渊阁四库全书(第881册). 台北：台湾商务印书馆，1982：408.

拌过，次入萝卜，又拌过，入瓮。"①

"食香瓜茄：不拘多少，切作棋子，每斤用盐八钱，食香同瓜拌匀，于缸内腌一、二日取出，控干。日晒，晚复入卤水内，次日又取出晒，凡经三次。勿令太干，装入坛内用。"②

"蒜梅：青硬梅子二斤，大蒜一斤，或囊剥净，炒盐三两，酌量水煎汤，停冷，浸之。候五十日后，卤水将变色，倾出，再煎其水，停冷，浸之入瓶。至七月后，食，梅无酸味，蒜无荤气也。"③

3. 甜食类点心

甜食类除了馄饨方、水滑面方外，其他都是甜食品种。具体品种有炒面方、面和油法、雪花酥、洒孛你方、酥饼方、油夹儿方、酥儿印方、五香糕方、煮沙团方、粽子方、玉灌肺方、糖薄脆方、糖榧方。

从15个点心来看，有2个不属于甜食。这些点心都是糕团甜食店里经营的品种，具有一定的技术水准，不是一般民间家常制作方法，有些品种还很有特色，既有面粉品种，也有米粉品种，除"水滑面方"带有北方特色外，其他都是江南地区风格。根据点心的制作情况，可概括为以下三个特点：

第一，对点心制作的粉料要求较高，而且重视粉料的配比。如"炒面方"中"白面要重罗三次"，即将加工的面粉要经过三次罗筛，面粉经炒熟以后，还要再用走槌碾细，再经过一次罗筛。而"酥儿印方"是生面与豆粉同和。"五香糕方"也是经过掺粉制作的，用"上白糯米和粳米二、六分"进行配比和粉，这是苏南地区米粉面团制作糕、团进行掺粉的较早记载，到如今一直按照一定的比例进行调和，才使得糕团点心糯软适宜，口感滑爽。

第二，在点心的馅心方面，注重馅料的搭配。甜点的馅心不像咸点心般变化多端，但该书中特别注意这方面的变化，如"粽子法"的制作是"用糯米淘洗，夹枣、栗、柿子、银杏、赤豆，以茭叶或箬叶裹之"，用5种原料作为馅心。"玉灌肺方"是用"真粉、油饼、芝麻、松子、胡桃、茴香六味，拌和成卷，入甑蒸熟，切作块子，供食，美甚。"④ 多种馅料的配合，自然是其味无穷。

第三，在精细上下功夫，形成鲜明的制作和口感特色。如"雪花酥"的制作是："油下小锅化开，滤过，将炒面随手下，搅匀，不稀不稠，掇离火。洒白糖末，下在炒面内，搅匀，和成一处。上案，捺开，切象眼块。"⑤ 这是在锅中和面，需要一定的技术

① （宋）浦江吴氏. 吴氏中馈录//纪昀，永瑢，等. 景印文渊阁四库全书（第881册）. 台北：台湾商务印书馆，1982：409.

② （宋）浦江吴氏. 吴氏中馈录//纪昀，永瑢，等. 景印文渊阁四库全书（第881册）. 台北：台湾商务印书馆，1982：411.

③ （宋）浦江吴氏. 吴氏中馈录//纪昀，永瑢，等. 景印文渊阁四库全书（第881册）. 台北：台湾商务印书馆，1982：412.

④⑤ 同③.

水平，还不能炒焦炒煳。"酥儿印方"是将和好的面撍成条，"如筷头大，切二分长，逐个用小梳掠印齿花"，放油锅中炸熟，热洒白糖细末拌匀而食。这是一种造型小点心，外裹糖粉，口感甜润，小孩特别喜爱。"糖榸方"也较有特色，"白面入酵待发，滚汤搜成剂，切作榸子样，下十分滚油炸过取出，糖面内缠之，其缠糖与面对和成剂。"[①] 这些点心食品的制作水平已较高，可与今天的制作工艺相媲美。

四、陈直与《养老奉亲书》

北宋神宗年间，江苏兴化县令陈直撰写了一本《养老奉亲书》，这是我国现存最早、实用性很强的老年养生与老年病学专著，书中特别强调老年人要重视饮食调养。这是一本专门论述老年人食治之方、医药之方、摄养之道的重要医学、养生学著作。《养老奉亲书》全书15篇，重点记述了老年人的防病理论与方法、四时摄养的措施以及对老年疾病的食物疗法。

陈直生平无详考，他任兴化知县后，在处理政务之余，精心研究老年养生医学，晚年退居兴化，养老颐年。

书中以"饮食调治"为第一。开篇就说"主身者神，养气者精，益精者气，资气者食。食者，生民之天，活人之本也。故饮食进则谷气充，谷气充则气血盛，气血盛则筋力强。"[②] 陈直认为，人身三宝精、气、神的物质基础是饮食。饮食是气血充盛、体魄强健的根本，是人体赖以保持活力的基础要素，是人体精、气、神的化生之源，没有饮食，对普通人来讲是不能生存的。只有平时注意饮食调治，才能达到保健延年的目的。他同时指出："老人之食，大抵宜其温热熟软，忌其黏硬生冷。"（《饮食调治第一》）虽人人需要饮食，由于年龄、体质、生理的不同，饮食的种类和进食方式对人体的影响也不同。青年气壮、饥饱生冷对身体的侵害并不大，而对于老年人则不同。老年人真元耗损、脏腑衰弱，如不注意饮食上的调节就会引发疾病。且"尊年之人，不可顿饱，但频频与食，使脾胃易化，谷气长存"。[③] 老年人不可一次吃得过多，这样既可做到营养均衡，又可避免正餐过量。并且指出："秽恶臭败，不可令食；黏硬毒物，不可令餐……暮夜之食，不可令饱，阴雾晦瞑，不可令饥。"（《戒忌保护第七》）[④]等等。

食疗胜于药治，是该书认为侍奉老人的第一要点。他认为，"高年之人，真气耗竭，五脏衰弱，全仰饮食以资气血""若生冷无节，饥饱失宜，调停无度，动成疾患。"[⑤] 由于人的气血靠饮食资助，如果饮食不当，吃生冷食却不知调节，饿或饱安排不当，就会生病。他提出疾病的来源有"八邪"：风、寒、暑、湿、饥、饱、劳、逸。有了疾患，

---

① （宋）浦江吴氏. 吴氏中馈录//纪昀，永瑢，等. 景印文渊阁四库全书(第881册). 台北：台湾商务印书馆，1982：412.

② （宋）陈直，（元）邹铉. 黄瑛整理. 寿亲养老新书. 北京：人民卫生出版社，2007：1.

③ （宋）陈直，（元）邹铉. 黄瑛整理. 寿亲养老新书. 北京：人民卫生出版社，2007：2.

④ （宋）陈直，（元）邹铉. 黄瑛整理. 寿亲养老新书. 北京：人民卫生出版社，2007：6.

⑤ 同②.

要"审其疾状，以食疗之，食疗未愈，然后命药，贵不伤其脏腑也"。这是说食疗先于药疗的原因，如能食疗而愈，就避免药疗，以免可能伤及脏腑。

《养老奉亲书》中还特别提出老人要经常喝牛奶。由此可见，早在宋代，我国喝牛奶已较常见。在"食治老人诸疾方第十四"中，还有三个"牛乳"方子。老人益气"牛乳方"："牛乳最宜老人，平补血脉，益心，长肌肉。令人身体康强润泽，面目光悦，志不衰。"① 食用牛乳不是江苏地区人常有的食事，而是北方畜牧业发达地区的生活习惯。因牛乳宜于老人肠胃，故号召人们采纳之。

书中载录了近 50 个粥方，可治老人多种疾病。如：

莲实粥方："食治老人益耳目聪明，补中强志，莲实粥方。莲实半两，去皮，细切，糯米三合。上先以煮莲实令熟，次入糯米作粥，候熟入莲实搅令匀，热食之。"②

粟米粥方："食治老人脾胃气弱虚，呕吐不下食，渐加羸瘦，粟米粥方。粟米四合，净淘；白面四两。上以粟米拌面令匀，煮作粥。空心食之，一日一服。极养肾气和胃。"③

其他如：曲末粥方："食治老人脾虚气弱，食不消化，泄痢无定。"甘蔗粥方："食治老人咳嗽虚热，口舌干燥，涕唾浓黏。"薤白粥方："食治老人肠胃虚冷泄痢，水谷不分。"紫苏粥方："食治老人脚气毒闷，身体不任，行履不能。"麻子粥方："食治老人水气肿满，身体疼痛，不能食。"自古人们多以食粥养生，对于身体不适的老人更合宜。老人消化功能弱，食粥易于吸收，将粥中加中药熬制，利于治病，是可取之法，也符合江苏地区的饮食特点。书中除了许多与食疗有关的方剂外，还强调了老人的饮食习惯，如情绪不好不宜进食；"顿饱"易病，要少食多餐；饮食要清淡，"薄滋味"才能"养血气"，等等。

这里介绍书中的三则食疗方。

枸杞煎方："食治老人频遭重病，虚羸，不可平复，宜服此枸杞煎方。生枸杞根细锉，一斗，以水五斗煮，取一斗五升，澄清。白羊脊骨一具，锉碎。上件药以微火煎取五升，去滓，收入瓷合中，每服一合。与酒一小盏，合暖。每于食前温服。"④

猪肝羹方："食治人肝脏虚弱，远视无力。猪肝一具，细切，去筋膜。葱白一握，去须切。鸡子二枚。上以豉汁中煮作羹，临熟打破鸡子投在内食之。"⑤

鲫鱼熟鲙方："食治老人脾胃气弱，食饮不下，虚劣羸瘦，及气力衰微，行履不得，鲫鱼熟鲙方。鲫鱼肉半斤，细作鲙。上投豉汁中煮，令熟，下胡椒荜萝，并姜橘皮等末及五味，空腹食。常服尤佳。"⑥

陈直还十分重视老年人的心理调摄，以怡情养性，要让老年人保持清静，乐观开朗，心情舒畅，养生之本才能维护；要依据四时养老，注重人与自然相应，顺应自然环

---

① （宋）陈直，（元）邹铉．黄瑛整理．寿亲养老新书．北京：人民卫生出版社，2007：25.
② （宋）陈直，（元）邹铉．黄瑛整理．寿亲养老新书．北京：人民卫生出版社，2007：28.
③ （宋）陈直，（元）邹铉．黄瑛整理．寿亲养老新书．北京：人民卫生出版社，2007：33.
④ （宋）陈直，（元）邹铉．黄瑛整理．寿亲养老新书．北京：人民卫生出版社，2007：26.
⑤ （宋）陈直，（元）邹铉．黄瑛整理．寿亲养老新书．北京：人民卫生出版社，2007：27.
⑥ （宋）陈直，（元）邹铉．黄瑛整理．寿亲养老新书．北京：人民卫生出版社，2007：32.

境变化则健，违逆自然环境的变化则病；要重视起居养护，对于老年人的行、住、坐、卧、衣着等都有明确严格的要求。该书是我国早期老年养生学一部理论与实践相结合、对后世养生保健有较大影响的专著。

《第二节　《至顺镇江志》与元代镇江物产》

　　元代的地方资料较少，记载饮食方面的书籍更是寥寥。但有一本书不能忽略，即元代镇江人俞希鲁编纂的一本地方志《至顺镇江志》，全书 21 卷，内容浩繁，是镇江地区极有价值的文献。在书中的卷四中记载了《土产》，其中有谷、饮食、花、果、蔬、药、草、畜、禽、鱼、虫等。其他还包括地理、风俗、户口、田地、山水、神庙、僧寺、道观、学校、兵防、古迹、人才等，真是包罗广泛。书中的纪事考证，充分展现了元代镇江地区物产丰富、风俗淳朴、宗教兴旺、民族交融、文化发达的社会面貌。

　　作者俞希鲁，字用中，曾任儒林郎、松江府路同知。《康熙镇江府志》称其"学业浩博，淹贯群籍"，是元代"京口四杰"之一。《至顺镇江志》是仅存的少数元代地方志之一，所载六朝及元代本朝之史料较为翔实。该书最可称道者，乃记有镇江地方土特产和风俗，收集全面而详尽。本书还记有关于基督教(也里可温人)与伊斯兰教徒(回族人)以及许多兄弟民族居镇江之事迹，得以知元代基督教及少数兄弟民族(包括蒙古族人、畏兀儿人、契丹族人、女真族人)流布江南之概况。在卷三《户口》的"侨寓"中记载，这些兄弟民族同胞都在百人以上。书中虽然没有记载这些民族的饮食情况，但从实际情况来看，这些兄弟民族的饮食与制作方法也会传布到江苏各地。可惜的是，没有留下一点的兄弟民族食品的痕迹。

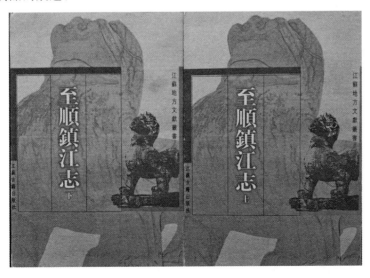

图 2-3　江苏古籍版《至顺镇江志》(上、下册)

杨积庆在前言中分析道："此志纂修当在至顺初，其刊行则在至顺四年夏、秋之间。"元代至顺(1330—1333 年)共 4 年，正是该志的纂修时间，故名《至顺镇江志》。

一、镇江地方土物产

镇江，又名京口、润州。卷四《土产》云："京口依山濒江，故多山林川泽之利，凡稼穑、丝枲、虫鱼、草木、果蔬之属，虽细大不齐，然兹地所生皆曰土产。"[①] 在《土产》中包括的类别有：谷、布帛、饮食、器用、花、果、蔬、药、草、竹、木、畜、禽、兽、鱼、虫，分别叙述本乡土产的名称和形状。这里针对饮食方面的内容作简要分析。

1. 谷类

谷类作物主要介绍了稻、黄粟、麦、豆、麻五种。其中黄粟的介绍较为简单。唐代的镇江是有种黄粟的，"润州土贡黄粟""然今无此种"，到了元代镇江已不种植此物了。

稻，有粳有糯，粳之种又有大小之分。土人谓之大稻粳、小稻籼。元代大稻品种有16 种，小稻有 6 种，糯稻有 9 种，书中分别说明了大稻、小稻、糯稻的 31 个品种的名称。元代的江南稻种甚多，"然兹土所宜者，大率不过此数种也"。

麦，有大小之分，大麦有两种：一是春麦，自十月至正月皆可种，比较早熟；二是黄秆，后熟。小麦之种有三：曰赤谷，曰白谷，曰宣州。《本草》注："大麦即青颗麦，形似小麦而大，皮厚，故谓之大麦。"

豆有大小之分，大豆其色有青、黄、黑、紫、褐之异。小豆亦有赤、绿、白、黑四种，又有豇豆、豌豆、佛指豆、十六粒豆、蚕豆、黑白扁豆，并特别说明扁豆"采其荚蒸食甚美"。

表 2-1 《至顺镇江志》土产所见食用作物表

种类	土产作物名称
谷	稻、黄粟、麦、豆、麻
饮食	酒、麹、麵、酱、鲟鲊、牛乳、酢、青饲饭、饼饵
果	梅、杏、桃、李、樱桃、枇杷、来禽(林檎)、石榴、葡萄、木瓜、银杏、胡桃、梨、柿、枣、栗、橙、西瓜、甜瓜、山楂、棠球、无花果、莲、藕、菱、芡、茨菇、荸荠
蔬	菘、芥、菠薐(菠菜)、蒿、荠、韭、胡荽、蕨、蕹、葱、莴苣、苦苣、莙荙(甜菜)、萝蔔(萝卜)、苋、生菜、薄荷、香菜、胡蒜、冬瓜、菜瓜、黄瓜、瓠、茄、芋、蕈、山花菜、葵、蓼、茭白、山药、黄独、甘露子、苏、马蓝、甘菊
草	……丝瓜……
竹	……笋……
药	……南烛、何首乌、贝母、葛根……
畜	牛、羊、猪、狗、猫、鸡、鹅、鸭

---

① （元)俞希鲁. 至顺镇江志. 南京：江苏古籍出版社，1999：113.

续表

种类	土产作物名称
禽	雉、鸽……
兽	野猪、兔、狸、刺猬……
鱼	鲟、鲥、紫(刀鱼)、鮰、河豚、白(鱼)、鲈、鲤、金(鲫)、青、鳜、鳊、鲢、鳡、鲥、鳝、鲻、鳝、鳅、鳗鲡、针口、银条、吐鮍、黄颡、桥丁、魟鱼、江豚、鼋、龟、鳖、蟹、螺、蚬、虾

麻，有二种，曰胡麻，曰白麻。胡麻可饭，白麻可压油，土人亦以之荐茶。陶弘景曰："本生大宛，故名胡麻……服食家当九蒸、九曝、熬、捣、饵之段谷、长生、充饥……惟时以合汤丸耳。麻油生榨者如此，若蒸炒正可供作食及燃耳。"①

在介绍的五种谷物中，除黄粟外，都是元代镇江地区及其江苏各地所种植的植物，而且品种极其丰富。这些品种都是江苏人的主要粮食作物。

2. 饮食类

此处的饮食，其实是食品。这里主要介绍了酒、麺、麹、酱、鲟鲊、牛乳、酢、青饭、饼饵9种。

首先介绍的是酒，元代一般人都认为"京口酒美可饮"。《舆地志》曰："京口出酒，号曰京清，埒于曲阿。"又云："曲阿出名酒，淳烈，后湖水所酿也。"元代，本地的酒一般是以地取名或以泉得名之。

麺、麹、酱。麺(面)为麦磨成的粉。书中注曰："南北商贩多出于此。"麹是用曲霉和它的培养基(多为麦子、麦麸、大豆的混合物)制成的块状物，用来酿酒或制酱。"土人成造，精粗不一。"这三者的介绍都较简单。

鲟鲊。即鲟鱼鲊，为润州土贡之品，当地人多以此馈赠远朋亲友。牛乳，"出丹阳者为佳，旧志称其凝白如酥"。元代的江苏已有牛乳供应了。酢，即醋。志中介绍醋出金坛。元代金坛醋，味道浓厚，极酽且美，充作贡品。这时还未有镇江的恒顺醋，但金坛醋已名气颇响了。

青饭。出茅山，唐代的青饭已较有名气，唐代诗人皮日休就曾享用过，他并自注曰："此饭以青龙稻造之。"

饼饵。这是点心饼类。"其名有宽椒、侧厚、缓带之别，又有名金花者，出金坛，可以馈远。"② 这是自宋代饼的不同类型而传承之。

在"饮食"方面，记载的内容极少，寥寥数语，简单扼要。看来俞希鲁不是一个精善美食之人，就如此多的鱼、肉、果、蔬食材所制作的食品多未涉及，个别零星的食品只是一带而过。

---

① (南朝梁)陶弘景. 本草经集注(辑校本). 北京：人民卫生出版社，1994：498.

② (元)俞希鲁. 至顺镇江志. 南京：江苏古籍出版社，1999：119.

3. 果类

志书中介绍的果类有 28 种之多，既有水果类，也有部分水生植物类。主要的果品有梅、杏、桃、李、樱桃、枇杷、来禽（林檎）、石榴、葡萄、木瓜、银杏、胡桃、梨、柿、枣、栗、橙、西瓜、甜瓜、山楂、棠球、无花果；水生植物类有莲、藕、菱、芡、茨菇、荸荠。

在这些果品中，除常见的果品外，有两个品种要特别说明：一是"来禽"，俗呼林檎。其注曰："花如海棠，微作浅淡。"刘桢《京口记》："南国多林檎。"《现代汉语词典》释为：花红（植物）；二是"棠球"，书中解释曰："生山野间，有红、黄二色。土人谓山里果子，一名毛楂子，一名小石榴。"① 元代的镇江，其果类品种已十分齐全而丰富。俞氏对上述果品都进行了阐述，并引经据典，叙述各自的生长、品种、花叶之形及其口感等，这足以说明元代的这些果品已进入人们的饮食生活中。当地人们也已总结出此类果实的生长、采集时令及加工制作的方法。

水生植物记录了 6 个品种，都是江苏地区普遍种植的。"莲"注曰："花有红有白，红者实佳，白者藕胜。又有重臺者，又或有双头者，人以为瑞。"② 简短几言，道出了莲藕的特点。不同的品种，有些是莲子果实好，有些是产藕量多，各有特色。"藕"土产以金坛为胜。俞氏说："夏间花开时，所取白花下藕，味尤甘脆而美，胜于常时也。"这是一款"白花拌藕片"的凉菜，是鲜美的时令菜，值得一尝。"菱"，即芰也。引《离骚》注："菱生水中，叶浮水上，花黄白色，实紫色，两头锐。"俗云："菱四角曰芰，又谓之水栗。""芡"，书中释曰："一名鸿头，一名雁头，一名鸡头，皆取其苞之形似耳。"根据介绍"芡"有不同的外形特点，但人们习惯称为"鸡头果"或"鸡头米"。引《仇池笔谈》云："菱寒芡暖者，菱开花背日，芡开花向日故也。""茨菇"，一名燕尾草，以其叶有桠也。根如芋子，或名田酥，或曰白地栗。"荸荠"，引注云："生下田，苗似龙须而细，根如指头大，黑色，可食。"又名地栗，可制作成粉料使用。

4. 蔬类

《至顺镇江志》中共记载的本土蔬菜有 36 种，主要有菘、芥、菠薐（菠菜）、蒿、荠、韭、胡荽、蕨、薤、葱、莴苣、苦苣、莙荙（甜菜）、萝葍（萝卜）、苋、生菜、薄荷、香菜、胡蒜、冬瓜、菜瓜、黄瓜、瓠、茄、芋、蕈、山花菜、葵、蓼、茭白、山药、黄独、甘露子、苏、马蓝、甘菊。

书中记载的蔬菜是较为全面的，几乎把当时江苏地区可食用的蔬菜都收录了。菘、芥是古代较早的蔬菜。菘，白根青叶，配盐蓄之，可以御冬，是我国较早的腌菜制品。芥，有青、紫两种，紫者尤辛。菠薐，即菠菜。书中释曰："菠薐本是颇陵语讹尔，种自颇陵国来。"《唐·西域传》曰："贞观二十一年，尼婆罗遣使入献菠薐菜。土人但呼为

---

① （元）俞希鲁. 至顺镇江志. 南京：江苏古籍出版社，1999：138.
② 同①.

菠菜。"①

蒿、荠、韭，是我国早期种植的蔬菜，前面已有说明。胡荽、胡蒜，是张骞出使西域所引进，自西域胡中来，故名。胡荽，今俗呼为芫荽。《广韵》曰："张骞使西域，得大蒜、胡荽。"薤，多年生草本植物，地下有鳞茎，叶子细长，花紫色；鳞茎可作蔬菜，也叫"藠头"。苦苣，味苦，可生食，元代是江东、吴郡人常食的品种。莙荙，味甘而滑，又名甜菜。萝蔔，又写作芦菔，出自金坛、丹阳者，肥大而脆美。其中还介绍了胡萝卜，"叶细如蒿，根长而小"；生菜，"有二种。叶多者为之盘生，极脆嫩，不胜烹瀹，止可生茹，故以生名之，土人用荐春盘。"② 唐代杜甫有"春日春盘细生菜"之句。生菜在唐代以前就已经被人们所食用了。

薄荷，当地人以和蔗糖食之；而香菜，当地人采其叶多配黄瓜食之，口感香美。冬瓜、菜瓜、黄瓜，已是元代常用的蔬菜。瓠、茄、芋，前文都已分别说明。蕈，生山野间，品种较多，"惟茅山玉蕈为胜。"山花菜，"山岩石间，及嫩时采，长三四寸，红莹可爱，味辛而爽，或云即防风苗。"③ 蓼，辛菜，当地人常以此作麨，不以供蔬茹。山药，即薯蓣，当地茅山有一种形如手掌，名佛掌薯。黄独，"出茅山，茎、蔓、花、实绝类山药，叶大而稍圆，根如芋而有须，味微苦而爽。"④ 甘露子，"茎叶如薄荷而纤弱，根状如蚕。"此是当地的土虫草，在本地甚为名贵。"土人相传，种时不欲多人知，相取时不欲人闻声，闻人声则所获者少也。"⑤ 山野中植物种类丰富，这些都是当地山区的土产之料。其他还有莴苣、苋菜、茭白、苏、马蓝、甘菊等，这里就不一一详述了。

5. 药、草、竹类

药类中介绍了镇江茅山上许多中草药，如芝、石马乳、石脑、禹馀粮、南烛、术、芍药、黄精、菖蒲、何首乌、芎䓖、贝母、附子、乌头、葛根以及后面文中附有 80 多种本地中草药材。可见镇江地区的药材是很丰富的。

南烛，出三茅四平山中，为杜鹃花科南烛属植物，以茎、叶及果入药。茎、叶全年可采。果秋季采收，晒干。功能为活血、祛瘀、止痛，外用治跌打损伤，闭合性骨折。黄精，出茅山，服之驻颜，为百合科黄精属植物，它生于林下、灌丛或山坡阴处，具有养精润肺、补脾益气、滋肾填精的功效，主治阴虚劳咳、脾虚乏力、食少口干、消渴、肾亏腰膝酸软、阳痿遗精、耳鸣目暗、须发早白等。何首乌，是蓼科蓼族，属多年生缠绕藤本植物，其块根肥厚，长椭圆形，黑褐色，入药可安神、养血、乌须发、补肝肾，是常见中药材，生于山谷灌丛、山坡林下和沟边石隙。葛根，为豆科植物野葛的干燥根，习称野葛。《本草图经》云："江浙尤多，秋、冬二季采挖，趁鲜切成厚片或小块。

---

① （元）俞希鲁. 至顺镇江志. 南京：江苏古籍出版社，1999：141.
② （元）俞希鲁. 至顺镇江志. 南京：江苏古籍出版社，1999：143.
③ （元）俞希鲁. 至顺镇江志. 南京：江苏古籍出版社，1999：145.
④ （元）俞希鲁. 至顺镇江志. 南京：江苏古籍出版社，1999：146.
⑤ 同④.

干燥、甘、辛、凉，主治伤寒温热、头痛项强(颈僵)、烦热消渴、泄泻、痢疾、麻疹不透、高血压、心绞痛、耳聋等症。"

在草类中还记述了"丝瓜"；在"竹类"中记述了"竹笋"。这里都不赘言。

6. 畜、禽、兽类

《至顺镇江志》中是将畜、禽、兽三者分别列举原料的，但在归类方面有点乱。如将鸡、鹅、鸭三者归入畜类，而把兔归入兽类。除牛、羊、猪的简单介绍外，禽类中介绍了雉、鸽等品种。鸡、鹅、鸭和猪、牛、羊品种较多，特别是鸡、鹅、鸭和猪肉等已是江苏地区较普通的食物原料。各地市镇乡村都有供应，但人们基本还是以蔬菜最为常用，肉食原料平时食用相对较少。

该志书中还列举了许多野生禽类和兽类，在元代人们偶尔也有食用的，在元明时期的食谱中有食用野兽的记载，后来由于数量不多以及肉质较粗，口味不比家养的猪、羊、鸡、鸭等口味，食用相对较少了。而书中所载的禽兽类大多为野生保护动物，这里也就不做述说了。

7. 鱼类

鱼的品种有鲟、鲥、鲨(刀鱼)、鮰、河豚、白(鱼)、鲈、鲤、金(鲫)、青、鳜、鳊、鲢、鲩、鳓、鲦、鲻、鳝、鳅、鳗鲡、针口、银条、吐鲅、黄颡、桥丁、魟鱼、江豚、鼋、龟、鳖、蟹、螺、蚬、虾，共34种。

镇江地处扬子江畔，自古江鲜名贵鱼种多在此洄游，此地鱼种甚多。鲟鱼、鲥鱼、鲨鱼、鮰鱼、河豚、白鱼、鲈鱼等都出于扬子江中。鲟鱼是名贵种类，大者长丈余，当地人叫鲟鳇鱼，作鲊，多作贡品。鲥鱼，三月出扬子江中，鳞如白银，味极肥美。鲨鱼，初春出扬子江，形色如刀，俗呼刀鲨、刀鱼。鮰鱼，状如鲇而头锐，名贵无鳞鱼类。河豚，初春时甚美，当地人"常以蒌蒿、芦芽瀹而为美，烹炰失所辄能害人(有毒)，岁有被害而死者，然人嗜之不已。"[1] 这就是"拼死吃河豚"。白鱼、鲈鱼，江中名品，肉质细嫩，江苏人都嗜之。

江苏各地人最常食用的鱼类有鲤鱼、鲫鱼、青鱼、鳜鱼、鳊鱼、鲢鱼、鲩鱼、鲦鱼、鲻鱼、鳝鱼、泥鳅、鳗鱼、银鱼、黄颡(昂刺鱼)、桥丁、魟鱼，都是苏南、苏北地区男女老少爱食用的品种。有的生在江中，有的长在湖里，有的在河塘之中。这些鱼类，已与江苏人的生活密不可分。

鼋鱼和鳖，鼋出扬子江中，《本草图经》曰："鳖之大者为鼋，或有阔一二丈者。"鳖，土人呼团鱼，多生在丹阳池泽中。在周边的水网地区还盛产蟹、虾、螺和蚬等。这些都是实录了镇江当地的水产原料。

从收录的这些土产来看，都是当地所出，资料翔实。镇江自然条件优越，地处扬子江畔，水产江鲜甚多，河湖中的水产品丰富多样，本地区有茅山、焦山，山野蔬菜和药

---

① (元)俞希鲁. 至顺镇江志. 南京：江苏古籍出版社，1999：176.

材也多。金坛、丹阳、丹徒等地的乡村畜禽、蔬菜品种丰饶。前面介绍的原料都是镇江地区所有的，为了体现土产的特色，即使周边南通的海鲜也未收入，南方的水果一概不录，所以是名副其实的土特产原料。

从《至顺镇江志》记载的这么多"土产"来看，仅镇江地区就有如此多的粮食、果蔬、畜禽、鱼类产品。通过这些土产作物我们可以得知，在宋元时期，许多食用类的土产农作物已经成为江苏人民食物的重要来源，这与新中国建立以后的食物几乎相似。我们通过对《至顺镇江志》土产农作物的深入研究，可以了解元时代江苏地区的食物原料情况，并向人们展示了近 1 000 年江苏的饮食与发展。对这些土产作物的研究，可以让人了解镇江人民对农作物的培植及其食用情况，对于探索江苏古代农业史以及饮食史、美食制作史的发展，具有十分重要的意义。

二、风俗与岁时食俗

《至顺镇江志》在卷三中有《风俗》一篇，专列内容介绍"岁时"情况，其曰："润之土风质而厚，土风淳而直。"也述说"人杂五方，故俗颇相类"。俞希鲁在《风俗》的概述内容中，对本土风俗文化也进行了概括，特别强调了崇坟籍、禁屠牛、敦教养、正士习、杜祈祷、劝亲睦几点，并分别做了解说。这一方面阐述了镇江人代代相传的风俗特点，另一方面也告诫人们遵循这些优良品德，特别是在"敦教养""劝亲睦"方面也做了很详细的说明。

在"禁屠牛"中说："宋郑作肃知镇江府，严屠牛之禁。尝有牛奔至府，问之，果将就屠者，人皆异之。"[1] 我国是以农业为主的国家，江苏多农耕之地，牛是我们的朋友，是用来耕种粮食的，故屠牛之禁已成为地方风俗习尚。

在"岁时"食俗中，吴越楚地的风俗颇相类似。这里就有关饮食方面的内容录入如下：

元日：士庶相庆，"饮屠苏，自年小者起。"引《容斋随笔》："饮之必自小者起，固有来处。"《时镜新书》："晋董勋云：'正旦饮酒，先饮小者。何也？'勋曰'俗以小者得岁，故先酒贺之，老者失岁，故后饮殿之。'"

立春日："钉春盘"，引《摭遗》曰："东晋李鄂，立春日，命芦菔、芹菜为菜盘相馈贶。江淮人多效之。"

上元："作圆子，炒糯花。"记范至能曰："拈粉圆乐意，熬麸煳膊声。"

端午："为角黍"，载《岁时杂记》曰："后人因古人筒米，而以菰叶裹黏米，名曰角黍。相遗，俗作粽，或加之以枣，或以糖，又加松栗、胡桃之类。""饮蒲酒""端午，以菖蒲或缕或屑泛酒。"[2]

---

① （元）俞希鲁. 至顺镇江志. 南京：江苏古籍出版社，1999：67.

② （元）俞希鲁. 至顺镇江志. 南京：江苏古籍出版社，1999：77.

二社日："卖社糕""春秋二社日，清晨，小儿捧糕于街头卖之。"

重九日："登高，饮菊酒，带茱囊""馈面糕，插彩旗"，引《梦粱录》曰："都人九日，各以粉面蒸糕相遗，上插彩小旗，糁钉果实，如榴子、栗黄、银杏、松子仁之类。"

腊八日："作粥"，引《岁时杂记》："十二月初八日，诸大寺作浴佛会，并送七宝五味粥，谓腊八粥。"

二十四夜："餐豆粥"，引范至能《村田乐府叙》曰："是日，煮赤豆作糜，暮夜合家合餐，至褴褛小儿及童仆皆预，云能辞瘟气。"①

在"岁时"节俗中所讲"饮食"的内容不多，这里只简要记之。

三、民族与宗教文化

在土特产原料以外，还可以看出镇江饮食的另一方面，即是外来兄弟民族较多，以及宗教寺庙多，尽管《至顺镇江志》中没有涉及民族、宗教饮食方面的内容，但从书中也可以了解，元代镇江的民族饮食和寺院饮食应该是较为发达的。

《至顺镇江志》中关注到人口的统计和人的社会阶层与民族的状况。在卷三《户口》中曰："润州东南重镇，晋、宋、隋、唐，地大民鲜。至宋嘉定间，所统唯三县，而户口之繁，视前代为最……比年以来，生聚涵复，渐复旧观矣。"② 进入元代的镇江，人口已得到了稳步的增长。

1. 民族人口与饮食

在卷三《户口》中，不仅记载了各县的户口和人口，而且还记载了城乡的户数和人口。府路下设录事司管理城乡，在人口统计中分土著、侨寓、客、僧、道等类，民族分蒙古、畏兀儿、回族、也里可温、契丹、女真、外地汉人等。

元代时镇江土著人口 613 578 人，而侨寓人口有 10 555 人，其中包括蒙古人 163 人，畏兀儿人 93 人，回族人 374 人，也里可温人 106 人，河西人 35 人，契丹人 116 人，女真人 261 人，外地汉人 9 407 人。③ 这些人口分布在录事司及丹徒、丹阳、金坛三县中。在这份珍贵的资料中，详细记录了侨居镇江的兄弟民族的具体人口及其在各地的分布情况，这是古代人口普查的很有价值的数据资料。

就兄弟民族的饮食内容，该志书只字未提。但是兄弟民族的饮食生活以及外地汉人的饮食生活，一方面以传统的饮食为主体，保留着民族特色和地域特色，另一方面也受到当地土著饮食文化的影响。少数民族接受汉族文化，称之"华化"，在《至顺镇江志》中有所反映。如记录地方一些少数民族官员习汉人起字、汉人习俗等。

尽管《至顺镇江志》中没有看到兄弟民族的具体饮食品种，我们可以在同时代的

---

① （元）俞希鲁. 至顺镇江志. 南京：江苏古籍出版社，1999：81.
② （元）俞希鲁. 至顺镇江志. 南京：江苏古籍出版社，1999：83.
③ （元）俞希鲁. 至顺镇江志. 南京：江苏古籍出版社，1999：92.

《居家必用事类全集》中查找到"回族食品"和"女真食品",也可以在《饮膳正要》中看到蒙古族的食品。据史料记载,回民自宋代进入江苏,元代时镇江回民人数增多,是侨居人口中最多的少数民族。这时期元代的回族食品有:设克儿疋剌、卷煎饼、糕糜、酸汤、秃秃麻食、八耳塔、哈尔尾、古剌赤、海螺厮、哈里撒、河西肺;女真食品有:厮剌葵菜冷羹、蒸羊眉突、塔不剌鸭子、野鸡撒孙、柿糕、高丽栗糕。蒙古族食品有:乞马粥、炙羊腰、芙蓉鸡、肉饼儿、柳蒸羊、仓馒头、牛奶子烧饼、荷莲兜子等。

现摘录元代民族食品中的几个品种,供品鉴:

回族食品。"设克儿疋剌(民族词语的音译):胡桃肉,温水退皮二斤净,控干,下播盆捣碎。入熟蜜一斤。曲吕车烧饼揉碎,一斤。三件拌匀,搂成小团块。用曲吕车烧饼剂包馅,捏成糁亭撒样。入炉贴熟为度。""卷煎饼:摊煎薄饼。以胡桃仁、松仁、桃仁、榛仁、嫩莲肉、干柿、熟藕、银杏、熟栗、芭揽仁。已上除栗黄片切外,皆细切,用蜜糖霜和,加碎羊肉、姜末、盐、葱调和作馅,卷入煎饼,油炸焦。""秃秃麻食(蒙古族、回族的食品,即手撇面):如水滑面和圆小弹剂,冷水浸,手掌按作小薄饼儿,下锅煮熟,捞出过汁,煎炒酸肉,任意食之。"[1]

女真食品。"厮剌葵菜冷羹:葵菜去皮,嫩心带稍叶长三四寸、煮七分熟,再下葵叶。候熟,凉水浸,拨拣茎叶另放,如簇春盘样。心、叶四面相对放,间装鸡肉、皮丝、姜丝、黄瓜丝、笋丝、莴苣丝、蘑菇丝、鸭饼丝、羊肉、舌、腰子、肚儿、头蹄、肉皮皆可为丝。用肉汁,淋蓼子汁,加五味,浇之。""柿糕:糯米一斗,大干柿五十个,同捣为粉。加干煮枣泥拌捣。马尾罗罗过。上甑蒸熟,入松仁、胡桃仁再杵成团。蜜浇食。""高丽栗糕:栗子不拘多少,阴干,去壳,捣为粉。三分之二加糯米粉拌匀,蜜水拌润,蒸熟食之。"[2]

蒙古族食品。"乞马粥:补脾胃,益气力。羊肉一脚子,卸成事件,熬成汤,滤净,粱米二升淘洗净。右件,用精肉切碎乞马;先将米下汤内,次下乞马、米、葱、盐熬成粥。或下圆米,或折米,或渴米,皆可。""肉饼儿:精羊肉十斤,去脂膜、筋,搥为泥;哈昔泥三钱;胡椒二两;荜拨一两;芜荽末一两。右件,用盐调和匀,捻饼,入小油炸。""牛奶子烧饼:白面五斤;牛奶子二升;酥油一斤;茴香一两,微炒。右件,用盐、碱少许同和面,作烧饼。""荷莲兜子:羊肉三脚子,切;羊尾子二个,切;鸡头仁八两;松黄八两;八旦仁四两;蘑菇八两;杏泥一斤;胡桃仁八两;必思答仁四两;胭脂一两;栀子四钱;小油二斤;生姜八两;豆粉四斤;山药三斤;鸡子(鸡蛋)三十个;羊肚、肺各二副;苦肠一副;葱四两;醋半瓶;芜荽叶。右件,用盐、酱五味调和匀。豆粉作皮,入盏内蒸,用松黄汁浇食。"[3]

---

① (元)无名氏. 邱庞同注释. 居家必用事类全集. 北京:中国商业出版社,1986:108-109.
② (元)无名氏. 邱庞同注释. 居家必用事类全集. 北京:中国商业出版社,1986:111-113.
③ (元)忽思慧. 饮膳正要. 上海:上海书店,1989:33-44.

上面列举的三个民族的元时代食品，是镇江等地区"侨寓"民族的常用食品。另外，镇江地区也有适合他们食用的菜品可供选用。

2. 宗教文化与饮食特点

在《至顺镇江志》卷三的人口统计中，"僧"的人口有 2 403 人，分别为录事司 521人，丹徒县 1 178 人，丹阳县 396 人，金坛县 308 人。"道"的人口有 570 人，分别为录事司 175 人，丹徒县 74 人，丹阳县 89 人，金坛县 232 人。

元代时，镇江地区很多佛教寺庙规模宏大，装饰富丽堂皇，以金山、焦山最为集中。在卷九的《僧寺》中曰："历代以来，其教浸盛。润据江山形胜，高僧寂士爱其幽邃，卓锡建宇，兹郡为多……今列其寺、院、庵、宇之次，以纪一郡之胜云耳。"①《至顺镇江志》中共记载了 296 个寺、院、庵的名称，按镇江本府、丹徒县、丹阳县、金坛县的佛教建筑一一列举，真可谓是洋洋大观。表 2 中按照书中的顺序记载一一录入。

卷十《道观》中还有"宫""观""道院""庵"之列，各地也有数量众多的宫、观、道院和庵等。这里不一一列举。

如此多僧院寺庵，再加上"侨寓"镇江的"也里可温人"23 户，人口 106 人(其中录事司 92 人，丹徒县 7 人，金坛县 7 人)。"也里可温人"是西方基督教教徒。这些资料的记载，是我国早期宗教文化具有史料价值的内容。正如安介生所说："镇江地区成为早期中国境内基督教发展的一个重镇，在中外文化交流史上写下了浓重的一笔。"②

元代的镇江，是道教、佛教、伊斯兰教、基督教共处的地方，是江苏当时宗教文化较发达的地区。不同的宗教信仰，在饮食上也有自己的要求。尽管《至顺镇江志》中没有阐述不同宗教的饮食状况和要求，但他们的饮食都有自己的特点，在食物使用上也有相关的禁忌。

佛教在南朝时发展，队伍不断壮大，饮食上提倡不吃荤腥。在梁武帝的《断酒肉文》宣布后，素食自此成为中国佛教徒的普遍戒律，食用肉食(不管"净肉"与否)则被视为"不正当"的行为，一直到今天仍然如此。元代蔬菜原料如此丰富，是佛教寺院中的主要食物原料。在宋代时期素菜发展的基础上，利用植物性原料制作仿荤菜品，如宋代的假炙鸭、假羊事件、假鳌蛤蜊肉、假熬腰子、假牛冻、假煎白肠等素菜，再加上面筋的利用，制作多种花样素食应该是可行的。可以说，元代寺院庵观的菜品是非常丰富多彩的。

---

① (元)俞希鲁. 至顺镇江志. 南京：江苏古籍出版社，1999：355.
② 安介生，周妮. 众神共祀：宋元时期镇江地区宗教文化景观构建与背景分析. 历史地理，2018(2)：221.

表 2-2 元代《至顺镇江志》中镇江佛教建筑简表

种类名称	建筑名目	数量
寺	本府：帝师寺、甘露寺、普照寺、道林寺、洪福寺、静明寺、灵建寺、梁广寺、花山寺、安圣寺、因胜寺、延庆寺、罗汉寺、弥陀寺、报恩寺、水陆寺、灵济寺、万寿寺、天王承庆寺、惠安寺、众善寺、保福寺、大兴国寺、甘泉寺、大光明寺。 丹徒县：龙游寺、平等寺、显亲胜果寺、长乐寺、向善寺、绍隆寺、法云寺、永安寺、永兴寺、鹤林寺、禅隐寺、竹林寺、普济寺、玉山报恩寺、资福寺、上方寺、妙慧寺、宁国寺、昭庆报慈寺、普济寺、海会寺、显慈寺、崇惠寺、东霞寺、三山寺、四渎安寺、大法兴寺、登云寺、普慈寺、宝城寺。 丹阳县：普宁寺、香严寺、昌国寺、云台寺、法云寺、广福寺、崇福寺、祇园寺、延庆寺、妙果寺、孝感寺、祇林寺、定善寺、崇教寺、广教寺、梁宝寺。 金坛县：慈云寺、普慈寺、报恩尼寺、广恩崇福寺、布金寺、同建寺、延庆寺、同建寺、崇福寺、法中平等寺。	81
院	本府：三教辩正院、华藏院、表善院、妙善尼院、福田弥陀尼院、戒德尼院、千佛院。 丹徒县：延寿院、般若院、华严院、上生院、宝胜院、瑞相院、化生院、轮藏院、弥勒院、弥陀院、观音院、释迦院、文殊院、显庆崇福院、大圣院、崇惠院、水晶院、择胜院、报亲院、下会观音院、大慈院、鹤林院、丛秀院、昭庆院、思敬院、报亲院、崇恩院、长山顺宁院、石马奉慈院、德善院、显亲院、妙智院、荐福院、大圣院、上善院、千佛院、观音院、时思院、大圣院、妙惠院、宁国院、长山兴云院、无违院、净土院、庆仙院、思敬院、崇圣院、单巷观音院、赤岸崇敬院、奉先院、栅口奉先院、经藏院。 丹阳县：广福院（观音院）、孝感院、戒珠院、崇教院、广教院、植德博施院、三圣院、释伽下院、普贤院、智宝院、菩萨院、经藏院、大圣院、道林院、崇福院、复福院、旌孝院、显庆院、嘉山真珠院、宝光院、龙竿廨院、董巷大圣院、崇庆院、三仙院、昌福院、大圣院、普化院、新游院、地藏院、圆通院、麦埠大圣院、崇德院、前周大圣院、下庄观音院、白莲院、延寿院、广惠院、天王廨院、岳祠大圣院、越塘大圣院、横塘大圣院、东嘹大圣院、存心院、栅口廨院。 金坛县：笃忠显庆院、灵建塔院、地藏院、圣僧院、尊圣院、药王院、新兴院、西禅接代院、真如院、崇先院、持爱院、福缘院、邢坞接待院、新院、福先院、兴福院、万安院、彭城院、妙法院、广惠院、显庆院、福善院。	125
庵	本府：龙华庵、庆寿庵、大圆庵、普应庵、圆觉庵、白莲庵、妙觉庵、善德庵、显扬尼庵、圆通庵、法云尼庵、千佛庵、常乐庵、释迦庵、观音庵、龙王庵、净明尼庵、广惠庵、法华尼庵、乾明尼庵。 丹徒县：报亲庵、龙华庵、德云庵、崇教庵、荐福庵、报本庵、静明庵、五圣尼庵、宝盖山观音尼庵、报亲庵、释迦庵、奉圣庵、奉祠庵、广慧庵、弥陀庵、圆通尼庵、宝相尼庵、思敬庵、忠孝庵、时思庵、弥陀庵、庆丰庵、释迦庵、观音尼庵、崇庆尼庵、上生尼庵、谭城庵、荣显庵、大圣庵、奉圣庵、时思庵。 丹阳县：大同庵、奉先庵、致敬庵、万寿庵、光远尼庵、报恩庵、报德庵、仁寿庵、衍庆庵、普寿庵、圆通庵、大圣庵、宁寿庵、永福庵、汉王兴圣庵、九源上坝两庄庵、善庆庵、龙禧庵、邵道庵、显福庵、崇报庵、致思庵。 金坛县：施水庵、永思庵、主敬庵、善继庵、报德庵、致严庵、梓阳庵、观音庵、祥符廨庵、大圣尼庵、昭德庵、敬德庵、施水庵、桂墅庵、薛义庵、万松庵、大致严庵。	90
合计		296

注：镇江各地的寺、院、庵较多，上表中有不少是相同的名称，分布在不同的乡镇。

宋代《山家清供》中有"假煎肉"一菜，元代《居家必用事类全集》中有"假灌肺""素灌肺""炒鳝乳齑淘""假蚬子""假鱼脍""假水母线"等"以素托荤"的素菜。"假煎肉"做法是："瓠与麸薄切，各和以料煎。麸以油浸煎，瓠以肉脂煎，加葱、椒、油、酒共炒。瓠与麸不惟如肉，其味亦无辨。"① 这是用瓠与麸（面筋）制作成的如肉味的菜品。元代"假灌肺"的做法是："蒟蒻切作片，焯过。用杏泥、姜、椒、酱腌两时许，揩净。先起葱油，然后同水研乳，姜、椒调和匀。蒟蒻煠过。合汁供。"②

素食观的施行，对中国社会的影响并不仅止于此。首先采取行动的是道教徒。南北朝时期有不少道士在素食观的影响下终身持素，这种行为尽管只限于个别的道士（或者再加上门徒），素食在中国社会已被神圣化，影响所及的却是中国社会饮食观念的改造与变化。

道教是中国土生土长的宗教，汉代产生，元代时正式分为正一、全真两大教派。道教认为"道"是先天地生的，为宇宙万物的本原。在饮食上以追求长生成仙为宗旨，形成了一套独特的信仰和习俗，主要表现为重视服食辟谷，提倡不食荤腥，注重饮食疗疾。

基督教的一个派别曾于唐初传入中国，称为景教；天主教曾于元代一度传入。"也里可温"人是西方基督教的教徒，按照基督教的要求，基督教徒的饮食平时与常人一样，没有特别的讲究。但《圣经》强调人们应当"勿虑衣食"，反对荒宴和酗酒。教徒每星期五"行小斋"，减食，不吃肉；在"受难节"和"圣诞节"前一日"守大斋"，只吃素食和鱼类，不食肉。饭前要作祈祷，感谢天主的恩赐。

在镇江侨居的民族人口中，回族人是最多的，有 374 人，畏兀儿族人有 93 人，他们都信奉伊斯兰教。公元 7 世纪中叶，伊斯兰教传入中国。我国信仰伊斯兰教者分布很广，宋代时他们来到江苏定居，在饮食上形成了南北差异。北方清真饮食源于陆上丝绸之路的开辟，受游牧民族影响大，以羊肉、奶酪、面食为主体；南方清真饮食源于海上香料之路，受农耕民族影响大，以牛肉、家禽、稻米为主，水产菜肴也有出现。

元代是北方蒙古族统治的天下，民族之间的交融较为频繁，不少兄弟民族人员还在镇江担任一定的官职。在兄弟民族中，蒙古族人的地位是最高的，其次是畏兀儿族人、回族人等，他们都是色目人。自此，元代的江苏饮食，以本地传统风格为主，但已经不局限于本地饮食文化的繁衍和传播，各民族之间的交流与相互影响已是常态，正如意大利人马可波罗在扬州生活多年并担任一定的官职，透过《至顺镇江志》中的民族与宗教文化的现状，可以说，元代的民族交流是广泛的，饮食的影响也是多元的。

---

① （宋）林洪. 山家清供. 北京：中华书局，2013：130.
② （元）无名氏. 邱庞同注释. 居家必用事类全集. 北京：中国商业出版社，1986：129.

《第三节　《云林堂饮食制度集》与无锡美食》

　　元朝时期共 162 年历史，由于社会的动荡，农业生产发展也受到很大程度的影响。这时期有关饮食文化的记载不多，遗留下来的烹饪食谱更是凤毛麟角。无锡文人倪瓒撰写的《云林堂饮食制度集》确是这时期的代表。这是实录当时苏南无锡文人士大夫和平民百姓的菜品制作情况的著作。尽管所记载的文字不多（原版无标点不足 4000 字），但也全面反映了当时江南人的饮食状况。该书共记载了 52 款菜肴、面点、茶、酒等。其中除"沈香束""香灰""洗砚法"不属于饮食外，其他 49 款都与食品有关。在食谱的撰写上，不少菜品记录比较详细，制作方法比较精致。它对明清菜点的制作具有一定的指导作用，许多菜点对当今也有较好的实用和推广价值。

一、无锡倪瓒与云林堂饮食

　　据《辞海》记载，倪瓒（公元 1301—1374），元末画家，江苏无锡人，字元镇，号云林，善画山水，多为水墨之作。性好洁而迂僻，人称"倪迂"。家豪富，喜与名士往还。早年以董源为师，晚年自成风格，以幽远简淡为宗。对后人水墨山水画颇有影响。与黄公望、吴镇、王蒙合称"元四家"。[①] 倪瓒生于无锡城东南约二十里的梅里祇陀村。41 岁之前居无锡梅里，拥田产，筑清閟阁，藏书会友。元末南方动乱前，"至正初，天下无事，忽尽鬻其家产，得钱尽推与知旧，人皆窃笑。及兵兴，富家尽被剽掠，元镇扁舟箬笠往来湖泖间，人始服其前识也。"[②] 元末社会动荡，因卖去田庐，他便带着家眷往

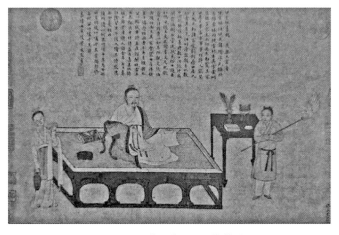

图 2-4　倪瓒画像（明—仇英绘）

　　① 辞海编辑委员会. 辞海. 上海：上海辞书出版社，1980：253.
　　② （元）倪瓒. 江兴祐点校. 清閟阁集·列朝诗选. 杭州：西泠印社出版社，2010：382.

来太湖、泖湖一带，或寄居村舍、佛寺，一直过着隐士生活。

倪瓒是一个大地主兼大商人式的人物。他家中有一座叫"云林堂"的建筑，因此，他编撰的食谱便叫作《云林堂饮食制度集》。

翻开书的目录，第一款是"酱油法"，接着就是"煮面""沈香束""蜜酿蝤蛑"……整体感觉，该书排列较乱，上下没有归类，菜肴、面点、调料、茶、酒的排列忽前忽后，只是像平时记的笔记一样随意记载的食单。从该食谱的名称来看，是以倪云林自家多年来的饮食为主。倪家为江南无锡人，自然也就是无锡士大夫家族和太湖人家的食单。从书的整体来看，不像是倪瓒短时间内完成的一本手册，而是他日常记载家中食单的一本随笔累积后而成册的，没有进行任何整理，只是根据记录的先后顺序，所以排列混乱。

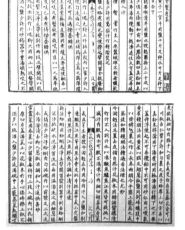

图 2-5 《云林堂饮食制度集》书影

为了便于分析，现将《云林堂饮食制度集》中的食品进行分类排列，以便于读者查阅赏析。

菜肴类：蜜酿蝤蛑、煮蟹法、酒煮蟹法、新法蛤蜊、蚶子、青虾卷擩、香螺先生、江瑶、鰦鱼、田螺、煮鲤鱼、又法、蟹鳖、鲫鱼肚儿羹、江鱼假江瑶、新法蟹、海蜇羹、擩肉羹、腰肚双脆、煮猪头法、川猪头、水龙子、烧猪脏或肚、烧猪肉、烧鹅、黄雀、煮决明法、雪盦菜、煮麸干法、醋笋法、烧萝卜法、糟姜法、煮蘑菇、蜜酿红丝粉、香橼煎。

面点类：煮面、煮馄饨、冷淘面法、黄雀馒头法、糖馒头、手饼、熟灌藕、白盐饼子。

调料：酱油法。

茶类：橘花茶、莲花茶、煎前茶法。

酒类：郑公酒法、酿法。

其他：沈香束、香灰、洗砚法。

二、云林堂食品制作特色

从上述的食谱名称中可以看出，水产菜肴数量最多，有 17 个品种，以淡水水产为主，正体现了江南地区饮食的特点。其次是肉类，有 7 个品种；素菜有 9 个品种；面点品种有 8 个，尽管不多，但都有一些特色。这里就根据该书的食谱介绍，作一具体分析。

1. 水产原料善调理

据有关资料记载，倪瓒一生基本上都在太湖一带生活，大多是在无锡、宜兴为主，食用淡水水产是极为平常之事。倪瓒家产殷实，也是当地的商人和著名的画家，苏中地区黄海之滨的小海鲜也是极易取得的。该食谱的编撰是符合江南人的生活状况的。在这些食谱中，许多菜肴的制作也极为讲究，体现了江南文人菜肴的风格特色。

苏南水乡的人们对水产的加工是十分精到的。为了保持鲜活水产原料的鲜嫩，在加工制作中特别讲究它的"鲜""嫩"不被破坏，当地的人们主要是把握几个关键程序，倪瓒在记录中也写得十分详细。如在"新法蛤蜊"一菜中就特别注重加工的细节："用蛤蜊洗净，生劈开，留浆别器中。刮去蛤蜊泥沙，批破，水洗净，留洗水。再用温汤洗，次用细葱丝或橘丝少许拌蛤蜊肉，匀排碗内。以前浆及二次洗水汤澄清去脚（渣滓），入葱、椒、酒调和。入汁浇供，甚妙。"① 为了保持蛤蜊肉的鲜嫩，批成片的蛤蜊肉是很容易烫透、烫老的；加工时留下擘开时的"浆"并留二次"洗水"一起拌制；再用"温汤"（或温开水）洗。这些细节最终带来的结果：一是保留了蛤蜊的"鲜"，二是体现了蛤蜊的"嫩"。倪瓒不愧是一个美食家，在撰写时把控得如此到位而妙绝。

在"蚶子"的加工制作中，也是同样的方法："以生蚶劈开，逐四、五枚，旋劈，排碗中，沥浆于上，以极热酒烹下，啖之。不用椒盐等。"② 在制作中，留"浆"而用，用"极热酒烹下"以此杀菌消毒，因其味鲜美异常，也就不需用调料影响鲜味了，充分体现了江南文人对美食美味的追求。

"青虾卷爆"一菜的制作也是独具匠心的。"生青虾去头壳，留小尾。以小刀子薄批，自大头批至尾，肉连尾不要断。以葱、椒、盐、酒、水淹之。以头壳擂碎熬汁，去查（渣）。于汁内爆虾肉，后澄清，入笋片、糟姜片供。元（原）汁。不用辣酒，不须多，爆令熟。"③ "爆"，是将食物放入沸水中略烫一下。食谱中介绍的"香螺先生""江瑶""田螺"等都是采用"爆"制方法而成的菜肴。香螺、田螺都是用小刀批薄片，用鸡原汁略爆供食。而"江瑶"菜肴的制作更加独特："生取肉，酒净洗。细丝如箸头大，极热酒煮食之。或细作缕生，胡椒、醋食之。椒、醋，入糖、盐少许，冷供。"④ 这里的"细作缕生，胡椒、醋食之"，即是"刺身"的吃法。这说明我国早在元代就有"生鱼片"吃法的较详细记载了。

2. 螃蟹吃法新突破

在《云林堂饮食制度集》中，共记载了五个蟹肴，每个蟹肴都有特色。第一款"蜜酿蝤蛑"，是较典型的特色蟹肴。"蝤蛑"即梭子蟹。利用梭子蟹的外壳酿入蟹肉蒸而食之，是一道花色菜。具体制法是："盐水略煮，才色变便捞起。擘开，留全壳，螯脚出肉，股剁作小块。先将上件排在壳内，以蜜少许入鸡弹（蛋）内搅匀，浇遍，次以膏腴铺鸡弹上蒸之。鸡弹才干凝便啖，不可蒸过。橙齑、醋供。"⑤ 这是在蟹壳内蒸蟹肉鸡蛋，原壳装原肉，用蛋液小火蒸熟，配上橙汁和醋，色、香、味、形都达到了完美的境界。如今的苏南名菜"雪花蟹斗"（一名"芙蓉蟹斗"）正是在其基础上发展起来的。

① （元）倪瓒. 云林堂饮食制度集//续修四库全书（第 1115 册）. 上海：上海古籍出版社，1996：611.

②③ 同①.

④ （元）倪瓒. 云林堂饮食制度集//续修四库全书（第 1115 册）. 上海：上海古籍出版社，1996：612.

⑤ 同①.

书中还记载了一个"蟹鳖"菜肴。从菜名来看这只是原料,菜谱中也没有"鳖"的原材料,其制作方法是较有特色的。"以熟蟹剔肉,用花椒少许拌匀。先以粉皮铺笼底干荷叶上,却铺蟹肉粉片上,次以鸡子(鸡蛋)或凫弹(野鸭蛋)入盐少许搅匀浇之,以蟹膏铺上,蒸鸡子干为度。取起,待冷,去粉皮,切象眼块。以蟹壳熬汁,用姜浓捣,入花椒末,微著真粉牵和(勾芡),入前汁或菠菜铺底供之。甚佳。"[①] 此菜是一道功夫菜,其制法是以蟹肉垫底,铺上一层鸡蛋液,再铺上一层蟹肉,蒸熟冷却、切块,用螃蟹壳熬汁等勾芡,配上鲜汁和菠菜佐食。这不是在蟹壳内加热蒸熟,而是利用粉皮垫底,蒸熟、冷却后再去掉粉皮,切成象眼块,是热制冷吃菜肴,浇上蟹汁,垫上菠菜,蛋中有蟹肉,类似于玛瑙蛋。

上面两款蟹肴的烹制,工序较为复杂,制作也很精致,体现了南方文人精工细作的特色,这也是元代蟹馔的一大突破。另外有三款蟹肴:一是"煮蟹法",用生姜、紫苏、桂皮、盐同煮,特别强调煮蟹时要将蟹翻个身再煮,要随煮随吃。二是"酒煮蟹法",将蟹剁作小块,用"葱、椒、纯酒,入盐少许,于砂锡器中重汤顿(炖)熟。啖之不用醋供。"[②] 这是一种独特的烹制,用酒炖制,类似于"醉蟹炖",可谓别出心裁。三是"新法蟹",是蟹膏、蟹壳一起蒸,而蟹的大小腿斩块蜜渍后用葱、椒、酒拌过,放鸡汤内烫熟,将蟹膏一起再放入鸡汤中食用。这是一蟹二制之法。

3. 用糟调配习以为常

苏南地区用糟烹制菜肴历史久远。秦汉时期,糟已在食物烹调中作调味增香之用。晋代的江南人有用糟腌制螃蟹送给北方客人,还将其作为贡品进献给宫廷王室。宋代,在江南的《吴氏中馈录》中就记录有"糟猪头""糟茄子""糟萝卜""糟姜方"[③] 等品种。

苏南人爱用香糟烹制菜肴,这已经成为传统。《云林堂饮食制度集》中直接用糟的菜名虽然只有一个"糟姜法",但用到"糟"或"糟姜"的菜肴和点心却有不少,特别是人们在吃菜肴或点心时,都习惯配上"糟姜"。"糟姜法"曰:"净布揩去嫩芽。每姜一斤,用糟一斤半、炒盐一两半拌匀,即入瓶,以炒盐少许掺面。封之。"[④] 这种"糟姜"食品,在苏南人家是必不可少的。该书中所记述的青虾卷擂、擂肉羹、新法蟹、煮猪头肉、糖馒头、黄雀馒头都有"糟姜片"的佐配或佐餐。"青虾卷擂"的制作"于汁内擂虾肉,后澄清,入笋片、糟姜片供";"擂肉羹"是"以肉汁提清,入糟姜片,或山药块,或笋块同供";"新法蟹"是"糟姜片子清鸡原汁供";"煮猪头肉"煮好后"临供,旋入糟姜片、新橙、桔丝";"糖馒头"的制作"先铺糟在大盘内……糟一宿取出";"黄雀馒头法"是馒头蒸之,"或蒸后如糟馒头法糟过"油炸尤妙。上面介绍的五款菜点都运用了糟味烹制,这种用白糯米浸水蒸熟,加入甜酒药入缸发酵,酿成酒浆原液,经储

① (元)倪瓒. 云林堂饮食制度集//续修四库全书(第1115 册). 上海:上海古籍出版社,1996:613.
② (元)倪瓒. 云林堂饮食制度集//续修四库全书(第1115 册). 上海:上海古籍出版社,1996:611.
③ (宋)浦江吴氏. 吴氏中馈录//景印文渊阁四库全书(第881 册). 台北:台湾商务印书馆,1982:404.
④ (元)倪瓒. 云林堂饮食制度集//续修四库全书(第1115 册). 上海:上海古籍出版社,1996:612.

缸封藏，愈久愈香。糟制菜品口味清香，能解腥、提鲜、开胃，放入少许糟卤，就能增加菜品鲜美的口味。苏南人尤爱这种风味，并一直延续至今。

4. 饼卷肉食已常态

在元代人的餐桌上，已利用"手饼"卷制食品而食用。此"手饼"即是唐代出现的"春饼"。《云林堂饮食制度集》载有"手饼"的制作："用头子曲（面），十分滚汤，入盐搜匀。揉面极熟，擀作小碗许大饼子，熬（鏊）盘上煼熟，频以盐水洒之。才起，以湿布卷覆。"[①] 从其制作方法来看，俨然是春饼的制法。

倪瓒在书中记载的"手饼"是用以卷肉而食的。在介绍"川猪头"一菜时就特别详细，其特色就是用"手饼"卷猪头肉食用。其述道："用猪头不劈开者，以草柴火薰去延，刮洗极净。用白汤煮，几换汤，煮五次，不入盐。取出后，冷，切作柳叶片。入长短葱丝、韭、笋丝或茭白丝，用花椒、杏仁、芝麻、盐拌匀，酒少许洒之。荡锣内蒸。手饼卷食。"[②]

用"手饼"卷食"猪头肉"，是一道十分美妙的绝配。猪头肉为活肉，有韧性，火候到位，有烂、有韧、有香，配上鏊盘上烙熟的面饼，有咬劲，是一道很有创意的菜品。倪家资产殷实，又是著名的画家，对菜肴的讲究自不必说。猪头肉用笋丝或茭白丝佐配，杏仁、芝麻一起蒸制，这不是一般人的做法，加工、配伍是十分讲究的。茭白，是江南无锡的特产，这应是倪瓒家常饮食中经常提供的菜肴。

元代的江南已有手饼卷食猪头肉的方法，它应是唐代春盘、春饼的基础上的发展，传之北方形成煎饼卷而食之，也是后来薄饼卷食"烤鸭"的繁衍。现如今利用手饼卷食什锦素菜、瓜姜肉丝、大葱、黄瓜丝等已十分流行，它是我国古代菜、点结合制作的典范。

5. 煮制之法花样多

在《云林堂饮食制度集》的菜点食品中，使用最多的烹调方法是"煮制法"。这与煮制法简便易行、运用广泛有关系。该书中煮制的菜点有：煮麸干法、煮蟹法、酒煮蟹法、鲚鱼、煮蘑茹、煮鲤鱼、又法、煮猪头肉、煮决明法、水龙子、煮面、煮馄饨、熟灌藕共 13 种。

煮麸干法："以吴中（苏州）细麸，新落笼不入水者，扯开作薄小片。先用甘草，作寸段，入酒少许，水煮干，取出甘草。次用紫苏叶、橘皮片、姜片同麸略煮，取出，待冷。次用熟油、酱、花椒、胡椒、杏仁末和匀，拌面、姜、橘等，再三揉拌，令味相入。晒干，入糖鬇内封盛。如久后啖之时觉硬，便蒸之。"[③] 这是苏南地区"烤麸"的制法，一直在江苏广为流传。

煮鲤鱼："切作块子，半水半酒煮之。以姜去皮，先薄切片，捣如泥，花椒为姜和，

① （元）倪瓒. 云林堂饮食制度集//续修四库全书（第 1115 册）. 上海：上海古籍出版社，1996：614.

② （元）倪瓒. 云林堂饮食制度集//续修四库全书（第 1115 册）. 上海：上海古籍出版社，1996：613.

③ （元）倪瓒. 云林堂饮食制度集//续修四库全书（第 1115 册）. 上海：上海古籍出版社，1996：612.

研匀，略以酒解开。先以酱水少许入鱼，三沸，次入姜、椒，略沸即起。"① 倪瓒记录的水产原料的煮制，都用了多量的"酒"来烹制。煮鲤鱼是"半水半酒煮之"，鲚鱼也是"半水半酒"。"酒煮蟹法"是"螯擘开，葱、椒、纯酒，入盐少许，于砂锡器中重汤顿熟。"② 这是用大量的酒（不用水）煮制，这可能是倪瓒的嗜好，对于不会饮酒的人是不敢问津的。

煮猪头肉："用肉切作大块。每用半水半酒、盐少许、长段葱白、混花椒入砵钵或银锅内重汤顿一宿。临供，旋入糟姜片、新橙、橘丝。如要作糜，入糯米，擂碎生山药一同顿。猪头一只，可作糜四分。"③ 猪头肉炖一宿肉质酥烂，香鲜味醇，与糯米、山药一起煲粥，是人见人爱的粥品。

水龙子："用猪精肉二分，肥肉一分，剁极细。入葱、椒、杏仁、酱少许、干蒸饼末少许，和匀。用醋着手圆之，以真粉作衣。沸汤下，才浮便起。清辣汁任供。"④ 这是一款"煮肉圆"，注重瘦肉、肥肉的搭配。干蒸饼末，即是馒头之类的面饼，旧时人们都爱用此法，如同当今做肉圆放面粉起黏结之意，用干蒸饼末取松软、凝黏的效果，也增加口感的松软和韧性。

6. 花色菜点显妙招

在元代的食谱上，已发现在肉的表面用刀剞花的现象。这是我国菜肴制作较早的记载。在"爨肉羹"一菜的叙述上已有简短的记录："用膂肉，先去筋膜净。切寸段小块，略切碎路，肉上如荔枝。以葱、椒、盐、酒淹（腌）少时，用沸汤投下。略拨动，急连汤取肉于器中养浸。以肉汁提清，入糟姜片，或山药块，或笋块同供。元汁。"⑤ 这是一款很有特色的菜肴，在制作的叙述方面能够抓住关键点，如"用膂肉，先去筋膜净"，这是用里脊肉（细嫩），去筋膜是剞花的前提；"略切碎路，肉上如荔枝"，略微切出（剞出）细碎的纹路，肉的表面如荔枝一样，即指呈现荔枝形花纹。切好后再上浆腌制，"用沸汤投下。略拨动，急连汤取肉于器中养浸"，这"沸汤""略拨动"、快速的取出"养浸"，其目的就是防止肉质变老，使其保持爽嫩的口感效果。"肉汁提清"即是利用肉汁提取清汤。剞花的肉只有在清汤中才能体现它的刀工完美，但提取清汤也是需要一定的技术功力的。整个菜肴记录得完美而简练，把制作此菜的关键点叙述得干净而清爽。

在另一个"腰肚双脆"食谱中，也有剞花的菜肴。此菜描写得十分简单，甚至看不出主体的内容："'鸡脆'同前法。'鸡脆'，用胸子白肉，切作象眼骰子块。仍切碎路，如荔枝皮。余如前法。"⑥ 此菜的菜名与内容不相符，可能是抄写的人抄漏了。但这道菜值得回味。"同前法"即是同"爨肉羹"的制法，它是在鸡脯肉上剞花，"仍切碎路，

---

① （元）倪瓒. 云林堂饮食制度集//续修四库全书（第1115册）. 上海：上海古籍出版社，1996：613.

② （元）倪瓒. 云林堂饮食制度集//续修四库全书（第1115册）. 上海：上海古籍出版社，1996：611.

③ 同①.

④ （元）倪瓒. 云林堂饮食制度集//续修四库全书（第1115册）. 上海：上海古籍出版社，1996：615.

⑤ （元）倪瓒. 云林堂饮食制度集//续修四库全书（第1115册）. 上海：上海古籍出版社，1996：612.

⑥ 同⑤.

如荔枝皮",剞成荔枝花刀。"余如前法"四个字,就把"腰肚双脆"省略了,即是"腰肚双脆"同"鸡脆"制作法。按照前后菜谱的叙述,我们可以了解到在"腰子""猪肚(尖)"上剞花后切块再烹制。这就是北方山东菜"油爆双脆"的前身,把剞花的"腰花"与"肚尖"一起炒制,元代就已出现,这是一个很有价值的资料。

有一款"鲫鱼肚儿羹"菜肴,选料、制作都比较有特点:"用生鲫鱼小者,破肚去肠。切腹腴两片子,以葱、椒、盐、酒淹之。腹后相连如蝴蝶状。用头、背等肉熬汁,捞出肉。以腹腴用笤箕或笊篱盛之,入汁肉焯过。候温,镊出骨,花椒或胡椒、酱水调和。前汁捉清如水,入菜,或笋同供。"① 用小鲫鱼腹部即肚裆肉,形状像蝴蝶,是鱼身上无骨、柔软、肥美的肉,熬制鱼汤烹,提取清汤,与笋片同烹食用。这是一款既简洁又实用、原汁原味的汤菜,鱼汤鲜、冬笋鲜结合,十分丰腴可口。

还有一道面食与菜肴结合的品种"黄雀馒头法"。虽说是馒头,但与一般的馒头不同:"用黄雀,以脑及翅、葱、椒、盐同剁碎,酿腹中。以发酵面裹之,作小长卷,两头令平圆,上笼蒸之。或蒸后如糟馒头法糟过,香法(油)炸之尤妙。"② 这是花卷一类的面食。古代馒头、花卷同类,都以馒头相称。馅心是"酿黄雀",用发酵面包裹,制成小长卷,蒸而食之。此菜的创意在于卷酿黄雀,似菜似点,一举两得,别有情趣。

7. 最显特色"云林鹅"

倪瓒在该书中记载了一则"烧鹅",前文是一则"烧猪肉"。该菜肴的制法博得了许多文人的赞赏。清代文人、美食家袁枚对此菜推崇备至,袁枚根据倪瓒的记载,在自家厨房按食谱方法试制颇有成效,感受其制的美味与美妙,并将其收入在《随园食单》的"羽族单"中,取名"云林鹅"③。

"烧鹅"云:"用'烧肉'法。亦以盐、椒、葱、酒多擦腹内,外用酒、蜜涂之。入锅内。余如前法。但先入锅时,以腹向上,后翻则腹向下。"④ 此制笔墨简洁,实则详细制作都在前面的"烧猪肉"中。具体烧制法是:"洗肉净,以葱、椒、蜜、少许盐、酒擦之。锅内竹棒阁起,锅内用水一盏、酒一盏,盖锅,用湿纸封缝。干则以水润之。用大草把一个烧,不要拨动。候过,再烧草把一个。住火饭顷。以手候锅盖冷,开盖翻肉(鹅)。再盖,以湿纸仍前封缝。再以烧草把一个。候锅盖冷即熟。"⑤ 这份菜肴被袁枚原原本本地收录在《随园食单》中。

在《云林堂饮食制度集》中,最有名的菜肴当属"烧鹅",或称"云林鹅"。这不仅受美食家袁枚认可赞许,清代顾仲的《养小录》中也将此"烧鹅"收入其中,并命名为"白烧鹅"⑥,其制其文与倪氏完全相同。可见这只菜确实是独具风味,引人入胜,名闻遐

① (元)倪瓒. 云林堂饮食制度集//续修四库全书(第1115册). 上海:上海古籍出版社,1996:614.

② 同①.

③ (清)袁枚. 随园食单//续修四库全书(第1115册). 上海:上海古籍出版社,1996:673.

④ (元)倪瓒. 云林堂饮食制度集//续修四库全书(第1115册). 上海:上海古籍出版社,1996:615.

⑤ 同④.

⑥ (清)顾仲. 邱庞同注释. 养小录. 北京:中国商业出版社,1984:89.

迩的。在现今的无锡市，许多饭店也大张旗鼓地宣传和叫卖"云林鹅"，并有专门的云林鹅饭店。此菜在无锡及江南地区都是名声显赫的。

8. 花茶芳香展容颜

元代民间散茶初现，并开始出现了用多种香花进行窨制的花茶，使茶叶吸收香花的香气。《云林堂饮食制度集》中记录了自家制作的两款花茶："橘花茶""莲花茶"，还特别说明了与做茉莉花茶方法相同，这说明了元代苏南的茉莉花茶在市场上已普遍存在。

"橘花茶"："茉莉同。以中样细芽茶，用汤罐子先铺花一层，铺茶一层，铺花、茶层层至满罐。又以花密盖，盖之。日中晒，翻覆罐三次。于锅内浅水慢火蒸之。蒸之候罐子盖热极取出，待极冷然后开罐，取出茶，去花以茶。用建连纸包茶，日中晒乾。晒时常常开纸包抖擞令匀，庶易乾也。每一罐作三、四纸包，则易晒。如此换花蒸晒，三次尤妙。"①

"莲花茶"："就池沼中，早饭前，初日出时，择取莲花蕊略破者，以手指拨开，入茶，满其中，用麻丝缚扎定。经一宿，明早连花摘之，取茶纸包晒。如此三次。锡罐盛，扎口收藏。"② 文后并附一则"莲花茶"的煎制，即"煎前茶法"："用银茶铫煮水，候蟹眼动。以别器贮茶，倾铫内汤少许，浸茶没，急用盖盖之。俟浸茶湿透，再以铫置火上，俟汤有声，即下所浸茶。少顷便取起。又少顷再置火上，才略沸，便啜之，极妙。"③ 从上面两则茶谱记载，我国至迟在元代就能窨制多种花茶了。元代是茶叶与其他配料拼配成各种新的茶饮料发展的时代，苏南画家倪氏将制茶、煎茶录写如此详细，这说明了茉莉花茶、橘花茶、莲花茶在无锡的"云林堂"是时常制作的，在苏南茶叶市场上也是普遍生产和供应的品种。

三、云林堂与无锡饮食特点

倪瓒撰写的《云林堂饮食制度集》是一部反映元代苏南无锡一带地方饮食菜品风貌的饮食专著。倪瓒是元代末期著名的画家，家境豪富，所记录的食谱是自家"云林堂"里的食谱，也有民间的无锡菜，更具有苏南文人士大夫的饮食特点。在食谱中，许多菜肴精工细作而又朴实无华，虽无高档的山珍海味，但花色菜肴较多，看得出倪瓒是一位很懂得厨艺的画家，有些是自己吃食的讲究和创新。如"新法蛤蜊""新法蟹"等。特别是在精肉、腰子、肚子上剖花后烹制，讲究提取清汤，"青虾卷擅""黄雀馒头""烧鹅"等菜点都不是一般平民百姓所能费工费时的，充分体现了苏南文人士大夫的饮食风采。

从菜肴制作的调味看，该书用蜜、糖、糟、花椒、酒、橙、桔等调料偏多，用蜜、糖的品种如蜜酿蝤蛑、醋笋法、烧鹅、熟灌藕、香橼煎等，体现了倪家及无锡地区甜香、糟香、酒香、椒香、果香的调味风格特色。此特点一直影响至现代，只是椒香味减

---

① （元)倪瓒. 云林堂饮食制度集//续修四库全书(第1115册). 上海：上海古籍出版社，1996：614.
②③ 同①.

上　篇
第二章　隋唐宋元时期的江苏美食文化

正如姚咨在书的"后记"① 中评价该书时所说："烹饪和滀，既不失之惨毒，而蔬素尤良。百世之下，想见高风。"② 赞扬倪瓒在烹饪上贡献是很得法的，既没有惨毒宰杀生物来取味的错误，而素食尤为精良。百年之后，令人可以想见作者的高尚风格。这是对该书菜谱撰写的褒奖，也是十分中肯的。倪瓒记录的食谱，既没有"刳胾取味"，也没有"一茹蔬素"，而是真实地记录了元时代苏南的饮食现状。该书中的许多菜品都具有较好的应用价值，是值得广大饮食文化和烹饪工作者大力宣传和推广的。

---

① 此版本载《碧琳琅馆丛书·丙部》《芋园丛书·子部》等，采用的是北京图书馆特藏书室所珍藏的清初毛氏汲古阁抄本，为邱庞同注释。
② （元)倪瓒. 邱庞同注释. 云林堂饮食制度集. 北京：中国商业出版社，1984：43.

第三章

明朝时期的江苏美食文化

明代是农业生产水平快速提升的阶段，也是江苏饮食文化的大发展时期。随着人类了解自然、改造自然能力水平的增强，农产品的生产和加工技术以及不同食物原料的充分利用，江苏的饮食制作水平进一步提高。明代的江苏，饮食市场繁荣，名特物产丰富，菜肴、面点和小吃品种较前代而言，不仅花样繁多，形式更加变化多彩，并出现了许多有关饮食文化的专著，记载着不同风格特色的美食之品。这一切均为江苏地方美食文化奠定了坚实的物质基础，也为饮食文化的繁荣发展提供了良好条件。

《第一节　饮食市场与民俗文化》

江苏地处我国东南，由于自然条件的原因，有明一代，当地人民群众自给自足、富足有余的生活能力相对提高。特别是永乐年间，社会安定，经过几十年的休养生息，经济得以恢复，饮食业多沿旧制也有一定的发展。但到明代中后期，不少中上层人士出现了一个由俭入奢的变化过程，官僚阶层和一些富裕人家在饮食消费上出现了奢侈之风，这是明朝后期官场的腐败和社会的混乱所造成的。

一、江苏地区的饮食市场

明代的江苏地区，谷物结构情况基本沿袭宋元时期的模式，人们主要以大米为主食，民间百姓日常种植的主要是稻米。据宋应星《天工开物》记载："今天下育民人者，稻居什七，而来（小麦）、牟（大麦）、黍、稷居什三。"[1] 江苏为鱼米之乡，食用稻米有粳稻、籼米和糯稻之分，粳米、籼米主要是做米饭、米粥，加工成米粉后也掺和着做糕团；糯米因其有黏性，除制作米食的糯米饭、粽子、糍粑外，加工成粉后主要用于制作各式糕、团点心。

---

[1]　（明）宋应星. 天工开物//续修四库全书（第1115册）. 上海：上海古籍出版社，2002：25.

1. 南京城的饮食市场

进入明代，江苏的饮食市肆开始繁荣起来，特别是首府南京食肆又得到了振兴。明代的南京商业兴旺，城内最繁荣兴旺的市场主要集中在秦淮河两岸，东起大中桥，中经镇淮桥，西到三山门，从内桥向南直至聚宝门一带，以及由三山门到大功坊的三山街，均为闹市区。明人所绘《南都繁会图卷》中，仅店铺招牌就有109种。内桥东南承恩寺附近各种行业齐全，日用百货琳琅满目，饮食摊点比比皆是。中国历史博物馆收藏的《南都繁会图卷》就是明代南京繁盛的真实写照。"南都大市为人货所集者，亦不过数处，而最夥为行口，自三山街西至斗门桥而已，其名曰果子行。它若大中桥、北门桥、三牌楼等处亦称大市集，然不过鱼肉蔬菜之类。如铜铁器则在铁作坊；皮市则在笪桥南；鼓铺则在三山街口，旧内西门之南；履鞋则在轿夫营；簾箔则在武定桥之东；伞则在应天府街之西；弓箭则在弓箭坊；木器南则钞库街，北则木匠营。"① 南京城大小酒楼有几百座，百姓安居乐业，夜晚街道上灯火通明，市场上一派繁荣景象。

图 3-1 明·仇英《南都繁会图卷》(局部)1

图 3-2 明·仇英《南都繁会图卷》(局部)2

---

① （明）顾起元. 客座赘语. 北京：中华书局，1987：23.

朱元璋定都南京后，兴起了官建酒楼。据《大政记》和《上元县志》等记载，皇帝钦命工部在南京兴建酒楼 16 座。明洪武二十七年八月，新建京都酒楼 10 座，后又增建 5 楼，在江东诸门外，"令民设酒肆其间，以接四方宾客"。落成之日，"诏赐文武百官钞，命宴于醉仙楼"。明永乐时晏铎诗云"花月春风十四楼"，明人《蓉塘诗话》亦云"国初于金陵聚宝门外建……十四楼"；清道光《上元县志》十四云明初建楼者十六，曰南市、北市、来宾、重译、集贤、乐民、鹤鸣、醉仙、轻烟、淡粉、梅妍、翠柳、石城、讴歌、清江、鼓腹十六楼。清嘉庆《江宁府志》亦云明朝初建十六楼。

这些是皇帝春天、秋天赐百官宴于酒楼的记载，明初有诗云："诏出金钱送酒垆，倚楼盛会集文儒。江头鱼藻新开宴，苑外莺花又赐酺。赵女酒翻歌扇湿，燕姬香袭舞裙纤。绣筵莫道知音少，司马能琴绝代无。"（揭轨，号孟同，《宴南市楼》）朝廷饮宴和文武官员宴席也多在这些高档酒楼举办。节日和盛事，皇帝宴请文武百官，也多由朝廷出钱，不放在光禄寺，而在官办酒楼上，主要是以此刺激都市饮食业的发展，这种状况是唐宋所没有的。明初时期，特别是永乐年间，南京城饮食业的兴旺与繁荣程度可见一斑。

明成祖朱棣晚年虽迁都北京（1421 年），但作为一代帝王，主要岁月是在南京度过的。朱棣作为雄才伟略的帝王，他的政绩在明代的帝王中还是屈指可数的。永乐时代，农业经济比洪武时代又有了进一步发展，国库殷实，赋粮充足，反映了当时农业经济的繁荣，在此基础上，手工业、商业也得到了很大的发展，这种繁荣极大地刺激了饮食业的飞速发展。这正是《南都繁会图卷》中的如实景象。

2. 其他地区的饮食状况

江苏地区自隋炀帝开通运河后逐渐成为南北东西商运船舶汇聚之地，商运交通的繁忙，由此也带来了经济繁荣，其饮食在质量和花样上也形成了自己的特点。江苏地区河流纵横，丰富的农产品为烹饪技术提供了用武之地。特别是明代中后期，扬州、淮安以及盐城、海州成为盐业产盐和供应的大市场，扬州、淮安又渐渐成为官商们饮食享受的中心。

明代时期的两淮盐商，大多麇集于扬州、淮安等地。这时期盐业生产与销售相当发达，明朝政府从中得到财政收入的一半，而从淮盐中得到的收入最多。明代时期大运河才真正成为南北物资、文化交流的大动脉。在这一阶段，因海上运输遭到禁止，南北水运完全以运河为主。据统计，明朝时每年行驶于运河上的漕船达万艘以上，是运河最为繁盛的时期。运河沿岸兴起了许多商业城市，淮安、扬州是江苏地区最为繁华的运河城市。该地的饮食市场特别昌盛，据明代《扬州府志》记载："扬州饮食华侈，市肆百品，夸视江表。"

江南的市镇兴起于宋代，但大量涌现还是在明代嘉靖、隆庆和万历年间。明代市镇的出现，是当时江南商品经济日趋发展的社会产物。以苏州府的市镇群为例，震泽镇元代尚为村市，居民仅数十家，明代成化时渐增至三四百家，嘉靖年间居民达千家。苏南地区人口的激增、商业的发达，也带来了饮食业的发展与繁华。

经济的繁荣带来了商业的发达，在弘治、嘉靖年间，"吴中四才子"之一的唐寅以商人子弟的身份，在《阊门即事》诗中描写苏州商业中心阊门一带的繁荣景象："世间乐土是吴中，中有阊门更擅雄。翠袖三千楼上下，黄金百万水西东。五更市卖何曾绝？四远方言总不同。"这里就包含着饮食业的市卖景况，"五更市卖何曾绝"，正是早点摊贩经营的实录。明代中叶以后，苏州在农业、手工业、商业、饮食业等方面处于全国领先地位。苏州地区士、农、工、商四业并举，经济与文化相互推进，不仅是富甲天下之府，而且是人文荟萃之地。

二、商业繁荣与社会食风

明代朱元璋以应天（今南京）为都，应天先后被称南京、京师，江苏地区隶属京师。永乐北迁后，南京为留都，江苏地区属于南直隶。明代江南成为全国举足轻重的粮食生产基地，水稻农艺水平在全国处于领先地位。明代的南京拥有织造、印刷、造船和建筑四大手工业部门。明代鼓励种植经济作物，松江、苏州等府的棉花种植不断发展，形成了一个沿江、沿海大面积种植棉花的专业生产区。江南的栽桑、养蚕、丝织更为兴旺发达。

1. 明代的物产与食风

江苏地区位于东南，气候温和湿润，盛产稻米，河流密布，禽畜、蔬菜、瓜果类也较为丰富。明代南京人顾起元撰写的《客座赘语》一书中，记录了南京当时许多丰富的物产资源。"果之美者，姚坊门枣，长可二寸许，肤赤如血，或青黄与朱错，驳荦可爱，瓤白踰珂雪，味甘于蜜，实脆而松，堕地辄碎。湖池藕，巨如壮夫之臂而甘脆无渣滓，即江南所出，形味尽居其下。大板红菱，入口如冰雪，不待咀嚼而化。灵谷寺所产樱桃独大，色烂若红鞇鞢，味甘美，小核，其形如勾鼻桃……鱼之美者：鲥鱼，四月出，鳞如银，纤明可爱。其次为河豚，形丑而性易怒，顾独爱五色綵缕……若血涤除未净，食之皆能杀人。解之用芦笋或橄榄、甘蔗，或曰鸭卵生啗之良。刀鲚鱼，出水而死，类鲥鱼，头有长鬣二。其次则玄武湖之鲫鱼，其脊黑而厚，鳞之在腹下者尤坚，大者可二三斛。顾以禁地，人间不恒有也。蔬茹之美者：旧称'板桥萝卜善桥葱'，然人颇不贵之。惟水芹之出春初，蕹菜之出夏半，茭白之出秋中，白菜之出冬初，为尤美。"[①]

江苏的名品名菜也随着多地的交往传至外地。而最著名的要数南京烤鸭和烤鹅，它们是南京各王府和酒楼中的名菜，后来由于明成祖迁都北京，由南京御厨带至北京，烤鸭成为北京的著名菜品，之后才由宫廷传至民间。当时的"泰州鸭蛋"已销往北方城市，在《金瓶梅》第34回中，西门庆在翡翠轩请帮闲诸朋友吃饭就有一道"红邓邓的泰州鸭蛋"。明代腌制鸭蛋已较为盛行，一般以江苏苏北地区最有名气。这里湖塘棋布，

① （明）顾起元. 客座赘语. 北京：中华书局，1987：13.

河溪纵横，水草茂盛，鱼、虾、螺等水生资源丰富，极宜养鸭。由于鸭食丰富，故所产鸭蛋个头大，质量好。万历《扬州府志·物产》记载曰："鸭出泰州佳。家鸭江湖间养者百千为群，高邮、泰州极多。生子多者，不暇，覆以牛矢，妪而出焉。未孵者曰蛋，土人盐藏之，以售四方，都下尤重之。"可见，泰州、高邮的咸鸭蛋全国闻名。

在记述南京人吃请宴客方面，顾起元在《客座赘语》"旧日宴集"中曰："如六人、八人，止用大八仙桌一张，看止四大盘，四隅四小菜，不设果，酒用二大杯轮饮，桌中置以大碗，注水涤杯，更赠送次客，曰'汕碗'午后散席。其后十余年，乃先日邀知，次早再速，桌及看如前，但用四杯，有八杯者……至正德、嘉靖间，乃有设乐及劳厨人之事矣。"[①] 这是明代南京中产阶级宴客的代表程式。

插莳竹枝词
坐种绕交
须莳宪何
农官今年
觉似常年
早莳浮全
家畫喜欢

图 3-3　(明)《便民图纂》书影

明太祖于洪武五年(1372 年)元宵节，朱元璋下令在秦淮河上燃放水灯万盏，传为一代盛事，促进了秦淮画舫的繁盛，自明至清，久盛不衰，有"秦淮灯船甲天下"之誉，灯船画舫的繁盛，也促进了秦淮船菜的发达。

明代邝璠编纂的《便民图纂》，是一本便民的实用全书。邝璠在弘治年间担任吴县知县，为"苏州府志名宦"。该书 16 卷，分别记述了农耕、桑蚕、树艺、起居、调摄、牧养、制造等类，内容较为丰富。与饮食有关的内容主要是"起居类"和"制造类"。在"起居类"中，收录有饮食宜忌、饮食反忌、解饮食毒、孕妇食忌、乳母食忌等，基本都是资料的汇编。"制造类"上编中，收录了 82 种食品的制作、收藏方法，涉及茶、汤、酒、醋、酱、脯腊、乳品、腌菜、果品等。基本上是从前代的书籍中摘编而成，个别内容有所补充。

2. 晚明食风的铺张

明代中后期，社会经济发展迅速，平民百姓的生活以厉行节约的俭朴为主，处处精打细算。如江苏太仓人陆容在《菽园杂记》记载道："吴中民家，计一岁食米若干石，至冬月，春臼以蓄之，名冬春米。尝疑开春农务将兴，不暇为此，及冬预为之。闻之老农云：不特为此，春气动则米芽浮起，米粒亦不坚，此事春者多碎而为糍，折耗颇多，冬月米坚，折耗少，故及冬春之。"[②] 而中上阶层人士的饮食越加丰富起来，在饮食上出现了一些宴会奢侈之风。

① （明）顾起元. 客座赘语. 北京：中华书局，1987：225.
② （明）陆容. 菽园杂记. 北京：中华书局，1985：19.

在江苏经营的盐商们日进万斗，过上了富裕的生活，置田产、建花园，在饮食上也大肆挥霍，在他们之间兴起了一股讲究排场的饮食之风。饮食奢靡之风的影响，也带动了民间食风的许多陋习。如江苏松江人何良俊撰写的《四友斋丛说》中记载："余小时见人家请客，只是果五色、肴五品而已，惟大宾或新亲过门，则添虾蟹蚬蛤三四物，亦岁中不一二次也。今寻常燕会，动辄必用十肴，且水陆毕陈；或觅远方珍品，求以相胜。前有一士夫请赵循斋，杀鹅三十余头，遂至形于奏牍。近一士夫请袁泽门，闻殽品计百余样，鸽子、斑鸠之类皆有。"①

陆容在《菽园杂记》中曰：常熟陈某请客，动辄具全鸡全鹅："夸奢无节，每设广席，肴饤如鸡鹅之类，每一人前，必欲具头尾。尝泊苏城沙盆潭，买蟹作蟹螯汤，以螯小不堪，尽弃之水。"② 待客食品讲究大小和档次，以体现自家饮食的丰饶和富有。

在江苏通州，万历前"贵家巨族，非有大故不张筵"，而万历时"乡里之人无故宴客者一月凡几"。（万历《通州志》卷二《风俗》）到了后来，"今之士大夫每日饱饫肥甘"，一些巨绅富商家宴嬉闹，殆无虚日，铺张之风盛行。

晚明时期普遍盛行吃喝风，"人人求胜，渐以成俗矣"，即使有人"极力挽回之，时时举家告人，亦常以身先之，然此风分毫不改"③。使当时的人际关系也以吃喝为纽带，因此南京曾流行"柴米夫妻，酒肉朋友，盒儿亲戚"的谚语。使得招待宾客成了一件很庄重的事情，不可草率马虎，因此当时又有"办酒容易请客难，请客容易款客难"④ 的谚语。

明代时，江苏人的烹调技术和风味菜品也得到了许多官僚、政客的赞誉和喜爱。明代宰相张居正在万历年间实行改革，做了很多有利于社会进步的事情，但是就是这样一位政治家在生活上却十分奢侈。有一年，他回乡办理丧事，地方大吏都来迎接。张居正吃饭时，"上食味愈百品，犹以为无下箸处"。真定守钱普是无锡人，会做苏味菜，便亲自下厨烹调，菜做好后，张居正很喜欢吃，对他说："吾至此始得一饱。"（赵翼《廿二史札记》卷三十四）于是江苏人中凡是能做菜的，都被召来为张居正服务。这件事说明，张居正的饮食已经奢侈到何种程度，另一方面也充分说明江苏菜制作的精巧和口味的细腻，博得了宰相及官僚们的喜爱。

三、食品丰盛与重视养生

社会安定，带来人们的饮食生活相对安顿。当时南京有名的食品不少。宋代陶谷在《清异录》中介绍南京的"建康七妙"，明代时，"今犹有此数物，起面饼以城南高座诸寺僧所供为胜，馄饨汤与寒具市上鬻者颇多，寒具即馓子，醋绝有佳者，但作劝盏恐齿齼，不禁一引耳。金陵士大夫颇工口腹，至今犹然，而餔啜家又兢称吴越间，世言天下

---

① （明）何良俊. 四友斋丛说. 北京：中华书局，1959：314.
② （明）陆容. 菽园杂记. 北京：中华书局，1985：169.
③ 同①.
④ （明）顾起元. 客座赘语. 北京：中华书局，1987：10.

诸福，惟吴越口福，亦其地产然也。"[1]

江苏的菜点食品丰富多彩，许多食品在外地也很有影响，《金瓶梅》中就记载了许多江苏菜品，如鲞鱼、醉蟹、糟鹅胗掌、水晶鹅、炒银鱼，点心方面如白糖万寿糕、雪花糕、定胜糕、玫瑰花饼、玫瑰元宵等。

明代初期苏州人韩奕撰写的《易牙遗意》，是实录苏州等江南民间家食之法，个别菜品是从宋代一直延续并流传下来的江南食品，在苏州等地相继流行。易牙，是春秋时期的调味专家，齐桓公的御厨。古籍介绍易牙的品味能力极强，有"淄渑水合，尝而知之"的辨别能力。韩奕用"易牙遗意"来命名，正说明此书是一本古之流传的调味食谱。全书分卷上、卷下两篇。卷上主要是酒类和菜肴类，其中醯造类有 11 种酒和调味品，脯鲊类有 29 种菜品，蔬菜类有 16 种加工产品。卷下主要是面点类、果实、茶、食药类，其中面点种类分笼造类 4 种、炉造类 16 种、糕饵类 9 种、汤饼类 4 种、斋食类 4 种，果实类 19 种，诸汤类 14 种，诸茶类 4 种，食药类 12 种。

明代中叶出现了一本饮食著作《竹屿山房·杂部》，这是华亭(今松江)人宋诩和他的儿子宋公望编写的一部内容丰富的饮食著作。该书现存三十二卷，其中"养生部"六卷、"燕闲部"二卷、"树畜部"四卷为宋诩所著；"种植部"十卷、"尊生部"十卷为宋公望编写。而影响最大、专门论述菜肴、点心等的烹饪食谱是宋诩的"养生部"六卷，写于明弘治甲子年(1504 年)。他在该书的自序中曾提到自己的情况："余家世居松江，偏于海隅，习知松江之味，而未知天下之味竟为何味也。"宋母朱太安人，幼随宋之外祖，长随宋父居住北京，并随任在外地几个省会生活过。他的母亲是一位见多识广、多才多艺的家庭主妇，是一位善主中馈的烹饪能手。宋诩之所以能写成此书，乃得益于其母的口传心授。

《竹屿山房·杂部·养生部》专谈养生食物，计六卷。卷一载茶、酒、酱、醋四制；卷二记载了面食、粉食、蓼花、白糖、糖缠、蜜煎、糖剂、汤水八制；卷三、卷四记载了兽属、禽属、鳞属、虫属四制荤腥食品制法近 400 种；卷五记载菜果、羹臛两制，其中素菜制法有 450 余种；卷六记载杂造、食药、收藏、宜禁四制，包括其他食品的加工贮藏方法 160 余种。这部书涉及的范围是很广泛的，东西南北中，五方之味齐全，但主要是以江苏美食为主，兼及北方的部分食品。

宋诩受其母亲的影响，堪称美食家。"养生部"可称得上是明代美食大全，记载的菜肴、点心丰富多彩。其中卷二中的"面食制"有 52 种，"粉食制"有 24 种，"蜜煎制"有 40 种，"糖剂制"有 20 种，"汤水制"有 25 种，其他还有"蓼花制""白糖制""糖缠制"多种。在卷三的"兽属制"中，提供了 17 种牛肉菜肴制法、45 种猪肉烹调法，以及驴、羊、狗、鹿、兔、獐、麂、野猫、野马、野猪、水獭、黄羊、狼、狐、虎、豹等许多家畜和野兽的烹饪制作方法。此外，禽类、水产、蔬菜等都有相当丰富品种的制作方法，这在明代是种类非常齐全的。

---

① (明)顾起元. 客座赘语. 北京：中华书局，1987：22.

宋诩之子宋公望也在其父的影响下，编写了"尊生部"，全书共十卷，分汤部、水部、酒部、曲部、酱部、醋部、香头部、糟部、素馅部、辣部、面部、粉部、蜜部、饭粥部、果部等，约收录了200多种食品制造及食品保藏的方法。本书带有资料性汇编性质，许多食品都是转录其他书中的内容，与菜肴、面点有关的内容更是少之又少。也有少许内容是自己撰写的。如"尊生部"七"素馅部"，有素馒头馅、玉灌肺两个品种。"尊生部"八"辣部"，就两个品种，一是"辣芥"，二是"芥辣"；"面部"共八个品种，主要有荞面、无锡雪花饼、韭饼、捲煎饼、马脑糕等。"尊生部"九"粉部"，有冷团、水团、煠夹子三个品种。比较有价值的东西不多，其中有几款食品值得一读，在这里简要述之。

（1）荞面："好荞菜去叶，只用茎切如豆大，勿令太细，先起葱油，次下荞头用爁，次下荞汁，入盐、酱调和，令味美。滚数沸，以汁浇面供，面煮熟后，温水度过成团结起，放盘中供，先滴数滴油。在温水内则面不结。"[①] 这个品种实则就是"荞菜汁凉面"，即利用荞菜取汁和面，放水锅中煮熟捞起，滴油拌和而成。

（2）无锡雪花饼："拣小麦淘净，筛簸讫以少水润湿，入臼舂去黄皮，然后上磨，故其面雪花无比。一以猪脂切作骰子块，用少水，锅内熬镕，逐旋舀出，未尽者再熬、再舀，如此则油白，若熬久则不白矣。以此油和面为饼面。一以好沙糖和面为饼中馅子，右件做成饼子，略放草灰在熬盘上，以纸隔之，置饼在上煠熟为度。"[②] 这是在前人"雪花饼"的基础上制作而成，前面加上"无锡"二字，说明这是无锡制作之法，直接用小麦加工成面粉再制作。

（3）素馒头馅："熟银杏、栗子油煠，豆腐麸、菠菜、白菜煠，熟笋干煮熟，茭白或胡萝卜等细切入熟油、酱、盐、花椒、碙砂末拌匀，滋味得所。"[③] 这是一款素馅心，用来制作包子，包子在苏南地区也称馒头。如无锡的小笼馒头、松江的南翔小笼馒头等。

尊生、养生的思想在明代是十分流行的，这在《金瓶梅》中就有许多养生食品的记载。江苏地区自然条件较好，富裕人家都普遍重视养生。太仓人穆云谷在《食物纂要》中强调饮食要"知节""知节则自然可以身心俱泰"（《晚香堂小品》卷10）。在《四友斋丛说》中也专设"尊生"一节，其曰："五行相生，莫不由于饮食也。""安身之本，必资于食。不知食宜，不足以存生。古之

图3-4 （明）《天工开物》百姓舂米

---

① （明）宋诩. 竹屿山房·杂部//纪昀，永瑢，等. 景印文渊阁四库全书（第871册）. 台北：台湾商务印书馆，1982：316.

② （明）宋诩. 竹屿山房·杂部//纪昀，永瑢，等. 景印文渊阁四库全书（第871册）. 台北：台湾商务印书馆，1982：317.

③ 同①.

别五肉五果五菜，必先之五谷，以夫生生不穷，莫如五谷为种之美也。"何良俊认为美食必以安身、存身，"修生之士，不可以不美其饮食。所谓美者，非水陆毕备异品珍馐之谓也，要在于生冷勿食，坚硬勿食，勿强食，勿强饮。"[①] 江苏的许多文人和富裕之家，在讲究美食、美味的同时，也关注着养生与保健。明代中后期，许多医家、文人均有养生著述，其修为多从实践出发。明末知识分子养生、尊生与服食修为之影响，对各阶层人士的怡情养性都产生一定的作用。应该说，中国传统的养生之道在明代饮食思想中有了新的发展，主要表现为把饮食保健的意义提高至尊生的目的，在我国饮食养生的历史上具有承前启后的重要作用。

第二节　烹饪技艺与菜肴制作的成就

有明一代，江苏烹饪技艺已达到了一定的高度，菜肴品种丰富多彩，从留存的食谱类书看，常用的冷菜、热菜烹调技法有20多种。在那些繁多的菜肴中，制作方法多种多样，还出现了一些特色鲜明的花色菜肴，为明代的菜肴烹制展现了变化而独特的一面。从烹饪发展史的角度来看，明代是烹饪技艺承上启下的关键时期，在经过唐宋时期的饮食繁荣，到元代饮食的扩展，特别是明代的技艺传承和发扬，为清代丰富的烹饪制作技术奠定了重要的基础。从江苏遗存下来的明代饮食资料和食谱来看，旧的技法得到了继承和传扬，新的工艺又崭露头角，菜肴制作新品迭出，为清代的烹饪大发展提供了较好的物质条件。特别是晚明社会江南经济的发展，使得当时的烹饪技术已经达到了发展的顶峰。

一、冷菜制作技术丰富而完善

从江苏现有的食谱类书看，明代冷菜制作技术已达到较高的水平，烹制菜肴的方法丰富多彩，已几乎接近完善。明代的食谱，从冷菜制作技术方面，可以将其分为两大类：一是冷制冷吃类烹调法，如泡、拌、鲊、糟、醉、腌(蔬菜)等，这类方法一般不需要用火加热，只需用调味品加工制作后直接食用。另一类是热制冷吃类烹调法，如冻、酱、风、腊、腌(肉类)，这类冷菜都是先加工成熟待冷凉以后再上桌食用。

1. 冷制冷吃技法：泡、拌、鲊、糟、醉、腌(蔬菜)

泡制技法在江苏地区的运用是比较普遍的，从现有的食谱中可以看到很多这样的菜肴。在《竹屿山房·杂部》中，写着"沃"，共有12制。代表品种如"萝卜卷"的制作："用肥白萝卜，薄切片菹，日晒微干，每片置川椒二粒、新紫苏叶丝、乳线丝、鲜姜丝，多寡量之，卷实，裁竹针，贯五卷为一处，熬酱油、醋，浸一二日熟。"[②] 其他还有豆

---

① (明)何良俊. 四友斋丛说. 北京：中华书局，1959：290-291.
② (明)宋诩. 竹屿山房·杂部//纪昀，永瑢，等. 景印文渊阁四库全书(第871册). 台北：台湾商务印书馆，1982：182.

腐皮卷、甜菜、冬瓜、瓠子、豇豆、菜白头、春菜心、茄子、黄瓜、白萝卜、胡萝卜，都是采用泡制而成的冷菜，即先将调味料加工配制好，然后将有关蔬菜清洗后进行泡制而成。

拌制法用料广泛，荤素均可，生熟皆宜。如王瓜拌金虾、撒拌和菜、拌白菜、拌豆芽、拌水芹等。明代的拌菜已有许多讲究，如"相公齑：用白菜菔、胡菜菔、莴苣菜心、蔓菁菜根，细切条菹，各以盐腌良久，用汤微笔，水洗压干。熬香油，加酱、醋煎沸浇覆之俟熟。"① 人们早已经注意到蔬菜先腌制、挤出水后，然后再随时调拌成菜，这种拌菜是在秦汉的基础上延续而来的。

明代动物性原料中生食的菜肴品种较多，如肉生法、蟹生方等。"蟹生方"是"用生蟹剁碎，以麻油，或熬熟，冷，并草果、茴香、砂仁、花椒末、水姜、胡椒，俱为末，再加葱、盐、醋，共十味，入蟹内拌匀，即时可食。"② 这些都是生食、生拌类菜肴，在远古、中古时期是比较普遍的，到明代已相对减少。

这时期较有代表性的生食类菜肴就是"鲊类"菜，明代时期是相当丰富的，不仅有生鲊，还有熟鲊，代表性的菜肴有：鱼鲊、生鹅鲊、生鸡鲊、黄雀鲊、黄鱼鲊、姆鱼鲊、蛏鲊等。这是上古时代沿袭而来的菜肴制作方法，两千多年间，它是上至帝王下至平民日常佐酒下饭的美味。大抵从两宋绵延到清代中叶，都是盛吃鲊的时代。"鲊"是一种生食菜肴，将新鲜原材料鱼或肉等切片、腌制，与米饭、调料调理，盛放容器中，经过多天密封，不用火力来烹、煮、煎、炒，就投入口中领略其滋味。③ 进入明代，熟鲊菜肴开始兴起，弥补了过去生食的弊端，既保持了"鲊菜"的风味，又保证了菜肴的卫生。如《竹屿山房·杂部》中的熟鹅鲊、熟鸡鲊等。

糟制法在唐代就较有名，至元代已发展成熟，那时的"糟蟹"已有现成的制作口诀。明代的糟制菜肴已较丰富，《竹屿山房·杂部》中有"糟"的专述，家畜类的牛、羊、猪肉、牛腱、猪羊头、蹄，都可以煮烂去骨糟制而成。而禽类也可如法炮制。"熟鹅，鸡同掌，跖、翅、肝、肺，同兽属。鹅全体剖析四轩。糟封之，能久留。宜冬月。"④ 在江苏主要有糟蟹、糟猪头、糟蹄爪、糟蛋、糟鲥鱼、糟茄、糟姜、糟萝卜、糟瓜茄、糟茭白笋等。《易牙遗意》中的"糟茄"："中样晚茄嫩者，水浸一宿时。每斤用盐四两，好香糟一斤，三宿脆妙。"⑤ 这是既简单又美味的糟制菜肴的特色。明代糟制以"生糟"为主，但也有不少"熟糟"的菜肴，如糟猪头、糟蹄爪等。李时珍《本草纲目》中指出酒糟对于食品有"藏物不败，揉物能软"⑥ 的作用。

① （明)宋诩. 竹屿山房·杂部//纪昀，永瑢，等. 景印文渊阁四库全书(第871册). 台北：台湾商务印书馆，1982：181.

② （明)韩奕. 易牙遗意//续修四库全书. 上海：上海古籍出版社，1996：624.

③ 邵万宽. 古代菜肴特殊烹制方法探析. 四川旅游学院学报，2017(5)：19-22.

④ （明)宋诩. 竹屿山房·杂部//纪昀，永瑢，等. 景印文渊阁四库全书(第871册). 台北：台湾商务印书馆，1982：166.

⑤ （明)韩奕. 易牙遗意//续修四库全书. 上海：上海古籍出版社，1996：629.

⑥ （明)李时珍. 本草纲目. 北京：人民卫生出版社，1979：1569.

　　醉制法也叫醉腌法，是将烹饪原料经初步加工和熟处理后，放入以优质白酒（或高粱酒或绍酒）和盐为主要调味品的卤汁中浸泡腌渍至可食的一种冷菜烹调法。明代用酒醉制的菜肴较多，最常见的有醉蟹、生酒虾、酒腌虾、酒醉鱼、酒蚶、酒烹鱼等。酒腌虾，实际上就是酒醉虾；酒发鱼法，即是酒泡腌制的鲫鱼。

　　腌制法是我国古代较传统的烹饪方法，蔬菜的腌制一般是冷制冷吃的，明代的各种腌蔬菜较为丰富，《竹屿山房·杂部》中记载江苏有"盐腌十六制"，诸如腌菜、腌白萝卜、腌茄、腌芹、腌新姜、腌葱、腌韭、腌蒜、腌瓠、腌荠、腌蒲蒻、腌萱芽等；有"控干七制"，即腌蔬菜控干水分的品种，如白菜薹、芥菜、生瓜、茄子、白萝卜等；有"晒炙四十八制"，包括豆豉、青豆、糖豆、莴苣笋、竹笋、菘菜、芋茎、茭白、胡萝卜、白萝卜、藕、生瓜、冬瓜、姜、马齿苋、蒜苗、香椿芽、花椒芽、紫藤花、豇豆、木蓼、蕨、蒌蒿、面筋等。① 蔬菜用盐腌制的方法是十分普遍的，而且制法多样，通过加工可直接供人食用，既简单方便，又价廉物美，受到了广大平民百姓的欢迎。

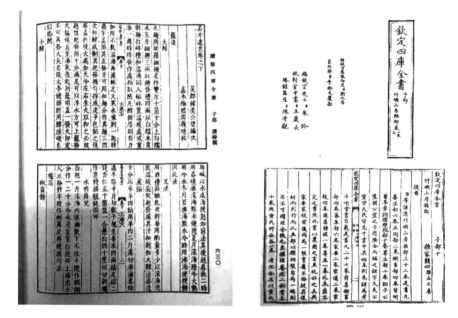

图3-5　《易牙遗意》书影　　　　　　图3-6　《竹屿山房·杂部》书影

2. 热制冷吃技法：冻、酱、风、腌、腊(肉类)

　　明代，江苏的热制冷吃菜肴丰富多变，烹调方法也多种多样。如冻制类菜肴，是利用含有胶质的原料经加热熔化后冷凝而成的，熔化冷凝后色泽透明晶莹，在菜肴中俗称"水晶""冻""膏"等，在元明时代比较盛行。明代的菜谱中已有较多此类菜肴，如水晶脍、冻猪肉、冻蹄爪、猪蹄膏、冻鸡、冻鱼、带冻姜醋鱼、带冻盐醋鱼、冻鱼尾干等。

　　① （明）宋诩. 竹屿山房·杂部//纪昀，永瑢，等. 景印文渊阁四库全书（第871册）. 台北：台湾商务印书馆，1982：186-188.

明代戴羲撰的《养余月令》中记载的"猪蹄膏"曰："用肥猪膀、蹄及爪一只，净洗，去毛壳。于砂铫内，着水煎熬。文武火不住，自晨至午。极烂，取出，去骨，砍如泥。仍放铫内，下酱油一斤，熬至晚，则膏成矣。方取出，用细麻布袋盛，滴清汁于小钵内，令其自冻。用时，先去面上油脂。作包馅甚妙。其著底，色如琥珀可爱。切方块入供。是时可停旬余，入春天暖，则易化且不冻也。鸡、鱼亦可仿作。止（只）下净盐，不用酱油，色白如水晶。鱼易多姜乃不腥。"[①] 这种制作在江苏已较普遍，《竹屿山房·杂部》中就有冻猪肉、冻鸡、冻鱼等菜肴。《易牙遗意》中有"带冻姜醋鱼"，其曰："鲜鲤鱼切作小块，盐腌过，酱煮熟，收出，却下鱼鳞及荆芥同煎滚，去渣，候汁稠，调和滋味得所。用锡器密盛，置井中或水上，用浓姜醋浇。"[②] 上面两款菜肴都是放酱和酱油的，若不放酱油即是水晶透明的。冻制类冷菜，刀切成块，软韧鲜醇，清凉爽口，冻膏入口即化，是佐酒的冷菜佳肴。

酱制法是将经过腌制或焯水后的半成品原料，放入酱汁锅内大火烧沸，再用小火煮至质软汁稠后捞出，最后淋上酱汁或浸泡在酱汁中的烹调方法。《竹屿山房·杂部》中的酱制类菜肴品种多样，有酱蟹、酱烧猪、酱煎猪、酱烹猪、酱炙羊、酱烹鸭等。酱制类菜肴通常以肉类、禽类等动物性原料为主，酱汁配制时需掌握好香料的运用（明代一般选用草果、陈皮、桂皮、甘草、莳萝、茴香、砂仁、豆蔻、白芷、花椒、葱、姜、胡椒等）及白糖、酱油的用料比例。制成后的菜肴色泽鲜艳，酱香味浓，鲜香酥烂。

风制法是冷菜加工的独特方法，将原料码味腌渍或不腌渍，取出挂通风处风制而成。风制后的原料再经过加热蒸制或烹制。江苏地区明代有风鱼、风猪肉、风鸡等，许多植物性原料也用此法加工制作，如风栗、风菱、风藕、风地栗等，将植物原料"悬筐中风戾之"，干制后可制成栗粉、菱粉、藕粉、地栗粉。这在《竹屿山房·杂部》中都有较详细的记载。

腌制动物性原料在我国是极为普遍的，它不同于蔬菜的腌制，各种肉类腌制后在食用前大多需经过成熟处理（如蒸、煮等，也有不需成熟的），是属于热制冷吃类的菜品。明代腌制的动物性菜肴有腌猪舌、腌牛舌、腌兔、腌牛肉、腌羊肉、腌猪肉、腌蛋、腌鱼等。腊制的方法丰富多样，在《易牙遗意》中就记载了三种腊肉制作方法。动物性原料如鸡、鸭、鹅、猪肉、羊肉、牛肉、兔肉等均可腊制。经过腊制的原料也需通过熟处理加工后食用。

腌和腊是两种不同的工艺手法，但是它们往往相互并存，同时运用，体现各自的特色。在我国上古时代，腌、腊之法就已出现了。腌制是我国民间制作冷菜的最基本、使用最广泛的方法之一，而且也是其他冷菜原料加工的基本调味方法之一。如风制需与腌制相结合，硝制需与腌制相结合，腊制需与腌制相结合；拌制、炸制等菜肴有时也需与

① 王仁兴. 中国古代名菜. 北京：中国食品出版社，1987：351.
② （明）韩奕. 易牙遗意//续修四库全书（第1115册）. 上海：上海古籍出版社，1996：626.

腌制配合。腊制法往往与腌渍、浸制、熏制数法并用，是由几种制作方法结合而成的。当时的"腊肉""腊鹅肉""腊烧鸡""腌腊鹅脖子""腌腊鹅"等，实则都是同样的一种方法，即腊腌之法。此都为冷菜，是较好的下酒之食。

二、热菜烹饪工艺精湛而多变

明代，江苏留存下来的纯食谱类书虽然不是很多，但加上笔记、小说类的零星记载，就现存资料可以看出那时的菜肴品种已十分丰富，烹调技法已比较全面，既有高档的美味佳肴，也有中档的荤素菜肴，又有平民百姓较普通的简易菜制，烹饪制作工艺已达到较高的水平。

1. 水传热烹饪工艺：煮、烧、炖、涮、熬、汆、烩、煨

煮制法是江苏早期菜肴制作的普通方法，发展到明代，普通的煮制菜肴较多，如煮鸭、煮鱼、煮蟹、煮牛饼子、煮酥骨鱼、卤煮鹌鹑等。除了传统的煮制法使用之外，这时期也出现了较有特色的菜肴，如《易牙遗意》中的"爊鸭羹"，[①] 是传统羹类菜的发展。该菜强调撇去浮沫，"汁清为度"，取鸭胸部肉，肉软为熟，加多种香料调料"研烂如泥"，用绿豆芡粉勾芡，是汤菜融合的羹菜，对清代的羹类菜肴有许多指导作用。

烧制烹饪法在明代的使用是十分广泛的，其烧制的方法多种多样，有酱烧、清烧、生烧、蒜烧、油烧等。如"生烧猪羊肉法"："腿精批作片，以刀背匀搨三两次，切作块子。沸汤内随漉出，用布内纽干。每一斤用好醋一盏、盐四钱、椒油、草果、砂仁各少许。供馔亦珍美。"[②] "烧蟹"："当蟹口，刀开为方穴，从腹中探去秽，满内酱、花椒、葱，口向上布锅内，筐亲于锅，炀者举火，时以油从锅口浇落少许，后以白酒薄调花椒、葱、酱，渐浇于锅。俟熟，不令有焦。"[③] 这种小火慢烧之法，关键是掌控火力之功夫。

炖，在明代多写成"顿"。《竹屿山房·杂部》中在记录"卵"的制作方法时专门有"顿"制的介绍："每卵黄白二升，水一升，同少盐调甚匀，泻银锡器中，掺花椒、缩砂仁末、葱屑，不盖锅，隔汤慢顿熟。宜甘草、水酒或醋盐葱煎汁瀹之，宜肥辣酱之瀹之，有调入熟鹅鸡膏，益珍。乾用。或先调卵于器，汤中顿微熟，细切熟猪肉醢铺上，又将卵泻入再顿熟。有用卵带壳烹白微坚，击颠窍，倾去黄，调猪肉醢或细切乳饼满实之，又顿熟。"[④] 这里较详细地介绍了多种"炖蛋"的制作技巧和方法。

涮制法，是把形小质嫩的原料，放入汤内烫熟，随即蘸上调料食用的一种烹调方法。汉代江都王刘非墓中就出土有分格的涮火锅。明代已出现了多个菜肴品种，如生爨

① （明）韩奕. 易牙遗意//续修四库全书（第 1115 册）. 上海：上海古籍出版社，1996：626.
② （明）韩奕. 易牙遗意//续修四库全书（第 1115 册）. 上海：上海古籍出版社，1996：625.
③ （明）宋诩. 竹屿山房·杂部//纪昀，永瑢，等. 景印文渊阁四库全书（第 871 册）. 台北：台湾商务印书馆，1982：177.
④ （明）宋诩. 竹屿山房·杂部//纪昀，永瑢，等. 景印文渊阁四库全书（第 871 册）. 台北：台湾商务印书馆，1982：166.

牛、熟爨牛、生爨羊、腥爨羊、熟爨羊、生烧羊肉(饮)等。涮制法通常是利用火锅独特的器具将水烧沸后烫熟原料。早期的火锅器具叫"爨",这是一个象形字,下面用木炭生火,上面有双耳手环,这就是早期的铜火锅形制。铜爨薄且轻便,又易于导热,烹调食物极其方便。《竹屿山房·杂部》中的"生爨牛二制"载:"一视横理薄切为牒,用酒、酱、花椒沃片时,投宽猛火汤中速起。凡和鲜笋、葱头之类,皆宜先烹之。一以肉入器,调椒、酱作沸汤,淋色故即用也。"①涮是一种独特的烹调方法,是就餐者的自我烹调,所以带有很大的灵活性,其特点是主料鲜嫩,调味灵活,汤味鲜美。

除上述主要烹调方法之外,还有氽、焖、煨等烹调法,如"氽"制菜肴有氽牛饼子、氽猪肉饼、焯绿豆芽、汤煿鱼等;焖制菜肴有焖猪肉、焖鸡、焖鹅等;煨制菜肴有煨茶叶蛋等。

2. 油传热烹饪工艺:炒、爆、烹、炸、煎

炒制法是油烹阶段的产物,宋代是炒制法的发展时期。进入明代,江苏地区的炒菜已很丰富,并有盐炒、油炒、酱炒之别。如盐炒虾、盐炒鹅、盐炒鸭、辣炒鸡、炒腰子、炒鲜虾、银鱼干炒韭菜等。如"油炒鹅":"(鹅)剖切为轩,先熬油入之,少酒水烹熟,以盐、缩砂仁末、花椒、葱白调和,炒汁竭。宜干蕈(洗)、石耳(洗,俱用其余汁,炒香入)。"②此菜把炒制技术记录得很到位,要求制作者具有较高的技术水平。蔬菜的炒制更加普遍,《竹屿山房·杂部》中"油炒蔬菜"有四十二制,③几乎所有蔬菜都可炒制而食。

比炒制速度更快的"爆"制法,在明代也有一定的发展,它在炒制的基础上更加讲究制作的速度,如爆炒腰花、油爆鸡、爆炒羊肚等。"油爆鸡"记录了两种制作方法:"一用熟肉,细切为脍,同酱瓜、姜丝、栗、茭白、竹笋丝热油中爆之,加花椒、葱起。一用生肉,细切为脍,盐、酒、醋浥少时,作沸汤煿,同前料,入油炒。"④此两种制法,一为熟料,一为生料,但炒制的速度较快,菜肴的口感更加爽嫩。

"烹"的工艺,在明代可分为"酒烹""辣烹"和"一般烹"几种。酒烹主要以白酒作为辅助料,辣烹主要以胡椒、花椒作为烹制的调味品。在《竹屿山房·杂部》中记载了较多的烹制菜肴,如"酒烹鱼":"治去鳞鳃,微腌顷之,涤洁,先和甘草水熟,白酒、醋、盐投鱼,齐烹熟,入花椒、葱起。"这里介绍了三种制作方法,并且分别介绍了针

① (明)宋诩. 竹屿山房·杂部//纪昀,永瑢,等. 景印文渊阁四库全书(第871册). 台北:台湾商务印书馆,1982:150.
② (明)宋诩. 竹屿山房·杂部//纪昀,永瑢,等. 景印文渊阁四库全书(第871册). 台北:台湾商务印书馆,1982:161.
③ (明)宋诩. 竹屿山房·杂部//纪昀,永瑢,等. 景印文渊阁四库全书(第871册). 台北:台湾商务印书馆,1982:184.
④ (明)宋诩. 竹屿山房·杂部//纪昀,永瑢,等. 景印文渊阁四库全书(第871册). 台北:台湾商务印书馆,1982:162.

头鱼、子鳖鱼、比目鱼、鲂皮鱼、斑鱼、玉箸鱼、银鱼之类都宜酒烹制作。① 而"辣烹鱼"的制作是："微腌入肉汁,同甘草烹熟,以酱醋、胡椒、花椒、葱白调和。"并重点介绍"辣烹鲤鱼""辣烹鲫鱼""辣烹鳗鲡"诸菜。"一般烹制"的菜肴有烹鹅、烹鸡、烹蟹、烹鲟鱼、烹河豚、酒烹田鸡、辣烹田鸡等。

"炸"制法是油传热烹调法中最典型的方法,明代有油炸烧骨、油烹鳖、煠鱼、煠铁脚雀、炸银鱼、油炸风消饼、油炸糖榧等。

"煎"制法在《竹屿山房·杂部》中有"盐煎""酱煎""油煎"三法,代表菜肴有盐煎猪、盐煎牛、盐煎兔、酱煎猪、油煎鱼、油煎鸡、油煎猪、油煎鳝、煎馔花鳅、煎鸡蛋,该书中还记载了"油煎蔬菜"十六种不同蔬菜的制作。

3. 其他传热烹饪工艺:蒸、烤、炙、烘、熏、烙

除水、油两大类传热方法外,还有一些特色的技法。蒸制是我国古代早期发明的烹调方法,自甑、鬲、甗器具出现后,蒸制法就被人们所使用。它是对蒸锅中的水进行加热,使其形成热蒸汽,在高温的作用下,使蒸笼中的蒸汽剧烈对流,把热量传递给原料至熟的烹调法。明代江苏地区的蒸菜,有清蒸肉、蒸猪、藏蒸猪、蒸鹅、蒸鲥鱼、蒸白蟹、盏蒸鹅、箬条巴子以及蒸山药、蒸香芋、蒸落花生等。代表菜如"芙蓉蟹":"用蟹解之,筐中去秽,布银锡砂锣中,调白酒、醋、水、花椒、葱、姜、甘草,蒸熟。"②

烤、炙、烘三法其实都是烤制的一类,如鲜烘鱼、料烘鱼、烘鸡、烘田鸡;田鸡炙、火炙猪、火炙鹅、火炙鸭、火炙鸡、黄雀炙等。"炙"与"烘"究竟有多少差别,我们分析一下《竹屿山房·杂部》中"烘田鸡"与"田鸡炙"两款菜肴。"烘田鸡":"治之连肤,每斤盐四钱,腌一宿,涤洁,炼火烘燥,用则温水渍润退肤辣烹。"③ "田鸡炙":"治涤俱洁,将酱、赤砂糖、胡椒、川椒、缩砂仁坋沃之少顷,入熬油中烹熟,置炼火上纸藉炙燥。"④ 前者是腌制后先烘燥再辣烹,后者是腌制后拉油再炙燥。烘和炙两者差别是不大的,烘制法是把原料烘干熟后食用,而炙制法比烘制法火力更直接、更猛烈,食用更香脆。"烘鸡":"剖鸡背,微烹,用酒姜汁花椒葱泡之,置炼火上烘,且泡且烘,以熟燥为度。"⑤ 而"火炙猪":"用肉肥嫩者,薄切朡,每斤盐六钱,腌之以花椒、莳萝、大茴香,和匀后微见日,置铁床中,于炼火上炙熟。"⑥ 烘是"熟燥为

① (明)宋诩. 竹屿山房·杂部//纪昀,永瑢,等. 景印文渊阁四库全书(第871册). 台北:台湾商务印书馆,1982:170.

② (明)宋诩. 竹屿山房·杂部//纪昀,永瑢,等. 景印文渊阁四库全书(第871册). 台北:台湾商务印书馆,1982:177.

③ (明)宋诩. 竹屿山房·杂部//纪昀,永瑢,等. 景印文渊阁四库全书(第871册). 台北:台湾商务印书馆,1982:175.

④ 同③.

⑤ (明)宋诩. 竹屿山房·杂部//纪昀,永瑢,等. 景印文渊阁四库全书(第871册). 台北:台湾商务印书馆,1982:163.

⑥ (明)宋诩. 竹屿山房·杂部//纪昀,永瑢,等. 景印文渊阁四库全书(第871册). 台北:台湾商务印书馆,1982:156.

度"，炙是"炼火上炙熟"，从字面上看，有制作程度上的差别。

在明清时期，江苏的烤与烧是紧密相连的，通常人们都叫作"烧烤"。即使在今天人们也常常是如此的叫法。明代，许多的"烧制"菜肴实际上就是"烤制"而成的。如菜谱中出现较多的烧鸡、烧鸭、烧鹅，食谱中都写成"烧"，但实际上并不是烧制方法，而是烤制。这在明代是特别明显的。如《竹屿山房·杂部》中"烧鹅"的记述："用全体，遍挼盐酒、缩砂仁、花椒、葱，架锅中烧之，稍熟，以香油渐浇，复烧黄香。"① 书中并自释为"鹅炙"。烧鸡、烧鸭均如此。明代的"烧"制法是比较笼统的，许多地区把"烤"说成烧，在江苏、山东、河南地区较普遍，如《金瓶梅》中记载的许多"烧鸡""烧鸭""烧鹅"也都是"烤制"的。

利用烟、气等接触食物原料的熏制法，在明代的菜肴制作中十分广泛，这时的菜谱几乎每本书中都或多或少地记载了熏制菜肴。如《易牙遗意》中有"火肉"；《竹屿山房·杂部》中有"熏鸡""熏牛肉""火猪肉""火牛肉""熏田鸡"等；"熏鸡"是用少盐揉之，"盛于铁床，覆以箸盖，置焚砻谷糠烟上，熏燥。"② "火牛肉"是改刀后的牛肉用盐揉擦腌渍，"石灰泡汤待冷，取清者洗洁。风戾之，悬烟突间。"③ 这里的"焚砻谷糠烟上熏燥"和"悬烟突间"熏制就是明代的两种不同的熏制方法。

"烙"制法在明代多有应用，大多是面食的摊制，菜肴制作相对较少，常用的"摊蛋皮"就是采用此法："用卵少水调，杂猪肉醢料，泻少油锅中摊开，沃少酒，或以锅中少滑以油泻调，不入水，卵匀甚薄，片如春饼，卷物用。"④ 制成的蛋皮不仅可以单独食用，还可以包卷食物原料制作成其他的花色菜肴。

三、菜肴制作工艺的变化与技巧

明代社会的经济发展为江苏烹饪技术奠定了良好的基础。明初兴办酒楼之风较盛，晚明江南经济发展迅速，为当时菜肴制作提供了较好的物质条件。厨师们为了满足宫廷、官府、商贾等人员的饮食需求，在烹饪制作中不断注重变化，并掌握了许多菜肴制作的诀窍。

1. 菜肴制作中多种烹调方法的结合

明代菜肴的制作，许多菜肴是运用多种烹调方法综合制作而成的。《易牙遗意》中有一款"炉焙鸡"："用鸡一只，水煮八分熟，剁作小块。锅内放油少许，烧热，放鸡在内

---

① （明）宋诩. 竹屿山房·杂部//纪昀，永瑢，等. 景印文渊阁四库全书（第871册）. 台北：台湾商务印书馆，1982：161.

② （明）宋诩. 竹屿山房·杂部//纪昀，永瑢，等. 景印文渊阁四库全书（第871册）. 台北：台湾商务印书馆，1982：163.

③ （明）宋诩. 竹屿山房·杂部//纪昀，永瑢，等. 景印文渊阁四库全书（第871册）. 台北：台湾商务印书馆，1982：150.

④ （明）宋诩. 竹屿山房·杂部//纪昀，永瑢，等. 景印文渊阁四库全书（第871册）. 台北：台湾商务印书馆，1982：167.

略炒，以旋子或碗盖定。烧极热，醋、酒相半，入盐少许烹之，候干再烹，如此数次。候十分酥熟取用。"[1] 此菜经过先煮再炒，最后再烹，如此数次，使其焙熟酥香入味，在品尝的口感上味觉和触觉都达到了美妙的境地。《竹屿山房·杂部》中的"牛脯"是"用肉薄切为牒，烹熟压干，油中煎；再以水烹，去油，漉出。以酒接之，加地椒、花椒、莳萝、葱、盐，又投少油中，炒香燥。"[2] 此菜经过四种烹制方法，先烹后煎，再以水烹，最后炒制。这就是"牛肉脯"的制作，今天江苏的六合肉脯、靖江肉脯正是在此基础上发展而来的。

2. 原料的加工技术更加巧妙而多变

（1）禽类从肋骨处取内脏

明代江苏菜肴的加工技术已达到一定的高度，在宰杀家禽时，不仅从禽的腹部去内脏，而且开始有从禽的肋间取内脏，以保持禽类整体外形的完整，从整禽来看，看不出腹部的刀口。如《竹屿山房·杂部》中的"蒜烧鸡"的加工："取善鸡揉洁，割肋间去脏，其肝肺细切醢，同击碎蒜囊、盐酒和之，入腹中，缄其割处，宽酒水中烹熟，手析杂以内腹用。"[3] 这要求制作者有较高的技术水平。

（2）鱼类从鱼鳃中取内脏

江苏的水产鱼类加工技法多变，在鱼的宰杀加工方面，去内脏也不仅仅是从腹部取出，为了成菜后整条鱼的外形完整，人们发明出鱼的内脏用筷子从鱼鳃中绞出的方法，这堪称绝活。如"鲜烘鱼"："用鲜活鱼，不去鳞，从鳃间抠去肠肚，抹洁，置炼火上，烘绝燥。"[4] 没有一点的烹饪基本功和精湛的技艺是难以完成如此杰作的。

3. 特色菜肴品类多样新颖别致

特色菜肴在口味上面有新的变化，注重多味组合。如"五味蟹"："用蟹团脐者，每六斤入瓮一层，叠葱、川椒一层，取酱一斤、醋一斤、盐一斤、糟一斤，酒不拘算，薄调渍没蟹为度。熟宜醋。"[5] 品尝该蟹肴，咸、酸、辣、鲜、香五味俱美，酒香、糟香、醋香浓郁。

将肉类加工成蓉泥，再制作成不同的形状，此类菜肴逐渐增多，如各式肉丸、肉饼等。较有特色的如"牛饼子"："用肥者碎切机（音儿）上，报斫细为醢，和胡椒、花椒、酱、泡白酒，成丸饼，沸汤中烹熟，浮先起，以胡椒、花椒、酱油、醋、葱

① （明）韩奕. 易牙遗意//续修四库全书. 上海：上海古籍出版社，1996：627.

② （明）宋诩. 竹屿山房·杂部//纪昀，永瑢，等. 景印文渊阁四库全书（第871册）. 台北：台湾商务印书馆，1982：150.

③ （明）宋诩. 竹屿山房·杂部//纪昀，永瑢，等. 景印文渊阁四库全书（第871册）. 台北：台湾商务印书馆，1982：162.

④ （明）宋诩. 竹屿山房·杂部//纪昀，永瑢，等. 景印文渊阁四库全书（第871册）. 台北：台湾商务印书馆，1982：173.

⑤ （明）宋诩. 竹屿山房·杂部//纪昀，永瑢，等. 景印文渊阁四库全书（第871册）. 台北：台湾商务印书馆，1982：177.

调汁，浇瀹之。"①《竹屿山房·杂部》中有"猪肉饼三制"：一是与鱼肉、藕屑制成丸饼；二是与绿豆粉皮和豆腐、山药、竹笋等制成饼；三是煎丸与鲜菱肉、藕、豇豆、鸡头茎炒熟。蓉类菜花样多变，口感多味复合，味中有味。

花色菜肴的制作又有新成果，如"盐炒虾"："用虾投水中，用盐烹熟，宜醋。烹熟之，取水淋洁，暴燥，挼去壳为虾尾，色常鲜美。宜黄瓜丝，用蒜醋。宜油炒，用韭头。宜为羹，用豆腐。"② 这不是一道简单的炒虾，在虾的加工中，去掉虾壳（留尾壳），尾红肉白，此菜为"炒凤尾虾"，特色鲜明，有"色常鲜美"之特点。另一款"玛瑙蟹"也较有特色："用蟹烹，解脱其黄肉，水调绿豆粉少许，烦揉以鲜乳饼，同蒸熟，块界之，以原汁、姜汁、酒、醋、甘草、花椒、葱调和，浇用。"③ 用蟹黄、蟹肉与乳饼、绿豆粉加调料一起蒸熟做成糕的形状，冷却黏凝后再切成块浇上调料食用，多种原料、不同颜色组合蒸熟的蟹糕色如玛瑙，又无需剔蟹壳、骨，食之爽滑鲜嫩。

酿制的花色菜又有新突破，如《易牙遗意》中的"酿肚子"："用猪肚一个治净，酿入石莲肉，洗擦苦皮，十分净白，糯米淘净，与莲肉对半，实裹肚子肉，用线扎紧，煮熟压实。候冷切片。"④ 猪肚中有莲肉和糯米，外表是肚，内里是它物，食之外韧筋内黏糯。如今广东制作的"酿猪肚"一菜就是在此基础上的变化和出新。此菜设计巧妙，制作别致，口感独特。

4. 菜品的调味运用了辣烹的制作方法

江苏地区的菜谱上用辣的菜肴开始增多，并出现了辣烹、辣炒的制作方法。它是以胡椒、花椒结合起来的制作法。《竹屿山房·杂部》中有专门的"辣烹法"，其曰："微腌入肉汁，同甘草烹熟，以酱醋、胡椒、花椒、葱白调和。"在辣烹菜肴中，也有不用糖烹制的，并说鲤鱼宜辣烹。书中介绍了辣烹鲫鱼、辣烹鳗鲡、辣烹田鸡、辣炒鸡等菜。"辣炒鸡"的制作是："用鸡斫为轩，投熟锅中炒改色，水烹熟，以酱、胡椒、花椒、葱白调和，全体烹熟，调和亦宜。和物宜熟栗、熟菱、燕窝、麻姑、鸡棕、天花菜、羊肚菜、海丝菜、生蕈、石耳、蒟蒻、芦笋、蒲蒻、竹笋干、黄瓜、胡萝卜、水母、明脯须。"⑤ 这是一份炒鸡丁，主要调料用胡椒、花椒，炒鸡丁可配制的辅料多种多样，如栗子辣炒鸡丁、菱米辣炒鸡丁、芦笋辣炒鸡丁等。一向以清淡、甜咸味为特色的江苏菜，偶尔也以微辣的风格调制一些菜肴，以丰富菜品的口感，满足部分吃微辣菜品客人

① （明）宋诩. 竹屿山房·杂部//纪昀，永瑢，等. 景印文渊阁四库全书（第871册）. 台北：台湾商务印书馆，1982：150.

② （明）宋诩. 竹屿山房·杂部//纪昀，永瑢，等. 景印文渊阁四库全书（第871册）. 台北：台湾商务印书馆，1982：176.

③ （明）宋诩. 竹屿山房·杂部//纪昀，永瑢，等. 景印文渊阁四库全书（第871册）. 台北：台湾商务印书馆，1982：177.

④ （明）韩奕. 易牙遗意//续修四库全书（第1115册）. 上海：上海古籍出版社，1996：627.

⑤ （明）宋诩. 竹屿山房·杂部//纪昀，永瑢，等. 景印文渊阁四库全书（第871册）. 台北：台湾商务印书馆，1982：163.

的饮食需要。

5. 烹饪制作技艺中出现了许多妙招

烹饪工艺是一个技术活，许多原料的加工和菜肴的制作是有许多技术诀窍的。传统菜的吊制清汤技术，这是江苏厨师基本功的关键。在明代也有了具体的制作要求，如韩奕《易牙遗意》中的"捉清汁法"就记载了吊清汤的技巧，其文曰："以元（原汁）去浮油，用生虾和酱撵在汁内。一边烧火，使锅中一边滚起，泛来掠去之。如无虾汁，以猪肝擂碎和水倾入代之。三、四次下虾汁，方无一点浮油为度。"① 而对于隔宿的汤汁保管与利用，韩奕亦有妙招："宿汁每日煎一滚，停顿少时，定清方好。如不用，入锡器内或瓦罐内，封盖挂井中。"②

河豚好吃但毒性很大，明代江苏人制作河豚也有妙招，《竹屿山房·杂部》中的"烹河豚"曰："二月用河豚剖治，去眼，去子，去尾鬣、血等，务涤甚洁，切为轩。先入少水，投鱼烹过熟。次以甘蔗、芦根制其毒，荔枝壳制其刺软。续水，又同烹过熟。胡椒、川椒、葱白、酱、醋调和，忌埃墨荆芥。"③ 人们早就掌握了河豚去毒和皮刺制软之法，这是制作河豚美味的前提。

明代江苏烹饪与菜品制作成就，主要来源于地方经济的发展和中晚期社会的食风。上述内容主要就明代江苏留存下来的食谱作一分析，元末明初《易牙遗意》中的收录与转引，宋诩的《竹屿山房·杂部·养生部》写于明中期弘治甲子年。应该说，烹饪的成就还远远不止于此，许多官府、商贾乃至宫廷的饮食菜品都是零星点滴的记载，但从这些烹饪技艺和特色菜肴的制作中可以窥一斑而知全豹，显现出明代的烹饪技术水平。

第三节 面点制作与技术水平的提高

江苏面点在宋、元时期制作技艺的基础上，于明代得到了快速的发展，并且出现了许多新的品种，许多面点的制作独树一帜，在原料的选用、外形的变化、技术的开拓方面都展现了不少新的风格，形成了用料特殊、配味讲究、技法多变、造型多样的制作特色，在中国面点文化史上写下了光辉夺目的篇章。

在面点制作方面，除利用大米、糯米、面粉制作点心之外，利用山药、栗子、莲藕、芡实、菱角等果蔬杂粮制作的各式面点特色显著。由于粉料的生产加工更加精细化，使得各式杂粮食品的口感更加可口，成为人们日常生活的主食和调剂食品。

明代时，江苏有关饮食类书刊不少，记载的面点品种灿若繁星，单纯以饮食为内容

---

① （明）韩奕. 易牙遗意//续修四库全书（第 1115 册）. 上海：上海古籍出版社，1996：625.

② （明）韩奕. 易牙遗意//续修四库全书（第 1115 册）. 上海：上海古籍出版社，1996：625-626.

③ （明）宋诩. 竹屿山房·杂部//纪昀，永瑢，等. 景印文渊阁四库全书（第 871 册）. 台北：台湾商务印书馆，1982：171.

的书籍，主要代表有韩奕的《易牙遗意》，其将面点分为四类，即笼造类、炉造类、糕饵类、汤饼类，共收录了近 40 种制馅及其点心的制法；宋诩编撰的《竹屿山房·杂部》，其面点的内容主要在卷二的面食制、粉食制，卷六的杂造制、食药制中，共计有 90 多个品种。作者用很多笔墨记载了当时名目繁多的饮食点心，其品种包含了当时明代江苏南北地区的许多风味食品，对研究明代的饮食文化也有着特殊的价值。

在这些丰富的面点品种中，有许多是明代新创的品种，它突破了宋元时期面点制作的框框，形成了用料特殊、配味讲究、形制多样的风格特色，在中国面点文化史上具有独特而开创的地位。

一、面团调制技术水平的提升

江苏面点是我国面点的代表流派，体现了中国面点制作的最高水平。明代时期已形成了许多特色，其制作精巧、咸甜适中，不同面团的制作涌现出不同的风格特色，特别是米粉面团的糕团制作更是独树一帜。在早期水调面团制作的基础上，也有许多新的发展。如韭饼、雪花饼、卷煎饼、肉饼、麻腻饼子、荞饼、油烙饼、千层饼、薄焦饼等花样众多，多种馅心制作的各式面饼，烹调方法也多种多样。另外，各式面条制作水平有了更高的发展，体现了水调面团技术已有较高的水平。

1. 酵面技术得到了不断发展

面点的发酵技术在明代又有了新的发展。明初的韩奕在《易牙遗意》卷下"笼造类"中，一开始就记有大酵、小酵、又法三种发酵方法。

> 大酵："凡面用头罗细面，足秤，双斤十个，十分上白糯米五升、细曲三两、红曲、发糟四两。以白糯米煮粥，面（曲）打碎，糟和温汤，同入磁钵，置温暖处。或重汤一周时，待发作，滤粕取酵。凡酵稠厚则有力。如用不敷，温汤再滤辏足。天寒水冻则一周时过半盖，须其正发方可用和面。分作其面三四次，和酵成剂。其起发，挼匀，擀成皮子。包馅之后，布盖于烧火处。如天冷，左右生火以和之。必须面性起，发得十分满足，可以浮水，方可上笼。发火猛烧，直至汤气透起到笼顶盖。一发火即定，不可再发火矣。若做太学馒头用酵硬，名曰'捭酵'。"

> 小酵："用碱，以水或汤搜面如前法。其搜面，春秋二时用春烧沸滚汤，点水便搜。夏月滚汤，胆冷，大热用冷水。冬月百沸汤点水，冷时用沸汤便搜。饼法同。"

> 又法："用酒糟面晒干收贮。每用酌量多少，以滚汤泡，放温暖处。候起发，滤其汁和面，如'大酵法'蒸造。"[①]

这里的发酵面团已有大酵面与小酵面之分，基本接近现代发酵面的制作技术。而大

---

① （明）韩奕. 易牙遗意//续修四库全书（第 1115 册）. 上海：上海古籍出版社，2002：630.

酵所用的发面引子是以糯米煮粥与细曲、红曲、发糟拌和后制取"酵种"，然后使面团发酵，再制作面点。这种方法较北魏时《齐民要术》中的酒浆发酵法有了很大的改进。这是发酵面团制作的又一重要特色。

明代的发酵面已有较好的制作技术，在《竹屿山房·杂部》中也有较详细的说明。如"馒头：用醇酵和面揉甚匀，擀剂，内馅，缄密之。先用荷叶或生芭蕉叶箪笼间蒸熟，布齐置缓火中蒸微温取下。俟酵肥复置锅上，速火一蒸，视不黏已熟，遂逐枚移动也。其制作圆而高起者曰馒头；低下者曰饼；低而切其缘细析为小瓣者曰菊花饼；面中以醇酵调之，以少蜜缄而开其头，曰橐驼脐；长曰茧；斜曰桃。"[1] 该书对"酵"的制法也有详细的介绍："酵二制：一白酒中调干面于内，俟味老烈用之。煮糯米饭加白酒醅于内，俟味老烈用之。一若用速，加干面少许，易于老烈。夏月易熟，不须煖处；冬月则必置煨灶侧，酌量加以生酒药一二丸。此酵为胜，不宜碱水。"[2] 这里对于发酵面的制作和叙述已经较为成熟，而且阐述得也较实在和详尽。

明代时，发酵面的制作已不仅仅用来制作发酵的馒头、包子之类，并被运用在许多点心的制作中。代表性的是"烧饼"的制作，如《易牙遗意》中的"白酥烧饼"："面一个（团），油二两，好酒醅作酵，候十分发起即用，揉令十分"[3] 入炉中熯熟。《竹屿山房·杂部》中的"烧饼"更简明清晰："用酵和面，缄豆沙或糖面，擀饼润以水，染以熟芝麻。俟酵肥，贴烘炉上，自熟。"[4] 而其他品种也较多，如"糖榧"的制作是"白面入酵待发，滚汤搜成剂，切作榧子样"。[5] "熯饼"是"用酵和面，加油盐为饼，先熯，再以小石在锅炒热，藏饼于中焗熟。"[6] "糖榧"类似于今天的"麻花"，"熯饼"相当于"石子馍"。这些都离不开发酵面的作用，使面点的口感形成了酥香、松软的特色。

2. 米粉糕团品种较为丰富

米粉面团是江南地区广泛使用和调制的，在唐宋时江南就有许多特色糕团了。这时期的许多糕团制作更讲究用粉、掺粉、口感和配料，使米粉制品展现出丰富多彩的风格。在明代的食谱中已将"面食制"与"粉食制"分开，《竹屿山房·杂部·养生部》中就列出了 24 种粉食品种。而在《易牙遗意》中，米粉面团中的糕品，已有不同性质的粉糕，出现了酥松柔软的"松糕""生糖糕"和糯香黏滑的"夹沙团""水团"等品种。

"山药糕"："山药蒸熟去皮，切片，暴燥，磨细，计六升，白糯米新起渐碓粉，

① （明）宋诩. 竹屿山房·杂部//纪昀，永瑢，等. 景印文渊阁四库全书(第 871 册). 台北：台湾商务印书馆，1982：131.

② （明）宋诩. 竹屿山房·杂部//纪昀，永瑢，等. 景印文渊阁四库全书(第 871 册). 台北：台湾商务印书馆，1982：132.

③ （明）韩奕. 易牙遗意//续修四库全书(第 1115 册). 上海：上海古籍出版社，2002：631.

④ （明）宋诩. 竹屿山房·杂部//纪昀，永瑢，等. 景印文渊阁四库全书(第 871 册). 台北：台湾商务印书馆，1982：134.

⑤ （明）韩奕. 易牙遗意//续修四库全书(第 1115 册). 上海：上海古籍出版社，2002：632.

⑥ （明）宋诩. 竹屿山房·杂部//纪昀，永瑢，等. 景印文渊阁四库全书(第 871 册). 台北：台湾商务印书馆，1982：134.

计四升，白砂糖二斤，蜜水溲之，复碓。筛甄中，随界之，蒸粉熟为度，宜火炙。"①

"玉茭白"："用白糯米粉一升，干山药粉半升，芋魁靡去皮，捣糜烂，和水滤去汁，溲二物揉实，长若茭白，暴燥。取香油一斤，蜜一斤，同煎肥，复以蜜染。取炒熟芝麻衣之。"②

"松糕"："陈粳米一斗，沙糖三斤。米淘极净，烘干，和糖，洒水，入白捵碎。于内留二分米，拌捵其粗令尽。或和蜜，或纯粉，则择其黑色米。凡蒸糕须候汤沸，渐渐上粉，要使汤气直上，不可外泄，不可中沮。其布宜疏，稻草摊甄中。"③

"生糖糕"："粳米四升，糯米半升，春秋浸一二日，捣细。蒸时用糖和粉，捏着碎块，排布粉内。候熟，掭成剂，切作片。"④

制作粉团的方法除了"水团"的包制法，还有"滚沾"的裹制法。如"夹沙团"："沙糖入赤豆或绿豆沙，捻成一团，外以生糯米粉裹作大团，蒸或滚汤内煮。"⑤ 这是先制成大小一样的馅团，然后用生糯米粉裹滚，即边蘸水边滚沾，直至滚制成大的汤团。

3. 油酥面点品种技术高超

在油酥面团制作方面，江苏的技术水平一直较高，并且已十分普遍，这在多本烹饪书籍中都有记载。如《竹屿山房·杂部》中有"糖酥饼""蜜酥饼""酥油饼""复炉饼""香露饼""一捻酥""透糖"等品种。《易牙遗意》中有"椒盐饼""肉油饼""雪花饼""白酥烧饼""薄荷饼""素油饼"等品种。

较有特色的是"酥油饼"。这是早期油酥面团中的"层酥"品种，明代已发展成为水油面包油酥面的包制擀叠，使成品分层次更酥脆、美观的效果。其曰："酥油饼：用面五斤为则，芝麻油或菜油一斤，或加松仁油，或杏仁油少许，同水和面为外皮，纳油和面为馅，以手揉摺二三转。又纳蜜和面，或糖和面为馅锁之，擀饼置拖炉上熟。"⑥ 这就是"层酥"中的包酥法，用油"同水和面为外皮，纳油和面为馅"，就是水油面包干油酥，"以手揉摺二三转"就是擀叠酥层三次，擀叠、下剂后包入"蜜和面"或"糖和面"的蜜糖馅心。这种"酥油饼"是酥皮包入糖馅制作而成的，体现了当时江苏面点制作技术高超的水平。

在酥饼的外形上也有一些变化，如"一捻酥"，制作方法同酥油饼，"油水和面擀小剂，又以油和面，同盐、花椒末为馅锁之，手范为一指形，置拖炉上熟。"⑦ 这是一款

---

① （明）宋诩. 竹屿山房·杂部//纪昀，永瑢，等. 景印文渊阁四库全书（第871册）. 台北：台湾商务印书馆，1982：139.

② 同①.

③ （明）韩奕. 易牙遗意//续修四库全书（第1115册）. 上海：上海古籍出版社，2002：633.

④⑤ 同③.

⑥ （明）宋诩. 竹屿山房·杂部//纪昀，永瑢，等. 景印文渊阁四库全书（第871册）. 台北：台湾商务印书馆，1982：135.

⑦ 同⑥.

花椒盐的咸馅，制作成一指形，外形精巧，食用时一口一个，酥香可口。

《易牙遗意》中也有几款油酥饼的记载，如"酥饼"："油酥四两、蜜一两、白面一斤，搜成剂。入胱（模子）作饼，上炉。或用猪油亦可，蜜用二两尤好。"[①] 这里写得较简单了些。"白酥烧饼"则是用油和面（制酥），再用"好酒醅作酵，候十分发起即用"[②]，发酵面中间放入油面擀叠成剂，包入芝麻糖馅，入炉烤制。"发面＋油面"，就是江苏民间烧饼制作的方法和特色。相关的酥饼还有"椒盐饼""肉油饼""素油饼""雪花饼"等。

在制作方法上还有一类是蜜制的糖酥饼，是用熟面与蜜或糖和制成面皮，包入果仁馅制饼，放入模具中成型再加热至熟。如蜜酥饼（两法）："一用棉纸藉甑底，蒸面熟，和以蜜酥为皮，绒退皮胡桃仁，熟栗肉，去皮枣肉细切，同蜜为馅，置鏊盘上烘。一用熟香油酥、白砂糖、熟蜜各四两，酵面四两，白面二斤，坫缩砂仁、施椒各五钱，和，范为饼，入鏊盘，慢火烘。"[③]

在《竹屿山房·杂部》《易牙遗意》中还记载着"糖面饼""香露饼""糖酥饼"等特色酥饼。如"糖面饼"是以赤砂糖制成的糖面馅，放拖炉上至熟。"香露饼"是水油面擀薄饼，沾绿豆粉擀压，用油煎后刷上蜜，再撒上碎的松子仁。这是一种酥香蜜甜、又薄又脆的酥饼。糖酥饼："凡面一斤炒香熟，有以棉纸藉甑底蒸熟，和白砂糖三两，熬熟油少水匀面。或加松仁油、杏仁油少许，燥湿相停，范小饼，置拖炉上爆至糖熔。"[④] 这些都是甜味香脆的酥饼。

明代的油酥最大的特色就是已开始利用油酥面和水油面两块面团包制后擀制、叠层、包馅，它打破了过去油酥面团混酥、单酥的制法，酥饼由无层次的酥香到层次清晰的酥松，这种讲究层次分明的酥饼，正是我国面点制作的一大进步。

4. 果蔬杂粮面点的多料掺和

江苏地区利用果蔬杂粮如豆类、荸荠、栗子、莲子、山药、芡实、菱、藕等制作的面点在明代得到了迅速的发展，其数量比前代大幅增多，制作方法也比较独特。明朝时期虽然增加了玉米和甘薯的种植，但有关玉米和甘薯制作的面点在当时的书中发现还较少，只在清代及以后的食谱中才多有应用。

在明代的食谱类书中，以果蔬杂粮为原料经过搭配和掺和，有些可制作成饼，有些加工成糕，有些熬煮成粥，虽说是粗杂粮，但制作成面点后因与其他粮食的掺和使用，其口感发生了变化，还有一定的保健价值，所以得到不同阶层人士的欢迎。许多杂粮面点由于用料特殊、配制讲究，使得其品更加诱人。

这时期食品的一个明显标志就是出现了多种杂粮粉料的加工，如藕粉、荸荠粉、绿

---

① （明）韩奕. 易牙遗意//续修四库全书(第 1115 册). 上海：上海古籍出版社，2002：631.
② （明）韩奕. 易牙遗意//续修四库全书(第 1115 册). 上海：上海古籍出版社，2002：632.
③ （明）宋诩. 竹屿山房·杂部//纪昀，永瑢，等. 景印文渊阁四库全书(第 871 册). 台北：台湾商务印书馆，1982：134.
④ 同③.

豆粉、山药粉、莲子粉、葛粉、芡实粉、栗子粉、茯苓粉、蕨粉、芋粉、茱萸粉、百合粉等的加工已十分普遍。不少粉料的加工都有民间的风格特色，如风菱、风藕、风地栗和菱腐、藕腐等的制作，其制作是运用"腊风"的方法："风菱、菱粉：采取鲜者，晒干悬筐中，风戾。煮去壳，擣晒，罗粉。"① 菱腐、藕腐的制作方法是："鲜菱老者捣，滤取汁，加真绿豆粉、蜜、白砂糖，熬成腐。藕同。"②《竹屿山房·杂部》中的山药糕、莲荚糕、芡糕、栗糕、绿豆粉糕、橙糕、紫苏糕等，都是以果蔬杂粮粉料为主而制作的。在"蒲黄饼"中注曰："《本草》云：市廛间以蜜溲作果食货卖，甚益小儿。"这些果蔬食品特别得到儿童们的喜爱。如蒲黄饼，是摘新蒲黄，用熟蜜、白砂糖，隔汤炖热，渐和蒲黄，与"山药、莲荚、芡、栗、菱、藕、荸荠等粉，宜同制"③，用模具压成小饼，成为儿童的最爱。《易牙遗意》中的"灌藕：大茎生藕，去中段，用琼芝(脂)煎汤，调沙糖灌入其孔内，顶上半寸许油纸扎定，放水缸内……熟藕，用绿豆粉浓煎糖汤，生灌藕孔中，依前法扎定，蒸熟。"④ 这是"糯米糖藕"的前身，早期是取用琼脂、糖或绿豆粉灌入藕孔中。李时珍在《本草纲目》中也记载了多种果蔬杂粮粉料，如"绿豆"云："磨而为面，澄滤取粉，可以作饵顿糕。"⑤ 这些制作方法来源于民间，并被明代的人们广泛利用。

杂粮面点的制作，在明代得到了进一步发展。大多以糕、饼的形制为主。如宋诩的《竹屿山房·杂部》中就有山药糕、莲荚糕、芡糕、栗糕、杂果糕、绿豆粉糕、雪花饼等。一方面可以直接用杂粮粉配制作成点心，另一方面可以利用某种果蔬杂粮使其成熟后压成泥蓉调制成点心。如"杂果糕"："炒熟栗去壳，斤半柿饼，去蒂核，煮熟红枣，胡桃仁去皮核各一斤，莲荚末半斤，一处春礁糜烂揉匀，刀裁片子，日中晒干。有加荔枝龙眼肉各四两。"⑥"雪花饼"："用绿豆粉炒熟二斤，柿霜八两，薄荷粉四两，缩砂仁粉一两，炼蜜和之，范为小饼。"⑦

从其制作过程来看，这些食品加工方法已十分精细，切成片、制成粉、压成泥、熬成蓉等，其新意多，变化大，口感好，因利用果蔬杂粮与面粉或米粉及其他粉料的有机结合，通过精心加工，在"精细"上做文章，使粗粮变成了精美的细点。这些杂粮面点制作的最大优点，不是单一品种的单独制作，而是与其他粉料的配合，这不仅丰富了面点的口味，消除杂粮面点单调乏味之感，而且增加了营养价值，使营养素相互补充，更易于人体均匀吸收，食之使人更健康、更美味。明代的粗粮精作之法为清朝及其后代的

① (明)宋诩. 竹屿山房·杂部//纪昀，永瑢，等. 景印文渊阁四库全书(第871册). 台北：台湾商务印书馆，1982：195.

② (明)宋诩. 竹屿山房·杂部//纪昀，永瑢，等. 景印文渊阁四库全书(第871册). 台北：台湾商务印书馆，1982：199.

③ (明)宋诩. 竹屿山房·杂部//纪昀，永瑢，等. 景印文渊阁四库全书(第871册). 台北：台湾商务印书馆，1982：196.

④ (明)韩奕. 易牙遗意//续修四库全书(第1115册). 上海：上海古籍出版社，2002：636.

⑤ (明)李时珍. 本草纲目. 北京：人民卫生出版社，1979：1514.

⑥⑦ 同③.

食品制作与发展开辟了广阔的途径。

二、面点花色品种丰富而多彩

1. 松花、香料在面点中的运用

（1）以松花作主料制作的松花饼、松黄糕

有明一代，利用松花来调制做饼、做糕已是极平常的事。这在当时多本食谱类书中都有记载。松花饼，又称松黄饼，是一种调以松花的甜饼。明初平江（苏州）人韩奕所撰写的《易牙遗意》"卷下"中也比较详尽地介绍了"松花饼"的制作："新松花细末，白沙糖和匀，筛过，搜其性润来，随意作脱脱之。或入'香头'少许尤妙。"[①] 松花细末，即为松花粉。为松科植物马尾松或其同属植物的花粉。色泽淡黄、质轻、微香，手捻有滑润感。有祛风益气、收湿、止血等功效。如放入糖桂花等类香头少许，松花饼更为可口。《竹屿山房·杂部》一书中记有"松黄饼"，与"松花饼"技法相同，其云："用熟蜜、白砂糖，隔汤顿热，渐和松黄，范为小饼。"[②] 上面的"作脱脱之"和这里的"范为小饼"，其意是一样的，即是利用糕的印模扣压成饼。清代的《清稗类钞》中所记"松花饼"说得更加明白："松至三月而花，以杖扣其枝，则纷纷坠落，调以蜜，做饼，曰松花饼。"[③]

《竹屿山房·杂部》中还记有"松黄糕"，其曰："《韵府》云：松花名松黄，服之轻身。松黄六升，白糯米绝细粉四升，白砂糖一斤，蜜一斤，少水溲和，复碓之，复筛之，甑中界之，蒸至粉熟为度。"[④] 此糕的制作之法一直流传至今，目前江苏苏南地区的饭店还时常按此法制作此糕出售。

再往前代追溯，便可发现宋代林洪所著的《山家清供》"乡居粗茶淡饭"中记有"松黄饼"一则，其曰："暇日过大理寺，访秋岩陈评事介，留饮。出二童歌渊明《归去来辞》，以松黄饼供酒。陈角巾美髯，有超俗之标。饮边味此，使人洒然起山林之兴，觉驼峰、熊掌皆下风矣。""春末，取松花黄和炼熟蜜，匀作如古龙涎饼状，不惟香味清甘，亦能壮颜益志，延永纪筭[⑤]。"[⑥] 这里的"松黄饼"即是"松花饼"。从其资料看，这是它最早的称谓，而"松花黄"即为淡黄色的松花，其加料、制法与松花饼也很相似。究其特色系在春末取松花粉与炼熟蜜拌匀制作而成，具有壮颜益志、延年益寿的作用。此饼的制作，较早地反映了我国人民食用花粉的经验，对我国食品的研究具有一定的价值。

---

① （明）韩奕. 易牙遗意//续修四库全书（第1115册）. 上海：上海古籍出版社，2002：637.
② （明）宋诩. 竹屿山房·杂部//纪昀，永瑢，等. 景印文渊阁四库全书（第871册）. 台北：台湾商务印书馆，1982：196.
③ （清）徐珂. 清稗类钞. 北京：中华书局，1986：6409.
④ （明）宋诩. 竹屿山房·杂部//纪昀，永瑢，等. 景印文渊阁四库全书（第871册）. 台北：台湾商务印书馆，1982：139.
⑤ 延永纪筭（suàn算）：即延年益寿。筭，计算用的筹。
⑥ （宋）林洪. 山家清供//丛书集成初编（第1473册）. 北京：商务印书馆，1937：8.

（2）以茶叶、香料为主制作的香茶饼

以香料等一起制作的香茶饼，是一个比较独特的食品，在明代比较流行。它是一种茶叶制品，是多种香料、药材与茶叶、米粉一起加工精制的含在口内的香料米食品。类似现在的口香糖。古时，人们为了解除口内恶味，常常在口中咀嚼一种食品，即香茶或香茶饼。《金瓶梅》中便屡屡不厌其烦地记述此饼，妇人们都特别喜爱，经常喜欢吃一些香茶饼，还多次谈到吃"香茶木樨饼儿"[①]与"香茶桂花饼儿"[②]，此香茶饼本是一物，木樨，即桂花。它是利用芳香馥郁的桂花与其他药材一起制作的饼子。其饼花香甜净，清味爽口，颇得人们的喜爱。古代，我国民间还有利用浓茶漱口或口嚼茶渣来消除口臭的。宋代时期的大文豪苏东坡就曾大力提倡并亲身实践用茶汤漱口，被后人传为佳话。

有关"香茶饼"的制作，明代宋诩《竹屿山房·杂部》中记有具体的制作方法："孩儿茶四钱、芽茶四钱、白檀香一钱二分、白豆蔻仁一钱五分、缩砂仁五分、沈香二分半、片脑四分、麝香二分，俱为细坋，煎甘草膏，同白糯米细粉为糊，溲匀，银范为小饼，或小条，晒干。常噙化，清心化气。"[③]此用多种香料、茶叶与药材，是一种保健康、助消化、除口臭的食品。这些原料的内含物都能与恶臭物质起中和反应、附加反应等化学反应，还有某种程度的吸附作用。加上人们在咀嚼香茶饼时，唾液被分泌出来，使口腔得到了净化，口腔内的细菌受到了抑制，从而齿面被清除干净。

2. 面点形制与风格的出新

（1）面点制作更加注重外形的变化

明代的面点形状是较丰富的，将各式面点制成多种多样的外形。如芙蓉叶形、茭白形、梳子形、元宝形等。"芙蓉叶"："用白糯米磨细粉，蜜和薄，酒溲粉蒸熟，以生粉为饳，擀薄片摺切，范芙蓉叶状暴燥，置沸油内煎熟。掺以砂糖面糖香少许。"[④]"玉茭白"："用白糯米粉一升，干山药粉半升，芋魁劚去皮，捣糜烂，和水滤取汁，溲二物揉实，长若茭白，暴燥。取香油一斤，蜜一斤，同煎肥，复以蜜染。取炒熟芝麻衣之。"[⑤]"烧饼面枣"："用手逐个做成鸡子（蛋）样饼，令极光滑，以快刀中腰周迴压一豆深，锅内熬白沙炕熟，若面枣。"[⑥]"糖榧"是"切作榧子样，下十分滚油煤过，取出，糖面内缠之"[⑦]。这些各不相同的面点造型，有的小巧可爱，有的玲珑剔透，观之，外形多变，构思巧妙，制作工艺精细，充分体现了当时江苏广大面点师制作技艺的高水平。

① （明）兰陵笑笑生. 金瓶梅. 济南：齐鲁书社，1991：84.

② （明）兰陵笑笑生. 金瓶梅. 济南：齐鲁书社，1991：875.

③ （明）宋诩. 竹屿山房·杂部//纪昀，永瑢，等. 景印文渊阁四库全书（第871册）. 台北：台湾商务印书馆，1982：201.

④ （明）宋诩. 竹屿山房·杂部//纪昀，永瑢，等. 景印文渊阁四库全书（第871册）. 台北：台湾商务印书馆，1982：139.

⑤ 同④.

⑥ （明）韩奕. 易牙遗意//续修四库全书（第1115册）. 上海：上海古籍出版社，2002：631.

⑦ （明）韩奕. 易牙遗意//续修四库全书（第1115册）. 上海：上海古籍出版社，2002：632.

（2）"印模"在面点制作中的广泛运用

面点食品包馅或不包馅后装入"印模"中压印成型，明代是一个关键时期。

宋元时期的糕饼基本上是不用"印模"成型的，而是包馅后直接水煮、油炸或笼蒸。进入明代后，许多面点的制作都依赖于印模成型，不仅糕团店内应用，民间家庭应用也很平常。这在明代食谱类书中都很常见。《易牙遗意》中薄荷饼；《竹屿山房·杂部》中记载了大量的印模面点，如蜜和饼、蜜酥饼、松黄饼、蒲黄饼、雪花饼、香花、松花、糖花等。如"薄荷饼"："头刀薄荷连细枝为末，和炒面渗六两、乾沙糖一斤，和匀，令味得所。入脱脱之。"① 此"入脱脱之"，即是指放入模子中压一下再脱出。再如"蜜和饼"："用面炒香熟，罗细乘热和蜜及少汤，同碾去皮胡桃、榛、松仁，范为饼。"② 这"范为饼"，即在木模上制成饼。这种利用印模制作的面点，在民间最普通的就是端午节的"绿豆糕"和中秋节的"月饼"。

古代印模多为木质的，以杜梨木所刻为多，大小不一，有圆形的、正方形的、椭圆形的、莲花形的、六边形的，等等。印模的运用，是古代食品标准化、规格化的生产制作成果，这种方法既简单实用，加快了制作速度，又保证了产品的规格和质量，有一举多得之效。它保持了面点食品的规格一致、大小均匀，特别是印模内的花纹与字形的不同，内模的形状不同，形成了外形变化、风格多样、整齐美观的多种风格特色。

3. 面条制作技艺的变化翻新

（1）利用"食物＋面粉"擀制成面条

进入明代，面条的制作水平进一步发展，不仅仅是利用面粉直接擀制成面条，人们在和面时将面粉中掺入多种不同原料一起制成面团，增加了面条本身的口感，使面条品种大放异彩。而明代的"面条"却发生了很大的变化。如《易牙遗意》中有"燥子肉面""水滑面""索粉"，《竹屿山房·杂部》中有"鸡面""虾面""鸡子面""豆面""莱菔面""槐叶面""山药面"诸种，这是在唐代"槐叶面"基础上的再发展。明代特色面条的制作进入了一个发展高峰期，在和面时加入不同的荤素原料，其口感饶有风味。正如清人李渔所说："南人食切面，其油盐酱醋等作料，皆下于面汤之中，汤有味而面无味，是人之所重者不在面而在汤，与未尝食面等也。予则不然，以调和诸物，尽归于面，面具五味而汤独清，如此方是食面，非饮汤也。"③ 清代李渔在南京时食面方法自称为秘籍，却是明人早已开始变化求新了。在宋诩的记载中，将鸡肉糜、虾肉糜、鸡蛋、黄豆面、白莱菔(煮熟制糜)、槐叶、山药(泥)分别与小麦面粉一起和面擀制成面条，使面条增光添彩，风格各异，风味多变。

① （明）韩奕. 易牙遗意//续修四库全书(第1115册). 上海：上海古籍出版社，2002：632.
② （明）宋诩. 竹屿山房·杂部//纪昀，永瑢，等. 景印文渊阁四库全书(第871册). 台北：台湾商务印书馆，1982：135.
③ （清）李渔. 闲情偶寄. 上海：上海古籍出版社，2000：263.

"鸡面"："割取越鸡(小鸡)稚而肥者，掎洁去内脏，并头足和肤肉髓骨，捣糜烂，以绢囊盛，作沸汤，入濯膏脿匀面中，用镈轴开薄，转折，细切为缕。又作沸汤煮熟，复投冷水中漉出。从意浇之以齑以芥辣，或合汤以瀹之。"[1]

"虾面"："取生虾捣汁滤去滓，和面，轴开薄摺之，细切如缕。余同前制。其滓投鸡鹅汁中，滤洁，调和为汤。"[2]

"豆面三制"："一黄豆磨细面，匀于小麦面中，凡麦面一斗，豆面二斗，取清水沸汤相半和之，轴开薄，摺而切为缕。余同前制。一以豆腐揉入。一煮黑豆取浓汁和入，曰'紫不托'。以小麦七升、小豌豆一升同磨为面，甚滑。"[3]

明代以动物性原料制糜与面粉一起调和面团，擀制、切成面条，这是面条史上的一大创举。从制法上更胜李渔一筹，既吃面又食汤，面有味汤有料，可以说是面条制作中的珍品。

(2)制面绝技——抻面技术的发端

抻面，号称我国面食制作中的"绝技"。一块面团，通过抻拉变成了细如发丝的面条。根据记载，抻面技术在明代就已出现。在《竹屿山房·杂部》中，第一次记录了"抻面"的制作方法："擦面：用少盐入水和面，一斤为率。既匀，沃香油少许，夏月以油单纸微覆一时，冬月则覆一宿，馀分切如巨擘，渐以两手搦长，缠络于直指、将指、无名指间，为细条。先作沸汤，随搦随煮，视其熟而浮者先取之。齑汤同前制。"[4] 擦面，即为西北地区的扯面，也是拉面的制作原形。

《易牙遗意》中也记载着一道扯面的"水滑面"，其曰："用十分白面揉搜成剂，一斤作十数块，放在水(中)，候其面性发得十分满足，逐块抽拽，下汤煮熟。抽拽得阔薄乃好。麻腻、杏仁腻、咸笋干、酱瓜、糟茄、姜、腌韭、黄瓜丝作齑头，或加煎肉尤妙。"[5] 这里的"逐块抽拽"和"抽拽得阔薄乃好"正是"扯面"的制作方法。而今陕西的"油泼面"就是将面团饧发透彻，搓成条，抹上油，下剂成小块，用湿布覆盖再回饧，待饧透后，两手逐块持面剂的两端抽拽拉伸，抽拽得长而阔薄乃好，放入开水锅中煮熟、捞起，用辣油等调料拌制食用，吃到嘴里，条阔而爽滑，十分筋道。

上面两种面条的制作，前面表述的是"抻面"，为细条；后面叙述的是"扯面"，为阔薄的片(条)。它们都不是用擀制之法，而是抽拽、拉擦之法。

明代的抻面之法已精工独到，从简短的制法中可以看出这样几个关键点：一是考虑到夏、冬之季由于气候不同，和面、饧面时间有异，这是温度的变化所致。二是考虑到

① (明)宋诩. 竹屿山房·杂部//纪昀，永瑢，等. 景印文渊阁四库全书(第871册). 台北：台湾商务印书馆，1982：129.

②③ 同①.

④ (明)宋诩. 竹屿山房·杂部//纪昀，永瑢，等. 景印文渊阁四库全书(第871册). 台北：台湾商务印书馆，1982：130.

⑤ (明)韩奕. 易牙遗意//续修四库全书(第1115册). 上海：上海古籍出版社，2002：634.

和面的劲道，在水中增加了少量的盐分，使其面团在拉抻时具有很好的延伸性。三是描绘了拉扯面的方法，缠络于指间，拿住面团的两端，上下抖动、拉扯，使其均匀地溜条和出条。四是现扯现煮，煮至先浮者先捞起，以保证面条的筋抖与爽滑。这五百一十八年前①的制作方法与今日抻面制作如出一辙，充分说明那时的"抻面"制作已达到相当高的水平。

宋诩的《竹屿山房·杂部》是一部以江苏地区为主的饮食谱。宋诩跟随父母在多个地方居住过，自然吸纳了不少外地的食品制作方法。搊面主要是以北方的制作为蓝本，这也是许多人家用手工制作面条的早期方法，搓面、搊面是水到渠成的事，这些方法也会在江苏之地运用。当擀面杖出现之后，搊面方法在南方制作就少见了，而在北方家家户户吃面食的地区长久地保留了下来。

三、甜品汤饮品种不断增多

江苏地处我国的南方，自古以来就喜爱吃甜食。明代时，有关甜品汤饮品种十分丰富。《竹屿山房·杂部》中有"汤水制"25 种，《易牙遗意》中有"诸汤类"14 种。主要品种有水芝汤、不老汤、香薷汤、姜汤、麦汤、梅酥汤、天香汤、春元汤、凤髓汤、香糖渴水、葡萄渴水、杨梅渴水、木瓜渴水、五味渴水、丁香渴水、豆蔻渴水、紫苏渴水、香橼汤、甘菊汤、椒枣汤、杏姜汤、青脆梅汤、黄梅汤、荔枝汤、桔汤、杏汤、梅苏汤、缩砂汤、木樨汤、枣汤、瑞香汤、桂仙汤、紫云汤等。如此多的品种，都是当时民间、街市上的日常饮用。从另一方面来看，江苏之地食用甜品、甜汤还是较为普遍的。

《竹屿山房·杂部》将 25 种"汤水"分为四季，即"春月宜用，四时皆宜"，主要品种有水芝汤、不老汤 2 种；"夏月宜用，早秋亦宜"品种有葡萄渴水、杨梅渴水、木瓜渴水等 19 种；"秋月宜用"品种有香橼汤、甘菊汤 2 种；"冬月宜用"品种有椒枣汤、杏姜汤 2 种。这也说明，甜品汤饮是夏、秋之时最适用的饮料食品。

> 水芝汤："莲蕊(带黑皮及薏炒燥，通捣为细末一斤)、粉甘草(剉碎微炒擂为末一两)，右俱罗细，每服二钱，盐少许，沸汤点服。"
>
> 不老汤："乌梅(去仁焙燥十斤)、甘草(炒一斤)、紫苏叶(暴燥一斤)、盐(炒一斤)、面(炒黄色一斤)，用前二味别研，后三味匀和再研为细末，贮瓷器，沸汤点服。"
>
> 香糖渴水："白砂糖一斤、水一盏半、藿香叶半钱、甘松一块、生姜十大片，同煎，以熟为度。滤洁，入麝香(如绿豆一块)、白檀香末(半两)，瓷器盛，冰水中沉用之。"
>
> 葡萄渴水："生葡萄研碎，滤去渣，慢火熬浓稠为度，贮瓷器中，切勿犯铁器。太熟者不可用，加脑麝少许，入炼蜜点饮。"

---

① 五百一十八年前：明代宋诩所撰《养生部》，写于明弘治甲子年(公元 1504 年)。

杨梅渴水："杨梅揉搦，取自然汁，滤滓须尽，入砂石器内，慢火熬浓，滴入水不散为度。若熬不到，即生白醭。瓷器贮之，加蜜、脑麝少许，沸汤调饮，冷则不涩。"

甘菊汤："黄菊花味甘者，去青苞。以霜梅去核。每枚藏一二朵于内，叠之。或入罐一层，加炒盐一层，每斤盐二两，叠实，用时入沸汤中加蜜。"

杏姜汤："生姜（一斤捣取汁）、杏仁（去皮尖二两）、盐（炒三两）、甘草（末四两），同捣，和入姜汁，瓷器收，旋作沸汤调，甚美风韵。"①

荔枝汤："乌梅肉四两，焙干，姜一两、甘草、官桂半两、沙糖二斤，除糖外为末拌匀。每盏汤内着荔枝肉三四个。"

橘汤："橘一斤，去皮与穰膜，以皮细切，同捣碎。炒盐四两、甘草二两、生姜四两，捣汁和匀。橙子同法。"

杏汤："杏仁不拘多少，煮，去皮尖。浸水中一宿，如磨绿豆粉法挂去水，或加姜汁，或酥蜜点。又杏仁三两、生姜四两，炒盐二两、甘草为末一两，同捣。"

木樨汤："木樨花（即桂花）半斤、炒盐二两、甘草四两、檀香三钱、炒面半斤。"

枣汤："干枣一斤，去核，生姜半斤、炒盐二两、甘草、陈皮各一两，同捣成膏。"

紫云汤："甘草、良姜、桂皮各二两，砂仁、干姜、甘松各一两，檀香半两，以水浓煎，去渣，和盐，调和其味得所。"②

这里的汤饮有民间百姓的良方，也有官商之家讲究的配方，但大多数还是有条件之家庭消暑之"渴水"。如此多的品种，还根据不同季节的特点享用不同的汤饮，而这些汤饮除了消渴之外，更有多种保健功能，充分说明了明时代的江苏地区经济条件向好、百姓生活安宁、饮食水平较高之现象。它对后代保健饮料的制作具有较好的推动作用。

明代江苏面点是我国重要的代表流派，它是古代承上启下的关键时期。这时期面点制作已进入快速发展阶段，从当时江苏面点的制作情况来看，不仅擅长制作粉面糕品和面粉饺饼，也精于制作多种杂粮点心。许多品种的形制和色、味、名已逐渐地固化下来，不少品种制法独特、特色鲜明。从江苏面点的发展来看，明代面点食品制作技艺已达到一定的技术高度，其品种之多、口味之丰、制法之妙、形状之美，使得这时期的面点制作技艺进入了丰富和尽美的阶段。再从明代那些洋洋大观的面点食品来看，这些都是当时江苏社会各阶层黎民百姓、官商文人日常食用的普通之品，这些特色之品为清代品类繁多、丰富多彩的面点食品的发展奠定了坚实的基础。

① （明）宋诩. 竹屿山房·杂部//纪昀，永瑢，等. 景印文渊阁四库全书（第871册）. 台北：台湾商务印书馆，1982：146-149.

② （明）韩奕. 易牙遗意//续修四库全书（第1115册）. 上海：上海古籍出版社，2002：638-639.

第四章

清朝时期的江苏美食文化

　　清初，国家的安定、社会和经济的稳步发展给餐饮业也带来了稳定和繁荣的局面。清康熙六年(1667年)，江苏作为行政区划形态独立成省，省取自江苏境内的江宁府和苏州府首字，简称苏。① 因江苏的自然条件和优越的区位优势，境内民众的生活水平也有了明显提高。

　　各地的饮食风格特点，在清代已被人们加以分析和总结。最典型的是徐珂《清稗类钞·饮食类》中的阐述，在"各省特色之肴馔"篇中介绍道："肴馔之有特色者，为京师、山东、四川、广东、福建、江宁、苏州、镇江、扬州、淮安。"② 书中分别介绍全国大部分地区的饮食和肴馔，并加以系统概括。他认为，在众多的地方菜中，上述地方菜的影响是颇大的。这10个地区中，后5个地方都是江苏省内的主要城市，也足见在清代江苏各地的地方菜肴已闻名全国，影响各地。徐珂在下文中接着说："即以江宁言之，乾隆初，泰源、德源、太和、来仪各酒楼之肴馔，盛称于时。至末叶，则以利涉桥之便意馆、淮清桥河沿之新顺馆为最著。"③ 江宁，即今之南京④，利涉桥、淮清桥都是当时南京著名的桥，在城南一带，繁华与鼎盛不在话下。这足可说明当时的江苏之肴馔是闻名遐迩的。

❧ 第一节　江苏地区市肆与居家饮食 ❧

　　入清以后，特别是康乾盛世，江苏地区社会安定，商业兴盛，经济发展迅速。在清代许多笔记和书籍的记载中，都充分显现出江苏各地富庶繁华的景象。商业的繁盛，带

---

　　① 江苏省作为行政区划形态，只有三百多年的历史。清初，清政府将明代的南直隶(辖今江苏省、安徽省和上海市)改为江南省。清康熙六年(1667年)，再将江南省分为江苏省(上海市当时属于江苏省)和安徽省，自此，江苏独立成省。1958年，上海市10个县先后从江苏省划出，归上海市管辖。

　　② (清)徐珂. 清稗类钞. 北京：中华书局，1986：6416.

　　③ 同②.

　　④ 江宁，即南京。宋初，当时的金陵地区名昇州，后改为江宁府。南宋时，改江宁府为建康府。1645年，清兵攻占南京，改应天府为江宁府，并在此设两江总督，管辖江苏、安徽和江西。

来了餐饮业的兴旺发达。

一、市井与街巷食肆肴馔

随着社会进步,自然条件不断改善,江苏农业和畜牧业的日益发展,人们的食物不断丰富,总体看来,各地的饮食水平得到了空前提高。另一方面,在不受饥饿的困扰之后,人们开始走出家门,到大街小巷中寻找吃的场所,条件较好的人们开始注重吃的方式和多样化。城镇市肆的酒楼、菜馆亦有高、中、低档之分,以适应不同档次的消费者。

1. 南京街巷食肆

清代的南京,商业兴旺,饮食市场主要集中在南京城南一带,夫子庙附近的秦淮河沿岸,茶楼酒馆、饭店食摊鳞次栉比,外加肩挑手提的小贩叫卖,展现出一派生机的繁荣气象。这在地方志和许多书籍中都有较多的记载。"新顺(馆)盘馔极丰腆,而扣肉、徽圆、荷包蛋、咸鱼、焖肉、煮面筋、螺羹及菜碟之鲜洁、酒味之醇厚,则便意所制为尤美。"① 文星阁东首的"鸿福园"和"春河园"各据一河之胜,日色亭午,座客常满,备物齐全。茶有云雾、龙井、珠兰、梅片、毛尖,都可"随客所欲"。亦间佐以酱干、生瓜子、小果碟、酥烧饼、春卷、水晶糕、花猪肉烧卖饺儿、糖油馒首,叟叟浮浮,咄嗟立办(捧花生《画舫余谭》),展现了秦淮河畔餐饮店家一派生意兴隆、忙而不乱、红红火火的景象。

清代吴敬梓的《儒林外史》较多地记录了南京及周边地区的饮食市场状况,第二十四回写到鲍文卿本是南京人,由京回到南京后整理旧生涯,重点介绍了南京城的情况,并用较多笔墨记述南京饮食市场的盛况:"城里几十条大街,几百条小巷,都是人烟凑集,金粉楼台。城里一道河,东水关到西水关,足有十里,便是秦淮河。水满的时候,画船箫鼓,昼夜不绝。城里城外,琳宫梵宇,碧瓦朱甍,在六朝时是四百八十寺;到如今,何止四千八百寺!大街小巷,合共起来,大小酒楼有六七百座,茶社有一千余处。不论你走到一个僻巷里面,总有一个地方悬着灯笼卖茶,插着时鲜花朵,烹着上好的雨水,茶社里坐满了吃茶的人。到晚来,两边酒楼上明角灯,每条街上足有数千盏,照耀如同白日,走路人并不带灯笼……真乃'朝朝寒食,夜夜元宵!'"② 作者的描写,道出了当时南京饮食市场繁华的盛景。

《儒林外史》中对南京食肆的记述是相当多的,如第二十二回写牛浦搭乘江船来到南京燕子矶,走到一个饭店,进门后,"走堂的拿了一双筷子,两个小菜碟,又是一碟腊猪头肉,一碟子芦蒿炒豆腐干,一碗汤,一大碗饭……饭是二厘一碗,荤菜一分,素的一半。"③ 第二十五回写鲍文卿陪倪老爹去酒楼用餐,走堂的叠着指头报菜:"肘子、鸭子、黄焖鱼、醉白鱼、杂烩、单鸡、白切肚子,生炒肉、京炒肉、煎肉圆、焖青鱼、煮

① (清)徐珂. 清稗类钞. 北京:中华书局,1986:6416.
② (清)吴敬梓. 儒林外史. 南京:江苏古籍出版社,1998:272.
③ (清)吴敬梓. 儒林外史. 南京:江苏古籍出版社,1998:245.

鲢头，还有便碟切白肉。"鲍文卿道："便碟不恭"，并"叫堂官先拿卖鸭子来吃酒，再爆肉片带饭来。"① 其中的芦蒿炒豆腐干、黄焖鱼、醉白鱼、煎肉圆、焖青鱼、煮鲢鱼头等一直是流传南京的地方名菜。

第二十九回中记叙南京的饮食市肆写道："传杯换盏，吃到午后，杜慎卿叫取点心来，便是猪油饺饵、鸭子肉包烧卖、鹅油酥、软香糕，每样一盘。拿上来，众人吃了，又是雨水煨的六安毛尖茶，每人一碗。"② 吴敬梓笔下的描绘，使我们看到了当年秦淮酒楼、茶馆名点小吃之一端。夫子庙是南京茶馆的集中地，也是我国旧时茶馆的典型代表。这时期著名的有问渠、义顺、迎水台、万全、大禄、雪园等。它们各具特色，各有各的茶客。

图 4-1　晚清时的夫子庙

在南京的街市上，各种鸭子菜肴是较丰富的，"杀而去其毛，生鬻诸市，谓之水晶鸭；举叉火炙，皮红不焦，谓之烧鸭；涂酱于肤，煮使味透，谓之酱鸭；而皆不及盐水鸭之为无上品也。淡而旨，肥而不浓，至冬则盐渍日久，呼为板鸭。远方人喜购之，以为馈献。市肆诸鸭，除水晶鸭外，皆截其翼、足，探其肫、肝，零售之，名为四件。"③ 除此之外，多种食品都有供应，"果饵有煮菱、熟藕、糖芋之属，粉粢有茯苓糕、黄松糕、甑儿糕之属，市人担而卖之……市脯之外，有以油炸小蟹、细鱼者，或面裹虾炸之，为虾饼；或屑藕团炸之，为藕饼，担于市，摇小铜鼓以为号，闻声则出买之，至便也。"④ 市场、街巷挑担叫卖是当时城市的一道特色的风景。

① （清）吴敬梓. 儒林外史. 南京：江苏古籍出版社，1998：278.
② （清）吴敬梓. 儒林外史. 南京：江苏古籍出版社，1998：327.
③ （清）陈作霖. 金陵琐志九种·金陵物产风土志. 南京：南京出版社，2008：130.
④ （清）陈作霖. 金陵琐志九种·金陵物产风土志. 南京：南京出版社，2008：134.

2. 苏州街巷食肆

在顾禄的《清嘉录》中，苏州的饮食市场随季节的变化应时叫卖各式时鲜原料和食品。如初夏时节，"蔬果、鲜鱼诸品，应候迭出。市人担卖，四时不绝于市。"① 而三伏天，"街坊叫卖凉粉、鲜果、瓜、藕、芥辣索粉，皆爽口之物……早晚卖者，则有臊子面，以猪肉切成小方块为浇头，又谓之卤子肉面。"② 鲜鱼肆已用凉冰护鱼，谓之"冰鲜"。深秋时分，"湖蟹乘潮上簖，渔者捕得之，担入城市，居人买以相馈贶，或宴客佐酒。"③ 饮食市场的四时变化，彰显了安乐祥和的民风民俗。

苏州饮食市场的繁盛局面，在顾禄的《桐桥倚棹录》卷十介绍的酒楼中可见一斑。以虎丘旁斟酌桥的三山馆为最久，"烹饪之技，为时所称"。三山馆四时不断烹庖佳肴，以山前后居民有婚丧宴会之事，多资于此。

三山馆是一家生意极好的菜馆，以套餐和筵席为经营特色，也有汤炒和小吃，更有满汉大菜。所卖菜肴有一百五十种之多，如"烧小猪、烧肉、烧鸭、烧鸡、红炖肉、黄香肉、木犀肉、口蘑肉、金银肉、高丽肉、东坡肉、火夹肉、白切肉、酒焖蹄、硝盐蹄、绉纱蹄、蜜炙火腿、葱椒火腿、酱蹄、大肉圆、汤爆肚、醋溜肚、烩肚丝、鱼翅三丝、清炖鸡、黄焖鸡、麻酥鸡、口蘑鸡、火夹鸭、八宝鸭、黄焖鸭、醋溜鱼、煎糟鱼、豆豉鱼、炒鱼片、炖江鲚、煎江鲚、炖鲥鱼、剥皮黄鱼、汤黄鱼、黄焖着甲、斑鱼汤、鱼翅蟹粉、清汤鱼翅、黄焖鱼翅、烩海参、烩鱼肚、蝴蝶海参、炒虾仁、炒虾腰、芙蓉蛋、鸡粥、什锦豆腐、杏仁豆腐……点心则有八宝饭、水饺子、烧卖、馒头、包子、清汤面、卤子面、清油饼、夹油饼、合子饼、葱花饼、馅儿饼、家常饼、荷叶饼、片儿汤、薄饼、饽饽、拉糕、扁豆糕、蜜橙糕、寿桃、韭合、春卷、油饺等，不可胜纪。其菜则有八盘四菜、四大八小、五菜、四荤八拆，以及五簋、六菜、八菜、十大碗之别。"④ 这里所记载的菜品大多是当时苏州的代表品种，许多品种一直是江苏特别是苏州地区的传统名菜。

3. 扬州街巷食肆

清代扬州的饮食市场也相当繁盛，这在仪征人李斗撰写的《扬州画舫录》中有许多记载。书中专列有"食肆"："小东门街食肆，多糊炒田鸡、酒醋蹄、红白油鸡鸭、炸虾、板鸭、五香野鸭、鸡鸭杂、火腿片之属，骨董汤更一时称便。"⑤ "面馆"："城内食肆多附于面馆，面有大连（碗）、中碗、重二之分。冬用满汤，谓之大连；夏用半汤，谓之过桥。面有浇头，以长鱼、鸡、猪为三鲜。"⑥ 接着介绍了当时著名的面条品种，有槐叶楼火腿面，问鹤楼螃蟹面，"其最甚者，鳇鱼、蝉螯、斑鱼、羊肉诸大连，一碗费中人

---

① （清）顾禄. 清嘉录·桐桥倚棹录. 北京：中华书局，2008：104.

② （清）顾禄. 清嘉录·桐桥倚棹录. 北京：中华书局，2008：134.

③ （清）顾禄. 清嘉录·桐桥倚棹录. 北京：中华书局，2008：181.

④ （清）顾禄. 清嘉录·桐桥倚棹录. 北京：中华书局，2008：373.

⑤ （清）李斗. 扬州画舫录. 扬州：江苏广陵古籍刻印社，1984：188.

⑥ （清）李斗. 扬州画舫录. 扬州：江苏广陵古籍刻印社，1984：254.

一日之用焉。"① 在卷九中专门记载了一家特色的羊肉店。小东门街有一家"熟羊肉店",因生意兴隆,要想成为座上客,顾客必须起早去排队就餐。它先以羊杂碎供客,谓之"小吃",然后进"羊肉羹饭"一碗;后将吃剩余的给厨师重新加热烩制,谓之"走锅";撇去浮油,谓之"剪尾"。② 此店之制法,已在当地十分有名,许多人纷纷过来乘早市而食。

扬州饮食市场上还有"星货铺",《扬州画舫录》卷九中记道:"至城下,间有星货铺,即散酒店、菴酒店之类,卖小八珍,皆不经烟火物,如春夏则燕笋、牙笋、香椿、早韭、雷菌、莴苣;秋冬则毛豆、芹菜、菱瓜、萝菔、冬笋、腌菜;水族则鲜虾、螺蛳、熏鱼;牲畜则冻蹄、板鸭、鸡炸、熏鸡;酒则冰糖三花、史国公老虎油及果劝酒,时新酸酰诸名品,皆门户家软盘,达旦弗辍也。"③ 此是一种既供应食物原料(鲜货、干货),也供应成品熟食的店铺,比较适合大众市场、平民百姓,价廉物美,以致"达旦弗辍",生意兴隆。

《清稗类钞》在"法海寺精治肴馔"中记载道,"扬州南门外法海寺,大丛林也,以精治肴馔闻。宣统己酉夏(1909 年),林重夫尝至寺,留啖点心,佐以素食之肴核,甚精,然亦有荤品。设盛席时,亦八大八小,类于酒楼,且咄嗟立办。其所制'焖猪头',尤有特色,味绝浓厚,清洁无比,惟必须豫(预)定。焖熟,以整者上,攫以箸,肉已融化,随箸而上。食之者当于全席资费之外,别酬以银币四圆。李淡吾尝食之,越岁告重夫,谓尚齿颊留香,言时犹津津余味也。"④ 这是扬州传统菜"扒烧整猪头"的绝妙之功夫。

4. 海州街巷食肆

江苏海州(今连云港)地区的饮食店铺在李汝珍《镜花缘》的笔下也有不少记录,小说中记录了食肆中的菜肴、点心、茶、酒及其地方饮食风俗等。如第二十一回:"再看两边店面,接接连连,都是酒肆、饭馆、香店……摆列无数;其余牛羊猪犬,鸡鸭鱼虾,诸般海鲜,各种点心,不一而足;真是吃的、喝的、穿的、戴的无一不精,无一不备。满街满巷,那股酒肉之香,竟可上彻霄汉。"⑤ 在街市上的素菜馆,如第二十三回中记载:"桌上只有两碟青梅蔷菜……酒保答应,又取四个碟子放在桌上:一碟盐豆,一碟青豆,一碟豆芽,一碟豆瓣。林之洋道:'这几样俺吃不惯,再添几样来。'酒保答应,又添四样:一碟豆腐干,一碟豆腐皮,一碟酱豆腐,一碟糟豆腐。"⑥ 这素菜馆的花样不少,豆制品做得如此丰富。第九十八回中记述:"游了多时,甚觉腹饥。路旁有许多店面,进前看时,那卖饮馔的只得酒肆、茶坊、蒸饼、馒头之类。信步走到一个蒸饼

---

① (清)李斗. 扬州画舫录. 扬州:江苏广陵古籍刻印社,1984:255.
② (清)李斗. 扬州画舫录. 扬州:江苏广陵古籍刻印社,1984:188.
③ 同②.
④ (清)徐珂. 清稗类钞. 北京:中华书局,1986:6240.
⑤ (清)李汝珍. 镜花缘. 长春:吉林文史出版社,1995:125.
⑥ (清)李汝珍. 镜花缘. 长春:吉林文史出版社,1995:138.

铺……馒头铺……又走到一个肉包铺，里面蒸的肉包，热气腾腾……忽觉一股枣香扑鼻，那厢有个枣糕店。"① 在饮食店铺中，主要副食品有猪首、肉圆子、虾仁、倭瓜、各式豆制品(盐豆、青豆、豆芽、豆瓣、豆腐皮、酱豆腐、糟豆腐)等。这里记录的是平民百姓的饮食生活。虽内容不多，但也是当时苏北地区的基本情况。

5. 画舫与景点食肆

由于江苏的人文和水乡地域的特点，清代的江苏开始展露旅游市场的繁荣，当时人们外出旅游的主要交通工具是"游船"，在苏州的虎丘、无锡的太湖、扬州的瘦西湖、南京的秦淮河等都有相关的游船画舫。游船上提供相应的饭菜，佐以美酒佳肴，而当时最有名的是"沙飞船"，顾禄在《桐桥倚棹录》卷十二"舟楫"中介绍："沙飞船，船制甚宽，重檐走舻，……以扬郡沙氏变造，故又名'沙飞船'"。"艄舱有灶，酒茗肴馔，任客所指。舱中以蠡壳嵌玻璃为窗寮，桌椅都雅，香鼎瓶花，位置务精。船之大者可容三席，小者亦可容两筵。"② 沈朝初《忆江南》词云："苏州好，载酒卷艄船。几上博山香篆细，筵前冰碗五侯鲜，稳坐到山前。"顾禄说："郡城灯船，日新月异，大小有三十余舟。……近时船身之宽而长几倍于昔。"③ 其装饰更加美观漂亮，如"炕侧必安置一小榻，与栏楯桌椅，竞尚大理石，以紫檀红木镶嵌。"④ 清代苏州文人荟萃，景点游人多，游船兴盛，船宴盛行，顾禄记载的十分详细。李斗《扬州画舫录》中也有相关的记载："郡城画舫无灶，惟沙飞有之，故多以沙飞代酒船。"⑤

清代市场繁荣，许多旅游景点吸引着众多游人。南京城南地区，"每日暮霭将沈(沉)。夕餐伊迩，画舫屯集于阑干外。某船某人需肴若干，酒若干，碟若干，万声齐沸，应接不暇。但一呼酒保李司务者，嗷然而应，俄顷胥致，不爽分毫也。而秦淮画舫之舟子亦善烹调。舫之小者，火舱之地仅容一人，踞蹲而焗鸭、烧鱼、调羹、炊饭，不闻声息，以次而陈。"⑥ 余怀《板桥杂记》记述南京秦淮灯船的情况："秦淮灯船之盛，天下所无。两岸河房，雕栏画槛，绮丽丝障，十里珠帘……薄暮须臾，灯船毕集。火龙蜿蜒，光耀天地。扬枹击鼓，蹢顿波心。自聚宝门水关至通济门水关，喧阗达旦。桃叶渡口，争渡者喧声不绝。"⑦ 清代是秦淮河画舫的鼎盛时期，这里游人如织，络绎不绝，日市、夜市都异常红火。

清代的旅游市场由于受季节的影响比较明显，有条件的人也多根据季节变化外出畅游和用餐。在苏州虎丘旁的山景园、聚景园两酒楼，专门招徕旅游客人用餐，他们按照旅游季节的淡旺季而经营，"每年清明前始开炉安锅，碧槛红栏，花灯璀璨。过十月朝

———————————

① (清)李汝珍. 镜花缘. 长春：吉林文史出版社，1995：617.

② (清)顾禄. 清嘉录·桐桥倚棹录. 北京：中华书局，2008：387.

③ 同②.

④ (清)顾禄. 清嘉录·桐桥倚棹录. 北京：中华书局，2008：388.

⑤ (清)李斗. 扬州画舫录. 扬州：江苏广陵古籍刻印社，1984：242.

⑥ (清)徐珂. 清稗类钞. 北京：中华书局，1986：6416.

⑦ (清)余怀. 板桥杂记. 上海：上海古籍出版社，2000：10.

节，席冷樽寒，围炉乏侣，青望乃收矣。"① 旅游景点的茶坊、食肆，一年只开七八个月，紧紧围绕旅游市场而进行。饮食业与旅游业的结合，在当时全国饮食市场上起到了一定的引领作用。

6. 寺院素斋美馔

清代江苏寺观的素斋也有很大的发展，同时，民间素食亦较为发达。这时期，寺院素食与素菜又称为"释菜"，僧厨又称为"香积厨"，取"香积佛及香饭"之义。寺庙庵观素馔比较著称的有镇江的定慧寺，素菜品种多，味之清而腴，娓娓告人，赞不绝口。《清稗类钞》记载"高宗在寒山寺素餐"，高宗，即乾隆皇帝，喜欢微服私访。一日，携两监微行，"至苏州时巡抚为陈大受……进馔，帝命五人同坐。供膳。帝谓吾等夙喜素餐，第供素馔足矣。僧导游各处帝赠一箧，书张继《枫桥夜泊》诗，款署漫游子，留宿七日而去。临行以函告大受，略谓予去矣，恐惊扰地方，万勿远送，遂微行离苏。"② 乾隆在常州对天宁寺的素馔评价较高，"高宗南巡，至常州，尝幸天宁寺，进午膳。主僧以素肴进，食而甘之，乃笑语主僧曰：'蔬食殊可口，胜鹿脯、熊掌万万矣。'"③

袁枚在《随园食单》中也多有记载寺观素馔的特色。扬州的寺院素斋得到了袁枚的大加赞赏。书中记载了扬州定慧庵多种素食特色，"煨木耳香蕈"，取蘑菇熬汁为卤；制作的"冬瓜"，红如血珀，不用荤汤，能拌制多种菜肴；"素面"，用蘑菇蓬熬汁澄清，再与笋熬汁结合，口感绝佳。另外，袁枚十分推崇南京朝天宫道士制作的"黄芽菜煨火腿"，"先用鸡汤将皮煨酥，再将肉煨酥，放黄芽菜心，连根切断，约二寸许长，加蜜酒酿及水连煨半日；上口甘鲜，肉菜俱化，而菜根及菜心丝毫不散，汤亦美极。"④ 这里制作的"芋粉团"也得到袁枚的褒奖："磨芋粉晒干，和米粉用之。朝天宫道士制芋粉团、野鸡馅极佳。"⑤ 清代南京寺院素菜名品迭出，如南京承恩寺的大头菜，晓堂和尚家的牛首豆腐干，报恩寺的软香糕等。

清代李渔在南京撰写《闲情偶寄》，书中对素食有许多精辟的论述，其曰："论蔬食之美者，曰清、曰洁、曰芳馥、曰松脆而已矣。不知其至美所在，能居肉食之上者，恧在一字之鲜。"⑥ 又说："吾谓饮食之道，脍不如肉，肉不如蔬，亦以其渐近自然也。草衣木食，上古之风。人能疏远肥腻，食蔬蕨而甘之。""笋之为物，不止孤行，并用各见其美，凡食物中无论荤素，皆当用作调和……益人者不尽可口，可口者未必益人。"⑦ 等等，都是有见地的素食名言。

乾隆、嘉庆年间，寺院素菜出现了"以果子为肴者"，如无锡人钱泳所云："其法始

① （清）顾禄. 清嘉录·桐桥倚棹录. 北京：中华书局，2008：372.
② （清）徐珂. 清稗类钞. 北京：中华书局，1986：6257.
③ 同②.
④ （清）袁枚. 随园食单//续修四库全书（第 1115 册）. 上海：上海古籍出版社，1996：664.
⑤ （清）袁枚. 随园食单//续修四库全书（第 1115 册）. 上海：上海古籍出版社，1996：693.
⑥ （清）李渔. 闲情偶寄. 上海：上海古籍出版社，2000：263.
⑦ （清）李渔. 闲情偶寄. 上海：上海古籍出版社，2000：264.

于僧尼家，颇有风味，如炒苹果，炒荸荠，炒藕丝、山药、栗片，以至油煎白果、酱炒核桃、盐水熬花生之类，不可枚举。又花叶亦可为菜者……愈奇。"① 而江苏民间素菜的制作技艺也很精湛，继承了传统的"以素托荤"制作技艺，不断涌现新的品种。如南京城南的新顺馆，"买菽乳皮，以沸汤瀹之，待瘪，挤去其汁，加绿笋干、虾米、米醋、酱油、芝麻拌之，尤为素食之美品，家庖为之，皆不能及。"② 由此可见，清代江苏的素菜制作水平已相当高，且各种素食美品层出不穷。

二、百姓与府邸民风食俗

1. 百姓饮食崇尚简朴

江苏地处长江南北，山明水秀，物产丰盛，风俗嘉美。广大百姓的饮食大多由主妇调理，条件略好些的人家在自家有婚丧之事时也会寻找厨师或厨娘烹庖。主妇烹调虽不能烹制多么高档的佳肴，但对家常便饭之事也是略知一二，有些还有一定的烹饪水平。对于民间家食之法，姑娘在未婚时祖母或母亲总是指导一些基本做法。百姓的家常便饭，其实也很有滋味。较为典型的有：秦淮人董小宛便是一个善于精烹细调的能手，仪征的"萧美人"制作糕团点心也影响一方。

在人们日常的一日三餐中，江苏"如苏、常二郡，早餐为粥，晚餐以水入饭煮之，俗名泡饭，完全食饭者，仅午刻一餐耳。其他郡县，亦以早粥、午夜两饭者为多。"③《邗江三百吟》卷九中介绍扬州百姓的餐饭，"扬城居家，每日两粥一饭。饭在中一顿。中饭或有留余，晚餐入锅加水煮而熬之，此通行也。还有本非多余之饭，以杂菜做羹汤和饭细熬，亦曰汤饭。"④ "汤饭"是苏中地区对"泡饭"的称谓，此语和此制一直沿用至今。这正是普通老百姓的日常生活状况。

在民众的饮食习尚方面，"苏（州）人以讲求饮食闻于时，凡中流社会以上之人家，正餐、小食，无不力求精美，尤喜食多脂肪品，乡人亦然。至其烹饪之法，概皆五味调和，惟多用糖，又喜加五香，腥膻过甚之品，则去之若浼。"⑤

江苏各地的百姓生活，在文学家的笔下实录了当时不少境况。如吴敬梓的《儒林外史》生动地活现了清代社会士、农、工、商的众生相，其中关于饮食内容几乎回回皆有。就其中的饮食而论，高、中、低档的都有，而记载较丰富的是流行于民间的普通菜肴和点心。第二十二回写牛浦搭乘船到扬州，在船上船家招待客人的饭菜是：取了一只金华火腿，买了一尾鲥鱼，一只烧鸭，一方肉和些鲜笋、芹菜，一齐被船家制成肴馔，装了四大盘，又烫了一壶酒，捧进船舱；而"船家在烟蓬底下取出一碟萝卜干和一碗饭，与

① （清）钱泳. 履园丛话. 北京：中华书局，2012：222.
② （清）徐珂. 清稗类钞. 北京：中华书局，1986：6416.
③ （清）徐珂. 清稗类钞. 北京：中华书局，1986：6240.
④ （清）林苏门. 邗江三百吟//李维冰，周爱东. 扬州食话. 苏州：苏州大学出版社，2001：244.
⑤ 同③.

图 4-2 （晚清）饮食风情

牛浦吃"。① 客人招待用的是大餐，而牛浦则是极简朴的伙食。第二十六回沈天孚回家来和沈大脚谈说媒之事，沈大脚诉说那王太太不好惹，她的日常饮食："不吃大荤，头一日要鸭子，第二日要鱼，第三日要荽儿菜、鲜笋做汤；闲着没事，还要橘饼、圆眼、莲米搭嘴；酒量又大，每晚要炸麻雀，盐水虾，吃三斤百花酒。"② 这又是何等的吃食？把不同境况的饮食描写得活灵活现、恰到好处。

清代李汝珍的《镜花缘》是以江苏连云港灌云县为地域文化的小说，其中却蕴含了较为丰富的饮食文化内容。书中实录了当时海州地区平民百姓的日常饮食生活，所描写的饮食品类也十分丰富，在日常饮食品类中，主食出现最多的是谷物类食品"饭"，除"饭"外，还有"面""蒸饼""馒头""肉包"，都是老百姓饮食的记录。在第十二回"双宰辅畅谈俗弊"中记载："闻贵处宴客，往往珍羞罗列，穷极奢华。桌椅既设，宾主就位之初，除果品、冷菜十余种外，酒过一二巡，则上小盘、小碗，其名南唤'小吃'，北呼'热炒'，少者或四或八，多者十余种至二十余种不等。其间或上点心一二道。小吃上完，方及正肴，菜既奇丰，碗亦奇大，或八九种至十余种不等。主人虽如此盛设，其实小吃未完而客已饱，此后所上的，不过虚设，如同供献而已。更可怪者，其肴不辨味之好丑，惟以价贵的为尊。"③ 这是社会上富裕之家的饮食排场，作者字里行间对这种食风是比较反感和唾弃的。接着，他提出了好的方法，"天朝士大夫曾作'五簋论'一篇，戒世俗宴会不可过奢。菜以五样为度，故曰'五簋'。其中所言，不丰不俭，酌乎其中，可为千古定论，后世最宜效法，敝处至今敬谨遵守……并于乡党中不时劝诫，宴会不致奢华，居家饮食自亦节俭，一归纯朴。"④《镜花缘》中百姓的饮食多以节俭为主，这正是当时江苏百姓日常生活的写照。

2. 府邸菜品求精求盛

清代的美味佳肴除了市肆上较高档的餐馆外，大多集中在官僚政客和富人之家中。从袁枚《随园食单》中可以看出，那些官府和富人家中的菜品才是上品，袁枚总是不厌其烦地赞许这些家中的美味佳肴。如"鲅鱼"的制作："鲅鱼炒薄片甚佳。杨中丞家削片

① （清）吴敬梓. 儒林外史. 南京：江苏古籍出版社，1998：247.
② （清）吴敬梓. 儒林外史. 南京：江苏古籍出版社，1998：295.
③ （清）李汝珍. 镜花缘. 长春：吉林文史出版社，1995：63.
④ （清）李汝珍. 镜花缘. 长春：吉林文史出版社，1995：64.

入鸡汤豆腐中，号称鲅鱼豆腐，上加陈糟油浇之。庄太守用大块鲅鱼煨整鸭，亦别有风趣。"①

富人家庭的菜肴不可小觑，如袁枚"惟在苏州唐氏吃炒鳇鱼片甚佳，其法切片油炮，加酒、秋油滚三十次，下水再滚，起锅，加作料，重用瓜姜、葱花。又一法：将鱼白水煮十滚，去大骨，肉切小方块；取明骨切小方块；鸡汤去沫，先煨明骨八分熟，下酒、秋油，再下鱼肉，煨二分烂起锅，加葱、椒、韭，重用姜汁一大杯。"② 这鳇鱼的两种制法可不是一般普通的作法，富人家和官府家一样，可以外请厨娘或专业家厨为其帮工，但也有许多家的夫人烹调技术水平也较高，在市肆餐馆还吃不到如此特色的菜品。如《随园食单》中介绍"陶方伯夫人手制点心十种，皆山东飞面所为，奇形诡状，五色纷披，食之皆甘，令人应接不暇。"③ 这些都是有较高手艺的事厨者。

江苏巡抚、江南总督苏州尹文端府邸的菜肴，山珍海味应有尽有，袁枚在《随园食单》中多次介绍他家的名肴，如煨鲟鳇鱼、风肉、蜜火腿、茶蒸鹿尾等，都是上等佳品，袁枚常常赞不绝口。清代苏州织造府的菜品以苏帮菜为特色。乾隆皇帝第四次下江南，就住在苏州织造府中。苏州织造普福早就知道乾隆皇帝喜欢苏州菜，于是带着三位家厨张成、宋元和张东官赶到宝应去候驾，三位家厨备下的菜肴有糯米鸭子一品、万年青炖肉一品、燕窝鸡丝一品、春笋糟鸡一品、鸭子火熏馅煎黏团一品、银葵花盒小菜一品、银碟小菜四品，随送粳米膳一品、菠菜鸡丝豆腐二品，呈上龙船给皇帝当早膳。当晚，乾隆皇帝驻跸高邮，普福又让家厨做了肥鸡安徽豆腐、燕笋糟肉、猪肉馅侉包子进呈，三位家厨分别得到皇上的嘉赏。苏州织造官府菜制作十分考究，包括原料的品种、产地、节令、时辰、鲜活、大小、部位以及采摘和屠宰方法等，都有具体要求，遵循苏州季节菜制作特点，什么季节吃什么，针对人体需求来吃。在调味方面，传统调料配制及熬制各式的汤、卤汁和各类荤素调和油等，使用搭配都很讲究，以注重叠味加鲜。代表名菜有春笋炒肉片、燕笋酥鸡、八宝鸭子、春笋烩糟鸡、黄焖鸡、酒炖肉、鸭子炖豆腐等。

《红楼梦》中所描述的菜品是官府菜的代表。书中的主要人物多出生在金陵（今南京），黛玉、妙玉和邢夫人又都祖籍苏州，连男女仆人也多是从南方带入京都的，所以他们虽然身居北方，却仍然基本上保持着南方人的生活习俗，吃的粮食还是以大米为主，许多菜品也是江苏的特色。如火腿炖肘子，便是扬州传统名菜"炖金银蹄"，其他如笼蒸螃蟹、鸡髓笋、炸鹌鹑、豆腐面筋、鸡肉炒蒿子杆之类，都是江苏名菜。另外，如宁国府的糟鹅掌、糟鸭信为苏南名菜，宝玉喝的火腿鲜笋汤、芳官吃的胭脂鹅脯为苏州名菜，金桂偏爱的油炸骨头为无锡名菜，柳嫂子送来的酒酿蒸鸭子为南京名菜，等等。

① （清）袁枚. 随园食单//续修四库全书（第1115册）. 上海：上海古籍出版社，1996：655.
② （清）袁枚. 随园食单//续修四库全书（第1115册）. 上海：上海古籍出版社，1996：656.
③ （清）袁枚. 随园食单//续修四库全书（第1115册）. 上海：上海古籍出版社，1996：694.

清代初期，社会经济得到复苏，生活水平开始回升，人们讲究饮食的风气弥散开来，宴饮的规制大大提高。府邸大家中，也有部分人家出现挥霍浪费现象，有些还十分明显。苏州的富裕人家饮食开始攀比，一席菜肴耗费惊人，对于一般百姓也有很大的影响。清代叶梦珠撰写的《阅世编》，在卷九的"宴会"中记载了苏州中产阶层宴会的情况，写道："肆筵设席，吴下向来丰盛。缙绅之家，或宴官长，一席之间，水陆珍馐，多至数十品。即士庶及中人之家，新亲严席，有多至二三十品者，若十余品则是寻常之会矣。然品必用木漆果山如浮屠样，蔬用小磁碟添案，小品用攒盒，俱以木漆架架高，取其适观而已。"顺治季年，"一席兼数席之物，即四五人同席，总多馂馀，几同暴殄。"康熙初年，"一席之盛，至数十人治庖，恐亦大伤古朴之风也。"① 地方长官、富贵之家设宴请客，已是奢侈至极。

钱泳在《履园丛话》"骄奢"中说："今富贵场中及市井暴发之家，有奢有俭，难以一概而论。其暴殄之最甚者，莫过于吴门之戏馆。当开席时，哗然杂遝，上下千百人，一时齐集，真所谓酒池肉林，饮食如流者也。尤在五、六、七月内天气蒸热之时，虽山珍海错，顷刻变味，随即弃之，至于狗彘不能食。"② 暴发户的暴殄行径，素为人们所唾弃，也败坏了当时的社会风气。

封建社会，官僚及富裕之家与平民百姓的生活本处于两个不同的层面，食饮之器不可同日而语，铺张与节俭及其烹饪之菜品也形成了鲜明的对比。

3. 节令食品全民享用

江苏自古是以农耕为主的地区，农耕文化传承农时节令，在顺应着万物春生、夏长、秋收、冬藏的自然法则中，中华民族的岁时节令食品在江苏也一直围绕着地方特色，产生了不少的岁时节令食品。岁时节令与百姓生活是息息相关的，无论是贫苦百姓还是官府大家，人们都按照传统的饮食习俗在节令的变化上遵循传统，官府和富人家节令食品更加凸现。可以说，节令食品是最具有全民性的饮食活动，无论是富贵还是贫穷，节日都会带来不同的乐趣，只是所包含的娱乐性方面有所差异。从老人到儿童在节令活动中都寄托着人们美好的希冀，更有节日的欢快。但每一个节令活动都离不开饮食的陪伴，节令饮食是人们共有的向往。老百姓的贫富差异不等，但岁时饮馔通过饮食寄托对未来的希望，抒发情怀，享受并品味人生的乐趣，则大体一致。

清代最有影响的文献莫过于苏州人顾禄的《清嘉录》。这是顾禄记述苏州风土的杂著，以月为序，以节令民谚为题，叙述地方风土人情，娓娓详备。该书有助于了解清代嘉、道年间社会经济状况及民情风俗，所记社会底层生活更为他书少见，也有部分记及豪民富贾的奢靡生活。清代金榜所著《海曲拾遗》的食品部分，将南通每月每季的应时菜点及其制法、起源以及民风食俗和传说做了详尽的描述。清末丹徒学者陈庆年写的《西

---

① （清）叶梦珠. 阅世编. 北京：中华书局，2007：218-219.
② （清）钱泳. 履园丛话. 上海：上海古籍出版社，2012：129.

城村风俗志》，内容有"节令"一章，是少有的叙述农村风俗的书，但内容文字比较简单。这些均抵不上《清嘉录》的博雅完备。

清代江苏各地的岁时节令、风俗食俗也是在传承前人风俗的基础上沿袭而来的。顾禄以吴地岁时风俗为主，所著《清嘉录》共有十二卷，每卷一月，介绍了当地居民的242个项目，其中有很大一部分是围绕老百姓的饮食风俗而谈的，把清代百姓的饮食随着节令的变化而不断更新尝新品种的情况描绘出来。这里选取部分内容供赏。

图4-3 （清）焦秉贞 耕·砻图

一月：春饼、圆子油䭔。春饼："春前一月，市上已插标供卖春饼，居人相馈贶（馈赠）。卖者自署其标曰'应时春饼'。"圆子油䭔："上元，市人簸米粉为丸，曰'圆子'。用粉下酵裹馅，制如饼式，油煎，曰'油䭔'，为居民祀神、享先节物。"二月：撑腰糕："是日，以隔年糕油煎食之，为之'撑腰糕'。"三月：青团焐熟藕："市上卖青团、焐熟藕，为居人清明祀先之品。"四月：阿弥饭："市肆煮青精饭为糕式，居人买以供佛，名曰'阿弥饭'，亦名'乌米糕'。"五月：端午、秤锤粽。端午："五日，俗称端午。瓶供蜀葵、石榴、蒲蓬等物，妇女簪艾叶、榴花，号为'端午景'。人家各有宴会，庆赏端阳。"秤锤粽："市肆以菰叶裹黍米为粽，象秤锤之形，谓之'秤锤粽'。居人买以相馈贶，并以祀先。"六月：凉冰："土人置窖冰，街坊担卖，谓之'凉冰'。或杂以杨梅、桃子、花红之属，俗呼'冰杨梅''冰桃子'。"七月：巧果："七夕前，市上已卖巧果，有以面白和糖，绾作苧结之形，油氽令脆者，俗呼为'苧结'。至是，或偕花果、陈香蜡于庭或露台之上，礼拜双星以乞巧。"八月：月饼、餈团。月饼："人家馈贻月饼为中秋节物。十五夜，则偕瓜果以供祭月筵前。"餈团："二十四日，煮糯米和赤豆作团祀灶，谓之'餈团'。"九月：重阳糕："居人食米粉五色糕，名'重阳糕'。自是以后，百工入夜操作，谓之'做夜作'。"十月：盐菜："比户盐藏菘菜于缸瓮，为御冬之旨蓄，皆去其心，呼为'藏菜'，亦曰'盐菜'。"十一月：冬至团："比户磨粉为团，以糖、肉、菜、果、豇豆沙、芦菔丝等为馅。为祀先祭灶之品，并以馈贶，名曰'冬至团'。"十二月：腊八粥、年夜饭。腊八粥："八日为腊八，居民以菜果入米煮粥，谓之'腊八粥'。或有馈自僧尼者，名曰'佛粥'。"年夜饭："除夜，家庭举宴，长幼咸集，多作吉利语，名曰'年夜饭'，俗呼'合家欢'。"[①]

———————————

① （清）顾禄. 清嘉录·桐桥倚棹录. 北京：中华书局，2008.

《金陵岁时记》为清末民初潘宗鼎所作，据作者在"自序"中所说，该书"记于光绪之季"，并曰"属夫时丁隆盛，俗竞繁华，饼说元辰，糕题嘉节"①。其内容共 87 个条目，在节日食品方面，记载了欢喜团、饦锣、元宝蛋、春卷、寒食、乌饭、粽、五毒菜、雄黄豆、茄饼、月饼、重阳糕、腊八粥、什锦菜等。如"饦锣：吾乡新年祀祖，影堂上必供饦锣，以面炕成圆形，而空其中，实以红糖，削竹穿之，每垛凡四，名曰棹面，惟吾乡独有。""乌饭，释家乃于四月八日造以供佛。吾乡每届是日，沿途争卖，以当点心。""五毒菜，端午人家，取银鱼、虾米、荬菜、韭菜、黑豆杂炒，名曰炒五毒。""立夏，使小儿骑坐门槛，啖豌豆糕，谓之不住（疰）夏。乡俗云：'住夏者，以夏令炎热，人多不思饮食，故先以此厌之'。""茄饼，吾乡届中元节，人家祀先，取茄子切成丝，和面，用油煎之，曰茄饼。"②

上面介绍的是较有地域特色的内容。至迟到清代，南京人在除夕前有制作"十景菜"的习惯，一直保持到今天。《金陵岁时记》载曰："除夕，人家以酱姜、瓜、胡萝卜、金针菜、木耳、冬笋、白芹、酱油干、百页、面筋十色，细切成丝，以油炒之，谓之十景。又有所谓安乐菜者，干马齿苋也；如意菜者，黄豆芽也。盖取义吉祥尔。"③ 此俗在南京广大民众的生活中依然如此沿袭着。

江苏各地风俗民情不一，饮食风尚也因时空的不同形成各地的特色。岁时年节，在《红楼梦》《镜花缘》中都花大量的笔墨记叙节日场面和节日食品的吃喝场景。饮食之俗，涉及面很广，以上数端，仅是清代传统节日中的主要者。

第二节　江苏文士与盐商的食生活

清代康熙初期，为了江苏的农业恢复和发展，开展了大规模的治理黄淮河流工程，以安定民生。康熙先后六次南巡江南。由于清朝统治者对江苏的重视并采取了一系列的措施，加上江苏人民的辛勤劳动，从顺治末年到康熙时期，江苏农业经济有了新的发展。这个时期江苏的纺织业、造船业也比明代更为发达。商品经济发展，市镇日益繁荣。总的来说，这时期江苏的自然条件和地理优势，以及民众的生活水平有了明显的提高。在清代许多笔记和书籍的记载中，都充分显现出江苏各地富庶繁华的景象，特别是区位优势和大运河漕运的发展，使得当地的经济发展迅速。那些文士们，基于现有的条件，生活富余，在生活上开始讲究饮食的方式，即如何吃得快乐，吃得雅趣；而那些盐商们，凭借着盐业专卖，赚足了金银，开始追求烹饪的精细化和多样化的奢靡生活。

---

① （民国）潘宗鼎. 金陵岁时记. 南京：南京出版社，2006：12.
② （民国）潘宗鼎. 金陵岁时记. 南京：南京出版社，2006：36.
③ （民国）潘宗鼎. 金陵岁时记. 南京：南京出版社，2006：43.

图 4-4　（清）康熙帝南巡图（局部）

一、文人士子的食用之道

清代，江苏文士荟萃，才子众多，那些骚人墨客由于世道、家境、贫富的不同，人生境遇也各不一样。他们多半才高八斗，但命运与际遇可悲可笑。"达则兼济天下，穷则独善其身"，文士的生活、命运似乎和政治权势总有千丝万缕的联系。不管是居庙堂之位，还是游走于江湖，每个文人都有自己的酸甜苦辣。而在文人撰写的书籍中也常常留下许多饮食的篇章，特别是对美食追求的内容。可以说文人菜是江苏美食的一个典型代表，他们讲究美食追求美食，更讲究食馔的配伍和雅致。

清代许多文士名流的诗词歌赋、琴棋书画都与宴饮有直接的联系。"扬州八怪"既是画家群体，又是诗人、文学家群体，同时又都是美食家。江南则以文士的社团活动显示其特色，文人社团，以饮酒作诗为第一位，以苏州为代表的"吴门画派"，在丰富吴地饮食文化方面发挥了重要作用；影响四方的袁枚、赵翼、蒋士铨并称"江右三大家"。文士饮食除讲究味美形胜外，同时刻意追求食品本身的艺术价值，融合绘画、书法、雕刻等艺术手法于食品制作中。江苏仪征人李斗，积30年左右的时间精力，写成《扬州画舫录》。书中涉及的文人美食家、善烹者多达二百余人，记载的茶坊酒肆多达二十多所，谈到饮食市场、食品原料、菜肴、点心、名厨、技艺、船宴等，实录了文人饮食的许多珍贵资料。

清代著名戏剧理论家李渔（1611—1680），19岁前一直在江苏如皋居住，52岁时迁往南京生活了15年，60岁前后，完成了《闲情偶寄》的创作，1677年（67岁）迁回杭州。李渔不仅是美食家，也是中馈高手。在所撰的《闲情偶寄》"饮馔部"中，全面阐述了主食和荤素菜肴的烹制和食用之道。作者提倡崇俭节用，且能在日常精雅的膳食中，寻求饮馔方面的生活乐趣。这是清代江南文人的饮食养生观念的真谛。

李渔是一个十分讲究美食之人，他制作的名菜"四美羹"口感独特："陆之蕈，水之莼，皆清虚妙物也。予尝以二物作羹，和以蟹之黄、鱼之肋，名曰'四美羹'。"① 将四美原料汇聚一起，乃绝美之招。他擅长制作和食用"芥辣汁"，并认为，"制辣汁之芥子，陈者绝佳，所谓愈老愈辣是也。以此拌物，无物不佳。"② 他每食必备，认为"困者为之起倦，闷者以之豁襟，食中之爽味也。"

李渔在饮食烹饪方面的创新性与独特性表现在诸多方面，他制作的面条就十分精彩。"南人食切面，其油、盐、酱、醋等作料，皆下于面汤之中，汤有味而面无味，是人之所重者，不在面而在汤，与未尝食面等也。予则不然，以调和诸物尽归于面，面具五味，而汤独清。如此方是食面，非饮汤也。"③ 他所擅长制作的面条有"五香面""八珍面"，并有详细的配料和制作方法。他制作的"花露饭"香而美味，其秘制方法是："预设花露一盏，俟饭之初熟而浇之，浇过稍闭，拌匀而后入碗。"他接着说："行此法者，不必满釜浇遍，遍则费露甚多，而此法不行于世矣。止以一盏浇一隅，足供佳客所需而止。露以蔷薇、香橼、桂花三种为上，勿用玫瑰……三种与谷性之香者相若，使人难辨。"④ 这种做法会让宾客"诧为异种而讯之"。

如皋名士冒襄（1611—1693），字辟疆，虽自己不善烹饪，但其爱妾董小宛，多才多艺，能亲手调制许多珍味美馔。冒襄在《梅影庵忆语》中对此曾有详细的记述。董小宛会烹调烧菜、制作花露、腌制腊味，还会制作糖果糕点。她制作的食品成了当时文人墨客的美食美谈。她制作的花露"经年香味，颜色不变，红鲜如摘，而花汁融液露中，入口喷鼻，奇香异艳，非复恒有。"⑤ 制作的桃膏充满了异色异味的特色，"取五月桃汁、西瓜汁，一穰一丝漉尽，以文火煎至七八分，始搅糖细炼，桃膏大如红琥珀，瓜膏可比金丝内糖。"⑥ 董小宛在制作食品时特别注重细节，"制豉，取色取气先于取味，豆黄九晒九洗为度，颗瓣皆剥去衣膜，种种细料，瓜杏姜桂，以及酿豉之汁，极精洁以和之。""红腐乳烘蒸各五六次，内肉既酥，然后削其肤，益之以味，数日成者，绝胜建宁三年之蓄。""火肉久者无油，有松柏之味。风鱼久者如火肉，有麂鹿之味。醉蛤如桃花，醉鲟骨如白玉，油鲳如鲟鱼，虾松如龙须，烘兔酥雉如饼饵，可以笼而食之。菌脯如鸡粽，腐汤如牛乳。"⑦ 冒襄对董小宛的厨艺大加赞赏，感叹道："以慧巧变化为之，莫不异妙。"余怀在《板桥杂记》中也说"董白，字小宛。天资巧慧，容貌娟妍……针神曲圣、

① （清）李渔. 闲情偶寄. 上海：上海古籍出版社，2000：265.
② （清）李渔. 闲情偶寄. 上海：上海古籍出版社，2000：269.
③ （清）李渔. 闲情偶寄. 上海：上海古籍出版社，2000：273.
④ （清）李渔. 闲情偶寄. 上海：上海古籍出版社，2000：271.
⑤ （清）沈复. 浮生六记（外三种）. 上海：上海古籍出版社，2000：23.
⑥ （清）沈复. 浮生六记（外三种）. 上海：上海古籍出版社，2000：24.
⑦ 同⑥.

食谱茶经，莫不精晓。"① 董小宛烹调制作的唯美技艺正符合文士们精工细作、时鲜味美的饮食追求。

同是士人，对食饮的品味又因人而异，这与个人的家庭条件、经济状况等有很大关系。有些文士的生活也并没有这么多的光鲜和精雅，他们在官场失意或落魄时，生活常常是捉襟见肘，如生活不是很宽裕的苏州文人沈复，出生于地方寒士家庭，毕生为衣食奔波，在《浮生六记》中记述其妻"以麻油加白糖少许拌卤腐，亦鲜美。以卤瓜捣烂拌卤腐，名之曰双鲜酱。"② 他生活拮据，曾以卖画维持生计，也阶段性地从事过幕僚、职员等多种职业。沈复之妻也是理家能手，多省俭之法，"做矮边圆盘一只，以便放杯箸酒壶之类，随处可摆，移掇亦便。即食物省俭之一端也。余之小帽领袜皆芸自做，衣之破者移东补西，必整必洁，色取暗淡以免垢迹，既可出客，又可家常。此又服饰省俭之一端也。"③ 江南文士沈复过的是市井百姓的普通生活。

清代文士郑板桥，为"扬州八怪"之一，其文学作品多反映下层普通百姓生活。他也是个美食家，品尝过许多佳肴，但郑板桥的美食观犹如他擅长的兰、竹、石、画一样，清逸、淡泊、脱俗。他崇尚"左竿一壶酒，右竿一尾鱼，烹鱼煮酒恣谈谑……薄酒寒茶饭粗粝，对人慎勿羞吾贫"④ 的生活。他盛赞："江南大好秋蔬菜，紫笋红姜煮鲫鱼"⑤ "江南鲜笋趁鲥鱼，烂煮春风三月初……笋菜沿江二月新，家家厨爨剥春筼。"⑥ "一塘蒲过一塘莲，荇叶菱丝满稻田。最是江南秋八月，鸡头米赛蚌珠圆。"⑦ 郑氏以地方所产的日常原料简易烹煮，体现了乡野菜品的朴实与原味风格。

文人在饮食品味中常常还有一些烹饪高论。如江苏金匮（今无锡）文人钱泳在《履园丛话》中谈"治庖"时说："取材原不在多寡，只要烹调得宜，便为美馔。""饮食一道如方言，各处不同，只要对口味。口味不对，又如人之情性不合者，不可以一日居也。""平时宴饮，则烹调随意，多寡咸宜，但期适口，即是嘉肴。"⑧ 文士钱氏追求的是"真味""淡味"和"适口"之妙。

对江苏饮食文化贡献最大的是居住在南京 50 余年的袁枚，他集 40 余年撰写的《随园食单》对菜品烹调的各种规制和具体要求，阐述得十分精辟和精妙，是一部很有价值的饮食典章。除了介绍当时流行的 326 种南北菜肴饭点以外，他还提出了许多有见地、有深度的烹饪理论。在"须知单"中提出了既全且严的 20 个操作要求，在"戒单"中提出了 14 个注意事项，对当时和后来的餐饮业都有较好的指导作用。如"一席佳肴，

① （清）余怀. 板桥杂记（外一种）. 上海：上海古籍出版社，2000：34.
② （清）沈复. 浮生六记（外三种）. 上海：上海古籍出版社，2000：47.
③ （清）沈复. 浮生六记（外三种）. 上海：上海古籍出版社，2000：64.
④ （清）郑燮. 郑板桥文集. 成都：巴蜀书社，1997：287.
⑤ （清）郑燮. 郑板桥文集. 成都：巴蜀书社，1997：235.
⑥ （清）郑燮. 郑板桥文集. 成都：巴蜀书社，1997：168.
⑦ （清）郑燮. 郑板桥文集. 成都：巴蜀书社，1997：258.
⑧ （清）钱泳. 履园丛话. 上海：上海古籍出版社，2012：220-222.

司厨之功居其六，买办之功居其四"，提出了原材料在筵席中的重要性。"调剂之法，相物而施"，提出了根据不同的原料施加不同的调味品。"要使清者配清，浓者配浓，柔者配柔，刚者配刚，方有和合之妙"，提出了搭配的重要性。在卫生洁净方面强调了"切葱之刀，不可以切笋；捣椒之臼，不可以捣粉"①。袁枚对整个烹调过程如选料、加工、刀工、调味、烹调、装盘、器具、上菜、卫生等方面都有许多精辟的论述，这些烹饪论道之理对以后中国烹饪的制作与发展均产生了极其深远的影响。

文士之间常常用诗文和食品来抒情和交流。袁枚《随园食单》曾记载道："仪征南门外萧美人善制点心，凡馒头、糕、饺之类，小巧可爱，洁白如雪。"② 袁枚在乾隆五十七年重阳节请友人到江北仪征萧美人家订购三千件点心，计八个品种，其中一件赠送给监试秋闱的"丽川中丞"奇丰额。奇丰额以诗致谢，袁枚写句答谢，画家贡夫作《随园馈节图》，名士赵翼有诗六首记赞此事，后来又有若干雅士题诗，赞扬萧美人点心。③ 这一较平常的交友待客之礼，只不过是以糕点食品相馈赠，却被文士们传为文坛之佳话。

清朝著名诗人、学者余怀，为人风流倜傥，明亡以后不仕不隐，寄迹山水、诗酒、美食、旅行，漂泊往来于南京、扬州及苏州一带。春光明媚之日，他乘坐自家的画舫一路游览两月有余，《三吴游览志》正是一部纯粹的旅行笔记。"江山花鸟、洞壑烟云、画舫朱楼、绮琴锦瑟、美人名士、丽客高僧，以及荒榭遗台、残碑寒驿，触目所经，随手辄记。"④ 一路上，余怀爱吃螃蟹和河豚；舟过苏州虎丘的山门外，也饱餐枇杷与杨梅，啖着樱桃和甘蔗，买新芥茶，过着痛快淋漓的旅途生活。

清代，江苏的许多文人雅士利用游船画舫，会友、聚会、小宴，游赏风景，客舟设宴。《扬州画舫录》中记朱竹垞《虹桥诗》云："行到虹桥转深曲，绿杨如荠酒船来"。⑤ 酒宴在水中船上举行，风景秀丽，赏心悦目，益人情趣，发人雅兴，振人食欲，也方便尝鲜——起水鲜鱼，现烹现吃，美味尽收。文士们尝尽湖光山色，品尝着香喷喷的水鲜野味，一边玩赏美景，谈笑风生，一边觥壶劝吃，行令猜枚。文人骚客是当时画舫宴客市场的主要客源。游赏、聚会、小宴，成为文人生活雅趣的显著特点。

二、漕运与盐商食饮之风

明代中后期盐业生产与销售的迅速发达，加速了清代漕运的发展，直至清中叶，运河对于国家的物资保障地位十分重要，这也造就了运河沿岸主要城市的兴盛。食盐，是自古以来人们生活之必需品。盐的购销历代多为具有垄断特权的专商经营，无名者不得

① (清)袁枚. 随园食单//续修四库全书(第1115册). 上海：上海古籍出版社，1996：648.
② (清)袁枚. 随园食单//续修四库全书(第1115册). 上海：上海古籍出版社，1996：694.
③ 丹心. 江苏古代的名厨. 中国烹饪，1985(8)：15-16.
④ (清)余怀. 板桥杂记(外一种). 上海：上海古籍出版社，2000：83.
⑤ (清)李斗. 扬州画舫录. 扬州：江苏广陵古籍刻印社，1984：242.

行盐，这就造成了专营商人的专卖制，垄断了食盐的运销。加之其利润极高，这就使得这些盐商资本积累雄厚，而在饮食上不断挑剔，不断求奢、求精、求宏大场面，这种过分追求饮食的享乐和铺张，给社会带来了极端奢靡、挥霍的负面影响。

江苏是自古以来的产盐之地。以海州（今连云港市）为中心的淮北盐场，在明清时期，海州、板浦商贾云集，市场繁荣，清代还在板浦设立淮北稽核所，民间流传"穿海州，吃板浦"之说。盐城因淮盐而得名，其盐属淮南盐场。清乾隆十二年纂修的《盐城县志》记载："为民生利，乃城海上，环城皆盐场，故名盐城。"两淮的盐税占全国盐税之半，故有"两淮盐税甲天下"之说。

产盐之地孕育了盐业的经营与买卖，哺育了一大批富有的盐商。淮安、扬州两地成为运河上的两个明珠，是国家盐运的集散之地。淮安因处于黄、淮、运三水交汇的独特地理位置，是京杭大运河上的漕运重镇，位于大运河的中部，扼守江淮咽喉，成为漕运指挥、河道治理、漕船制造、漕粮储备、淮北盐集散之"五大中心"。主管国家赋粮收验储运与治水保运两大要政的部级机关——漕运总督署、河道总督署及其直属的数十个司道衙门，陆续驻节淮安。明清之际，"两淮盐运使"府署设于扬州，为全国六运司之一，下辖泰州、淮安、通州三个分司。淮安、扬州两地成为名副其实的运河之都，史称"人士流寓之多，宾客燕宴之乐，远过于一般省会"。官宦商人来往频繁的饮食需求，有力的经济支撑，极大地推动了当地餐饮业的发展兴盛。

据清代野史《栖霞阁野乘》中"盐商之繁华"记载："扬州繁华以盐商，两淮额引一千六百九十万有奇，归商人十数家承办。中盐有期，销引有地，谓之纲盐。以每引三百七十斤计之，场价斤止十文，加课银三厘有奇，不过七文。而转运至汉口以上，需价五六十不等，愈远愈贵，盐色愈杂。霜雪之质，化为缁尘……诸商所领部帖，谓之根窝。有根窝者，每引抽银一两，先国课而坐收其利……最奇者，春台、德音两戏班，仅供商人家宴，而岁需三万金。"[1] 盐商的种种暴利，导致了靡侈奢华，他们视金钱如粪土。

盐商的饮食暴珍是十分典型的，《清代野史大观·河厅奢侈》中对盐商的奢侈饮食如数家珍："张松庵尤善会计，垄断通工之贿赂，凡买燕窝皆以箱计，一箱辄数千金……海参鱼翅之费，则更及万矣。其肴馔则客至自辰至夜半，不罢不止，小碗可至百数十者。厨中煤炉数十具，一人专司一肴，目不旁及，其所司之肴进，则飘然出而狎游矣。"[2] 烹调技艺求精求奢，每个厨师专做一道菜肴，苦其心智，钻研绝活，这不是一般府第所为，堪比宫廷御厨之过也。

以晋商、徽商为首的各省大盐商蜂拥而来，在淮安、扬州造宅构园，淮安的淮北盐运分司署与扬州经营淮南盐的盐商合称两淮盐商。清代，淮盐每年创造的税额达全国财政收入的四分之一，故各家盐商千方百计揽招名厨，穷搜天下奇珍异品，别出心裁地以

① （清）孙静安. 栖霞阁野乘（外六种）. 北京：北京古籍出版社，1999：81.
② （清）小横香室主人. 清朝野史大观. 上海：上海科学技术文献出版社，2010：1385.

稀有为贵，满足其极度奢靡的饮食之乐。

在《扬州画舫录》中，记载了"家庖"："烹饪之技，家庖最胜。吴一山炒豆腐，田雁门走炸鸡，江郑堂十样猪头，汪南溪拌鲟鳇，施胖子梨丝炒肉，张四回子全羊，汪银山没骨鱼，江文密蟏螯饼，管大骨董汤、鲞鱼糊涂，孔讱庵螃蟹面，文思和尚豆腐，小山和尚马鞍桥，风味皆臻绝胜。①这里的家庖多为盐商和官府家服务，他们勤于烹饪技术，不断钻研菜肴制作，以得到社会和各家的认可。盐运经济的富庶带来了盐商饮食的高消费。《儒林外史》第二十三回，腰缠万贯的扬州盐商万雪斋在家中设宴招待徽州顾、汪两位盐商，开席奉酒后首道菜即为"冬虫夏草"，他还请人四方寻购"雪蛤蟆"②。《扬州画舫录》第六卷载："初，扬州盐务，竞相奢丽，以婚嫁丧葬，堂室饮食，衣服舆马，动辄费数十万。有某姓者，每食，庖人备席十数类，临食时，夫妇并坐堂上，侍者抬席置于前，自茶面荤素等色，凡不食者摇其颐，侍者审色则更易其他类。"③一般家常饮食，提供十多道菜肴，如此破费，不满意还随时撤换，排场如此得奢华。

扬州盐商童岳荐，精于盐荚，也善谋画，基于对美食的追求与爱好，他撰写的《童氏食规》卷五的"羽族部"食谱，④记载了鸡、鸡杂、鸡蛋、野鸡、鸭肴、鸭舌、鸭掌、鸭肫、鸭蛋、野鸭、鹅、鹅蛋、云林鹅、鸽肴、鸽蛋、鹌鹑、黄雀、麻雀等菜肴共计319道，可谓是洋洋洒洒。盐商不仅善于美食，更善于抄写食谱。

《清稗类钞·豪侈类》在"盐商起居服食之奢靡"中道："黄某者，家业醝，均太其名也。然人但知有均太而不知有黄某，故呼黄某者辄以均太呼之。均太为两淮八大盐商之冠，晨起饵燕窝，进参汤，更食鸡蛋二枚，庖人亦例以是进。一日无事，偶翻阅簿记，见蛋二枚下注每枚纹银一两，均太大诧曰：'蛋值即昂，未必如此之巨。'即呼庖人至，责以浮冒过甚。庖人曰：'每日所进之鸡蛋，非市上所购者可比，每枚纹银一两，价犹未昂。主人不信，请别易一人，试尝其味，以为适口，则用之可也'……'汝果操何术而使味美若此？'庖人曰：'小人家中畜母鸡百余头，所饲之食皆参术等物，研末掺入，其味乃若是之美。主人试使人至小人家中一观，即知真伪也。'均太遣人往验，果然，由是复重用之。"⑤由于盐商的垄断利润丰足，故纷纷招揽名厨，满足口欲，侍奉官僚，并成为常态。

盐商是传统中国商人中最富有的，特别是在清朝，鼎盛期则在乾隆年间，《扬州画舫录》记录了乾隆年间扬州的繁华和富庶。盐商与地方官僚相勾结，为帝王南巡而侍奉，在帝王宴饮中，仿照宫廷"满汉全席"食单，有过之而无不及。其记载道："上买卖街

① （清）李斗.扬州画舫录.扬州：江苏广陵古籍刻印社，1984：242.
② （清）吴敬梓.儒林外史.南京：江苏古籍出版社，1998：257.
③ （清）李斗.扬州画舫录.扬州：江苏广陵古籍刻印社，1984：142.
④ （清）佚名.邢渤涛注释.调鼎集.北京：中国商业出版社，1986：266.
⑤ （清）徐珂.清稗类钞.北京：中华书局，1986：3271-3272.

前后寺观，皆为大厨房，以备六司百官食次。第一分头号五簋碗十件：燕窝鸡丝汤、海参烩猪筋、鲜蛏萝卜丝羹、海带猪肚丝羹、鲍鱼烩珍珠菜、淡菜虾子汤、鱼翅螃蟹羹、蘑菇煨鸡、辘轳锤、鱼肚煨火腿、鲨鱼皮鸡汁羹、血粉汤、一品级汤饭碗；第二分二号五簋碗十件：鲫鱼舌烩熊掌、米糟猩唇、猪脑、假豹胎、蒸驼峰、梨片伴蒸果子狸、蒸鹿尾、野鸡片汤、风猪片子、风羊片子、兔脯、奶房签，一品级汤饭碗；第三分细白羹碗十件……第四分毛血盘二十件……第五分洋碟二十件，热吃劝酒二十味，小菜碟二十件，枯果十彻桌，鲜果十彻桌，所谓'满汉席'也。"① 康熙、乾隆驻跸扬州时，在天宁寺建有行宫。而在河的北岸，建造仿京城格局的房屋，称为买卖街。这里"满汉席"记载了一百多道南北菜，帝王的筵宴，盐商的操办，因盐商的极富而穷奢，而使美食达到一种超乎寻常的铺张奢华地步。

在清末孙静安的《栖霞阁野乘》和吴炽昌的《客窗闲话》中都记载了相同的内容"淮商宴客记"，对洪姓淮商在家中花园宴请宾客的描述，可谓详细而生动，整个接待让人难以想象，甚至匪夷所思。其记曰："醝客洪姓者，淮商之巨擘也。曾助饷百万，赐头衔二品。其起居服食，有王侯不逮者。"② 仲夏之日，洪商偕同事数友诣其宅宴会。这家中就是一个大花园，经过亭台楼阁，假山绿树，花香垂荫，然后进入水上舫室用餐。"中舱两筵已具，肃客就坐。筵上安榴、福荔、交梨、火枣、苹婆果、哈密瓜之属，半非时物。每客侍以娈童二，一执壶浆，一司供馔。馔则客各一器，常供之雪燕、冰参以外，驼峰、鹿胾、熊蹯、象白，珍错毕陈。妖鬟继至，妙舞清歌，追魂夺魄。酒数行，热甚，主命布雨。未几，甘霖滂沛，烦暑顿消。从窗隙窥之，则面池龙首四出，环屋而喷，宴毕雨止。予潜察龙之所在，则洋夷制皮为之，掉入池中，一人坐其背，鼓水而上也。"③

漕运的繁盛，富足了盐商，同时也豢养了一批官僚政客。管理盐政、漕运河务的漕运总督、南河总督，他们相互往来酬酢无虚日，也滋长和培育了官府菜的穷奢。《春冰室野乘》中记"道光时南河官吏之侈汰"曰："南河岁修经费每年五、六百万金，然实用之工程者，不及十分之一，其余悉以供官吏之挥霍。一时饮食衣服、车马玩好，莫不斗奇逞巧，其奢汰有帝王所不及者……某河帅尝宴客，进豚肉一簋，众宾无不叹赏。但觉其精美，迥非凡品而已。宴罢，一客起入厕，见死豚数十，枕藉院中。惊询其故，乃知顷所食之一簋，即此数十豚背肉集脧而成者也……甚至食一豆腐，而制法有数十种之多，且须于数月前购集材料、选派工人，统计所需，非数百金不能餐来其一箸也。食品既繁，一席之宴恒历三昼夜不能毕。"④ 上面这种"刲背肉一簋"，以及该文后面介绍的"炽炭烹鹅掌""沸汤浇驼峰""沸汤灌猴顶"，简直是残

---

① （清）李斗. 扬州画舫录. 扬州：江苏广陵古籍刻印社，1984：101-102.

② （清）孙静安. 栖霞阁野乘(外六种). 北京：北京古籍出版社，1999：128.

③ （清）吴炽昌. 客窗闲话. 石家庄：河北人民出版社，1985：31.

④ （清）孙静安. 栖霞阁野乘(外六种). 北京：北京古籍出版社，1999：63-64.

忍至极，目不忍睹。

两淮八大盐商之首的黄志筠在扬州建私家园林"个园"，晨起吃燕窝、进海参。盐商巨子马曰琯、马曰璐两兄弟，为盐商巨富，被李斗盛赞为邗江之最。程氏、汪氏是淮安盐商的典型代表，据《山阳河下园林记》载，徽商程氏所建园林就达二十多座。徐珂在《清稗类钞》"饮食类"中载有当时最著名的五种筵席，除满汉全席、燕窝席、豚蹄席外，淮安居二席，都是盐商培育起来的高规格接待筵席。一曰全鳝席："同、光间，淮安多名庖，治鳝尤有名，胜于扬州之厨人。且能以全席之肴，皆以鳝为之，多者可至数十品，盘也，碗也，碟也，所盛皆鳝也，而味各不同，谓之全鳝席。"[1] 二曰全羊席："清江庖人善治羊，如设盛筵，可以羊之全体为之。蒸之，烹之，炮之，炒之，爆之，灼之，燻之，炸之。汤也，羹也，膏也，甜也，咸也，辣也，椒盐也。无往而不见为羊也。多至七八十品，品各异味……谓之曰全羊席。同、光间有之。"[2]

清康熙、乾隆帝各有六次南巡，皆以淮安、扬州为目的地。每次巡幸都到两地视察河务，官吏和盐商对帝王的个人吃请，都是以地方正常的宴请为主，不显铺张之举，也不敢让皇帝知晓。在《乾隆御膳档》中，乾隆南巡至淮，漕运总督和南河总督呈献的肴馔，有烧家野、蒲菜炒肉、淮山鸭羹、淮饺、肥鸡豆腐片儿汤等，都是一些地方上的特色土菜，全无山珍海味之排场，完全伪装出一副勤政节俭的面孔。

盐商经济带来的繁盛，于1833年出现了转折，在时任两江总督陶澍的力推下实行"盐纲改票"，淮南淮北大盐商们纷纷破产。1855年黄河北徙山东，与淮河分道扬镳，运能大幅下滑，加之战火阻隔，漕粮被迫实行海运，两淮开始步入衰落期。

第三节 《随园食单》与江苏烹饪技术

清代著名的文学家袁枚，出生于浙江钱塘（今杭州），享年82岁。袁枚少年有志于学，12岁为县学生，乾隆四年（1739年）为进士，选庶吉士，时年23岁。后出任溧水、江浦、沭阳、江宁等县令。33岁即辞官，在南京小仓山下建造"随园"安居，于此吟诗作文，交友甚广，著有《小仓山房文集》七十余卷。他的晚年时期，在"百物荟萃、风华繁盛的经济重镇和文化名城南京，在台榭之盛、名闻中外的随园"[3]，写下了中国饮馔史上烹饪理论与厨房实践相结合的烹饪著作《随园食单》，该书出版于清乾隆五十七年（1792年）。在"须知单"和"戒单"中记录了袁枚几十年来对菜肴、点心烹饪的很有独到的见解，这里主要就所记载的内容与江苏地区菜品作一系统分析。

---

① （清）徐珂. 清稗类钞. 北京：中华书局，1986：6268.
② （清）徐珂. 清稗类钞. 北京：中华书局，1986：6267.
③ 赵荣光. 美食家的袁枚和他的《随园食单》. 商业研究，1985(9)：43-44.

图 4-5 袁枚与其《随园食单》

一、实录了江苏地区著名的美食菜点

袁枚为乾隆盛世之才子，金陵宝地之饕餮。四十年来，他吃遍了人间美味，著成了"颇集众美"的《随园食单》。这里共记载了 345 种南北菜点（包括一料多法菜品），其以江苏地区的菜品为主体，所涉及的还有浙江、安徽、山东的府第菜品，游学中记有京菜、粤菜的品种，也记录了个别满族和西洋的点心。从江苏地区的菜品来看，主要以南京、苏州、扬州三地记载的菜点最多。

表 4-1 《随园食单》菜品及数量一览表

类 别	海鲜单	江鲜单	特性单	杂牲单	羽族单	水族有鳞单
品种数	9+3	6+1	43+8	16+1	47+4	17
类 别	水族无鳞单	杂素菜单	小菜单	点心单	饭粥单	茶酒单
品种数	28	47+3	41	55	2	14

注：品种数字带"＋"号者，前者是目录品种数量，后者为一料多法数量。

表 4-2 《随园食单》菜肴、点心数量分布表

地区	江苏省				江苏省外		未注明地域	
	南京	苏州	扬州	其他	南方	北方	有名无地	无人无地
品种数	16	15	14	9	32	7	38	181

注：①江苏省外的南方菜，以浙江最多。②标明北方菜只有 7 种，其实还有个别"无人无地"的菜肴，如"杂牲单"中的鹿肉、鹿筋、獐肉、羊蹄、羊羹等，尽管未注明具体地区，基本上都属于北方菜。③"有名无地"的菜点，因书中未注明地方，故不好确定，因难以查考，故另划一类。④直接写食谱，未注明具体地方人氏的"无人无地"菜点，这类菜大多是以南京本地为主、省内为辅的家常菜或府第菜。

1. 南京菜点的描述

南京是袁枚生活时间最长的地方，从 33 岁到 82 岁，袁枚的家安置在小仓山的"随园"。而在担任县令的溧水、江浦、江宁三地，也是在南京的周边（今属南京市管辖）。《随园食单》是袁枚晚年在南京小仓山"随园"而写的。在书中直接指明南京地区的菜品主要有：黄芽菜煨火腿、捶鸡、挂卤鸭、六合龙池鲫鱼、土步鱼、刀鱼、鳝鱼羹、笋脯、杨花菜、大头菜、萝卜、松饼、牛首腐干、芋粉饼、白云片等。

在南京的地方菜点中，袁枚强调说明了两个较高档的海鲜菜肴：一是海参烧甲鱼，一是蟹粉扒鱼翅。从"独用须知"的角度来讲，他说："金陵人好以海参配甲鱼，鱼翅配蟹粉，我见辄攒眉。觉甲鱼、蟹粉之味，海参、鱼翅分之而不足；海参、鱼翅之弊，甲鱼、蟹粉染之而有余。"[①] 他认为，这些高档美味应该单独烹饪，方能体现其本味。

南京位于长江之滨，江鲜，尤其是号称"长江三鲜"的"刀鱼""鲥鱼"在袁枚的笔下自然是少不了的。刀鱼、鲥鱼用蜜酒酿、清酱清蒸最佳。金陵人喜欢"油炙极枯，然后煎之"，这其实是一款"香炸刀鱼"。南京著名的"六合龙池鲫鱼"和江中"白鱼"是袁枚十分赞赏的，鲫鱼"六合龙池出者，愈大愈嫩，亦奇。""土步鱼"，亦称虎头鲨、塘鳢鱼，"金陵人不为上品"。白鱼"余在江中得网起活者，用酒蒸食，美不可言。糟之最佳，不可太久，久则肉木矣。"[②] 道出了蒸制不同鱼类的技术关键。

南京厨师经常制作"鳝丝羹"，其曰："鳝鱼者半熟，划丝去骨，加酒、秋油煨之，微用纤粉，用真金菜、冬瓜、长葱为羹。南京厨者，辄制鳝为炭，殊不可解。"[③] 批评厨师没有把鳝鱼丝做嫩，其原因主要有三：一是鳝鱼选料不要太大，二是烫制时不能太老，三是划好的鳝丝摆放时间不能太长，要即划即烹。符合这三点，自然会达到嫩爽的效果。袁枚所言"制鳝为炭"，实则是"生敲"之制法。

袁枚认可的南京菜肴还有："捶鸡"，"将整鸡捶碎，秋油、酒煮之。南京高南昌太守家制之最精。"[④] "挂卤鸭"，"塞葱鸭腹，盖焖而烧。水西门许店最精。"[⑤] 在记载自家"随园"制作的"笋脯"时，评价说："笋脯出处最多，以家园所烘为第一。"南京三月的"杨花菜""柔脆与菠菜相似"；承恩寺的"大头菜""愈陈愈佳，入荤菜中最能发鲜"，而"醋萝卜""以陈为妙"。朝天宫道士制作的"黄芽菜煨火腿"："先用鸡汤将（火腿）皮煨酥，再将肉煨酥，放黄芽菜心，连根切断，约二寸许长，加蜜酒酿及水连煨半日；上口甘鲜，肉菜俱化，而菜根及菜心丝毫不散，汤亦极美。"[⑥] 道出了江苏菜"酥烂脱骨而不失其形"的特色。

在"点心单"方面，"松饼"以"南京莲花桥教门方店最精"，"芋粉团"为"磨芋

① （清）袁枚. 随园食单//续修四库全书(第1115册). 上海：上海古籍出版社，1996：642.
② （清）袁枚. 随园食单//续修四库全书(第1115册). 上海：上海古籍出版社，1996：647.
③ （清）袁枚. 随园食单//续修四库全书(第1115册). 上海：上海古籍出版社，1996：677.
④ （清）袁枚. 随园食单//续修四库全书(第1115册). 上海：上海古籍出版社，1996：667.
⑤ （清）袁枚. 随园食单//续修四库全书(第1115册). 上海：上海古籍出版社，1996：672.
⑥ （清）袁枚. 随园食单//续修四库全书(第1115册). 上海：上海古籍出版社，1996：664.

粉晒干，和米粉用之。朝天宫道士制芋粉团、野鸡馅极佳。"① "白云片"："白米锅巴，薄如绵纸。如油炙之，微加白糖上口极脆。金陵人制之最精，号'白云片'。"② 这些点心在南京的市场上还一直经营着，而"白云片"已成为南京著名的地方食品。

在《随园食单》中，许多菜品都记载了具体的地方和府第，在没有写明具体地方的菜品中，基本都是南京本地的菜品。即使指明了他地的菜品，其实这些原料和食谱大多数在南京都有制作，只是有些菜点在袁枚的眼中做得不如他所尝到的精致而已。

2. 苏州菜点的描述

在《随园食单》中，记录苏州地方菜点是较多的。他对苏州的菜点制作情有独钟，对许多品种总是大加赞赏。主要品种有鲟鱼、风肉、蜜火腿、鹿尾、野鸭、鹌鹑、黄雀、青盐甲鱼、鱼脯、玉兰片、熏鱼子、虾子鱼、软香糕、三层玉带糕、乳腐等。

清代苏州的食肆名声远扬，各式店铺名目繁多。在顾禄的《桐桥倚棹录》卷十中所记载的菜肴、点心有上百种之多。单就"猪肉"品种有：烧小猪、红炖肉、木樨肉、口蘑肉、金银肉、高丽肉、东坡肉、麻酥肉、火夹肉、白切肉、酒焖蹄、蜜炙火蹄、葱椒火蹄、酱蹄、大肉圆、溜圆子、燉火腿、煠排骨、煠紫盖、煠八块、煠里脊等。③ 袁枚对普通的菜品并不在意，而是对一些府第菜浓墨重彩地加以描绘。

书中多次提到苏州尹文端公家的菜品，如"鲟鱼""风肉""蜜火腿""鹿尾"。"尹文端公自夸治鲟鳇最佳，然煨之太熟，颇嫌重浊。惟在苏州唐氏吃炒鳇鱼片甚佳。"④ "尹文端公家风肉"是袁氏特别叫好的，"此物惟尹府至精，常以进贡。""蜜火腿"曰："取好火腿，连皮切大方快，用蜜酒煨极烂最佳……余在尹文端公苏州公馆吃过一次，其香隔户便至，甘鲜异常，此后不能再遇此尤物矣。"⑤ "鹿尾"曰："尹文端公品味以鹿尾为第一……余尝得极大者，用茶叶包而蒸之；味果不同，其最佳处，在尾上一道浆耳。"⑥ 上面记载的尹文端公，即尹继善，满族镶黄旗人，历任江苏巡抚、江南河道、云贵、川陕、江南等地总督，后官至文华殿大学士兼军机大臣。尹为朝廷命官、重臣，家常的饮食自有名厨调理，不是一般人家可比的，鲟鱼、鳇鱼都是名贵的鱼类，鳇鱼主产于黑龙江流域，而鹿尾"南方人不能常得，从北京来者，又苦不新鲜。"⑦ 但江苏人烹制起来味道特别鲜美。尹继善是满族人，又是朝廷大臣，食用鹿尾就很平常了。

在禽类方面，如"野鸭"："切厚片，秋油郁过，用两片雪梨夹住，炮炒之。苏州包道台家制法最精。"⑧ 有一道"煨鹌鹑黄雀"其味非同一般："鹌鹑用六合来者最佳，有

---

① （清）袁枚. 随园食单//续修四库全书（第1115册）. 上海：上海古籍出版社，1996：693.
② （清）袁枚. 随园食单//续修四库全书（第1115册）. 上海：上海古籍出版社，1996：694.
③ （清）顾禄. 清嘉录. 桐桥倚棹录. 北京：中华书局，2008：373.
④ （清）袁枚. 随园食单//续修四库全书（第1115册）. 上海：上海古籍出版社，1996：656.
⑤ （清）袁枚. 随园食单//续修四库全书（第1115册）. 上海：上海古籍出版社，1996：664.
⑥ （清）袁枚. 随园食单//续修四库全书（第1115册）. 上海：上海古籍出版社，1996：666.
⑦ 同⑥.
⑧ （清）袁枚. 随园食单//续修四库全书（第1115册）. 上海：上海古籍出版社，1996：671.

现成制好者。黄雀用苏州糟加蜜酒煨烂，下作料与煨麻雀同。苏州沈观察煨黄雀，并骨如泥。炒鱼片亦精。"① 他对沈家的菜馔品评道："其厨馔之精，合吴门推为第一。"在袁枚看来，苏州的菜肴数沈观察家最好。

水产方面有"青盐甲鱼"，此为苏州唐静涵家法最有风味。"鱼脯"："活青鱼去头尾，斩小方块，盐腌透风干。入锅油煎，加作料收卤。再炒芝麻滚拌起锅。苏州法也。"② 此制法应是当今"苏式熏鱼"制作的前身。

在"小菜单"中，"玉兰片"："以冬笋烘片，微加蜜焉。苏州孙春杨家有盐、甜二种，以盐者为佳。"③ "熏鱼子"："色如琥珀，以油重为贵，出苏州孙春杨家，俞新愈妙，陈则味变而油枯。"④ 孙家可能是一个售卖小菜的店家。"乳腐"："以苏州温将军庙前者为佳，黑色而味鲜，有干、湿二种。"⑤

苏州糕点在清代已赫赫有名，如"软香糕"："以苏州都林桥为第一，其次虎邱糕、西施家为第二，南京南门外报恩寺则第三矣。"⑥ 这里没有具体的制法，只是排列了一下糕的名次。"三层玉带糕"："以纯糯粉作糕，分作三层：一层粉，一层猪油、白糖，夹好蒸之，蒸熟切开。苏州人法也。"⑦ 江苏的糕点当以苏州为最，品种多，口感甜香松软。

3. 扬州菜点的描述

扬州的菜点在清代已较有名气，袁枚在食单里记载的有红煨鳗、猪里肉、鸡圆、程立万豆腐、煨木耳香蕈、冬瓜、人参笋、小馒头小馄饨、蝉螯、裙带面、素面、运司糕、粽子等。

清代扬州的食肆，售卖菜品已很丰富。李斗《扬州画舫录》中记载的小东门街的食肆"多糊炒田鸡、酒醋蹄、红白油鸡鸭、炸虾、板鸭、五香野鸭、鸡鸭杂、火腿片之属，骨董汤更一时称便"。⑧ 这时期扬州的家庖较多，烹饪之技，影响一方。

在袁枚的笔下，扬州菜精美可爱。如蝉螯，"从扬州来，虑坏则取壳中肉，置猪油中，可以远行……捶烂蝉螯作饼，如虾饼样煎吃，加作料亦佳。"⑨ "红煨鳗"，"扬州朱分司家制之最精。""程立万豆腐"，"在扬州程立万家食煎豆腐，精绝无双。""猪里肉"，"精而且嫩，人多不食。尝在扬州谢蕴山太守席上，食而甘之。"⑩ "鸡圆"：扬州臧八太爷家制之最精，用萝卜、猪油、芡粉与鸡肉泥一起揉成，不放馅心。"人参笋"，"制细

① （清）袁枚. 随园食单//续修四库全书(第1115册). 上海：上海古籍出版社，1996：672.
② （清）袁枚. 随园食单//续修四库全书(第1115册). 上海：上海古籍出版社，1996：675.
③ （清）袁枚. 随园食单//续修四库全书(第1115册). 上海：上海古籍出版社，1996：685.
④ （清）袁枚. 随园食单//续修四库全书(第1115册). 上海：上海古籍出版社，1996：686.
⑤ （清）袁枚. 随园食单//续修四库全书(第1115册). 上海：上海古籍出版社，1996：688.
⑥ （清）袁枚. 随园食单//续修四库全书(第1115册). 上海：上海古籍出版社，1996：692.
⑦ （清）袁枚. 随园食单//续修四库全书(第1115册). 上海：上海古籍出版社，1996：694.
⑧ （清）李斗. 扬州画舫录. 扬州：江苏广陵古籍刻印社，1984：188.
⑨ （清）袁枚. 随园食单//续修四库全书(第1115册). 上海：上海古籍出版社，1996：678.
⑩ （清）袁枚. 随园食单//续修四库全书(第1115册). 上海：上海古籍出版社，1996：659.

笋如人参形，微加蜜水，扬州人重之，故价颇贵。"① 这些府第菜制作精良，方法多样，许多来自家庖的制作技艺。

扬州的寺院素斋也是别具一格，食单中多次提到"定慧庵"制作的素菜口味绝佳。"煨木耳香蕈"："扬州定慧庵僧，能将木耳煨二分厚，香蕈煨三分厚。先取蘑菇蓬熬汁为卤。"② "冬瓜"："冬瓜之用最多，拌燕窝、鱼、肉、鳗、鳝、火腿皆可。扬州定慧庵所制尤佳，红如血珀，不用荤汤。"③ 此燕窝、肉、鳗、鳝、火腿皆为"假"品，即"以素托荤"之菜馔，其制作完美，色泽靓丽，为素菜之精品。"素面"："先一日将蘑菇蓬熬汁澄清，次日将笋熬汁加面滚上。此法扬州定慧庵僧人制之极精，不肯传人。"④ 清代扬州寺院素斋的制作已达到相当高的水平。

在《随园食单》中，扬州的点心记载是较多的。如"小馒头小馄饨"，"扬州物也。扬州发酵最佳。"⑤ "小馒头"即是江苏的"小笼包子"。以小刀切成微宽的面条，名为"裙带面"，此法扬州盛行。"运司糕"，"扬州店中作糕献之，大家赞赏。"此糕色白如雪，点胭脂红如桃花，用少量糖作馅，淡而弥旨，十分怡人。"扬州洪府粽子"，食之滑腻、黏糯，肉与米同柔同化，都堪称妙绝。

4. 江苏其他地方的菜点与调料

《随园食单》记载的菜品除上述三地以外，还有江苏其他地方如镇江的空心肉圆，常熟的汤鳗，通州（南通）的鲫鱼，无锡的烧鹅，兴化、泰兴的吐蚨（黄泥螺），高邮的腌蛋，仪征的萧美人点心，常州、无锡的千层馒头等。

"空心肉圆"，以冻猪油作馅，"此法镇江人最善"。"汤鳗"，用清煨之法，"常熟顾比部家用芡粉山药干煨，亦妙。"⑥ 通州人煨鲫鱼，"骨尾俱酥，号酥鱼。"无锡倪云林家的"云林鹅"，选自元代倪瓒的《云林堂饮食制度集》，整鹅洗净，以盐、蜜拌酒涂满鹅身，腹内塞入葱，架入锅中，用一碗酒、一碗水，密封锅盖，柴火缓缓蒸熟，待冷却后再翻鹅身，仍将锅盖封好蒸之成熟。起锅食用，鹅肉香嫩，汤亦鲜美。"吐蚨"出兴化、泰兴，"有生成极嫩者，用酒酿浸之，加糖，则自吐其油，名为'泥螺'。"⑦ "腌蛋"以"高邮为佳，颜色细而油多。"地方特产原料与特色技艺结合，产生了不同寻常的菜品。

江苏点心较著名的还有"萧美人点心"，"仪真（征）南门外萧美人善制点心，凡馒头、糕饺之类，小巧可爱，洁白如雪。"⑧ "千层馒头"，"杨参戎家制馒头，其白如雪，

————————
① （清）袁枚. 随园食单//续修四库全书(第1115册). 上海：上海古籍出版社，1996：686.
② （清）袁枚. 随园食单//续修四库全书(第1115册). 上海：上海古籍出版社，1996：684.
③ 同②.
④ （清）袁枚. 随园食单//续修四库全书(第1115册). 上海：上海古籍出版社，1996：690.
⑤ （清）袁枚. 随园食单//续修四库全书(第1115册). 上海：上海古籍出版社，1996：695.
⑥ （清）袁枚. 随园食单//续修四库全书(第1115册). 上海：上海古籍出版社，1996：676.
⑦ （清）袁枚. 随园食单//续修四库全书(第1115册). 上海：上海古籍出版社，1996：688.
⑧ （清）袁枚. 随园食单//续修四库全书(第1115册). 上海：上海古籍出版社，1996：694.

揭之如有千层。其法扬州得半，常州、无锡亦得其半。"①

在调味品方面，袁枚也分别说明了太仓糟油、苏州秋油、镇江醋、连云港板浦醋、南京浦口醋等，都是当时流行的品牌调料。

二、展示了江苏烹饪制作特色和功力

《随园食单》以江苏烹饪为主体，除去江苏省外的 39 个菜点，其他均以江苏为蓝本。从这些菜点的记录和叙述来看，可以体现以下几个特色。

1. 原料以水产、畜禽和蔬菜为主

《随园食单》中对水产原料进行了较多的介绍，共计有 64 种菜肴，并将其分类为"海鲜单""江鲜单""水族有鳞单""水族无鳞单"四个部分，"海鲜单"中录有 9 种原料，共 12 个菜肴。"江鲜单"选出 5 种鱼类，共 7 个菜肴，并附有说明，因"鱼族甚繁，今择其常有者治之。""水族有鳞单"有 17 个菜肴，"水族无鳞单"有 28 个菜肴。

江苏地处长江下游，扬子江东西相穿，江鲜菜品丰富多样，刀鱼、鲥鱼、鲟鱼自古就是南京、镇江、江阴、靖江等地的主要食品原料。"刀鱼用蜜酒酿、清酱放盘中，如鲥鱼法蒸之最佳。"② 这是江苏地区人们普遍的制作方法。"鲟鱼""鳇鱼"的制作也是独具一格，特别是苏州的"炒鳇鱼片"鲜嫩无比。各种淡水鱼类食用广泛。边(鳊)鱼、鲫鱼、白鱼、季鱼(鳜鱼，又称季花鱼)、土步鱼、鲢鱼、银鱼、黄姑鱼、鳗鱼、甲鱼、鳝鱼、虾、蟹等应用十分普遍。

在《随园食单》中，袁枚把"猪肉"专门列入"特牲单"，而把牛、羊、鹿、獐、狸列入"杂牲单"。在江苏及周边等地，肉食主要以猪肉为主，袁枚共记载了 51 种猪肉菜肴，"杂牲单"共 17 个菜肴，是"特牲单"的三分之一。这是符合当时江苏人的饮食特点的。40 年前，江苏人很少食用牛羊肉，江苏也是农业大省，一般很少吃牛肉，羊肉食用也较少，主要是嫌弃它的膻味，少数人至多只在寒冷的冬季吃一、两次而已。

禽类是江苏人不可缺少的食物原料，鸡是广大农村家庭中必不可少的饲养品种。鸭、鹅也是江苏水网地区人的主要养殖原料。鸡的应用十分广泛，正如袁枚在"羽族单"中所言："鸡公最巨，诸菜赖之。"江苏人制作许多菜肴都要依赖它，整烧、切碎炒，特别是做其他菜的配料，都是最佳的原辅料。江苏有许多的湖泊和芦苇荡，盛产野鸡、野鸭，如"野鸡五法""雪梨野鸭"，这些都在袁枚的食单中显现。

素菜是江苏地区的主要食物原料。江苏四季分明，春夏秋冬各种蔬菜联翩上市，这是广大城乡居民最常食用的。再加上寺院素菜的烹制，使得各式素菜异彩纷呈。

在"海鲜单"中共介绍了 9 种原料制作的菜肴。从原料的产地与菜肴的制作来看，几乎都不是当时江苏的强项，所指的是广东、山东、浙江等地原料和府第的菜馔。袁枚

---

① (清)袁枚. 随园食单//续修四库全书(第1115册). 上海：上海古籍出版社，1996：691.
② (清)袁枚. 随园食单//续修四库全书(第1115册). 上海：上海古籍出版社，1996：656.

未点出江苏南通、盐城、连云港的海鲜，他可能未对这些地方的海产菜品留下深刻的印象，抑或是无缘品尝过。书中没有列入"山珍单"，只是把鹿、獐、狸三种原料放入"杂牲单"中。有曰："鹿肉不可轻得，得而制之，其鲜嫩在獐肉之上。"这也说明江苏地区不具备这些原料。从这一点也可以说明，他是围绕江苏地区及自己的食用情况而记录该食单的。另外，书中把"熏蛋""茶叶蛋"两种菜肴归入"水族无鳞单"，显然这是错误的归类，而应该放入"羽族单"中。

2. 烹饪制作工艺既丰富又精湛

《随园食单》中所记载的菜品既比较朴实，又工艺独到。如制作"刀鱼"，"如嫌刺多，则将极快刀刮取鱼片，用钳抽去其刺，用火腿汤、鸡汤、笋汤煨之，鲜妙绝伦。"[①]"野鸡"，"披胸肉，清酱郁过，以网油包，放铁奁上烧之，作方片可，作卷子亦可。"[②] 体现了当地厨师技艺的娴熟与多变。

江苏厨师擅长制作"四圆"，即肉圆、鱼圆、虾圆、鸡圆。在食单中有多款类似的"圆子菜"。"鱼圆"用白鱼、青鱼，"将肉斩化，用豆粉、猪油拌，将手搅之。放微微盐水，不用清酱，加葱、姜汁作团。"[③]"虾圆"照鱼圆法，"鸡汤煨之，干炒亦可。大概捶虾时不宜过细，恐失真味。"[④]"鸡圆"，"斩鸡脯子肉，为圆，如酒杯大，鲜嫩如虾圆。"[⑤]"肉圆"较为平常，袁枚未选之，而是以特色的"八宝肉圆""空心肉圆"呈现。

"八宝肉圆"："猪肉精肥各半，斩成细酱，用松仁、香蕈、笋尖、荸荠、瓜姜之类，斩成细酱，加芡粉和捏成团，放入盘中，加甜酱、秋油蒸之。"[⑥]"空心肉圆"："将肉捶碎郁过，用冻猪油一小团作馅子，放在团内蒸之，则油流去，而团子空心矣。此法镇江人最善。"[⑦] 这些菜肴基本功要求较高，工艺精湛，制作朴实，都是根据不同原料的特点经巧妙的变化而产生绝妙的效果。

蝴螯，壳紫色，有斑点，俗称"昌娥"。它与蛤蜊、蚶、蛏子同属，江苏境内食用者较多。袁枚记述蝴螯时介绍了多种吃法："先将五花肉切片，用作料闷烂。将蝴螯洗净，麻油炒，仍将肉片连卤烹之。秋油要重些，方得有味。加豆腐亦可……有晒为干者亦佳。入鸡汤烹之，味在蛏干之上。捶烂蝴螯作饼，如虾饼样煎吃，加作料亦佳。"[⑧] 这些菜肴尽管千变万化，但最大的特点，体现的是东南佳味，取料朴实，制作工艺变化而精巧。

在原料的配制方面，袁枚提出"要使清者配清，浓者配浓，柔者配柔，刚者配刚，

---

① （清）袁枚. 随园食单//续修四库全书(第1115册). 上海：上海古籍出版社, 1996：656.
② （清）袁枚. 随园食单//续修四库全书(第1115册). 上海：上海古籍出版社, 1996：670.
③ （清）袁枚. 随园食单//续修四库全书(第1115册). 上海：上海古籍出版社, 1996：674.
④ （清）袁枚. 随园食单//续修四库全书(第1115册). 上海：上海古籍出版社, 1996：677.
⑤ （清）袁枚. 随园食单//续修四库全书(第1115册). 上海：上海古籍出版社, 1996：668.
⑥ （清）袁枚. 随园食单//续修四库全书(第1115册). 上海：上海古籍出版社, 1996：662.
⑦ 同⑥.
⑧ （清）袁枚. 随园食单//续修四库全书(第1115册). 上海：上海古籍出版社, 1996：678.

方有和合之妙。"① 许多菜肴的制作正是遵循这样的原则而炮制的。如"猪里肉"："以里肉切片，用纤粉团成小把入虾汤中，加香蕈、紫菜清煨，一熟便起。"② "羊蹄"："煨羊蹄照煨猪蹄法，分红白两色。大抵用清酱者红，用盐者白，山药配之宜。"③

3. 菜肴制作注重火工，风味平和，清鲜爽口

"熟物之法，最重火候。"袁枚对制作的菜肴都讲究火候到位，他所记载的这些菜肴，绝大多数是强调火工的。这也体现了江苏菜运用火工的基本特色。在整个食单中，煨制法用得最多，其次是烧、炒、蒸、炖之法。就"特牲单"而言，有红煨肉三法、白煨肉、火腿煨肉、台鲞煨肉、熏煨肉、菜花头煨肉、笋煨火肉、黄芽菜煨火腿、蘑菇煨鸡等，许多菜肴尽管菜名未写有"煨"字，但烹制的方法还是煨。如"端州三种肉"是"切片煨好，以清酱拌之。""青盐甲鱼"："斩四块，起油锅炮透，每甲鱼一斤，用酒四两、大茴香三钱、盐一钱半。煨至半好，下脂油二两，切小豆块，再煨。加蒜头、笋尖；起时，用葱椒，或用秋油，则不用盐。"④ 煨者，以浓香为贵，用小火长时间加热，使卤汁收入肉中。这是袁枚个人特别喜爱食用的一类菜肴。《随园食单》的写成时间，已是袁枚的晚年，经由几十年生活在南京，他已经喜爱上了江苏菜重火工、料酥烂、味渗透的菜肴。

从食单的字里行间不难看出，袁枚对菜品的制作要求，不求奢华，在口味上一定是要体现特色要求的。他所评判的第一、第二，往往以口味独特、口感别致而定夺高下。"调剂之法，相物而施"，这是要求不同的原料，调制不同的口味。"味要浓厚，不可油腻；味要清鲜，不可淡薄"，这是调味的技术功力，也是袁枚对各个菜品评判的主要标准。

食单中的原料以水产等原料为主，海鲜、江鲜、湖鲜、河鲜都体现一个"鲜"字。在配制的花色菜中一直体现清鲜爽口、浓而不腻的特色。如"芙蓉肉"，将精肉与大虾肉，"切骰子大，将虾肉放在猪肉上，一只虾一块肉，敲扁，将滚水煮熟撩起。"⑤ 再与调料一起烹制。此菜虾与肉结合，风格清新，口味鲜爽。在袁枚的食单中，通篇的菜肴几乎没有食用辣椒的，只是花椒的少量利用，所有菜品很少刺激性，而多体现了煨制的原汁原味与自来芡，比较适应来自四面八方的客人。

4. 点心品种做工精细，饼、面松软，糕、团糯爽

江苏的维扬细点、苏州的糕团在清朝时期是较有影响的。维扬细点的水调面、发酵面最有特色。如"千层馒头"，"其白如雪，揭之如有千层"；"萧美人点心"，"凡馒头、糕饺之类，小巧可爱，洁白如雪"；"小馒头小馄饨"，"作馒头如胡桃大，就蒸笼食之，

① （清）袁枚. 随园食单//续修四库全书(第1115册). 上海：上海古籍出版社，1996：646.
② （清）袁枚. 随园食单//续修四库全书(第1115册). 上海：上海古籍出版社，1996：659.
③ （清）袁枚. 随园食单//续修四库全书(第1115册). 上海：上海古籍出版社，1996：665.
④ （清）袁枚. 随园食单//续修四库全书(第1115册). 上海：上海古籍出版社，1996：677.
⑤ （清）袁枚. 随园食单//续修四库全书(第1115册). 上海：上海古籍出版社，1996：661.

每箸可夹一双。扬州发酵最佳，手捺之不盈半寸，放松仍隆然而高。小馄饨小如龙眼，用鸡汤下之。"① 小巧玲珑，精致可变，是维扬细点的突出特点。

南京的松饼、酥饼比较有特色。"松饼"，南京莲花桥教门方店制作最精。"酥饼"，用两块面团制作，一块是冻猪油与面粉和制，一块是蒸熟面与脂油，然后"将熟面团子包在生面团子中，捏成长饼"，后再折叠擀剂，包上馅心烹制。这种"酥饼"已展现了饼中间分层酥脆的特色。"蓑衣饼"用冷水和面，将猪油、白糖铺匀，再卷拢擀成薄饼，用油煎黄；还可以用葱、椒、盐做成咸品。"虾饼"，用生虾肉斩蓉，与葱、盐、花椒、甜酒酿一起加水和面，油炸而成。

江苏自古以糕团见长，当时的苏州糕团就已遐迩闻名。书中的脂油糕、雪花糕、软香糕、百果糕、栗糕、鸡豆糕、三层玉带糕甜香可口，这时期的"松糕"已较流行，如"雪蒸糕法"，用糯米、粳米 2∶8 调和粉，"用凉水细细洒之，以捏则如团，撒则如砂为度"。② 这就是松糕松软可口的特色。"青糕青团"是"捣青草为汁，和粉作粉团，色如碧玉。"③ "麻团""芋粉团""金团"黏糯爽口。"萝卜汤圆"用萝卜丝作馅；"水粉汤团"，"滑腻异常，中用松仁、核桃、猪油、糖作馅；或嫩肉去筋丝捶烂，加葱末、秋油作馅亦可。"④ 苏式汤团馅心品种多，还有鲜肉、虾仁、豆沙、玫瑰等，是中国点心中较有特色的风格流派。

《随园食单》与古代其他食谱所不同的是，这些菜肴、点心都是他亲口品尝过并感到比较满意的，大多数是经过自己的厨师亲手制作的。从整个食谱看，绝大多数都是江苏各地的制作方法。除此之外，也传播了江苏以外地区的有特色的菜肴和点心，如粤东杨明府的"燕窝""杨公圆""卤鸭"，芜湖的"炒鸡腿蘑菇"、陶太太的"刀鱼"，山东孔藩台的"薄饼"，杭州的"家乡肉""干蒸鸭""鲢鱼豆腐""醋搂鱼""鳝面""糖饼"等。袁枚在书中有接近三分之一的菜肴、点心都标出了具体人的家中，也说明家常饭菜最可口、最耐品味。⑤ 这是袁枚特别值得称赞的原因。

从菜品的制作特色来看，整个食谱以袁枚自己的喜好为中心。《随园食单》通篇都贯穿了袁枚的美食思想和美食原则，前面"须知单""戒单"与后面的食谱是相对应的，前面所讲到的烹饪技巧、要求、原则的内容，在后面食谱中都有所表现或体现。在古时代的美食著作中，有如此高的地位和价值的书是绝无仅有的。它是一本具有划时代意义的美食专著，对后续中国烹饪技艺的发展有着巨大的贡献和影响力。

---

① （清）袁枚. 随园食单//续修四库全书（第 1115 册）. 上海：上海古籍出版社，1996：695.

② 同①.

③ （清）袁枚. 随园食单//续修四库全书（第 1115 册）. 上海：上海古籍出版社，1996：693.

④ （清）袁枚. 随园食单//续修四库全书（第 1115 册）. 上海：上海古籍出版社，1996：692.

⑤ 邵万宽. 袁枚《随园食单》中的美食品鉴与美食思想探究. 南宁职业技术学院学报，2014(5)：5-7.

第五章

民国时期的江苏美食文化

辛亥革命推翻了清王朝。1912年元旦，孙中山在南京就任临时大总统，掀开了中国历史全新的一页。1927年，国民政府定都南京后，各地军政要员、富商巨贾以及社会名流云集南京，对南京餐饮业的发展起到了推波助澜的作用。在这期间，南京的经济状况总体呈现在艰难中曲折发展、中间起伏涨落并几近崩溃的特点。民国时期的饮食业与古代所不同的特点是，中国各地区域饮食业的交流更加广泛，最明显的特征就是各地风味菜馆走出原有的圈子，到外地发展和扩张。就南京而言，就有北京风味馆、四川风味馆、湖南风味馆、广东风味馆、安徽风味馆、宁绍风味馆、清真风味馆以及西餐馆等。民国16年《旅苏必读》记载苏州的饮食业，苏州市除本地苏帮菜馆外，也有京菜馆、徽菜馆、粤菜馆、清真馆和西餐馆等。外地的进来了，江苏的也走出去了，如北京、上海等地的江苏风味餐馆就有多家，以经营江苏的菜肴、点心和小吃为主。

❖第一节　民国国都南京的饮食状况 ❖

南京作为首善之区，餐饮业的繁荣局面也引领了当时国内的社会饮食与消费水平。在南京，作为饮食业龙头老大的酒楼饭店并没有微缩的现象，反而更趋火爆。从当时的社会餐饮来看，除为少数人服务的大饭店仍在追求丰美和豪华升级之外，各地地方小吃和民间食档也在不断地活跃，为这段时期的饮食发展增添了一丝光彩。

一、南京餐饮业发展与名店字号增多

民国时期，南京的城市建设处于快速与缓慢交替的发展之中。国民政府对南京城市作了一些整体规划，从中山陵、新街口到中山码头都铺起了宽阔的柏油马路；在新街口、大行宫、太平路一带建了一批银行、商场、酒楼和旅馆等。据有关资料记载，民国期间，全市人口数量不断地增多，1916年全市人口仅有26.9万，1927年是37.6万人，而1931年已达63.3万人，至1937年抗战前夕，人口已达到101.8万人。民国初期，南京的服务业也较前有所发展，1912年，沪宁铁路通车后，大大促进了下关一带旅馆、

饭店及各类服务业的发展。在工业、商业、金融业、交通通讯业、教育文化事业等方面都有较大的发展，这些变化在客观上也刺激了南京餐饮业的发展。当时南京的酒菜馆约有 820 家。如建于清末的六华春，1901 年的刘长兴，1913 年的魁光阁，1917 年的六凤居，1920 年的安乐园，1930 年的曲园酒家，1933 年的老正兴和同庆楼，1945 年的老广东，1946 年的大三元……一家家老字号都有着自己的烹饪绝技。据已故南京大学教授吴白匋先生说："1927 年，国府定都南京，这在南京烹饪史上是条分界线：前此是京苏大菜一枝独秀；后此是京（北京）、粤、川、湘等菜系都来争奇斗胜，到了 30 年代，盛况空前。"①

1. 1927 年前的南京餐饮业

1927 年以前，南京菜馆多集中于城南。街头大小菜馆，皆挂着"京苏大菜"的招牌。据吴白匋先生介绍，当时的餐馆主要分为三个档次。

一是大型饭店。餐厅宽敞，比较豪华，以承办中高档酒席为主，附带零点和外卖，价格用"大洋"计算。以夫子庙为例，在贡院街南侧，秦淮河北岸，自西向东，依次排列有：第一春、金陵春中西办馆、长松东号、海洞春菜馆、老万全酒栈；转北至桃叶渡口，即有老宝新清真菜馆和绿柳居素菜馆。这些饭店、菜馆都悬挂"京苏大菜、承办筵席"字样。其中以金陵春最为典型，北洋政府时期，金陵春门前车水马龙，络绎不绝。

二是中等菜馆。店堂不大，设计朴实，布置平常，主要以零点为主，用"小洋"计账。坐落在贡院西街的小乐意是其代表，特点是价廉物美。一般大馆子的名菜，如松子熏肉，它也能做，菜牌上仅写着"熏肉"，不放松子，吃起来同样是肉具鲜香，酥烂不腻，口味不减。这类菜馆，用料精打细算，厨师人少艺精，经营开支不大，注意节俭，所以菜品售价要比大店便宜一半，是讲究经济实惠的食客首选之处。

三是小餐馆。以供应便饭为主，酒可由来客自带，计价用"钱码"，各条街上都有，并不局限于夫子庙，以长干桥南马祥兴清真菜馆最好。它泥灶当门，面街烹饪，顾客要经过灶旁，才可进入仅摆放 3 张桌子的餐厅。其店的爆肚领、爆鸡肝以选料新鲜、工艺精湛、口味独特、自成风格而独领市场，且价格便宜，两样菜仅卖铜圆 1 200 文。

以上三种不同档次的餐馆，均以"京苏大菜"为经营招牌，其他帮派风味的菜馆在南京市面上还较为罕见。民国初期的南京餐饮市场还是以本地的南京菜（又称京苏大菜、金陵菜）一统天下。

2. 1927—1937 年的南京餐饮业

1927 年，南京成为首都后，餐饮业的变化很大，外邦风味菜系纷纷涌进南京市场。都府的繁华，那些政客、外使、商人、官僚及文人的吃、喝、玩、乐与交际，为南京餐饮业的发展起到了推波助澜的作用。在餐饮经营方面，既有原有餐馆之间的竞争，又有外来风味抢夺市场。在这"黄金十年"期间，南京地区各帮口的酒楼餐馆中，比较有影

---

① 吴白匋. 二三十年代的南京菜馆. 中国烹饪，1990(12)：5-6.

响的外邦风味有：

四川菜：川菜馆来到南京，为 1927 年秋，在中华路府东街上出现了浣花川菜馆，因营业兴盛，后迁徙在土街口（今洪武路口），自建三层楼房开张营业。其后，中山东路上又出现了美丽川菜馆。在这以后，川菜馆陆续面市，有皇后、蜀中、益州、都益处、豆花村等。

广东菜：1928 年，在太平路上新开了第一家广东菜馆——安乐酒家，屋宇装修气势号称第一，以接待豪门盛筵为主，是粤籍军政人员和政府要员的酒宴之地。其后南京新建了广州酒家。1945 年老广东菜馆建成营业，1946 年大三元酒家开张。

北京菜：最初北京菜馆出现在夫子庙贡院街，馆子不大，名叫万盛园，以所售糟溜鱼片、赛螃蟹出名，因价格低廉，得到人们的喜爱。1933 年，建有同庆楼菜馆，是北京同仁堂菜馆分支，位于大行宫。1934 年新街口北出现撷英饭店，又称直鲁豫饭庄。

湖南菜：湖南人谭延闿是民国著名老饕，对美食特别讲究，曾担任国民政府主席和行政院长。1930 年，曲园酒家在大行宫开张面市。"曲园"招牌系谭延闿所题，谭延闿去世后，谭氏家族以及湖南籍官宦曾国藩、左宗棠后人常到曲园酒家聚餐和包伙，其生意一直较为旺盛。

宁绍菜：南京定都后，军政要员以浙江籍居多，因而宁绍菜馆出现较多。20 世纪 30 年代中期，夫子庙贡院西街开张了宁波酒店大集成，老板、厨师、堂倌都是宁波人，菜肴大多是海味。之后有雪园茶社、高长兴菜馆、正兴馆、老正兴等。政府要员和社会名流经常来此光顾。[①]

京苏菜：民国时期，尽管各大帮口风味纷纷来宁设店经营，餐饮业出现了百花争艳的局面，在这激烈的竞争态势下，土生土长的京苏菜不但没有落伍，反而在不同风味的餐馆中不断发展和提高，引领各帮口之上。当时著名的京苏菜馆有老万全酒家、六华春菜馆、太平洋菜馆、金陵春中西办馆、义记复兴菜馆等。

清真菜：民国时期，南京城内有回民 1.4 万户，约 5.7 万人，南京清真饮食业因此迅速发展，全市出现一批清真饮食名店，主要有马祥兴菜馆、同兴园菜馆、奇芳阁茶社、老宝兴菜馆、华乐园菜馆、北京羊肉馆等。此外，李荣鑫的熏牛肉和韩益兴的爆牛肚和爆羊肉亦负盛名。南京清真菜馆做的油鸡、桂花鸭子驰名全国。

素菜：南京的素菜分为寺院素食和民间素食两种，在民国时期均有较大发展。寺院素食代表名店有深松居素菜馆、鸡鸣寺素菜馆、扫叶楼素菜馆、栖霞寺千佛素菜馆等。民间素食有素食同源社、绿柳居素菜馆、彩霞街素菜馆、大中桥素菜馆等。灵谷寺素菜馆还代办制作素筵席，以煮笋与豆汁调味，其味鲜美。

西菜：南京最早的西餐馆，是创建于清朝末年的金陵春中西办馆。南京定都后，西餐业发展很快，先后开业的有第一春、太平洋西餐馆、都城饭店、孔雀餐厅、凤凰餐厅

---

① 吴白匋. 二三十年代的南京菜馆. 中国烹饪，1990(12)：5-6.

等。此外，这期间还建起了一批大型旅馆，如 1929 年开业的中央饭店以及扬子饭店、首都饭店、福昌饭店、华侨饭店、国际联欢社等。这些大饭店都配备有西餐厨师，向中外宾客提供法式、美式、意式、俄式等西餐。[①]

除了酒楼、菜馆供应的多种帮口风味的美味佳肴以外，民间还流行许多风味独特的家常菜和特色菜，《白门食谱》及其他书籍中对此记载甚多，将在后面的内容中重点叙述。

图 5-1 (民国)饮食风情

3. 1937 年后的南京餐饮业

至抗日战争前夕，南京市从事商业和服务业的人口已达 30 多万人，约占南京市当时总人口的三分之一。虽然 30 万人口中涵盖了商场、舞厅、戏院、旅馆、浴室等行业，但餐饮业所占的比例绝不在少数。

1937 年 12 月 13 日，南京城沦于日寇的铁蹄之下，昔日繁华的街道"十室九空，寂如鬼城，满目凄凉"，夫子庙一带许多酒楼，如奇芳阁、魁光阁、六朝居等均被炸毁，大小商业均由日伪军政界控制，商家稍有不从，轻则倾家荡产，重则横遭杀戮。南京的一些商业行业在沦陷时遭到毁灭性的打击，除了百货业和餐饮服务业有较大恢复外，其他各业均呈衰败景象。日寇占领南京 8 年期间，南京餐饮网点锐减。据 1943 年 5 月的资料统计，全市参加筵席酒菜业同业公会的企业仅有 215 家，只占 1934 年 1 151 家的 18.68%。[②]

---

① 本书编委会. 南京民国时期经典菜肴. 南京：江苏教育出版社，2009：15-16.
② 本书编委会. 南京民国时期经典菜肴. 南京：江苏教育出版社，2009：13.

1946 年 5 月 5 日，国民政府还都南京，战后重返南京的巨商大贾及南京国民政府的几十万军政人员，有钱有闲，吃喝自然成了他们的一种重要休闲活动。因此，南京的饮食业在战后初期也得到了一定程度的恢复与发展，出现了短暂的繁荣景象，特别是小吃业，1947 年，全市的小吃店发展到 5 000 多家。各小吃店之间相互竞争，纷纷聘请名师，竞相烹制风味特色小吃，品种不断推陈出新。及至南京政府退至台湾前，南京经济崩溃，物价飞涨，失业率猛增，致使不少菜馆歇业。1949 年全市仅剩各种饮食网点 3 537 家，从业人员 4 779 人。① 1949 年 1 月 21 日，蒋介石下野，而李宗仁代总统的京苏大菜只吃了不到 100 天，"中华民国"的历史就翻了过去，成为记忆。

二、京苏大菜的影响与名人的接待

"京苏大菜"，即南京菜。它是民国时期南京菜品的主要称谓。据已故南京大学教授吴白匋先生在 20 世纪 80 年代时解释，所谓"京"是指南京为六朝和明初的京城，所谓"苏"是指清代南京是江苏的省会。民国时期，它自成一派，它的长处是甜、咸适中，油腻不重，能得本味。而胡长龄大师认为，所谓"大菜"，是形容南京菜的名贵、典雅、华美、大方。此外，菜肴有大小之分，则是南京民间的习惯称呼。一般来说，用于筵席之上的菜肴，招待贵宾的菜肴，皆被称为"大菜"。平常食用的菜肴则为便饭小菜。② 京苏大菜的特点是：选料严谨，制作精细，讲究刀工，考究原汁原味，注意季节分明，传统菜肴琳琅满目，鸭类菜肴最负盛名。以江鲜、家禽、家畜、蔬菜为主要原料，并辅以山珍海味；烹调方法以炖、焖、烤见长，在制作加工上注重精细，善治花色菜肴；口味咸淡适宜，辣而不烈，肥而不腻，多滋多味，兼有四方之美，适应八方口味。

南京城南老商业区，是饮食业集中分布的餐饮老字号区域。位于夫子庙贡院街的六华春菜馆是经营京苏大菜的著名餐馆，这里不仅设有雅座餐厅，还设有喜庆礼堂，一次可摆筵席 100 多桌，接待对象多为国民党军政要员。六华春以经营高档名菜为主，鱼翅、海参、燕窝等山珍海味一应俱全。其中最为著名的菜品有松子熏肉、鞭蓉虾仁、炖菜核、清炖鸡孚四大名菜。黄焖鸭、金腿炖腰酥、金陵圆子、贵妃鸡翅、鸡蓉鲍鱼等传统京苏菜肴也脍炙人口，突出了京苏大菜口味醇和，咸淡适宜，讲究原汁原味，形美而质软，汤清而味醇，酥烂脱骨不失其形，滑嫩爽脆不失其味的风格特色。

宋子文偶然尝到六华春菜肴，说声"不错"，这位"财神爷爷"开了金口，那些信徒们自然前来参拜。一次，宋子文带领全家乘坐小画舫，游玩秦淮河。玩毕，在六华春设宴，菜中有"双冬炖老豆腐""贡淡炖海参"等京苏几个特色菜。宋子文食后极为满意，对六华春赞誉有加。该店因获得宋子文的夸赞并为国民党五院八部的官员们置办过

---

① 本书编委会. 南京民国时期经典菜肴. 南京：江苏教育出版社，2009：13.
② 胡长龄. 金陵美肴经. 南京：江苏人民出版社，1988：5.

酒席而名声大振。以至于宋美龄、蒋经国、孔祥熙、李宗仁等经常出入其间。这里成了达官贵人宴饮之处、文人骚客雅集之地。

南京老万全菜馆，坐落在秦淮河旁、利涉桥边、夫子庙闹市尽头处。走进菜馆，进门靠墙堆放着成排的花雕酒坛，柜台架子上摆满了盛好两斤的方瓶绍酒。后面酒楼，上下三间，老式砖木结构。可是，从楼旁小门进去，却叫人有豁然开朗之感。三间敞厅，像是苏州园林建筑，北面有个雕花的落地罩，厅内家具、木炕、方桌、太师椅、茶几等都是古色古香的。栏外还有一个小小的石码头，随时可以叫来画舫停泊，顾客吃好了以后，可以乘兴泛舟。老万全的菜肴以"京苏大菜"为经营特色，制作的菜肴很别致，如"素鱼翅"，是用上等龙口粉丝和虾仁、鸡蓉、蛋清，经过精巧手工做成，可以假乱真。"贡淡炖海参"，用大颗的淡菜和海参同放砂锅内，加好酱油炖制，海参滋阴，淡菜补阳，与人体相益。"炖菜核"选用南京的矮脚黄青菜；"雷菌炒春笋"选用南京菜市上野生的"雷菌"，色香味俱美；"芦姜鸡脯"，是取用南京特产妙品芦姜（子姜）中洁白的芽切成细丝，和生鸡丝一起炒成，这是京苏菜所独有的佳肴。"炖生敲"是京苏名菜，"生敲"是南京方言，含义是把鳝鱼活杀了，取出骨头和内脏，只留一条净肉。切成长条、油锅炸透、再放进砂锅，加少量的猪五花肉片、大量的蒜头，加调料文火慢炖，这样，鳝鱼香酥，汤汁浓厚。还有各种熏菜，如"熏鸭""熏白鱼""松子熏肉"等。① 老万全的花色菜如"三丝鱼卷""虾仁蛋烧卖"等，都是地道的南京风味菜。

马祥兴是南京清真风味的正宗代表，乃南京餐馆中历史最悠久的店家。大约在1850年，清道光年间，一名叫马思发的河南农民逃荒来到南京，为图生计，在中华门外的花神庙摆了个饭摊子，经营廉价的低档菜食，维持生活。因马思发是回民，大家也就称之为"马回回饭摊"。马思发死后，其子马盛祥继承，并将饭摊迁至雨花台右边的回民聚集地"回回营"，正式命名为"马祥兴"。1925年，由于生意益发兴旺，马祥兴开始经营筵席，马盛祥去世后，其子马德铭承祖业亲自掌勺，人手不够，就招收本门学徒。一些大学生、大学教授逐渐成为座上客，用虾仁、鸡肝等鲜嫩原料配制豆腐，得到了南京大学胡翔东、胡小石教授的赞许。因此马祥兴的豆腐制法在大学生中传开，教授、学生慕名而至，此菜遂命名为"胡先生豆腐"，成为店内早期名菜。1927年，新贵云集，胡翔东教授约谭延闿到马祥兴小酌，店内认真对待，汪精卫、孙科、诸民谊等相随而至，马德铭和马定松等师傅研究，极力在菜式上翻新，马祥兴名震金陵的四大名菜就是以此为背景试制成功的。"美人肝""松鼠鱼""蛋烧卖""凤尾虾"的独特风味，使马祥兴声名鹊起，报纸上也多有介绍，影响了政府和市井民间，许多人慕名相继而来。

民国时期的美食家唐鲁孙先生，专门记录了一篇《南京马祥兴的三道名菜》一文，文中说："马祥兴设在南门外，是一幢带楼的铺面房，楼上楼下一共设有三十几张方桌，

① 吴白匋. 醉轻梦短话酒家. 中国烹饪，1983(7)：5-6.

榆木擦漆，用碱水洗得锃光瓦亮，显得非常古朴干净，是清真馆的特色。国民政府在南京的时候冠盖云集，马祥兴每天要卖两三百只肥鸭。他家把鸭子的胰脏用武火炊炒，琼瑶香脆，食不留渣。给它取名'美人肝'，久而久之，驰名中外，连不喜欢内脏的欧美人士尝过以后，也赞不绝口，诧为异味……将虾剥去头壳，留半截虾尾不剥，清炒之后，登盘荐餐，每只虾蜷曲成环，一半晶莹剔透，一半金光闪烁，并且还留一个折扇形小尾巴，很像凤尾，白健生（白崇禧）给它取名'凤尾虾'。'松鼠鱼'也是马祥兴拿手菜。这三道菜，是马祥兴的三绝，会吃的朋友，到南京马祥兴小吃，没有不点这三样的。"①

据唐鲁孙介绍，"我第一次到南京，发现城西一带穆斯林人数众多、清真寺多、教门馆子多……后来到几座大的清真寺巡礼，发现那些寺院都是洪武年间兴建的……谈到教门馆子，饮食卫生是特别讲究的，牛羊鸡鸭一律活杀放血，而且割烹也比较精细，鸡鸭永远是收拾得干干净净，让你看不见皮里肉外一根根毛桩子。因此南京清真馆做的油鸡、桂花鸭子也就驰名全国。"②

金陵春，即金陵春中西办馆，位于繁华热闹的夫子庙贡院东街，后厅紧靠秦淮河，门面有9开间宽，三层楼，是当时南京最大、最高级的一家酒菜馆，也是达官贵人宴请宾客的首选场所。各界名人政客对金陵春的菜肴赞不绝口。1934年，胡长龄大师正在这里掌厨。一天，经理非常慎重地通知胡大师，少帅张学良将在店内宴请名流林森、邵力子、于右任、吴稚晖等人，预定了4桌燕翅双烤席。燕翅双烤席是当时南京酒菜馆中档次最高的一种筵席，所需餐具都是银质的。其接待的菜单是：

四花盘、四鲜果、四三花拼、四镶对炒、一品燕菜、黄焖排翅、金陵烤鸭方、麒麟鳜鱼、菊蟹盒、蜜制山药、砂锅菜核、对镶盐子。

两道对点：萝卜丝酥饼、四喜蒸饺；枣泥夹心包，各客冰糖湘莲。

张学良安排在金陵春最为上等的"大华厅"就座，厅内装饰豪华，全套的红木家具，雕梁画栋。侍者热情接待，席间，张学良一边观赏厨师精心制作的每道菜肴，一边与来宾劝酒让菜。胡长龄大师说："这顿酒席，少帅吃得十分满意，特别对'金陵烤鸭'赞不绝口，称为酥、香、脆、嫩，平展不卷，色泽红亮，肉汁细嫩，别有风味。"③

在《江苏名菜名点介绍》一书中，记载着民国时期两款南京特色名菜，一是"炖生敲"，为清末民初的菜肴，以南京"义记复兴菜馆"制作较佳；一是"贵妃鸡翅"，1945年创制的南京名菜，以"义记复兴菜馆"制作最佳。该店的前身是"邵复兴饺面店"的饭馆，生意做出一点名气后，老板邵宗敬便在状元境租下一个二层小楼，顺带做面食

① 唐鲁孙. 唐鲁孙谈吃. 桂林：广西师范大学出版社，2013：71.
② 唐鲁孙. 唐鲁孙谈吃. 桂林：广西师范大学出版社，2013：84.
③ 胡长龄. 少帅，您还记得"金陵春"宴吗?. 中国烹饪，1990(12)：4.

生意。1945 年，六华春菜馆的四位大师一同离开店里自谋生路，在朋友的牵线下，邵宗敬与四位一起合股开店，取名为"义记复兴菜馆"，意为复兴传统京苏菜。因四位大师的加入，小店经营时间不长，便名声大噪。因几位名厨的坐镇，这里就成为当时继承和弘扬京苏菜的研制中心。众大师群策群力，相继推出了炖生敲、炖菜核、清炖鸡孚、叉烤鳜鱼、叉烤鸭、茼蒿烧卖等传统与新派京苏菜。在食客中，有国民党政府要员、社会名流和富商巨贾。原南京大学教授胡小石、著名学者吴白匋、江苏省国画院院长傅抱石先生几乎成了酒家的常客。据记载，胡小石偏爱炖鱼翅、炖生敲、炖菜核、双冬炖老豆腐、贡淡炖海参等砂锅菜；吴白匋垂青炖生敲、熏盐水鸭、萝卜丝酥饼；傅抱石最钟爱的是清汤炖鸡孚。后来，义记复兴菜馆从状元境迁至繁华的建康路，规模扩大，几经易名，从"复兴菜馆"到"遵义饭店"，1973 年更名为"江苏酒家"。

民国时期，夫子庙地区的酒楼菜馆林立，较有影响的还有永和园、奇芳阁、魁光阁、六凤居、老正兴、魏洪兴、晚晴楼等著名的老茶馆老饭店。下关商业区地处南京城北江边，既有水路码头，又是南京下关火车站所在地。作为南京的水陆交通枢纽，该地区人口密集，人流量大，饮食、旅馆业主要面对的消费群体是流动性人口，主要以中小型菜馆为主。当时最有影响的现代化大饭店是扬子饭店，这是民国时期下关地区最高级的大饭店。这里因交通便利，吸引着南来北往的旅客，该地区的餐饮业则体现了饮食的多样化和平民化。

市中心新街口商业区是南京国民政府成立以后规划、发展起来的新型的现代化商业与金融中心。新街口周围密布着高档的酒楼餐厅，中央饭店、首都饭店、福昌饭店等都是很有影响力的美食字号，这里所售菜点既有南京的京苏大菜，也有外帮名肴和外国风味。但就民国时期的整个南京市场而言，外地餐馆总体为数不多，在各地各帮饮食的交流发展中，南京的饮食业可谓是"百花齐放"，但本土的"京苏大菜"一直占有很大的优势，统领南京的餐饮市场。

三、民国时期南京的点心小吃业

南京点心小吃随同"京苏大菜"一起，在民国时期发展迅速。都城南京，官宦商贾云集，人口倍增，尽管国土上战争频繁，但都城依然歌舞升平，故南京风味点心小吃超乎寻常地生存发展起来。在夫子庙地区 2 平方公里的范围内，小吃点心店不胜枚举，有 23 家之多，如文德桥两边的得月台、饮绿园和市隐园、魁光阁、奇芳阁、永和园、迎水台、东牌楼口的义顺茶社、桃叶渡口的"问渠"、龙门街口的六朝居和南园等，都是著名的点心小吃店。

1. 秦淮点心技精艺湛，独领风骚

民国时期，江苏点心号称全国之最。南京的点心和小吃更是影响遍及全国各地。在南京的街头尤其是夫子庙地区，都有做工精细的家常点心和小吃。秦淮河畔的点心、小吃在民国时期十分繁荣，许多店家推出风味独特的食品，欲借以打开市民阶层的消费市场。[①]

面团调制比较讲究。调制面团时注重掺入辅助料，增加品种的风味。米粉面团的制作注重美观、可口。松糕则酥松柔软，黏糕则黏糯有劲，并讲究用天然色素配色和不同的辅助料配制成品。松糕中的"甑儿糕"，用白糖、糖油与米粉和制，是小孩的最爱；海棠糕是用糯米粉配上天然色素调成粉红色，加糖、玫瑰、松子、豆沙等，小巧秀雅，色泽艳美，诱人食欲；玫瑰糕、重阳糕等黏质糕镶嵌着各式果脯，撒上红绿丝，星星点点，引人垂涎。发酵面的用酵和揉功独到，如刘长兴的薄皮包子、奇芳阁的什锦素菜包、文德桥黄小八子的小笼包等，各有不同，有的筋道，有的暄软。在面团特色上，有大发面，有小发面，对发酵面已经有很高的技术和要求。如什锦素菜包，洁白暄软的包子在热气蒸腾的弥漫中显现出碧绿和清香，令人垂涎。

馅心制作变化多端。民国时期馅心制作种类很多，荤、素、甜、咸均有，花卉也经常用以制馅，芥菜、青蒜、香菇、冬笋、豆腐干、萝卜、韭菜、松仁、芝麻、玫瑰等都已经进入馅料当中，并大量用"肉皮煨膏为馅"的冷凝皮冻一起调和馅心。奇芳阁的什锦素菜包，是选用鲜嫩的菠菜或青菜用沸水烫至八成熟，剁碎后掺和芝麻、木耳、豆腐干、贴炉面筋等，用小磨麻油拌制而成，加上皮面的发酵、蒸制的功夫恰到好处，使这种素菜包非同凡品。蒋有记的牛肉锅贴面向大众，在南京食界赢得最佳声誉。民国时的雷红游玩南京夫子庙，被刚出锅的锅贴勾起了食欲，品尝后记载这次游玩时吃的夫子庙的锅贴："……油煎得香味扑鼻，不觉撩人饥肠；于是坐下来据桌大嚼，其香、脆、腴、鲜的滋味，的确特有胜场。"[②]包顺兴的薄皮包饺也深得市民喜爱，其造型美观，卤汁丰足，咸中透甜。

点心讲究适应时令。在夫子庙的各家餐饮小吃店中，当时供应的小吃品种繁多，包子、烧饼、干丝、油饼、烫面饺子、牛肉锅贴、春卷、麻花以及各种糕团之类，应有尽有，各类点心又有不同的应时品种，且具传统特色。如奇芳阁的"荠儿菜烫面饺子"，别具风味，每年农历四月上市。这种饺子香甜淡雅、细嫩鲜美，风味独特，引得食客络绎不绝。当年很多社会名流，如画家傅抱石、陈之佛，名教授胡小石、黄季刚，名作家张恨水、张友鸾等，都是来往频繁的常客。[③]

2. 咸甜点心各具特色，精巧可爱

南京地处南北交汇的长江之滨，其点心的制作在本土文化的基础上，也吸收了苏州和扬州的点心特色。国民政府定都南京以后，南北的点心制作技术在这里得到了交融。在口感上，这一时期的点心基本上都是三大味型系列，即咸馅、甜馅和甜咸混合馅。

许多大型的餐馆和茶楼，点心制作特别精巧，体现了当时点心师的工艺水平。永和

① 邵万宽. 浅谈民国时期南京点心小吃. 四川烹饪高等专科学校学报，2009(2)：10-13.
② 张亦庵，天虚我生. 船菜花酒蝴蝶会. 沈阳：辽宁教育出版社，2011：158.
③ 俞允尧. 秦淮古今大观. 上海：上海世界图书出版公司，2010：259.

园的小笼包子、黄小八子的小笼包子、刘长兴的薄皮包子都颇负盛名。包子的外形精巧可爱，花纹清晰，皱褶均匀，一只包子要捏出24个纵褶；皮子薄，半透明，食之馅大肉嫩，汤卤丰盈，肥瘦适当，鲜香可口。

奇芳阁的酥烧饼皆用鸭油和面擀制，其馅心品种有糖油、萝卜丝、荠菜、椒盐等，那酥香扑鼻的各式烧饼，不仅在当年的秦淮胜地是独一无二的，在国内也是首屈一指的。特别是荠菜上市之际，选购荠菜酥烧饼的食客纷至沓来，都以尝鲜为一大快事。

魁光阁的烫面饺工艺精细，尤以初春的荠菜饺和初夏的菱儿菜饺最为有名。面皮是用烫熟的面粉制成，菱儿菜饺馅还加香蕈木耳等。菱儿菜是南京人在春夏之交最喜食的水鲜，其他城市则很少见，用此菜制成的烫面饺，异常清鲜爽滑。

民国时期赫赫有名的"金陵春中西办馆"，是南京最早出现的主制西餐的餐馆，俗称"番菜馆"，也善制京苏大菜。1934年秋末冬初，胡长龄大师在此为张学良将军宴请国民党元老所制的"燕翅双烤席"中有两道名点：萝卜丝酥饼、四喜蒸饺。在当时的宴席中，萝卜丝酥饼已是高档宴席中的常备之品。因其酥香可口，博得许多食客的喜爱。四喜蒸饺的制作需要有一定的基本功，要求包捏得当，手感轻巧，使其分布匀称，并且色泽分明、外形清新。

在米粉食品制作中，也体现了南方食品的精细可爱。荡漾在秦淮河上的画舫，配上特色的船菜和船点，人们一边游览一边品尝美食，那优雅的船点，配上天然的色素，包上味美的馅心，捏制成各种动植物形象。一盘之中，摆放着小鸡、小鸭、白兔、鲤鱼、金鱼、鹦鹉以及蒜头、白菜、荸荠、蚕豆、玉米等精巧点心，不仅体现了食品的味、形之美，而且展现了秦淮厨师精湛的捏塑基本功。

馅心品种多样更体现在"四喜汤圆"上，其馅心分鲜肉、什锦素菜、豆沙、玫瑰糖油或芝麻糖油四种。汤圆用吊浆米粉制成，皮薄馅大，外形包制成不同的形状，有圆形、椭圆形、锥形、双锥形，盛放碗中，一碗四只，小巧玲珑，不同形状包上不同馅心，两甜两咸，馅料各异，制作十分考究，是夫子庙冬季著名的风味点心。

3. 街巷小吃吸引四方，流传深广

民国时期的城南，秦淮河、乌衣巷、下浮桥、施家桥等依然繁盛，那一幅幅城南市民的生活风貌悠然清新，吃板鸭、泡锅巴、尝美点的市井食事依然保持着传统的风格特色。生活在秦淮河畔的南京人民，饮食上讲究质朴、简便、味美、清香，并保持着秦淮人家传统的风俗。

南京街市上的小吃，品种繁多，特别是城南秦淮河房北岸，多酒家茶肆，这里人来人往，"日夕车马喧闹筝弦不绝"。在早餐的市场上，家家有干丝、烧饼、茶馆小吃，一般都是先上干丝，然后再吃其他。每个茶馆都创自己的特色，有鸡丝的、烧鸭的、虾仁的等花样干丝，各种干丝都放上细如发丝的嫩生姜丝，淋上小磨麻油。而烧饼的品种特色，有"草鞋底""蟹壳黄""朝笋板"等不同外形，味香且酥，用猪油葱花夹心，喷香扑鼻，回味悠长。

麻油馓子脆麻花，这是南京人很大众化的小吃。在夫子庙或大街小巷，叫卖声不绝于耳。馓子亦称"寒具"，是寒食节的节令食品，宋代就是南京士大夫的家常小吃。《清异录》记载的"建康七妙"中，有"寒具嚼着惊动十里人"的赞誉。民国的夫子庙仍旧沿袭古风，成为各类小吃经营的天堂。

秦淮河畔的街巷上，元宵摊担较多，品种也丰富多样。仅元宵品种就有十多种，有包制的，有滚叠的。小元宵大多采用馅心叠粉、摇滚的方法成形，外形小巧，馅心粒大。叫卖的品种有荠菜元宵、玫瑰元宵、酒酿元宵、桂花小元宵、赤豆小元宵、莲子藕粉小元宵，等等。

茶糕是南京人的传统食品，是喝茶时进食的点心。从明代直至民国，大街小巷皆有敲竹板唤卖的茶糕担。用雪白的糯米粉和大米粉掺和，加冷水搓擦调拌至松散状，将粉团和成手捏之成团、打开后松软的状态。蒸笼上放入茶糕框，将米粉层层撒入（不能手压），待糕粉撒入一半后，中间夹着一层白糖或红糖，糖中掺和桂花、松子、核桃仁、芝麻、白果等，然后再撒上另一半糕粉，最后在糕面上撒满红丝、绿丝，白色的糕面上红绿点点，食之松软甜糯，十分诱人。

夫子庙的糖粥藕是南京著名的风味食品，它遍及南京的大街小巷，当年每到下午时分，街巷中传来叫卖声。深褐色的藕片在呈淡黄色或淡紫色的甜糯米粥中，色味诱人，食之酥嫩甜糯，很有回味，确实是一种美的享受。糖芋苗亦是著名的风味甜食。去皮的白嫩芋艿，加糖和桂花，调入少量的菱粉、藕粉成羹状，色泽红润，酥甜汁浓，诱人食欲。

乌米饭是南京街头一种特色早点。农历四月初八，南京民间有吃乌米饭的习俗。乌饭是一种用糯米加南烛树叶原汁制成的饭食，又称乌糯饭、青精饭。每年这天，大街小巷上都有叫卖乌米饭的担摊，在木桶上放干净的湿纱布，从桶内抓一把热的乌饭摊开，放上白糖，撒上芝麻屑，纱布一卷，双手捏拢，左右一扭，成条状乌饭团，荷叶一裹，供客人抓取食之，清香魅人。

除了这些甜味食品以外，咸味食品也多不胜数。如五香鸡蛋、老卤干、油炸回卤干、豆腐涝、牛杂汤、羊肉汤、鸭血汤等随处可见。

鸭血汤是南京老百姓的最爱之物，江宁湖熟镇盛产麻鸭，每天运往南京城，供人们食用。制作板鸭、盐水鸭的下脚料——鸭的内脏和鸭血正是这个小吃的主料。将鸭子的肠、心、肝、肫等与汤同炖，然后切碎，配入鸭血块中，其汤清味美，料香嫩脆，撒上葱花，鲜美可口。

豆腐涝是南京的著名小吃。当时有不少人都说夫子庙的豆腐涝好，是因为选用了上等的黄豆做原料，制成的豆腐涝雪白粉嫩，无黄浆水。售卖者的摊担上，挑着一大木桶制好的豆腐涝，摊主用特制的铜扁勺一勺勺地将豆腐涝盛入碗内，然后再分别放上佐料。担面上备有酱油、醋、花生酱、芝麻酱、麻油、虾米、碎什锦小菜、榨菜、紫菜、辣椒酱、花椒末、葱蒜花等调料，盛入小碗中的豆腐涝白嫩鲜香，十分爽滑。

4. 外来点心各帮竞技，尽显风流

民国时期，省内外的点心交流也比较密切。一类是外帮店主来南京开店，如雪园对门的"大富贵"茶馆，以经营维扬细点著称；另一类是老板引进外帮点心，请外地点心师来店献艺，如当年永和园为了与"大富贵"茶馆竞争，也在维扬细点上做文章，扩大品种，狠抓质量，其供应的品种有三丁包子、五丁包子、翡翠烧卖、千层油糕等 20 多个品种，以维扬风格而闻名遐迩。[①] 此外，苏州糕团也不断地进入南京，各种松糕、黏糕在夫子庙的市场也常出现，如定胜糕、茶糕、玫瑰黏糕、咸猪油糕、百果蜜糕等也一直在夫子庙叫卖走红。宁波汤团也走进了南京市场，其黏糯的口感吸引了众多的食客。

南京成为国民政府首都后，餐饮市场变化比较大，各种菜系都来竞争市场。这些菜馆除了展现出各地各帮的名菜，也带来了许多当地的特色点心，在不断竞争中，土生土长的京苏大菜和小吃不但没有落伍，而且得到了快速的发展。因为外地食客既来，必然要尝尝本地风味，一尝之后，就容易发现它清爽适口的好处，况且，各个特色饭店、茶馆的点心小吃也在不断地求口味、求发展，以满足各地客人的需求。

南京的西式点心主要是 1927 年后从上海传入的，当年主要在西餐厅和酒吧中供应。点心的制作多以鸡蛋、面粉、黄油为主，随着西点业的发展和人们需求的变化，面包、蛋糕、泡芙等也相继出现在南京人的餐桌上。

民国时期脍炙人口的南京点心、小吃的美味和影响，是经过几代人的努力而成的。从"建康七妙"到《随园食单》，它是历代南京人共同铸造的成果，是众多因素和历史条件的积淀。它以夫子庙为中心并形成网络，分布于南京的各个角落。或一店一味，或一店数味，各有侧重。不但口味质量上在当时已臻上乘，而且接待热情、笑面相迎，从而造成了秦淮河畔饮食商圈的声势，影响着一方天地，使国内外广大食客愿意来，乐意吃，满意归，从而形成夫子庙饮食商圈的繁华，并使南京点心、小吃有口皆碑。

第二节 民国时期江苏地区的美食

民国时期，江苏地区的饮食状况在清代的基础上得到了不同程度的发展，徐珂在《清稗类钞》中总结的中国著名地方饮食中，江苏就占了五个城市。这些城市的饮食在民国时期得到了不断的发展。另外，各地区域饮食业的交流更加频繁，其特征就是各地菜馆走出原有的圈子异地经营，清真风味馆在多地出现，西餐开始走进人们的视野；而江苏的风味餐馆也走出本土，在北京、上海等地陆续出现。

一、江苏地区的美馔制作情况

民国时期，江苏常熟人李公耳相继出版了三本烹饪著作。第一本《家庭食谱》，中华

---

① 俞允尧. 秦淮古今大观. 上海：上海世界图书出版公司，2010：460.

书局 1917 年 3 月初出版。全书分 10 章，每章分数十节，对家庭烹饪所需的 200 多种食品都有相关的制作记载，特别是记述了江苏的许多地方食品。第二本《西餐烹饪秘诀》，上海世界书局 1921 年 6 月发行。全书分 10 编，介绍了 137 种西餐的烹制方法，是一本较早、较全面的西餐烹饪术著作。第三本《食谱大全》，上海世界书局 1925 年 11 月印行。全书 12 大编，对当时 600 种常用家庭食谱及其制作有较详细的介绍。李公耳的三本食谱，有制作的方法，也有烹饪的秘诀，可操作性很强，对当时家庭和饮食业产生了很大的影响。同时期的另一位常熟人时希圣也相继出版了四本菜谱，有《家庭食谱续编》（1923 年中华书局）、《家庭食谱三编》（1925 年中华书局）、《家庭食谱四编》（1926 年中华书局）、《素食谱》（1925 年中华书局）。由此，我们很容易从这些食谱的作者籍贯看出，江苏地区美食文化在全国的地位及其影响。

1958 年 1 月出版的《江苏名菜名点介绍》，是由江苏省服务厅组织各地饮食服务人员编写的一本较权威的江苏食谱。该书应该是 1956、1957 年上半年完成书稿，假如按 1955 年开始筹备编写计算，新中国成立才 6 年时间。这里大多数菜肴、点心应该是在民国时期就有了，当然新中国成立以后创制的也不少。书中除了大量介绍苏州、扬州、南京、无锡、镇江、常州、淮安等地的名菜外，也有少量其他地方的菜品。在县级市中，介绍菜品最多的是常熟，而且这些菜品都是民国时期产生的，在当时的影响也是十分广泛的。

这里需要特别说明的是常熟一家菜馆"山景园"，这是一家老字号。书中介绍了这家店的多种菜点，几乎都是民国时期的菜品。如"出骨刀鱼球"，1920 年由"山景园"当时的老厨师郑小六创制；"清汤脱肺"，1920 年由"山景园"名厨朱阿二用红烧青鱼肚杂改制而成；"叫花鸡"经"山景园"的师傅改制，1932 年锡沪公路通车后更加风行；"芙蓉蟹"由民国初期"山景园"师傅改制；"出骨生脱鸭"是清末民初"山景园"创制；"山药糕"为"山景园"名点，山药为常熟土产，1920 年改进后更加畅销；"荸荠饼"为"山景园"厨师李耀耀于 1936 年创制。[①]

图 5-2 （清）徐扬《姑苏繁华图》（局部）婚礼食俗

① 江苏省服务厅. 江苏名菜名点介绍. 南京：江苏人民出版社，1958.

　　民国时期，江苏比较有名的餐馆和名菜较多，如苏州松鹤楼的"松鼠鳜鱼""白汁元菜""熏着甲""卤鸭"，新聚丰的"黄焖着甲""荷叶粉蒸鸡肉""母油鸭"，石家饭店的"三虾嫩豆腐"，锦和祥的"黄焖鳗"；无锡聚丰园的"白汤大鲫鱼""脆鳝""清炒大虾玉""腐乳肉""出骨母油八宝鸭"，状元楼的"爆川""什锦面筋"，李喜福菜馆的"糟煎白鱼""生麸肉圆"，三凤桥慎馀肉庄的"酱汁排骨"，美华楼的"汤鸭"，迎宾楼的"龙凤腿"；扬州春华园的"将军过桥"，扬州饭店的"醋熘鳜鱼"，富春饭店的"大煮干丝"；镇江同兴楼的"拆烩鲢鱼头"，宴春酒楼的"水晶肴蹄""清蒸蟹斩肉"，一枝春和焦山的"素食"；常州德泰恒的"糟扣肉"，兴隆园的"金钱饼"；清江的新半斋、淮安县震丰园的"长鱼系列菜"等，那真是赫赫有名，名菜、名点较多。

　　其他城市的如"宿迁猪头肉"，在抗战前每天就能销售80多个猪头；"松子鸡"是民国后期的泰州市名菜，以"荣春饭店"制作较著名；如东县掘港的"炒竹蛏"比浙江宁波、温州的肥美；"清蒸鸭饺"是金坛名菜，为清末民初的产品，以"怡园"菜馆最佳。

　　民国时期淮安清江的"长鱼菜"在清代的基础上得到了传承，并留下了"长鱼席"菜单。

　　八大碗：一，龙凤呈祥；二，叉烧鳝鱼；三，乌龙抱蛋；四，高丽长鱼；五，长鱼圆；六，杂素鱼；七，米粉鱼；八，大烧马鞍桥。

　　八小碗：一，烩状元；二，锅贴长鱼；三，铃铛鱼；四，银丝长鱼；五，一声雷；六，龙凤川；七，二龙抢珠；八，长鱼羹。

　　十六个碟子：一，软兜鱼；二，炝虎尾；三，溜长鱼；四，桂花鱼；五，白炒长鱼片；六，长鱼圆；七，炸脆鱼；八，长鱼丝；九，烩班肠；十，子盖长鱼；十一，长鱼丁；十二，长鱼千；十三，炝胡椒鱼；十四，月宫鱼；十五，长鱼吐丝；十六，蝴蝶鱼。

　　四个点心：鳝鱼三翻饼；烧卖；酥盒子；银丝炒面。[1]

　　从民国留下的饮食资料看，雷红的《东南食味》一文，记载了无锡、苏州的几个菜肴品种。文中记载："夜车送到无锡著名的菜馆——迎宾楼。凭着楼窗，在昏黄的荷叶白壳罩的电灯下，看到菜馆里的宾客如云。在最先送上来的四只冷盘之中，便有一碟久违十年的脆鳝……原来脆鳝是用鳝背在大油锅里炸，再和以蜜汁煎炙，使之香脆，其风味确可代表是无锡的。肉骨头也是无锡特产之一，唯有脆鳝才是真正的无锡产物也。"[2]

　　脆鳝，是民国初期无锡厨师由鳝丝面的"面浇"改制而成的。因香脆可口，携带便利，来无锡旅游的客人购买者众多，当地群众亦以它作为送礼佳品。

　　"苏州木渎镇开设了一家菜馆，厥名'石家饭店'，是完全靠了灵岩山的游客而生存

　　① 江苏省服务厅. 江苏名菜名点介绍. 南京：江苏人民出版社，1958：23.
　　② 张亦庵，天虚我生. 船菜花酒蝴蝶会. 沈阳：辽宁教育出版社，2011：159.

的。自从战前有一年，国府元老于右任先生来游木渎，吃到了他们的一味鲃肺汤之后，于髯击掌称赏，即席题诗……鱼腥之类，本是制汤上品，再加之是秋令中极少的珍品，用以煨汤，的确清鲜可口。据肆中人云，鲃鱼都是活杀，取其肝脏（俗称鲃肺）入汤，加以火腿、鱼片、虾仁，自然集各种新鲜的东西于一碗，格外觉得其味之美了……石家饭店另外有一味'酱方'也是好菜。酱方是煮烂的红烧肉，作长方形的一整块，并不十分油腻。春秋佳日，以酱方下饭，能增食欲。"①

酱方是民国期间"石家饭店"厨师仿照熟肉店烧制酱肉的方法进行研究而改制的，厨师们常常因承办百余桌的大筵席缺少猪蹄子做"蹄髈"菜，所以就用酱方来代替猪蹄子而为所成。当时到苏州灵岩山、天平山的外地游客，经过木渎镇的时候，大多去"石家饭店"品尝一下酱方。酱方已成为当时苏州菜馆畅销的名菜了。因皮呈酱红色，肥肉玉白色，有光泽，肉香扑鼻，肥嫩而酥，入口即化，其味咸中带甜，鲜美而不腻口，加上青绿色的菜心、豆苗、菠菜等配料，真是色、香、味俱备。苏州"石家饭店"是民国时期著名的餐馆，"鲃肺汤"和"酱方"是当时苏州较有代表性的名菜。

唐鲁孙，1906 年出生，原籍北京，1946 年到台湾，被台湾饮食文学作家奉为宗师。他是清朝的皇亲贵胄，珍妃的侄孙，少年时常进出紫禁城，又常到中国各地游历，见多识广。他的饮食文章给人一种吃的回味和吃的情趣。他对淮扬菜也是情有独钟。清代的扬州，设有"两淮盐运衙门"，专门管理扬州盐政，民国改名为"盐商联合办事处"，有一段时间唐鲁孙曾在扬州上过班。

乾隆年间，扬州瘦西湖法海寺莲性和尚烧的猪头很好吃，也很出名，远近游客皆喜品尝。当时还流传着"绿扬城，法海僧，不吃荤，烧猪头，是专门，价钱银，值二尊，瘦西湖上有名声，秘诀从来不告人"的歌谣。② 当时有一个姓乌的素斋厨师与莲性和尚知交，得到了莲性的传授，也烧起猪头来。其后裔的烹制在扬州城也十分有名。民国时期的美食家唐鲁孙曾品尝过美味的"扒烧整猪头"，在他的美食笔记中记道："清末民初，扬州法海寺以冰糖煨猪头驰名扬镇，若干善信来寺礼佛，无不饱啖猪头而回。"③ 为他烹制猪头的是清代盐商某老板的外孙，名叫启东。唐鲁孙介绍说，烹制猪头有绝活，猪选用的是姜堰农家饲养的，因为这里生产的猪，猪头皱纹特别少，而且皮细肉嫩，是做猪头肉的上选，猪龄以将过周岁的幼猪最适当。煨制后的冰糖猪头肉，"猪皮明如殷红琥珀，筷子一拨已嫩如豆腐，其肉酥而不腻，其皮烂而不糜。"④

民国时期俞友清先生在谈到常熟的"叫花鸡"一菜时说："这吃法，慢慢传扬出来，变成常熟菜馆中的佳肴了。不过叫花鸡三字不好听，所以改名为煨鸡或黄泥鸡。常熟的山景园、近芳园等菜馆，都会做这菜，不过要预先知照。鸡以童子鸡为佳，过老味不鲜

---

① 张亦庵，天虚我生. 船菜花酒蝴蝶会. 沈阳：辽宁教育出版社，2011：159-160.
② 江苏省服务厅. 江苏名菜名点介绍. 南京：江苏人民出版社，1958：32.
③ 唐鲁孙. 酸甜苦辣咸. 桂林：广西师范大学出版社，2013：83.
④ 同③.

图 5-3　（清）袁耀《扬州四景图》

美。四时都可以吃到，实在是一样有趣味又好吃的食品。现在苏州的羲昌福，也会这法儿。"① 1932 年，锡沪公路通车后，叫花鸡更加风行，春秋季人们去常熟虞山游览者，大多会慕名山景园菜馆去品尝。鸡煨熟后，敲碎泥壳，鸡香四溢，去荷叶和豆腐皮后，皮色金黄，鸡肉酥香，味透而嫩，上筷骨肉分离，食不杵齿。腹内用鸡肫、虾仁等配味，异香扑鼻，滋味耐久，具有特殊风味。

梁实秋先生在《生炒鳝鱼丝》一文中说："淮扬馆子善做鳝鱼，其中的'炝虎尾'一色极为佳美。把鳝鱼切成四五寸长的宽条，像老虎尾巴一样，上略宽，下尖细，如果全是截自鳝鱼尾巴，则更妙。以沸汤煮熟之后即捞起，一条条的在碗内排列整齐，浇上预先备好麻油酱油料酒的汤汁，冷却后，再撒上大量的捣碎了的蒜（不是蒜泥）。宜冷食。"②

周一行在《饮食逸话》文章中介绍了抗战前陈果夫曾要求来一次"名肴竞赛"，"战前陈果夫在江苏省时期，有一次大宴群僚，事前预嘱各地来宾须分别携带本乡名肴一味，共来参加。于是苏州的鲃肺汤，江阴的河豚，无锡的脆鳝和肉骨头，常熟的酱鸡，松江的四腮鲈等全省名菜，统统报到。陈氏亦将自己所发明的一样私房菜，贡献出来，乃是番茄锅巴汤也。席间，各人发表意见，评定各菜等次，番茄锅巴汤荣膺冠军，当筵晋封'天下第一菜'焉。"③

"'天下第一菜'的制法，为陈氏积多年的研究而发明成功的。其唯一特点为色、声、香、味四德全备，盖色分五彩，绚烂夺目，锅巴入羹时，发出'兹兹'之声，而香

① 张亦庵，天虚我生. 船菜花酒蝴蝶会. 沈阳：辽宁教育出版社，2011：77.

② 梁实秋. 梁实秋谈吃. 哈尔滨：北方文艺出版社，2006：131.

③ 朱自清，汪正禾. 醉蟹瓮酒荒唐语. 沈阳：辽宁教育出版社，2011：73.

气四溢矣。"① "天下第一菜"为陈果夫所创，这是后来人所不知的，只知道它是江苏（无锡）名菜。这一点应该是比较确凿的。在其他人的文章中也有这种记载。

民国期间，陈果夫曾主政江苏，在他任内曾举办过一次江苏全省物产展览会，并选拔了全省的代表名菜，此项名菜的遴选工作就交给唐鲁孙先生完成。唐先生在《一桌标准江苏菜》中记载道：

> 指定江苏省建设厅主持其事，镇江商会会长陆小波、中南银行胡笔江行长都是筹备委员。那次物产会规模庞大……当时评选江苏菜曾制定三项原则：第一"是江苏省内各县众所咸知的名菜"；第二"必须江苏出产的原料，纯粹江苏的做法"；第三"要充分表现出江苏独特的风格格调"。最后经过一个月的调配遴选，终于在物产展览大会开幕的那一天，在省府餐厅开出一桌精选的标准江苏菜来。②

> 至于菜式方面如六合鲫鱼嵌肉、南通清汤鱼翅、上海圈子秃肺、如皋火腿冬瓜盅、扬州狮子头、煮干丝、什锦酱菜、镇江清蒸鲥鱼、肴肉、南京冬笋炒菊花脑儿、小肚板鸭、枫泾红焖蹄筋、无锡富贵鸡、肉骨头、苏州酱肉熏鱼、炝活虾、常熟酱鸡、酱排骨、昆山阳澄湖大蟹、太仓酥炒肉松、江阴凤凰包鸡、淮城红烧大乌参、泰县脆鳝、烧鱼、高邮双黄咸蛋，不下三十多种盛食珍味，最后压桌菜是陈果老研究的"天下第一菜"。③

唐鲁孙是这次江苏菜推选的主要负责人，"因陆、胡二位都是商场上的大忙人，知道笔者是个馋人，所以有关遴选剔择江苏菜，一定邀我给他们分分劳，所以我不但躬逢其盛，而且饱饫芳鲜、遍尝美味。"④ 就选出的这些菜肴来看，应该说是当时比较有影响的菜品，至少是符合前面的三项评选原则（上海当时还未从江苏划出成立直辖市，所以也选了一个上海菜肴）。当然江苏菜肴品种太多，又有品种所限，也会有挂一漏万，但已基本体现那时的制作水平。唐鲁孙在其他文章中还盛赞江苏鲴鱼的肥美无刺，喜欢吃镇江肴肉，说肴肉红润爽口，虽是肉食，却不肥不腻。扬州最有名的菜是狮子头，做狮子头要细切粗斩。可惜鲴鱼菜肴未被入选，而扬州狮子头、镇江肴肉榜上有名。正如他在该文章的后面所说："江苏省的菜肴，固然是水陆珍异、佳肴万千……青精玉乳，没法一一列举。"⑤ 这位赫赫有名的馋人、美食家亲自上阵遴选名菜，因他是北京人，评选应该是公正的，选拔应该是公平的，这些所选出的菜肴应该就是民国时期江苏省内的代表之作。

二、江苏地区的美点制作情况

民国时期的江苏点心是丰富多彩的。除南京的夫子庙以外，苏州、扬州两地的点心

① 朱自清，汪正禾. 醉蟹瓮酒荒唐语. 沈阳：辽宁教育出版社，2011：73.
② 唐鲁孙. 酸甜苦辣咸. 桂林：广西师范大学出版社，2013：213.
③ 唐鲁孙. 酸甜苦辣咸. 桂林：广西师范大学出版社，2013：215.
④ 同②.
⑤ 唐鲁孙. 酸甜苦辣咸. 桂林：广西师范大学出版社，2013：216.

也是十分有名的。唐鲁孙对江苏点心的概述是："江苏以甜咸面点来说，更是甜酥松脆、珍错杂陈，例如淮城汤包、常州菜饼、扬州蜂糖糕、苏州枣泥饼，没法一一列举。"①

民国时期的苏州，以观前街的点心小吃最为著名。黄天源糕团店是闻名遐迩的店铺，这里所制的黄松糕、猪油糕历史悠久，在苏州市不论男女老少无有不知。黄松糕，糕粉黄色、松软，带有桂花香味，味甜不腻口；猪油糕为长方形块状，呈洁白色，镶有猪油丁和葱花，味咸质软，油半溶化在糕中，有葱香，肥美入味，耐饥可口。民国时，陆鸿宾《旅苏必读》记道："点心店凡四种，如面店、炒面店、馄饨店、糕团店。面店则有鱼面、肉面、虾仁面、火鸡面；炒面店则有炒面、炒糕，看夜戏回栈，尚可喊唤来栈；馄饨店则有馄饨、水饺、烧卖、汤包、汤团、春卷；糕团店则有圆子、元宵、年糕、团子、绿豆汤、百合汤。"以糕团店为例，时有黄天源、颜聚福、乐万兴、谢福源、柳德兴五户，颇有名气。特别是民国元年（1912 年）弥罗宝阁被火毁后，废墟上竟成为小吃摊的世界，各式摊点供应各式糕饼小吃，与周边茶馆里的点心品种一起，成为小吃供应的露天广场和糕饼世界。茶馆里也有点心供应，如吴苑茶馆有丁金龙饼摊，鸭蛋桥长安茶馆边有王承业王云记饼店，所制生煎馒头、蟹壳黄、盘香饼、火腿粽子、夹沙粽子等脍炙人口。② 特色名点如定胜糕、茶糕、玫瑰年糕、咸猪油糕、百果蜜糕等也走红各地。宁波汤团遍布多地市场，其黏糯的口感吸引了众多的食客。

民国时的《吴中食谱》也记载了苏州点心重时令制作和销售的状况。"苏城点心，随时令不同。汤包与京醉为冬令食品，春日为汤面饺，夏日为烧卖，秋日有蟹粉馒头。"③ 此外，还有岁首的"酒酿饼"、春日的"定胜糕"、初夏的"方糕和松子黄干糕"等。许多食品均讲究时令和时鲜。

雷红在"观前的小吃"中介绍："糖果与蜜饯一类的东西，苏州人称为'茶食'。有人说，你在吴苑吃茶，可以一天到晚尽嚼小吃，而无需正式的午餐。这足以证明苏州的小吃是怎样的丰富。阊门内有一家茶室店，名桂花村。在春暖时分，出售方糕，为苏城之最。他们的方糕，甜馅特别考究，豆沙里夹有桂浆，芳香特甚。来买方糕的必需预订。"④ 海棠糕，状如海棠花瓣，于糕类食品中别具一格，价廉物美。民国时，以玄妙观内的赵永昌小摊最有名，用铁制模型加糕粉和配料，成熟后翻出来，嵌入几块猪油，抹上一层糖油，既香又甜，引人入胜。梅花糕，似将海棠糕改变形态而成，由专用模具制作，口味有甜有咸，甜的是豆沙馅，上面撒些红绿丝；咸的是鲜肉馅，其形状上面像梅花，都是当时街边摊档的畅销小吃品。

当时扬州茶社生意最好的首推"富春"，在清代光绪年间（1885 年）就开张了，创始人是陈霭亭，民国时期的社主是陈步云。唐鲁孙最喜欢去"富春茶社"吃茶点，那里环

① 唐鲁孙. 酸甜苦辣咸. 桂林：广西师范大学出版社，2013：216.
② 王稼句. 姑苏食话. 苏州：苏州大学出版社，2004：253.
③ 邱庞同. 二十年代苏州小吃一瞥：《吴中食谱》简介. 中国烹饪，1985(4)：9.
④ 张亦庵，天虚我生. 船菜花酒蝴蝶会. 沈阳：辽宁教育出版社，2011：162.

境优雅，香茗点心出色。他还特别盛赞这里的蜂糖糕、翡翠烧卖、干丝的美味。他在《蜂糖糕与翡翠烧卖》中说："翡翠烧卖馅儿是嫩青菜剁碎研泥，加上熟猪油跟白糖搅拌而成的，小巧蒸笼松针垫底，烧卖折子提得匀，蒸得透，边花上也不像北方烧卖堆满了薄面……夹一个烧卖，慢慢地一试，果然碧玉溶浆，香不腻口。"①

谦益永盐号经理许少浦说："蜂糖糕以左卫街五云斋做得最好，后来东伙闹意见收歇，麒麟阁的蜂糖糕才独步当时，他们的师傅都是盐号里帅厨子的徒弟教出来的。"② 这帅厨子的先祖是当年服官苏北所用的厨师，因此，手艺特别过硬。

唐鲁孙极爱吃"富春"的干丝，他说煮干丝较贵，是用来招待长者贵客的；烫干丝较便宜，适于与好友共享。"朋友们到富春吃茶，少不得先来一客干丝，扬镇的干丝松软细嫩，刀口绝佳，当年扬州面点馆的学徒，一磕过头，穿上围裙，第一件事就是要学切干丝……"

民国时期，维扬细点在明清的基础上进一步发展，许多经营者走进北京、上海、南京的饮食市场，各地的生意都很兴隆，供应的品种主要有三丁包子、五丁包子、小笼包子、翡翠烧卖、千层油糕等 20 多个。

江苏姜堰市面馆的脆鳝是苏北出了名的美肴，堂倌把炸酥的鳝鱼倒在一张厚草纸上，一夹一压成个鳝鱼粉，撒在拌好的干丝上，有黑有白，酥脆绵软，是下酒的隽品。吃剩下的脆鳝，倒在白汤面里更为有味儿。无锡吃卤鳝面那就要到聚丰园了，一般面馆的卤鳝面都是脆鳝加汁，唯独聚丰园的卤鳝面是把鳝鱼划成宽条……聚丰园的卤鳝面，中汤味足，在无锡是首屈一指的。③ 雷红在《东南食味》中介绍无锡食品时，提到了"迎宾楼还有一样特殊的东西，是枣糕。酒至半酣，送上一盆热腾腾的点心，是栗色的枣糕，又甜又糯，一阵枣子的香味微微在咀嚼中体味到，正所谓齿类留芬。"④

俞友清"谈到鲜栗羹，也是常熟的特别食品。在八九月的天气，到常熟虞山去白相（玩乐），不要忘记了吃鲜栗羹。八九月是栗子上市的辰光，也是桂花盛开的当儿，我们到兴福寺头山门左近的王四酒家去吃，比较来得新鲜。"⑤ 鲜栗羹取新鲜的栗子肉，和白果、冰糖用文火烧，等到栗子和白果酥了，然后拿出来，细嚼品尝，既香且甜，是秋令佳品。正如当时的易君左有诗道："王四酒家风味好，黄鸡白酒嫩菠青。""其余像血糯米、松树蕈、金爪蟹、马铃瓜等，都是常熟的著名物产。"⑥

在《江苏名菜名点介绍》中，还记录了许多民国时期的著名点心，如泰兴的"黄桥烧饼"，是在 1939 年黄桥决战中，黄桥人民用来慰劳新四军抗日部队的，有一段光荣的历史；常州的"大麻糕"是民国初期的产品，以"大观园"（即张顺兴）较为著名；常熟的

① 唐鲁孙. 酸甜苦辣咸. 桂林：广西师范大学出版社，2013：137.
② 唐鲁孙. 酸甜苦辣咸. 桂林：广西师范大学出版社，2013：139.
③ 唐鲁孙. 酸甜苦辣咸. 桂林：广西师范大学出版社，2013：86-87.
④ 张亦庵，天虚我生. 船菜花酒蝴蝶会. 沈阳：辽宁教育出版社，2011：159.
⑤ 张亦庵，天虚我生. 船菜花酒蝴蝶会. 沈阳：辽宁教育出版社，2011：77.
⑥ 张亦庵，天虚我生. 船菜花酒蝴蝶会. 沈阳：辽宁教育出版社，2011：78.

"血糯甜饭"为"王四酒家"创制，1932年名闻上海、苏州等地；苏州的"枣泥拉糕"，于1933年由松鹤楼厨师张福庆改制；"奶油葛粉包"于1920年左右由无锡"迎宾楼"创制；"翡翠烧卖"为1921年扬州"富春"厨师研究制作；"三丁包子"是"富春"于1935年创制；"加蟹馒头"为常州甘棠桥塂"云楼"馒头店于民国初期始制；"红油面"由昆山"奥灶馆"于民国初期创制，即是闻名遐迩的"奥灶面"；"炒肉团子"是苏州"黄天源糕团店"深受顾客喜欢的名品，等等，品种繁多，不一而足。

三、外地江苏美食的记载点滴

民国时期，江苏风味餐馆开始在省外经营，其经营者既有本地人外出开店，也有外地人自己在当地经营，聘请江苏的厨师调理制作。其主要集中地为北京、上海等一类的大城市，因为外来流动人员多，或是为了满足供应江南等地人员定居或出差之便。

北京的"春华楼"是清时期著名"八大楼"之一，开设在今西城区五道庙地区。与当地经营鲁菜的饭庄不同，它以江苏风味为经营特色，其经营者也是江苏人。由于菜品出众，成为清末民初极有声誉的江苏菜馆。"'春华楼'后来掌灶的名厨叫王世枕，技艺高超，对苏菜烹调技艺娴熟，在烹饪界有极高的威望。他烹制的鱼虾菜及其他苏菜多用炖、焖、烘、烩、烧的烹调技法，烹制的名菜有荷包鲫鱼、松鼠黄鱼、红烧鱼唇、烧熏鳜鱼、砂锅鱼头、蝴蝶鱼及鲜活鱼类菜品。"[①] "春华楼"售卖的江苏名点有小笼蒸包、炸春卷、蟹黄壳烧饼、生煎包等名特优品种。20世纪30年代初，"春华楼"生意极为红火。

"春明楼"开设在西河沿西口路北，是"八大楼"之一的"春华楼"的伙友所开，风味如"春华楼"，经营江苏风味。"春华楼"关闭之后，这里生意很旺，菜肴做得十分精细。"一位'春明楼'的常客在回忆'春明楼'时说，豆芽儿是一道敬菜，味道香脆非常爽口。顾客要上大盘，伙计说：炒这道菜火旺油热，颠几下就出锅，炒多了就不是味了，您吃完，回头再来一盘。从中可见其认真的态度和敬业精神。"[②]

北京的"同春园"，以江苏名肴以及独特的文化氛围吸引了很多文人墨客。江苏菜本身就很有文化性。"梅兰芳特别爱吃'同春园'的松鼠鳜鱼、响油鳝糊。'同春园'是长安街上名满京城的'八大春'之一，其老板之一郭干臣四处求贤，把'春华楼'的厨师长王世枕挖了过来，王以做松鼠鳜鱼、响油鳝糊、蟹粉狮子头、水晶肴肉等苏菜名馔著称。梅兰芳先生六十大寿就是在'同春园'办的酒席，据传当日的菜单有松鼠鳜鱼、水晶肴肉、文思豆腐、蟹粉狮子头、火腿酥腰；小吃有蟹粉烧卖、羊羹、核桃酪、炸春卷等。齐白石也是松鼠鳜鱼的爱好者。"[③] 据二毛在《民国吃家》中说：梅兰芳的饮食恪守清淡为主，他特意请了一个淮扬师傅王寿山，王为了保持梅的嗓子、身材肤色，精心

① 朱锡彭，陈连生. 宣南饮食文化. 北京：华龄出版社，2006：35.
② 朱锡彭，陈连生. 宣南饮食文化. 北京：华龄出版社，2006：37.
③ 二毛. 民国吃家. 上海：上海人民出版社，2014：176.

研制了六百多道美食，其中最著名的是鸳鸯鸡粥，梅兰芳几乎每天必喝。鸳鸯鸡粥的做法是将鸡肉熬制 48 个小时，至鸡肉烂成蓉状，再根据不同的时令选择蔬菜，调成太极图状。此菜口感清淡，色香味俱全。梅兰芳登台演出之前，会提前两个小时喝粥。临近演出就不再吃饭，符合饱吹饿唱的标准。[1]

民国人杨度（1875—1931）在《都门饮食琐记》中载："淮扬菜种类甚多，因所代表之地域亦广，北自清江浦，南至扬镇，而淮扬因河工盐务关系，饮食丰盛，肴馔清洁，京中此类极多。"该书中列举了晚晴民初北京经营淮扬菜的主要有藕香榭、初醉琼林、中西饭庄、庆园春、振元春等多家。

清朝后期，上海成为通商口岸。随着上海贸易港口业务和市区商业市场发展，各地商贾纷至沓来，银行、钱庄、交易所、商行迅速兴起，上海饮食业亦更加繁荣。在上海本地菜馆发展的同时，各地饮食业经营者及其厨师也纷纷来沪，竞相开设餐馆。首先进来的是安徽菜馆和江苏菜馆，苏南地区的苏州、无锡菜馆最早在上海出现，苏锡菜均以太湖船菜著称，由于它口味与上海相仿，加上苏锡人在沪居多，又以经营便菜便饭和河鲜鱼类菜肴为主，因而格外受到欢迎，著名的有"老正兴菜馆"。据 20 年代出版的《老上海》中记载说："饭店之佳者，首推正兴馆（同治老正兴的前身）价廉物美、名副其实，炒圈子一味尤为著名……汤卷一味亦有特名。"后来又有三兴园、得和馆、招商饭店以及后来的东南鸿庆楼、大加利、大鸿运酒家等，都很有名。到 30 年代初苏锡菜馆已占上海菜馆的一半左右。[2] 外地餐馆不断加入，清末民初时，已有 11 个地方风味菜馆在上海出现。宣统元年（1909 年）出版的《上海指南》记载："酒馆种类有上海馆、四川馆、福建馆、广东馆、南京馆、苏州馆、镇江馆、扬州馆、徽州馆、宁波馆、教门馆之别。"[3] 江苏各地菜馆在上海市的增多，对上海菜的发展和丰富提供了良好的条件。

上海人的主食除了米饭外，最有特点的就是餐桌上的糕点。民国时期随着外地人大量涌入上海，各种不同风味的点心店也从外地陆续登场。最先进入上海糕点市场的是苏州糕团，其最早的经营者是南京东路的五芳斋糕团店，由于该店的人员都来自苏州，上海人就称它为苏州糕团。五芳斋糕团店还经营汤团、黄松糕、赤豆糕等四季糕团，由于口味好，很快就在上海闻名，成为最受上海人欢迎的点心。随后，多种风味也进入上海点心市场，有扬州的翡翠烧卖、淮扬汤包、黄桥烧饼，以及广东、浙江、天津和山东等风味品种。

江苏风味菜品，由于甜咸适口，五味调和，火候独到，水产鲜活原料多，得到了临近的上海人的喜爱。老饕在《吃在上海》中记述，"民国上海的食品，虽说各种都有，但有好有坏，有贵有贱。现在上海比较有名的菜馆，广东帮有杏花楼、冠生园、大三元等；平津帮有会宾楼、悦宾楼、致美楼、三和楼等；扬镇帮有老半斋、新半斋、福禄寿

① 二毛. 民国吃家. 上海：上海人民出版社，2014：178.
② 周三金. 浅说上海菜的形成与发展. 中国烹饪，1988（1）：27-28.
③ 同②.

等；四川帮有……这都是首屈一指最著名的菜馆……肴蹄、脆鱼、醋熘黄鱼，是镇江帮的半斋好；豆腐干丝、生川鲫鱼汤、干菜烧肉，是扬帮的福禄寿等好。"①

民国上海的点心店，以传统品种居多。"从前不卖早市，自扬镇帮茶馆、广东帮茶馆早晨带卖点心后，现在各点心店，渐渐地都卖早市了……各旧式茶馆带卖的点心，亦各有各的好处，各有各的长处。镇江帮蟹黄汤包、白汤肴面等，滋味淳厚，无以复加。扬州帮各式包饺、烧卖、春卷、千层糕、发糕等，技术高超，味美各别。"还有广东帮、平津帮等，但据老饕所说，扬帮的福禄寿、精美等，都是做的中等以上的生意，"但是仔细研究起来，各帮的点心，要推扬州帮为第一，扬州帮的点心，要推福禄寿为第一。他们点心的麦粉馅心，不但考究道地，而且设备十分周全，座位非常舒适，招待亦很周到。"②

上海市是一个移民城市，外来人很多，江苏人也占比不少，在大上海开店迎合四面八方人是不少人的选择。据唐鲁孙介绍，"上海后来开了一家精美餐室，是扬州人经营的，什么豆沙豌豆蒸饺、野鸭菜心煨面、五丁虾仁包子、枣泥锅饼，凡是扬州面点，可以说应有尽有，而且都做得精致细腻，滋味不输扬州几家面点馆的手艺。"③ 江苏点心制作精细，甜咸适宜，口味鲜美，应该是江苏风味点心深受国人欢迎的主要原因。

图 5-4 庄稼忙

① 张亦庵，天虚我生. 船菜花酒蝴蝶会. 沈阳：辽宁教育出版社，2011：172.
② 张亦庵，天虚我生. 船菜花酒蝴蝶会. 沈阳：辽宁教育出版社，2011：175.
③ 唐鲁孙. 酸甜苦辣咸. 桂林：广西师范大学出版社，2013：137.

《第三节 《白门食谱》与南京民间饮食》

"中华民国"建立的近38年时间，南京凭借历史、地理和经济方面的影响被定为国都。在餐饮方面，据1934年的统计，当时南京的酒家、菜馆多达1 151处。[①] 秦淮河畔的夫子庙更是著名的菜馆和小吃店荟萃之处。这期间有城市建设取得显著成就的一面，也有战争带来的屡屡创伤。但南京市民还是依照着传统日复一日过着极度平凡的生活。

一、《白门食谱》及其主要特点

1.《白门食谱》概述

翻阅民国张通之的《白门食谱》及相关资料，南京的老百姓在非战争时期，生活还是较为稳定的，靠自己的双手种植和养殖动植物，聊以养家糊口，那时的生活还挺丰富，出现了不少的著名餐馆，产生了不少花样美食。特别是1937年之前，作为国都的大后方，南京的城市建设和餐馆经营也异样的红火，出现了商业繁华的局面。

图5-5 南京稀见文献《白门食谱》

民国时期南京的文人对美食的记录颇多，有些是谈岁时民俗的，有些是介绍美食的，有些是叙述食物原料的。如陈作霖的《凤麓小志》《金陵物产风土志》，潘宗鼎的《金陵岁时记》，夏仁虎的《岁华忆语》《秦淮志》，龚乃保的《冶城蔬谱》，王孝煃的《续冶城蔬谱》等，而对美食记载最丰富、最详尽的当推张通之的《白门食谱》，正如他在前言中所说："昔袁子才先生侨居金陵，筑随园于小仓山，著有《随园食单》。予广其义，取金陵城市乡村，及人家商铺与僧寮酒肆，凡食品出产之佳，烹饪之善，皆采而录之，曰《白门食谱》。其曰白门者，存古名耳。"[②] 清代袁枚中晚年在南京生活了50余年，留下了不朽的篇章，这可能就是民国南京文人爱谈论美食、记录美食的主要缘故。

张通之(1875—1948)，名葆亨，字通之，南京六合人，居南京仓巷。光绪末年，他就读于宁属师范。宣统己酉(1909年)拔贡，终身未仕。先后执教于金陵大学、江宁省立第一中学、第一农业学校等，从教长达33年。晚年研究南京的特产和美食，写下了著名的《白门食谱》。

---

① 本书编委会. 南京民国时期经典菜肴. 南京：江苏教育出版社，2009：12.
② (民国)张通之. 白门食谱//(清—民国)随园食单·白门食谱·冶城蔬谱·续冶城蔬谱. 南京：南京出版社，2009：117.

从《白门食谱》中的目录看，共列 61 个条目。每个条目皆以地名和店名明之，其目的不仅可以使读者了解熟悉南京城市地域、街巷菜品经营特色，也便于人们了解各地、各店的经营与制作状况，让人一目了然。书中目录的排列，粗看是按原料、府邸菜、寺院菜、市肆菜排列，但中间也有穿插和随排。如最后一个是"三铺两桥陶府酥鱼"应是府邸菜肴。有个别条目是 2 个品种，有的条目下还穿插介绍了另外 1～2 个菜点。如"素鸡"内有"素火腿"，"炒鱼片"下面介绍了"煮豆腐"，"烤鸭"下面介绍了"拆烧肉"，"软香糕"中有"五仁元宵"，"麻酥糖"下有"火腿粽子"和"猪油年糕"等。由此书中共采录了南京地区 28 种原料和 1 个云雾茶、1 个高粱酒，菜点共 47 种。在这些菜点中，取大户人家的菜品 8 种，寺院的菜品 4 种，市肆商铺菜点 35 种。书中记录的都是南京各地较有影响的美食，在菜品评价方面，用词也常套用《随园食单》的口气，如"味极鲜美""真美品也""甚佳""恒无此佳品焉""以为一绝也""胜过他处之所作焉""其味鲜美，任何菜不及也""至今不忘焉"，等等。而今，70 年过去了，随着时代的发展与变迁，这些原料和菜品尽管绝大多数还保留着，但有少部分已经不复存在了。

在茶、酒饮料方面，该食谱也有记述，但内容较少。民国时期较有影响的"钟山云雾茶"是当时较有名的香茗。钟山，即紫金山。"山中产茶曰云雾，今不易得。闻昔人以此茶，取山中一勺泉之水，拾山上之松毯，煮而食之，舌本生津，任何茶不能及也。"① 民国时期曾为政府要员掌勺的胡长龄大师曾说："金陵云雾茶不仅是茶中的上好香茗，而且用于烹调也是极佳的原料。"② 在酒饮方面，张通之只介绍了一种高粱酒产品，"今制酒公司所制高粱（酒）味厚，较之沛酒，不多让也……客皆以为佳。"③ 笔墨虽少，也点出了它的口感和价值。

2.《白门食谱》的主要特点

张通之为学校教师，南京市通志馆成立以后，曾参加过《南京文献》的编纂工作，晚年喜爱研究南京的特产与美食，记录了民国时期的南京城市市肆餐馆、名门大家以及寺院的菜品，给研究民国南京的餐饮留下了一笔宝贵的资料。难能可贵的是，在这些食品中也有一些菜肴、点心有简易的操作过程，让人们不仅知其名，而且也能加工制作。这些菜点大部分的品种被后人继承下来，他让人们了解了民国时期南京居民的饮食风貌和美食境况。

（1）以民间日常饮食为主体

《白门食谱》所写的原料和菜品，属于张通之较熟悉或所涉及的范围，采录的只是南京民国时期饮食的某一部分。由于他个人的接触与经历，在府邸菜方面，本书中未涉及

① （民国）张通之. 白门食谱//（清—民国）随园食单·白门食谱·冶城蔬谱·续冶城蔬谱. 南京：南京出版社，2009：123.

② 胡长龄. 金陵美肴经. 南京：江苏人民出版社，1988：28.

③ （民国）张通之. 白门食谱//（清—民国）随园食单·白门食谱·冶城蔬谱·续冶城蔬谱. 南京：南京出版社，2009：135.

国民政府官僚家庭之间的菜品；也没有触及那时的文人学者爱吃的菜肴；在市肆菜品方面，也未提及当时有名的六华春、同春园、老万全、金陵春中西办馆等较高档的饭店菜品；更没有涉及 20 世纪 30 年代抢滩南京市场的外地菜馆，如川菜馆、广东菜馆、北京菜馆、湖南菜馆、宁绍菜馆。因此，《白门食谱》中的菜品以南京地区普通百姓日常饮食为主体，兼顾部分富家和寺院的菜品，具有地地道道的南京大众特色。

（2）以中小餐馆的菜品为主流

民国时期的南京餐饮可分为三个阶段，即 1912—1926 年是传统发展期、1927—1937 年是饮食繁荣期、1937—1948 年战乱低谷期。除不同时期酒楼餐馆供应的各式美味菜肴以外，民间还流行许多风味独特的地方特色菜和家常菜，《白门食谱》就是根植于民间，以记述中、小餐馆中较有影响的菜肴和点心为主。张通之在介绍这些名店名品时，在许多品种的文后也常带上一两笔该店的境况。如"今馆久废""店久移他处""今主人另为他业""此园久废，追忆及之""今楼毁，来此颇有今昔之感"等字样。说明民国期间，动乱战争不断，餐馆的经营常常得不到保障或难以为继。

（3）《白门食谱》菜品的风味特点

该食谱的取料都是以南京地区的普通原料为选材，以中等档次的家常食品为主体，原料以畜禽、淡水鱼虾和蔬菜为主。在口味上，以咸鲜、红烧的甜咸风味为主干，调料主要有酱油、麻油、冰糖、绍兴酒，多用虾、菌之卤，荤油、素油交叉使用。菜肴的烹调方法主要有炒、烧、蒸、炖、烤、卤、烩、煮等，菜品用小火烧、炖方法制作的比较多。点心方面有酥烧饼、素菜煎包、汤包、汤圆、银丝面等，都是南京传统食品中有一定影响的品种。

二、佳蔬、野菜品种多彩纷呈

自古南京的蔬菜是十分有名的，南京人喜欢吃野菜的习俗由来已久，素有"旱八鲜"和"水八鲜"之说。清代《儒林外史》《随园食单》中介绍了南京的许多独特的佳蔬品种。《白门食谱》中共记载了南京蔬菜瓜果 20 余种，有后湖茭白、东城外百合、板桥萝卜、莫愁藕与莲子、江心洲芦笋与嫩蒿、三牌楼竹园春笋、门东西蔬圃白菜、王府园苋菜、附城园地瓢儿菜、清凉山后韭黄、北城生姜、西城外白芹、四山雷菌、石城老北瓜、后湖樱桃、桃园甜桃、南湖菱角、北山何首乌、清凉山刺栗和太平门外西瓜。

这些蔬菜在民国时期的南京是闻名遐迩的，许多品种在今天还很有影响。书中所谈到的"后湖""东城外""三牌楼""门东西""王府园""清凉山""南湖"等地已不再是原来的菜园场圃。20 世纪 80 年代前，南京城中蔬菜园地较多，后来由于城市的扩建，这些场地都已经建设成高楼和家属住宅区。蔬菜的园地已向江心洲、八卦洲和城郊发展，而板桥萝卜、江心洲芦笋和嫩蒿以及瓢儿菜、韭黄、白芹、白菜还异常得有名。

"板桥所产萝卜，皮色鲜红，肉实而味甜。无论煮食或煨汤，皆易烂，而味甜如栗。肉生食切丝，以盐拌片刻，去汁，以麻油、糖、醋拌食；或加海蜇丝，其味亦佳，且能化痰而清肠胃也。"① 南京的萝卜有名，所以南京人一直自嘲为"大萝卜"。

"江心洲芦笋与蒿，一白而嫩，一肥而香。土人于方出尖于土时，采取赠人，以为土礼。予曾得若干，以笋煮汤，拌肉食之，味大佳；惟汤稍苦，然能清内热。以嫩蒿炒丝，食之味亦佳，且咀嚼时，齿牙有清香，与笋皆无渣滓，亦能清心火、化痰。"② 野生的水生植物芦蒿，生长于芦苇丛中，口感脆嫩，是南京居民近百年不可缺少的时令菜。芦蒿嫩绿宛如柳枝，清香脆嫩，在酒楼和寻常百姓家可做成"腊肉炒芦蒿""板鸭芦蒿""芦蒿炒干丝"等南京特色的家常菜。

南京著名的特产原料"瓢儿菜"，多少年来一直滋润着南京市民，它是南京人特别有情感的菜蔬。"菜形扁圆，而叶不平，状若瓢，故有是名。雪后取食之，味尤美。盖雪压后得其润泽，而不枯燥。"③ 冬季的瓢儿菜，为秦淮地区所产，经雪下过以后者为佳。取其菜心用荤油下锅，稍放盐，干炒无汤，柔软可口。清代蒋超有诗赞吟它："荒园一种瓢儿菜，独占秦淮旧日春。"

《白门食谱》中所介绍的南京蔬菜虽不多，但实际上当时有名的蔬菜还远远不止于此，特别是南京较有名气的野生蔬菜如荬儿菜、菊花脑、枸杞头、木杞头、豌豆叶、马兰头、香椿头等都未记入，并一直流传至今。民国初年南京人龚乃保的《冶城蔬谱》弥补了《白门食谱》蔬菜编写之不足，对南京的蔬菜特别是金陵人爱吃的野蔬有较多的记录，正如他在"自叙"中说："遥忆金陵蔬菜之美，不觉垂涎……爰撮素所好者二十余种，分疏于册。冶城山麓，敝庐之所在也，因名之曰《冶城蔬谱》。"④ 他在介绍"荬儿菜"时说："生洲渚中，然洲渚之民，无有连卖者。惟剥其外裹之叶，取嫩心可二三寸，沿街唤卖。粗如小指。肥白若不胜齿牙。"⑤ 菊花脑，又称"菊花叶"，其曰："野菊与九月菊同时，开小黄花，有香。其嫩薹中蔬料，丛生菜畦傍，春夏尤佳。带露采撷，指甲皆香。凉晕齿颊，自成馨逸。"⑥ 在记载"枸杞头"时曰：枸杞"春初嫩薹怒发，长二三寸，炒食，凉气沁喉舌间。"⑦ "豌豆叶"载："金陵乡人，则将田中白豌豆之头，肥

① （民国）张通之. 白门食谱//（清—民国）随园食单·白门食谱·冶城蔬谱·续冶城蔬谱. 南京：南京出版社，2009：118.

② （民国）张通之. 白门食谱//（清—民国）随园食单·白门食谱·冶城蔬谱·续冶城蔬谱. 南京：南京出版社，2009：119.

③ （民国）张通之. 白门食谱//（清—民国）随园食单·白门食谱·冶城蔬谱·续冶城蔬谱. 南京：南京出版社，2009：121.

④ （民国）龚乃保. 冶城蔬谱//（清—民国）随园食单·白门食谱·冶城蔬谱·续冶城蔬谱. 南京：南京出版社，2009：141.

⑤ （民国）龚乃保. 冶城蔬谱//（清—民国）随园食单·白门食谱·冶城蔬谱·续冶城蔬谱. 南京：南京出版社，2009：147.

⑥ （民国）龚乃保. 冶城蔬谱//（清—民国）随园食单·白门食谱·冶城蔬谱·续冶城蔬谱. 南京：南京出版社，2009：145.

⑦ （民国）龚乃保. 冶城蔬谱//（清—民国）随园食单·白门食谱·冶城蔬谱·续冶城蔬谱. 南京：南京出版社，2009：143.

嫩尤甚，味微甜，别有风韵。荤素酒肆，皆备此品，以佐杯勺。"① 这些蔬菜佳品，口感鲜嫩，芳香健胃，舒郁消痰，并有治消渴、利水道、益气、祛热、爽胃之功效，是几百年来南京人一直享用的家常便饭。

民国夏仁虎在《岁华忆语》中介绍南京"冬蔬"的特色时说："冬日蔬菜，出于天然，非北方所谓洞子货也。如瓢儿菜，与冬笋同煮，厥味至美。钟山白芹，尤为特产，至冬始生，白若截玉，移地种之弗良也。韭芽黄，如融蜡，以阔叶者为良。至于野蔬，常年弗绝，入冬较肥腴耳。"②

除蔬菜之外，在原料方面张通之还介绍了南乡米、南乡猪肉、后湖鲫鱼、巴斗山刀鱼、西南乡圩蟹等动物性原料。"南乡"即为城南 30 公里的江南鱼米之乡"湖熟镇"，民国时的南乡米、南乡猪、南乡鸭、南乡鸡是南乡的"四绝"，今日南乡"湖熟鸭"还赫赫有名，它就是南京"盐水鸭""板鸭"的鸭产地。"后湖樱桃"之后湖，为南京的玄武湖，原产樱桃较多，湖中的"樱洲"因此而得名。"后湖鲫鱼"和其他地方的特产均已成为过去式，不少地方因城市开发、扩建已难觅踪影了。

三、府邸、寺院菜点风格各异

府邸，是贵族官僚人家的住宅。府邸菜，一般指官府或富人家中的菜品。"古者妇主中馈。金陵一般大家妇女，多善于烹调。"③ 所以在《白门食谱》中，府邸菜多为家中妇女而为之。这里介绍的府邸菜肴仅有 8 家，每家都与作者有或多或少的联系，所以，这 8 款菜都是张通之亲自品尝过的。除自家的"蒸肉圆"外，其他七家均有地址有府名，真实可靠可信。府邸菜肴除一道"鱼翅螃蟹面"外，所用基本都是较普通的原料：鲫鱼菜肴 2 款，猪肉菜肴 3 款，都是采用蒸制法；较有特色的是"假蟹粉""玉板汤""三坊巷郑府烧大鲫鱼"，其加工、烹制方法也没有什么特别之处，主要是掌勺烧制火候的把控，"以猪油先煎，再入好酒，与上等酱油煮之，火候一到，盛食。"④ 这是鲜活原料现杀现烹现吃的缘故，舍得下调料，火候把控到位，体现的是鲜活味美。"三铺两桥陶府酥鱼"选五寸长鲫鱼放瓦钵内，加葱、姜、上等酱油、绍兴酒、麻油，"以文火炖至半日后，汤将干，鱼香出钵外，然后取食，骨刺皆酥而可食，其味绝佳。"⑤ 此菜用小火炖熘至酥，亦是南京的传统佳肴。"鱼翅螃蟹面"写得很简略，也没有具体的制作方法。

记载的三款肉肴是"安将军巷李府糯米冬笋肉圆""车儿巷苏府粉黏肉""予家之蒸肉圆"。

① （民国）龚乃保. 冶城蔬谱//（清—民国）随园食单·白门食谱·冶城蔬谱·续冶城蔬谱. 南京：南京出版社，2009：143-145.
② （民国）夏仁虎. 岁华忆语. 南京：南京出版社，2006：74.
③ （民国）张通之. 白门食谱//（清—民国）随园食单·白门食谱·冶城蔬谱·续冶城蔬谱. 南京：南京出版社，2009：125.
④ 同③.
⑤ （民国）张通之. 白门食谱//（清—民国）随园食单·白门食谱·冶城蔬谱·续冶城蔬谱. 南京：南京出版社，2009：135.

"糯米冬笋肉圆"是仿制徽州制作方法，"以冬笋尖，细切加入肉圆内。其外糯米……作成，放蒸笼内，下垫豆腐皮，食时外洁白，而内味极鲜美。"① 此菜肉蓉中加冬笋尖末，食之口感爽脆、酥嫩，再加上泡后的糯米，有黏糯的感觉，豆腐皮也可直接食用，是制作肉圆的较有特色的方法。"粉黏肉"就是"粉蒸肉"，取五花肉切厚片用调料腌制，裹炒熟之粗米粉，用荷叶包裹，上笼蒸熟。"举箸去叶食之，粉香肉透，多食而不厌，与饭馆中之所作，迥不相同。"② "蒸肉圆"是其母所作，确有一定的功夫在内，实则是"空心肉圆"。将肉去筋洗净，斩好，放鸡蛋和成肉圆，"中稍空，入好酱油数滴，生姜少许，包圆。放菜上蒸熟，和菜盛而食之，其嫩无比。而肉圆之空处，皆满肉汁与姜香，真胜过一切肉圆。"③

张通之毕竟不是烹调出身，在记录这些菜肴时，绝大多数品种只是记叙一些大概情况，具体的制作方法也不是很了解，许多菜品都把制作过程简略了。正如"粉黏肉"介绍，"约期予往其家，食未久，粉香肉已好，荷叶之清香，腾满座上。"④ "空心肉圆"中间空心到底怎么制作他没有写明，只是"肉圆之空处，皆满肉汁与姜香"。实际上，其母早已将姜末与煮烂之肉皮制作了"肉皮冻"，包入其中，自然是"皆满肉汁"了。文人爱吃，但不会烹制，正如他所言，这是妇人之所为，也不足为怪。

值得介绍的是"颜料坊蒋府假蟹粉"，采用大鲫鱼之肉，加鸡蛋黄，用姜和醋调味，制成的"假蟹粉"可与真蟹粉媲美。"又以腐皮包碎猪肉卷好，如豇豆，以素油煎熟，切段食之，名曰肉豇豆。"⑤ 这是两者的结合，制法不复杂，但口感较好。"黑廊侯府玉板汤，以冬笋切二方片，片中夹金腿一二片，外以海带丝扎好，约有一二十扎，放下清水一大碗，文火炖至相当时，约汁一碗，笋与金腿味大佳，汤尤佳。"⑥ 火腿与冬笋的结合，一起制汤，应该是极其鲜香美味的。

民国时期，金陵各寺院游人颇多，僧人以素菜待客。《白门食谱》中记载的寺庙素餐有"灵谷（寺）素筵席""扫叶楼素面""徐府庵素鸡与老卤面筋"和"贵人坊清和园干丝"。寺院素斋是南京的一大特色，自"南朝四百八十寺"以来一直延续不断。尽管寺观数量大大减少，但素斋的制作技艺还原本地保留着。"灵谷素筵席"记道："寺僧代办一筵席宴客，各菜皆佳，城内著名之素馆不能及。闻其所用之酱油，内皆煮笋与豆汁入之，以致其味鲜美，市上不可得也。"⑦ 清凉山旁的"扫叶楼"是寺庙里的斋菜馆，"扫叶楼素面，予每次游此，和尚必食予以素面。食时，予辄食尽，诚美不胜言。"⑧ "徐府庵素鸡与老卤面筋"，徐府庵在老虎桥北首，"以笋汁及黄豆芽卤为之。先以腐皮铺齐多张，紧

---

① （民国）张通之. 白门食谱//（清—民国）随园食单·白门食谱·冶城蔬谱·续冶城蔬谱. 南京：南京出版社，2009：126.

② （民国）张通之. 白门食谱//（清—民国）随园食单·白门食谱·冶城蔬谱·续冶城蔬谱. 南京：南京出版社，2009：127.

③④ 同②.

⑤ （民国）张通之. 白门食谱//（清—民国）随园食单·白门食谱·冶城蔬谱·续冶城蔬谱. 南京：南京出版社，2009：125.

⑥ 同①.

⑦⑧ 同②.

卷，外以细麻绳缚好，置于已作好之卤内。用上等酱油文火煮之，透味后，稍冷取出，去绳打扁，以刀切成片即成。老卤面筋，亦如此煮法也。"① "贵人坊清和园干丝"，这是一款"烫干丝"，其制法是"以上等虾米与笋干，入好酱油，同煮为卤。定购好白豆腐干，切成细丝，用开水冲去豆之余味，然后加已做成虾笋之卤。食时另加真麻油半小碗，其味之鲜。"② 如今南京的素宴、素面、素鸡、卤面筋也非常的有名，而南京地区包括扬州、泰州的"烫干丝"正是如此作法而闻名遐迩。

四、市肆菜点美食名品选出

民国时期南京餐饮业的发展，不仅突破了以往完全自给自足的传统模式，而且奠定了我国近现代餐饮业发展的新格局。在发展与经营方面，既有同行业的激烈竞争，又有政治、战乱等各种外部原因的影响和干扰。

《白门食谱》中最丰富的是市肆美食部分，品种共有 26 种，其中肉类有 6 种，水产类有 5 种，家禽类有 6 种，面点有 9 种。肉类菜肴有冰糖小肚、松子猪肚、炮牛肚颈、炮羊肉、素汤罐肉、蜜制火腿；水产类有醉蟹、炒鱼片、凤尾虾、蝙蝠鱼、陈鱿鱼；家禽类有咸板鸭、烤鸭、烹鸭腰、美人肝、鸡酥烩鱼肚、盐水鸭；面点有羊肉面、油酥饼、酥烧饼、春园汤包、糯米熟藕、油煎菜包、软香糕、黑芝麻心汤圆、麻酥糖。

1. 美食名品的流传与影响

在这些菜品中，流传至今最有影响的是盐水鸭、咸板鸭、美人肝和凤尾虾。"七家湾西小巷内王厨盐水鸭，金陵八月时期，盐水鸭最著名……王厨此鸭，四时皆佳，其肥而嫩，尤为外间八月所售之盐水鸭不能及。"③ 当时的金陵人士，无不知晓。到目前七家湾的鸭子一直名声远播。"仓巷韩复兴咸板鸭，肥而且香，亦久闻名于外……其肉之香而嫩，亦咸之适宜。"④ 这是流传至今的名品，今日的老南京人购鸭看作礼品，还是多去韩复兴现场称重现场包装。《岁华忆语》中也说："金陵人喜食鸭，此已见于《南史》，由来久矣。鸭蓄之水塘，听自谋食，故胜于北方填鸭之痴肥。桂花开后，丰腴适口，故谓之桂花鸭。"⑤ 当时著名的记者黄裳在 1942 年来南京时，大路上有"宪兵"检查，"街道是那么宽而平衍，我们的破车子在萧条的街道上行驶……她叫来的南京小笼包子、肴肉、咸板鸭。这些也真不愧是南京的名物，我们吃得饱饱的。"⑥

"南门外马祥兴美人肝与凤尾虾"，马祥兴，这是南京保存完好的百年老字号清真餐

---

① （民国）张通之. 白门食谱//（清—民国）随园食单·白门食谱·冶城蔬谱·续冶城蔬谱. 南京：南京出版社，2009：128.

② 同①.

③ （民国）张通之. 白门食谱//（清—民国）随园食单·白门食谱·冶城蔬谱·续冶城蔬谱. 南京：南京出版社，2009：134.

④ （民国）张通之. 白门食谱//（清—民国）随园食单·白门食谱·冶城蔬谱·续冶城蔬谱. 南京：南京出版社，2009：129.

⑤ （民国）夏仁虎. 岁华忆语. 南京：南京出版社，2006：72.

⑥ 黄裳. 金陵五记. 北京：商务印书馆，2017：3.

馆。百年来名声显赫,影响一方,多少名人光顾品尝。"其所谓美人肝者,即取鸭腹内之胰白作成。因选择极净,烹治合宜,其质嫩而味美,无可比拟,乃名之为美人肝也。至凤尾虾之作法,系虾之上半去壳,下半仍留。炒熟时,上白而下红,宛如凤尾。其烹制亦好,味甚鲜美。"① 这是马祥兴菜馆"四大名菜"中的两款,多少名人的笔记中都有记述。1946 年 10 月黄裳又来到南京,"中华门外,过长干桥,经雨花路,两旁的店铺,古色古香,还都十足地带了'旧味'。"② 他来到了大报恩寺的对过一家十分不起眼的小店——马祥兴。"店虽小却十分有名,是一家清真教门馆子。以一味'美人肝'驰誉当世……所谓'美人肝'是一种鸭胰,每只鸭子只有一只胰脏,大小约一时吧? 如果要拼成一盘菜,似乎就非几百只鸭子不办。店中经常派人在市场上面收,收得与否是没有一定的……另外请堂倌推荐两样拿手的,就又要了'凤尾虾'与'蛋烧卖'。"③ 在黄裳的介绍中,这家店当时很简陋,是战争轰炸以后的遗址,虽然较破败,但里面的客人既有"贩夫走卒"的短蓝衫,也有衣冠楚楚的"上流人物",还带了"红襟翠袖"来。"上流人"的台面亦只不过加上一张白布单,因为他们是在请客。

南京"香肚"早就有名,"彩霞街周益兴冰糖小肚,八十余年矣,分号在承恩寺南首。其小肚之著名,闻于江南北。远处人亦知之。"④ 道出了该品的影响。其制法"选肉去筋,肥瘦适宜,加上等香料拌合,以清洁之肚装成,腌至透味时期,始行出售……其经种种之精究,乃得有佳味。"⑤ 此品一直流传至今,成为南京著名的土特产品。

2. 特色菜品的制作与变化

民国时期,尽管各外邦烹饪流派纷纷来宁设点设店经营,但当地老百姓仍以本地风味为主。在《白门食谱》中,记载的菜肴、点心几乎都是本地特色,无一外来品种。

"松子猪肚,新桥之松子熟肚,其味绝佳,肚极烂,而香极厚,食后犹芬流口齿,久久存在。"⑥ 作者在叙述此品时说:"每当夕阳西下时,铺前购者,已预付钱,立以守之。因稍迟,即购不得矣。"⑦ 后面介绍了当时二位大厨的拿手菜,即"大辉复巷伍厨鸡酥与鱼肚""三坊巷何厨蜜制火腿"。南京人喜欢烩制的菜肴,鸡酥与鱼肚,即为"炸鸡酥"与"烩鱼肚","鸡酥味透而嫩,肉酥而香,食不杵齿,佐酒极佳。鱼肚火候正好,愈食愈觉其美。"⑧ 何厨的"蜜制火腿,甜香适口,以肥者为尤佳,而瘦者之酥且有味,

① (民国)张通之. 白门食谱//(清—民国)随园食单·白门食谱·冶城蔬谱·续冶城蔬谱. 南京:南京出版社,2009:131.

② 黄裳. 金陵五记. 北京:商务印书馆,2017:35.

③ 同②.

④ (民国)张通之. 白门食谱//(清—民国)随园食单·白门食谱·冶城蔬谱·续冶城蔬谱. 南京:南京出版社,2009:128.

⑤ (民国)张通之. 白门食谱//(清—民国)随园食单·白门食谱·冶城蔬谱·续冶城蔬谱. 南京:南京出版社,2009:129.

⑥⑦ 同⑤.

⑧ (民国)张通之. 白门食谱//(清—民国)随园食单·白门食谱·冶城蔬谱·续冶城蔬谱. 南京:南京出版社,2009:134.

亦耐人咀嚼，真为美品。"① 这些都是民国时期饭店宴会上的常用佳品。

"东牌楼老宝兴烤鸭与鸭腰，烤鸭之肥而大，他馆所无。其烤法亦好，脆而不枯，正到好处。至鸭腰之大而嫩，亦烹适宜，同为绝无仅有之佳品，而名盛一时。"② 金陵烤鸭以"叉烤"为特色，是民国南京的大菜。1934 年，张学良将军宴请国民党元老林森、邵力子、于右任、吴稚晖等人，胡长龄大师主厨的"燕翅双烤席"中就有一道"金陵烤鸭"特色菜。

"素汤罐肉"是作者所用笔墨较多的，此菜是道人梅庵师亲口传授的。"其汤之作成，以五六片猪肉，加腌菜数片，同入小瓦罐中，放炉火炖熟。每一炉上，常放小瓦罐至一二十之多，堆积如小宝塔。清晨即炖上，至午时，客来食一罐或二罐，听便。汤清而味香，久称佳品也。"③ 梅师食后，亦称为佳。唤店主来告曰："汝明早取瘦猪肉丝若干，加入干贝若干，清水若干，用文火炖至午刻，将内渣滓滤净存汤，再配（蔬）菜食之。"梅师以小菠菜入汤内煮熟食之，"其味之美，真为吾人所不曾食过。"梅师又曰："此汤只合用素菜，故曰素汤。"④ 此素汤荤料，肉菜相配，清新味香，具有较高的品位。

南京清真菜向来有名。韩复兴、韩益兴、马祥兴等均为著名的清真名店。"炮牛肚颈""炮羊肉"为贡院西街韩益兴所作。"韩益兴之炮牛肚颈与羊肉，火候之到，气味之佳，耐人咀嚼。他处所作，迥不能如。来此食者，恒称之不已，以为一绝也。"⑤

"桃叶渡全鹤美醉蟹""信府河陈鱿鱼"对两种菜肴的描述只是一带而过，没有过多的笔墨；而"贡院前问柳园炒鱼片"对烹饪者的厨艺进行了详细的叙述。该厨师炒鱼片不须用锅铲，而是"以手执锅，就火上数播即成。无一片不熟，无一片不嫩。其炒他物亦如此，惟播之次数多少不同耳。"⑥ 显示出金陵名师执厨技艺之高超。

3. 面点小吃的美味与售卖

国民政府定都南京，社会名流云集，带来了地方小吃和民间食档的活跃。南京的点心小吃久负盛名，民国时期以城南最盛。《白门食谱》中共介绍了 8 个店铺的 11 个品种，都是当时较普通但有影响的小吃，有酥饼 2 个，包子 2 个，米点 2 个，甜品 2 个，面条 1 个，文内提到的品种 2 个。这些品种的售卖地都是当时较有名的店铺。

据陈作霖《凤麓小志》中介绍，民国时期南京人早餐以干丝、烧饼著称，"贵人坊清和园干丝"和"殷高巷三泉楼酥烧饼"是当时人们的首选。无论是"草鞋底""蟹壳黄""朝笋板"，各式烧饼制作均佳，"酥而可口，无一卖饼家可及，远近驰名。"⑦ "酥点"

① （民国）张通之. 白门食谱//（清—民国）随园食单·白门食谱·冶城蔬谱·续冶城蔬谱. 南京：南京出版社，2009：134.

② （民国）张通之. 白门食谱//（清—民国）随园食单·白门食谱·冶城蔬谱·续冶城蔬谱. 南京：南京出版社，2009：130.

③ （民国）张通之. 白门食谱//（清—民国）随园食单·白门食谱·冶城蔬谱·续冶城蔬谱. 南京：南京出版社，2009：133.

④ 同③.

⑤⑥ 同②.

⑦ （民国）张通之. 白门食谱//（清—民国）随园食单·白门食谱·冶城蔬谱·续冶城蔬谱. 南京：南京出版社，2009：131.

是南京地区的特色，"利涉桥迎水台油酥饼，饼厚而酥，以猪油煎成，味香而面酥，油滋而不腻。"①

夫子庙地区的"文德桥得月台羊肉（面）"是一道特色的面条，"冬日之羊肉面，尤称一绝，肉烂而味香。"② 汤包和菜包是南京小吃的平常之物，"马巷口正春园汤包"，即是小笼汤包，"其内满贮肉汁，皮薄而肉嫩。包不过大，一口可食，味美汁浓。"③ "大中桥下素菜馆菜包"以素油煎而食之，"面松菜细，内有芝麻香"，实则是"油煎素菜包"。

甜食小吃也是南京的一大特色。"东牌楼南口元宵店之软香糕与黑芝麻心汤圆"，这里的软香糕"粉细而加入松仁极多，真软香而可口。"④ 汤圆"以黑芝麻和糖为心，食时内黑香而外洁白。"⑤ "马巷中段之熟藕"是专售熟藕之店铺，当糯米填入藕孔内，"放稀糖粥锅中煮熟。食时又略加桂花糖汁，藕烂而粥黏，亦养人之佳品。"⑥ 这里的叙述道出了传统糖粥藕的关键之处：在煮藕时放入稀糖粥一起煮熟，食用时糯米藕片上黏上零散的粥点，黏糯香甜，确是制作之妙处。当年每到下午时分，街巷中便传来一声声"糖粥——藕"的叫卖声。东牌楼的"麻酥糖"与文中间提到的"火腿粽子""猪油年糕"只一笔带之，这是城南街市上百姓常爱充饥消闲的点心。

---

①　（民国）张通之. 白门食谱//（清—民国）随园食单·白门食谱·冶城蔬谱·续冶城蔬谱. 南京：南京出版社，2009：131.

②　同①.

③　（民国）张通之. 白门食谱//（清—民国）随园食单·白门食谱·冶城蔬谱·续冶城蔬谱. 南京：南京出版社，2009：132.

④⑤⑥　同③.

下 篇

第六章

江苏美食菜谱与美食文化研究

　　1949 年至 2020 年，70 多年来江苏出版的美食书籍有成百上千种，这其中有集体编撰的美食图书，也有个人研究的专著，还有一大批各式菜谱。江苏人文荟萃，研究美食者人数众多，且人才辈出，产生了一大批有分量的研究成果。

　　20 世纪 80 年代以后，江苏菜谱的编写进入繁盛期。可以说，40 多年来江苏地区的美食书籍是最多的，这主要来源于江苏地区文化发达，院校众多。就 20 世纪 80 年代至 2010 年的烹饪专业杂志的稿件来看，对每本烹饪杂志作者地域的溯源，多数都是江苏地区的，几乎占 1/6～1/4 之多。在出版的烹饪书籍中，江苏的作者也占多数。这里有烹饪学校老师、饭店专业厨师、烹饪爱好者等。从江苏地区烹饪专业学校来看，几乎每个地级市都有 1～4 所含烹饪专业的学校（技工、中专、大专）。特别是中国最早开设烹饪大专班的江苏商业专科学校（现扬州大学旅游烹饪学院）和中国第一所旅游学校——南京旅游学校（现南京旅游职业学院），至 2010 年，几乎每个老师都出版了几本烹饪专业教材和菜谱，不少人还撰写了美食文化类专著。

第一节　江苏地方美食书籍述评

　　新中国成立以后，各地烹饪菜谱开始陆续编制，以满足当时商业饮服系统经营与培训之需。如 1966 年扬州市商业学校编印的《扬州菜谱（初稿）》，后几度修订供年轻厨师学习之用。改革开放以来，随着全省烹饪教育的不断发展以及餐饮业的突飞猛进，专业教师和行业同仁对菜点的研究、烹饪著作的出版和菜谱的编写进入全盛时期。全省各地市都相继组织编写过地方教学菜谱、地方风味菜谱，不少名厨将毕生创制的菜点汇编成册，流传后人。这是江苏烹饪和餐饮业的宝贵财富。

一、江苏早期烹饪专业培训菜谱情况

　　从全国范围来看，20 世纪 50 年代至 60 年代是我国菜谱出版的萧条期，解放初期，百废待兴，生活物资还较为紧缺，粮食自给水平不高，商业经济处在逐步的恢复期，当

时江苏省内只出版了2本具有代表性的菜谱：一本是江苏省服务厅编写、于1958年在江苏人民出版社出版的《江苏名菜名点介绍》；一本是扬州市饮食公司编写、于1960年在扬州人民出版社出版的《扬州菜点》。此外，还有一本是商业部饮食服务业管理局组织编写、于轻工业出版社出版的《中国名菜谱》（十辑），其中的第八辑《苏浙名菜点》（1960年）是江苏、浙江两省合辑的一本地方菜谱。上面的3本菜谱基本都是请江苏各地名厨根据自己的体会将当地拿手名菜汇编而成的。进入70年代，江苏各地开始编写菜谱培训讲义，供新员工培训学习之用。这20年，江苏美食文化研究的论著基本是空白。

我国烹饪专业教育的起步主要在20世纪70年代，江苏烹饪教育也不例外。就中国的餐饮业而言，一些饭店、餐馆在"文革"时期"大锅饭"的冲击之下，传统的老字号经营举步维艰。进入70年代，全国各行业开始复苏，商业经营逐渐恢复，但餐饮行业人才青黄不接，当时在地方饮食服务公司的领导下，开始充实行业人员，从社会上和学校毕业的初中、高中学生中招收新学员，地方饮食服务公司开始对招募的新员工进行专业培训。而饮食服务管理机构所想到的第一要务，就是编写烹饪专业教材。因为当时各地是较封闭的，地区与地区之间饮食公司相互交流甚少，所以，各地饮食服务公司编写教材，几乎都是以本地区为主，兼及本省地方菜点。

70年代，江苏各地几乎都有培训教材，主要是菜谱。如1973年镇江市饮食服务公司烹饪训练班编写的《镇江菜点》，徐州市饮食公司编写的《烹饪教材》，淮安市食品站烹调学习班编写的《菜谱选编》；1974年南京市饮食公司烹饪培训班编印的《南京菜谱》（第一辑）；1975年江苏商校印刷了《扬州菜谱》，这是该校烹调专业工农兵学员编写的，苏州市烹饪技术培训班编写了《苏州菜点选编》，常州饮食服务公司编印了《常州菜谱》；70年代后期无锡烹饪学会编写了《无锡地方菜谱》；1979年连云港饮食服务公司七二一工人大学编写了《连云港菜谱》，南通市烹饪摄影美容技术学校编写了《中国菜谱南通风味》；1980年《南京菜谱》再版出了一、二两辑，并提供相关菜肴的彩色照片；1984年徐州市饮食公司编写了《徐州菜谱》，苏州市商业技校编写了《教学菜谱》等。以上这些菜谱都是内部资料，有些是油印本，有些是复印本，几乎都是印刷厂印制的内部资料。

在菜谱的编写中，如《常州菜谱（上下册）》共收集600个常州地方特色菜，而《扬州菜谱》培养了10多批的烹饪学员，为当时学员提供了较好的学习材料，恢复高考后的中等专业学校烹饪专业学生仍采用这一范本。这些各地的培训菜谱，为当时江苏的烹饪教育提供了较好的资料，也培育了数以千计的烹饪专业学员。1985年由江苏省饮食服务公司编印的《名馔集粹（江苏省首届美食杯烹饪技艺锦标赛专辑）》，是早期江苏烹饪赛事的突出成果。

20世纪80年代，全国烹饪专业学校如雨后春笋般地兴起，各地的烹饪菜谱讲义有些开始找出版社出版，特别是个别专业老师开始出版一些菜谱，以供烹饪专业学生学习之用，也有不少家庭会购买和学习。

二、江苏美食文化研究群体与作者结构

江苏人文荟萃，在历史上就是人文和美食荟萃之地，拥有一大批美食爱好者和美食研究机构，南京、苏州、无锡、淮安及其他地级市都有较多的烹饪研究者，最具代表的就是扬州大学旅游烹饪学院。

20世纪70年代末，正值烹饪文化研究的初期，在原中国商业部的带领下，1980年初《中国烹饪》杂志问世，接着《中国烹饪古籍丛刊》在80年代中期陆续出版，后来《中国烹饪百科全书》《中国烹饪辞典》相继出版发行。在全国一批烹饪文化研究精英中，江苏省就有多位，他们是江苏省商业专科学校的聂凤乔、陶文台、邱庞同。他们既是当时《中国烹饪》杂志的主要撰稿人，是《中国烹饪百科全书》《中国烹饪辞典》《中国食经》的副主编，分论主编，也是中国饮食文化界的拓荒者。之后，在美食文化研究队伍中还有一位季鸿崑，因工作关系调到江苏商业专科学校烹饪系，他着重对烹饪科学与文化的研究，也发表和出版了不少饮食文化研究论文和专著，在江苏美食文化研究中具有一定的地位。他们都是江苏的学者，是全国烹饪文化界最著名的专家。邱庞同是中国古代烹饪文化研究中最突出的专家人物，聂凤乔是中国食物原料文化研究的早期开拓者，陶文台在饮食文化的研究方面做出过较大贡献，季鸿崑在饮食科学技术研究和饮食文化方面成绩显著。当时还有一批专业研究人员，在中国烹饪美学、中国食疗养生学、烹饪化学与调味科学等研究与应用方面也具有较大的影响。

在饮食发展的早期阶段，省和各市商业局、饮食公司、烹饪协会都很重视美食的研究与开发，多次组织相关人员编写各地的烹饪菜谱，江苏各地的饮食公司也有一批得力的烹饪研究者、爱好者，在20世纪中后期就涌现出一批烹饪技艺和文化研究人才，出版过地方烹饪文化和地方菜谱研究的行业专业人员。最具代表的是南京胡长龄大师，曾为张学良将军掌过勺，新中国成立后担任过饭店主任、经理，还是南京烹饪培训中心的主任和主讲教师。他在20世纪中后期撰写了近百篇烹饪原料、烹饪技术、烹饪文化类的文章，确是老一代文武双全的顶级烹饪大师和烹饪文化大师。20世纪80年代以后，随着烹饪教育的不断发展，江苏涌现出一批有文化的年轻学者，主要是烹饪专业学校的老师。他们一边教学，一边进行专业研究，除了撰写大量烹饪文化与技艺的论文和编写相关专业教材外，还撰写了一批有价值的专著。

三、江苏地区代表性的美食书籍分析

1. 江苏美食文化代表性的典籍

（1）《中国江苏名菜大典》

这是新中国建立以来，有关江苏名菜和烹饪文化最全面的一本大典。全书分上、中、下三册，共58个印张，约220万字。上册分菜品部、面点部；中册分宴席部、名店部、人物部、原料部；下册分艺文部、典籍部。全书由陆军主编，全精装，彩色铜版

纸印刷，图文并茂，装帧豪华。大典由江苏省烹饪协会牵头，组织全省及各市烹饪、餐饮行业协会、企事业的专业人员，联合全省之力量共同参与。参加编撰的编辑委员会有专家组成员、13个大市的编写组成员，以及省烹饪协会大典编辑部人员，历时近5年，于2010年9月由江苏科学技术出版社出版。

正如韩培信在序言中所说："《中国江苏名菜大典》是一部既有词典功能，又有菜谱作用的饮食文化全书。对于借鉴和提升江苏菜的地位和质量有着极强的现实意义。《中国江苏名菜大典》收录有江苏名菜点、名店、名厨以及江苏饮食文化的轶文掌故、楹联诗词、食风食俗、烹饪典籍，是集烹饪技艺与饮食文化之大成的一部巨著。"

图6-1 《中国江苏名菜大典》书影

（2）《江苏省志·旅游餐饮志》（1978—2008）

这是改革开放以后的一部有关地方的餐饮志，由江苏省地方志编纂委员会编。全书90万字，其中《餐饮志》方面约40万字。2015年由江苏凤凰科学技术出版社出版。

《餐饮志》内容共十章，主要由概述、管理体制、经营机制、经营业态、风味名菜、小吃、宴席、名点名厨、烹饪（服务）比赛、教育培训、美食文化等内容构成。该志汇集了全省各地的力量共同编撰而成。它是江苏餐饮业一本综合性的典籍。

江苏省餐饮行业协会为《餐饮志》的承编（牵头）单位，在省地方志办公室的悉心指导下，编辑室专、兼职人员历经四年半时间悉心耕耘、群策群力而成。

2. 各地方代表性的美食文化书籍

在江苏各地区美食文化典籍中，还有一些论述地方美食文化特色的书籍也很有价值。有政府机构组织编写的，也有个人的作品，都具有一定的代表性。这里举其要者分析之。

扬州陶文台编写的于1981年在江苏人民出版社出版的《江苏名馔古今谈》，从江苏历史的角度出发，发掘整理历史资料，选取的名馔为"外地所无而江苏特有，或异乡同有而本省夺魁"的品种，全书以江苏扬州、南京、镇江、无锡、苏州五市著名厨师讲学的教案内容为范本，搜集江苏名菜点 90 种，就其历史渊源、掌故趣闻、风味特色、现在制法等方面进行了探讨，叙古道今，具有较高的文化和史料价值，是 20 世纪 80 年代初期江苏烹饪教育的珍贵资料。

南京胡长龄大师撰写的《金陵美肴经》(1988 年)，从南京历史文化到京苏大菜(南京菜)的特点，从南京的烹饪原料到擅长的烹调技术，有理论探讨，也有实践菜谱，是研究京苏大菜的重要资料。他是中国烹饪协会成立后第一位大师级别的副会长，他在书中曾说："我从事饮食烹饪工作已是整整 60 个年头了，在这不算短暂的人生经历中，历经了新旧两个社会饮食行业的兴衰，饱尝了厨师工作的欢乐与辛劳。同时也掌握了一手较完整的烹饪技术，积累了一部分经验……我要写，把南京菜的独特风格表达出来，以免失传。"[①] 这是大师为后人留下的宝贵财富。

扬州章仪明主编的《中国维扬菜》(1990 年)，是维扬菜的经典之作。该书以大量资料从地理、气候、政治、经济、文化、民俗等方面论述了维扬菜的形成和发展，系统介绍了维扬菜点的风味特色、名菜、名点、烹调技艺和当时扬州的名厨，具有一定的实用价值和研究价值。

扬州李维冰、周爱东撰写的《扬州食话》(2001 年)，全书分食海古今、食林逸事、食府论道、食苑掇英、食街漫步、食坛拾零。该书以饮食观念为线索，以客观的民俗事项为材料，借助民俗学、社会学等学科的研究方法对扬州饮食文化的历史、风貌和特点做了较为详细的描述。

苏州王稼句撰著的《姑苏食话》(2004 年)，从天堂物产、岁时饮馔、中馈撷拾、市场掠影、风味随谭、小食琐碎、花船遗韵、茶酒谈往，全面探讨苏州饮食博大丰厚的文化形态，谱写了美食苏州的华丽乐章。

淮安高岱明撰著的《中国美食淮扬菜》(2012 年)，是一本美食文化之书，以淮安为立足点，溯源淮安饮食文化，从历史上的全鳝席到淮扬菜的风格特征，从淮扬菜名店名厨到淮安美食传奇轶事等，特别对明清时期的盐商饮食进行了较详细的分析，这是研究淮安菜不可多得的宝贵资料。

连云港高文清主编的《连云港饮食文化》(2012 年)，是一本全面系统介绍连云港饮食文化的书籍，从远古的胸海美食到当下的山珍海味，从滋香味美的调料到风味独特的菜品，从市井的饮食民俗到逸趣的美食旧事，将山海兼长的连云港美食文化和发展轨迹一一展示，是一本丰富而翔实的饮食专著。

盐城王荫曾撰写的《亲民化的美食》(2014 年)，书中除了丰富多样的菜肴、面点以外，还介绍了多种烹调方法、复合调味汁，而最有价值的应该是第五部分，介绍盐城地方菜的历史形成，包含地方原料、历史沿革、盐城创新菜等，是一本内容十分丰富的地

---

① 胡长龄. 金陵美肴经. 南京：江苏人民出版社，1987：2.

方美食之书。

苏州华永根撰写的《食鲜录——老苏州的味道》(2015 年),以苏州地区传统美食文化为基点,从苏州菜传承、名厨奋进、餐饮人交往、地方土特产、名菜点制作等诸方面,以自己的从业经历畅叙苏州菜的精致美味和独特风格,对苏州老味道款款道来,饱含深情,是了解苏州传统菜的珍贵材料。

南通巫乃宗撰写的《江海食脉》(2017 年),是一本多维度叙述南通地方烹饪历史文化、古今菜点、民风民俗、名厨名店的饮食文化全书。南通的江海文化,占尽天时地利。该书梳理了古今南通烹饪文化、民风食俗的文脉,将地方特色原料尽情展示,具有较好的史料价值。

镇江市政协文史资料委员会,镇江市餐饮、烹饪协会编写的《镇江味道》(2018 年),从镇江历史文化出发,阐述了镇江菜的历史变迁、厨艺传承、菜品制作等内容,系统介绍了地方名宴、传统菜点、小吃以及特色调料等,每道菜品从文化、技艺、特色方面进行分析,是一本了解镇江菜的绝好资料。

由常州市商务局、文化广电和旅游局等编写的《食美常州》(2019 年),对常州美食的文化渊源、历史变迁、文化记忆、特色原料、烹饪技艺、菜肴面点、名宴名店等进行了阐述,为常州美食品牌的打造、推动常州饮食文化的发展注入了新的动能,"食美常州",则为美食推动常州旅游高质量发展增添了活力。

徐州饮食源远流长,历久而弥新,从历史深处走来的徐州,饮食文化更是博大精深。徐州钱峰撰写的《徐州饮食》(2019 年),该书从徐州饮食文化、饮食特色、徐州物产、饮食习俗、徐州饮食名人与名店进行系统的叙述,对彭祖饮食文化和两汉饮食文化以及地方特色饮食做了较详细的介绍,是了解徐州饮食文化的绝好之作。

由《无锡味道》编委会编写的《无锡味道》(2020 年),是一本记录锡帮菜文化的书籍。无锡味道既根植于吴文化和工商文化,又得益于江南水乡之物华天宝。该书记录了无锡四季时鲜、经典名馔、糕饼小吃、地方名宴等,系统地介绍了无锡菜的来龙去脉、风味特色和精致菜点,是无锡风味菜代表性的典籍。

在江苏地方饮食文化的研究方面,内容较为丰富,比如南京朱宝鼎、胡畏的《南京烹饪集萃》(1991 年),苏州王光武主编的《中国苏州菜》(1991 年),苏州陆云福主编的《苏州乡土食品:纪实与寻梦》(2006 年),南京袁晓国的《淮扬菜》(2015 年),常州季全保、季旻孜的《寻访老味道》(2016 年)等,都从不同的角度对地域美食进行分析和研究。

3. 资深烹饪大师制作的全彩版菜谱选

几十年来,江苏不少的顶级大师们也将自己从厨的拿手菜和代表菜收集整理成册,出版了一些菜谱,这里选取的主要是大师们彩色版图片类的菜谱,可为年轻厨师的培训与学习提供很好的一手资料。这里每个大师都有显赫的技艺,年轻时对烹饪技术精益求精,勤奋钻研,都荣获国家各类烹饪技术大奖,许多大师还参与了国际烹饪交流,并在国际比赛中获得较高的荣誉。下面选取了薛文龙、薛泉生、张献民、袁野、居长龙、徐鹤峰、王荫曾、陈恩德、花惠生、周国良、顾克敏、周文荣、吴协平、周晓燕几位大师出版的全彩图片作品，供大家品鉴。

(1)《中国烹饪大师作品精粹·薛文龙专辑》南京薛文龙大师著，2005 年青岛出版社出版。薛文龙，1930 年出生，中国烹饪大师，南京金陵饭店首任总厨师长、饮食总监，江苏省劳动模范。著有专著《随园食单演绎》，参与《江苏风味》《美食趣谈》的编著。他 16 岁开始学徒，曾为老一辈党和国家领导人以及外国元首司厨。对"随园菜"的研究颇负盛名，造诣很深，在古稀之年仍在烹饪园地辛勤耕耘。该书记载了 46 道菜品，代表菜有：椒盐鳝卷、虾油醉鸡、酒酿金腿、南腿煨凤翅、生炮鸡、鲍鱼炖鸭、酒煨甲鱼、香酥八珍鸭等。

(2)《中国烹饪大师作品精粹·薛泉生专辑》扬州薛泉生大师著，2005 年青岛出版社出版。薛泉生，1946 年生于江苏扬州，1962 年在扬州富春茶社、菜根香饭店等单位从事烹饪工作。国家特一级烹调师，中国烹饪大师，中国烹饪国际评委。薛大师在炉、案、碟、点四个工序中都打下扎实的基础。1988 年 5 月，在第二届全国烹饪技术比赛中荣获 9 项殊荣(2 金、2 银、3 铜、1 个三项全能奖、1 个特技表演奖)。该书选择薛大师的拿手菜 42 道，包括冷拼和热菜，代表菜有：虹桥拼盘、翠珠鱼花、杨梅芙蓉、三套鸭、老蚌怀珠、宫廷牛尾、扒烧整猪头等。

(3)《中国烹饪大师作品精粹·张献民专辑》无锡张献民大师著，2005 年青岛出版社出版。张献民，1958 年生于无锡，1976 年参加工作，亚洲名厨、中国烹饪大师、高级技师，国家一级评委。1993 年，在江苏省第二届"渔乡杯"烹饪大赛中勇得金牌。多年来，他参加了省、全国、亚洲、国际与世界五个最高级别的烹饪大赛，共获得 8 枚金奖。张大师擅长刀工、花色冷盘的制作，尤以制作湖鲜、河鲜见长。该书共记载了 42 道菜品，代表菜有：锦鸡争艳、脆皮银鱼、翠瓜玉米、松鼠戏果、海参鲖鱼金瓜盅、灌蟹鱼圆、灌汤荔枝龙虾、串炸泰汁虾等。

(4)《中国烹饪大师作品精粹·袁野专辑》南京袁野大师著，2005 年青岛出版社出版。袁野，1952 年生于南京，中国烹饪大师，面点高级技师，曾担任永和园茶社副总经理、南京商业技工学校副校长、金都集团副总经理等。袁野擅长淮扬名点，1972 年进入永和园工作，专攻白案。他钻研学习花色点心和馅心制作工艺，尤其擅长花式蒸饺和花色酥点的制作。该书共收录 41 款代表作品，包括他研制的"荠儿菜蒸饺""芦蒿烧卖"等品种，成功推出了"茶点宴席""秦淮风味小吃宴"等，代表作品有：刺猬与玫瑰、茄松葫芦包、金鱼烧卖、青蛙酥、香芋峨嵋酥等。

(5)《中国烹饪大师作品精粹·居长龙专辑》扬州居长龙大师著，2010 年青岛出版社出版。居长龙，1940 年生，1959 年开启烹饪生涯，中国烹饪大师，世界中餐烹饪大师，高级技师，在日本弘扬淮扬菜工作 20 多年。1984 年在扬州宾馆担任厨师长期间，参与红楼宴的研制。在日本期间大力宣扬淮扬菜，举办了数次"淮扬名菜特别赏味会"。他研制的"素菜宴""琼花宴""红楼宴""秋菊螃蟹宴"在日本同行中广泛传习。该书共收录了 42 款菜品，代表菜有：酒酿火方、糖醋樱桃肉、金丝燕菜煮干丝、天麻鳝鱼、无花果人参鸡、宫灯照明珠等。

（6）《中国烹饪大师徐鹤峰新厨艺荟萃》南京徐鹤峰大师著，2015 年江苏凤凰美术出版社出版。徐鹤峰，1947 年出生，1964 年在昆山市玉山饭店当学徒，1966 年在苏州木渎"石家饭店"学习培训，1971 年调入南京，在南京饭店和丁山宾馆厨房工作，多年担任丁山宾馆总厨师长、上海江苏饭店餐饮总监，中国烹饪大师。该书共记录了 119 款菜点，大多是宴会接待菜点，列入了作者创制的一大批江苏名菜，如荷塘蛙鸣、春艳、黑椒生炒甲鱼、金蹼仙裙、丁香排骨、鲍脯炒裙边、鸡汁羊肚菌辽参、红椒鳕鱼、红汤爆鱼面、奶油红薯等。

（7）《国宴菜·中国驻外大使馆分餐菜点集锦》盐城王荫曾大师著，2006 年江苏科技出版社出版。王荫曾，1954 年生于江苏盐城，国家特一级烹调师，烹调高级技师，曾担任盐城市海悦大酒店副总经理，在英国、美国大使馆工作了 12 年。王大师对传统菜翻新和中西菜点结合方面有独创的见解，特别是对中餐"分餐各客制"菜品有独到的研究。该书分"前菜精点"143 款，"珍肴美馔"286 款，代表菜有：锅贴烤鸭方、鲜芦鲍鱼卷、果味熘仔排、鸡米烩海参、蟹黄扒玉贝、吉利明虾排、蒜香烤鳕鱼、油泼七彩龙虾、野香藕粉圆等。

（8）《淮扬面点大观》扬州陈恩德大师著，2019 年上海学林出版社出版。陈恩德，1947 年出身名厨世家，四代从厨，16 岁入行，现为中国烹饪大师、淮扬菜烹饪大师、国家一级评委，高级技师。是陈恩德偕徒弟周彤所作，全书为两册，以各类面团点心为主，并带有少量的基础理论，其中水调面团品种有 56 种，油酥面团品种有 53 种，发酵面团品种有 55 种，米粉面团品种有 52 种，代表作品有：扬州五亭包子、三丁包子、三色糕、金鱼蒸饺、樱花酥、兔子酥、鱿鱼酥及红楼名点太君酥、松子鹅油卷等。

（9）《中国名厨·花惠生烹饪艺术》南京花惠生大师著，2001 年辽宁科技出版社出版。花惠生，1956 年生于苏州，先在苏州木渎石家饭店工作，1978 年调至南京丁山宾馆从事烹饪工作，1983 年进入金陵饭店，先后担任案板、炉灶分点厨师长、中餐总厨师长、中西厨行政总厨，曾获得江苏省劳动模范、全国旅游系统劳动模范、全国劳动模范等荣誉。他亲自设计国宴菜并主理过诸多首脑出席的宴会，在中西结合的创新道路上开发过众多的菜肴。该书共收录了菜肴点心 120 种，代表菜如鳕鱼香卷、酥盒芙蓉龙虾、五彩酥盒龙虾、瓜蓉活鲍脯、八宝凤翼、蟹粉粉皮煲等。

（10）《无锡大饭店佳肴食单》无锡周国良大师著，2016 年江苏凤凰出版社出版。周国良，1958 年生于无锡，19 岁进入餐饮行业，在无锡大饭店担任行政总厨 30 余年，中国烹饪大师，烹饪高级技师，全国五一劳动奖章获得者。他善于利用锡帮菜与川菜、粤菜的有机融合，开发了一系列的创新菜品。该书虽名为饭店菜，实为周国良大师在无锡大饭店研发和制作的菜品。书中共记载了冷菜 17 款，热菜 73 款，素食 13 款，点心 16

款，代表菜品有：五彩白鱼圆、三味太湖银鱼、锅贴银鱼、虾蟹如意笋、酸辣海参抄手、荠菜鸡蓉球、酸菜酱椒牛肋排等。

（11）《中国烹饪大师作品精粹·顾克敏专辑》镇江顾克敏大师著，2009年青岛出版社出版。顾克敏，1940年生于烹饪世家，中国烹饪大师，高级经济师，20岁时从徐州师范学院退学，后到镇江宴春酒楼当学徒，拜省劳动模范、名厨丰国庆为师。在学习江苏菜的同时，还撰写数百篇烹饪文稿。1983年赴深圳特区香江酒楼任副总经理，在当地赢得了广大的市场；1985年底调回镇江从事侨务接待工作，取得了很好的成绩。该书共收录了50道菜品，代表菜品有：水晶肴蹄、镇江醋排、清蒸刀鱼、清炖蟹粉狮子头、百花酒焖肉、白炒鮰鱼米、炖银肚等。

（12）《中国烹饪大师作品精粹·周文荣专辑》常州周文荣大师著，2010年青岛出版社出版。周文荣，1952年生于常州，中国烹饪大师，高级技师。1972年从部队复员分配到常州饭店，从学徒工开始，埋头工作；1989年，选派到墨西哥长城餐馆任大厨，两年时间里接待过国家和地方官员、名人。在常州饭店，他研制的兰陵爆鳝、墨西哥烤排、秘制鲢鱼头，成为深受顾客欢迎的招牌菜。在经营成功的基础上，他不断开拓思路，获得了许多荣誉。该书共收录了52道菜品，代表品种有：葱爆鲈鱼、紫坛腌菜肉、香糟扣肉、蟹粉鱼肚、香烹带鱼条、糯香椰丝等。

（13）《中国烹饪大师作品精粹·吴协平专辑》江阴吴协平大师著，2009年青岛出版社出版。吴协平，1961年生于江阴市，中国烹饪大师，高级技师。1977年高中毕业后师承南京东郊宾馆朱春满大师。凭着吃苦耐劳和积极钻研，他在技艺上不断提高。在担任金塔宾馆总经理时，他常常采取"请进来、走出去"的办法，引进川、粤、鲁等各帮菜肴，并挖掘农家菜、创新传统菜。该书共收录了50道菜品，代表菜品有：锦囊腊肉、红焖蝴蝶骨、荷包鲫鱼、绣球鱼花、鲍汁鱼云、糟煎白鱼、奶汤鲃鱼、清汤腰形鱼丸、虾子茭白等。

（14）《味道的传承：周晓燕》扬州周晓燕大师著（董克平主编，灵心小榭合著），2020年青岛出版社出版。周晓燕，1964年出生，中国烹饪大师，高级技师，教授。1980年入淮安商业技工学校学习，1983年就读于江苏商业专科学校中国烹饪专业，毕业后留校任教，后在学校下属的琼林苑饭店工作，从厨师到领班，再到厨师长、餐厅经理、饭店总经理。他于1997年、2002年分别在亚洲烹饪大赛、世界烹饪大赛中获得多个金奖。该书中收录的拿手名菜有15款，如鱼汤煮干丝、拆烩鲢鱼羹、红花汁白菜、椒盐黄鱼、蒲菜焅虎尾、文思豆腐羹、三鲜脱骨鱼、松仁红酥鸡等。

4. 江苏地区重要的美食资料

除了上述书籍以外，还有部分资料很有价值，它全面阐述了江苏地区美食制作的历史、文化、菜品传承、制作特色等。最有代表性的有20世纪80年代至90年代出版的《中国烹饪》江苏专辑以及地方风味专辑。江苏省烹饪协会1999年汇编的名菜名点名小吃等。这里简要介绍之。

（1）《中国烹饪》江苏专辑及地方风味专辑

《中国烹饪》杂志是原商业部有关部门主办的一本专业杂志。1980年3月创刊。该杂志出版后在国内外产生很大的影响，得到了海内外专家学者的高度认可。杂志名由文学大家、前文化部部长茅盾题签，众多名家撰文，有历史文化、名菜名点介绍、古今名人食事、名料名店名师介绍……堪称丰富多彩，在20世纪80、90年代，是一本较权威的、有较高影响力的烹饪杂志。

1983年第7期《中国烹饪·江苏专辑》出版，有江苏著名的书法家林散之题诗，著名书画家钱松岩、高马得、倪小迂绘画，南京大学、南京师范大学的著名学者、教授唐圭璋、吴白匋、段熙仲、金启华以及苏州大学朱子南、苏州文协秦兆基、江苏文联主席李进和副主席章品镇、镇江博物馆馆长陆九皋等撰写文章，如吴白匋的《醉轻梦短话酒家——忆老万全菜馆及其名菜》、李进的《泰州的早茶》、章品镇的《泛宅太湖鱼作饭》、段熙仲的《古籍中的饮食之道和烹饪艺术》、倪小迂的《我的饮食观》、金启华的《杂谈南京菜》、陶文台的《江苏地方风味略识》、朱子南和秦兆基的《游吴都，品佳味》，等等。其他参与撰写文章的江苏美食名人、名厨都是当时在江苏餐饮界的名师、名厨和名人。他们在烹调技术、美馔佳肴、地方风味、名厨谈艺、创新菜等栏目中都有谈及自己的制作诀窍和心得体会等。这是江苏美食文化中的一笔宝贵财富。

由于当时《中国烹饪》杂志在国内外的影响，各地方政府和烹饪协会纷纷与杂志社联系创办专辑，从1983年起，许多地方菜系和地方烹饪协会出版了多个地方专辑，特别是有代表性的地方菜系，如四川菜、广东菜、山东菜、湖南菜等。江苏除了出版《江苏专辑》以外，苏州、南京、扬州还分别出版了地方专辑，1988年第5期《中国烹饪·苏州专辑》、1990年第12期《中国烹饪·南京专辑》、1991年第2期《中国烹饪·扬州专辑》出版发行，分别从历史文化、名菜名点、名店名师、技术特点、地方特色等方面汇集地方美食名人、名厨撰稿，是20世纪后期江苏美食文化的代表之作。

（2）《江苏名菜名点名小吃》

该资料由江苏省烹饪协会1999年编写。当时，江苏省贸易厅、江苏省烹饪协会从促进餐饮企业树立品牌意识、规范饮食产品标准、切实提高产品质量、扩大销售、不断提高餐饮企业的经济效益和社会效益的目的出发，组织认定了首届江苏名菜名点名小吃，共认定了178家企业的570个品种，剔除一个品种多家认定的，实际认定名菜337个，名点99个，名小吃60个，计496个品种。

获得认定的品种基本反映了当时江苏名菜名点名小吃的风貌。为把这些珍贵资料保留下来并广泛传播，江苏省烹饪协会组织编写了这本《江苏名菜名点名小吃》画册，收录名菜293个，名点80个，名小吃46个。部分品种因原料和烹饪方法相近或图片质量问题未被收录。在编辑过程中，各地市烹饪协会、有关企事业单位和部分名师积极参与并大力支持。应该说，这是一本由江苏省烹饪协会牵头、赵晓龙组织策划、各地共同参与的20世纪末较有价值的一本江苏风味美食全书。

四、江苏地区美食文化研究专著类别

从 20 世纪 80 年代初开始到 2020 年，江苏地区出版了一大批美食文化研究的专著。研究者们从不同角度出发，围绕美食文化这个主线而展开。江苏美食文化众多的研究成果，可粗略地归纳为以下几大类。

1. 美食文化史方面的研究成果

烹饪史论的代表研究者邱庞同，他是中国商业出版社 20 世纪 80 年代《中国烹饪古籍丛刊》系列书稿的最主要的注释人，1983 年就出版了《古烹饪漫谈》，1984 年出版了《古代名菜点大观》，1986 年出版《烹调小品集·苏扬编》，1989 年撰著了《中国烹饪古籍概论》，把所有与烹饪有关的从先秦时期到明清时期近 180 本古典书籍都一一进行了分析和阐述，工程浩大，研究深广。特别是 20 世纪 90 年代后期完成的两部力作《中国面点史》《中国菜肴史》，成为中国饮食史上两颗熠熠闪亮的明珠，闪耀在中国饮食文化界。他在许多报纸杂志上发表了上百篇散文小品和论文，也结集出版了多本图书，代表性的有《食说新语：中国饮食烹饪探源》《饮食杂俎：中国饮食烹饪研究》，之后又出版了《知味难：中国饮食之源》《知味难：中国饮食之魅》。这中间的许多文章都是史论方面的内容。

在史论研究方面，扬州陶文台的《江苏名馔古今谈》(1981 年)，探讨了江苏地区名菜点的发展历史；《中国烹饪史略》(1983 年)是第一本中国烹饪史著作，在国内外具有一定的影响。另外，张延年校注的《调鼎集》，章仪明的《淮扬饮食文化史》，胡德荣的《徐州古今名馔》，马健鹰的《中国饮食文化史》，周爱东的《扬州饮食史话》，季鸿昆、李维冰、马健鹰的《中国饮食文化史·长江下游地区卷》，赵建军的《中国饮食美学史》，徐兴海、胡付照的《中国饮食思想史》，李登年的《中国古代筵席》，邵万宽的《中国面点文化》等，分别从不同的角度深入探讨不同层面的饮食与文化，诸位学者围绕某一主题都发表了独特的见解。

2. 烹饪原料与工艺方面的研究成果

我国烹饪原料学的早期研究者聂凤乔老师，从 1982 年就在《中国烹饪》杂志开设专栏"蔬食斋随笔"，一写就是近 10 年。他又分别在太原《烹调知识》杂志上开辟"禽畜鸟兽篇"专栏、在上海《食品与生活》杂志上开辟"水鲜谱"专栏，撰写了几十篇文章。他于 1983 年出版了《蔬食斋随笔(第一集)》，1987 年出版了《蔬食斋随笔(第二集)》，1995 年又出版了《蔬食斋随笔别集(禽畜鸟兽篇)》等。聂老的一生为中国烹饪原料学的研究呕心沥血，并主编出版了《中国烹饪原料大典(上、下册)》。2 000 年以后，他撰写的 4 本随笔又由广西师范大学出版社再版。在烹饪原料学的研究方面，还有崔桂友的《烹饪原料学》(1997 年)、赵廉的《烹饪原料学》(2008 年)等，他们各有特色，在原料学方面都有许多有建树的文论。在工艺研究方面，代表性的有周妙林的《冷盘制作》(1986 年)，陈苏华的《中国烹饪工艺学》(1992 年)，邵万宽的《中国面点》(1995 年)，周晓燕的《烹调工艺学》(2000 年)，邵万宽的《现代烹饪与厨艺秘笈》(2006 年)，朱云龙的《中国冷盘工艺》(2008 年)等。

3. 中医食疗和饮食卫生与营养方面的研究成果

江苏在食疗养生与营养学方面有悠久的传统，古代就有许多养生家。20 世纪 80 年代相继出版的书籍较多，如窦国强的《饮食治疗指南》(1981 年)和《中华食物疗法大全》(1988 年)，孟景春的《中医养生康复学概论》(1992 年)，谢英彪的《中国人膳食平衡手册》(2008 年)，侯国新、谢英彪的《深度剖析膳食营养热点问题》(2014 年)等。在高校的研究方面，有路新国、鞠兴荣的《中医饮食保健学》(1992 年)，鞠兴荣的《常见病中医食疗》(1993 年)和《冬季进补：温肾壮阳》(1998 年)，路新国的《食物的药用养生妙方》(1995 年)等。在饮食营养与安全卫生方面，有蒋云升的《烹饪卫生与安全学》(2005 年)和《烹饪微生物》(2007 年)，有关营养学方面的研究书籍较多，代表性的有彭景的《烹饪营养学》(1989 年)等。

4. 烹饪综合性文化方面的研究成果

20 世纪 80 年代中期，陶文台就开始撰写《中国烹饪概论》(1988 年)，后又出版了《中国传统美食集锦》和《中国美食经》，还留下了一些论文和随笔，由于他过早地离开我们，尽管留下的文论不多，但从对后代的影响和在中国烹饪界的地位来讲，也是一块耀眼的丰碑。

在烹饪文化的研究方面，20 世纪 80 年代的有：茅建民的《饮食心理浅说》，郑奇、陈孝信的《烹饪美学》，施继章、邵万宽的《中国烹饪纵横》，蒋荣荣、朱邦华、朱家镇的《红楼美食大观》、唐艮等主编的《中国美食诗文》等；90 年代的有：邵万宽、章国超的《金瓶梅饮食大观》，毛羽扬的《烹饪色香味调料》，杨东涛、陈孝信、丁应林、郑奇的《中国饮食美学》，崔桂友的《食品与烹饪文献检索》等；21 世纪 10～20 年代的有：胡德荣的《胡德荣饮食文化古今谈》，李维冰、张爱东、林刚的《国外饮食文化》，陈苏华的《人类饮食文化学》，王雪萍的《〈周礼〉饮食制度研究》，都大明的《中华饮食文化》，季鸿昆的《岁时佳节古今谈》和《食在中国：中国人饮食生活大视野》，李登年的《中国宴席史略》，邵万宽的《食之道：中国人吃的真谛》，肖向东的《多元的星球：中外食品文化比较研究》，孟祥忍的《淮扬百年：扬州烹饪技艺非遗传承人口述史》、邵万宽的《中华面点文化概论》等。

对烹饪科学技术与文化方面的研究，代表人是季鸿昆，他在 1993 年同时出版了《烹饪技术科学原理》和《烹饪学基本原理》，还撰写了许多有重要分量的论稿，2015 年修订出版了《中国饮食科学技术史稿》和《烹饪学基本原理》。在《烹饪化学》的研究方面，季鸿昆、毛羽扬、崔桂友等都有这方面的研究成果。

5. 餐饮经营与管理文化方面的研究成果

20 世纪 80 年代中后期，中国餐饮市场发生了很大的变化，各种业态的增多，高星级饭店如雨后春笋般地出现，现代餐饮经营急需要一些有指导性、可操作性的研究成果。这时，邵万宽于 1999—2005 年相继在辽宁科技出版社出版了《现代餐饮经营五部曲》，分别为《菜点开发与创新》《美食节策划与运作》《餐饮时尚与流行菜式》《现代餐饮经营创新》《厨房管理与菜品开发新思路》，为餐饮市场和经营增添了活力。在这期间他又相继出版了《菜点创新 30 法》（2002 年）和《厨师长宝典——现代厨房管理与经营 36 招》（2006 年），在菜品创新研究方面也不断推出新的研究成果，于 2020 年出版了《中国美食设计与创新》。另外，马开良的《现代饭店厨房设计与管理》和《自助餐开发与经营》，李廷富的《环球美食自助餐》等，在餐饮经营与厨房管理方面，这些著作对现代餐饮人和管理者具有较好的指导性和实用性。

6. 美食文化研究中的小说与散文、随笔

在美食研究中，值得传颂的是苏州作家陆文夫在 1983 年大型文学期刊《收获》第 1 期中发表的小说《美食家》，1985 年还拍成了同名电影，在国内商界和餐饮行业影响较大。一时间美食家朱自冶对美食的追求成为人们谈论的话题。20 世纪 90 年代，黄铁男、李恩华合作的小说《厨王》在《扬子晚报》连载，成为当时南京餐饮人必看的内容。

江苏的许多美食文人还写了不少谈论各地美食的小品文、散文和随笔，最具代表性的人物是汪曾祺，他写了许多家乡高邮的地方美食散文，代表著作有《家乡的食物》。另外，如聂凤乔的随笔集《老凤谈吃》《食养食慧录》，邱庞同的《一江之隔味不同》，钱仓水的《蟹趣》，张振楣的《张振楣谈吃》，顾克敏的《食缘》，洪烛的《舌尖上的狂欢》，薛冰的《饥不择食》，王川的《三国宴》，余斌的《南京味道》《吃相》，陆仁兴的《味缘》，许亿的《旧时光的味道》，袁灿兴的《传膳啦！（明朝篇）》，李敬白的《人间滋味，温暖可期》等。就苏州市而言，就有陆文夫的《人之于味》，叶正亭的《吃在苏州》，翁国良、饶春平、黎明的《苏州时令美食》，华永根的《苏帮菜》《食鲜录》《苏州吃》，老凡的《口感苏州·饮食经》，沙佩智的《苏州吃食》，蒋洪的《寻找美食家》，潘君明的《苏州经典美食传说》，华永根主编的《苏州味道》《苏式汤面》，等等。

7. 江苏地区特色美食菜谱的研究成果

在菜品制作的研究方面，也出现了一些较有特色和影响的图书。如苏州吴涌根撰写的《新潮苏式菜点三百例》（1992 年），陆文夫在其序言中说："吴涌根做菜，尤其难能可贵的是他不被自己的经验所束缚，在传统的基础上不停地创新……他把挖掘濒临失传的品种，恢复那种被走了样的做法，都是当作创新来对待的。他能吸收各种流派的长处，使苏州菜推出了许多新的品种。"[①] 吴涌根是江苏省老一辈大师级的代表，在传统上敢于创新，给年轻的厨师们树立了榜样。

扬州董德安口述、扬州市饮食服务公司整理的《维扬风味面点五百种》（1988 年），该书以荣获全国最佳点心师称号的董德安为代表，以维扬细点为主要对象，根据当代多位名师的制作经验，广征博引，罗列制法，分门别类，进行了系统研究并集体整理成书，是一本维扬面点制作的宝典。

南京薛文龙撰写的《随园食单演绎》（1991 年），这是一本研究清代《随园食单》的专

---

① 吴涌根. 新潮苏式菜点三百例. 香港：香港亚洲企业家出版社，1992：2.

著，薛大师研究"随园菜"30 余年，曾把"随园菜"推广到香港、日本、新加坡等地。该书把《随园食单》中 100 多种菜肴、点心的主料、辅料、调料用数据来进行认证，将早已失传的菜品——复原，把一般的原理和方法，根据具体情况和条件推演出具体的制作技艺，是研究随园菜不可多得的书籍。

邵万宽主编了《江苏当红总厨创新菜》（2008 年），该书是根据当时餐饮市场的需求，精心策划编撰的一本汇集 10 多个城市、计 56 位行政总厨创新菜肴之书。书中在选取和编写创新菜肴时，始终突出实用性、时尚性、营养性和创新性。在继承江苏传统菜品的基础上，力求体现年轻一代当红总厨们的菜品创新成果，它在江苏烹饪发展中可起到承上启下的作用。

于学荣主编了《中国烹饪大师集（江苏专辑）》（2009 年南京版），该书是江苏省餐饮行业协会组织编写的融老、中、青三代厨师一起参与的共 77 位"中国烹饪大师"的菜品，展现了江苏烹饪大师的形象，树立了行业的典型，表现了江苏餐饮的勃勃生机，充分体现了江苏中国烹饪大师们深厚的烹饪技术和文化底蕴。

江苏地方饮食菜谱方面，还涌现了一些有代表性的豪华精装版图书，如《中国淮扬菜》编委会编撰的一套丛书，包括《淮扬传统菜》《淮扬家常菜》《淮扬新潮菜》《淮扬面点与小吃》《淮扬冷拼与食雕》《淮扬宴席菜》6 本，由苏州市烹饪协会华永根主编的《中国苏州菜》，《中国镇江美食大典》编委会编写的《中国镇江美食大典》，泰州市烹饪协会方培力、王友吾主编的《泰州菜谱》，淮安市旅游局吉文海主编的《中国淮安淮扬菜名菜谱》，南京市商务局、南京市餐饮商会主编的《南京味》等。这些是代表一个地区、一个城市的美食菜谱，具有收藏价值。除地级市的美食菜谱外，不少县级市也编辑了相关美食文化与菜谱，如夏炳初编写的《靖江菜谱》，王寂生主编的《饮食文化·兴化》，姜岭主编的《高邮美食文化》，赵红骑主编的《昆山民族民间文化精粹·美食卷》，江阴市烹饪协会编的《江阴菜》，陈根生、王友来编写的《如皋美食》，政协如东县委员会编的《如东美食》，周长顺、孔庆璞等编写的《扬中河豚菜谱》，宜兴市旅游园林管理局、宜兴市烹饪学会编的《宜兴菜典》，李蓓、曹伯高主编的《兴化乡土菜》，王忠东主编的《美食美器宜帮菜》等。

除此之外，还有一些特色的烹饪菜谱，较有代表性的有：20 世纪 80 年代田树民、冯祥文等的《鳝鱼菜谱》，陈毅楠的《康疗食谱》，封长虎的《菜肴造型技艺》；90 年代杨继林的《金陵冷盘经》，薛泉生的《薛泉生烹饪精品》，董玉祥的《金陵宴点》，王荫曾的《烹坛奇葩：中国驻英美大使馆宴会菜点集锦》，周承祖的《承祖菜谱》，邵万宽的《风靡欧洲的中国菜》；21 世纪初潘镇平的《新派淮扬菜》，刘文春的《连云港海珍菜肴》，赵国梁的《江南水乡宴》等。还有以企业名称编写的如《金陵饭店食谱88》《金陵饭店点心100》等。

江苏地区的学校在烹饪专业方面设有本科、专科、中专和技师学院、技工学校，近40 年来，学校的专业老师编写的本科类、高职类、中专类、技师类、技工类以及行业培训的教材数量相当多，而且有许多建设性和创新性的内容，粗略计算在几百种以上；而各类学校的专业老师以及社会饭店的广大厨师编写的各类菜谱和家庭类的烹饪食谱就更多了，应该在千种以上。这两方面的内容难于统计，这里就不一一赘述了。

第二节 1949—1999 年江苏美食谱五个里程碑

从 1949 至 1999 年，20 世纪后半叶，江苏最有代表性的烹饪食谱，是综合全省各地力量在不同时期编写的较有权威的 5 本书。这 5 本食谱集全省饮食系统的主要力量，作者是各地饮食行业选派的主要技术骨干人员和饮食研究人员，他们了解当地的饮食菜品制作情况，有一定的理论功底，所出书籍具有一定的全面性、代表性和权威性，得到全国各地广大饮食行业同仁的认可。

一、1958 年《江苏名菜名点介绍》

1958 年由江苏省服务厅编写、江苏人民出版社出版的《江苏名菜名点介绍》，共分"江苏名菜"和"江苏名点"两部分，其中名菜 88 个，名点分甜品类和咸品类共 45 个。这些菜点有些在明代就有了，有些形成于清代，大多数是民国时期流传下来的，从前言中可知该书应该是 1956 年就开始筹备编写了，当时建国才 7 年，所以绝大多数的菜点都是民国时期的品种，前言中说："本省的菜肴，主要以苏州、扬州等地较为讲究，其他地区有些品种也较为突出。由于本省各地人民生活习惯的不同，按过去的习惯，菜点的口味可分为苏宁、镇扬、清淮、徐州等几种。本省南方的口味较甜，北方的口味较咸，镇扬口味适中，清淮对某些菜的做法（如鳝鱼等）亦另具特色"。[①] 从当时的介绍中，把苏州和南京作为一个流派，镇江和扬州作为一个流派，清淮作为一个流派（清，指清江浦，后改淮阴，即今淮安市），徐州单独作为一个流派。这是当时饮食界的一种说法，在其他资料中也未找到相关的说法。因为当时缺少研究的资料，只是行业人士的说法。在前言中还说："我们根据现有的资料，整理出本省各地有代表性的菜点共计 133 种。这些资料，都是凭本省各地厨师口述及社会上的传闻中得来的。因整理时间较为仓促，难免有错误或遗漏的地方。"[②] 这样就把一些问题说得较明白了，是"本省各地厨师口述及社会上的传闻中得来的"，但已经是很了不起了，在那个时代能够汇集各地厨师编撰应该是一个较大的工程，记载了那个时代的名菜名点，所以说，这是一份十分珍贵的资料。

该书中还特别介绍上海地区的 4 个菜肴、1 个点心。它们是：虾子春笋油豆腐、红烧羊肉、红烧圈子、四腮鲈鱼汤、南翔馒头。这是嘉定区和松江区的。该食谱出版时这些地区还属于江苏省管辖。1928 年，北伐战争结束后，上海等城市被提升为特别市，相当于今天的直辖市，当时总计建立了 10 个直辖市，截至 50 年代中期，很多直辖市被

---

① 江苏省服务厅. 江苏名菜名点介绍. 南京：江苏人民出版社，1958：1.

② 同①.

图 6-2 《江苏名菜名点介绍》书影

撤销,全国只剩下北京、上海、天津 3 个直辖市。当时直辖市的面积都不大,上海面积只有 600 平方公里。为了加快直辖市的发展,1958 年,在 1 年时间里,江苏省松江专区的嘉定县、上海县、宝山县、青浦县、金山县、南汇县、松江县、奉贤县、川沙县和南通专区的崇明县,总计 10 个县划入了上海市。这样大大增加了上海市的管辖区,上海市的管辖区面积增加到了 6 000 多平方公里,相当于增加了 9 倍多,有利于上海市的经济发展。

从历史的角度来看,该书是最有价值的一本承上启下的江苏美食谱,是值得广大饮食行业人员特别要关注的。了解江苏名馔的来龙去脉是行业人员的职业素质和文化命脉。这里需要特别介绍给大家熟知。

第一部分　江苏名菜

一　水产类

表 6-1　水产类江苏名菜

序号	品种	地区名店	年代	序号	品种	地区名店	年代
1	出骨刀鱼球	常熟山景园	1920	18	拆烩鲢鱼头	镇江同兴楼	1915
2	清汤脱肺	常熟山景园	1920	19	豆瓣鱼	南京曲园酒家	1937
3	鲃肺汤	苏州石家饭店	民国	20	熏着甲	苏州松鹤楼	民国
4	白汁元菜	苏州松鹤楼	1927	21	黄焖着甲	苏州新聚丰	民国
5	砂锅鱼头	南京老正兴		22	松鼠鱼	南京马祥兴	1900
6	清蒸鲥鱼 红烧鲥鱼	镇江宴春酒楼	民国	23	凤尾虾	南京马祥兴	民国
				24	黄焖鳗	苏州松鹤楼	1890
7	莼菜氽塘片	苏州石家饭店	民国	25	脆鳝	无锡聚丰园	1890
8	糟煎白鱼	无锡李喜福菜馆	1925	26	炖生敲	南京义记复兴菜馆	1890
9	爆川	无锡状元楼	1900	27	清江长鱼菜(炒软兜、煨脐门、炝虎尾)	淮安(原名清江市)新半斋、工人饭店、震丰园	清咸丰与同治年间
10	白汤大鲫鱼	无锡聚丰园	1890				
11	松鼠鳜鱼	苏州松鹤楼	民国				
12	清汤东氿鲫鱼	宜兴东氿湖		28	清炒大虾玉	无锡聚丰园	民国
13	四鳃鲈鱼汤	松江迎宾楼	民国	29	炒虾仁	清江	
14	红烧龙池鲫鱼	六合		30	清炒蟹粉	苏州松鹤楼	
15	糖醋鲤鱼	徐州		31	芙蓉蟹	常熟山景园	
16	将军过桥	扬州饭店	1920	32	炒竹蛏	如东掘港	
17	醋熘鳜鱼	扬州饭店	民国				

二 猪牛羊肉类

表6-2 猪牛羊肉类江苏名菜

序号	品种	地区名店	年代	序号	品种	地区名店	年代
1	糟扣肉	常州德泰恒	1925	8	扒烧整猪头	扬州饭店	乾隆
2	酱方	苏州石家饭店	1910	9	水晶肴蹄	镇江宴春酒楼、同兴楼	光绪
3	川脊脑	苏州新聚丰	1920	10	清蒸蟹劗肉	镇江宴春酒楼	民国
4	生麸肉圆	无锡李喜福	1910	11	红烧羊肉	嘉定吴家菜馆	1850
5	腐乳肉	无锡聚丰园	1906	12	牛脯	六合	
6	无锡肉骨头（酱汁排骨）	无锡三凤桥	1911	13	红烧圈子	上海老正兴	民国
				14	同肠（即套肠）	无锡李喜福	1750
7	宿迁猪头肉	宿迁	乾隆	15	假烧鹅	南京老广东	民国

三 鸡鸭类

表6-3 鸡鸭类江苏名菜

序号	品种	地区名店	年代	序号	品种	地区名店	年代
1	元盅鸡	无锡中国饭店		8	卤鸭	苏州松鹤楼	1890
2	贵妃鸡翅	南京义记复兴菜馆	1940	9	出骨生脱鸭	常熟山景园	1900
3	油鸡（又名燻鸡）	常熟王四酒家	1900	10	汤鸭	无锡美华楼	1921
4	叫花鸡（又名煨鸡）	常熟山景园	1932	11	清蒸鸭饺	金坛怡园菜馆	1890
5	荷叶粉蒸鸡肉	苏州新聚丰	1920	12	野鸭菜饭	扬州华园食堂	
6	松子鸡	泰州荣春饭店	1950	13	出骨母油八宝鸭	苏州新聚丰	1932
7	母油鸭	苏州西德福菜馆	1911	14	美味肝	南京马祥兴	1900

四 素菜类

表6-4 素菜类江苏名菜

序号	品种	地区名店	年代	序号	品种	地区名店	年代
1	素火腿	常州义隆素菜馆	1900	4	焦山素食（桂花百果、溜鹅皮、素鱼圆）	镇江焦山	民国
2	炒塘菌	苏州石家饭店					
3	菌油	苏州、常熟		5	镇江素食（香圆豆腐、溜鳜鱼）	镇江一枝春	1890

五　杂菜类

表 6-5　杂菜类江苏名菜

序号	品种	地区名店	年代	序号	品种	地区名店	年代
1	桂花栗子羹	常熟王四酒家		9	鸡油菜心	苏州石家饭店	
2	金钱饼	常州兴隆园	1912	10	砂锅菜核	南京六华春	清代
3	鸡粥蒲菜	淮安		11	虾子春笋油豆腐	嘉定吴家菜馆	
4	白汁西潞笋	常熟山景园	1915	12	醋熘黄雀	宜兴	
5	什锦面筋	无锡状元楼		13	荷花铁雀	连云港	
6	第一菜	无锡聚丰园	民国	14	大煮干丝	扬州富春饭店	1910
7	龙凤腿	无锡迎宾楼	1932	15	三虾嫩豆腐	苏州石家饭店	1929
8	烂糊	苏州松鹤楼	1880	16	烫干丝	扬州永和园	清代

第二部分　江苏名点

一　甜品类

表 6-6　甜品类江苏名点

序号	品种	地区名店	年代	序号	品种	地区名店	年代
1	船点	苏州松鹤楼	明代	10	赤豆猪油糕	苏州黄天源	1956
2	黄桥烧饼	泰兴黄桥镇	1939	11	枣泥拉糕	苏州松鹤楼	1933
3	桂花糖芋头	无锡黄泥桥	1858	12	玉兰饼	无锡	
4	徽州饼	扬州	光绪	13	山药糕	常熟山景园	1920
5	盒子酥	苏州松鹤楼	1905	14	荸荠饼	常熟山景园	1936
6	大麻糕	常州张顺兴	1900	15	奶油葛粉包	无锡迎宾楼	1920
7	血糯甜饭	常熟王四酒家	1932	16	千层油糕	扬州富春茶社	
8	玫瑰汤团	苏州黄天源		17	富春翡翠烧卖	扬州富春茶社	1912
9	黄松糕、猪油糕	苏州黄天源	民国				

二 咸品类

表 6-7 咸品类江苏名点

序号	品种	地区名店	年代	序号	品种	地区名店	年代
1	三丁包子	扬州富春茶社	1935	15	红油面	昆山奥灶馆	1900
2	生肉包子	扬州富春茶社		16	白汤大面	镇江宴春	
3	淮饺(馄饨)	淮安震丰园	光绪	17	紧酵鲜肉馒头	无锡拱北楼	1850
4	文楼汤包	淮安文楼	道光	18	炒肉团子	苏州黄天源	1940
5	茶馓	淮安岳家茶馓	咸丰	19	小馄饨	无锡苏鑫兴记	1840
6	白汤面(枫镇大面)	苏州张锦记	太平天国	20	鲸鱼饼(又名鲐鱼饼)	盐城沿海地区	
7	南翔馒头	南翔吴家馆	1850	21	清江翡翠烧卖	淮安清江	
8	蟹黄汤包	镇江同兴楼	民国	22	蛋烧卖	南京马祥兴	民国
9	加蟹馒头	常州云楼馒头店	1900	23	鲜肉大馄饨	无锡王兴记	1922
10	薄皮包子	南京刘长兴	1910	24	小刀面	南京刘长兴	1910
11	酥油烧饼	南京永和园	1920	25	鸡蛋大饼(即鸡蛋葱油饼)	无锡新万兴菜馆	1916
12	刀鱼羹卤子面	扬州	1940				
13	刀鱼面	江阴协兴菜馆		26	碗面	无锡拱北楼面馆	1850
14	老广东馄饨	南京老广东	1942	27	豆腐涝	南京六凤居	1920

　　在这本菜谱中，有个别菜是江苏以外的风味菜品，一个是豆瓣鱼，一个是假烧鹅（猪肠头），分别来源于做湖南菜的曲园酒家和做广东菜的老广东。民国时期，各地风味餐馆增多，像江苏风味的淮扬菜、苏帮菜也走进了上海、北京等地，而四川菜、湖南菜、山东菜、宁绍菜等也来到了南京市场，全国的省会城市几乎都有几家本地以外的风味餐馆。这时江苏多地的清真菜也很有名，最具代表性的是南京马祥兴菜馆，在民国时期已经是赫赫有名了。

　　在苏州名菜中有一品种叫"着甲"，又名鲟鳇。清代起就是苏州代表性的名菜，袁枚在《随园食单》中就十分推崇苏州鲟鳇菜肴的制作技艺。鲟鳇鱼，一般有 50 公斤左右，大的重约 100～150 公斤，身上有骨甲形的鳞，有触须，当时主要产于芜湖至川沙一带的长江中，每年春、冬季节才有，产量很少，当地人均忌食。渔民捕到此鱼一般均运往苏州，分零出售。当时苏州一些餐厅均制成卤菜出售，后经苏州松鹤楼、新聚丰等菜馆仿制改良，因而畅销。"熏着甲"外呈酱红色，切成薄片，形同火腿状，无骨刺，其肉鲜嫩、油肥、清香，稍有甜味。"黄焖着甲"呈酱红色，卤汁浓厚，油如金黄色，味咸稍带甜，营养丰富。此菜由于原料的原因，后来多使用养殖的鲟鱼。

　　上面这些菜肴、点心虽说都是民国时期及其以前就出现了（该菜谱因为民国菜较多，

图6-3 《中国菜谱(江苏)》书影

在前面民国饮食中也已做了简单的介绍),菜谱中所列的饭店、菜馆,都是民国流传和新中国成立后有代表性的饭店。这些品种和老字号餐厅当时还在继续运行,并有十分广泛的影响力,所以被许多厨师保留在新时代的食谱中。如今,有些饭店企业虽然已经不复存在了,个别菜品也已甚少制作,但绝大部分菜肴和点心还一直在江苏各地城市的饭店中生产制作,并一直流传着。

二、1979年《中国菜谱(江苏)》

1979年由中国财政经济出版社出版、江苏省饮食行业部分厨师和专业干部共同整理编写的《中国菜谱(江苏)》,是一套全国主要地方菜系的系列丛书,江苏菜是其中之一。该书是在1958年书稿基础上的再扩展,共计载录了217款菜肴(没有点心)。在前面的"概述"中,系统地概括了江苏菜肴的共同特色,也提出了南京、扬州、苏州三种地方菜的个性特点。

表6-8 《江苏名菜名点介绍》与《中国菜谱(江苏)》品种比较　　　　单位:个

类别	1958年菜谱	1979年菜谱	增加品种	备注
猪牛羊肉(菜)类	15	29	14	
水产(菜)类	35	88	53	
鸡鸭类/禽蛋菜类	14	42	28	
素菜类	8(其中1个甜菜)	10	2	
野味菜类		13	13	1958年版在杂菜类
甜菜类		11	11	1958年版在素菜类
杂菜类/其他类	16(其中2个野味菜)	24	8	
点心类	45	0	0	1979年版没有收编

这是一本纯菜肴菜谱,没有记录点心,也没有菜品的具体介绍。该菜谱在继承传统菜品的基础上又开发了一些菜肴,它是新中国成立以后又一次组织相关人员编写的一本地方菜谱。1958年版,除个别品种外,基本都是民国时期的品种,而1979年版在原88个菜肴的基础上,新增了129个品种。这些菜肴有部分是整理的传统菜,而多数是近20年新创制的品种,正如"概述"中所言:"江苏饮食业的广大职工批判地继承和发扬传统的烹饪技术,致力于普及和提高结合,学习与创新结合,在制作上精益求精,用料更加广泛,烹调更加多样,色彩更加悦目,风味更有特色。如利用本省的水鲜特产,创制了

'菊花青鱼''彩色鱼夹''虾仁拉丝蛋'等品种，都深受广大人民群众喜爱。"①

1979年出版的《中国菜谱（江苏）》阐述了江苏菜肴的共同特色："选料严谨，制作精致，因材施艺，四季有别，在烹调上擅长炖、焖、蒸、烧、炒，又重视调汤，保持原汁，风味清新，适应面广，浓而不腻，淡而不薄，酥烂脱骨而不失其形，滑嫩爽脆而不失其味。它们的不同之处是：南京菜口味和醇，花色菜玲珑细巧，可分可合，用鸭制作的菜肴负有盛名，鱼、虾类菜品也丰富多彩，炖、焖、叉烤都很擅长；扬州菜清淡适口，主料突出，刀工精细，醇厚入味，制作的江鲜、鸡类都很著名，肉类菜品也富有特色，瓜果雕刻栩栩如生；苏州菜口味趋甜，配色和谐，清新多姿，时令菜应时迭出，烹制的河鲜、湖蚧、蔬菜尤有特长。"②

《中国菜谱（江苏）》编写的主要特点有：

第一，在1958年菜谱中，去掉了湖南菜、上海菜和广东菜的内容，如豆瓣鱼、四鳃鲈鱼汤、红烧圈子、假烧鹅没有再进入1958年版的菜谱中。因为这是一套丛书，将这些外帮风味的菜肴归入了属于自己的风味菜谱中。

第二，个别菜肴的名称略有不同，有的进行了修改，有的是两个名字选取了另一个。如清蒸蟹劗肉，改为清炖蟹粉狮子头；炖生敲，改为炖鳝酥；将军过桥，改为另一名称：黑鱼两吃。

第三，有些菜的制作技法进行了修改。如"狮子头"的制法，在元末明初的制作中，用猪肉的比例为肥一瘦二，肉丸不大，用油煎成如葵花肉丸，下沸汤氽熟。以后在制作过程中就改进为肥六瘦四，刀工上细切粗剁，做成石榴米状，形大而圆，主要用微火清炖，上席后用匙进食，入口而化，成为江苏菜肴的代表作之一。

第四，江苏厨师不断地学习与改进、创新。如制作"狮子头"，保存原来的基本刀工，运用北方"炸"的方法，由清炖改为先炸后浇卤，制成"扁大枯酥"，使原有的松嫩特色演化成香脆松酥的风味。

从清代《随园食单》的菜品制作到新中国成立以后的江苏菜谱，烹调方法和重视火工的特色都有较好的传承。20世纪70年代的江苏三大风味流派（南京、扬州、苏州），正是基于《随园食单》对江苏烹饪和菜品描述的影响："味要浓厚，不可油腻；味要清鲜，不可淡薄"以及"使一物各献一性，一碗各成一味"等论述。江苏菜肴的风味与此正是一脉相承的。

《中国菜谱（江苏）》中的菜肴，都是江苏饮食业在新中国成立初期逐渐恢复阶段而创制的品种，也是江苏各地饮食业在经营中较有代表性的菜肴。它对江苏菜的发展起到了重要的作用，许多菜肴已载入史册，成为江苏菜品教科书式的品种，被人们广为制作和流传。

---

① 中国菜谱编写组. 中国菜谱（江苏）. 北京：中国财政经济出版社，1979：1-3.
② 中国菜谱编写组. 中国菜谱（江苏）. 北京：中国财政经济出版社，1979：1-3.

三、1985年《中国小吃(江苏风味)》

在江苏点心制作方面,1985年由中国财政经济出版社出版、江苏省饮食服务公司编写的《中国小吃(江苏风味)》,是一套系列小吃丛书,分不同风味的单行本,为24开本,江苏风味为其中之一。该书共介绍了140个省内各地的点心小吃品种,来源于南京夫子庙、苏州玄妙观、无锡崇安寺、常州双桂坊、南通南大街和盐城鱼市口等江苏小吃群集之地和各地的饭店、餐馆。

图6-4 《中国小吃(江苏风味)》书影

在这140个小吃品种中,共分三大块:一是面食小吃,二是糕点小吃,三是副食小吃。面食小吃和糕点小吃都属于点心类品种;而副食小吃相当于菜肴之类,该书中共有10个品种,它们是:油炸臭豆腐干、沛县狗肉、五香排骨、鳝鱼辣汤、干丝脆鱼、烫干丝、凉粉、豁汤、素鸡与茶叶蛋、鸡油鸭血豆腐汤。本部分主要分析其中的点心品种,即面食小吃和糕点小吃。

1958年版的《江苏名菜名点介绍》共有点心品种45个,1985年版的《中国小吃(江苏风味)》共140个品种,去掉10个副食小吃,共增加了85个品种。1985年版基本上都录入了1958年版的点心,没有录入的甜品类点心有3个,咸品类点心有10个。甜品类点心未收录的是赤豆猪油糕、奶油葛粉包、玫瑰汤团。因1958年版收录的米糕类在15种以上,米团类也有8种之多。咸品类未收录的有南翔馒头(上海)、老广东馄饨(广东)、蛋烧卖(菜肴)。因为该书是江苏风味点心,自然不能收入其中。其他未收入的品种有:酥油烧饼、刀鱼面、红油面、小馄饨、小刀面、碗面、豆腐涝(选了无锡豆腐花)。因该书收录的酥饼、烧饼、面条类品种较多,可能做了一些取舍。

该书对有些品种名称进行了改良,如徽州饼,已经在扬州同化了,改为"扬州饼"(地方化的改良);加蟹馒头,改为"猪肉蟹点"(改得没特色);紧酵鲜肉馒头,改成"兴隆馒头"(从炸制后的外形出发)等。

《中国小吃(江苏风味)》编写的基本特点有:

第一,利用水乡的特色原料就地取材制作出一些较有特色的地方点心。江苏是鱼米之乡,鱼类原料、蔬菜原料及多种植物的花、叶、茎,如青蒿、柳芽、枸杞、荷叶、荷花瓣、玉兰花、藿香叶、苇叶、嫩稻叶、紫藤花和青嫩的蚕豆、玉米以及贝类、海鲜等原料制皮作馅,可创制出芙蓉藿香饺、文蛤饼、鲸鱼饼、荸荠饼、八宝南枣、豆瓣泥糕等各种特色点心。

第二,注重传统与推陈出新。该书基本概括了当时江苏各地的传统小吃和各地经营中的品种,而推出的创新品种较多。如常熟的百年老店王四酒家创制的"莲子血糯饭",

与其他地区的白糯八宝饭迥然不同，其所用血糯，产于虞山脚下，用泉水灌溉成熟。此米殷红如血，有补血功效。在虞山北麓，每当栗子成熟时，"桂花栗饼"应市，栗嫩酥甜，名闻苏沪一带。苏州"艺术糕团"是饮食行业创制的一个新品种，它把各种花卉、瓜果、鸟兽、鱼虫等形象在糕团上表现出来，给人以艺术的美感。

第三，尽显各地的点心技艺与制作特点，体现了江苏米粉糕团点心、发酵点心、油酥点心以及各地面条、饺子的特色。江苏点心的基本特点在清代和民国的基础上已逐步形成，《中国小吃（江苏风味）》认为江苏点心已形成三个流派，"独特的苏式风味，闻名中外，可与六朝胜迹的金陵小吃和古城扬州的维扬细点齐名。"[①] 而三大流派的不同特色分别是：扬州的点心以发酵面为特点，苏州的点心以糕团点心为特点，而南京的点心以油酥面为特点。这在清代《随园食单》的点心制作中已充分地显现。

该书中说："酵面制作技术卓绝是扬州点心的一大特点"。这已得到当时饮食业的一致公认，也是后来富春茶社"最佳点心师"董德安及其高徒徐永珍的各式包、饼制作的主要特色和专长。苏州点心以糕团见长，清代就已遐迩闻名。苏式汤团馅心品种多，还有鲜肉、虾仁、豆沙、玫瑰等，新中国建立以后的代表人物是苏州市黄天源糕团店特级糕团大师冯秉钧及其众徒。苏州点心"以制作软松糯韧、香甜肥润的糕团见长"，是中国点心中较有特色的风味流派。南京的油酥品种较有特色。这也为后来特级点心师尹长贵大师高超的花色酥点技术带来了发展空间。"尹长贵制作的酥点，模拟各种小巧动物的姿态和四季花卉的形状，精工细作，造型逼真，色彩艳丽，食之酥松、油润、香甜。"[②]

就具体品种而言，《随园食单》中的鳝面、裙带面、素面、薄饼、松饼、肉馄饨、韭合、糖饼、烧饼、千层馒头、竹叶粽、萝卜汤团、水粉汤团、脂油糕、雪花糕、软香糕、百果糕、栗糕、青糕青团、麻团、芋粉团、熟藕、白云片、三层玉带糕、小馒头、小馄饨、酥饼、月饼、粽子……每一款点心如今都在江苏市场上制作和售卖，也普遍得到江苏人民的喜爱。

四、1986 年《江苏风味》

由江苏省旅游局编制，孙德宁主编，李恩华等人策划的《江苏风味》，于 1986 年 6 月出版发行，此书是中、英、日三国文字撰写、大型彩色版图书，在香港印刷，是当时较为先进的彩版菜谱类书，主要是作为中外之间的交流而编纂的。此大型图书历时近 2 年拍摄、编撰而成，菜品的制作者汇集江苏南京、苏州、扬州、无锡、常州、南

图 6-5 《江苏风味》书影

① 江苏省饮食服务公司. 中国小吃（江苏风味）. 北京：中国财政经济出版社，1985：1.
② 江苏省饮食服务公司. 中国小吃（江苏风味）. 北京：中国财政经济出版社，1985：70.

通、镇江、连云港等地旅游饭店的特一级、特二级、特三级厨师，菜品都是当时泰斗级大师的作品。此书汇集多方学者共同编撰，是一本权威性的江苏风味菜谱，在国内外发行，并作为省内接待的礼品赠送给外国友人和外省同行。

《江苏风味》共计菜肴 154 个，其中：

冷盘 2 个　　　　　海鲜 24 个　　　　　山珍 8 个

鱼类(有鳞)25 个　　鱼类(无鳞)30 个　　羽族(家禽)34 个

杂性(肉类)19 个　　素菜 12 个

《江苏风味》是根据当时旅游饭店接待所常用的菜品而制作编辑的。其目录编排方式是按照《随园食单》目录的方式而划分的。菜肴比较符合当时宾馆饭店的接待所用，几乎没有动物内脏的菜肴。书中菜肴重点以金陵风味、维扬风味、姑苏风味三大流派为主，在编写该书的前言中说："旨在向海内外广大读者介绍江苏菜的典故、选料和烹制方法，并通过此书交流经验，增进友谊，繁荣烹饪事业。"

《江苏风味》编写的基本特点有：

第一，菜品以江苏南京地区及主要城市外事接待的菜品为主，所制作菜品的大师，都是省市宾馆、饭店接待外宾及领导的主要掌勺者，是省内的顶级大师。如薛文龙、吴涌根、惠洪生、金志德、肖太山、朱春满、孙晓聊、徐晓波、徐鹤峰、张大元、倪金泉、孟铭瑞、周承祖、郭祥海、严进等。

第二，以饭店的宴席菜和零点菜为主，突出了主料和规格标准。在原料的选取和利用上较为高档，对原料的品质要求较高，加工较为精细，注重菜品的卖相，讲究美味和营养。从拍摄的菜品来看，注重原料的搭配，菜肴装摆较为大气、雅丽，体现了传统与创新的融合。

第三，每道菜都有概括性的介绍，从历史、文化、酒店、名厨等多角度叙述，多突出名店、名厨的制作特点。如介绍金陵美食时，"金陵厨师善治鸭：盐水鸭、叉烤鸭、葱扒鸭、料烧鸭等各式鸭馔，脍炙人口，名闻海外。""南京饭店厨师所制金凤水鱼，选用鸡肉与火腿为辅料，香气扑鼻，滋味醇厚，汤菜兼优"。

第四，在传统的基础上展现了许多创新品种。除了许多传统菜肴以外，还涌现了不少创新品种。在当时花色冷拼注重观感的基础上，南京丁山宾馆徐鹤峰大师创制了实用性的"荷塘蛙鸣"，其构思新颖，整个画面只有一张荷叶、一只蛙，朴实无华，夏日田园，充满生机。利用写意之手法，将荤素原料堆砌成荷叶状，有动感，重食用，在当时引领潮流，成为人们争相学习的冷菜品种。"老鲍怀珠"以鹌鹑蛋嵌入鲍鱼腹内，并以鲍鱼外壳盛之，造型独特，色彩缤纷，滑嫩爽口，营养丰富。金陵饭店制作的"海鲜酥盒"是中西结合的创新菜，采用西餐烹制方法，以中式治味，西式酥盒装潢，中菜西做，别开生面。南京饭店厨师以烤鸭之皮，卷以松子虾肉制成的"松子鸭颈"，形象可以假乱真，外酥里嫩，兼有松子之香味，堪称独创。

《江苏风味》是当时不可多得的图文并茂的高档菜谱，体现了江苏菜的制作水准和规格档次。

五、1990年《中国名菜谱(江苏风味)》

1990年由中国财政经济出版社出版、江苏省烹饪协会和江苏省饮食服务公司共同编写的《中国名菜谱(江苏风味)》,是在1979年丛书《中国菜谱(江苏)》的基础上新编写的一套地域菜谱系列丛书,共出19本,16开本,每本书的前面附有几十张彩色照片,共介绍了299个菜肴,阐述了江苏地方菜的总特点及四个地方流派(淮扬、金陵、苏锡、徐海)的特色。经过10年的发展,江苏菜肴在原有的基础上又有了新的变化,比1979年版又增加了82个品种。20世纪80年代,是改革开放比较活跃的年代,江苏各地的厨师相互交流,不断开拓创新,新菜品层出不穷,特别是当时一批技术骨干人员,认真钻研技术,勇于探索和求新。

表6-9　《中国名菜谱(江苏风味)》与《中国菜谱(江苏)》品种比较　　　单位:个

类别	《中国菜谱(江苏)》	《中国名菜谱(江苏风味)》	增加品种	备注
山珍海味菜	—	21	21	
肉菜	29	30	1	
水产菜	88	109	21	
禽蛋菜/野味	42+13	69	14	
植物菜/甜菜	10+11	27	6	
其他菜	24	43	19	
合计	217	299	82	

《中国名菜谱(江苏风味)》编写的基本特点:

第一,更加完善地叙述了江苏地方风味的总特点。1990年版的《中国名菜谱(江苏风味)》描述江苏菜的共同特点是:"用料以水鲜为主,汇江淮湖海特产为一体,禽蛋蔬菜四季常供;刀工精细,注重火候,擅长炖焖煨焐;追求本味,清鲜平和,咸甜醇正适中,适应面很广;菜品风格雅丽,形质兼美,酥烂脱骨而不失其形,滑嫩爽脆而益显其味。"[1]

第二,首次系统地概括了江苏风味的四个主要流派及其基本特点。前面几本菜谱都阐述了江苏风味中的三个流派,而该书提出了四个风味流派:"江苏菜系自身的风味体系可概分为淮扬风味、金陵风味、苏锡风味和徐海风味四

图6-6　《中国名菜谱(江苏风味)》书影

---

[1]　江苏省烹饪协会,江苏省饮食服务公司. 中国名菜谱(江苏风味). 北京:中国财政经济出版社,1990:1.

大流派。它们同属江苏风味，但又同中有异，各有千秋，各具特色。"① 把徐海风味列入江苏风味的主要流派是十分有意义的。文中阐述如下：

淮扬风味以扬州、两淮（淮安、淮阴）为中心，以大运河为主干，南起镇江，北至洪泽湖周近，东含里下河并及于沿海。这里水网交织，江河湖荡所出甚丰，肴馔以清淡见长，味和南北，概称为"淮扬菜"。

金陵风味，又称"京苏菜"，指以南京为中心的地方风味。南京古称六朝金粉之地，又是当今江苏政治、经济、文化中心，饮食市场素称繁盛，茶榭酒肆屡见于古今诗文。"夜泊秦淮近酒家"，秦淮画舫之船宴，也曾"万声其沸，应接不暇"而为人称道。

苏锡风味，以苏州、无锡为中心，含太湖、阳澄湖、鬲湖周近的肴馔。苏锡一带烹饪技艺在春秋战国时期即已具相当造诣，鱼馔如"全鱼炙""鱼脍"等早已见于文献。此后，市肆官府、家庖寺斋无不力求精美。船菜、船点至今仍为中外宾客所向往。

徐海风味，指自徐州沿东陇海线至连云港一带。徐州建城已达 3 000 年，地处京沪、陇海铁路要冲，饮食市场颇为繁华，连云港为我国天然良港，所产海鲜甚多。徐海菜以鲜咸为主，五味兼蓄，风格淳朴，注重实惠，名菜别具一格，如徐州的霸王别姬、彭城鱼丸、沛公狗肉、羊方藏鱼和连云港的凤尾对虾、红烧沙光鱼、爆乌花等，皆为人们所传颂。②

第三，在传统菜的基础上增加了许多创新菜。如苏州"南林香鸭"是苏州特一级烹调师吴涌根在"锅烧鸭"的基础上创制的。它以肥嫩光鸭为主料，并辅以虾仁、芝麻、花生粉及各种香料，故香味浓郁，松脆鲜酥。若佐以甜面酱、辣酱油，又是一番风味。由于出骨后易于分食，常用于外宾宴席，深受欢迎。"盘龙戏珠"是一只造型菜，由常州特级厨师唐志卿在"松鼠鳜鱼""蛙式黄鱼""荔枝鱼"等花色菜的基础上创制而成。此菜鱼肉鲜嫩，色彩艳丽，形态生动，是一道形、味兼美的佳肴。"金蹼仙裙"是南京丁山宾馆特级烹调师徐筱波与徐鹤峰悉心研制的菜肴，鹅掌与甲鱼皆为肴中上品，两味成菜可谓珠联璧合。此菜既保持了传统的做法，又增进了口味鲜美，食之柔润可口，营养丰富，博得了海内外美食家们的好评。

上面介绍的五本江苏美食谱，都是凝聚集体智慧而完成的具有江苏各地代表性的菜肴和点心，应该说，它们是江苏地区饮食菜品的五个里程碑。几十年来，它们已成为江苏烹饪教育及其技术等级考核中的教学菜品范本。

在上述菜品的研究和分析中，江苏风味特点的关键四个字"清鲜平和"，这也是导致"四方皆宜"的特色所在。在口味方面，1958 年版《江苏名菜名店介绍》通篇的菜肴几乎没有食用辣椒的，只有少量花椒的利用；1990 版《中国名菜谱（江苏风味）》的 299 个菜肴中，"真正加辣椒的辣味菜只有 1 款，用胡椒粉的菜肴还比较多，但加的量大多

---

① 江苏省烹饪协会，江苏省饮食服务公司. 中国名菜谱（江苏风味）. 北京：中国财政经济出版社，1990：3.
② 江苏省烹饪协会，江苏省饮食服务公司. 中国名菜谱（江苏风味）. 北京：中国财政经济出版社，1990：5.

是 0.5～2 克。"①，体现了当代江苏菜四方皆宜的风格特色。也可以说，江苏当代烹饪制作和风味特点与古代是一脉相传的，清代袁枚《随园食单》中的许多烹饪理论和菜肴、点心多数来源于江苏各地，其制作风格也是袁枚所赞许的菜肴制作思路，而他所总结出来的系统理论也对江苏烹饪制作起到了很好的引导作用。

从上述较权威的五本集体创作的江苏菜谱中分析，可以简单做一个统计，在菜肴方面，连续在四本书中都有的菜肴只有 18 个品种。这应该是 20 世纪上半叶最有影响、最有代表性的江苏名菜，具体品种是：

出骨刀鱼球	白汁元菜	清蒸鲥鱼	松鼠鳜鱼
醋熘鳜鱼	白汤大鲫鱼	拆烩鲢鱼头	将军过桥
糖醋鲤鱼	脆　鳝	炒软兜	无锡肉骨头
清炖蟹粉狮子头	酱　方	水晶肴蹄	叫花鸡
砂锅菜核	大煮干丝		

江苏是以水产为主导菜肴的省份，淡水鱼类菜肴始终占有较大的比重，在这 18 个菜肴中，水产鱼类占 11 个，肉类占 4 个，鸡 1 个，蔬菜 2 个。

在上述菜谱中，连续在三本书中都记载的菜肴有 23 个：

香炸银鱼	白汁鮰鱼	鲃肺汤	炖生敲
煨脐门	黄焖鳗	灌蟹鱼圆	芙蓉蟹斗
凤尾虾	清炒大虾仁	扒烧整猪头	松子熏肉
元盅鸡	荷叶粉蒸鸡肉	美味肝	盐水鸭
母油鸭	卤　鸭	肉酿生麸	鸡油菜心
镜箱豆腐	桂花百果	荷花铁雀	

有关点心方面的食谱，上述共有两本，一本是 1958 年的《江苏名菜名点介绍》，一本是 1985 年的《中国小吃(江苏风味)》，前者名点共 45 个，后者共 140 个，前者的品种中除极个别的以外几乎都被后者录入了，这里就不再一一说明，后面还有专章介绍传统名菜、名点赏析的内容。

第三节　当代文学中的江苏美食文化

在撰写美食作品的文人雅士中，古有宋代苏东坡、清代袁枚，近代有周作人、梁实秋等。而在当代中国文坛上，对美食最有贡献的莫过于汪曾祺和陆文夫，他们都是江苏人。他们对于美食的感悟、情致，都有绘声绘色的描写。他们笔下的故乡美食更是独树一帜。

---

①　邵万宽. 中国四大风味菜系传统调味特色的比较研究. 中国调味品，2015(8)：134.

一、汪曾祺：故乡的食物与味道

图 6-7　汪曾祺像

汪曾祺（1920—1997），江苏高邮人，著名小说家、散文家、戏剧家。1939 年离开家乡到昆明，以后在外辗转飘荡 40 余年，但 19 年的家乡生活给他打下了深深的烙印。1939 年考入西南联大中国文学系，20 世纪 40 年代初开始发表作品，擅长从日常生活琐事入手，随笔写来，仿佛是即兴偶感，却能从中揭示人情的温暖和朴直。汪曾祺博学多识，情趣广泛，爱好书画，乐谈医道，对戏剧与民间文艺也有深入钻研。汪曾祺的散文写风俗，谈文化，忆旧闻，述掌故，寄乡情，花鸟鱼虫，瓜果食物，无所不涉。他不仅是一位作家，还是一位地道的美食家。他不仅能下厨房烹饪一手好菜，更是能把食材的来历、烹饪的过程、饮食的享受、地方的风俗、美食的文化，用雅致、细腻的语言，描绘得活泼生动、饶有风趣。无论是家常小食，还是地方风味，甚至于生活里最平淡无奇的一碗热汤，在汪曾祺的笔下都添了一分文化意蕴，多了一笔闲情雅致。其主要作品有小说《受戒》《大淖记事》，创作和改编的京剧《范进中举》《王昭君》及现代京剧《沙家浜》等，著有小说集《邂逅集》，散文集《蒲桥集》，大部分作品收录在《汪曾祺全集》中。

1. 眷念故乡的食物

作为土生土长的江苏高邮人，汪曾祺最熟稔于心、最有感情、印象最深的、写得最传神的莫过于故乡，莫过于故乡的食物。后来他居住于昆明和北京等地，汪曾祺最眷念的还是孩提时家乡的美食。家乡淳朴的风土人情陶冶了他平淡质朴的性格与气质，也为他日后的文学创作积淀了丰厚的养分。人们在读他的小说、散文时，都可时不时地在他的作品中找寻到家乡的美食踪迹。汪曾祺曾经说过："我的家乡是一个水乡，我是在水乡长大的，耳目所接，无非是水。水影响了我的性格，也影响了我的作品的风格。"他对家乡是有许多特殊感情的。他在叙述故乡食物的时候，总是饱含深情、充满爱念。如在《咸菜茨菇汤》一文中描写儿时在家乡冬季下雪天在家喝咸菜茨菇汤的感受。北京生活了多少年，却很少有人吃，自己对茨菇确有特殊的感情，他在文章的结尾自然巧妙而含情脉脉地写下了这样两行文字："我很想喝一碗咸菜茨菇汤。我想念家乡的雪。"多么淳朴而真诚的感言，把人们深藏于心扉的那份悠悠乡情轻轻地撩拨了起来。

他一往情深地写下了孩提时品尝过的许多食品。儿时，家中最简单的食品是炒米和焦屑。"炒米这东西实在说不上有什么好吃。家常预备，不过取其方便。用开水一泡，马上就可以吃。在没有什么东西好吃的时候，泡一碗，可代早晚茶。来了平常的客人，泡一碗，也算是点心……另外还有一种吃法，用猪油煎两个嫩荷包蛋——我们那里叫作'蛋瘪子'，抓一把炒米和在一起吃。这种食品是只有'惯宝宝'才能吃到的。""我们那里还有一种可以救急的食品，叫作'焦屑'。糊锅巴磨成碎末，就是焦屑。我们那里，餐餐吃米饭，顿顿有锅巴。把饭铲出来，锅巴用小火烘焦，起出来，卷成一卷，存着。锅巴是不会坏的，不发馊，不长霉，攒够一定的数量，就用一具小石磨磨碎，放起来。焦屑也像炒米一样，用开水冲冲，就能吃了，焦屑调匀后成糊状，有点像北方的炒面，但比炒面爽口。"① 把一个很不起眼的地方小食品信手描绘出来。

借由食物传达对故乡生活的怀念之情，在汪曾祺的美食散文中体现得很明显。他在《我的家乡》中说："水乡极富水产。鱼之类，乡人所重者为鳊、白、鲻（鲻花鱼即鳜鱼）。虾有青白两种。青虾宜炒虾仁，呛虾（活虾酒醉生吃）则用白虾。小鱼小虾，比青菜便宜，是小户人家佐餐的恩物。小鱼有名'罗汉狗子''猫杀子'者，很好吃。高邮湖蟹甚佳，以作醉蟹，尤美。高邮的大麻鸭是名种。我们那里八月中秋兴吃鸭，馈送节礼必有公母鸭成对。大麻鸭很能生蛋。腌制后即为著名的高邮咸蛋。高邮鸭蛋双黄者甚多。"② 高邮咸鸭蛋，是闻名全国的江苏土特产，应该说也是当地最有名气的食品了，汪曾祺在多篇文章中都有谈及，是花了许多笔墨的。"不过，高邮的咸鸭蛋，确实是好，我走的地方不少，所食鸭蛋多矣，但和我家乡的完全不能相比！曾经沧海难为水，他乡咸鸭蛋，我实在瞧不上。"这样的自豪又带有骄傲的语气，可见作者对故乡咸鸭蛋的钟爱是无与伦比的。

"高邮咸蛋的特点是质细而油多。蛋白柔嫩，不似别处的发干、发粉，入口如嚼石灰。油多尤为别处所不及。鸭蛋的吃法，如袁子才所说，带壳切开，是一种，那是席间待客的办法。平常食用，一般都是敲破'空头'用筷子挖着吃。筷子头一扎下去，吱——红油就冒出来了。高邮咸蛋的黄是通红的。苏北有一道名菜，叫作'朱砂豆腐'，就是用高邮鸭蛋黄炒的豆腐。我在北京吃的咸鸭蛋，蛋黄是浅黄色的，这叫什么咸鸭蛋呢！"③ 真是不比不知道，差别是很大的。

汪曾祺的家乡是水乡，水乡自然少不了水产鱼类。少年时期品尝到的各式小鱼小虾也是他无法释怀的。"塘鳢鱼就是虎头鲨，亦称土步鱼……这种鱼在我们那里也是贱鱼，是不能上席的。我们家乡通常的吃法是氽汤，加醋、胡椒。虎头鲨氽汤，鱼肉极细嫩，松而不散，汤味极鲜，开胃……昂嗤鱼通常也是氽汤。虎头鲨是醋汤，昂嗤鱼不加醋，汤白如牛乳，是所谓'奶汤'。昂嗤鱼也极细嫩，鳃边的两块蒜瓣肉有大拇指大，堪称至味。"④ 这种鱼在水乡的河里是较多的，当地人只要撒网或钩钓是最容易获得的，有时在河边的码头上也可以用罩子捕罩到，所以那时人们也经常会食用它。在里下河地

---

① 汪曾祺. 故乡的食物·炒米和焦屑. 南京：江苏文艺出版社，2010：64-65.

② 汪曾祺. 旧人旧事·我的家乡. 南京：江苏文艺出版社，2010：20.

③ 汪曾祺. 故乡的食物·端午的鸭蛋. 南京：江苏文艺出版社，2010：67.

④ 汪曾祺. 故乡的食物·虎头鲨、昂嗤鱼、螺蛳、蚬子. 南京：江苏文艺出版社，2010：70.

区，小河里的螺蛳和蚬子也是春天的常品。"螺蛳处处有之。我们家乡清明吃螺蛳，谓可以明目。用五香煮熟螺蛳，分给孩子，一人半碗，由他们自己用竹签挑着吃……蚬子是我所见过的贝类里最小的了，只有一粒瓜子大。蚬子是剥了壳的。剥蚬子的人家附近堆了好多蚬子壳，像一个坟头。蚬子炒韭菜，很下饭。这种东西非常便宜，为小户人家的恩物。"① 大凡生在这里的人们，没有不喜欢这样的小水产，鲜味十足，也是消闲食品。讲究的人家，把里面的肉挑出来，与韭菜之类一起炒制，那更是美味魅人。

在故乡食物和食事的叙述方面，汪曾祺先生是不厌其烦的，款款道来，似乎在闲聊，确有一种从容在里头。"我们那里，一般的酒席，开头都有八个凉碟，在客人入席前即已摆好。通常是火腿、变蛋(松花蛋)、风鸡、酱鸭、油爆虾(或呛虾)、蚶子(是从外面运来的，我们那里不产)、咸鸭蛋之类。若是春天，就会有两样应时凉拌小菜：杨花萝卜(即北京的小水萝卜)切细丝拌海蜇和拌荠菜。荠菜焯过，切碎，和香干细丁同拌加姜米，浇以麻油酱醋，或用虾米，或不用，均可。这道菜常传成宝塔形，临吃推倒，拌匀。拌荠菜总是受欢迎的，吃个新鲜。凡野菜，都有一种园种的蔬菜所缺少的清香。""荠菜大都是凉拌，炒荠菜很少人吃。荠菜可包春卷，包圆子(汤团)。江南人用荠菜包馄饨，称为菜肉馄饨，亦称"大馄饨"。我们那里没有用荠菜包馄饨的。我们那里的面店中所卖的馄饨都是纯肉馅的馄饨，即江南人所说的'小馄饨'，没有'大馄饨'"。② 汪先生娓娓道来，态度和蔼，不矜持作态，没有华丽的辞藻，文求雅洁，行文如流水，让我们感到特别的亲切。

在里下河地区，民间家常菜品"汪豆腐"是十分流行的，三五知己或招待客人都少不了它。年龄大的人和小朋友都特别喜爱，用调羹食之，十分爽口。汪先生也有特别深的印象。"'汪豆腐'好像是我的家乡菜。豆腐切成指甲盖大的小薄片，推入虾子酱油汤中，滚几开，勾薄芡，盛大碗中，浇一勺熟猪油，即得。叫作'汪豆腐'，大概因为上面泛着一层油。用勺舀了吃。吃时要小心，不能性急，因为很烫。滚开的豆腐，上面又是滚开的油，吃急了会烫坏舌头。我的家乡人喜欢吃烫的东西，语云：'一烫抵三鲜。'乡下人家来了客，大都做一个汪豆腐应急。"汪先生既是美食家，也是烹饪高手。在谈论豆腐菜时，也有自己的创造。他说："近年高邮新出一道名菜：雪花豆腐，用盐，不用酱油。我想给家乡的厨师出个主意：加入蟹白(雄蟹白的油即蟹的精子)，这样雪花豆腐就更名贵了。"③ 这就是美食高人、食坛老饕，不愧为美食专家。

2. 钟情的江苏美食

江苏是汪老的家乡。在汪曾祺的作品中，除了谈论家乡高邮的食物和食品以外，对江苏多地的食物多有涉及。在他的足迹中，对江苏的食品菜肴也有着无限的热爱和特殊的感情。江苏多地的食品在他的笔下也别具风采，像扬州的干丝、江阴的河豚和鮰鱼、

① 汪曾祺. 故乡的食物·虎头鲨、昂嗤鱼、螺蛳、蚬子. 南京：江苏文艺出版社，2010：70-71.
② 汪曾祺. 故乡的食物·故乡的野菜. 南京：江苏文艺出版社，2010：73.
③ 汪曾祺. 故乡的食物·豆腐. 南京：江苏文艺出版社，2010：89.

苏州的塘鳢鱼、界首的茶干、淮安的全鳝席以及江苏多地的萝卜等。

江苏的河豚美味异常。"江阴当长江入海处不远，产河豚最多，也最好。每年春天，鱼市上有很多河豚卖。河豚的脾气很大，用小木棍捅捅它，它就把肚子鼓起来，再捅，再鼓，终至成了一个圆球。江阴河豚品种极多。有的很大，有的小如金钱龟。颜色也各异，有带青绿色的，有白的，还有紫红的。"① 短短几句，不知不觉把河豚的多种特性表露出来。

汪曾祺是家乡的"水"孕育出来的，河流中的各种淡水鱼是他笔触下常常出现的。"一九三八年，我在淮安吃过干炸鯚花鱼。活鳜鱼，重三斤，加花刀，在大油锅中炸熟，外皮酥脆，鱼肉白嫩，蘸花椒盐吃，极妙……镇江人以刀鱼煮至稀烂，用纱布滤去细刺，以做汤，下面，即谓"刀鱼面"，很美……我在江阴读南菁中学时，常常吃到鮰鱼，学校食堂里常做这东西。在江阴是很便宜的。鮰鱼本名鮠鱼，但今人只叫它鮰鱼。鮰鱼大概也能红烧，但我中学时吃的鮰鱼都是白烧。鮰鱼几乎无刺，大块入口，吃起来很过瘾，宜于馋而懒的人。"② 鮰鱼肥美，是扬子江畔镇江的美食，也是各地人的向往。谈到苏州人爱吃的鱼类，"苏州人特重塘鳢鱼。上海人也是，一提起塘鳢鱼，眉飞色舞。塘鳢鱼就是虎头鲨，亦称土步鱼……苏州人做塘鳢鱼有清炒、椒盐多法。我们家乡通常的吃法是氽汤，加醋、胡椒。虎头鲨氽汤，鱼肉极细嫩，松而不散，汤味极鲜，开胃。"③ 而到了淮安，最有特色的是鳝鱼美食。"淮安人能做全鳝席，一桌子菜，全是鳝鱼。除了烤鳝背、炝虎尾等等名堂，主要的做法一是炒，二是烧。鳝鱼烫熟切丝再炒，叫作"软兜"；生炒叫炒脆鳝。红烧鳝段叫"火烧马鞍桥"，更粗的鳝段叫"焖张飞"。制鳝鱼都要下大量姜蒜，上桌后撒胡椒，不厌其多。"④

一花一草总关情。生长于江北、求学于西南、久居于北京的汪曾祺，怎么也忘不了家乡的"菜根香"。在谈到萝卜的品种方面，他介绍了江苏多地的品种。"紫萝卜不大，大的如一个大衣扣子，扁圆形，皮色乌紫。吃了，嘴唇牙肉也是乌紫乌紫的。里面的肉却是嫩白的。这种萝卜，产在泰州。每年秋天，就有泰州人来卖紫萝卜……我在淮安第一回吃到青萝卜。曾在淮安中学借读过一个学期，一到星期日，就买了七八个青萝卜，一堆花生，几个同学，尽情吃一顿……江南人特重白萝卜炖汤，常与排骨或猪肉同炖。白萝卜耐久炖，久则出味。或入淡菜，味尤厚。""扬州一带酱园里卖萝卜头，乃甜面酱所腌，口感甚佳。孩子们爱吃，一半也因为它的形状很好玩，圆圆的，比一个鸽子蛋略大。"⑤

汪曾祺是一个视野开阔、经验丰富的"美食向导"，他热情地带读者走乡串户，欣

---

① 汪曾祺. 故乡的食物·四方食事. 南京：江苏文艺出版社，2010：9.
② 汪曾祺. 故乡的食物·鱼我所欲也. 南京：江苏文艺出版社，2010：113.
③ 汪曾祺. 故乡的食物·虎头鲨、昂嗤鱼、螺蛳、蚬子. 南京：江苏文艺出版社，2010：70.
④ 汪曾祺. 故乡的食物·鱼我所欲也. 南京：江苏文艺出版社，2010：115.
⑤ 汪曾祺. 故乡的食物·萝卜. 南京：江苏文艺出版社，2010：82-84.

赏各地风情，遍尝四方佳肴。在《豆腐》一文中介绍了江苏多种豆制品。"苏州的小豆腐干是用酱油、糖、冬菇汤煮出后晾得半干的，味长而耐嚼。从苏州上车，买两包小豆腐干，可以一直嚼到郑州。香干又称茶干……茶干原出界首镇，故称'界首茶干'。据说乾隆南巡，过界首，曾经品尝过。""干丝是淮扬名菜。大方豆腐干，快刀横批为片，刀工好的师傅一块豆腐干能片十六片，再立刀切为细丝。这种豆腐干是特制的，极坚致，切丝不断，又绵软，易吸汤汁。旧本只有拌干丝。干丝入开水略煮，捞出后装高足浅碗，浇麻油酱醋。青蒜切寸段，略焯，五香花生米搓去皮，同拌，尤妙。煮干丝的兴起也就是五六十年代的事。干丝母鸡汤煮，加开阳（大虾米），火腿丝。我很留恋拌干丝，因为味道清爽，现在只能吃到煮干丝了。"[①] 江苏地方物产以及对美食、对烹饪技艺的兴趣在汪曾祺的笔下潜移默化地滋润着读者的心扉，让读者在悠闲的美食享受中又得到一次文化的熏陶。

凡此描写，汪曾祺作品的字里行间书香味浓，江苏地区泥土气息芳香，当我们用心欣赏苏南、苏中、苏北地区的食物或美味时，也体味到那里的美食幽情、风俗人情和款款深情。在简约生动、淡雅风趣、朴实凝练的地方美食散文中，无不体现作者对地方古朴风俗的咂摸回味，以及对江苏传统文化的深刻认同。

二、陆文夫：从《美食家》到美食家

陆文夫（1928—2005），江苏泰兴人，著名作家。1944 年，16 岁的陆文夫从家乡来到苏州，在苏州生活了 51 年。童年的生活，尤其在物资短缺和生活困难之时，流露出他对家乡无限的挚爱和浓浓的情谊。在他小说、散文的字里行间，反映出童年的自由乐趣、少年的亲情温暖，特别是对家乡美食的无限情结。1949 年毕业于盐城华中大学，其后任新华社苏州支社采访员、《新苏州报》记者。1957 年调江苏省文联从事专业创作。后被打成右派，下放至农村、工厂接受劳动改造。1978 年返回苏州继续从事专业创作。他"下过海"，出任"老苏州弘文有限公司"的董事长，开过"老苏州茶酒楼"，还亲自撰写广告，曰："小店一爿，呒啥花

图 6-8 陆文夫像

头。无豪华装修，有姑苏风情；无高级桌椅，有文化氛围。"店中楹联"一见如故酒当茶，天涯来客茶当酒"，呼应茶酒二字。陆文夫对苏州传统美食有着特殊的感情，他把酒楼称为"可吃的苏州杂志"。其主要作品有小说《小巷深处》《美食家》《井》等，文献理论著作《小说门外汉》等，《陆文夫文集》更是行销于世。

1.《美食家》展现苏州美食文化

20 世纪 80 年代初，在中国文坛上出现了以讲究吃喝的主人公、以《美食家》为小说

---

① 汪曾祺. 故乡的食物·豆腐. 南京：江苏文艺出版社，2010：90-91.

命名的作品，80年代中期并将其改编成电影在全国上映。这篇小说以品尝美味为故事的中心展开，通过主人公朱自冶这位美食家的命运沉浮反映出当时社会政治变迁和人的心理变化这一主题，运用大量的笔墨深入地向读者介绍了苏州的市井风情、精致的名菜美点和小巷深处的食风食俗。

《美食家》是一部全面反映苏州美食文化的精品之作。整部小说围绕美食而展开。从朱鸿兴的头汤面，到苏州的酒楼茶馆里叫卖的特色菜，再到最后的整桌宴席，人物始终离不开美食，美食围绕着人物而展开。

（1）朱鸿兴面馆与头汤面

小说的开始部分，先从早上的饮食开始，首先谈及的就是朱鸿兴面馆，讲究的人都要赶早吃"头汤面"。作者铺陈介绍了面条的各种吃法："硬面，烂面，宽汤，紧汤，拌面；重青（多放蒜叶），免青（不要放蒜叶），重油（多放点油），清淡点（少放油），重面轻浇（面多些，浇头少点），重浇轻面（浇头多，面少点），过桥——浇头不能盖在面碗上，要放在另外的一只盘子里，吃的时候用筷子搛过来，好像是通过一顶石拱桥才跑到你嘴里……"[①] 上面介绍的是面馆里一般的情况，由顾客自己选择。而主人公朱自冶吃面有着自己的要求，正如跑堂伙计嘴里唱的"来哉，清炒虾仁一碗，要宽汤、重青，重浇要过桥，硬点！"最主要的是要吃"头汤面"，在美食家眼里，头汤面有着无与伦比的口感优势，指的是没有面汤气的清爽、滑溜的面，不然，汤锅里面下得多了，汤就不清爽了。正是因为这碗头汤面，朱自冶不惜每天早起三更，倘若错过第一碗面，他便会整日精神不振，心理总会有所缺憾。这是对老苏州人传统饮食的一种描绘，普通人是偶尔有时间赶吃头汤面，而朱自冶是天天有条件赶吃头汤面。这就是美食家的饮食追求：执着。

（2）苏州街巷里的菜肴

小说中介绍了当时较著名的饭店有新聚丰、义昌福、松鹤楼，接着又列举了木渎石家饭店（鲃肺汤）、常熟王四酒家（叫花子鸡）等。

人一天的饮食，早餐是前奏曲。但在朱自冶的生活里，中饭以品味为主，要吃点"味道"，吃时最多只喝几杯花雕，白酒点滴不沾，因为会使嘴辣舌麻，味道迟钝，品不出细腻的滋味。

书中有一段借当时的名厨师杨中保之口，介绍了苏州的一道特色菜"天下第一菜"，还顺势介绍了"鲃肺汤"的制作。"那是用鲃鱼的肺做的，鲃鱼很小，肺也只有蚕豆瓣那么大。其实鲃肺也没有什么吃头，主要是靠高汤、辅料，还得多放点味精在里面。鲃肺汤所以出名，那是因为国民党的元老于右任到木渎的石家饭店吃了一顿，留下了一首诗，其中有'多谢石家鲃肺汤'一句，从此使石家饭店和鲃肺汤均出了名。"[②]

---

① 陆文夫. 美食家. 北京：人民文学出版社，2014：5.
② 陆文夫. 美食家. 北京：人民文学出版社，2014：88.

在朱自冶对厨师讲美食烹饪课中，他专门谈到了放盐，而且一讲就是几天。他一开场便对放盐进行了强调和发挥。他认为，烹饪中"一个最最简单而又最最复杂的问题——放盐。"朱自冶进一步发挥了："东酸西辣，南甜北咸，人家只知道苏州菜都是甜的，实在是个天大的误会。苏州菜除掉甜之外，最讲究的便是放盐。盐能吊百味，如果在鲃肺汤中忘记了放盐，那就是淡而无味，即什么味道也没有。盐一放，来了，鲃肺鲜、火腿香、莼菜滑、笋片脆。盐把百味吊出之后，它本身就隐而不见，从来也没有人在咸淡适中的菜里吃出盐味，除非你是把盐多放了，这时候只有一种味：咸。完了，什么刀工、选料、火候，一切都是白费！"[①]

在拉回来的南瓜中，朱自冶在介绍当地特色的"西瓜盅"时，又引申出了"南瓜盅"。西瓜盅，又名西瓜鸡。那时选用四斤左右的西瓜一只，切盖，雕去内瓤，留肉约半寸许，皮外饰以花纹。再以嫩鸡一只，在汽锅中蒸透，放进西瓜中，合盖，再入蒸笼回蒸片刻，食时以鲜荷叶一张衬于瓜底，碧绿清凉，增加兴味。他又说，"我们可以创造出一只南瓜盅，把上等的八宝饭放在南瓜里回蒸，那南瓜清香糯甜，和八宝饭浑然一体。"[②]

（3）苏州民间的小吃和茶馆

苏州的民间小吃是十分盛名的。一开始就介绍了朱鸿兴的面条，最著名的面条就是"枫镇大面"。因为小吃不是由那一片店经营的，它散布在大街小巷、桥堍路口、各式店摊。普通的如豆腐干、兰花豆、辣白菜之类，店里多有供应。特色的如陆稿荐的酱肉，马咏斋的野味，五芳斋的五香小排骨，采芝斋的虾子鲞鱼，某某老头家的糟鹅，玄妙观的油汆臭豆腐干……这些构成了一种小吃世界。

小说中还用大量笔墨介绍了苏州的大小茶馆、茶楼，而且极其讲究喝茶艺术。"那里的水是天落水，茶叶是直接从洞庭东山买来的，煮水用瓦罐，燃料用松枝，茶要泡在宜兴出产的紫砂壶里。"由此看出，喝茶不仅仅是为了达到止渴的目的，还蕴含了更多地域文化的韵味。

苏州人饮茶有许多浓郁的地方特色，饮茶于茶具的要求，民间喝茶的风气，茶楼师傅的服务技巧，等等，都在小说里进行了说明，这里就不一一叙述了。

（4）完整的宴席展示

文中最最精彩的部分，是朱自冶和妻子孔碧霞在自家厨房承办的那桌宴席。这是经过精心策划和置办的菜单，朱自冶是花了很多心血的。陆文夫极其细腻地将其描绘出来。最先摆好的是十二只冷盘，犹如十二朵鲜花，红黄蓝白，五彩缤纷：凤尾虾、南腿片、毛豆青椒、白斩鸡，这些菜的本身都是有颜色的。熏青鱼、五香牛肉、虾子鲞鱼等颜色不太鲜艳，使用各式蔬果镶在周围，有鲜红的山楂、碧绿的青梅、雪白的嫩藕片放

---

① 陆文夫. 美食家. 北京：人民文学出版社，2014：91-92.

② 陆文夫. 美食家. 北京：人民文学出版社，2014：68-69.

在虾子鲞鱼周围，一是配色，二是冲淡咸味。十二朵鲜花中围着一朵大月季，极其美轮美奂。斟满了酒后，朱自冶吩咐说："丰盛的酒席不作兴一开始便扫冷盘，冷盘是小吃，是在两道菜的间隔中随意吃点，免得停筷停杯。"第一个上来的竟然是十只通红的番茄，装在雪白的瓷盘里，然后分进各人的碟子里，揭去上盖，却是清炒虾仁。朱自冶介绍说，一般炒虾仁除了选料与火候上下功夫外，已没有其他发展，用番茄酱炒，味道又太浓，西菜味。装在番茄里，好看且有奇味。接下去是各式热炒，三只炒菜之后必有一道甜食，甜食也有三道：剔心莲子羹、桂花小圆子、藕粉鸡头米。热炒菜有芙蓉鸡片、雪花鸡球、菊花鱼等。十只炒菜后，朱自冶将玻璃杯换成紫砂杯，葡萄酒换成绍兴加饭、陈年花雕，开始了宴席的下半场。这时，上来的是热菜、大菜、点心：松鼠鳜鱼，蜜汁火腿，天下第一菜，翡翠包子、水晶烧卖……一只"三套鸭"把剧情推到了顶点！这是把一只鸽子塞在鸡肚子里，再将鸡塞到鸭肚里，烧好之后看似一只整鸭趴在船形盘里，四周放一圈鹌鹑蛋，好像那蛋就是鸽子生出来的。[①] 这顿饭吃了将近二个钟头！

这是前面所有介绍朱自冶讲究美食内容的高潮部分，孔碧霞的善于中馈与朱自冶的善辨美食，到最后给予读者一个完美的交代。这也是作者陆文夫集多年对美食的爱好和钻研的一次完美展现，字里行间都映现出作者对苏州美食的拍手称道和由衷喜爱。

《美食家》一举成功，得到了当时社会的普遍认同和极高的评价。可以这么说，没有一点美食知识和对饮食强烈兴趣的作家，是写不出这样优美的"美食"小说的，这里有作家的生活经历、对美食的追求与爱好，对美食品评的独到体悟。所以，我们在看这些美食的时候就感到那么贴切、那么逼真，那么懂得吃道。可以说，作者陆文夫自己就是一位地地道道的"美食大家"。

2. 对家乡美食的挚爱

（1）家乡泰兴和靖江的美食

陆文夫不仅写了许多小说，也写过许多散文，特别是美食散文。继《美食家》发表以后，我们看到了他的许多写饮食、写家乡的散文。在陆文夫在散文集《人之于味》中，有不少篇目写到了自己的家乡泰兴和靖江。

陆文夫在《故乡情》中说："我的童年和少年都是在长江边上的小村庄里度过的，我认为那些村庄是我的故乡，不管是看到海边的日出，还是看到湖上的月光，我都会想到那些长江边上的小村庄——我的故乡。""清晨和傍晚村庄很有生气，你可以看见那炊烟从树林间升起；早晨的炊烟消失在朝阳中，傍晚的炊烟混合在夜雾里。白天的村庄静得没有声息，只有几条狗躺在门口，人们都在田里……家家户户的门前是晒场，门后有竹园，两旁是菜地，围着竹篱笆，主要是防鸡，鸡进了菜园破坏性是很大的。童年时，祖母交给我的任务就是拿着一根竹竿坐在门口看鸡。小河、竹园、菜地、鸡，这就是农家

---

① 陆文夫. 美食家. 北京：人民文学出版社，2014：107-114.

的副食品基地。"①

苏中地区江河水网密布，当地人都会捕鱼摸虾。"江河为孩子们带来了无穷的乐趣，最有趣的当然不是游泳，游泳只是一种手段，捞鱼摸虾才是目的。捕捞鱼虾的手段多种多样，钓鱼是小玩意，是在天冷不宜入水的时候'消闲'的。用叉、用网、用罩，干脆用手摸，那比钓鱼痛快得多，而且见效快。家里来客人时，大人便会把虾篓交给孩子：'去，摸点虾回来'。或是把鱼叉拿出来：'去看看，那条黑鱼是不还在沟东头。'会捞鱼摸虾的人，平时总记着何处有鱼虾，以备不时之需。"② 看得出，陆文夫对故乡儿时的生活是十分留恋的，对故乡的感情是真挚的，对那时的美食生活也是十分钟情和向往的。

陆文夫的父亲曾在江苏靖江夹港开设了一个轮船公司，故小时候在靖江生活了较长一段时间。在《难忘的靖江夹港》中说："那时候的夹港口是很热闹的，靖江和泰兴甚至里下河地区的客货，很多都通过水陆两路汇集到夹港，再由夹港转到上海、南京、汉口等地……大宗的货物是生猪和酒，还有长江里的水产品，特别是螃蟹和鲥鱼。那时候的螃蟹和鲥鱼都算不了什么，螃蟹待运时那竹篓在河岸上堆得像小山；鲥鱼运往上海时要装冰箱，那不是现在的冰箱，是在大木箱里垫上草，放一层天然冰，放一层鲥鱼。我家的附近有一个冰窖，冬天把天然冰藏在里面，运鲥鱼时取出来用。现在的人听到鲥鱼好像就有点了不起，那时也不把鲥鱼当回事，八斤重以下的不装箱，螃蟹就更不用说了，农民不喜欢吃螃蟹，太麻烦，没油水，抓到螃蟹去换肉吃。抓螃蟹也太容易了，专业的是用蟹簖，业余的是点马灯放在水闸口，那螃蟹会自己爬过来。"③ 陆文夫记载了童年时期苏中地区的一些境况，那时鲥鱼相对名贵，也时常在市场上交易，需保持冰鲜；螃蟹在江苏地区多的是，又容易捕捉，老百姓也不爱吃。这就是那个时代的特点。

（2）长期生活居住的苏州美食

1944 年，16 岁的陆文夫来到苏州，在这里生活了 51 年。苏州成为他的第二故乡。当他一接触这座古老名城，便迷恋忘返，并产生了浓厚的兴趣，特别是对苏州菜的爱恋。这块土壤孕育了《美食家》的滋生，也使得他自己成为一个名副其实的美食家。他对苏州的饮食情有独钟，一谈到苏州的食物原料、烹饪技艺、饭店美食就特别有兴致。在《姑苏菜艺》一文中，他总结说："苏州菜有三大特点：精细、新鲜、品种随着节令的变化而改变。这三大特点是由苏州的天、地、人所决定的。"在谈到时令方面，"头刀（或二刀）韭菜、青蚕豆、鲜笋、菜花甲鱼、太湖莼菜、马兰头……四时八节都有时菜，如果有哪种时菜没有吃上，那老太太或老先生便要叹息，好像今年的日子过得有点不舒畅，总是缺了点什么东西。"④ 看得出，陆文夫对苏帮菜是有独特见地和深入研究的，

① 陆文夫. 陆文夫散文：人之于味. 杭州：浙江文艺出版社，2015：185.
② 陆文夫. 陆文夫散文：人之于味. 杭州：浙江文艺出版社，2015：187.
③ 陆文夫. 陆文夫散文：人之于味. 杭州：浙江文艺出版社，2015：191.
④ 陆文夫. 陆文夫散文：人之于味. 杭州：浙江文艺出版社，2015：26-27.

他善于总结苏州人的生活个性和饮食态度，这是对苏州的爱恋和情怀所致。

陆文夫念念不忘家常菜，"饭店里的菜也是千百年间在家常菜的基础上提高、发展而定型的。"苏州菜是随着节令的变化而改变的。比如说，"炒头刀韭菜、炒青蚕豆、荠菜肉丝豆腐、麻酱油香干拌马兰头，这些都是苏州的家常菜，很少有人不喜欢吃的。""苏州的家常菜中常用雪里蕻烧鳜鱼汤，再加一点冬笋片和火腿片……却颇有田园和民间的风味。"① 陆文夫在多篇散文中都提到家常菜，字里行间都流露出对家常菜至深的感情。在《不平常的家常菜点》中说："在苏州的大街小巷、深宅大院中，小康人家的阿婆阿嫂往往都是烹饪的高手……家常菜的最大的特点不是以用料的高贵取胜，而是以选料和制作的精细见长……能够使人百吃不厌、终生难忘的菜点往往并非是山珍海味，而是家常的菜点。"② 在陆文夫眼里，家常菜才是最地道的、最魅人的。苏州老百姓最爱的，就是苏州菜的精华所在。

青菜是江苏人不可或缺的蔬菜，一年四季都有供应。"特别是苏州人，好像是没有青菜就不能过日子。"这是江苏人的共识。"苏州小巷里常有农妇挑着担子在叫喊：'阿要买青菜……'那声音尖脆而悠扬，不像是叫卖，简直是唱歌，唱的是吴歌。特别是在有细雨的清晨，你在朦胧中听到'阿要买青菜……'时，头脑就会立刻清醒，就会想见那青菜的碧绿生青，鲜嫩水灵。""最好是越冬的青菜，品种是'苏州青'，用它来烧一只鸡油菜心，简直是无与伦比。"③ 青菜虽简单无华，各地都有，但"阿要买青菜"的吴语更有浓浓的韵味。苏州人追求天人合一，吃菜不为名贵，但求新鲜，这正是陆文夫心仪的地方。

在《吃喝之道》一文中，他还谈及苏州较有名气的菜肴，如有声有色的两道菜：一是"响油鳝糊"，二是"虾仁锅巴"。而"乳腐酱方"和"冰糖蹄髈"则是苏州风味的特色名菜。

陆文夫对苏州是有感情的，对苏州菜是有特别感情的。他对传统苏州菜迷恋，也对苏州菜的发展寄予希望。正如他在《姑苏菜艺》中所说："苏州菜有着十分悠久的传统，任何传统都不可能是一成不变的。这些年来苏州的菜也在变……我倒是希望苏州菜在发展与变化的过程中，注意向苏州的家常菜靠拢，向苏州的小吃学习，从中吸取营养，加以提炼，开拓品种，这样才能既保持苏州菜的特色，而又不在原地踏步，更不至于变成川菜、鲁菜、粤菜等等的炒杂烩。"④ 从这里我们可以看出来，陆文夫先生对苏州菜的发展是有自己的独到见解的，并提出了较好的创新思路。这是值得当今餐饮界同仁去思考、去探索的。

---

① 陆文夫. 陆文夫散文：人之于味. 杭州：浙江文艺出版社，2015：27-28.
② 陆文夫. 陆文夫散文：人之于味. 杭州：浙江文艺出版社，2015：53-54.
③ 陆文夫. 陆文夫散文：人之于味. 杭州：浙江文艺出版社，2015：42-44.
④ 陆文夫. 陆文夫散文：人之于味. 杭州：浙江文艺出版社，2015：31.

三、文化名家笔下的江苏美食

江苏美食的美味和影响，常常触动着许多文人的味蕾和思绪，使他们禁不住留下美食的回忆和回味。这里辑选18位中国现当代作家、学人谈论江苏地区有关美食文化的散文、随笔的片段。从明清时期开始，饮食之事开始在文人笔下提升到文化层次，《红楼梦》《儒林外史》中就有许多饮食的场面和菜点的记录，特别是袁枚《随园食单》的问世，在中国文坛上产生了巨大的影响。多少文人效仿，饮食一道在作家、学人笔下，更由形而下的"吃饱肚子，免于饥饿"，结合人生的经验和社会感悟，升华而为雅趣或悟道的艺术境界，这些看似较为随意和闲趣的文章，都饱含着作者的无限情怀和对美食的酷爱之情，可谓美食与美文并举，饮食与文化兼重，读来回味隽永。

扬州馆子也做鳝鱼，其中"炝虎尾"一色极为佳美。把鳝鱼切成四五寸长的宽条，像老虎尾巴一样，上略宽，下尖细，如果全是截自鳝鱼尾巴，则更妙。以沸汤煮熟之后即捞起，一条条的在碗内排列整齐，浇上预先备好麻油酱油料酒的汤汁，冷却后，再撒上大量的捣碎了的蒜（不是蒜泥）。宜冷食。样子有一点吓人，但是味美。

——梁实秋《生炒鳝鱼丝》

昔日扬州，生活豪华；扬州的吃，就是给盐商培养起来的。扬州盐商几乎每一家都有头等好厨师，都有一样著名的拿手好菜或点心。盐商请客到各家借厨师，每一个厨师，做一个菜，凑成一整桌。我教书的那家吴家，他家的干炒茄子，是我一生吃过的最入味的。我的朋友洪逵家的狮子头，也是扬州名厨做的，一品锅四个狮子头，每一个总有菜碗那么大，确是不错。

——曹聚仁《扬州庖厨》

富春茶社是目下在扬州最老最著名的茶坊。上楼坐定，点了肴肉、淮扬干丝、三丁包子、翡翠烧卖、春卷、汤包、雪笋包子、千层油糕，还有一碗鱼汤面，都是维扬细点，最著名的就是三丁包子。三丁包子由来已久，当年乾隆下江南，驻跸扬州。不过，他认为做包子有五要件："滋养而不过补，美味而不过鲜，油香而不过腻，松脆而不过硬，细嫩而不过软。"扬州师傅尊上谕，以海参、鸡肉、猪肉、笋、虾仁切丁和馅，做成五丁包子。三丁包子即承其余绪，以鸡肉、五花肉、鲜笋切丁，鸡丁较肉丁、笋丁大，再以鸡汤煨后调馅制成。包出来的包子"荸荠鼓形鲫鱼嘴，三十二纹折味道鲜"，全凭手上工夫。

——逯耀东《富春园里菜根香》

从"鲜嫩"说，乡下人的"口福"实在比城里好，特别比大城市里好，因为没有经过长途运输的蔬菜公司分层经营。我有一次乘坐帆船，经过高邮湖，船家捉到几条活鱼，氽汤供应，却使我永远忘不掉这"湖水煮湖鱼"的风味……不过，味精没有回味，单薄得很，而且纯用味精，就会百菜一味，总不如保存本味的好，鸡汁称得起鲜味主帅，本味实在鲜，而且极少腥膻气。火腿、虾子也是鲜味大将。素食的鲜味有"三霸"，就是蘑菇（包括其他茹菌）、笋和黄豆芽。

——吴白匋《谈鲜》

60 年代初，有一年春天带孩子郊游，在紫金山下的一条小溪边，无意中发现了一片香青蒿，喜出望外，连忙掐了好些嫩头，带回家来。青蒿、白梗，再加稍许咸肉丁搅拌在一起，煮成菜饭，既香又鲜，是别种菜饭难以比拟的。与青蒿偶遇，仅此一机缘。从此后，青蒿菜饭，也就成了寒舍的绝香……南京人喜食这种嫩脆爽口的水生野菜……癞葡萄极苦，是盛夏中清凉生津祛暑的爽口小菜。夏天的菊花脑，醒脑明目，是无油腥的清汤菜。城南一带的老南京人特别珍贵它。

——艾煊《野蔬之癖》

苏州的太监弄为酒楼菜馆的集聚地，有句谚语叫作"吃煞太监弄"，站在弄内高处下望，但见万头攒动，人流汹涌。入夜，"松鹤楼""王四酒家"等十余家酒楼的霓虹灯招牌映红了熙熙攘攘的人群的脸，菜馆的厅堂中桌椅和通道似乎专为瘦子而设，最灵活的跑堂也被挤得满头是汗，厨灶间炉火通红，掌勺的大师傅都有足够的力气和娴熟的技艺。

——俞明《苏帮菜》

那是 1956 年，我们接受某机构的委托写篇有关太湖的文章。我们决定随渔船到湖里去住几天。下湖前，吴县县委书记建议我们多带些鸡蛋……这两天两夜在太湖中来去，是边航边捕鱼的。一网拉上来，由于这银鱼小而软，总是撞得结结实实几无空隙，连丝网的孔里都嵌满了鱼……船主人不断敦劝："吃呀，吃呀！"于是一日三餐，只得全吃鸡蛋炒银鱼。既说是"夙愿"，就让我吃个够了。我晓得此事简单易行，鱼刚从水里捞上来，连漂洗这道工序都可免去的，于是以老于此道的姿态，充当起大厨师来。因为只要将油熬熟，从舱里舀几勺鱼倒下锅去、炒熟再打下鸡蛋，撒下盐和葱末一搅拌，再加上水就行了。

——章品镇《捕鱼·吃鱼》

吃处是江阴一家著名的老饭店。据说，烧河豚的高手，非但破肚、冲洗都必须亲自动手，而且在下锅之前，要把肚里取出来的内脏、头上取下来的眼睛，一一点清：烧多少只河豚，要有多少付内脏，多少对眼睛，然后扔掉，以保万无一失……河豚乃是一桌酒席里的一道压轴菜。等到肚里填满了许多美味佳肴，这位姗姗来迟的主角方才出场。老实说，这时候已经酒足饭饱，不想再吃什么。然而，岂能辜负了鼎鼎大名的主角，口称"专程为它来的"，欣然举筷。主人殷勤教给我们夫妇："河豚皮上有刺，要把皮翻转来卷在里边，然后送进嘴里。"

——叶至诚《吃河豚》

敝乡江苏丰县，处苏、鲁、豫、皖四省交界处。汉高祖刘邦，出生于丰，为官在沛，故丰、沛人皆引以为自豪。另有一自豪者，刘邦之连襟、汉开国元勋之一、舞阳侯

191

樊哙也……樊氏狗肉，传世凡两千余年而不衰，自有其绝招特技。烹时，先以大火猛煮，滚后下硝，半熟时下盐，后以小火炖焖，并辅以丁香、肉桂、大料、小茴、花椒、桔皮、白芷、草果、肉豆蔻、砂仁、山楂、白果、三奈、甘草等佐料。出锅后涂一层小磨香油于表，色、香、味俱佳，食之韧而不挺、烂而不腻，是为一绝！

——王为政《樊哙狗肉》

是晚，在徐州市内一家很有特色的馆子，宴请蒋先生、社科院考古所的王世民先生和我，蒋、王二位先生也是徐州人……菜做得很精致，也十分丰盛，质量可与北京一些大馆子相比。其中羊肉余萝卜一道菜，虽是最为平常的东西，但吃起来鲜美无比，汤浓而白，肉酥而烂，萝卜爽滑鲜嫩，虽浑为一体，而又各具风致。半碗吃下，下午一身的寒气尽消……这时徐州博物馆的馆长起立说："先请诸位尝尝看，不要管它叫什么。"于是，大家动箸，刚要入口，主人又提醒大家注意不要烫了嘴。稍待入口，糯软甜香，还淡淡地有一点桂花香气，只是不能断定为何物。这时主人介绍说，这道甜菜是该店的名菜，叫做"蜜汁红苕"，红苕者，即红薯也。恰在此时，店老板，也就是可染先生的侄孙入室寒暄，问大家吃得得意与否，客人除了盛赞饭菜之外，问及"蜜汁红苕"的做法，这位李先生说，是用经过风干的红薯上锅蒸熟，去其皮，捣烂，用上好的香油文火炒，炒时切不可放糖，以保持红苕的原味儿，炒如泥状入盘，另勾桂花糖芡，覆其上即可。

——王了一《蜜汁红苕》

每次到得月楼小聚，我总喜欢点一道"鱼味春卷"当点心，真有点百点不厌的感觉。鱼味春卷比传统春卷有改进，首先是馅心，传统的用肉丝，得月楼用鱼肉、虾仁，更显姑苏鱼米之乡的风味；其次是形状，传统的是长圆卷，得月楼改用扁长方形，有点像"蟹壳黄"，装盘更好看；三是得月楼的鱼味春卷包好后两面拖蛋液、黏芝麻，油炸后吃起来更香。我对得月楼鱼味春卷的印象是：色泽金黄，芝麻喷香，外脆里嫩，鱼香浓郁。鲜美的鱼肉馅心中还有汤汁呢！把春卷做到了极致。

——叶正亭《鱼味春卷》

兴化之特点在于多湖荡，螃蟹占有明显优势。民间吃蟹的本领也大，即如醉蟹，已成一绝。我国产蟹地方不少。海蟹不谈，河湖蟹最著名者北有胜芳（河北廊坊），南有阳澄。两处我都吃过，均不及兴化吴公湖之所出。遗憾的是"自古昭阳好避兵"的兴化交通闭塞，虽有佳构，奈何不彰。如今，水陆运输都已畅达，首先得抓住优势，应开拓新的途径。"全蟹席"其一也。就民间菜来说，"蟹粉徽子"之妙远胜于"三鲜锅巴"；"汪蟹腐"是羹菜，兴化人家常之作，恐怕很少可与媲美者。略为考究些的有"翡翠蟹斗""葫芦虾蟹""烤菊蟹""炒蟹粉"……《调鼎集》还说："蟹以兴化、高、宝、邵湖产者为上。"将兴化放在最前面，说明古人之有见地。

——聂凤乔《兴化：鱼宴？蟹宴》

淮安市有一种食品，叫茶徽。顾名思义，这徽子当是可以佐茗食用的。实际上，淮安茶馓可以佐茗、当茶食，亦可夹在煎饼中就稀饭吃，还可以作为"菊花锅"的配料之一当"菜"吃，可谓一身数任了。淮安茶馓色泽嫩黄，质地酥嫩，味微咸而香，有梳形、扇面、菊花、帚等形状，精巧得很，仿佛艺术品一样。30年来，我曾数次出差到淮阴、淮安（现两地并为淮安市），常在街边饮食店看到制油炸馓子的。其动作十分娴熟，将盘在缸中的毛笔粗细的浸有麻油的面条绕在手上，约绕五六十圈，然后用手绷开，绷至七八寸长，接着，再由负责炸的人用长竹木筷接过来，继续绷长，至尺余，就可以下油锅炸了，炸至黄色即可起锅。这是老的品种，梳子式，较长，现普遍做得小巧一些了。

——邱庞同《淮安茶馓》

　　南京吃的传统，好就好在兼收并蓄，爱创新而不守旧，爱尝鲜又爱怀古，对各地的名菜佳肴，都能品味，都能得其意而忘其形。因此南京才是真正应该出博大精深的美食家的地方。南京人不像四川湖南等地那样固执，没有辣就没有胃口，也不像苏南人那样，有了辣就没办法下筷。南京人深得中庸之道，在品滋味时，没有地方主义的思想在作怪。

——叶兆言《南京的吃》

　　"炖生敲"百分之百是南京菜。这道菜是有"金陵厨王"之誉的胡长龄自创，胡是南通人，成名却在民国时代的南京，首善之区，达官贵人云集，厨师正可大显身手。"炖生敲"应即创于此时……朋友解道，"生敲"者，乃指做此菜鳝鱼去骨之后，须以刀背或木棒敲击，令其肉松散，此程序关乎最后的口感，大是要紧。"炖"字无须解释，原本就是一道炖菜，唯炖之前要炸，不是象征性地炸，要炸透，直至水分全部炸出，表征即是表皮爆起"芝麻花"，到此时也就色作银灰，如袁枚所谓"制鳝为炭"了。而后再入砂锅炖。

——余斌《从"马鞍桥"到"炖生敲"》

　　周庄是江苏昆山的水乡古镇，为澄湖、白蚬湖、淀山湖和南湖所拥抱，四面环水："咫尺往来，皆须舟楫。"江南原本就是鱼米之乡，周庄更是鱼米之乡中的鱼米之乡。很有代表性的……在周庄吃鱼，能吃出别样的滋味。可以坐在跨河的骑楼上吃，在湖边吃，甚至在船上吃。鲈鱼就是很好的例子。著名的蚬江三珍，即鲈鱼、白蚬子、银鱼。鲈鱼居榜首。去周庄的任何一家餐馆点菜，老板或小二，都会抢先向你推荐新捞上来的鲈鱼，正养在屋檐下的水缸里呢。

——洪烛《去周庄吃鱼》

　　码头白菜羊肉，码头是个地名，在江苏淮安市淮阴区。此菜成名于码头镇，因此得名。码头白菜羊肉是道汤菜，据说是汉朝韩信的家厨创制的。羊肉秘制后放入高汤内和白菜一起混煮，上桌时一半汤，一半菜，汤肉并美，羊肉入口骨离筋化，酥烂入味；汤汁似薄实稠，黏嘴滑肚；白菜软糯鲜美，回口清甜。白菜的介入，去了腥膻加了清鲜，分而食之鲜香酥爽，适口盈腔。制作上颇显淮扬菜之神韵，寻常食材的不寻常味道。羊肉、白菜虽然都是寻常食材，因制作的精细、用料的讲究，有了嗅之夺魂、食之酣畅、思之神往的韵致。

——董克平《大白菜》

在高淳，我们吃到了从未吃过的两道菜肴。东道主自豪地告诉我们，除了高淳，你们不可能在别处能吃到。一道是冷菜，是用水菱的根蔓作原料的凉拌菜，当地人称之为"菱蔓"。这"菱蔓"细细的，深褐色，烫过后下调料凉拌，脆嫩爽口中带有一些韧性，佐酒尤宜。另一道是炒菜，端上来一看，肉白色，有些像微型藕片，中间有小孔，原来是莲蓬生长在水中的嫩梗，叫藕桩。一尝，脆生生的，清新可口，细嚼微甜，还沁出幽幽的清香，一股来自水域野地的大自然气息，在口中漾开来，使人惊喜。

——张振楣《高淳的吃》

第七章

江苏美食环境与名特产品

江苏地处我国华东地区，是长江中下游地区重要的饮食风味体系。自古江苏地区自然条件优越，垦殖历史悠久，农、牧、渔业兴旺，地方名特产品种类多，是我国农村经济最发达的地区之一。江苏传统的美食产品，离不开那些土生土长的特色原材料。这些名特产原料，有些品种自古代就成为进贡皇上的"贡品"，有些产品得到了历代文人的赞赏，有些品种还获得了国内外多项奖项。它为江苏美食制作提供了厚重的物质文化之源，也是各地百姓世代相传、人人享用的优质产品。

第一节 江苏地域文化与美食特点

上篇内容对江苏美食历史文化进行了详细的分析，江苏作为一个行政区域只有 300 多年的历史，始于清代康熙六年（1667 年），但江苏地区具有悠久的文明史。这里山明水秀，风物清嘉，大江大河大湖大海皆备；这里襟江滨海，扼淮控湖，京杭大运河纵横南北。在历史的传承中，江苏之地市井繁荣，商贾云集，游人如织，又是官僚政客、巨商大贾和文人墨客的汇聚之地，官府宴菜、名商大菜、民间佳馔、江南糕团、淮扬细点历来成为闻名全国的代表食品。本节重点对江苏地理文化和美食风味特点进行阐述分析。

一、江苏地域文化与生态概况

江苏地处我国东部温带的长江、淮河下游，黄海之滨。地处长江三角洲，气候温和，地理条件优越，东濒黄海，南临太湖，西拥洪泽，源源长江东西相穿，滔滔运河南北相通，境内大小湖泊星罗棋布，河汉港湾纵横交错；长江以北平原广阔，河流纵横，长江以南丘陵起伏呈现一派山明水秀的景象，加之土地肥沃，物产丰富，交通便利，动植物水产资源十分丰富，各种粮油珍禽、鱼虾水产、干鲜名货、调料果品罗致备极，素称"鱼米之乡"。

全省总面积 10.26 万平方公里，现设 13 个省辖市，下辖 106 个县（市、区）。全省耕地面积7 353万亩，占全国的3.97％；沿海滩涂1 031万亩，占全国的1/4，是重要的土地后备资源。在地域上，江苏处于亚热带和温带过渡区，气候温和，雨量适中，具有明显的季风特征。受地理环境和季风环流影响，境内春季冷暖多变，夏季炎热多雨，秋季天高气爽，冬季寒冷干燥，四季气候分明。全省大致以淮河至苏北灌溉总渠一线为界，以南属于亚热带湿润季风气候，以北属于温带湿润季风气候。江苏土地总体地势低平，河渠纵横，其中平原占68.9％，河流、湖泊水域占16.8％，低山丘陵及岗地占14.3％。江苏自西向东倾斜的地势走向与全国地势走向一致，南北高而中间低则体现出自己的特点，这也是江苏河流、湖泊众多的重要原因。江苏跨江临海，海岸线954公里。长江横穿东西425公里，京杭大运河纵贯南北718公里，并有滁、淮、沂、沭、泗、秦淮河、苏北灌溉总渠等大小河流2 900多条。全国五大淡水湖，江苏得其二，太湖2 250平方公里，居第三；洪泽湖2 069平方公里，居第四。另有高邮湖、骆马湖、白马湖、石臼湖、微山湖等湖泊，周围水网密布，有"水乡泽国"之称。[①] 此外还有大小湖泊290多个。

江苏境内以平原为主，面积达7万多平方公里，占江苏面积的70％以上，比例居全国各省首位，有黄淮平原、江淮平原、滨海平原和长江三角洲四部分。黄淮平原位于苏北灌溉总渠以北，为华北平原一部分。江淮平原南北介于通扬运河与苏北灌溉总渠之间，著名的里下河平原位于其中，最低处仅海拔1米。滨海平原在串场河以东，是海积平原，由黄河夺淮期间的泥沙淤积而成。长江三角洲以扬州、镇江为起点，直至入海口。[②] 太湖流域是最著名的水稻高产区和全国四大桑蚕产地，淮北杂粮比重较大，油菜多为稻田越冬作物。江苏农副产品丰富多彩，宝应荷藕、如皋萝卜、宜兴百合、溧阳白芹、太湖莼菜、湖蟹、银鱼、狼山鸡、高邮鸭、太仓猪、盱眙龙虾等很有名。

江苏是地势较低的一个省份，低山丘陵集中在北部边缘和西南部地区，主要有宁镇山脉、茅山山脉、老山山脉和宜溧山脉等。江苏低山丘陵一般海拔在400米上下，连云港市境内的云台山玉女峰为江苏境内最高峰，海拔625米。

众多的河流湖泊为江苏提供了优良的水运条件，省内有2 200多条航道，总长约23 000公里，占全国内河航运总里程的五分之一。境内南北走向的京杭大运河，起于浙江余杭，在镇江和扬州处越江而过，与长江呈十字相交。

江苏东部濒临黄海，沿海地区在行政区划上包括连云港、盐城、南通三地市，三市下属拥有海岸线的县市有14个，这里土地面积30 484平方公里，占江苏省的29.71％。沿海滩涂、浅海面积辽阔，沿海渔场面积达15.4万平方公里，吕四渔场、海州湾渔场都是我国著名的大渔场，盛产带鱼、黄鱼、鲳鱼、虾类、蟹类及贝藻类等水产品。良好的海岸地理条件，为江苏提供了优良海产资源，苏东地区的海洋文化形成了江苏地区美

---

① https://www.jschina.com.cn
② 汪小洋，徐四海，姚义斌. 江苏地域文化概论. 南京：东南大学出版社，2011：6.

食的独特风格特色。

奔流的长江将江苏分为南北两部分，目前江苏省13个省辖市中，地处江南的有苏州、无锡、常州、镇江四市，地处江北的有徐州、连云港、淮安、宿迁、盐城、扬州、泰州、南通八市，南京市辖区地跨长江南北，但市区大部分在长江以南。江苏省人口居全国第五，人口密度是735人/平方公里，居全国各省市之首。江苏是工业大省，同时农业经济发达，食品工业如太仓肉松、如皋火腿、启东海产、南京板鸭及苏锡糕点、维扬细点、镇江香醋都很有名。各地区的名菜佳点特色鲜明，影响国内外，如松鼠鳜鱼、清炖蟹粉狮子头、盐水鸭、炒软兜、香炸银鱼、白汁鮰鱼、文思豆腐、扬州炒饭、三丁包子、松子枣泥拉糕、黄桥烧饼、文楼汤包、靖江蟹黄汤包、枫镇大面、鱼汤面、奥灶面等。

在江苏的食品市场上，"春有刀鲚夏有鲥，秋有肥鸭冬有蔬"，江鲜、湖鲜、河鲜、海鲜应接不暇，一年四季水产禽蔬联翩上市；遍布南北水乡的鹅、鸭、茭白、藕、菱、芡实等令人目不暇接。这些富饶的物产为江苏烹饪技术的发展和菜品的制作提供了良好的物质条件。

二、江苏地域文化的美食特征

江苏地域文化孕育了独特的美食特征。江苏地处东南，在几千年文明发展的过程中使美食文化不断丰富和完善。从其所处的地域和气候特点来看，江苏美食文化有着厚重的内容，从宏观角度看，我们可从以下三个方面概括江苏地域文化的美食特征。

1. 稻米与水鲜文化孕育了水乡美食特征

江苏地处东海之滨，长江、淮河的下游，湖泊众多，河流密布。江苏也是我国稻米文化的发祥地。新石器时代江苏已经成为发达的粮食产区，从出土的炭化作物谷粒中我们可以认识到当时农业发展的水平。到了战国时期，称霸一时的吴国更是以粮食丰收、给养充足而问鼎于中原。远古以来，江苏人民多是"靠水吃水"，就地取材，"饭稻羹鱼"。水的滋育，让江苏成为物产丰饶的鱼米之乡。江苏的农田，则是因水而沃、因水丰饶。"一水护田将绿绕"，王安石闲居金陵时写下的诗句正是江苏万顷水田的完美展现。繁体"蘇"字，即是由"鱼米"组成。江苏与粮食相关联的地名也不少，如太仓、常熟、大丰、丰县等地名都寄托了人们对五谷丰登、仓廪殷实的愿望。"鱼米之乡"的风格特点在江苏文化的发展中发挥了突出的作用，使江苏人祖祖辈辈以稻米和水产为生活支柱。

水，是江苏凸显的文化符号。江苏传统的水乡文化，苏南吴地素有"水乡泽国"之称，太湖"包孕吴越"，其中也孕育着吴地传统的水文化。吴地人的饮食与稻作文化、鱼文化息息相关；吴地人的传统往往是临水而居，其民居有"小桥流水人家"的特色；吴地人以水为美，"君到姑苏见，人家尽枕河。""苏州水城"被誉为"东方威尼斯"，其传统往往是"以船为车，以桥为马"，在周庄、在同里、在甪直、在黎里，在苏州市的这些古镇里，人们的行旅依然有"水上交通"的特色。千年古镇——苏州西山镇（今金庭镇），它坐拥太湖，将大自然的天、地、人、湖无缝对接，人文与自然、因水而美与生俱来的优雅气度尽显精巧而完美。常州的淹城是世界上唯一一座三城三河形制的古城，距今已有近 3 000 年的历史。

长江之畔的金陵地区虽然有宁镇山脉逶迤其中，但此地有气势磅礴的长江、流贯江南的古运河，而且秦淮河也是以湖熟文化为源头的金陵文化的摇篮。著名的秦淮河像玉带一般横贯于市内，玄武湖、莫愁湖就像两颗明珠布列左右。古代，秦淮河谷地的米粮柴草，西南山丘的山货都通过秦淮河源源不断地输入市区，所以古有"屈曲秦淮济万家"之称。秦淮河流域拥有农田一百多万亩。金川河、玄武湖，湖水相连，直通长江。长江北岸有滁河，高淳、溧水有石臼湖、固城湖等。有人统计过，南京因水而起的地名就有 229 个，占其总数的 17%。

维扬地区所处江、淮中心，位于运河与长江的交汇点上，是漕运、商旅的必经之地。扬州是名副其实的运河之城，邗城与邗沟同步建造，唐代"扬一益二"的绝代风华就是拜大运河所赐。大运河滋润下的扬州，也是一座著名的水城，尤其是大运河沟通了海河、黄河、淮河、长江、钱塘江五大水系，有力地促进了维扬地区经济与文化的发展。

里下河地区的高邮、宝应、兴化、姜堰、东台，犹如苏北大地上的水乡美图画，就像脉络丰富的叶片，有干流、有支流，从粗到细，从主到末，走到哪里，向任何一个方向走去，终将与水相遇。兴化市乡镇的垛田已经成为因垛而妖、因水成韵的水上超美的人间雅境。在许多乡镇辽阔的垛田上，万亩平川，河泊纵横交错，放眼望去，那些垛田既像一叶叶扁舟，大小不一，姿态随意地飘荡在水面上；又像一座座小岛屿，散落在水中。这里的河不规则，曲里拐弯，河与河相通，水与水相连。

图 7-1　苏南水乡(丁学进 摄)

徐淮地区最引人注目的是辽阔的黄淮平原，淮安历史上是黄河、淮河、运河的交汇点，黄淮平原由黄河、淮河及其支流沂、沭、泗诸河冲积平原和洪泽湖盆地组成。大运河沟通南北，襟带五湖。所谓五湖，即自北向南分布的微山湖、白马湖、骆马湖、成子湖、洪泽湖，真所谓水网纵横交错，湖荡星罗棋布。大小湖泊宛如一面面不规则的明镜，镶嵌在这块古老的土地上。因而说江苏区域文化是"水韵文化"，是水的润泽与滋养，由此而形成的物态文化就是稻作文化与鱼文化等。

这里自古为经济繁荣、文化发达之地，且在长江下游一带与四邻易沟通，饮食文化交流方便，为饮食业博采众长创造了条件。江苏人在四季分明的日常生活中，养成一种清淡平和的饮食风格，故其风味菜有很大的适应性，南北东西人皆可欣赏。江苏地区菜肴中多鲜活、多海味、多时鲜蔬果，惯用各种水生动植物作食品原料。

图 7-2　苏北垛田

2. 南北文化交流形成了美食的包容特征

江苏地处我国长江两岸，长江把江苏划分成江南和江北，即苏南和苏北。江南、江北融为一体，这是江苏文化的重要特点。中国历史上文化有南北之分的说法，当代学者有海洋文化圈和大陆文化圈之说，两种说法从根本上看是基本一致的，即有两个大的文化内容，这两大文化从地理上看以长江为交汇点，江苏就处于这两大文化交汇点上，促使本地文化形成了价值多元化、富于交融性和社会和谐的包容特征。江苏融合了南方文化和北方文化的特色，江苏人也早就形成了多元和包容的特点。在美食的生产制作与饮食的消费风味上也不例外。

江湖河海奔流汇聚，这是天地包容之胸怀。是这里的浓情之水，涓涓流淌润湿了这里的青山，滋润了这里的良田，激活了这里的园林，扮靓了这里的城乡。在水的润泽下，江苏文化有主动接受外来文化的条件，也有被动接受外来文化冲击的可能，使其始终处于一种开放、包容的发展形态，不封闭，不排外，和谐之风自古有之。

江苏地跨长江南北，四面八方的外来人口不断增多，江苏有可能吸引、汇集四方的物质和精神文化成果，又有能力把本地的物质和精神文化以政治、军事和经济等手段扩散到四方乃至全国各地。江苏文化与美食风格特征是：把一个地区乃至全国的各种主副食产品、烹调或制作技艺及工具、饮食风味、饮食习俗等，拿来为己所用，经过烹调师们的加工、利用、制作、取舍，形成具有不同风味的流派、不同特色的糕点、小吃及其他熟食、佐料等；又把本土的文化特色同时向各地传播，进而形成既有共同主色调又有不同地方特色的美食文化。

在江苏的土地上，既有本土本省的广大定居者，也有江苏以外南北各地的定居者。就南京城市来说，由于其地域横跨南北，地处江苏的中南西部，与安徽接壤地区较多，在外地人中北方的定居人数占多数。这南来北往的人们把当地的风味美食带到了江苏，各地的风味餐馆也陆续在江苏各地开张经营。由于江苏地区包容性的特点，外地的餐饮店生意也十分兴旺。南北各地饮食在江苏渗透、交融，主要体现在以下几个方面：一是美食菜品所使用的原料来源于周边多地，如山东的水果和海鲜，安徽的蔬菜和肉类，浙江的笋干和小海味等。二是随着城市人口的不断增多，外地之民不断流向江苏，转变为市民，外地市民的饮食风格与当地人的饮食特点不断交互融合，进而发展为一种多风格的菜品特色。三是本地市民不断向外延伸，参加各种考察、会议、旅游、探亲、访友等活动，他们像本地与外地之间架起的一座座桥梁，使本地和外地的饮食相互碰撞、连接、交融，使得本地风味不知不觉中掺进了外地的风格。这种自然的融合在步步渗透，并被大家所接受、所喜爱。近20年来，在江苏的风味菜肴中也包容了麻辣的风格、酸咸的风格、孜然的风格、熏腊的风格、民族菜的风格、外国菜的风格等。现如今，江苏风味除本地菜品制作的特色以外，菜品风格的多样性和烹饪风格的相互包容性，已成为改革开放以后菜品制作的主旋律。

江苏自古人文荟萃，烹饪文化兼收并蓄。在古代，江苏曾是宫廷菜、官府菜孕育的场所，为商贾菜提供了肥沃的土壤，也为民族菜提供了有利的市场。而现在，江苏为仿古菜、特色菜、外来菜、养生菜、创新菜的形成创造了有利条件。因为，江苏有一大批技术过硬的厨师队伍和文化吸收与包容的烹饪人才。

江苏地区人口集中，经济繁荣，商业发达，人与人的交往频繁，餐饮消费市场活跃，文化传播、文化积累的信息量大，政治、经济、军事和文化机构汇聚四面八方的能人志士，加之外事交往和庞大的流动人群，使得江苏菜品具备各地风味（包括外国风味），能够满足四面八方人群的口味。由于江苏所处的地位以及未来地区发展的需要，由此而出现了不同档次、不同接待能力的高档饭店菜品和普通饭店菜品。

3. 不断进取谱写了勇于创新的精神

江苏地区优越的地理条件和人文特点，使得当地人民生活富庶。一般而言，富庶安定最易形成安于现状、不思进取的思想，而江苏人则不然，江苏人不断进取、勇于开拓的精神代代相传。富庶安定的地域条件为之提供了可以实现这个追求的物质基础和社会环境。

春秋时期，名厨易牙在江苏传艺，创制了"鱼腹藏羊肉"，创下了"鲜"字之本，此菜几千年来一直在江苏各地流传。经过历代江苏厨师制作与改进，至清代，在《调鼎集》中载其制法为："荷包鱼，大鲫鱼或鲩鱼，去鳞将骨挖去，填冬笋、火腿、鸡丝或车螯、蟹肉，每盘盛两尾，用线扎好，油炸，再加入作料红烧。"后来民间将炸改为煎，腹内装上生肉蓉，在技艺上有所创新和突破。现江苏各地创制此菜原理相通，制作改良，名称有异，如"荷包鲫鱼""怀胎鲫鱼""鲫鱼斩肉"。江苏徐州厨师依古法烹之，流传至今的是"羊方藏鱼"。

社会生活是不断向前发展的，与社会生活关系密切的美食，也是随着社会的发展而发展的。这种发展是在继承基础上的发展，而不是随心所欲的创制。综观江苏美食的历史，我们可以清楚地看到，江苏烹饪不断创新的新成就都是在继承前代烹饪优良传统的基础上产生的。

　　江苏美食的开拓创新还表现在许多大师们的理念和实践活动中。已故一代宗师、中国烹饪协会首届副会长、南京著名烹饪大师胡长龄老先生，几十年来，对南京菜做出了不朽的贡献，他善于钻研探究的劲头给年轻人树立了很好的榜样。20 世纪 30 年代，他就将传统的"冬瓜鸡"改制为"冬瓜鸡方"（又称奶油冬瓜方），此菜推出后备受赞赏。从 20 世纪 50 年代起，胡长龄大师精心研究并制作出"香炸云雾""彩色鱼夹""松子熏肉""荷花白嫩鸡""扁大枯酥"等一系列的江苏名菜。胡老晚年就曾对他的学生说过："时代在前进，烹饪原料也在不断更新，我们不能因循守旧，故步自封，应该用新的原料做出新的菜品……"他钻研创新的菜肴很多，把自己一生都献给了烹饪事业。就"香炸云雾"一菜，以蛋清、虾仁为主料，调入钟山云雾茶，入锅油炸。这菜虽然好吃，但入盘后总显得有点瘪，原因何在？70 年代，他终于探究发现问题在于油温过高，于是他改用二成油温，待蛋清凝结，再加到四成，出锅以后，果然能始终保持饱满形状。此外，他还花费了十多年心血，精心研制缔子菜，将其分为硬、软、嫩、娇四大类，改进、创新了选料广泛、口味多样、营养丰富、造型美观的缔子系列菜。他刻苦自学，出版了烹饪专著《金陵美肴经》。这是几千年来中国第一部老厨师亲自动手撰写的著作，开创了烹饪文化史的新纪元。

　　江苏省烹饪协会原常务理事、南京金陵饭店首任总厨师长薛文龙，是一位对烹饪技术孜孜以求的大师。自 20 世纪 70 年代开始，他克服文化上的不足，一心钻研清代袁枚的《随园食单》，跑图书馆搜集资料，进大学寻师访友，向教授、名流以及美食家讨教。他运用袁枚的烹饪理论，精选出 100 多个菜肴加以挖掘整理，演绎创新，从而使随园菜从乾隆时期的官府家走向现代化宾馆的餐桌，如八宝豆腐、雪梨鸡片、酱炒甲鱼、八宝黄焖鸭、蜜酒蒸白鱼、叉烧鸭等，在香港、北京多次向中外宾客展示随园系列菜肴，艺惊四座。1991 年出版的《随园食单演绎》一书正是凝聚着他钻研古典名著的研究成果，对后世产生了深远的影响。

　　盐城的中国烹饪大师王荫曾是一位善于钻研探索的元老级大师，他从厨 50 余年，始终把菜品创新融入烹饪工作中。在英国、美国大使馆工作的 12 年间，他潜心研究菜品艺术，1998 年出版《烹坛奇葩：中国驻英美大使馆菜点集锦》，2006 年出版了《国宴菜：中国驻外大使馆分餐菜点集锦》，2012 年出版了《高宴菜：中西融合时尚分餐菜点集锦》，三本著作探索了中、西菜点文化的结合，完全改变了原有菜品装盘方式，对菜肴的设计提出了更高的要求，在分餐制主菜肴的造型方面探求"微型化"，为现代分餐制菜品的设计做出了榜样。2014 年他又出版了《亲民化的美食：粗菜细做菜品开发》，在粗杂粮菜点方面进行了开发研究。王大师长期在高档饭店和使馆工作，一直不断进取和创新，对各种档次的宴席接待研究颇多，他在适应现代市场方面，对各种普通原料如野菜、盐城海水蔬菜（如海蓬子、红黄恭菜、菊苣等）都有深入的研究，在行业中产生了很大的影响。

　　无锡中国烹饪大师周国良，几十年来一直孜孜不倦地研究适应无锡人享用的创新菜肴，在振兴锡帮菜、挖掘传统菜以及对传统菜的改良、创新上下了不少功夫。比如在传统清蒸白鱼的基础上，加了酒酿、火腿，就成了"酒酿火腿蒸白鱼"；另外，菜心三鲜酿生麸、仔鲍烧汁牛肉方、干煸虾球、三味银鱼片、养生泉水河豚等均是从传统菜改良而来的。在吸收川菜特色的基础上，针对江南人爱吃湖鲜的喜好，制作了酸菜剁椒雪花牛、乡村田边鸡、鱼香金衣卷等菜肴。口味上，根据当地客人的不同需求而改良，多年来，他不断地潜心研究，在保持了太湖特产鲜、嫩、滑爽的基础上，研发出荠菜鸡蓉球、如意笋、干菜肉酱小青龙、五彩白鱼圆等地方特色新馔。

连云港中国烹饪大师陈权，多次参加国内外烹饪大赛并获得多项奖项。几十年来，他不断钻研烹饪技术，博采众长，创制了一系列特色创新佳肴。他利用当地海产文化的特点，经常走出去，不断与不同地方风味的大师交流烹饪技术和学习心得，努力探索本地原料与外地食材的搭配，在菜肴口味上，广泛吸取外帮风味的调味特色，拿来为其所用。近10多年来，他创制出深受当地顾客欢迎的美味菜品，代表菜有：姿色木瓜虾、黑椒羊腱骨、莲藕锅贴虾、珊瑚鲍鱼、奶汤沙光鱼、藜麦虾球、翡翠珍珠鱼丸、西式月芙蓉、基围虾皇蛋等。

继承和发扬传统风味特色是江苏饮食业兴旺发达的传家宝。改革开放以后，江苏厨师利用本地的特产原料，善于运用传统、改良传统，兼及外地特色风味和海外烹饪制作之长，使江苏菜点的制作更加适应时代、适应市场。如今，江苏各地的饭店在开发传统风味、重视经营特色方面取得了可喜的成绩，并力求适应当前消费者的需要，新品应时迭出，生意红火。

江苏烹饪大师在菜品的制作上，紧跟时代的发展而不断改进和创新，以适应时代的需要。如20世纪70年代，人们提倡"油多不坏菜"，如今油多已不适应现代人的饮食与健康的需求。10多年前，江苏传统名点"千层油糕""蜂糖糕""玫瑰拉糕"等需要加入一定量的糖渍猪板油丁，随着人们生活的变化，饭店制作者已将其量适当地减少，甚至不用动物油丁，创制出新品佳肴。传统的"糖醋鱼"，本是以中国香醋、白糖烹调而成，随着西式调料番茄酱的运用，几乎都改以番茄酱、白糖、白醋烹制了，从而使色彩更加红艳。与此相仿，"松鼠鳜鱼""菊花鱼""瓦块鱼"等一大批甜酸味型的菜肴，在江苏烹饪大师的改良制作中都蜕变为新的风格和特色。

不断进取，勇于开拓，才有无限的生命力。只有弥补过去的不足，使之不断地完善，才能永葆菜品的特色。江苏美食文化的发展创新，始终根据时代发展的需要、根据人的饮食变化需要，一直在不断创制新的品种以适应新时代的需要。

三、江苏地域文化形成的美食特点

江苏美食是在历史的长河中不断地丰富和发展而成的，特别是明清时期，已孕育成体系完备的地方风味特色。在菜品的风味体系中，除江苏各地的风味菜品以外，还包括用料讲究的船宴和船点、南朝梁武帝提倡吃素时发展起来的素食斋菜和主料同类的全席菜以及多种不同风格的宴席菜等，其风味影响了长江中下游和东南沿海一带。江苏美食菜点是中国地方菜点中适应面很广的风味之一。

江苏美食以其严格的选料、丰富的技艺、繁多的菜品、精湛的烹调水平著称于世。这里从江苏烹饪技术原理入手，分析江苏美食制作技术的主要特色，探求江苏美食制作技术的真谛。

1. 展现因材施艺的精湛工艺

江苏美食菜点用料不拘一格，物尽其利，所用原料广泛，而更重要的是因材施艺。由于地处东南之地、长江下游，江河湖海交错，其用料以水鲜为主，著名的海产品有竹蛏、海蜇、文蛤、对虾等；淡水产品有刀鱼、鲫鱼、白虾、梅鲚、银鱼、白鱼、大闸蟹、龙池鲫鱼等。一年四季菜蔬佳味种类繁多，著名的有芦蒿、菊花脑、荠儿菜、茭白、木杞头、马兰头、矮脚黄青菜、金针菜、白果、板栗、油面筋、小箱豆腐等。至于调料，如海盐、香醋、糟油、酱菜、麻油，皆是个中佳品。丰富的物产，为江苏烹饪的繁荣奠定了坚实的物质基础，为江苏厨师因材施艺、变化出新提供了良好的条件。

在菜点的制作上，江苏厨师不仅对菜点原料的要求特别高，而且善于利用不同的原料施展不同的技艺，清代袁枚对江苏菜点的论述可见一斑。菜品制作因材而异，可以说贯穿于整个烹饪过程。江苏厨师根据不同淡水鱼的自身特点制作，因材施艺，在美食技艺中形成的名菜名点品类繁多，充分体现了厨师们菜品制作的精湛技术。在烹饪中，根据鳙鱼头大而肥硕的特点，采用烩、炖的技法，制成淮扬名菜"拆烩鱼头""砂锅鱼头"；根据刀鱼肉质鲜嫩、但细刺较多的弊病，制成苏州名菜"出骨刀鱼球"；鲫鱼味美，妇孺皆喜，但此鱼骨硬而多，江苏厨师根据原料的这一特性，在鱼腹中加进猪肉末，制成名菜"怀胎鲫鱼"；根据青鱼尾巴肥美异常、且为活肉的特点，采用软烧的技法，制成"红烧划水"；根据鳝鱼不同部位肉质的特点，制成"炒软兜""炝虎尾""煨脐门"等不同风格的菜肴。

2. 体现地域文化的火功技艺

江苏在传统菜品的烹制中，历来重视火候，讲究火功。江苏宜兴为中国之陶都，所产砂锅焖钵，为炖、焖、煨、焐提供了优质工具，还有蒸、烤、燔、熬等烹饪技法，均可见火功精妙。各地厨师在烹制菜肴时，对火候要求非常严格。在火工的把握上，按照菜肴要求、原料质地和刀工形状，准确掌握火工，使菜肴形成鲜、香、酥、脆、嫩、糯、韧、烂等不同的特色，从而达到浓而不腻，淡而不薄，酥烂脱骨而不失其形，滑嫩爽脆而不失其味之效，著名的有"扬镇三头"(扒烧整猪头、清炖蟹粉狮子头、拆烩鲢鱼头)、"苏州三鸡"(常熟叫花鸡、西瓜童鸡、早红桔络鸡)和"南京三炖"(炖生敲、炖菜核、清炖鸡孚)以及砂锅鱼头、醉蟹炖鸡、鳆鱼炖鸭、黄焖鳗等堪称众多火工菜品的代表菜。砂锅炖焖，四季皆可，老少咸宜。江苏人可以根据四季食材的不同制作不同的炖焖菜品。1932年出版的《宜兴陶器概要》中对江苏人爱用陶器锅罐炖焖菜品进行了详述："菜社与酒家如无陶罐专席不得称为美备；精究庖厨者不以陶罐煨炖可谓未尝真味；不以紫砂陶壶品茗虽有甘泉其淳难极致。"又云："以陶罐炖食品，其味特别醇美，是一般铅铁铝磁等锅罐所迥不能致。故考究调味者，靡不够用。颇多菜社酒家，亦以陶罐为专席。"[1] 这道出了江苏烹饪炖、焖之法的地位和价值。

江苏菜点在菜品的制作中，特别重视调汤，讲究汤味清纯，其汤清则见底，浓则乳白，要求原汁原味。江苏美食在调味上以清淡入味为特色，主张突出主料、突出本味。大凡增鲜、增色、增味的调料使用，应以不影响主料本味为原则，只求除去原料的腥、膻、臊、臭等令人厌恶之味，而强调保持主料本味。例如增鲜，荤菜中以清鸡汤、虾子增鲜；素菜中以黄豆芽、蘑菇、竹笋增鲜，从而使菜肴味正汁醇，风味鲜美。

3. 突出清鲜淡雅的本土风味

自古及今，江苏菜点以清鲜平和为菜品的基调。河鲜、江鲜、湖鲜、海鲜及多种鲜蔬、瓜果，都突出主料本味的一个"鲜"字；荤素组合，合理配伍，咸甜醇正，都注重调味技法的一个"清"字。淡用淮盐，间用五香、椒盐和糖醋，常用葱、姜、笋、蕈和糟油、酱醋、红曲、麻油、虾子以及鸡汁肉汤等，以出味提鲜，皆显示了江苏风味的丰富内涵。江苏各地的口味风格以清淡见长，多突出咸甜之淡雅，并注意咸甜之不同特色，鲜咸味醇、咸中稍甜、甜咸适中、甜出咸收等的不同变化；菜肴力求保持原汁，强调本味，讲究一物呈一味，一菜呈一味，形成清鲜爽适、浓淡相宜、味和南北的独特风格。江苏小吃广集原料，具有浓厚的乡土风味，且一向以制作精巧、造型讲究、馅心多样、各具特色著称。

咸甜味、鲜咸味、甜酸味是江苏菜品的三大主要味型，都体现了清鲜、淡雅的风格特色。咸甜适宜的代表烹调方法是红烧，代表菜肴就是红烧肉、红烧鲫鱼、红烧鸭块、红烧萝卜等。淮扬风味的红烧菜最有特色的就是盐与糖各占一半，既要吃出它的咸味，也要吃出它的甜味，掌握不偏不倚才是正宗。正如历史学家、南京大学教授卞孝萱先生分析：扬州在地理上素为南北之要冲，因此在肴馔的口味上也就容易吸取北咸南甜的特点，逐渐形成自己"咸甜适中"的特色了。另外，在调味中，江苏厨师还注重把握同一种味型的轻重之别、浓淡之分。比如同样是糖醋味，虽调料品种使用相同，但因数量配比不同而形成两种不同的风格。江苏风味中，有重糖醋和轻糖醋之异，如苏式"糖醋鱼"为重糖醋，甜酸味浓烈而甜香，而南京菜"五柳鱼"则为轻糖醋，糖醋用料降了一半，菜肴甜酸味轻淡，而带有鲜香，其味型的差异是十分明显的。

4. 注重形色优美的求新风尚

江苏菜点自古以来受当地文人雅士、商贾政客的影响，南北大运河开通后，江苏历来是引人入胜的游览胜地，菜肴风味雅致而精湛。在菜品的色调上风格清新、多姿多彩，四季菜品应时迭出，注重造型，讲究美观。苏南的白汁、清炖技法和善于用红曲、糟制之法与苏北的原汁原味、造型清新的菜品一起构成了江苏菜品特有的风尚。江苏菜

---

① 王忠东. 美食美器宜帮菜. 北京：中国商业出版社，2016：20.

品讲究色彩的和谐，在色彩的配合上，辅料的色彩要衬托主料、突出主料、点缀主料、适应主料，形成菜肴色彩的均匀柔和、浓淡相宜、主次分明、相映成趣。在菜肴制作中讲究清雅可人，是江苏美食的基本要求。如"清炒虾仁"，以其洁白无瑕的色彩表现菜肴的素雅美观，故又称"清炒大玉"。苏帮菜中的"荷香芡实"用洁白的芡实点缀上鲜艳的荷花，和谐悦目，引人食欲。

图 7-3　三套鸭　　　　　　　　　　　　　图 7-4　象形南瓜

　　江苏厨师注重菜品的改良与创新，但始终有利于保持和发展本土风味特色。如注重粗粮细作，将一些普通原料深加工，这样改头换面，菜品品质得到了提升；或在口味上、工艺方法上进行创新。比如鸭掌，从传统的红烧鸭掌、糟香鸭掌、水晶鸭掌到卤水鸭掌、芥末鸭掌、泡椒鸭掌等，其口味在不断翻新。由"油爆虾"到"椒盐虾"再到"元宝虾""XO 酱焗大虾"，从口味和工艺上而改变。在传统特色的基础上，江苏菜点的制作不断吸收其他地方菜品的制作特点，如胶东的海鲜制作风格、西北的羊肉菜品优势、港粤的烹饪技艺、川湘的辣香特色以及海外引进的各式烹饪原料，使江苏菜点不断丰富和提高，特别是改革开放以后的交流与发展，使得江苏菜点不断地走遍全国、走向世界。

第二节　江河湖泊地区的美食特产

　　江苏各地著名特产具有鲜明的地方特色。特别是江苏的江河湖泊众多，各类淡水资源十分丰富。但不少资源也面临着品种稀缺的局面。如传统的"长江三鲜"：鲥鱼、刀鱼、河豚，野生的品种现已难觅踪影。20 世纪中后期，由于长江时鲜颇受推崇，经常用于筵宴，导致过度捕捞，20 世纪 80 年代以后资源日渐恶化，野生的长江三鲜已不复再现。为了恢复长江的自然生态平衡，国家提出 10 年禁捕的指令。目前看到的鲥鱼、刀鱼、河豚多为养殖之品。江苏中洋集团的河豚养殖是闻名全国的，江苏多地餐饮企业售卖的河豚多出自"中洋"，这为人们日常餐饮消费提供了较好的食物来源。

图 7-5 水乡人家（丁学进 摄）

一、水产动物类原料

1. 阳澄湖大闸蟹

每年农历九月，当傲菊盛开之时，"螯封嫩玉双双满，壳凸红脂块块香"的鲜美肥大的螃蟹便大量上市了。江苏有众多的江河湖沼，淡水蟹资源十分丰富。江苏地区水域所产的淡水蟹统称为螃蟹。由于它的两只大螯长有细密的短绒毛，因此动物学上称之为"中华绒螯蟹"。江苏各地有许多著名的淡水蟹产地，较为著名的有兴化水乡的"红膏蟹"、洪泽湖螃蟹、固城湖螃蟹等，其中以阳澄湖所产的清水大闸蟹最负盛名。

阳澄湖位于江苏省昆山、吴中、常熟三地交界之处，是苏南有名的淡水湖之一。它方圆117平方公里，总水面18万亩，草藻茂盛，食料丰富，特别宜于螃蟹的繁殖生长。阳澄湖所产的清水大闸蟹，肉质白嫩，肥大味美，一般每只有200～250克重，头胸甲的宽度可达70～80毫米，青背白肚，黄毛金钩，被誉为"金爪蟹"。这是因为湖水清澈、没有污泥的缘故，还有湖底长着茂密的水草，栖息在这里的螃蟹不停地在水草上爬行，把肚皮洗刷得雪白。由于在水草上爬行，十爪长得特别硬朗强健，因此被人们赞为"蟹中之王"，也是中国国家地理标志产品。

"秋尽江南蟹正肥"。过了中秋，阳澄湖清水大闸蟹便日渐肥大起来。从寒露前后到立冬前后，是捕食螃蟹的最佳季节。吃蟹，一般是把整只蟹洗净，煮熟或蒸熟后去壳而食，蒸食比煮熟味道更佳。江苏人吃蟹的方法很多，将蒸熟的蟹肉、蟹膏剔出制成蟹粉、蟹膏，可烹制各式菜肴，民间有制作腌蟹、糟蟹、醉蟹等法。螃蟹肉质细嫩，滋味鲜美，营养丰富。同其他水产食物比，所含的水分较少，所含的蛋白质、脂肪、碳水化合物和维生素 A 等营养成分特别丰富。

2. 太湖银鱼

银鱼又称面条鱼，在江苏省太湖、洪泽湖、高邮湖、滆湖、骆马湖、阳澄湖等都有分布，但以太湖、洪泽湖最多，其中又以太湖所产银鱼最为著名，是我国重要的出口水产品。

银鱼属银鱼科。喜栖宽敞水面的静水环境，产卵地大多在湖湾水面，一般在一至三月中旬产卵。幼鱼孵化后，靠吃浮游生物成长。大银鱼生长很快，两个多月就可捕捞。每年五月中旬到六月中旬，是银鱼的捕捞汛期。

《姑苏志》载："银鱼，形纤细，明莹如银，出太湖。"太湖里的银鱼有四种，即大银鱼、雷氏银鱼、短吻银鱼和寡齿短吻银鱼，前两种较大，后两种较小。银鱼大的有二寸多长，小的有一寸长左右，全身洁白无瑕，晶莹得像用白玉、水晶、银粉制成的精美工艺品。银鱼在汛期捕捞后，大多冰鲜后出口。当地渔民则暴晒制成银鱼干，形如一尾玉簪，色、香、味经久不变。太湖银鱼，为我国国家地理标志产品。

银鱼，无鳞软骨，肉细嫩，味鲜美，含有较高的蛋白质及钙、磷等多种营养成分。肉质细腻，洁白鲜嫩，无骨刺，无腥味，可烹制成多种佳肴名菜。如芙蓉银鱼、干炸银鱼、香炸银鱼排、银丝炒鸡蛋、金丝银线汤等。

3. 太湖白虾

太湖白虾，又名秀丽白虾，俗称"水晶虾"，它生长在太湖开阔的水域。据《太湖备考》记载："太湖白虾甲天下，熟时色仍洁白。"太湖白虾其壳极薄，通体透明，略见棕色斑纹，头有须，胸有爪，两眼突出，尾呈叉形。白虾肉质细嫩鲜美，鲜虾可加工成虾仁，晒干去皮便是湖米，即虾米。其下脚是制作美味虾籽酱油的优质原料。

太湖白虾大多生活在水草茂盛、风平浪静的浅滩处，它的活动离不开两对主螯，以植物碎片、有机残渣和弱小无脊椎浮游生物为主要食料。每年 5～7 月中下旬，是白虾产卵的旺季。一般每只母虾产卵两次，当第一次产卵孵化后，大致相隔 25 天，第二次产卵开始。产出的卵呈椭圆形，一般每次产卵几百粒。春季早批产卵孵化出来的幼虾，经过两、三个月，六、七次蜕皮后，到 6 月中下旬已长成大虾，8 月底就可以产卵了。太湖白虾的寿命比较短，一般只能活一年到一年半的时间。

太湖白虾没有专门的汛期，通常农历六、七月间是吃虾的时节。太湖白虾的捕捞作业，主要与银鱼同时捕获。虾的营养价值极高，含有蛋白质、脂肪，以及钙、磷、铁、无机盐和维生素 A 等营养元素。用虾制作菜肴，色、香、味俱全，手艺高超的厨师可以制作近百道虾肴，如盐水虾、油爆虾、凤尾虾、炝白虾、醉白虾、翡翠虾斗、炸虾球、芙蓉虾仁、荠菜虾饼、石榴虾仁、炒虾蟹等，各具特色。

4. 长江刀鱼

长江刀鱼，学名长颌鲚，又称长江刀鲚、刀鲚，是长江著名的水鲜。每到阳春三月，江南桃红柳绿的时候，正是江苏沿江两岸刀鱼旺汛的季节。刀鱼，在我国历史悠久，名称众多。《山海经》中称刀鱼为"鮆"；《尔雅》中称它是"鱴刀"；《本草纲目》中称之为"鱭鱼"。刀鱼俗称凤尾鱼或鲚仔鱼，属鲚鱼的一种。

刀鱼全身呈银白色，身体扁而狭长，一般的刀鱼体长相当于体阔的 6.5 倍，8 倍于头长，狭长侧薄，颇似尖刀，游速特别快，故有"刀鱼似箭"之说。长江刀鱼分布于长江近海半咸淡水域，是一种洄游性鱼类，在海水中生长，在淡水中产卵。每当春暖花开的时候，刀鱼陆续从近海溯江而上。刀鱼，肉质细嫩，腴而不腻。含钙质和磷酸盐成分比例较高，还有维生素 A 和 D，是人们的良好滋补品。长期以来，由于环境恶化、捕捞过度等原因，已难以形成渔汛，资源已面临枯竭。

2012 年，长江刀鱼首次在江苏人工繁殖成功，然而由于长江刀鱼对养殖环境要求高，技术难度大，人工养殖很难。市场上很少能见到活的刀鱼，它一旦被抓住，就会四处乱窜直至气绝而亡。近年来，镇江、江阴、南京、泰州等地区的餐饮企业，利用新鲜的刀鱼肉制作成"刀鱼馅心"，包制成"刀鱼馄饨"，在餐厅出售，得到了许多市民的喜爱。

5. 淮白鱼

淮白鱼，古称"鲌鱼"，又称淮鱼、淮白、银刀。淮白鱼是江苏比较古老的鱼类。早在夏商周三代已将珍贵的淮白鱼作为贡品。《尚书·禹贡》有"淮夷蠙珠暨鱼"的说法。它身长，通体鳞色雪白，一般活动在水的上层，游速极快，又喜翻腾跳跃，因而俗称"浪里白条"。据史书记载，淮夷"水多鱼美，白鱼尤为世所珍"，淮水流域皆产白鱼，而以淮安最为知名。

白鱼因体扁修长犹如腰刀，故称银刀；头微微上翘，民间形象地叫它"翘嘴白鱼"。"翘嘴白鱼"最大个体长 1 米以上，是一种以食小鱼虾为主的优质大型经济鱼类。白鱼肉白细嫩、肥美，营养价值高，为筵席佳品。古时许多文人墨客旅经湖区，饮美酒、品淮白，常赋诗赞咏。宋代诗人苏东坡有诗句："洪泽三十里，安流去如飞……明日淮阴市，白鱼能许肥？"

淮白鱼是生活在流水及大水体中的鱼类，一般在水体的中上层，性情较凶猛，游泳迅速。《本草纲目》将白鱼列为药用滋补品，为鱼中上品，具有消食解水之功效。洪泽湖渔民有"寒刀夏鲤春白鱼"的食俗，经常以白鱼待客或作为礼品馈赠亲友。

随着餐饮市场的不断发展，靠江、河、湖泊、水库等天然水域捕获的白鱼远不能满足国内市场需求，为此，湖区渔民开展了白鱼养殖试验，并获得成功。以白鱼为主料烹制的佳肴风味别具一格。清蒸白鱼，肉质细嫩，清香可口。红烧白鱼，软嫩咸鲜，金黄爽口。糟煎白鱼，糟香透入，肉嫩味鲜。

6. 徐州鲤鱼

鲤鱼，又称"花鱼""龙鱼""鲤拐子"等，是我国主要的淡水鱼种，形体美观，肉质肥厚。千百年来，徐州人一直将其作为吉祥如意的珍馐、喜庆宴席上必备的佳馔。"无鲤不成席"在当地已成风俗。

徐州黄河故道所产鲤鱼，肉质细嫩鲜美，金鳞赤尾、体形呈梭长的优美形态，而以当地的四孔鲤鱼最为著名。徐州四孔鲤鱼出产在沛县境内的微山湖一带，因其形体发黑，又称乌鳢，也称湖鲤。此鱼与其他鱼不同之处，首先是在鱼的鼻孔上方，又有两个小鼻孔；其次是形体发黑，肉质细嫩、鲜香。东汉时，流经徐州的黄河段决口，并夺泗水河床入海，又经过若干年形成了微山湖。湖水环境特殊，竟出现了四个鼻孔的鲤鱼，被在湖上打鱼的沛县人、铜山人看出来。这种鲤鱼与其他地区的鲤鱼区别在于，其身长而健，只有尾巴是红色，而且有四个鼻孔、四个鱼须，当地人都认为这种外形是微山湖鲤鱼所特有的。当地人红白喜事、走亲访友、宾朋筵席，用红鲤鱼才显得吉祥如意。

徐州地区四孔鲤鱼一年四季均有出产，以二、三月份最肥，也最鲜。当地人烹制做法一般有两种：一是糖醋，二是红烧，皆鲜美细嫩。"糖醋四孔鲤鱼"是徐州传统名菜，用鲜鲤鱼烹制而成，菜肴金黄色泽，头尾上翘，形如欲跳龙门之势，浇上琥珀色的糖醋汁，吱吱作响，外糯里嫩，甜酸味浓，深得民众喜爱。

7. 六合龙池鲫鱼

龙池鲫鱼为六合区特产，它是在特定的生态条件下生长出来的一种独具特色的鲫鱼。这种鱼以头小、背厚、体大、肉嫩、呈黑褐色而驰名中外。每条约有500～1 000克重。龙池鲫鱼在明朝时就是宫廷贡品，烹制出来的味道比普通鲫鱼更加鲜美，柔嫩胜蟹。

在南京六合城南门，有一个明镜般的池塘，这就是当年以出产龙池大鲫鱼而闻名的龙池。当时水面有400多亩，四周良田环抱，紧靠滁河，池边长有芦苇，池底积有很厚的淤泥，水质肥爽，有可供鲫鱼食用的大量底栖生物。20世纪末，龙池鲫鱼最高年产量曾达4 500多公斤。2000年之后，由于过度捕捞，再加上龙池湖中放生鱼类增多，挤占了龙池鲫鱼的生存空间，年产量不足150公斤。为了保护这珍贵的种质资源，六合区政府出资，联合市水产科学研究所和相关高校，展开了漫长的龙池鲫鱼提纯复壮工作。2017年通过基因测序找到纯种龙池鲫，2018年人工繁育出鱼苗，2019年已繁育5万尾商品鱼。龙池鲫鱼的保种工作取得了初步成功。

通过检测龙池鲫鱼和市场上最为普遍的异育银鲫，将它们加热后，发现鱼肉中直接影响口感和营养的醇醛酮等重要气味物质、脂肪酸、核苷酸、小肽等的含量都会出现变化，气味、鲜味、苦味、土腥味、营养价值等各项指标均证明了龙池鲫鱼都要优于异育银鲫。而用龙池鲫鱼汆汤，汤色如奶稠浓，肉细嫩，味鲜美，是滋补佳品。

二、水生植物类原料

1. 太湖莼菜

莼菜，属睡莲科，叶片椭圆形，浮于水面，为多年生宿根性的湖沼草本植物。原产我国东南部，苏州洞庭西山、东山一带，是太湖莼菜的主要产区之一。2002年入选为地理标志保护产品。

莼菜蔓生水中，地下茎呈白色，匍匐于水底泥中；地上茎分枝甚多，细长，随水位上涨不断伸长，高约一米。叶片漂浮水面，绿色、光滑。茎及叶背均有透明的胶质，尤以嫩梢及幼叶上为多。花梗自叶腋抽出，顶生一小花，呈紫红色。莼菜性喜温暖，要求湖底平坦，富含腐殖质深厚的淤积土。一般以一米左右深水为宜，水质以流动澄清的湖水为好，忌猛涨猛落。莼菜喜阳光，因此，莼菜塘内不宜种植莲藕，以防遮荫。但可适当放养少量鲫鱼、鳊鱼，既可除草，又能灭虫，对莼菜生长也有利。

太湖莼菜原系野生，明末清初开始人工栽培。莼菜在清明后可采摘，初次采摘的嫩梢涩味重，不宜加工。从清明到秋分期间，只要天气晴朗，每天都可采摘。太湖莼菜在明朝万历年间，是向皇帝朝贡的"贡物"。清代时太湖莼菜仍然名气很大，康熙皇帝也特别爱吃。

莼菜以嫩茎和嫩叶供食用，地下茎富含淀粉，幼叶与嫩茎中含有一种胶状黏液，食用时有一种细柔滑润清凉可口的感觉，并有一种沁人心肺的清香。莼菜具有清热、利尿、消肿、解毒，可治疗热痢、黄疸、痛肿、疔疮，并有防癌功效。莼菜的营养价值极高，可煮、可炒，鲜嫩爽口，别具风味，特别是煮汤，时色、香、味俱佳。苏式名菜"鸡火莼菜汤""芙蓉莼菜"，滑嫩鲜美，清香诱人。太湖莼菜质地好，产量高，一年可收两期。太湖莼菜不仅畅销国内，还加工装瓶，远销国外。

2. 宝应荷藕

荷藕，又名莲藕，简称藕，属睡莲科，是多年生水生草本植物。我国栽培荷花，早在诗经上就有"彼泽之陂，有蒲及荷"的记载，已有二千多年的历史。1998年，宝应县以其优美的自然环境、完整的产业链条和独特的荷藕文化，被命名为"中国荷藕之乡"。早在明朝洪武年间，这里就已开始种植荷藕，同时制作藕粉，并作为朝廷的贡品。现为中国国家地理标志产品。

宝应地处苏北里下河地区，这里河网密布，五湖四荡交错。当地河荡与芦荡相伴，沼泽土、芦苇、蒲柴一齐造出了一种土壤——蕲质土壤。蕲，千年草根和多年的泥沙交织在一起的土壤。蕲质土壤肥沃，草根年复一年生长，泥土松软，荷藕与芦苇蒲柴间植，荷藕生长的空间大，又因为是沼泽土，十分适合种植荷藕，这里荷藕长得又白、又大、又脆、又嫩、又甜。

宝应荷藕有"美人红""小暗红""大紫红"三大优良品种，具有节多、穿枝多、果大肉细的特点，食之清、甜、脆、嫩。当地一年当中，大部分时间都有不同特点的鲜藕供应市场。

荷藕可生食也可做菜，营养价值较高，富含淀粉、蛋白质，还有少量的脂肪、糖分，以及钙、铁、磷等矿物质和胡萝卜素、维生素B、维生素C等成分。中医认为，藕有益胃养阴之功，止血、解渴、解酒毒之效，可治咳血、吐血、鼻出血及酒醉、烦渴等症，具有较高的药用价值。宝应人用新鲜的荷藕加工成藕粉，藕粉是一种清血滋养品。宝应藕粉，很早就以它的粉纯洁白、营养丰富而驰名国内。荷藕所结的莲子，富含丰富的营养成分，具有一定的药用功效。

3. 无锡茭白

茭白，又名菰或菰菜，俗称茭白、茭笋、茭瓜，是禾木科宿根性多年生植物茭草的肉质茎。无锡茭白，洁白如玉，鲜嫩可口，是夏秋蔬菜中的珍品。当地种植历史约有二三百年，据《太湖备考》记载，清乾隆年间(1736—1795年)城南太湖附近一直有栽培。

江苏是我国茭白的主要产区，特别是苏南的无锡、苏州、常熟一带。据古书记载，茭白最早诞生的故乡，就在江南。长江以南低洼地区种植较多，无锡茭白久负盛名，是名特产品之一。

茭白是一种多年生水生宿根草本植物上长出的一种肥大嫩茎。茭白叶互生，细长而尖，形如披针。茭白的生成，是因为茭草感染了黑菰粉菌的结果。这种菌能分泌一种异生长素吲哚乙酸，茭草一旦受到这种异生长素的刺激，花茎就不能正常发育和开花结实，而茎节细胞却因此加速分裂，并将养分集中起来，形成肥大的纺锤形肉质茎，这就是茭白。

明代时，人们采用逐年移种，多用河泥壅根的办法，使茭白长得肥大白嫩。五十年前，无锡老农经过几十年选留，培育出植株矮、结茭多、产茭早的优良品种，产量超过一般品种一倍多。

无锡茭白的特点是白嫩细糯，入口清韵，无腻滞浓浊之感，纤维少，口味鲜中带甜，营养丰富，含有糖分、蛋白质及人体必需的赖氨酸、维生素和多种矿物质。据《本草拾遗》记载，茭白可"去烦热，止渴，除目黄，利大小便，开胃，解毒"，确是蔬菜中的佼佼者。

4. 吴中鸡头米

鸡头米，学名芡实，又称鸡头实、鸡头果、雁喙实、卵菱等，为睡莲科植物芡的干燥成熟种仁，一年生大型水生草本。吴中鸡头米，是江苏省苏州市著名特产，全国农产品地理标志。

苏州吴中地处长江下游，太湖之滨，区域气候温和，雨量充沛，河荡密布，太湖、吴淞江流域及澄湖水质优良，土层深厚而肥沃，非常适合水生蔬菜的种植，特别有利于芡实的生长发育。吴中鸡头米籽粒浑圆饱满，颜色米黄，鲜品清香淡雅，煮后香气浓郁，入口软糯，嚼后回甜。

鸡头米自古是苏州地区的特色经济作物，但以葑门外出产的质量最上乘也最有名。清初诗人沈朝初在《忆江南·咏鸡头》中写道："苏州好，葑水种鸡头，莹润每凝珠十斛，柔香偏爱乳盈瓯，细剥小庭幽。"城湾村世世代代靠种植塘藕、鸡头米、茭白、水芹、茨荠、茨菰为生。

干制的鸡头米，名芡实，秋末冬初采收成熟果实，除去果皮，取出种子，洗净，再除去硬壳(外种皮)，晒干，它是较好的中药材，具有益肾固精，补脾止泻，除湿止带之功效。

2005年，苏州市吴中区江湾村因紧邻吴淞江，率先成立现代农业水生蔬菜基地，种植的鸡头米成了市场上供不应求的抢手货。2016 年，吴中区甪直镇澄湖科技生态农业示范园开园，水八仙中最为知名的芡实(鸡头米)更是受到人们的欢迎。

5. 苏州菱角

菱角又称芰，属菱科，为一年生浮叶水生草本植物。在江苏纵横交错、密如蛛网的河塘里，还出产一种著名的水生植物——菱角，以苏州出产的菱角最为有名。

菱是我国著名的土特产之一，已有三千多年的栽培历史。苏州一带栽培菱的历史也很悠久，晚唐诗人杜荀鹤在《送人游吴》一诗中写道："夜市卖菱藕，春船载绮罗。"苏州四乡的渔民和村民就在湖泖河塘中以水为田，遍种菱角。长期以来，这里一直是我国的主要产菱区。优越的自然条件，使这一带出产的菱角不但数量可观，而且品种较多，品质优良。

菱有家菱和野菱之分。野菱的果实小，角甚尖锐，果肉较坚实。家菱是经劳动人民由野菱长期选育而成的，品种甚多。菱的许多品种在苏州一带都有出产，诸如元宝菱、懒婆菱、和尚菱、馄饨菱、小白菱、水红菱和乌菱等，其中以水红菱、馄饨菱和小白菱最为普遍。

苏州出产的菱角以水红菱最著名，又称苏州红，是一种优良的地方品种。果体大，容易剥皮，含汁多，肉脆味甜，最宜生吃。馄饨菱是苏州的又一优良品种，此菱四角已经退化，形状颇似馄饨，故得此名。它的果皮较薄，煮熟了甘香软糯。

菱生食可当水果，熟食可作蔬菜或代替粮食，老菱加工制作成菱粉可用来做糕点。菱含有丰富的蛋白质、糖、尼克酸、核黄素、维生素和钙、磷、铁等多种营养物质。作为药用，菱有健脾止泻、养神强志、益精气、抗衰老之效。

6. 淮安蒲菜

蒲菜是淮安的地方特产，系禾本科蒡黍属植物，其食用部分为幼嫩叶梢包裹而成的假茎，假茎乳白色，圆润饱满，长度不低于 35 厘米，基部直径不小于 1.5 厘米。为全国农产品地理标志。蒲草在很多地方都有生长，但蒲芽入菜却唯有淮安之地，即便在淮安广阔的水域，也只有老淮安城里的月湖、勺湖蒲菜可食，其他水域的蒲菜口感都不好。

蒲菜食用的历史已有两千余年，《周礼》上即有"蒲菹"的记载。淮安水乡泽国，盛产芦蒲。淮安人汉赋大家枚乘就曾在他的《七发》中写道："雏牛之腴，菜以笋蒲。"明代天启《淮安府志》卷二《物产》中，蒲菜列于第四类"蔬菜"的第十一种，用的是古名蒲蒻，可见明代淮安人已意识到蒲菜是特色美味。吴承恩在《西游记》第八十六回中以一段韵文，如数家珍地描述淮安一带三十几种野菜，其中"油炒乌英花，菱科甚可夸；蒲根菜并茭儿菜，四般近水实清华"也说到了蒲菜。据县志记载：宋朝梁红玉和丈夫韩世忠镇守淮安抗金时，因被敌军包围在城里，粮草断绝，她带头挖蒲根，以这脆嫩的蒲根为食，救活了参战的战士，从此蒲菜风行起来。故曾称蒲菜为"抗金菜"。

蒲菜农历一至八月均可采食，以四、五月间的蒲菜为最佳。蒲菜的质地柔嫩，洁白清香，口味鲜美，营养丰富，为淮菜筵席之上品。经过人们长期的实践，创造了一套特殊的烩制蒲菜的烹调技术。淮安名菜"鸡粥蒲菜""清蒸蒲菜""开洋扒蒲菜"等色新味鲜，清爽利口，别具一格。

第三节　苏东沿海地区的美食特产

　　江苏处在中国内地文化圈与海洋文化圈的交汇点上，随着历史的变迁，江苏的海岸不断向外延伸，还有长江泥沙的冲击，促使江中沙洲和江岸边滩拓展。东部沿海地区拥有海岸线的县市有 14 个，分别是赣榆区、连云港市、灌云县、灌南县、响水县、滨海县、射阳县、大丰区、东台市、海安市、如东县、通州区、海门市、启东市。苏东海洋文化的发展，为"海上丝绸之路"的开通与拓展做出了贡献，也为传统的海洋文化的发展奠定了物质基础。南通、盐城、连云港三地市的海产文化，为江苏美食文化的发展写下了光辉的一页。

　　连云港标准海岸线 162 公里，海州湾水质优良，海产丰富，品种繁多，见于史书记载的"鳞介鱼虾"多达 60 余种：对虾、彤蟹、比目鱼、鲳鱼、鳓鱼、加吉鱼、鲈鱼、沙光鱼、白虾、仔乌、鱿鱼、八带鱼、海带、紫菜、海蜇、贝类等应有尽有，美不胜收。

　　盐城市标准海岸线长 582 公里，有滩涂面积 683 万亩，自古就以各式小海鲜影响国内，沿海滩涂和近海盛产文蛤、海癞子、海推浪鱼、长不大的梅童鱼，以及凤尾鱼、蛏子、蛤蜊、蚬子等小海鲜，也是泥螺、对虾、鳗鱼苗等的重要产区，独特的水产原料为盐城的特色餐饮奠定了良好的基础。

　　南通启东、如东的海产品最为著名。如东海岸线长达 100 多公里，滩涂面积 104 万亩，占全省 1/9，盛产 50 多种海鲜产品。启东市位于长江、黄海交汇处，长江入海口的北侧，三面环水，形似半岛，集黄金水道、黄金海岸、黄金大通道于一身，是出江入海的重要门户。启东是中国著名的"海洋经济之乡"，拥有 203 公里江海岸线，60 多万亩滩涂。吕四渔场是中国四大渔场之一，是中国六大中心渔港之一，也是世界九大渔场之一，每年海产品捕捞量占江苏省的 1/3，被誉为"江海明珠"。

一、海产动物类原料

1. 连云港对虾

　　对虾，属水生动物甲壳长尾类，是连云港著名海珍产品之一。对虾的五脏、性腺都在头部，所以虾脑特别鲜美。对虾种类甚多，我国有闽虾、斑节虾、东方对虾等 20 多种。连云港市盛产著名的东方对虾和羊毛虾。

　　东方对虾，体长侧扁，壳薄色青，肉色明净，晶莹如玉，脑肥肉嫩，味道鲜美，营养丰富。个大体肥，一只就有 100 克。东方对虾，每年 1—2 月份在黄海中部 80 米深的海底越冬。3 月份水温上升，这时对虾性腺成熟，便分批成群地向沿岸游来。大部分长途跋涉到渤海，其中一小支游到海州湾渔场产卵繁殖。四月中旬，东方对虾便汇集在连岛一带的海域中。五月，雌虾产卵，这便是捕捉对虾的黄金季节。

海州湾渔场所产对虾，远远满足不了人们的需要。20 世纪 70 年代，连云港市水产研究所建成对虾养殖场，开始了生产性养殖。这里自然条件优越，池水无污染，与天然捕捉的对虾相媲美，其肉质更嫩，味道更鲜，也较卫生，其产品深受国人欢迎。东方对虾富含蛋白质，并含有脂肪、多种维生素及人体必需的微量元素，系高蛋白营养水产品，为宴席佳品。

羊毛虾，又名周氏新对虾，为连云港市特产。主要产在连岛外围的海域，生活习性与东方对虾大致相同，形似对虾，肉味极其鲜美。可以煮熟晒干制成"虾米"，色呈桔红，形似金钩，滋味鲜美，为海味上品。

2. 如东文蛤

文蛤又名花蛤、蛏蛾。我省沿海地区盛产，其中以如东、启东一带的文蛤为最多，多生活在浅海盐度较低的沙滩上。如东文蛤肉质鲜美异常，素有"天下第一鲜"之称。南通地区所产文蛤，在汉代已闻名于世，唐代就列为贡品。

文蛤生活在污泥之中，依靠斧足挖掘爬行，两根短短的进水管，同时又起进食管的作用，攫取海水中单细胞藻类充饥。文蛤驮着漂亮的外壳，6 月至 7 月性腺成熟期，产出的精、卵子在海水中受精、孵化，幼蛤经三周后进入沙底栖息生活。

如东除天然文蛤繁殖海面外，已成为全国最大的文蛤养殖出口基地，这里有广阔的浅滩和海湾，有众多的河流入海，滩涂平坦、松软，水质肥沃，饵料丰富，是文蛤繁殖生长的"天然牧场"。文蛤含有蛋白质、脂肪、糖类、钙、磷、铁等营养成分，同时，含有多种氨基酸和琥珀酸。食用文蛤，能开胃、泻火、明目、催乳、健身，且有清热、化痰、利湿等功能。南通地区以文蛤制作各种名菜佳肴品种较多，有爆炒、烩烧、炝醉、制酱、作饼等多种食法。

3. 吕四海蜇

海蜇为海生腔肠动物，是海洋中大型暖水性水母，为腔肠动物门，钵水母纲，根口水母科，海蜇属。至今，我国各地对海蜇的称谓也不统一，江浙一带叫"海蜇"，广州叫"水母"，福建、台湾叫"蛇"，汕头叫"红蜇""白蜇"等。

海蜇的上半部呈球形，犹如一顶降落伞，叫伞部，这就是叫"蜇皮"的部分；下半部呈条棒形，是海蜇的口腕部，如"垂缨"，也就是称之为"蜇头"的部分。海蜇一般伞径 300～500 毫米，直径 50 厘米，最大可达 1 米。

海蜇在我国的四大海区近岸盛产，资源十分丰富。江苏海区以南通启东的吕四渔场产量最高，占全省总产量的 90％ 以上。吕四海蜇为中国国家地理标志产品，曾获得国际美食暨旅游协会颁发的"金海鲜奖"。

海蜇作为食品，不但有其独特的风味并富有营养价值，而且还能治疗高血压、甲状腺功能减退、胃溃疡、气管炎、哮喘等多种疾病，并能抑制癌症的发展。由于海蜇既是美味食品，又具有滋补、保健等多种功效，被视为水产瑰宝。江苏海蜇的主要产地启东，能采用多种烹调方法制作近百种海蜇冷菜、热菜，还可以制作海蜇全席。

4. 吕四带鱼

带鱼，又称刀鱼(北方)、银刀(山东)、白带鱼(南方)，是暖温性近底层鱼类，中国四大海产之一。带鱼头尖嘴大，到尾子上逐渐变细，就像一根细鞭子，更像一根带子。带鱼一般的长度大约在 1 米左右，食性很杂而且非常贪吃。带鱼的生长速度较快，1 龄鱼的平均身长 18～19 厘米，重 100 克上下，当年就可以繁殖后代，2 龄鱼可以长到 300 克左右。

带鱼是长得最快的鱼类，孵化后的当年就可以繁衍下一代，所以它的产量一直高居海产经济鱼类之前列。南通市带鱼的年产量为 5 万～10 万吨左右。

带鱼肉嫩体肥，味道鲜美，只有中间一条大骨头，没有其他的细刺，吃起来方便，是大家比较喜爱的一种海洋鱼类。新鲜的带鱼，鱼身充满银色脂肪，闪闪生光，有光泽；质量好的带鱼，肌肉厚实，富有弹性。不过，当它离开水面，死去的时间过久，容易产生氧化，银色的脂肪经氧化后使鱼体表面呈现黄色，时间愈久，黄色的程度愈甚，因而影响味道。

带鱼的品质和产地有关，黄海、东海的产品，头部与眼睛大小均匀，体肥丰腴，肉嫩味鲜，为带鱼的上品；南海产者，头大、眼大，肉质较粗，味道次之。南通吕四渔场所产带鱼品种，质量为全国最优，年产量也一直名列海产经济鱼类的前列，历来是我国带鱼出口的主选区。吕四带鱼丰腴油润，味道鲜美，有"开春第一鲜"之誉。带鱼的吃法较多，主要烹调方法有炸、熘、烧、蒸、煮、煎、扒、烤、卤、糟等。带鱼具有很高的营养价值，对病后体虚、产后乳汁不足和外伤出血等症具有一定的补益作用。它能和中开胃，暖胃补虚，还有润泽肌肤、美容的功效。

5. 启东鲳鱼

鲳鱼，南通人叫它鲳鳊鱼。鲳鱼为脊索动物门，硬骨鱼纲，鲈形目，鲳科，分布于我国四大海域。启东吕四渔场盛产鲳鳊鱼，近几年产量达 25 000 吨左右。

鲳鱼，体短而高，极侧扁，略呈菱形，头较小，吻圆，口小，牙细。成鱼腹鳍消失；尾鳍分叉颇深，下叶较长；背鳍、臀鳍同形，鳍棘均呈截形，鳍条部前端皆隆起呈镰刀状。鲳鱼体银白色，上部微呈青灰色，多数鳞片上有细微的黑色小点，故有"银鲳鳊"之美称。鲳鱼生活在近海中下层，常栖息于水深 30～70 m 潮流缓慢海区内，以小鱼、水母、硅藻等为食。启东吕四渔场所产鲳鱼，肉质比其他地区所产的更加细嫩，口感更加鲜美。

鲳鱼含有多种营养物质，有丰富的蛋白质、脂肪、碳水化合物、钙、磷、铁，还有丰富的不饱和脂肪酸以及硒和镁等微量元素，对降低胆固醇、预防冠状动脉硬化、延缓机体衰老均有一定的辅助作用。其食用价值很高，可清蒸、红烧或者干烧，味道绝美，是老人和儿童食用的最佳选择。

6. 连云港沙光鱼

沙光鱼是连云港地区的特产原料，主要有两个品种，栖息于近岸浅海咸水中的称为海沙光；生于河海交汇的咸淡水中的称为河沙光。沙光鱼为刺虾虎鱼属，头大体长，形似鼓棒，牙齿细小，体布细鳞，尾鳍末端呈矛形。沙光鱼外表显青黑泥色，且有不规则的黑斑纹。

沙光鱼在连云港统称沙光，盐城人谓之推浪鱼。中国海岸线长达一万余公里，唯连云港境内沙光鱼最丰。每年初冬季节，沙光鱼最肥，是捕捞食用的最佳时期。

连云港地处我国南北交界，北方之干冷，南方之温湿，皆于此地交汇。喜温惧寒的沙光鱼，既不能承受南方之炎热高温，又不能忍耐北方之严寒霜冻，只有于此生息。连云港地区适中的气候和独特的地理环境，使沙光鱼成为肉嫩肤薄的特有鱼种。每至秋凉，沙光鱼受孕后潜入淤泥中产卵避寒。但当北方寒流袭来，薄衣嫩肤的沙光鱼，虽然藏身淤泥之中，仍抵不住天寒地冻的气候给它带来的厄运，成鱼无一能够生存下去。唯有在厚厚的卵囊保护中的沙光鱼卵，经过冬眠保存了下来，于春末之季开始繁衍。

在盐场人家的餐桌上，沙光鱼永远是外人不可企及的一道风景线。人们最爱用沙光鱼熬煮鲜汤。此外，沙光鱼可红烧、干烧、红焖，也可做蒸、炸之菜肴。其肉嫩细腻，味美绝伦，尤其是两鳃之肉，形若凝脂，色似碧玉，含而不化，嚼而生香，百吃不厌。

7. 盐城泥螺

泥螺是黄海沿岸的特产，尤以苏北盐城、连云港等地出产最多且佳。每到伏天，经梅雨滋润，泥螺肥美鲜嫩，是海边渔民捕捞泥螺的黄金季节。

泥螺外壳呈卵圆形，较坚硬，表面有螺旋状环纹，内面光滑，有黄褐色外皮。它栖息于内湾潮间带泥沙或沙泥底，底栖硅藻丰富的海滩上，对盐度、温度适应性强。

泥螺可以鲜食，也可以加工制成"醉泥螺"。鲜食的方法需将泥螺置于盆内数小时，让它吐出壳中泥浆，然后漂洗干净，投入开水中烫泡，不久即去水，拌以酒、姜、酱油，或加糖醋，其味鲜美爽口。泥螺含有丰富的氨基酸，接近联合国粮农组织和世界卫生组织共同制定的最优蛋白质最高标准。中医认为，泥螺具有补肝肾、益精髓、润肺明目、生津等功效，盐、酒渍食能治疗咽喉炎和结核等症。

盐城伍佑镇制作"醉螺"，历史悠久，远近闻名。早在明朝，海边渔民就用盐卤腌制成咸泥螺，用作菜食，味道鲜美，且能久藏。后来伍佑镇上的酱园经营者，悉心研究，改进加工技术，先用盐卤渍，后以糖、酒浸泡，口味更佳。其中以合成昌酱园制作的醉螺最为出名。醉泥螺具有香、甜、脆、嫩四大特点，尤其是里面的一粒黄色油块，味道格外鲜美，是佐餐下酒的佳肴。

8. 射阳海癫子

海癫子，产于盐城黄海之滨，市境东部沿海线长达 582 公里的滩涂沼泽地，便是海癞子繁殖、生存的区域，因而海癞子成为盐城市独有的特产，以射阳县产量较盛，品种也最佳。

海癞子是软体腔肠动物，属腹足纲科，体积较小，质地软，全身无骨，一般为6～12厘米不等，呈椭圆形，背部灰黑宽大，腹腔银灰透明而狭小，口腔端有两根相对称的细长触须，全靠腹肌蠕动，爬行时昂翘，腔部吐液夹着泥沙缓缓垂涎，而尾部伏于泥浆中，潮落时出泥沙表层爬行觅食。它以海藻及一些细小的浮游生物为食，冬季进入冬眠，春季出土，春末怀子，夏初产卵，春季是捕捉海癞子的最好季节。

海癞子是一种野生的海产动物，无污染，是一种良好的健康烹饪原料。早在明清时期"海癞子"就已入馔，是招待异乡贵客不可缺少的地方美味佳肴。海癞子其形丑陋、肤表粗糙，称为"癞"，又因体积过小叫为"子"，因它产于沿海，所以称为"海癞子"。因其所含营养成分，不低于海八珍中的"海参"，故人们称为"土海参"，简称为"土参"。海癞子是高蛋白低脂肪的食品，其中富含维生素、胶原蛋白以及人体必需的多种氨基酸、钙、铁、磷等物质，营养极为丰富。中医认为，海癞子对患高血压、血管硬化、冠心病都有一定的补助疗效，同时也有较强的去癣、去湿作用。海癞子用来烹制多种菜肴，以炒、烧、蒸、烩为多，也可以煮汤。

二、海产植物类原料

海产植物类原料，江苏不占主导地位。闻名国内外的启东吕四紫菜是江苏省重要的特色产品，也是影响国内外的名特产品。

1. 吕四紫菜

紫菜，是一种价廉物美的食用海藻，早在宋代紫菜就充当"贡物"。紫菜在我国沿海都有出产，江苏省则以吕四、如东、连云港所产的紫菜最为有名。

紫菜生长在浅海的岩礁上，其藻体为扁平叶状体，基部有盘状固着器，具短柄，是一种表面黏滑、呈广披针形或椭圆形的紫色海藻。我国沿海出产的紫菜种类约有10种，主要常见的有圆紫菜、长紫菜和甘紫菜。江苏省沿海所产紫菜大多是长紫菜。吕四紫菜中含有丰富的蛋白质，多种维生素和核黄素、尼克酸、胆碱、碘等成分，营养价值较高。据现代科学分析，常食紫菜能除去血浆中胆固醇，可防止动脉硬化，并有化痰软坚、清热利尿等功效。我国民间利用紫菜治疗甲状腺肿大，咳嗽咯吐臭痰等症。

启东市吕四渔港位于三水交汇处，又地处长江口，水中养分充足，沿海滩涂辽阔，水质肥沃，是紫菜生长绝好的天然场所。因此这里的紫菜又黑又亮，品质属世界一流。1972年开始人工养殖紫菜。紫菜生长过程分两个阶段：一个是秋末到次年春末的叶状体阶段，这就是我们平常所吃的紫菜；另一阶段是丝状体阶段，这是叶状体上所留下的种子。采集紫菜分两次进行，冬天采的叫"冬"菜，等海水退潮便去滩涂采摘，比较鲜嫩，但不易采集，产量不高。故而一般都在春天采集，叫"春菜"。紫菜叶质极薄，新鲜时呈青色，干燥后变为紫色。启东吕四渔港养殖的紫菜面积大，产量高，质量好，创造了国内紫菜养殖的高产纪录。目前吕四紫菜加工设备精良，品质优异，色正味纯，含沙量极低，经过检验达到优质的标准，来自世界各地的订单让这里的紫菜产业工人颇感骄傲。启东市已经成为全国大型条斑紫菜养殖加工出口的重要基地之一。

2. 其他植物

在江苏东部海域的植物类海产还有海带、裙带菜等。海带，又称江白菜，为褐藻门海带属植物，我国沿海地区均有养殖。江苏南通地区启东海域的海带质量上乘。野生海带在低潮线下2~3米深度岩石上均有。由于从北到南温差、光照等诸多因素差异的影响，使海带的生长成熟期有早有迟，所以收获期从5月中旬可延续到7月上旬。海带的质量以带片形状宽长、体质厚实、干燥、色深褐、无杂质者为佳。海带食用滑润挺脆，有特别的藻香和鲜味，营养丰富全面，被称为"特种蔬菜"。海带入馔，经泡发后改刀加工，配荤素各料，适于拌、炝、爆、炒、烩、烧、煮、焖、氽汤等多种烹调方法，调味则甜、咸、酸、辣均可。目前，启东、海州湾多有人工养殖，并已将海带制成多种食品，如海带丝、海带块、海带卷、海带酱油、海带味粉等。

在东部盐阜大地的黄海之滨，在冲击的滩涂盐碱地上，引进了大量的海蓬子。海蓬子，又称减肥草、海虫草、海洋芦笋。它色泽青绿，嫩茎繁盛，茂密地生长在一望无际的盐海滩涂。海蓬子具有很好的环保价值，它不与农田争土地，不与淡水争资源，不仅让不毛之地变成绿洲，而且有封土、固沙、改良土壤的功能。目前，它已成为一种保健蔬菜，能够清除血管壁上的胆固醇，降低血压、血脂，减肥效果较好。海蓬子的食用可凉拌、白灼、炒、做羹、做点心、做色拉等。因海蓬子是海水浇灌，具有天然咸味，使用前需先排盐。盐城市饭店企业研制开发了近百种海蓬子菜肴，如海蓬蒲菜、鲍汁海蓬白灵菇、海蓬牛柳、海蓬炒鲜蛏、香干拌海蓬、海蓬水饺等。

第四节　平原丘陵地区的美食特产

江苏除了江、河、湖泊外，境内主要以平原和丘陵为主，黄淮平原、江淮平原、滨海平原等，是农副产品的主产区；江苏低山丘陵多，是多种禽畜、杂粮、果品、茶叶等的养殖和种植之地。在这里，涌现出一大批名特产品，还有一些加工类产品也异常丰富，为江苏大地谱写了异彩纷呈的美食之歌。

一、动物类原料

1. 江苏麻鸭

我国养鸭有悠久的历史，早在公元前就开始养鸭。鸭子的优良品种较多，江苏麻鸭是我国的优良品种之一。麻鸭因毛色皆为麻褐色，带有黑斑纹，故称麻鸭。喙、脚为黄色。江苏麻鸭主要有高邮鸭、海安鸭、娄门鸭和昆山鸭四个良种。

高邮鸭，主产于江苏长江以北的高邮、宝应、兴化一带的里下河地区，是肉卵兼用型鸭种，具有善觅食、潜水深、产蛋多、生长快、个体大、味鲜美和能产双黄蛋等特点，因而闻名中外。高邮湖盛产鱼虾，水草茂盛，周围又是水稻地区，田间也是放鸭的良好场所，这些优越的自然条件，为良种的形成起了很大的作用。海安鸭，产于长江以北海安县一带，是苏北地区麻鸭中的优良品种。它体型大，毛较稀而细密光滑，臀部有白毛，颈毛为黄色，爪为白色。成年公母鸭均可达 4 公斤左右。其觅食量大，生长快，成熟早，年产蛋 160 枚左右，蛋重约 85 克。娄门鸭，产于江苏苏州地区，因养鸭的人及孵坊多集中于苏州娄门，故名娄门鸭。其颈细长，体形较大，胸腹丰满，呈长方形，羽毛细而紧密，为麻褐色。每只公母鸭体重 3 公斤左右，年产蛋 150 枚左右。昆山鸭，是昆山市玉山大麻鸭原种场，是用北京鸭、娄门鸭杂交选育而成的比较优良的肉蛋兼用型鸭种。母鸭体大胸宽，臀腹部丰满；公鸭体宽身长，胸饱满。昆山鸭生长速度快，还具有耐寒、抗病、适应性强的优点。

2. 太湖鹅

太湖鹅又称江苏白鹅，是太湖地区的著名禽类之一，也是中国鹅中的一个优良品种。据古书《三农经》记载，太湖鹅早在战国时期就已经开始养殖。日本古书上也记述太湖鹅在日本雄略天皇时输入日本，称为唐鹅，也称吴鹅。20 世纪 70 年代，江苏省农业、科技部门把太湖鹅列为重点保种对象，进行良种选育和提纯复壮，获得成功，使太湖鹅的高产性能和产蛋率都达到了国内外的先进水平。

太湖鹅羽毛洁白而紧密，体型小而秀丽，肉瘤为姜黄色，喙、跖、趾为橘黄色，成鹅体重约 3.5～4 公斤，母鹅年产蛋 60～80 只，具有觅食力强、耗料少、成熟早、产蛋率高、肉质好、仔鹅生长快和体质健壮等优点。根据育雏时间的早晚，太湖鹅可分为早春鹅、清明鹅、端午鹅、夏鹅等。

太湖鹅肉质鲜美，肥嫩可口，营养丰富，含有丰富的蛋白质、脂肪和热量。其食用方法多红烧、烤制、盐水等。鹅全身都是宝，除肉、蛋可供食用外，鹅绒可作被褥，鹅毛可制扇、羽毛球等。鹅身上许多东西还可以入药。因此，饲养太湖鹅确是一项利国利民的事情。

3. 如东狼山鸡

狼山鸡又名岔河大鸡、马塘黑鸡，原产于如东县的岔河、马塘和通州区的石港一带，因经南通狼山出口，故后以狼山鸡命名。狼山鸡个体大，生长快，体形威武健壮，肉质鲜美细嫩，遗传性稳定，抗病能力强，容易饲养，不仅是我国优良的蛋肉兼用型品种，在改良和培育国外优良鸡种上也起到了一定的作用。1972 年以后，狼山鸡陆续被引入德国、日本、英国、澳大利亚、法国和美国。1983 年狼山鸡被列入世界优良标准鸡种图谱。

狼山鸡体格健壮，头昂尾翘，背部曲刻较深，呈"U"型；羽毛紧密，行动灵活，胸部发达，个高体长，外貌雄壮美丽。按毛色，狼山鸡又分黑、白两种。黑色种占多数，并有墨绿色的光泽。

狼山鸡的生产性能：成年公鸡体重约3.5～4公斤；母鸡2.5～3公斤，成熟期6～7个月，年产蛋量在170个左右，蛋重59克。狼山鸡肉纤维细致，肉质油而不腻，屠体洁白美观。无论是清炖、白煨、红焖、干炒，还是白切、油焖、香酥，都别有风味，是招待客人的美味佳肴。当地群众常将狼山鸡煨、炖，作为滋补佳品。目前，狼山鸡的分布越来越广，已在20多个省、市、自治区安家落户。

4. 太湖猪

太湖猪主要分布在长江下游太湖流域，太湖猪又因地域的区别，细分为二花脸猪、嘉兴黑猪、枫泾猪、米猪、横泾猪、沙头乌猪等类群。太湖猪经产母猪窝产仔数可达16头；3胎以上，每胎可产20头，优秀母猪窝产仔数达26头。太湖猪是世界上独一无二的高产仔母猪品种，因此有国宝之称。20世纪80年代以后，先后有日本、美国、法国、匈牙利、韩国等十多个国家从我国引进太湖猪。1989年美国以每头4000美元的代价从苏州市引进一百多头。法国从1999年起，用太湖猪培育优良母猪，使法国的养猪业向前推进了20年。

太湖猪毛黑色，毛稀毛短，体型中等，成年母猪重120～150公斤。成年母猪奶水充足，性情温和，护仔性强，带仔率高，耐粗饲料，易喂养。苏州市苏太猪育种中心以世界著名的"太湖猪"为基础，采取导入外血、横交固定、继代选育、性能测定、综合评定选择等现代育种技术措施，育成了中国瘦肉型新猪种"苏太猪"。苏太猪全身黑毛，肉质鲜美，肥瘦适度，适合中国人的烹调习惯和口味。目前，苏太猪已推广到全国29个省、市、自治区。

5. 海门山羊

海门市滨江临海，位于长江三角洲的前缘。那里地势平坦，气候温和，雨量充沛，土地肥沃，河沟密布，饲草丰茂，生态环境良好，为山羊理想的生长繁衍场所。据记载，海门从垦牧时期就开始饲养禽畜，至今已有千年历史。据《中国实业志》载，1932年海门养羊1.39万头，平均每户养1.64头。在长期的生产实践中，精心选育成功了种性优良的海门山羊，现已在大江两岸普及饲养，总头数达240万只以上，其中海门常年饲养量达45万头左右。

海门山羊的生态特征为：体躯结构匀称，前后躯发育均匀，背腰平直；头大小适中，公羊面相较恶，母羊则较清秀，显得温和；颈细而长，少数颈前有肉疣；角呈三角棱形，耳中等大小，向外上方伸展；眼呈黄褐色；四肢端正，细长适度，蹄壳结实，呈深褐色；被毛紧密，全身毛色洁白，且富有光泽。成年公羊体重40公斤左右，母羊约22—23公斤。为全国农产品地理标志。

海门山羊具有耐湿热，成熟早，繁殖力强以及肉质鲜嫩，板皮致密，羊毛挺直有锋，肉、皮、毛品质兼优等特点。由于当地对公、母羊均有阉割育肥的习惯，故其肌肉丰满，肥嫩鲜美，脂肪分布均匀，膻味少。无论红烧、白煮，均肥而不腻，鲜美可口。

其营养价值较高，并有暖中补虚、开胃健力等功能，深为广大消费者喜爱。所以海门山羊很早就驰名于上海、南京、北京等地，常以"海门提汤羊肉"挂牌，以飨食客。

二、植物类原料

1. 常熟鸭血糯

血糯，通称为血糯米，属水稻科，常熟市优良糯稻品种。血糯红芒长秆，成熟时，谷粒皮壳呈浅紫色，脱皮精碾后，米粒殷红如鸭血，俗称鸭血糯，古称红莲糯。明代范成大诗曰"觉来饱吃红莲饭"。明代万历年间就有栽培。《金村小志》载："红莲糯，唯产虞山者为佳，里人都以酿酒或磨粉食之。"明代起就成为朝廷贡品，被列为特优御米之一。清末慈禧太后也最爱食之。

血糯分早血糯、晚血糯和单季血糯。前两种是籼型稻，品种较差，常熟种植的多为单季血糯，血糯米米粒扁平，较粳米稍长，米色殷红如血，米粒整齐，黏性适中。单季血糯在 5 月中旬播种，6 月初移栽，10 月初成熟，生长期约 150 天。血糯米由于色泽红润，有黏性，主要用来制作宴席上的甜点心。"血糯甜饭"是常熟著名的"王四酒家"创制比较早的名点，制作时佐以桂花、蜜枣、白糖等，性糯色喜，柔而香甜，肥润盈口，营养丰富，是江苏著名的特色名点。米中含有谷吡色素等营养成分，食用血糯有强身补血之功效。民间将血糯作为滋补佳品，亦是馈赠亲友的重要礼品。

2. 宿迁黄花菜

黄花菜，古名忘忧草，属百合科，系多年生的宿根草本作物。其花蕾供食用，因其花蕾经蒸晒、烘干等加工后，形似针，色金黄，所以又称为金针菜。

宿迁地区种植黄花菜已有 600 多年的历史。在明清两代的地方志中，黄花菜被列为宿迁的特产。据考证，黄花菜作为宿迁地方蔬菜特产，最早出现在明朝《万历宿迁志》上，其产量在不同历史时期有较大变动。在清末民国时期，全国多地的客商就与宿豫境内的商行联合收购黄花菜，运销全国各地。宿迁黄花菜以其品质之佳而雄冠全国，畅销国内外。

黄花菜的根粗短肥大，叶狭长披针形，花梗高出叶片，梗顶生花，花蕾长约 10 厘米，初呈黄绿色，快开时呈柠檬黄色。用作加工"金针菜"的花蕾，需是充分成熟而未开放的。过早，条形短小而硬；过迟，花开放，肉质变薄，食用价值降低。因此，适时采摘是保证黄花菜产量高、质量好的关键。加工好的花蕾，色泽黄亮，条身均匀，柔而油润，握不成团，此为上品。

黄花菜味道鲜美，营养价值高。干菜中含有较多的胡萝卜素、维生素 B、钙、磷、铁、蛋白质等。黄花菜的根、花均可入药，具有清热、解毒、健胃、利尿、通乳、消肿、安神之功效。

宿迁黄花菜条子粗壮而长，色泽黄亮，肉质紧实柔软，品质特佳。2019 年，宿豫区丁嘴镇投资建设金针菜产业园区，种植面积 4 000 余亩。在相关保护政策的扶持和推动下，宿迁的黄花菜产业将获得新的发展机遇。

3. 滨海何首乌

滨海县是我国著名的"首乌之乡"。由于滨海是黄河入海时泥沙淤积形成的平原，长期受海水和淡水系双重影响，这里的土壤疏松透气，营养丰富，再加上较大的昼夜温差，非常适合何首乌生长，也使得滨海县成为全国首屈一指的白首乌种植基地。

滨海东部属海洋性气候，西部高原冲击土质。滨海首乌种植区域主要集中在黄河故道尾闾地带，这里属海洋性气候，温和湿润，降水充沛，日照充足，无霜期短，土壤由黄河夹带的西部高原沙土冲积而成，土层深厚，通透性好，养分含量高，侵蚀性海岸地域，是海、淡水系接壤的过渡带，最适宜首乌生长，所产首乌根粗茎壮，产量高、品质好。滨海白首乌是中国地理标志保护产品。

滨海种植何首乌的历史最早可以追溯到清咸丰之前，据滨海县志记载，咸丰年间，境内就有少数农民将种植加工的首乌粉作为礼品馈赠亲友，历经数百年世代传承和沿种不息。1984年，经专家考察实验证明，滨海境内传统种植的何首乌是白首乌的正品之一，具有较高的药用价值和丰富的营养成分，并认为滨海是全国唯一的白首乌集中产地，其产量占全国的95％以上。

何首乌是我国特有的一味中药材。它不仅是治病良药，而且是滋补佳品。明代李时珍在《本草纲目》中曰：何首乌具有"养血益肝、固精益肾，健筋骨、乌髭发"之功效。

何首乌有赤首乌和白首乌两种。赤首乌，属蓼科。江苏滨海县出产的为白首乌，又名泰山何首乌、泰山白首乌等，属萝藦科。据中医临床经验，认为白首乌对某些虚弱病者的强壮作用，较之蓼科的何首乌为优。何首乌除作中药外，还可加工成首乌晶、首乌片、首乌酒、首乌粉等。

4. 泰兴白果

白果树又名银杏，因叶似鸭掌，故旧名为鸭脚。宋初作为贡品，改称为银杏。又因其果形似小杏而核呈白色，故俗称为白果。白果树属银杏科，是一种古老的裸子遗植物，有"活化石"的称誉。在一亿年以前的史前期，银杏曾广泛地生长在欧亚大陆，可惜在第四纪冰川期，所有的银杏几乎被灭绝，独独在我国幸存下来了。

江苏省泰兴市，土质为偏酸性沙质土壤，排水条件良好，适宜生长银杏。全市有银杏树530多万株，全市平均每人4.2株。年产白果400万公斤左右，为全国县市之冠，素有"银杏之乡"的称号。为中国国家地理标志产品。

据《泰兴县志》记载及专家现场考证，泰兴银杏已有1000多年栽培历史。至2003年底，泰兴市有500年以上古银杏树121株，其中千年以上的12株，百亩以上古银杏群落20多个。

泰兴的白果，原来只有龙眼、佛指两个品种，后来又嫁接培育出大佛指，或称家佛指。大佛指结果早，果实多而大，浆甜味美，是白果中的上品。白果肉质碧绿软糯，营养极为丰富，是高级的滋补品，含有脂肪酸、淀粉、氢氰酸、蛋白质及组氨酸等。白果入药有治病之功：生食引疳解酒，降痰浊，消毒杀虫；熟食温肺益气，定喘咳，缩小便，止白浊等。因其有小毒，应注意烹熟而食，并不宜多食。

清末时期，泰兴白果就远销东南亚和澳洲。据《江苏实业志》记载，1932 年，泰兴白果已出口 1.5 万担。20 世纪 80 年代后又进入日本、美国、欧洲市场。每到收获季节，国内外客商云集泰兴收购白果，80％销往东南亚、港澳、日本、欧美等国家及地区。

5. 宜兴板栗

板栗，是我国栽培最早的果树之一。早在两三千年前，我国就已栽种板栗，食用板栗之果了。它是一种营养丰富的木本粮食。江苏是全国板栗的产区之一，在全国占有一定的地位，省内许多地方栽培板栗，并且历史久远。如宜兴、溧阳、南京以及连云港和太湖洞庭山等地，都在百年甚至千年以前就已栽种。宜兴市所产的"处暑红""铁粒头"，其特点是果肉性糯、味甜、品质优良，适宜做炒栗，在市场上可与北方的良乡栗子媲美。宜兴板栗以果丰饱满、香糯甘酥见长。

宜兴板栗多生于低山丘陵缓坡及河滩地带。宜兴南部山区，是宜兴景色最秀丽的地方之一。除了满山遍野绿茶翠竹，还有就是那成片的板栗林。1980 年，江苏省宜兴市被列为全国生产板栗万担县，而现在板栗的产量更是惊人。

江苏地区的板栗树一般在三四月发芽、展叶，开花结果后于 10 月左右成熟。板栗是雌雄同株异花，花芽为混合芽，生于枝的顶端及近顶部的叶腋，雄花先开，雌花开放较晚，异花授粉产果率较高。

栗子的营养价值较高，含有蛋白质、脂肪、糖类、维生素、烟酸、钙、磷、铁、钾等。栗子还具有益气厚肠胃的功效。其吃法较多，生吃可当水果，甘香爽脆；煮熟或蒸熟吃，热烘烘、甜糯糯的，非常美味；还可以制成栗子粉、栗子羹等。栗子和鸡、鸭肉同烧，是宴席上的名菜。

6. 宜兴百合

百合为百合科、百合属植物，约有一百多种，我国原产的就有 30 种以上。百合自古被认为是吉祥之物。宜兴百合是中国三大百合中唯一可以入药的，也是仅有被收录进《本草纲目》的百合品种。作为国家地理标志商标产品，宜兴百合以肉厚、色洁、粉糯、微苦、回甘著称，素有"太湖之参"的美誉。

早在公元三世纪时，我国就有关于百合的记载。作为食用植物栽培，在宜兴、南京一带，也有三四百年的历史。百合在我国南北方均能种植，由于气候、土壤等因素而有所差异。北方雨水少干旱，百合鳞茎发育不好，小而质差，食用价值较低；南方雨水过多，土壤中腐殖质过多，鳞茎膨大迅速，以致养分积累不好，易生斑点，煮熟后糯性不强，风味欠佳。宜兴在江苏南部，紧邻太湖，气候温和湿润，土地肥沃，自然条件十分有利，加之当地群众又有种植百合的丰富经验，所产百合产量较高，品质居上乘。

鳞茎是百合的可食部分，含有淀粉、蛋白质、多种维生素、钙、磷等营养成分，具有润肺止咳、清脾除湿、补中益气、清心安神之功效，是珍贵的滋补上品。煮熟的百合略有苦味，但细细品来，则苦味变甜，甜而生津。百合除鲜食外，还可制成百合干、百合粉等。用宜兴百合制成的百合干，质地洁净，干爽光亮，极受国内外消费者的欢迎。

7. 如皋萝卜

如皋萝卜种植历史悠久，早在明代就有记载，清代就较闻名，并有"如皋萝卜赛雪梨"之誉。清乾隆庚午年（1750年）编修的《如皋县志》载："萝卜，一名莱菔，有红白二种，四时皆可栽，唯末伏秋初为善，破甲即可供食，生少壤者甘而脆，生瘠土者坚而辣。"如今红萝卜种植已很少，只在端阳节前后有少量上市，都以白萝卜为主。如皋白萝卜就是经产地农民几百年的精心选育和栽种培育而成的具地方特色的萝卜良种。用它为原料经精细加工而成的"如皋萝卜干"，是久负盛名的江苏特产，历来远销国内外市场。

如皋萝卜之所以好吃，与当地的气候条件、土质、培植和品种等都有很大关系。如皋城郊区的土质大多是沙性土壤，养分齐全，水分充足，最适宜萝卜的生长。加之这一带农民富有培育萝卜的经验，日常管理精细，所以这里出产的萝卜肉嫩、质脆、汁鲜、味甜。

如皋萝卜的品种很多，经过数百年精心栽培和选育，所产萝卜品种优、质量好。其白萝卜良种，如形似鸭蛋的"鸭蛋头"，茎盘细儿似颈的"捏颈儿"，百日可收的"百日子"等。它们的共同特点是：皮薄、肉嫩、多汁，肉色晶莹，味甘不辣，嚼而无渣，以嫩、脆、甜享誉四方。

萝卜属十字花科根菜类一年生或二年生植物，是营养丰富的日常蔬菜，含有大量的维生素C、维生素B2，钙、磷、铁的含量也较高，可以当水果食用。萝卜还是一味很好的中药，具有清火、降气、宽中、化痰、消渴、止咳等功效。

8. 南京菊花涝

菊花涝，在南京众多蔬菜中首屈一指，南京居民视之为宝。菊花涝，又称菊花脑、菊花叶、菊叶、菊花菜、菊花头等，为草本菊科植物，花似菊而小，色黄，野生多，南京地区有栽培。

菊花涝是一种多年生宿根性野菜，外形似栽培的菊花绿叶，但略薄、略小，味道有点菊花的蒿味。当年播种时，最迟只需等到清明前即可收食，春夏之季，它枝繁叶茂，丛丛翠色；金秋时节，簇簇黄花，清香远逸；秋风萧瑟时，菊花涝老桩上暴出的新叶又一次可以收获。一年之际有大半年可以采摘。

种植菊花涝，简易之极，房前屋后，地角田边，坡间沟旁，只要有咫尺之地，撒下种子，就会出苗苗长，它是一种生命力极强的野生植物。然而稀奇的是，在30多年前，只有南京一地方圆几十里盛产此菜，是南京奇特的蔬菜，其他地区竟濒于绝迹，聂凤乔先生在《蔬食斋随笔》中称其为"全世界栽培面积最小的蔬菜"。本世纪以来，南京周边多地也有少量种植。

菊花涝，栽培品种有小叶菊花涝和板叶菊花涝两种，可食部分为其嫩梢。它含有丰富的维生素、蛋白质，还有黄酮和挥发油等。菊花涝具有较好的药用价值，有清热凉血、调中开胃、降血压、清凉解毒等功效，适用于胃热心烦、便秘口苦、头痛目赤等疾。菊花涝最为普通的食法是菊叶蛋汤，既简便又可口。食之，清凉解渴，败暑祛火，夏季最为适用。另外，用菊花涝炒食、凉拌、制馅等，都风味别致。

9. 南京芦蒿

芦蒿，又名蒌蒿、水艾、水蒿、藜蒿等，是一种野生的水生植物，多生于水边堤岸或沼泽、芦苇丛中，形细而长，呈嫩绿色。其上部的鲜嫩茎秆供食用，口感清香鲜美、脆嫩爽口，是南京居民普遍喜爱的蔬菜之一。古时南京市民早已开始采食野生蒌蒿。而今以南京江心洲、八卦洲的芦蒿最为有名。八卦洲芦蒿为地理标志产品。

芦蒿本是野菜，多生长在长江边，色泽黄中带紫，食之脆嘣清香。由于南京人的喜爱，原有野生的已供不应求，改革开放后已大量人工培育，在八卦洲成片的土地上种起了芦蒿，人工种植的芦蒿，缺少了原有的红色，脆度略有降低，且颜色比原先野生的更加碧绿嫩绿。

据明代《正德江宁县志》记载，芦蒿作为贡品"蒌蒿出安德乡，岁荐新……多生江边湖滨，金陵人春初，与笋同拌肉食之，最为美味，碧如玉针，嫩不须嚼，良于他方所出。"安德乡在现在的雨花区铁心桥一带。荐新，是古时每月初一向祖先祭献新鲜时令食品的礼仪。由此说明，明清时期的农历二月，祖先就能优先享用到新鲜时令的"蒌蒿"，这已是一种常态礼仪。

在制作芦蒿时，应先用清水浸泡，除去其涩味，再用盐略腌，使其更加脆嫩。芦蒿还有清心火、化痰止咳之功效。民国张通之《白门食谱》云："以嫩蒿炒丝，食之味亦佳，且嘴嚼时，齿牙有清香，无渣滓，亦能清心火、化痰。"

芦蒿一般宜于炒食，可配肉丝、鸡丝等动植物原料，也可配豆腐香干、臭干炒食，皆鲜脆爽口。南京著名春季时肴"芦蒿春笋白拌鸡"，即以此为主料，可用于较高档的宴席。

10. 兴化龙香芋

龙香芋是兴化特色传统无公害农产品，长期以来深受广大城乡居民的喜爱。龙香芋生长在垛田中，株高 1.2～1.5 m，叶片深绿色，叶柄绿色，叶柄长，叶片与叶柄相连处有紫晕，母芋近圆球形，肉白色，粉而香，子芋少，椭圆形，肉质黏。兴化龙香芋为地理标志证明商标。

垛田，因荒滩草地堆积而成，土质疏松养分丰富，加上面积不大，四面环水，光照足、通风好、易浇灌、易耕作，最适宜各类蔬菜的生长。垛上人家对于栽培龙香芋有一套独到的方法，种出的龙香芋无论品质还是产量，都是大田种植不可比拟的，垛田成为龙香芋等瓜果蔬菜生长发育的最佳摇篮。

龙香芋是喜湿怕干的作物，浇水成为芋头田间管理的主要环节。芋头从育苗、移植直到收获之前，在田 150 多天，除了下雨，天天要浇水，移栽初期，每天要一棵一棵地点浇。待芋头梗叶长到一尺来高时，仍是每天浇一次水，特别是到了七八月的高温季节，芋叶长得蓬蓬勃勃了，水更要浇得勤，需要上下午各一次。

龙香芋三月育苗。八月份的芋头，在肥水充足的条件下，叶茎齐头并进，茎秆粗壮坚挺，叶片伸展增厚，光滑的芋头叶片，叶脉清晰，自中间对称向两边伸开。金秋九月是"龙香芋"陆续上市的季节。

龙香芋质地细软，香味独特，易于消化，更适宜胃弱、肠胃病、结核病患者和老年人、儿童食用。芋头含有淀粉、蛋白质、脂肪及磷、钙、铁、多种维生素，氟的含量也较高。药用有祛痰散结、消肿止痛等作用。当地用龙香芋烧肉、烧扁豆、烧鸭子、做芋头羹等，这些均是特色的菜品。

芋头是江苏省的特色农产品，金坛建昌红香芋、海门香芋也都是农产品地理标志产品。

11. 溧阳白芹

溧阳白芹，是常州地区著名的土特产品。溧阳人大规模种植白芹，可追溯到800多年前的南宋时期。如今溧阳南郊的唐家村、钱家村、方家村一带，气温、降水、土质都适宜白芹生长。经一代代菜农的经验总结，人们逐渐摸索积累了一套与众不同的栽培工艺。

溧阳白芹的壅制技艺，全称叫作"湿土一次性深壅土软化"，有7道非常讲究的工序：碎土、湿土、分行、木板固定、壅制、灌水、合缝。这样培育出来的白芹，经过了白化和嫩化两个过程才能茎部洁白脆爽，菜叶清香水嫩。溧阳为促进白芹这一特色农产品的生产经营，于2006年注册了"溧阳白芹"原产地证明商标；2010年成功申报农业部地理标志产品。

如今，溧阳白芹种植规模近4 000亩，年产90 000～140 000担，还制定了溧阳白芹有机食品生产技术操作规范。从种植、加工包装，到市场销售，形成了完整的产业链。每年深秋，溧阳白芹上市，人们可以一直吃到来年春天。茎鞘洁白如玉，嫩叶淡黄素雅，口味清鲜脆嫩的"溧阳白芹"，是无数家庭赞不绝口的江南时蔬"一绝"。

12. 丰县牛蒡

牛蒡，别名牛蒡子、大力子、东洋参、蒡翁菜等，为菊科牛蒡属二年生草本植物，是一种营养保健型蔬菜，为粗大的直根类植物。牛蒡叶柄及嫩叶亦可食用，其果实为牛蒡子，其根圆柱形，长度一般为60—100厘米，主根肉质肥大，肉色灰白，质较粗硬。在丰县肥沃的土地上，土层深厚土质疏松的中性沙壤土适宜牛蒡播种。华北平原的暖湿气候能保证充足水分，得天独厚的自然条件，使得丰县这片土地生长出的牛蒡外观优良，品质出众。目前，丰县是我国最大的牛蒡生产区和商品牛蒡集散地，2013年10月，丰县牛蒡获得国家地理标志商标。

牛蒡作为蔬菜食用，自古有之，食法颇多。随着社会的发展，牛蒡作为绿色蔬菜、保健蔬菜，其叶、茎、根均可食用。目前，丰县牛蒡加工产品已涉及茶、酱、饮料、酒等多个系列产品。牛蒡是一种营养价值丰富、药用价值极高的药食保健蔬菜，在我国，长期以来作为药用的比较多，近年来，国内许多专家、营养学家开始对牛蒡的营养价值、食用价值以及相关产品的开发利用进行研究，特别是含有菊糖、纤维素、胡萝卜素及人体必需的各种氨基酸，目前，牛蒡食品作为时尚保健食品也越来越被人们所重视。食用牛蒡能防止便秘，降低胆固醇，抗衰老，对糖尿病、高血压、风湿病的治疗有一定的辅助作用。它能有效地抑制癌细胞滋生与扩散，是多种疾病理想的保健食品。

13. 邳州苔干

苔干是徐州邳州市地方特产。邳州苔干蜚声遐迩，为邳州远销全国的大宗商品之一。主要产于邳州占城、土山等镇。据《隋书》记载，莴苣自古涡国传入邳州。古涡国，即安徽省古涡水一带。邳州苔干相传于明代从安徽亳地传来。苔干因历史上作为进贡朝廷的贡品，故又称为"贡菜"。因其食之有声音，清脆爽口，又称之为"响菜"。

苔干，是一种被称为秋用莴苣的植物。从外表来看，和茎用莴苣没有多大区别，而且在鲜货食用上和茎用莴苣一样，可凉拌、炝、做汤等。苔干菜是其干制品，以粗细均匀、体态完整、色泽洁净、干而柔和、稍有潮湿感为上品。

邳州苔干是中国蔬菜食品中一个珍贵稀有的品种，色泽青绿，形状细长，组织致密，肉质肥厚，质地脆嫩，食用起来清脆可口，清香沁脾，有"天然海蜇"的美称。据了解，邳州苔干经检测，内含 18 种氨基酸、多种维生素以及锌、铁、硒等微量元素，是不可多得的健康食品，具有降血压、通经脉、壮筋骨、抗衰老、清热解毒、预防高血压等功效。

邳州市不断加快推进邳州苔干农业标准化生产步伐，使苔干产业迈上标准化、规模化、基地化发展"快车道"。到 2013 年，邳州苔干标准化种植面积近 60 000 亩，年产量约 4 000 吨，基本形成了区域化布局、专业化生产、产业化经营的发展新格局，成为中国著名的苔干产区和重要出口基地。邳州苔干为国家质量监督检验检疫总局地理产品标志。

三、加工类食品

江苏各地著名的加工类土特产非常丰富。许多品种已成为国家级或江苏省级非物质文化遗产名录，成为家喻户晓的特色产品，影响全国。这里不一一详述，许多内容在其他章节中也有介绍。

1. 调味品

从调味品来看，最著名的是"镇江香醋"和"太仓糟油"。清代袁枚的《随园食单》中都分别对两者进行论述："镇江醋颜色佳，味不甚酸"，正是体现了镇江香醋酸而不涩、香而微甜、色浓味鲜的特色；镇江香醋具有色、香、酸、醇、浓五大特点，色浓而味鲜，香而微甜，酸而不涩，耐久藏，存放愈久，味道愈加醇香。"糟油，出太仓州，愈陈愈佳"，太仓糟油特点为色泽浓、味清香、能解腻、提鲜、开胃，久藏不坏，食用方便。目前，这两项品种已获得国内外多种奖项。

2. 酱菜

酱菜是江苏地区的特色产品，代表性的有"扬州酱菜""镇江酱菜""常州萝卜干""淮安大头菜"等。扬州酱菜，具有鲜、甜、脆、嫩四大特点，以三和四美最为著名。早在清代扬州酱菜就名声远扬。镇江恒顺酱醋厂生产的镇江酱菜也赫赫有名，以色泽鲜艳、香气浓郁、味甜且鲜、脆嫩爽口、质地优良而驰名中外。常州萝卜干，具有香、甜、脆、嫩的独特风味，其色金黄，具有萝卜干特有香味，体态为橘囊状，块块有皮，条条均匀，滋味鲜咸适口。淮安老卤大头菜，用老卤腌制，质脆而味鲜，已久享盛名。

3. 禽蛋食品

禽蛋食品最著名的要数"南京板鸭"和"高邮咸鸭蛋"。南京板鸭已有300多年的制作历史。从选料、制作到煮食，有一套传统的方法和要求。其要诀是："鸭要肥，喂稻谷，炒盐腌，清卤复，烘得干，焙得足，皮白、肉红、骨头绿。"经过这样的方法煮制的板鸭，体态丰满，皮白肉红，酥、香、板、嫩，余味返甜。高邮咸鸭蛋，历史悠久。袁枚《随园食单》说："腌蛋以高邮为佳，颜色红而油多。"煮熟后剖开，桔红流丹，凝脂白玉。特别是双黄蛋更为上乘，令人赏心悦目。

4. 肉类食品

肉类食品中最著名的是"太仓肉松""靖江肉脯""南京香肚""如皋香肠"等。太仓肉松已有100多年的历史，其颜色金黄，纤维细长，品质柔软，清爽可口，食后余香悠长。靖江肉脯，名声远播，其选料严格，配料讲究。其成品色呈玫瑰红，红里透亮；香脆适口，越嚼越香；甜中微咸，甜咸得当；形呈片状，食用便当；携带方便，便于久藏。南京香肚，有100多年历史，民国时期就闻名大江南北。其形如苹果，便于旅行携带，肉质紧密，红白分明，食之香嫩爽口，具有独特风味。如皋香肠，是我国著名香肠品种之一，制作历史有100多年。其香味浓郁，美味可口，所制作的香肠精肉鲜红，肥肉洁白，受到广大群众欢迎。

5. 面筋

无锡油面筋早在清乾隆年间就创制生产，是无锡著名的特产。因其形圆中空，个匀皮薄，大小均匀，颜色金黄，既香又脆，吃法多样，荤素皆宜。经烹调加工，可制作成几十种美味佳肴。面筋蛋白质含量较高，又是素油氽制，确是食物中的上品。

6. 豆制品

在豆制品方面，最著名的有"如皋白蒲茶干""常州横山桥百叶""泰州干丝"等。白蒲茶干已有300多年历史，以用料考究、加工精细、块小片薄、香味浓郁、细腻筋韧、咸淡相宜、味美可口、久食不厌而独树一帜，是如皋市的传统名产。横山桥百叶在明清时就闻名遐迩，不仅具有嫩、滑、香、糯、爽、软等优点，且有弹性、韧性、口味独特。若与荤料相配，其味更香美，让人满口生香，现已成为沪宁杭一带大宾馆、大餐馆的时尚佳肴。泰州干丝以豆腐干为原料，选用里下河地区的纯大豆，制作成泰州特有的豆腐干，一般厚2.7厘米，批干丝时将豆腐干切开，用"月牙刀"横着削成厚薄均匀的20多层，这种横削的功夫泰州人称之为"飘"，"飘"出的干丝长短一律、粗细均匀，再切成干丝。干丝现已成为江苏多地大饭店常备用的特色产品。

第八章

江苏美食与传统地方风味

从江苏的地形、地势和地理位置来看，按照 13 个地级市的分布，苏东黄海之滨的南通、盐城、连云港地区有 1 000 多公里的海岸线，拥有广阔的海涂和海产资源，历史上当地人形成了靠海吃海、以海产为主的生活方式。在苏东地区的发展史上，海洋盐业、海洋捕鱼、海上漕运乃至远洋航海等相对比较发达，为江苏传统的海洋文化、海洋渔业和海产烹制奠定了物质基础，体现了苏东风味区特色。而从淮安市分列出来的宿迁，是西楚霸王项羽、三国时期鲁肃、南宋名将魏胜等的出生地，与北部的彭城徐州比邻，是"楚汉文化"的一个整体，项羽建立的西楚王国和刘邦建立的西汉帝国共同体现以巍巍雄风为标志的区域性文化。它的菜品既不完全等同于淮扬菜，也有别于齐鲁菜，在风味上以咸鲜为主，辛辣并用，甜食兼顾，菜品制作与徐州相近，一起构成了江苏风味西北部的徐宿风味区。

本章还是以江苏传统的饮食文脉特色来阐述，依传统的四大风味进行叙述和分析。江苏美食按餐饮业传统风味流派划分，主要由南京（金陵）、淮扬（扬州、淮安、镇江、南通、盐城、泰州、宿迁）、苏锡（苏州、无锡、常州）、徐海（徐州、连云港）四个地方风味构成，其影响遍及长江中下游的广大地区，在国内外享有盛誉。江苏以广大的平原为主，河流、湖泊众多，兼有海产之利，饮食资源十分丰富。从江苏地域文化来看，江苏美食菜品的共同特点是：用料以水鲜为主，汇江河湖海特产于一体，禽畜蔬菜四季常供；刀工精细，注重火候，擅长炖焖煨焐；追求本味，清鲜平和，咸甜适中，口味醇正，适应面很广；菜品风格雅丽，形质兼美，酥烂脱骨而不失其形，滑嫩爽脆而益显其味。

《第一节 南京风味》

南京地处辽阔的长江下游平原，居于长江黄金水道与京沪铁路干线的交汇点上。在我国经济发展的地区布局中，属我国东部沿海地带特大城市之一，长江下游经济、科技、金融、贸易优势突出，是辐射力强的中心城市。南京文化南北杂糅，东西并存，多元多姿。

一、南京美食发展简况

南京菜，又称金陵菜，传统的称谓为京苏大菜。南京作为"江南佳丽地，金陵帝王州"，是中国历史文化名城、六大古都之一。六朝时期，南京文化兴盛，经济发达，市场繁荣，王公贵族，生活奢侈，故有"六朝金粉"之说。南京向来南北贯通，一直是我国东南地区政治、经济、文化的中心，鲜明的地域特色和社会环境，为南京美食的制作与发展创造了极为有利的条件。

1. 南京风味美食的形成

南京是具有悠久历史的城市。早在 6 000 多年前的原始社会，南京一带就有原始人渔猎稼穑。公元前 472 年开始建城。东吴、东晋、宋、齐、梁、陈、南唐、明初、太平天国、"中华民国"均建都于此，因而被称为"十朝都会"。南京先后用过金陵（楚）、秣陵（秦汉）、建业（东吴）、建邺（西晋）、建康（西晋、东晋）、白下（东晋、唐）、昇州（唐宋）、江宁（西晋、南唐）、集庆（元）、应天（明）、江宁（清代）、天京（太平天国）等十几个名称，金陵和石城则是它古往今来常用的别名。

"钟山龙蟠，石头虎踞"，历代人民用自己的智慧和双手在这里辛勤劳动，创造了灿烂的文明。春秋时期，南京地属吴头楚尾，其肴馔可溯源当时的吴楚风味。当时南京就有"筑地养鸭"的记载。公元前 472 年，在南京城南长干里修筑了越城，城厢两侧，是秦淮河两岸人烟密集的居住区和市场，南京最早的市场在秦淮河两岸形成。秦汉时期，南京经济稳步发展，在汉代的墓葬遗址出土的画像砖上，许多动植物和人物故事，体现了当时南京地区文化艺术水平和生活安宁状况。东吴孙权建都南京，使南京首次成为全国最繁华的都城，而且这种局面延续 300 年之久，经济发展也带来了饮食业的相对繁荣。西晋左思在《吴都赋》中追忆南京的繁华，已提到当时富人"珠服玉馔"。东晋时，南京的酒楼已较普遍，孙楚酒楼成为名闻遐迩的酒楼，其影响遍及全国。

南朝时，南方相对偏安，特别是梁朝盛世，建康都城东西南北各 40 里，兴建宫殿和园林，经济繁荣。梁武帝萧衍崇尚佛教，在南京率先提倡素食，并身体力行，使素食出现了空前繁荣的局面。从东晋到南朝，这是南京饮食风味的形成时期。南朝时，南京城有"大市十余，小市百余"的盛况，有些商品甚至形成了单独的市场，如谷市、盐市、纱市、牛马市、鱼市、油市等，由此亦可见南京繁华之一斑。当时南京的豪门显贵"侯服玉食""与宾客相对，膳必方丈"，客观上也造成了不少达官缙绅精研饮馔，讲究美食。南齐时，祠部尚书虞悰就擅长饮食烹饪之术，"善为滋味，和齐皆有方法"，并著有《食珍录》。五代末宋代初期陶谷《清异录》记载，"金陵士大夫渊薮，家家事鼎铛""其中记载的"建康七妙"，七种食品制作技艺高超，特色鲜明。金元以来，女真、回族之食渗入南京，乃至元代清真菜融入南京地方菜。明太祖朱元璋定鼎南京，南京餐饮业更为繁荣，当时城门内外交通要道开设了鹤鸣、醉仙、讴歌、柳翠、石城等 16 家官办的大型酒楼，以招徕四方来宾。清代，南京又是管辖江苏、安徽、江西等地的两江总督衙门所在地。自明及清，秦淮画舫繁盛，有"秦淮灯船甲天下"之誉，同时也促进了秦淮船菜的发达。乾隆皇帝下江南游历秦淮河时，曾赋有"薛鸭袁羊饤珍食"，对秦淮河附近名家烹制的鸭肴羊馔赞不绝口。捧花生在《画舫余谭》中记载，清中叶，南京夫子庙秦淮河上画舫主人烹调技艺也相当高超，秦淮画舫"舟子烹调，亦皆适口，无论大小船皆谙之。火舱之地，仅容一人，踞蹲而焐鸭、烧鱼、焖羹、炊饭，不闻声息，以次而陈"。《儒林外史》《随园食单》更是充分展现了南京当时的饮食市场和美食制作的技艺和水平。

2. 从"京苏大菜"到南京菜

据史料记载，约在清朝时，南京就出现了"京苏大菜"。那时南京城的餐馆林立，除本地南京菜的帮口之外，外地来宁开设菜馆的也为数甚多，其中有川菜、徽菜、粤菜、扬州菜等。南京本地的菜馆皆打出"京苏大菜"的招牌，以示和外地菜肴有所区别。南京本地的厨师们皆自称是"京苏帮"，其他统称为"外帮"。

南京菜，在民国时期皆称为"京苏大菜"，当时许多餐馆的门楼上也都挂着这个招牌。所谓"京"，是指南京乃六朝和明初的京都，而"苏"指清代南京乃江苏省会之意。"京苏"并称的意思既包含了京都的南京，又代表着江苏省的中心，融合和汇聚了南京地区菜肴的风味特色。"大菜"则是形容南京菜的名贵、典雅、华美、大方。在民国时期，"京苏大菜"进一步得到发展和升华，国府权贵、官僚经常在南京豪华的餐馆请客吃饭，大多是宴席和正餐的规格，对菜肴的规格要求较高，相对高档的菜品增多，多体现华美大雅的风格特色。

"京苏大菜"是从六朝时期流传而来的，是在古代"江南佳丽地，金陵帝王州"的历史文化中衍化发展的。东吴、东晋、宋、齐、梁、陈、南唐、明初、太平天国、"中华民国"的文脉相传，进入民国时期的酒店接待，哺育出"京苏大菜"的底气和大气。

民国初期，南京的餐饮业逐渐得到恢复，当时南京的本帮菜馆主要集中在城南一带及夫子庙周边地区，这些地区陆续出现了一些较大规模的餐馆，如"第一春""共和春""老万全""海洞春""长松东号""嘉宾楼""老宝新""大集成""绿柳居""金陵春"等①，这些饭店、餐馆都以南京本帮菜为主，标榜"京苏大菜"，其中以"金陵春"最为典型。

民国时期夫子庙地区的著名菜馆很多，但"大凡京苏名菜，六华春无所不备"，创办于清光绪年间的"六华春"，原位于夫子庙东牌楼。坐落在南京建康路上的"复兴菜馆"，在当时规模不小，有三层高楼，大门两边玻璃橱窗写着"京苏大菜"和"南京风味"。京苏风味的菜馆如中华路上有泰和园，雨花路上有庆和园，夫子庙有永和园、满庭春、六凤居，水西门外有华园等。另外，清真菜馆如马祥兴、韩益兴、华乐园、安乐园以及绿柳居素菜馆等都属于京苏菜的分支。

"京苏大菜"是清代和民国时期适应南京这块地域文化应运而生的。通俗地说，"京

---

① 吴白匋. 二三十年代的南京菜馆. 中国烹饪, 1990(12): 5-6.

苏大菜"就是清代和民国时期南京的本帮菜。从清朝、民国到 20 世纪末，基本上定格在这个时期。它是在南京菜大范围的历史长河中的一个阶段，其代表人物是胡长龄、杨建林、尹长贵等一代名师。他们为南京"京苏大菜"的继承与发展做出了不可磨灭的贡献。进入 21 世纪，一切都在改变，城市大局和格局的变化，原有的名称让一些年轻的烹饪工作者和广大民众难以明确和对号，随着历史的变迁，现代的南京菜（又称金陵菜）正式走上了历史舞台，由幕后走到台前。京苏大菜就是南京本帮菜，南京菜就是以前的京苏大菜。南京餐饮商会在为"南京菜"正名中做了许多工作，为创建国际消费中心城市的特色、打造南京菜本土美食品牌做了大量的宣传和实践工作。

南京风味特色在京苏大菜的基础上，多则有千年历史，少则也有数十年历史。600 年以上历史的菜有蒸鲥鱼、酥鲫鱼、风鱼、风菜心等，200 年以上历史的有镶丝豆腐、葵花圆子、火腿炖黄芽菜等。[①] 其他传统名菜有罐罐肉、素什锦菜、八宝一棵松、松子熏肉、扁大枯酥、瓢儿鸭舌、兰花肉卷、彩色鱼夹、火蓉豆瓣、清炖鸡孚、蟹粉扒白菜等。

3. 发展中的南京菜

新中国成立初期，百废待兴。传统的南京菜——京苏大菜的主要餐馆有六华春、邵复兴、马祥兴、华乐园、绿柳居、永和园、丰富酒家、泰和园、庆和园等。20 世纪 60 年代，以胡长龄为旗帜的一代宗师，从理论到实践，从传统到创新，全面弘扬"京苏大菜"，对南京菜展开了声势浩大的研究与开发。在寻找南京菜的历史文脉的同时，探求着南京菜的文化本质与烹调规律。这一工作在"文革"结束之后被重新拾起，并以更大的热情投入其中，包括冷盘大师杨继林、面点大师尹长贵在内的一代烹饪名师，以其精湛高超的技艺，为"京苏大菜"——南京菜的品牌与形象奠定了基础。胡长龄大师一生奉献给了南京菜，为之钻研古籍，著书立说，开发创新，奔走呼号，不遗余力；对食材选择、操作工艺、制作加工、口味特点、烹饪方法，乃至筵席特征，进行了全面梳理总结；[②] 并大力宣传、极力弘扬"京苏大菜"，为京苏大菜贡献了自己的毕生精力。

在以胡长龄大师为首的老一辈队伍中，省旅游系统的薛文龙、朱春满、张大元、徐筱波、孟铭瑞、徐鹤峰、李正宽、刘瑞琪、王斌等烹饪大师，为南京菜的继承与发展做出了不可磨灭的贡献。改革开放以来，南京本帮菜的一些"老字号"由于拆迁、改制等多种原因有的关停，有的勉强维持，也有的重振雄风。马祥兴、绿柳居就是在传统品牌基础上焕发青春的"老字号"。他们从品牌入手，发掘文化内涵，注重食材和品质，吸引了一大批新老客户，餐厅每天门庭若市，排队叫号，成为南京餐饮的一张王牌名片。与此同时，一些民营餐饮企业崛起，并坚持以本帮菜特色为主，代表企业有南京大牌档、江苏酒家、南京精菜馆、狮子楼、真知味、金陵人、金鹰大酒楼等。而在宾馆饭店中，尽管菜肴中西兼营，但较多企业仍然以本帮菜为主打，其中以金陵饭店、玄武饭

① 胡长龄. 金陵美肴经. 南京：江苏人民出版社，1988：6.
② 南京市商务局，南京餐饮商会. 南京味. 南京：江苏凤凰科学技术出版社，2016：132.

店、南京饭店、丁山宾馆、古南都饭店、双门楼宾馆等最具代表性。而新一代烹饪大师以花惠生、黄新、沈兆生、张洪儒、陈景华、薛大磊、吴俊生、金忠、孙学武、徐敬国、刘亚东、陈清宁、付燕平等为代表，他们在厨房管理、菜品开发方面发挥了重要作用。经过近百年的沉淀，形成了一大批特色菜点，具有代表性的有：锅贴干贝、凤尾虾、美人肝、蛋烧卖、瓢儿鸽蛋、叉烤鳜鱼、炖生敲、生炒甲鱼、贵妃鸡翅、东山老鹅、六合猪头肉、炖菜核、素烧鸭、玉板菊叶、金陵素什锦、什锦素菜包、荄儿菜烫面饺、金春锅贴、鸭血粉丝汤等等。

进入新的世纪，餐饮市场发生了巨大的变化，迎合现代人的饮食需求将是未来餐饮发展的方向。21世纪开始，南京餐饮商会在行业内每年举办的南京菜烹饪创新大赛，吸引了大批年轻的烹调师，也产生了一大批创新菜品；持续多年的南京旅游饭店烹饪大赛，为提振旅游饭店的接待质量和创新菜品注入了新的活力。2013年，由南京市商务局、南京餐饮商会主编的《南京味》一书出版发行，该书将南京菜分为"历史上的南京菜""民国大菜""清真菜·素菜""发展中的南京菜""秦淮小吃""清真小吃""南京名店"，2016年《南京味》一书，又增加了菜品的英文修订再出版，是一本关于现代南京菜的权威作品。它进一步强化了"南京菜"的主体意识，为发扬南京菜做出了很多的贡献。

近几年来，为大力弘扬和发展南京菜，南京餐饮商会每年承办"南京美食文化节"，开展"南京菜的传承与发展""弘扬中华传统文化，实现老字号经济价值""留住老味道"和"南京菜的品牌打造和弘扬"等高峰论坛活动。省属南京的饭店企业和南京旅游集团等相继举办了多场有价值、高水平的烹饪大赛，为餐饮企业员工钻研烹饪技术、开发创新菜肴做出了巨大贡献，为促进南京餐饮的发展起到了很好的推动作用。

南京菜的提速发展，来源于全市各企业的辛勤努力和开发创新。近20年来，全市各大烹饪比赛以及各企业餐饮经营中受欢迎的创新菜频频亮相，涌现了一大批代表南京菜的优秀菜品，如富贵鱼头王、雨花石鱼圆、菊叶灌卤鱼圆、酥盒白鱼米、鳜柳干丝、芦蒿鱼饼、香糟小黄鱼、蟹粉生敲鸽蛋、酥皮蟹斗、黑椒生炒甲鱼、水晶泡什锦、南瓜蟹珍珠、锅贴干巴菌、黄椒明虾、麦香龙虾、酱骨龙虾、芦蒿鲜虾饼、芝士焗藕饼、虫草花浸芽菜、蟹粉素燕窝、双味土豆泥、田园香炸蒿青、肉酱刺参捞面、盐水乳鸽、明月炖生敲、烟熏白鱼、八宝葫芦鸭、鮰鱼狮子头、雨花双味虾、五谷杂粮粥等；乡土菜点有：莲香鱼头、泉水甲鱼、菌菇老豆腐、砂锅生焗芋头、谷里清汤鱼圆、猪脚焖凤爪、葱香萝卜糕、刀板香大饼、农家葱油饼、农家小脚馒头、龙袍蟹黄汤包、什锦米糕等。地方政府、行业协会举办的烹饪大赛和美食活动，旨在打造一批名店、名厨、名菜，推动南京菜的标准化、实体化和品质化，带动文化旅游产业多元素融合发展，让南京美食真正成为新的城市文化名片。

二、菜品风味特色

南京菜的主要风味特点：一是选料严谨，以水产、家禽、家畜、蔬菜等为主；二是制作精细，讲究刀工，擅长缔子菜；三是追求本味，突出原汁原味，注重季节，口味咸淡适宜，鲜香酥嫩，浓而不腻，淡而不薄，酥烂脱骨而不失其形，滑嫩爽脆而不失其味。烹调方法擅长炖、焖、烤等；四是素菜制作精细，清真菜制作精美，形成了南京菜两大独特的风味。

1. 选料严谨，制作精细，讲究刀工

南京地处长江下游，四季分明，寒暖适宜，雨量充足，土地肥沃；又处丘陵地带，高坡、土岗、湖泊、港汊比比皆是。这里出产的蔬菜、水产、禽畜、粮食为南京菜肴的选料提供了丰富的来源。南京菜选料严格，主要强调新鲜，讲究时令和季节。如选用笋时，春节前后用冬笋，春节后用春笋，再后用芽笋、竹根笋、玉兰片、鞭尖。在特色品种方面，如青菜选用黑泥头的矮脚黄，或雪压后的瓢儿菜等。

南京菜在制作上以精细见长，讲究刀工，这与南京是历史文化名城有关。南京自古文化发达，六朝时有著名文学著作《三都赋》，明清时有文学巨著《红楼梦》《桃花扇》《儒林外史》等，清代李渔的《闲情偶寄》、袁枚的《随园食单》，其中都有美食记载。历史上诸多文人如王羲之、李白、刘禹锡、杜牧、王安石、曹雪芹、袁枚等或留下千古绝唱，或精研美食。这种嗜好对南京市民产生了极大的影响。所以，亦有人称南京菜为"文人菜"。

南京菜因善于利用肉蓉制作的"缔子菜"闻名全国。用鱼、虾、肉、蛋等为原料，斩成蓉制成各种缔子菜（有硬、软、嫩之分），再将各种食料经过加工处理，做成各种形状，配上缔子制品，或氽、或炸、或蒸、或烘，变化口味、造型、色调等，可制成多种不同的花色菜肴，食之鲜香美味。

在刀工切配上，南京菜尤为突出。所谓"根根要断，丝丝不乱"。各种花刀造型优美，如荔枝花刀、兰花花刀、核桃花刀、滚龙花刀、瓦松花刀、松果花刀、花鼓花刀等。南京冷盘刀法多变，可分可合，以精湛刀工制作的冷盘多次在全国夺冠。1983年全国烹饪名师技术表演鉴定会上，杨继林大师的"蝶扇"荣获"冷荤制作工艺奖"之冠。在江苏省首届"美食杯"（1984年）烹饪技能大赛上，南京的"金陵鸭馔""百花争艳""棱形冷盘""蝶扇"冷盘均以细腻的刀工，勇夺桂冠。

2. 注重火工，醇而不俗，突出本味

在烹调方法上，南京菜以炖、焖、煨、焐见长，汤菜别具一格，传统方法中叉烤技艺独树一帜。炖、焖、煨、焐和叉烤技法，都是以火候的控制见长，没有把控火候的能力，就达不到菜肴应有的口感效果。

南京人喜食酥烂、爽口之菜，对带汤汁的菜肴特别重视，强调菜肴的质地酥烂，在炖、焖技法上下功夫，逐渐形成了一整套制作程序，并随季节变化有相应品种，如春天有炖鸡孚、贡淡炖海参、干贝一棵松；夏天有双冬炖老豆腐、金腿炖肫花、文武鸭；秋天有纸糊炖鸭、黄焖鸭、贵妃鸡翅；冬天有炖菜核、油焖野鸭、网油焖山鸡。南京市民的家常菜中有干菜炖肉、腌菜头炖蹄髈、炖河蚌等。如炖菜核，以矮脚黄青菜为主料，配以高汤，酥烂爽口；炖生敲，用活杀鳝鱼，油炸后再用高汤烧至酥烂，醇香酥爽；贵妃鸡翅，用葡萄酒为调料，酥烂脱骨，食之即化。经过小火炖、焖而成的菜肴，肉质酥烂，原汁原味，口感醇厚，味美鲜香。

南京传统的叉烤技术相传在明朝宫廷中就已形成，因其制法具有一种特殊的富贵豪华之气，颇受南京官宦、商贾的青睐。清代和近代一些名店，如寿源、德源、太和、来仪、老宝新、老万全、问柳、金陵春、六华春、太平洋等店，都设有专门厨师，主办叉烤大菜。早年金陵叉烤有"八大叉"之说，即叉烤鸭、叉烤鱼、叉烤乳猪、叉烤鸡、叉烤火腿、叉烤山鸡、叉烤酥方、叉烤鹿脯，其中最为流行的是"金陵三叉"，即叉烤鸭、叉烤酥方、叉烤鱼。[①] 叉烤对火候的均匀要求较高，火既不能大，还要勤翻动烤叉使其颜色金黄匀称。

3. 咸淡适宜，多滋多味，适应面广

南京地处长江之畔，江苏的中部，也是我国的中部地带，菜品口味兼具南北，在调味上注重咸淡适宜、多滋多味、适应面广是其特色。一年四季，春季红烧、春秋糖醋、夏令清蒸、冬令干烧等。南京菜既不像西部菜肴偏酸、偏辣，不像南方菜肴偏生、北方菜肴偏咸，也不像苏锡、上海菜肴偏甜，在五味调和方面偏重于咸鲜和淡爽的风格特色，故东南西北人食之皆宜。

这种口味特征，一方面是由于所处地域的关系，另一方面是与历史的变迁及南京历代居民组成有关。三国时，孙权定都南京，随之从安徽寿春、湖北武昌等地迁来了大批居民，据《汉书》载约有 20 多万人。东晋时，北方"五胡乱华"，大批贵族带着部属、宾客、佃户南逃，沿途经山东、河南又夹带大批难民，总数达百万人落户南京。南唐、明、清年代，南京人口又有几番变迁和较大流动。改革开放以后，又有大批外地人来到南京定居。这一现象使南京人在饮食上与南、北各地及兄弟民族之间产生了长期的交流，南京人的饮食口味长期处在渗透、融合和相互影响之中，本地风味与多种风格逐渐趋于统一。这种四方皆宜的特征，也使得南京菜拥有酸、辣、甜、咸的内涵，展现出多滋多味的风格特色，从而形成了南京菜口味醇和、适应面广的特征。

讲究咸淡适宜，绝非是口味单一，只讲咸鲜味。由于南北交融的特点，南京菜肴非常注重复合味的调制，在菜肴制作中追求一种让大多数人能接受的效果。正如胡长龄大师所阐述的南京菜烹制富于变化的"七滋七味"，其中的七滋是：鲜、松、酥、嫩、脆、浓、肥；七味是：酸、甜、苦、辣、咸、香、臭。这种制味之道，强调的是辣而不烈，脆而不生，咸而适度，苦而滋补，酸而去腥解腻，臭（臭面筋、臭豆腐等）而味正鲜香，浓而不腻，淡而不薄。它有如南京的地形一般，于平坦中见起伏。

南京菜十分注重季节和口味的变化，不同季节有不同的时鲜菜肴，如春天的芦蒿炒

---

① 吴永年，寿彭. 南京菜的特征. 中国烹饪，1990(12)：16-17.

肉丝、火蓉豆瓣、酿青椒、鸡油菜薹；夏天的锅贴干贝、熏白鱼、毛豆烧仔鸡、炖生敲、开洋鸡毛菜；秋天的桂花鸭、蟹粉白菜、栗子烧鸡；冬天的炖菜核、炒雪冬、菊花火锅、炒豆苗，等等。

4. 素菜精细，清真馔香，味美悠长

南京素菜大约可追溯到六朝时期，"南朝四百八十寺"，这么多的佛寺，上万僧人，香火之盛，素菜兴旺由此。新中国成立前，南京的栖霞寺、灵谷寺、牛首山的幽栖寺、鸡鸣寺的豁蒙楼、清凉山的扫叶楼，都有素菜素点供应。素菜从寺庙走向商业化的街市，南京的"绿柳居"创建于辛亥年间，地址在秦淮河畔，淮清桥下的桃叶渡。1963年，"绿柳居"在杨公井口太平路上重新开业，在原有素菜大师的努力下，老店又展现了新姿。早点可以吃到独具特色、味道鲜美的什锦素菜包和麻油烧卖，烤麸、素鸡、素火腿、素熏鱼的各式素面，还有清香酥嫩的荠菜烧饼。其菜单上有一百多道菜名，能做出以素托荤、以假乱真的山珍海味、鸡鸭鱼肉俱全的筵席，其中的罗汉斋、明月猴头、八仙鸽蛋、炸响铃为该店名菜。

素菜的主要原料是豆制品和面粉面筋，以及冬菇、蘑菇、金针菜、木耳、笋、白果、栗子之类的配料。这样简单的原料要做出丰富多彩的菜肴，便在象形开发上求变，出现了素菜荤名的系列菜肴。凡荤菜食谱上有的菜，无论海参、猴头、鸡鸭鱼肉，都能仿制出来，如炒鳝糊、炒腰花、糖醋刀鱼、鸡火海参等。南京"素什锦菜"成为老南京人每年岁末时必吃的家常菜，而且每家每户都会做，具有鲜、香、嫩、脆、爽等优点，风味独特，老少咸宜，南京人谓之"岁菜"。

南京素菜以"绿柳居"最为代表，其制作特色是应时佳品，这主要来源于时鲜蔬菜，初春的芦蒿，初夏的蚕豆，早秋的鲜藕，冬天的豆苗，以及南京特产扬花萝卜、瓢儿菜、菱儿菜、马兰头，都抢在刚上市之前，就挂出"应时鲜菜"的牌子。现如今，"绿柳居"老字号又散发出异样的光彩，总店每天门庭若市，生意红火，连锁门店顾客也是络绎不绝。而灵谷寺、鸡鸣寺的素菜素点也生意兴旺，吸引着一批批旅游和专程来品尝的嘉宾，南京素菜散发出诱人的芳香。

南京清真菜是南京餐饮百花园中的一朵奇葩。它来源于宋代，发展在元代，根植于大众之中。宋代起，回民开始来到江苏，元代时，大批回民从西域来南京定居；明代回民人口与日俱增，有"天下回回半金陵"之说。明朝开国元勋常遇春、胡大海、蓝玉、冯胜以及著名航海家郑和等都是回民，增添了回民的影响力。至此，南京清真餐饮顺势而起。清代，据陈作霖《金陵通纪》载：咸丰二年（1852年），南京城内人口九十余万，回民就有四万，拥有清真寺36座。这一时期已经出现了清真餐饮名店，驰名中外的"马祥兴菜馆"，就创建于此时的雨花台下回民聚集地"回回营"，其"牛八件"特别受食客欢迎。1920年创办的"安乐居菜馆"（今安乐园菜馆），在南京穆斯林居住稠密的评事街，为了适应和满足周边穆斯林和信奉伊斯兰教民众的饮食需求，精心研制推出细沙豆沙包、什锦素菜包等一系列清真面点小吃。

民国时期，南京的清真餐饮业得到较快发展，除马祥兴、安乐居以外，魁光阁茶社、同兴园菜馆、奇芳阁茶社、华乐园菜馆、北京羊肉馆、蒋有记牛肉店等不断面市，吸引着广大顾客。

南京清真菜是我国南方清真风味流派，在原料方面，以牛肉、家禽、水产、稻米为主，以制作精细、品质雅洁而闻名。在烹饪工艺上，讲究刀工、技法独特、制作精美，且四季分明。在制作上，擅长炖、焖、炒、叉烤，注重原汁原味、咸淡适宜，菜品鲜香醇厚，爽口不腻，不膻不腥。其代表名菜有：盐水鸭、蛋烧卖、松鼠鱼、凤尾虾、卷筒牛肉、香酥牛肉、焖钵牛肉圆、汁烹牛筋、鱼肚海参、三鲜烩鱼肚、八宝葫芦鸭、八宝全鸡、芙蓉鸡片、料烧鸭、卤面筋等；代表点心有：鸭油酥烧饼、四喜鸭饺、牛肉汤包、荽儿菜蒸饺、鸭肫烧卖、三鲜小包、粟米窝头等。

三、代表菜品

1. 清旨美味盐水鸭

盐水鸭，是南京风味中的典型代表，也是南京最有魅力的菜肴。在各地鸭馔中，要数南京鸭肴历史悠久，技艺最为精湛，品种最为繁多，风格最为独特，流传最为广泛，影响最为深远。南京鸭肴在清代就有80多种名肴，全鸭席也是南京特色名宴。在众多鸭肴中以"盐水鸭"最为著名。

南京地处长江下游，气候温润，土壤肥沃，港湾湖汊交错，有利于鸭子的生存繁衍。春夏河沟中的小鱼、虾、螺蛳是鸭子生长的活饲料，秋收后的稻田，又是鸭子催肥的好去处。在众多的鸭源中，尤以湖熟镇的南乡鸭（又称桂花鸭）为上品。

早在先秦时期，《吴地记》中就有"筑地养鸭"的记载。南北朝时期，《陈书》云，陈、齐两军对垒于金陵覆舟山下，陈军"人人裹饭，媲以鸭肉"，"炊米煮鸭"乃士气大振而胜。《儒林外史》中记有南京三山街大酒楼食板鸭的精彩描述。清代，盐水鸭即以"清而旨，肥而不浓"的"无上品"著称。盐水鸭四季皆有，久食不厌，而以秋季桂花盛开时最肥美，此时新鸭上市，皮白肉嫩，鲜嫩异常，品质极优，俗称"桂花鸭"。盐水鸭选料讲究，程序严格，要经

图8-1 盐水鸭（金陵饭店制作）

盐腌、复卤、吊坯、汤煮等工序。制作口诀为：炒盐腌、清卤覆、烘得干、焐得透，皮白肉嫩香味足。

盐水鸭肉嫩卤香、精而不燥、肥而不腻，具有天然的独特风味。据南京农业大学农业部农畜产品加工与质量控制重点开放实验室的专家团队研究得出结论，南京盐水鸭中含有令人愉快的杏仁香、果香、坚果香、茴香等99种独特风味，这些风味特点也令其

他腌腊制品甘拜下风。据章建浩教授介绍，南京盐水鸭是我国历史上唯一一种低温畜禽产品，和传统的腌腊制品完全不一样。经过近一个小时的低温熟煮，使得盐水鸭的嫩度达到一定程度。这种低温熟煮盐水鸭肌肉储水性好，保持了鸭肉的多汁性。盐水鸭脂肪中共检测到 99 种挥发性化合物，99 种风味结合起来，构成了盐水鸭独特风味的基础。[①] 南京农业大学的专家解开美食"密码"，各种风味经排列组合让人舌尖和心情都愉悦，品尝时，使得人们的味蕾获得美味的享受。

2. 名菜品选粹

锅贴干贝，南京虾蓉制作的代表菜肴。民国时期各家本帮餐馆都有制作。虾仁斩蓉，与蛋清、熟肥膘等制成虾缔，猪网油撒上干淀粉，抹上虾缔摊平，摆上干贝蓉，点缀火腿末、绿叶菜末，放油锅中煎制成熟，改刀装盘，配上番茄沙司供食。此菜做工精细，色泽分明，鲜嫩爽口。

凤尾虾，南京清真马祥兴菜馆四大名菜之一。民国《白门食谱》载"凤尾虾之作法……上白而下红，宛如凤尾"。取大河虾去头、身壳，去红筋，挤出带尾壳的虾仁洗净，加盐等上浆。将凤尾虾滑油后加葱段、青豆及调料翻炒，勾芡淋熟鸭油装盘即成。虾肉洁白，尾壳鲜红，清爽脆嫩。

叉烤鳜鱼，南京著名的"金陵三叉"名肴之一。鳜鱼宰杀顺脊背剖开，去内脏及骨刺，腌制后填入冬菇、鲜笋等炒制的馅料，用网油包裹鳜鱼，放入铺有香葱的铁丝络中夹紧上叉，放入烤炉上均匀烤熟。取出去掉叉，在鱼腹部划一刀，露出馅心装盘，配米醋即成。此菜色泽金黄，外皮酥脆，肉质鲜嫩，葱香浓郁。

生炒甲鱼，清代南京传统名菜，随园菜。20 世纪 80 年代，南京丁山宾馆名厨改良制作，用黑椒增香增味，后在南京广为流传。将甲鱼宰杀浸烫处理后斩成块，加黑椒末、葱油等调料炒香炒透，烹入调味汁，翻炒淋麻油而成。此菜色泽明亮，鲜嫩软韧，味美香浓。

贵妃鸡翅，民国时期著名菜肴，采用葡萄酒焖鸡翅，色呈玫瑰，以酒借贵妃醉酒之色韵。将鸡翅抹匀酱油，入油锅中炸至金黄，加葡萄酒、鸡汤等调料烧沸，移小火焖至酥烂，取出放入砂锅，再将葱段、冬菇煸香倒入砂锅略焖即成。此菜色呈金红，酥烂脱骨，肥美鲜嫩，香气四溢。

素烧鸭，南京绿柳居素菜馆名菜，中华名小吃。用冬菇汤、酱油、麻油等调料制成卤汁，将豆腐皮抹上卤汁后折叠成长方形，用竹签别住褶缝，上笼略蒸，再放入油锅炸至皮面起芝麻花捞出，入卤汁中略浸压紧，改刀成条状装盘，淋上卤汁即成。此菜色泽红亮，形如鸭脯，鲜香味美。

---

① 安莹. 南京盐水鸭为什么好吃？因为含有 99 种独特风味. 现代快报，2012-06-04(A8).

《第二节　淮扬风味》

淮扬风味是江苏美食的主要地方风味之一，以扬州、淮安、镇江为中心，以大运河为主干，南至镇江，北至洪泽湖、淮河一带，东至里下河及沿海地区。扬州、淮安是淮扬菜的发源地，其辐射范围还有南通、盐城、泰州、宿迁，是江苏美食中覆盖面最广的地方风味。

一、淮扬美食发展简况

扬州、淮安是淮扬菜的美食发源地，都是"中国淮扬菜之乡""世界美食之都"。淮扬菜的黄金时期是明清时期大运河漕运时，这里是全国盐业的交易地，清代的淮盐每年创造税额达全国财政收入的四分之一，白银如水般流动，富足了当地的盐商，盐商的财富给淮扬之地带来的不仅是饮食的精美华侈，更有就餐环境、饮食排场方面的影响。帝王巡幸为扬州、淮安饮食带来了豪气和贵气，这里官衙如林，商旅云集，经济繁荣，也刺激了当地饮食的发展。在这种情况下，厨师们努力钻研技术以满足盐商不断追求美食的需求，也培育和打造了一批官商府第的名厨和家厨。

在淮扬菜中，扬州别称维扬，故扬州菜又称为维扬菜、扬帮菜；淮安菜，又称为淮帮菜。

1. 淮扬风味美食的形成

淮扬菜源远流长，自成体系和特色。在夏商时代，这里就有蚌珠和鱼类制作的菜品。《尚书·禹贡》有"淮海惟扬州"的记载，还记录夏代这里有淮夷贡鱼。汉代扬州菜已具有一定的水平，出现"熟食遍列"的饮食市场，荤素杂食品种多样。在西汉淮安河下人枚乘所撰汉赋《七发》中就阐述了淮扬地区的一些名馔佳肴，有笋蒲牛肉、石耳菜羹、脍鲤鱼、烹秋蔬、五味酱等众多美食。两汉时期，淮扬之地"稻鱼丰饶"，生产力水平有了较大的提高。当地汉墓中出土了丰富的器物以及烹饪图类画像石。西汉，吴王刘濞开凿邗沟，"濞以诸侯专煮海为利，凿河道运海盐"，发挥了一定的经济效用。南朝宋武帝时，扬州"珍馐异味"已闻名于世。南北运河的开通，隋炀帝三次大规模下扬州，龙舟凤舸，千里沸腾，在扬州吃喝玩乐。由此，扬州不仅成为漕运、商旅的必经之地，而且成了东南经济中心和重要商埠；同样对两淮地区的繁荣也产生了巨大的作用。淮安的山阳渎连江接淮通海的特殊地位，使淮安成为南北交通枢纽和运河繁华都会。官僚士绅、富豪盐商、文人墨客大量聚集，为淮扬菜的发展创造了条件。隋代扬州土产上贡食品类有鱼鲊、鱼鲞、糖蟹、蜜姜等。及至唐代，扬州已成为我国南北交通枢纽、东南经济文化中心，其繁荣程度居于全国之首，有"扬一益二"之誉。唐玄宗曾亲临长安望春楼检阅过载海味的广陵郡船，以后历代扬州的食品、水产、野味品等源源供应宫廷内膳，"水落鱼虾常满市，湖多莲芡不论钱"，成了扬州水产丰富的生动写照。① 当时淮安境内的楚州以及盱眙对岸的泗州（该城于清康熙年间沉入洪泽湖）是漕运要津。唐代涟水已成为全国四大盐场之一，所产淮盐经销全国。唐代大运河上的漕船、盐船和其他商船，在扬州、淮安之地千帆相连，络绎不绝；与泗水并行的陆道也是商旅辐辏，辗转其途。唐代，东南亚各国及波斯、大食（今阿拉伯）等国都有商人来到扬州和淮安，日本在隋唐时期共派遣遣唐使 19 批，多数落舶于扬州。当时楚州城建有新罗坊，是新罗商人的聚集处。淮安菜中"高丽羊肉""高丽长鱼"就可觅见高丽菜的身影。这些国际间的交往，也促进了地方饮食业的发展。

进入宋代，扬州的饮食水平已有了较大提高，为适应贸易的需要，舟车南北贸易之人日夜灌输京师者"居天下之七"，促进了南北烹饪技艺的交流。在楚州运河两岸，酒肆勾栏比肩连翼，露天作场规模惊人；而淮白鱼一跃成为淮菜中名满天下的招牌菜，宫廷贡品，屡屡受到诗人的题咏。元末朱元璋占领扬州，设立淮扬督府，对扬州菜特别垂青。朱元璋登基以后，钦命扬州厨师专司宫廷御膳，明成祖迁都北京，扬菜扎根京师，② 对宫廷菜和鲁菜的发展产生了很大的影响。明代扬州以"饮食华侈，制作精巧，市肆百品，夸视江表"而称雄沿江一带。明初至清代中叶，扬州、淮安作为大运河的中枢之地，成为维系朝廷安危的重镇。淮安出现了"漕运盐权"萃于一郡的独特局面，漕运总督、河道总督长期驻节淮安，而"两淮盐运使"衙门又设于扬州，两地盐商有数百家，"衣物屋宇，穷极华奢，饮食器具，备求工巧……宴会嬉游，殆无虚日"，造就了官厨、市厨、家厨烹饪水平精益求精，制作的菜肴更加精美可口，这些都带动了城市的繁荣和饮食水平的提升和发展。清代康熙、乾隆两帝多次游幸扬州、淮安，以此带动和促进了扬州、淮安地区饮食市场的繁荣，盐商的暴利与富足促使他们"或出金建造花园，或修故家大宅废园为之，楼台厅舍，花木竹石，杯盘匙箸，无不精美"，商府中纷纷聘名厨、享名食、创名菜，客观上形成了各家名食不绝、各地风味汇聚的饮食局面。清代扬州著名的餐馆已不下 40 家，寺院素斋亦相当发达，此外还赢得了"扬州茶肆甲天下"的美誉。清代淮安的"全羊席""全鳝席"已影响深远，奠定了淮安菜的显赫地位。淮扬菜发展至此，达到了鼎盛时期。由此可见，淮扬菜经过千百年来广大厨师的辛勤劳作和千锤百炼，在中国饮食的文明史上成为一颗熠熠发光的明珠闪耀在中华大地上。

2. 淮扬风味中的地方菜

明朝中后期至清代，特别是清代，是淮扬菜的发展高峰期。当时的主要产盐之地，一是以海州为中心的淮北盐场，二是以盐城为中心的淮南盐场。两淮盐税富甲天下，产盐之地孕育了盐业的经营与买卖，哺育了一大批富有的盐商。而盐业的交易地——淮安、扬州，则成为运河上的两个明珠。淮安因黄、淮、运三水交汇的独特位置，是京杭

---

① 袁晓国. 淮扬菜. 南京：译林出版社，2015：63.
② 章仪明. 中国维扬菜. 北京：中国轻工业出版社，1990：4.

大运河上的漕运重镇，扼守江淮咽喉；而"两淮盐运使"府署设于扬州，为全国六运司之一。许多官宦商人来往频繁与接风答谢的饮食需求，这种以盐生财作为强有力的经济支撑，推动了当地餐饮业的发展兴盛。

清末民初，国人将地域相邻、风格口味相近的淮帮菜、扬帮菜、京帮菜（京口即镇江）等合称为"淮扬菜"。民国人杨度（1875—1931），清末反对礼教派的主要人物之一，毕业于日本政法大学。戊戌变法期间，他曾接受过康有为、梁启超等改良派的维新思想，反对帝国主义。他在《都门饮食琐记》中曾说："淮扬菜种类甚多，因所代表之地域亦广，北自清江浦，南至扬镇，而淮扬因河工盐务关系，饮食丰盛，肴馔清洁，京中此类极多。"这是记述"淮扬菜"一词最早的文字。

1962 年香港地区出版的《中国名菜大全》中曾曰："淮扬菜是淮城、扬州、镇江菜的总称，在中外久已享有很高的声誉。"

镇江菜

镇江，古称京口、润州，位于长江、运河的交汇处，地处水乡平原和低岗丘陵地区。三国时期，孙权将治所从吴都（今苏州）迁到京口（今镇江），镇江是东吴临时都城和政治、经济、文化中心。孙吴宫廷对美食的追求，促进了当时镇江饮食的发展。东晋时期，中原居民大批南迁，其中南徐州（治所在今镇江）有侨民 20 多万人，人口剧增，商贾云集，在饮食上南北交融，米面混杂。梁武帝萧衍曾在镇江举办国宴，一次就招待过数千人，使得饮食业发展迅速。

随着隋唐大运河的贯通，镇江成为水上交通枢纽和漕运咽喉，加速了镇江城市的繁荣，使镇江的经济地位和政治地位显著上升，商业发达，富甲天下，带动了包括手工业、餐饮服务业在内的全面繁荣，杜牧诗云"青苔寺里无马迹，绿水桥边多酒楼"，正是对当时镇江餐饮业繁荣的生动写照。宋代，镇江的漕运地位日益明显，交通区位优势凸显，成为达官贵人、文人雅士的宴集行吟之所。文人笔下的镇江市场，海鲜珍品、腌腊干货、四方香料，应有尽有，促进了当地美食文化的繁荣。元代的镇江，物产丰富，宗教兴旺，民族交融，文化发达，基督教、伊斯兰教、佛教以及许多兄弟民族居住，蒙古族、回族、维吾尔族、契丹族、女真族等文化与当地文化交融，民族饮食、宗教饮食比较发达。

清朝，镇江因交通枢纽优势和漕运的发达，成为全国商品经济最发达的城市之一。清康熙、乾隆分别六次南巡，每次都驻跸镇江。每次南巡，皇帝都会举办酒宴款待臣僚缙绅；地方官员大办酒席宴请皇帝及随从官员，无不金盘玉脍，佳馔俱陈，有力推动了镇江美食的发展。清代著名诗人查慎行《京口和韬荒兄》中的"舳舻转粟三千里，灯火沿流一万家"，真实地再现了镇江繁荣、民众富裕的场景。在清末学者徐珂《清稗类钞·饮食类》中列举的各地菜肴中，此时的镇江菜肴已跻身为国内"十大知名地区"的重要地位。清末民初，镇江以淮扬菜点为主，兼收京津风味，亦有西餐供应。当时较大的菜馆有 30 余家，水晶肴蹄、蟹黄汤包等已成为特色菜点。市面上还有鼎和居（天津菜馆）、天兴楼（回民菜馆）、岭南春（西餐馆）、一枝春（素菜馆）等风味饭店。[①] 此时，尽管战乱、水灾破坏了江北地区的百姓生活，而长江南岸的镇江却受商埠的繁荣之利。这时期，镇江开始了它的辉煌历史，成为民国一时的江苏省会，其饮食技艺也吸收了各地名厨之长，丰富了镇江菜的技艺。

南通菜

南通地处长江三角洲，滨江临海，水网密布，物产丰富，有"崇川福地"之誉。南通的烹饪形成于秦汉。晋至南北朝期间的战乱，致北方人口大批南迁至长江下游，这时南北多元文化交融、并存，然南方文化占统治地位。随着隋唐两宋时期的不断发展，明清至清末民初南通的饮食市场较为繁荣。

初唐时，唐太宗李世民曾钦派尉迟恭之子尉迟宝林来南通石港监造"行宫"，在10多年时间内，饮食接待上地方官员要求厨师不断变换花样提供饭菜，石港厨师做尽了地方菜肴和民间土菜，将盐民的盐焐鸡、盐煮虾、跳文蛤、炝蛏鼻、泥螺、蟹鲊、腌蟛蜞、炒烧海蜇、炒和菜等搬上餐桌，由此南通古代烹饪技术的发源地石港堪称"蛮真海错"滥觞之地。宋代，散于居民、盐民、渔民、移民中的风味菜点，在就地取材、方便食用中，经过留优汰劣，一些菜品逐步进入菜馆，植入筵席。南宋民族英雄文天祥在德祐二年（1276年）闰三月十八日逃离敌营，在石港候潮一天两夜，写下了《石港》《卖鱼湾》《即事》三首诗，把石港丰富的鱼、盐资源融入石港美景之中。[②]

明清时期南通出现了许多文化名人，都不同程度地对当地美食进行阐述或论述。如戏剧家、美食家李渔在《闲情偶寄》中提倡"重蔬食，崇俭约，尚真味，主清淡，求食益"；金榜在《海曲拾遗》中阐述了南通地区的应时菜点及其民风食俗；徐缙在《崇川咫闻录》中记载了许多南通名菜点如董糖、董肉等；冒辟疆在《影梅庵忆语》中记载董小宛会烧菜、制花露、腌腊味、做董糖等。特别是清末状元张謇回通州创业，一直视"民以食为天"为己任，在南通围海造田、开拓食源、开辟海疆渔场，开掘水产资源，开启食品工业，用心血和智慧重塑了中国美食与烹饪的丰碑。

盐城菜

盐城地处黄海之滨，拥有680万亩滩涂湿地。这里四季分明，物产丰富，宜农宜渔，河港交结如网，内陆河鲜齐全，禽畜蔬果盛丰，海鲜四时不绝。

盐城在周朝以前为淮夷地，从西汉武帝元狩四年（公元前119年）建立盐渎县，当时这里遍地皆为煮盐场，到处是运盐的盐河，故命名为"盐渎县"，"渎"就是运盐之河的意思。东晋安帝义熙七年（公元411年）时更名为盐城县，"盐城"之名使用至今，以"环城皆盐场"而得名。经过二千多年的历史沉淀，盐城处处散发着浓郁的盐海文化。

盐是人类生活的必需品，也是一种文化象征。盐城拥有大量的物质与非物质海盐文

① 潘俊，李臻. 镇江菜的历史传承与创新. 四川旅游学院学报，2019(1)：14-17.
② 巫乃宗. 江海食脉. 苏州：苏州大学出版社，2017：11.

化遗产，盐城的历史几乎贯穿了整个中国海盐文化史，其历史就是海盐业发展史的缩影。东部海鲜、内陆河鲜、平原禽蔬原料是盐城菜品的博大宝库。

盐城也是人文荟萃之地，有汉末"建安七子"之一陈琳，南北朝时名医徐道度，明中叶开创并影响全国的泰州学派的东台人王艮等，而盐城地区最为著名的领袖人物是元末盐民起义领袖张士诚，他了解盐民生活的疾苦。盐城境内与海盐文化相关的文学作品主要有《水浒传》《镜花缘》《董永传说》等，这些文学故事取材于盐城，已经流传了千百年，在中国文学史上拥有很高的地位。

从饮食上看，盐城海盐比陆地上的池盐、矿盐的矿物质含量要高。海盐多用来腌制食品，既能满足口感的需求，改善美食口味，还具有丰富的矿物价值、营养价值，是健康养生的天然佳品。盐城内河水面达 200 多万亩，盛产鱼、虾、蟹、鳖、菱角、荷藕等，省级无公害农产品认证的种植业产地有 212 个，畜牧业产地 87 个，绿色食品和无公害食品称号的产品共有 179 个，为餐饮业提供了优质的保障。

泰州菜和宿迁菜

泰州市和宿迁市是 1996 年经国务院批准，调整扬州市、淮安市行政区划，将泰州、宿迁从扬州市、淮安市中划出，组建地级泰州市、宿迁市。单从地方风味来看，它们仍然属于原来扬州、淮安地方的风味范围和风味特征。一是地域相近，二是人们的口味相同。尽管地区划分，其菜品风味特色依然相通，在口味上都讲究咸甜适中的制作特色。

泰州古称海阳、海陵等，地处江苏中部、长江北岸，是"长三角"著名的历史文化古城，素有"汉唐古郡，淮海名区""水陆要津，咽喉据郡"之称。泰州地属平原，千百年来，风调雨顺，安定祥和，被誉为祥瑞福地、祥泰之州。得天独厚的地理、气候条件和独特的地域文化造就了泰州独具特色的饮食文化。泰州人文荟萃，物产丰饶，是著名的鱼米之乡。骆宾王所谓"海陵红粟，仓储之积靡穷"，足见当年泰州粮米之丰。

宿迁，简称"宿"，古称下相、宿豫、钟吾、司吾、下邳。宿迁是西楚霸王项羽的故乡，曾是泗水国、钟吾国、宿国都城，历史悠久，人文荟萃。秦时置下相县，因其治所在古相水下游而得名。东晋安帝义熙元年（405 年），于下相县东南置宿豫县。唐代宗宝应元年（762 年），改宿豫县为宿迁县。唐宋至明清，宿迁先后属泗州、淮阴郡、淮安府、徐州府等。宿迁地区的饮食文化还是以米面混合制作的食品为主食。

3. 发展中的淮扬菜

当今的扬州、淮安、镇江，都是历史文化名城，是大运河沿岸的著名城市。这里烹饪人才辈出，拥有良好的自然资源和历史文化。"扬州三把刀"之首的"厨刀"更是风靡全国。新中国成立初期（1949—1956 年），国宴基本格调以淮扬风味为主。扬州已成为全国培养厨艺人才的最重要基地之一，具有兴办烹饪教育时间长、层次多、门类全、师资强等特点，形成了本科、高职、中职三个层次。当代名厨肖太山、杨玉林、董德安、薛泉生、陈春松、王立喜、张玉琪、徐永珍、居长龙、陈恩德、王仲海、周晓燕、朱云龙等，在继承和发扬淮扬菜传统特色上精心探索、不断创新，推出了一系列名菜、名点和名宴。而新一代烹饪大师以陶晓东、侯新庆、吴松德等为代表，在省内外产生了较大的影响。

扬州富春茶社特一级面点师董德安，在1983年"全国首届烹饪名师技术鉴定会"上制作的淮扬点心，以精湛的技艺，娴熟的操作，味美色香，获得"最佳点心师"的桂冠，是全国五名获奖者之一。特一级烹调师薛泉生在1988年"全国第二届烹饪名师大奖赛"中，连获2枚金牌、2枚银牌、3枚铜牌，荣获三项全能奖杯，步入十佳明星的行列，名列第二。

扬州地区拥有丰富的地方特产。宝应荷藕、邵伯菱、高邮麻鸭并称为运河三宝；萝卜头、螺蛳菜、双黄蛋、珠光米、河蟹、湖虾、风鹅等农副土特产品享誉全国。扬州饮食技艺有多个国家级、省级非物质文化遗产项目，其中富春茶点列入国家级非遗名录。扬州厨师以刀工精细、刀法巧妙著称；维扬菜善用火候，擅长炖、焖、煨、焐、蒸、烧、炒等，保持食物本味。维扬美食平和鲜醇，咸甜有度，精致高雅。扬州炒饭"炒遍全球"，扬州包子"包打天下"，狮子头鲜嫩隽永，三套鸭醇香味美，文思豆腐全国首创，翡翠烧卖精致可口，大煮干丝韧软而不散。特别是百年名店富春茶社闻名遐迩，其千层油糕、翡翠烧卖被誉为"扬州双绝"。扬州民间美食声名远播，饺面、汤包、蒸饺、火烧、锅贴等不胜枚举，而清淡、健康、精致的淮扬菜越来越受到消费者的欢迎，较有代表性菜品还有扒烧整猪头、蛤蜊斩肉、蛋美鸡、芙蓉鸡片、三套鸭、醋熘鳜鱼、将军过桥、大煮干丝等。为大力弘扬淮扬菜，政府和行业部门多次举办中国淮扬菜美食节、大运河美食文化节等活动。2019年，扬州市成功入选"世界美食之都"，这对高质量地发展扬州美食和传播美食文化、扩大扬州美食和城市的影响力具有十分重要的意义。

淮安的淮扬菜，简称淮安菜、淮帮菜。淮安菜的发展，首先得益于运河这条生命线。进入20世纪80年代，淮安地区饮食市场空前繁荣，高中档酒楼宾馆和大众化饮食店发展迅猛，各种交流、比赛、美食节等烹饪活动联翩而至，传统淮帮菜得到挖掘整理。1983年挖掘整理了淮安"全鳝席"菜品69道，此后陆续整理并出版了淮安地方菜谱、楚州淮扬菜佳肴名点、中国淮安淮扬菜名菜谱等相关书籍。一大批能文能武、新时代的淮安烹饪大师不断在国家、省、市烹饪大赛上摘金夺银。创新菜点蟹粉鱼腐、龙背扣肉、蒲菜狮子头、酥皮虾蟹等层出不穷，丰富了淮扬菜的宝库。张文显、孙宝仁、王素华、屠兆福、田树明、田德俊、吴志华、吴明千、毛玉平、冯祥文、姬寿坤、蔡俊明、王建中、刘洪彪、刘江林、相进军、张爱萍等一批国家级烹饪大师、名师为淮扬菜的发展默默地奉献着。特色饭店如朱桥甲鱼馆、盱眙龙虾馆、码头羊肉馆、鱼馆、土菜馆等，为淮安特色菜品的繁荣做出了贡献。

进入新世纪，开发独具淮安饮食文化特色的品牌已成为淮安经济发展的助推器，淮安已成立"中国淮扬菜集团"，开发"高沟捆蹄"等品牌，着力打造盱眙龙虾、金湖龙虾、码头牛羊肉、茶徽等知名品牌，为淮安地区饮食文化品牌打下良好的基础。随着"淮扬美食香天下，美丽清纯洪泽湖"这一形象的传播，淮安美食文化节、盱眙龙虾节和金湖螃蟹节的举办，淮安的知名度进一步扩大，为招商引资提供了良好的支持。据统计，仅 2012 年盱眙龙虾节的举办就为盱眙带来了超百亿的投资。连续十多年金秋时节举办的"中国淮安·淮扬菜美食文化节"以"繁荣文化、发展经济、娱乐百姓、凝聚人心"为办节宗旨，精心打造了"美食淮安、文化淮安、旅游淮安、创业淮安"的文化品牌，在神州大地上刮起了淮扬菜之风，引得国内外广泛关注。2021 年，淮安市成功入选"世界美食之都"，淮安菜在中华美食文化中奋勇向前、大放异彩。

镇江地方菜品经过千百年的发展，基本形成了咸甜适中、南北皆宜的口味特点，作为淮扬菜的重镇，风味独特的传统菜有以三鱼"刀鱼、鲥鱼、鮰鱼"为代表的江鲜清蒸刀鱼、清蒸鲥鱼、白汁鮰鱼，有口皆碑的两头"拆烩鲢鱼头、清炖蟹粉狮子头"，还有写进赛珍珠名著的鸡汁干丝、盐水鹅、镇江醋骨、黑桥烧饼，以及水晶肴肉、蟹黄汤包、白汤大面等名品。进入新世纪，伴随着社会经济的快速发展，镇江菜也迎来了快速发展期，并形成了系列特色菜肴。镇江菜大师团队，在张登发、丰国庆、丰成怀、丰成礼、张松华、潘镇平、俞加仁、顾克敏、郭祥海、周鹤銮、李传信等享誉全国的中国烹饪大师之后，也涌现了一批年轻有为的大师，近年来以潘小峰大师为首的团队在全国的影响力越来越大，其烹饪技艺日趋精湛。其代表菜肴有：炖鮰鱼肚、百花酒焖肉、萝卜鱼、三鲜脱骨鱼、白炒刀鱼丝等。在菜肴的创新方面，开发出具有本地特色、适应市场需求的原创性菜品和宴席。此外，镇江每年举行青年厨师大奖赛，在全国、全省多项烹饪比赛中斩获金奖和银奖，调动了全行业对传统菜和创新菜的重视，提高了镇江菜制作水平。几十年来，镇江老、中、青三代烹饪工作者勇于担当，在刻苦奋进的同时，又不断交流学习，开拓创新，为镇江烹饪事业的发展做出了贡献。

南通地区在历代南通人和南通厨师的积极努力下，用自己的辛勤劳动和无穷智慧，为江海烹饪做出了巨大的贡献，如著名的狼山鸡、隋唐时就成为贡品的如东文蛤等。江鲜、海鲜、河鲜就是南通菜的天然财富，江海菜在淮扬风味中别具特色。为了保住南通味道，南通餐饮人相继组织了多项烹饪比赛、技术交流和传统名优品种比赛。南通独特的人文与生态环境孕育了悠久的长寿养生饮食文化传统，早在清代就出现了研究食疗、食补的养生专家丁其誉。如皋的长寿宴多次在国内外养生美食大赛中获得金奖。改革开放以后，涌现出的新一代名厨有刘荣奎、李玉廉、李铭义、吉祥和、倪金泉、马树仁、陆鹤汉、周汉民、江伟东、武宏旭、洪建华等。南通各地餐饮企业，在保持传统特色菜的基础上，重点打造海鲜菜品和地方名特菜品，代表的传统名菜有：天下第一鲜、虾仁珊瑚、清烩鲈鱼片、清炖狼山鸡、海底松炖银肺、鸡火蜇皮、蛙式黄鱼、灌蟹鱼圆、清烩鲈鱼片、水油浸鳊鱼等，其风格雅丽，崇尚本源，以鲜为主，五味并蓄，自成一格。南通菜是淮扬风味中一株独特的花朵。

盐城地区地处黄海之滨，独特的地理位置、奇特丰富的物产原料，以及盐阜人民的餐饮生活习惯，使得盐城地区逐步形成了偏爱汤水、注重调汤、讲究原汁原味的盐城菜品风格。其传统特色菜品有：水乡老鹅汤、板桥肉、里下河八仙、蛤蜊斩肉、冻豆腐煲、生炝条虾、白炖鲻鱼、麻虾蒸蛋、伍佑醉螺、东台鱼汤面、鲸鱼饼、建湖藕粉圆、阜宁大糕等。传统的农家宴有"盐城八大碗"。近几年的创新菜有：蒜香野条虾、文蛤丝瓜饼、碳烤秋刀鱼、马齿苋包子、土灶烧老鹅等。21世纪以来，以王荫曾大师为首的一代名厨以及吕士忠、阚兆庆、韦正代、何青、王文彬、季军、刘国峰、黄建兵等，为盐城餐饮的发展做出了很大的贡献。盐城各县市、乡镇都拥有自己的土特产品，每一种名产美食都是各地人民一种美的创造，都具有吸引外地人的魅力。在广袤的盐阜大地，农产品品种多、质量好，如盐城市郊沙土地的白荔枝萝卜、滨海名特品何首乌、阜宁小花生、雪松牌溏心皮蛋、葛武的嫩姜、大丰麻虾酱、伍佑醉泥螺等在江苏名闻遐迩。

泰州地区是著名的鱼米之乡。泰州水文化特点突出，里下河的湖河文化、稻作文化，长江下游的江鲜文化，使得泰州人擅长做江鲜、河鲜，以中庄醉蟹、溱湖八鲜、八宝刀鱼等为代表的泰州菜品，形美味鲜，调出清鲜本原的美味。泰州物产丰富，代表的"四蔬"：芋头、小油果花生、青皮茨菇和荷藕；"四鲜"：螃蟹、青虾、甲鱼和螺蛳。泰州传统名菜有八宝刀鱼、煎塘鱼饼、松子鸡、醉蟹炖鸡、八宝鼋鱼、五丁鱼圆、夹心鱼肚、干贝绣球、双凤还巢、红烧大乌、五味干丝、桂花白果等。老一辈名厨有井正录、纪元、王怀龙以及当代烹饪大师张锦秀、唐绕脐、闻启元、宋玉培、周银喜、阎继山、刘金贵、王友吾、陶晋良、李顺林、傅明、唐亚林、朱国祥、戴根林、王晓明、彭军等。近40年来，泰州地区开发的名菜名宴名目较多，代表的有梅兰宴、溱湖八鲜宴、兴化板桥宴、凤城锦绣宴、江鲜宴、春江宴等。泰州干丝、黄桥烧饼、蟹黄汤包，偕同泰州臭干、水酵饼、宣堡小馄饨、姜堰酥饼等民间小吃，是泰州美食文化最好的代表。

宿迁北枕骆马湖，南拥洪泽湖，怀揣京杭大运河中段，是西楚霸王项羽的故里和"中国白酒之都"。乾隆六下江南，五次驻跸宿迁运河乾隆行宫，并盛赞宿迁为"第一江山春好处"。宿迁受多元饮食文化影响，居徐海、淮扬风味之间，河湖水产资源丰富，孕育了宿迁人崇尚河鲜、湖鲜的饮食习俗，利用当地食材烹制的各类河湖水鲜美味食馔，吸引着四方游客追踪品尝。地方特色菜品有骆马湖银鱼羹、白龙戏珠、麻香甜油虾、糖蒜乌鱼片、香酥毛刀鱼、渔家四样、车轮饼、水晶山楂糕、颜集朝牌等，更是"江苏瓦块鱼美食之乡"。新一代厨师代表有朱殿荣、于桂平、赵志全、毕昌俊、裴成炜、孙韬、高恩奎、高慎森、陈波等。2016年以来，开发推出的"项府家宴"，再现了宿迁的楚风食韵和地方菜品特色，突出炖、焖、煨、焐技艺，调和五味，体现菜品的原汁原味；原料水陆纷呈，鼎调盐梅，尽显宿厨之神工。"骆马湖渔家宴""项府家宴"及系列菜品的推出，极大地丰富了当地群众饮食文化生活。

二、菜品风味特色

淮扬风味的主要特点是：选料严格，制作精湛，刀工精细，主料突出，注重本味，讲究火工，擅长炖焖，汤清味醇，浓而不腻，咸中微甜，造型别致，鲜淡平和，南北皆宜。

1. 选料严格，制作精湛，主料突出

淮扬风味菜品在选料上以时令、鲜嫩为佳。季节不同，原料质量有明显的区别，这就需要把握好原料的兴衰时期。如河蟹在不同的季节质量差异较大，正所谓"九月团脐十月尖"。此外，如春天的菜花甲鱼、初夏的鲥鱼、六月的花香藕、冬季的鲫鱼，应时则美，过时质差。

淮扬菜在菜品制作上注重因材施艺，物尽其用，突出主料。如根据鳝鱼的大小和部位老嫩的特点，中段选作"炒蝴蝶片""大烧马鞍桥"，鳝背肉制作"炒软兜"，腹部肉制作"煨脐门"，尾部制作"炝虎尾"等。淮扬名菜"清炖狮子头"，也随着季节的差异制作，如春天的"春笋狮子头"，夏天的"河蚌狮子头"，秋天的"蟹黄狮子头"，冬天的"雪菜狮子头"等。

在菜肴的制作中，淮扬菜对鱼的分档取料达到了异常完善的地步，以青鱼为例：整条烹制，块形烧制，片、丝、条形炒制，鱼肉制蓉后可制成不同特色的鱼圆，是每一个厨师的必备技艺；若按部位如头、尾、中段、肚裆、下巴，乃至鱼脑、鱼皮、鱼籽、鱼肠、鱼唇等都可制作成特色菜肴。"灌汤鱼圆"洁白柔嫩、圆润轻盈，堪称一绝。

2. 刀工精细，造型优美，擅长雕刻

扬州"三把刀"之厨刀，在扬州厨师手中运用精当。因此，刀工精湛是淮扬风味的主要特点之一。扬州的"西瓜灯""冬瓜盅"刀工之巧，"大煮干丝"刀工之细，"翠珠鱼花"刀工之美，"双皮刀鱼"刀工之精，"三套鸭"刀工之灵，这些体现的都是刀工之绝。由于重视刀工及刀口所展现的刀面形状，淮扬风味向来就非常重视花色菜的制作，以充分展示其刀工技巧。各种花刀刀法的技巧，淮扬菜更是运用娴熟。

淮扬风味还以造型和色泽著称。菜肴配色，春季多俏丽，夏季浅淡，秋季多彩，冬季则色深。传统名菜"蛋美鸡""金鱼鸽蛋"，都是突出造型的菜肴。"蛋美鸡"是将光鸡去内脏，洗净，焯水后放入砂锅，加调料焖制酥烂后装入汤盘中，另制蛋烧卖16只围放鸡的周围。"金鱼鸽蛋"利用鸽蛋、白鱼肉、鸡蛋、香菇、红椒一起制作成"金鱼"造型，口味咸鲜清淡，吃口软嫩味美。厨师还擅长食品瓜果雕刻。清乾隆时期扬州就出现了"镂刻人物花卉鱼虫之戏"的西瓜灯作为筵席的点缀。[①] 20世纪80年代中期，扬州的西瓜灯、花鸟立体整雕、花卉雕刻表演在南京展出，造型各异的各式雕刻作品异彩纷呈，惟妙惟肖，充分显示了淮扬菜厨师食品雕刻造型技艺的深厚功底。

3. 讲究火工，擅长炖焖，汤清味醇

淮扬菜以炖、焖烹调为主的菜肴有蟹粉狮子头、八宝鸭、醉蟹炖鸡、三套鸭等。许多菜肴通过火工的调节来体现菜肴的鲜、香、酥、脆、嫩、糯、韧、烂等不同特点。如传统名菜"三套鸭"，系用家鸭、野鸭、乳鸽整料出骨，用火腿、冬笋等作辅料，逐层套制，三位一体，用文火宽汤炖焖而成。这是一道功夫菜，小火炖焖后汤汁清澄，形状

---

① 仪明. 维扬菜的主要特点. 中国烹饪, 1991(2)：22.

完整，酥烂脱骨，入口而化。

传统名菜"扒烧整猪头"，用 1 个整猪头 6～7 公斤，经过加工清理后，用旺火烧沸，改用小火焖约 2 小时，成熟后保持猪头外皮完整。此菜通过慢火加工，香味扑鼻，肥嫩香甜，猪头酥烂，食用时需用汤勺舀食，入口即化。这是火工的魅力。淮安名菜"炖家野"是古代流传的佳肴，以清江浦肥美的山鸡与当年母鸡相炖，用小火炖约 3 小时，野鸡香酥，家鸡肥嫩，再与冬笋片、冬菇片、火腿片、豌豆苗等稍炖片刻，风味相济，美味可口。南通名菜"鸡火鱼鲞"以鸡肉、火腿烧鱼干，是一道独具风味的美馔。选用南通狼山鸡、如皋火腿和吕四渔场的大黄鱼干，烩一锅焖制，使狼山鸡腴鲜之美、火腿的腊醇之香、黄鱼干的鲜香隽永，焖制后口味互为浸润、渗透，既保持了各种原料的特有风味，又吸收了其他原料的美味，丰富了味质，堪称集美味之大成的佳肴。

4. 清淡入味，咸甜适中，南北咸宜

地处东南的淮扬镇通盐等地区，湖荡港汊较多，水产鱼类和瓜果蔬菜丰富，这些原料本身就具有极鲜美的滋味，如新鲜的时蔬、鸡鸭、鱼虾等，以突出本味为主旨，在调味上选用鲜味足的原料，宜淡不宜重，在调味上避免调味过重而适得其反，失去本味效果。对有腥膻味的原料，用调味品去解除，使其鲜美本味突出。对味淡的原料用其他鲜香的美味促进它，使它更好地体现出清淡本味。

淮扬地区在历史上多次南北烹饪技艺交流中，既吸收了南方菜的鲜脆嫩的特色，又融合了北方菜咸、色浓的特点，如扒烧整猪头、扒烧蹄筋、冰糖蹄髈、甲鱼烧海参、马鞍桥烧肉、生炒蝴蝶片等菜肴，形成了咸甜适中、咸中微甜的风味。许多地方特色菜肴都体现了清淡入味的特色，如清炖蟹粉狮子头、拆烩鲢鱼头、水晶肴蹄、松子肉、荷叶粉蒸肉、鸡粥蹄筋、蛋美鸡、芙蓉鸡片、西瓜鸡、桃仁鸽蛋、鸡蓉鸽蛋、清蒸刀鱼、瓜姜鳜鱼丝、稀卤白鱼、炒软兜、双味虾球、大煮干丝、文思豆腐等。淮扬风味的许多菜肴，都是以咸鲜、咸甜风味为主，口味鲜嫩、鲜爽、鲜滑，多清淡、清爽，没有浓烈的调味料，具有四方皆宜的风格特征。如流行的芙蓉鱼片、玉带虾仁、白汁鮰鱼、双皮刀鱼、芙蓉蟹斗等，色泽淡雅，口味清淡，味美可口，老少咸宜。在制汤方面，多以高汤、清汤调制，如清汤火方、醉蟹炖鸡、海底松炖银肺等，口味清醇、鲜爽，汤清则见底，浓则乳白，淡而不薄，浓而不腻。

三、代表菜品

1. 清炖蟹粉狮子头与软兜长鱼

扬州、镇江地区名菜"清炖蟹粉狮子头"相传已有近千年历史，因形态丰满，犹如雄狮之首，故名"狮子头"。唐代有"汤欲绣丸"，宋代杨万里诗云"却将一脔配两螯，世间真有扬州鹤。"这是早期螃蟹与肉的组配，类似于螃蟹斩肉。在江苏地区民间，百姓在年节中有制作斩肉的习俗。1949 年，在庆祝中华人民共和国成立的宴会上，周总理曾用此菜招待中外来宾，受到欢迎。

新中国建立初期，《江苏名菜名点介绍》中记载：镇江的"清蒸蟹斩肉"颇为著名，俗称"镇江的狮子头"。镇江每逢喜庆节日或宴客，必用斩肉待客。当地妇女皆能制作，且甚佳美。其选料甚为讲究：猪肉需要拣五花肉，要细切粗斩，配料适当，并要一次放在砂钵炖；要封固不泄气，而且用文火；吃时也要适时，就是说"人要等菜，菜不等人"。[①]

图 8-2　清炖蟹粉狮子头

"清炖蟹粉狮子头"按照菜肴细切粗斩的要求加工肉料，"肥七瘦三，细切粗斩"，烹制时将狮子头放入砂锅中，上盖青菜叶，烧沸后移微火中炖焖约 2 小时的功夫，上桌时揭去青菜叶。猪肉肥嫩，蟹粉鲜香，菜心酥烂，须用调羹舀食，嫩如豆腐，纳入口中，肥而不腻，腴而不化，清香满口，齿颊留芳。镇江、扬州一带制作斩肉，配料是因季节而异的。春天用河蚌、春笋作配，夏天不宜太油，做面筋烧斩肉或清蒸斩肉，秋冬之季做清炖蟹粉狮子头，冬天用冬笋、风鸡做笋焖狮子头或风鸡炖斩肉。冬天的小青菜、豌豆苗甚好，亦可作陪衬。

图 8-3　软兜长鱼

"软兜长鱼"是淮安菜的代表，其名又叫"炒软兜""淮安软兜"。因其口感的独特性，博得了许多人的赞誉。鳝鱼，俗称"长鱼"，其味甚美。两淮（淮阴、淮安）庖厨擅长以鳝鱼为主料，烹制成席，名曰"两淮长鱼席"。其菜多达108 款，肴肴迭出，品品味殊。"软兜长鱼"是长鱼菜中的佼佼者。

据说，古法氽制长鱼，是将活长鱼用纱布兜扎，放入带有葱、姜、盐、醋的沸水锅内，氽至鱼身卷曲，口张开时捞出，取其脊肉烹制。成菜后鱼肉十分醇嫩，用筷子夹起，两端下垂，犹如小孩胸前的兜肚带，食时，可以汤匙兜住，故名"炒软兜"。此菜选用端午前后的笔杆粗的小长鱼，精心烹制。成菜后脊背乌光烁亮，软嫩异常，清鲜爽口，蒜香浓郁。

2. 名菜品选粹

拆烩鲢鱼头，镇、扬名菜。人们常说"青鱼尾巴鲢鱼头"，就是说鲢鱼味最佳者为头。鲢鱼见雪才上钩，故称为雪鲢。江苏传统菜谱中介绍镇江的烹调得法，[②] 烹制拆烩

① 江苏省服务厅. 江苏名菜名点介绍. 南京：江苏人民出版社，1958：35.

② 江苏省烹饪协会，江苏省饮食服务公司. 中国名菜谱（江苏风味）. 北京：中国财政经济出版社，1990：172.

鲢鱼头，取 2.5 公斤的鱼头，菜心 10 只，蟹肉、冬笋片、鸡肉各 100 克作配料，不用酱油，菜肴色白，内无一骨，头壳中肉极多，脂肪足，皮糯黏腻滑，其味肥美可口，汤汁稠浓，营养丰富，为冬令极美之菜肴。

醋熘鳜鱼，扬州传统名菜，由古代名菜"全鱼炙"发展而来。20 世纪 30 年代时，扬州名厨丁万国在"天凤园"主厨，对此菜的卤汁调理和炸制方法做了重大改进，使其成为脍炙人口的著名菜肴。制作此菜需娴熟的技艺，要求剖刀匀称，挂糊均匀，火候把控得当，三次油炸，端卤上桌，浇至鱼身，响声大作，满室生香。此菜香脆酸甜，骨酥肉嫩。

水晶肴蹄，又名肴肉，是镇江特有的名菜，迄今已有 300 多年的历史，一直盛名不衰，驰誉中外。肴蹄肉红皮白，光滑晶莹，卤冻透明，犹如水晶，固有"水晶肴蹄"之称，具有香、酥、鲜、嫩四大特点。瘦肉香酥，肥肉不腻，食时佐以姜丝和镇江香醋，更是别有风味，真可谓："不腻微酥香味溢，嫣红嫩冻水晶肴。"

天下第一鲜，即炒文蛤，南通名菜。文蛤，又名花蛤，为海产贝壳类。因蛤肉富含氨基酸与琥珀酸，其味非常鲜美，素有"天下第一鲜"之称。南通古今盛产文蛤，隋代起即作为贡品。南通厨师善治文蛤佳肴，炒文蛤则是其中之一。文蛤肉需旺火急炒，使之受骤热，表面蛋白迅速凝固，鲜汁不易渗出。成菜饱满含液，口感滑嫩，鲜冠群菜。

煎塘鱼饼，泰州历史传统名菜。此菜选用塘鳢鱼，色呈青黑色，具有不规则的黑斑纹，苏北地区多称为"虎头鲨"。塘鳢鱼腹肉极为丰富，斩蓉时用鸡蛋清、水淀粉、葱姜汁和清水搅拌，加少许猪肥膘肉蓉一起制成鱼饼，经油煎后色泽金黄，外香脆、里鲜嫩，食之爽口，为佐酒佳肴。

大煮干丝，扬州传统名菜，由古代"九丝汤"演变发展而来。清人《望江南》词云："扬州好，茶社客堪邀。加料干丝堆细缕，熟铜烟袋卧长苗，烧酒水晶肴。"百年老店"富春茶社"制作此菜亦有 100 多年的历史。干丝选用严格，讲究快刀细切，去尽泔味，方能烧制，成品色彩美观，绵软鲜醇。

开洋扒蒲菜，淮安传统名菜。古城淮安西南隅"天妃宫"所产之蒲菜尤为肥美。它虽出自污泥，却洁白如玉而鲜嫩清香。淮安食用蒲菜由来已久，南宋建炎五年，抗金女英雄梁红玉在镇守淮安之时，以蒲菜代替军粮解决了粮食尽绝的困境，故当地民间称此为"抗金菜"。利用蒲菜的根茎，配上等的金钩虾米与鲜鸡汤精心烹制，食时菜嫩爽口，汤汁清鲜，馨香四溢。

蛤蜊斩肉，又名蛤蜊团子，是盐城滨海特色名菜。制作时先将蛤蜊肉和猪肉，加调味料搅匀，再加入蛤蜊汤、清水，搅拌上劲，挤成肉圆，分别装入蛤蜊壳内，成半合状。炒锅烧热放油，将装好的蛤蜊斩肉分别下锅煎熟，捞出；锅中放油，加蛤蜊汤、清汤、葱姜汁等调好口味，将煎熟的肉圆放入锅中，用文火收汤，熟后装盘。此菜肥而不腻，汤汁稠浓，咸甜适中，味鲜肉嫩，回味久长。

白龙戏珠，宿迁地方特色菜肴。取骆马湖 900 克以上的白丝鱼，以及螺蛳 250 克，鸡油 50 克，上笼蒸制 12 分钟，辅以葱姜丝、鸡汁、酱豆等调料，葱油烹之。菜肴肉质细嫩，咸鲜适口，汤汁鲜美。此菜注重原料的搭配，白丝鱼的鲜嫩，螺蛳的爽滑，两者组合，具有较高的营养价值和药用效果，具有补肾益脑、开窍、利尿之效。

第三节 苏锡风味

苏锡地处吴文化的核心区域，苏锡风味是江苏美食文化重要的地方风味流派，以苏州、无锡为中心，兼及常州、常熟等地，含苏州天平山、无锡惠山、常熟虞山以及太湖、阳澄湖、㴩湖、漏湖等周边区域，是江苏南部地区具有独特风格的地方风味。

一、苏锡美食发展简况

苏州、无锡是吴文化的发源地，也是太湖平原吴文化的中心地带。这里山川秀丽，风光旖旎，人文荟萃，物产富饶，经济发达，素有"人间天堂"之誉。1985 年，在太湖三山岛考古发现了旧石器时期晚期遗址，由此把太湖流域的人类历史推至一万多年前。吴地自古"民食鱼稻，以渔猎山伐为业"。近代以来，苏锡常等地新兴工业崛起，这里成为我国近代重要的工商业区。改革开放以来，苏南工农业发展迅猛，成为我国经济起飞的"龙头"，餐饮业的发展也走在了全国的最前沿。

1. 苏锡风味美食的形成

地处苏南区域苏锡之地的烹饪历史悠久，从苏州草鞋山文化遗址出土的文物，如炭化的稻谷、谷物加工工具陶杵、动物的残骸、残片以及生活中的食器来看，先民们早已在这里定居生活、种植稻谷、饲养家畜等。据古籍记载，相传吴王寿梦作鱼鲊，阖闾始作鱼脍，其女喜食蒸鱼。吴王还筑鱼城以养鱼，置冰室以藏膳馐等。据《吴越春秋》记载，吴国勇士专诸为刺杀吴王僚，"乃去太湖学炙鱼，三月得其味"，专诸所拜师太和公，学做"全鱼炙"，流传甚广。战国时期的名馔脯鳖、露鸡、吴羹等均是流传至今的吴地佳肴。太湖游船之宴最早传说为阖闾宴及范蠡携西施泛舟的船饮，而范蠡在太湖畔撰有《养鱼经》，为内塘养鱼最早的专著。及至西晋，张翰因秋风而忆菰菜莼鲈，被称为"一时珍食"的"金齑玉脍"，以鲈鱼作脍，菰菜为羹，鱼白如玉，菜黄若金。故后人说："吴地产鱼，吴人善制食品，其来久矣"。（《姑苏志》）

三国时期，孙吴在毗陵屯田，使苏南的农耕经济逐步发展。自隋代开通运河以来，吴地客商云集，日趋繁荣。吴郡进献炀帝的蜜蟹，"贴以缕金龙凤花鸟"，《大业拾遗记》载五代时吴地有"玲珑牡丹鲊"，用鱼片做成，微红如初开牡丹。宋室南渡后，苏州官办的酒楼有花月、丽景、跨街、清风、黄鹤等，在南宋刻的"平江图"上，"丽景"和"跨街"之名犹清晰可见。[①] 唐武宗会昌四年，"常州为江左大郡，兵食之所资，财赋之

---

① 张祖根，张学群. 源远流长，根深叶茂. 中国烹饪：1988(5)：9.

所出，公家之所给，岁以万计。"宋代苏东坡在常州为官并终老于常州，留下了许多与美食有关的诗文。

元代无锡人倪瓒撰《云林堂饮食制度集》系江南家常食谱，其烹饪技艺高超，煮鲤鱼、腰肚双脆、海蜇羹等制作独特，"云林鹅"更是成为江南名馔。明代苏州人韩奕的《易牙遗意》记述了 150 多种菜肴、面点等的技法，注重原味，"浓不鞚胃，淡不槁舌"，这与今日苏锡菜"肥而不腻，清而不淡"的风格一脉相通。名相张居正奔丧回乡，所过州县，水陆百品，还说无下箸处，独在一邑食用吴馔后说，"行路至此仅得一饱餐"，因而当时吴中厨师被面募殆尽。清代《康熙南巡图》第六卷，描绘了常州文亨桥、米市河、篦箕巷一带的风俗图画，图中沿街店铺林立，米店、肉店、酒楼居多。乾隆年间常辉在《兰舫笔记》中说："天下饮食衣服之侈，未有如苏州者。"乾隆帝就爱吃苏锡菜点，乾隆十二年十月初一日的晚膳单上即有"苏脍"一品。自清代至民国，苏锡菜在市肆、官府、商人、游船、寺庙诸方面各有艺巧美馔，出现了五彩纷呈的景象。《清稗类钞·苏州人之饮食》记载："苏（州）人讲求饮食闻于时，凡中流社会以上之人家，正餐、小食，无不力求精美"[1]，客观地说明了当时苏州的烹饪水平已达到国内之最。

苏锡人士早有载酒泛舟之风，自白居易凿通山塘河，画舫笙歌，宴游不绝。在游船上宴饮，因船舱狭窄灶限，菜点贵在精致，均由船娘纤手调羹。清西溪山人《吴门画舫录》云："吴中食单之美，船中居胜。"苏州、无锡的船菜、船点，民国初年还很盛行，至抗日战争起，游船渐渐消失，船菜、船点有许多品种由船上起岸，落户到菜馆，影响整个沪宁沿线。

2. 苏锡风味中的地方菜

在苏南地方风味中，"上有天堂，下有苏杭"中的苏州菜，在古代是辉煌而耀眼的，这在许多古籍的记载中都有显现。江南名城苏州以灿烂的文化、秀丽的园林、精美的肴馔而蜚声中外。无锡的船宴、船菜的制作，江南水乡物华天宝的优势，万顷太湖鱼虾满仓的盛景名扬天下。"中吴要辅，八邑名都"的常州，得到了"天下名士有部落，东南无与常匹俦"的赞誉，餐饮业也呈现出一派生机勃勃的繁华图景。特别是声誉卓著的苏式菜肴，历史悠久，重时令、尚新鲜、尊传统、多精巧，充分显示了其独特的风格和具有较高文化层次的特征，是悠久吴文化不可分割的组成部分。

苏州菜

苏州菜，又称苏帮菜，是江苏美食风味中重要的地方风味。苏州是中国历史文化名城之一，建城历史有 2 500 多年之久。春秋时期，吴国在苏州崛起，从苏州地区出土的吴国青铜食器来看，反映了当时吴地宴饮的盛况。明代中叶，苏州已成为我国经济繁荣、交通发达、商贾云集、文人荟萃的鼎盛之乡。苏州文人会集，受姑苏水乡"吴门画派"的影响，苏州饮食文化的发展和菜肴制作追求美感的风格逐渐涌现，菜肴讲究色

---

① （清）徐珂. 清稗类钞. 北京：中华书局，1986：6240.

彩、造型，融绘画、书法、雕刻等艺术手法于菜肴制作，这种审美文化的追求，反映出这一地域较高的文化层次。这时期出现了"得月楼""三山馆"等一批名店、名厨，苏州的一批名厨也纷纷到外地开店。明代《旧京遗事》一书载："今京师庖人，多苏州人也。"该书还有许多关于苏州饮食方面的记载。①《清朝野史大观》也记载了苏州织造府官厨张东官，因乾隆品尝他的菜肴后赞不绝口，后随进京入宫御膳房。清代的《清稗类钞》中已把苏州菜列为当时国内著名的十大地方菜之一。袁枚的《随园食单》中也对苏州菜的评价相当高。在明清时期，苏州家庖中就藏龙卧虎，多有高手。如佳肴"蜜火腿"的制法是"取好火腿连皮切大方块，用蜜酒煨极烂，最佳……余在尹文端公（即江苏巡抚尹继善）处吃过一次，其香隔户便至，甘鲜异常，此后不能再遇此尤物矣。"② 清初叶梦珠在《阅世编》记载的官商宴会接待中，还注重造型工艺菜肴的设计，"以荤素品装成人物模样，备极鲜丽精工，宛若天然生动，见者不辨其为食物。"③《浮生六记》中的芸娘"善不费之烹庖，瓜蔬鱼虾一经芸手便有意外味。"④ 赵筠《吴门竹枝词》云："山中鲜果海中鳞，落索瓜茄次第陈。佳品尽为吴地有，一年四季卖时新。"而市肆食府中，清初虎丘三山馆等在《桐桥倚棹录》中记载所售的菜品有 173 种之多。

1939 年，苏州太监弄拓宽，东起宫巷，北连观前街，西至北局小公园，全长 266米，新开设的菜馆有三吴、味雅、上海老正兴、北平老正兴、苏州老正兴、大东粥店、新新菜饭店、大春楼面馆以及原有的鸿兴馆、功德林素菜馆分店、吴苑菜室生煎馒头店、清真熟食店等。所谓"吃煞太监弄"之说，即始于此时。⑤ 这时，苏州的饮食店铺十分红火，各地顾客光临，几乎家家满座，街上停满了汽车、摩托车、自行车，呈现一派繁荣兴旺的景象。

苏州临湖近海，水清土饶，苏帮佳肴最早以水产和鲜蔬著名。它根植于姑苏这块沃土之上，在千百年的传承中，清隽和润而不重浓艳，雅丽和谐而不流凡俗，精工细作而韵味悠长。在吴文化传统风格的滋养下，在物产丰腴、风味淡雅中随着时代的发展充满了新的活力，展现了新的容颜。

无锡菜

无锡菜，又称锡帮菜。无锡处在太湖流域的绝佳处，在长期的发展中，形成了鲜明水域特征的美食文化。早在一万年前太湖三山岛就有人类活动的踪迹，八千年前的东山村遗址就发现了大量的水稻蛋白化石。太湖平原种植水稻的历史悠久，稻作生产作为无锡地区一项基本的生产活动，在人们的生活中起着重要的作用。在元代倪瓒的《云林堂饮食制度集》中，菜肴制作精细而淡雅，在调味方面，菜品多以汤取鲜，注重火工烹饪，

① 翁洋洋. 苏式菜肴沿革. 中国烹饪，1988(5)：13-14.
② (清)袁枚. 随园食单//续修四库全书(第 1115 册). 上海：上海古籍出版社，1996：664.
③ (清)叶梦珠. 阅世编. 北京：中华书局，2007：216.
④ (清)沈复. 浮生六记(外三种). 上海：上海古籍出版社，2000：61.
⑤ 马有恒. 食在苏州太监弄. 中国烹饪，1988(5)：32.

体现了当时无锡地区烹饪技术的丰富而多变。所收菜品以水产原料为多，如"蜜酿蝤蛑"，是将梭子蟹肉加蜜及鸡蛋等蒸制而成；"熟灌藕"是将蜜及少许麝香灌入藕孔中煮熟而成。这里也显现了无锡菜品重视用"蜜"的制作与调味。"煮麸干"的烧法运用多种调料，体现了口味浓郁、咸出头甜收口的风格特色。

明清时期，太湖船菜开始流行。相传春秋时吴王阖闾常在太湖上举行船宴，开创了船菜之风。近百年来，以无锡、苏州等环太湖地区为代表，太湖船菜成为其具有浓郁地方特色的品尝方式和美味佳肴。太湖船菜又叫"水上筵席"，随着太湖水上运输的迅猛发展而形成，具有浓郁的江南水乡特色。船菜最初的做法颇为朴实，制作的菜品都是地方水产、蔬菜等特产。后来船菜的制作更加丰富和精致，较有名的特色菜肴有芙蓉银鱼、干炸银鱼、酒酿银鱼、活炝虾等，泛舟太湖，小桥流水，篙橹相应，传餐有声，美景美食，左右相拥，浅斟低饮，情趣满满。清末民初，无锡工商业崛起，给无锡菜带来了新的发展机遇，多帮名菜涌入无锡，促使拱北楼、聚丰园、状元楼等数十家菜馆发展兴旺，无锡排骨、老烧鱼、肉酿生麸、同肠等成为无锡地方的招牌菜而闻名遐迩。[①] 清末，外帮菜进入无锡和本地江南菜结合，在一代名师的精心制作下，创制出天下第一菜、镜箱豆腐、杏仁葛粉包、脆皮银鱼等名菜，使锡帮菜发扬光大，许多名菜沿袭至今。

千百年来，无锡人秉承以大米为主食的饮食结构，更是将生产大米的资源优势发挥到人们的日常生活中，各种米制品在传统文化节日中表达了人们特殊的情感，如藕丝粉圆、粽子、重阳糕、乌米饭、腊八粥以及青团、酒酿小元宵、桂花糖粥等。太湖作为我国第二大淡水湖，是我国著名的淡水资源基地，水产鱼类品种繁多。在无锡传统菜中，水产品菜肴占有很大的比重。早在四五千年前，太湖地区捕捞渔业已较发达，无锡河流纵横、水域宽广，自古以来都是盛产水产品的地方。"太湖三白"闻名遐迩，是无锡人餐桌上常见的菜品。太湖银鱼，长约二寸，体长略圆，形如玉簪，似无骨无肠，细嫩透明，色泽似银。银鱼肉质鲜嫩，具有丰富的营养价值，没有腥味、鳞片和鱼刺，味道鲜美，深受老百姓的喜爱。太湖白鱼是太湖的名贵鱼类，其外形酷似鲥鱼，肉质同样细嫩，脂肪较多，据史书记载，早在隋朝时期，白鱼就已作为贡品进贡朝廷，是不可多得的佳肴。太湖白虾，有着壳薄、肉嫩、味美的特点。除此之外，还有太湖梅鲚鱼、甘露青鱼、太湖清水蟹、长江刀鱼、江阴螃蜞螯、昂刺鱼、河豚和太湖螺蛳等。这些都是无锡菜绝佳的食物原料。

常州菜

常州的饮食烹饪源远流长。相传春秋时期，吴王寿梦的第四个儿子季札为避让王位来到常州，公元前547年，吴王余祭封季札于延陵(今常州)。西汉时改为毗陵，南朝时期改称兰陵，隋文帝开皇九年(589年)始定名为常州。

---

① 无锡味道编委会. 无锡味道. 苏州：古吴轩出版社，2020：2.

古城常州的历史文化积淀毫不逊色，翻开 2 500 多年的常州历史画卷，我们可以看到它昔日的风采，从一个小邑发展为县，再则郡，继设州，后称路，终成府。以中吴要辅、八邑名都的风韵，在长江三角洲上熠熠生辉。常州是江南鱼米之乡，坐拥一江（长江）、一山（茅山）、四湖（太湖、滆湖、长荡湖、天目湖），四季分明、物产丰富。欧阳修、宋祁赞兰陵萧氏："名德相望，与唐盛衰。世家之盛，古未有也"。多种文化融合对常州的文化发展影响很大，使得常州有了龙城之称。京杭运河贯通，水运兴起，常州形成"三吴襟带之邦，百越舟车之会"。清代运河交通的发展，乾隆皇帝下江南，曾在常州篦箕巷登岸，苏东坡 10 多次从运河登岸，这里商贾云集，文化多彩，让常州菜能不断吸取精华之气，形成了博采众长的气质。

悠久的历史和文化的传承孕育了常州深厚的美食底蕴。清末民初，酒菜饭馆业在西门怀德桥、东门水门桥、北门青山桥、南门弋桥，以及城中县巷、县直街一带分别形成了 5 个食市。① 著名的菜馆和传统名菜有德泰恒菜馆的香糟扣肉、网油卷，兴隆园菜馆的常州糟扣肉、香酥肥鸭，绿扬饭店的琥珀莲子、烤鳝，义隆素菜馆的素火腿、麻油面、香菇月饼，马复兴面馆的菜肉馄饨、肉汁面、糖醋小排骨，迎桂茶社的加蟹小笼馒头，银丝面馆的银丝面，常州糕团店的大麻糕、虾饼、酒酿元宵，老长兴楼菜馆的五香牛肉、冰冻糟鸭、生煎牛肉包等。② 常州菜注重食物的本味，在烹饪技艺上精致巧作，以当地文化为主导，善于博采众长，逐步形成了"鱼米之乡"的美食文化特色。

常州地处江苏南部长三角中心，北枕长江，南临太湖，京杭大运河穿城而过，形成了"江河湖鲜"为原料的明显特色，江南鱼米之乡的常州享有"食在龙城"之美誉。历史上，常州因独特的地理位置，工商经济繁荣昌盛，被誉为"三吴重镇""八邑名都"。得天独厚的地貌、经济的繁盛赋予了常州丰富的饮食文化内涵。

3. 发展中的苏锡风味

苏州一直被谓为"东方水域，美食天堂"。苏州老百姓将餐饮老字号看作是苏州文化传统的延续。20 世纪 70 年代后期，在观前街建立和恢复起松鹤楼（建于 1737 年）、得月楼、常熟王四酒家、京华酒楼、上海老正兴、青香斋、功德林素菜馆、五芳斋 8 家菜馆。通过保留、引进和重建，使观前街成为老字号的集中地，满足了游客和市民对老字号产品的消费需求。老字号着重经营苏州的传统菜点、经典菜点、时令菜点、家常菜点等，全面展示苏州传统菜选料之精心、制作之精致、烹调之细腻的特色。

苏州菜品在国内外声誉日益剧增，特别是注重季节时令时鲜的特点闻名全国。苏州四季分明，季季物产不同，传统饮食素来因时制宜，如春有碧螺虾仁、笋腌鲜，夏有西瓜鸡、清炒三虾，秋有鲃肺汤、大闸蟹，冬则有母油鸡、青鱼甩水等。苏式糕点更有春"饼"、夏"糕"、秋"酥"、冬"糖"的传统产销规律。讲究花色品种是苏州菜品的又一

① 常州市商务局，常州市文化广电和旅游局，常州日报社. 食美常州. 南京：凤凰出版社，2019：5.
② 夏轩. 常州菜的历史沿革和现状分析. 大观周刊，2012(31)：11.

大特色。苏式食品繁花似锦，品种翻新层出不穷，同样一条鱼，可红烧、白烧、清炖、白笃，可烹调成冷盆菜，也可制作一道汤，鱼头、鱼尾、鱼身分开可翻炒种种菜肴。一碗面，有紧汤、宽汤、冷拌、热炒及软、硬、烂各种讲究，更不用说"浇头"不同的花色面了。新中国成立以后，苏州涌现出一批有影响力的烹饪大师，代表的名厨有：吴涌根、张祖根、刘学家、屈群根、邵荣根、陆焕兴、朱阿兴、唐能义、董嘉荣、朱龙祥、田建华、张建忠、蒋晓初、张子平、鲁钦甫、吕杰民、毕建民、金洪男、屈桂明等。苏州厨师在烹饪制作上讲究刀工，注重原汁原味，清鲜风雅，菜品软糯中带有甜味，清淡中带有鲜味，著名的菜品有：酱汁肉、蜜汁火方、西瓜童鸡、早红桔酪鸡、鲃肺汤、母油船鸭、甫里鸭羹、松鼠鳜鱼、煮糟青鱼、糟熘塘鱼片、黄焖鳗、雪花蟹斗等。

无锡是吴文化的重要地区，纵横交错的水陆交通，形成了江南独特而有魅力的"柔性"文化，在文化心理上造就了无锡人清新雅淡、温婉含蓄、灵动智慧的性格特征，在口味上形成"浓油赤酱而不腻，清鲜白亮愈适口"的风味特色。无锡风味得益于江南肥腴的沃土，几乎囊括了水乡和丘陵食料之精华。丰裕的水产、果蔬、禽畜及乡间土特产一年四季接连上市，著名的土特产如阳山水蜜桃、马山雪桃杨梅、大孙巷四角菱、宜兴板栗等。在烹调中善于运用香糟、虾子等特色调料烹制菜肴，孕育了独特的无锡味道。无锡菜讲究清秀、自然的美感，湖鲜、时蔬讲究原汁原味；追求咸淡适宜、甜咸适口、酸甜爽口，油而不腻，脆而不焦；清鲜适口而不薄，浓油赤酱不腻口，在调味特色上，"咸出头，甜收口"，在咸鲜风格中显现了独特的个性，形成了著名的菜点。新中国成立以后，一大批优秀烹饪工作者为无锡餐饮写下了辉煌的一页，代表的名厨有：倪庭鹤、龚耀明、濮泉焕、惠洪生、金志德、高浩兴、李海兴、仰振华、倪伯荣、胡尧明、季裕才、施道春、胡法津、蒋伯兴、朱建兴、杨建兴、张献民、周国良、徐平等。无锡厨师在烹饪制作上精益求精，形成了许多有价值的名菜，如：酱汁排骨、镜箱豆腐、梁溪脆鳝、糟煎白鱼、脆皮银鱼、白汤鲫鱼、老烧鱼、云林鹅、酱油嫩鸡、清炖硕鸭、水晶虾仁、虾仁锅巴、肉酿生麸、无锡小笼包、太湖船点等。

常州素来以源远流长的历史和文化而著称，传统的烹饪文化也随着历史的长河发扬光大。常州菜经近年餐饮人的引进改良、创新提炼，一种渐趋明晰的餐饮风格已显端倪：广泛精选动植物原料，以禽畜肉类、河湖水产为主；不拘一格精烹细调，精心调制复合口味，崇尚清新淡雅、香醇鲜嫩之味；精巧选配相宜餐具，彰显精美靓丽、缤纷悦目之效果。如风行龙城餐饮市场的雪山蜗牛、新式炝湖虾、福记牛肉、红梅雪鲍、葱油蚕豆、砂锅鱼头、生炒南瓜藤、绿茶糕等菜点，立体感官好，给人以明快、清新、雅致之感。常州菜在广大有识之士、不懈追求的餐饮人的共同打造下，正不断充实丰富，日臻完善。

源自常武(武进)地区的常州菜，在恪守精工细作、坚守传统自然的基础上，凸显出博采众长、注重食材、讲究火候、咸甜适中、善于摆盘等特点。特色的原材料有长荡湖水鲜、罗溪羊肉、芙蓉螺蛳、寨桥老鹅、金坛红香芋、溧阳白芹、横山桥百叶等。现代的常州菜，擅用当地特产原料因材施艺，菜品既讲究风格清淡、追求本味，充分体现江南水乡菜品鲜、脆、嫩的特色，又讲究调味咸鲜色浓的特点，形成了以鲜醇香润的调味风格和咸中微甜的特点；既传承了优秀的传统菜点，又在用料上集各地之精华，巧用当地烹饪技法，适应季节时令之变换。常州著名的烹饪大师有：强良生、杨仁林、李川良、徐金坤、唐志卿、严志成、方兆兴、朱顺才、黄成林、周文荣、史国生、陆仁兴、潘国庆、刘长山、高金荣、徐文俊、段志豪等；著名的菜品有：糟扣肉、天目湖砂锅鱼头、水晶虾仁、兰陵爆鳝、蟹粉鱼肚、白汁鮰鱼、红松鳜鱼、网油虾鸡卷、青峰鱼圆、素火腿、红烧划水、溧阳扎肝、红烩羊肉、清蒸鸭饺、还丝汤、银丝面、加蟹小笼包、大麻糕等，这些为"食美常州"品牌的打造和当地人民的幸福生活，起到了积极的推动作用。

二、菜品风味特色

苏锡风味的主要特点是：选料广泛，口味趋甜，平和宜人，不尚奇烈；讲究美观，注重造型，菜肴色调清新；擅长烹制河鲜、湖鲜、蔬菜，白汁、清炖之法独具一格；菜品制作善于运用红曲、糟制之法，时令菜应时迭出。

1. 选料广泛，擅用湖鲜，多用糟香

苏锡风味具有选料广泛、擅用湖鲜的特点。许多传统名菜很讲究地方特色用料。如太湖莼菜，其味鲜美、清香、滑嫩，常用来做炒菜和汤菜，"芙蓉莼菜""鸳鸯莼菜汤"都极具特色。传统名菜"早红桔酪鸡"，选用洞庭东、西山名桔，色呈橘黄，桔香浓郁，鸡肉酥烂，风味独特。利用本地的小塘青菜制作的"鸡油菜心"，翠绿欲滴，入口酥糯可化，食有清香。无锡的油面筋、宜兴百合、太湖银鱼，常州的横山桥百叶、溧阳白芹、雁来蕈、芙蓉鲜螺等，都是地方名菜的特色原材料。正是这些土沃水美的农产品，带来了当地独特的风味。

古往今来，苏锡风味一直以烹制湖鲜鱼类菜见长。松鼠鳜鱼、糟熘塘鱼片、鲃肺汤、黄焖鳗、香炸银鱼、老烧鱼、荷叶粉蒸鳗、清蒸白鱼、梁溪脆鳝、红烧划水、水晶虾仁、炝白虾、天目湖砂锅鱼头等久已蜚声海内外。苏南地区淡水鱼类资源丰富，应时而出，终年不断。一月塘鳢鱼，二月刀鱼，三月鳜鱼，四月鲥鱼，五月白鱼，六月鳊鱼，七月鳗鱼，八月鲃鱼，九月鲫鱼，十月草鱼，十一月鲢鱼，十二月青鱼。[①] 上面许多鱼过时即断市，如鲥鱼、鲃鱼，有些鱼虽终年都有，但有最佳季节。如鲫鱼，以秋季为贵，青鱼则以冬季最为肥美。

苏锡风味在烹调中常常使用各种香料，但注重清爽宜人。料酒必须使用绍兴酒，有些菜用酒量多，如酒焖肉、云林鹅、醉蟹等。糟香是苏锡风味中的一大特色。糟油在江南古已有之，主要散落在城乡民间，虽名为"油"，实则是"卤"，多为各种食用香料在

---

① 张祖根. 苏州菜肴的风味特色. 中国烹饪，1988(5)：20.

料酒中浸泡而成。对于江南地区来讲，没有糟货的夏天是不完整的。如苏州名菜糟熘塘鱼片、青鱼煎糟、青鱼氽糟，无锡名菜糟煎白鱼，常州名菜糟扣肉等，就是用糟油或香糟，经糟渍、加工后，糟香诱人，色泽微红，香味扑鼻，鲜美异常。苏南民间许多食物都可拿来糟制，如糟鹅、糟鸡、糟鸭、糟鸭舌、糟凤爪、糟蛋、糟毛豆、糟茭白、糟黄豆芽等，这是当地最清爽、最可口的时令味道。

2. 口味稍甜，清鲜适口，平和宜人

苏南人相对爱吃带甜味的菜品，糖在菜肴烹制过程中是不可或缺的调料。在苏锡风味菜品中，糖的使用随原料、季节、服务对象的不同而变化。特别是接待本地人，糖的比例相对稍多，以体现本地菜肴独特的风格。传统的苏锡风味，糖总是餐桌上较为显眼的一味调料。尽管 21 世纪以来用糖量已有所下降，人们总会变化地将糖与油、盐、酱、醋等合理相溶、巧妙相和，以体现苏锡风味独特的文化特性。苏锡风味的甜，不是一味地甜，而是利用甜味的协调和平衡作用，使甜中有味，是"咸出头，甜收口"的工艺流程。如无锡的酱汁排骨，视季节变化将排骨先进行腌制 6～12 个小时，猪排都用花椒盐搓过，一层层压住，细细品味，排骨骨子里也是咸的，在食用过程中完成了咸甜合一。

就咸甜、红烧一类菜肴，如苏州的黄焖鳗、青鱼划水、走油肉，无锡的老烧鱼、梁溪脆鳝、肉酿生麸，常州的兰陵爆鳝、红烧划水、五香爆鱼等，像苏州的樱桃肉、无锡的酱汁排骨，甜味更重，但必须是甜出头，咸收口，即使是糖醋味菜肴，如松鼠鳜鱼、瓦块鱼，糖醋味若甜味大于酸味，或酸味大于甜味，均不合格，甜酸中还需略带咸，更耐回味。苏锡风味中的许多菜放糖，是在追求"鲜洁"二字，用很少的甜、把菜肴的鲜味一下子吊了出来，形成一种鲜甜风味。

上述突出甜味的菜肴在苏锡风味中仅占部分，而绝大多数菜则不甜，有些咸鲜口味的菜肴虽也加少量糖，如烧杂烩、头道菜、一品锅、蟹粉烩鱼肚之类的菜肴，适当放点糖，乃是起矫味、减少异味、提鲜和呈现复合味的作用，吃不出甜味，这也是苏锡风味菜用糖的绝妙之处。从整体来看，苏锡风味体现的是平和宜人，不尚奇烈，传统菜品的味道没有过于浓烈的如辣、麻、酸等风格，而具有适应性强、四方皆宜的风格特点。

3. 讲究火工，注重造型，色调清新

注重火工是江苏地区烹饪的总体特色。苏锡风味菜品的制作，擅长炖、焖、煨、焐的烹调技法，许多菜肴都是讲究火候的。所制菜肴原味醇厚，原香浓郁，肥而不腻，淡而不薄，清而不寡，酥烂脱骨而不失其形，如清炖甲鱼、清炖鸡等。苏锡风味的炖菜一般选用大块或整形的动物原料，如母鸡、肥鸭、鳖、大鱼头等，这些原料经较长时间的加热炖制，形成了菜肴汤清见底、味香鲜洁、滋补强身的特色。代表菜如苏州的清炖火方、无锡的圆盅鸡、常州的天目湖砂锅鱼头等，不仅味美，而且造型完整而独特。

焖制菜肴也较普遍，苏锡风味菜肴主要有原焖和油焖两类。焖制加工使菜肴滑嫩爽

脆，鲜香润口，如油焖冬笋、油焖茭白、油焖蘑菇等。煨制菜肴有汤煨和泥煨两种，最著名的是"常熟叫花鸡"。汤煨是将原料放入陶器的瓦罐中，调味以清淡为主，经长时间煨制后，卤汁浓郁，紧裹原料，端原瓦罐上桌，如"生煨甲鱼""煨蹄髈"等。焐制菜肴主要靠微弱的火力使原料成熟，以砂锅为炊具，传热速度慢而均匀，这样可使体型大、质地粗老的原料受热温和，最典型的菜肴是苏州的"母油鸭"，鸭肥酥烂，汤汁呈淡酱红，醇厚无比。

苏锡常风味的菜肴在造型、色泽上有许多要求。在用色上，多采用酱油，有的菜肴还需加少量的红曲米水增色，如"黄焖鳗""酱汁排骨"色泽殷红艳丽。菜肴的色泽还根据不同的季节略加变化，秋季较淡，如"黄焖栗子鸡"等色棕黄光亮；冬季较深，"酒焖肉"则呈棕红色。苏州的"早红桔酪鸡"则体现了橘黄的亮丽色泽，无锡的"镜箱豆腐"在造型、色泽上都有较好的展现，内酿馅心，外呈桔红，做工精细。在造型上，苏锡风味更为讲究，最有代表性的是苏州的"松鼠鳜鱼"，在造型上设计独特，既体现了刀工技艺，又显现出烹调火工的把控和挂汁的水平，是一道功夫菜。其他菜肴如苏州的雪花蟹斗、无锡的鸡蓉蛋、常州的盘龙戏珠等，都是味、形俱佳的美味佳肴。

4. 突出本味，崇尚时令，四季有别

注重本味是江苏地区的主要特色，苏锡风味的许多菜品都是讲究本味、注重时令的。苏南水产、蔬菜丰富，这对本味菜的制作提供了先决条件。如清炒虾仁、清蒸白鱼、白汁鮰鱼、三虾豆腐、炝白虾、西瓜鸡、雪花蟹斗、刀鱼馄饨、桂花鸡头米羹等，都是充分体现本味的特色菜。

利用汽锅蒸制菜肴是江苏的一大特色。汽锅是宜兴特有的紫砂炊具，它外观似钵而有盖，锅中央有凸起的圆腔可通底气嘴，蒸制时既有外蒸，又有内蒸，内部蒸汽由气嘴进入汽锅，使食物蒸熟、蒸透而酥嫩。汽锅内的汤都为溶出的肉汁，肉汁与高汤融为一体，口感更加鲜美。如"汽锅鸡""汽锅牛腩"等菜品，体现的是原汁原味之妙。

苏南各地特产众多，美味纷呈，每季都有新品佳肴。苏南地区比较讲究时令原料的烹制，如头刀韭菜、青蚕豆、鲜笋、菜花甲鱼、太湖莼菜、南塘鸡头米、螺蛳、鸡毛菜、香椿头等，四时八节都有时菜。如仲春时节的苏州，碧螺春新茶开始采摘，制成的"碧螺虾仁"，既有虾仁的滑嫩爽鲜，又有碧螺春茗茶的清香。此时"樱桃汁肉"跟踪上市，此菜色鲜红，肉酥烂，甜中带咸，入口而化，配以豆苗相衬，格外悦目。"莼菜汆塘鱼片"的塘鱼片细嫩无骨，汤鲜味美，新莼菜碧绿滑嫩，润肺爽口。夏日时分的无锡，立夏三鲜滋味好，无锡人的地三鲜一般是指蚕豆、蒜苗、苋菜，惠山的青蚕豆是立夏三鲜最好的代表。白露一过，常州人烹制的长荡湖大闸蟹，厨师们换着花样制作蟹黄豆腐、蟹粉蹄筋、蟹粉狮子头、芙蓉蟹粉；秋天，到武进太湖湾品尝甲鱼、鳗鱼、鳝鱼、鳜鱼也是最为佳美的季节。

三、代表菜品

1. 松鼠鳜鱼、酱汁排骨、香糟扣肉

图 8-4 松鼠鳜鱼

松鼠鳜鱼是苏州菜品中的首席名菜，也是影响全国乃至世界的特色名菜。它是体现厨师基本功的必考菜肴，在各类烹饪大赛中常常出现。鱼米之乡的苏州盛产鳜鱼，曾有"三月桃花开，鳜鱼上市来，八月桂花香，鳜鱼肥而壮"之说。相传，清代乾隆皇帝下江南，有一次，便服走进松鹤楼，一定要吃神台上鲜活的元宝（鲤鱼）鱼，然而此鱼乃该馆敬神祭品，不能烹制，因乾隆坚持要吃，堂倌出于无奈，遂与厨师商量，厨师发现鲤鱼头似鼠头，又联系到本店店招"松"字，顿时灵机一动，决定把鱼烹制成松鼠形状，以满足乾隆皇帝的食欲。乾隆食后赞扬不已。自此，松鹤楼的松鼠鱼（后改用鳜鱼）闻名于世。1963 年，长春电影制片厂在影片《满意不满意》中，把松鼠鳜鱼搬上银幕，此菜更为驰名。1983 年，在全国烹饪名师技术表演鉴定会上，松鹤楼菜馆特一级烹调师刘学家制作此菜，获得了全国优秀厨师的光荣称号。此菜头昂尾翘，肉翻似毛，形似松鼠，色泽金黄，外脆里嫩，甜中带酸，鲜香可口。

酱汁排骨，又名无锡肉骨头、无锡排骨，为享誉中外的无锡传统名菜。此菜由猪肋排烧煮而成。据史载，早在清光绪二十二年（1897 年），酱汁排骨就行销于市。当时以南门外黄裕兴肉店最为有名，该店的肉骨头均用数十年滚存下来的老卤汁烧煮。后来逐渐形成无锡南、北两派特色。1927 年，城中三凤桥慎余肉庄后来居上，兼收南北两派制法之长，形成现今无锡酱汁排骨的风味特色。20 世纪 60 年代，无锡酱汁排骨销往港澳等地，1982 年被评为全国优质名

图 8-5 酱汁排骨

特产品。该菜品已成为无锡各大酒店的特色产品常年供应，不仅是筵席上的必备佳肴，也是外地游客较好的外卖菜品。21 世纪以来，无锡三凤桥的酱汁排骨已走进超市、进入千家万户。此菜色泽酱红，肉质酥烂，芳香扑鼻，咸中带甜，油而不腻，是馈赠亲友的佳品。

香糟扣肉是常州地方传统特色名菜，冬令、初春时节的应时佳肴。在天宁区的焦溪一带，香糟扣肉已有上百年的历史。1925 年常州名厨强良生在烹制工艺上将涂拌酱色改为直接加料走红，使此菜色、香、味更佳。过去，常州民间春节前有宰猪、酿米酒的

习俗。一般在元旦之后，香甜扑鼻的酒酿已经做成，这时候，甜酒液会被灌进大容量的
瓶罐存放起来，剩下来的酒酿充分利用，与五花肉完美结合，形成了一道本地特色名菜：散发着酒香与肉香的香糟扣肉。民国初期，该菜品相继被各大酒店、餐馆引入，以当时的兴隆园菜馆、德泰恒菜馆、常州饭店所出品的质量最佳，曾风靡一时。而今，常州各店都有销售，也是喜庆婚宴中必不可少的叫座菜肴。此菜色泽酱红，酥烂入味，肥而不腻，入口即化，几经复蒸而食则香味更足，口感更糯，加上冷凉

图 8-6　糟扣肉

后还能凝成一团，便于携带，故又能作礼品馈赠亲友。

2. 名菜品选粹

香脆银鱼，无锡传统名菜。银鱼为太湖三宝之一，无锡特产，其形纤细，色泽洁白，软骨无鳞，肉嫩味鲜。银鱼有大银鱼、雷氏银鱼和短吻银鱼之分，都含有较多的蛋白质等营养成分，可以烹制成多种佳肴。早在明代，江南一带已有挂糊的干炸银鱼菜了，现代更有芙蓉银鱼、鸡火银鱼汤、香松银鱼等。此菜色泽金黄，外脆里嫩，滋味鲜香。

糟熘塘鱼片，苏州传统名菜。塘鱼，即塘鳢鱼，俗称虎头鲨。这是以糟油为主要调料烹制而成的菜肴，色白如玉，糟香扑鼻，鱼片鲜美，滑嫩爽口。糟油是一种特制的烹饪调料，过去皆由各店自行酿造，以绍酒、精盐及多种香料酿制，酿制后需密封贮存一年以上始可使用，故甘香清冽，味极鲜美。现多以太仓糟油烹制，此菜酒香浓郁，香鲜具备，诱人食欲。

兰陵爊鳝，常州传统名菜。用大鳝鱼去骨取净肉，斜切成段，保持鱼皮的完整，用黄酒、酱油拌渍去腥、上色，然后入油锅煎炸，再放入蒜头、猪肉汤等调料，移至文火爊至鳝肉酥软，让鳝肉充分地吸收汤卤，待鳝片舒展、汤汁浓稠，勾芡淋入芝麻油，起锅装盘，撒上胡椒粉即成。此菜色泽深红，浓油赤酱，蒜香浓郁，肉质酥烂，软糯细腻。

常熟叫花鸡，又称黄泥煨鸡，名虽不雅，却蜚声海内外。此菜的来历还有一段传说。相传明末清初，常熟虞山之麓有一叫花子，某天偶得一鸡，因无炊具调料，便用泥巴包裹，取枯树枝煨烤，成熟后敲去泥壳，鸡毛随壳脱落，香气四溢。后经厨师改制，不断完善，增加多种香料，赢得众多食者赞赏，名声远扬。食时，打开泥壳，满屋飘香，入口酥烂肥嫩，风味独特。

樱桃肉，苏州传统名菜。因其形似樱桃，故名。清《调鼎集》记载："烹制樱桃肉时将肉切成小方块，如樱桃大。用黄酒、盐水、丁香、茴香、洋糖同烧。"依此法虽然肉形似樱桃，但色泽欠佳，苏州厨师在方块肉面上剞刀，加红曲水调色，不但肉面粒粒似

樱桃排列，且色泽酷似樱桃，甜中带咸，酥烂肥醇。

镜箱豆腐，无锡传统名菜。由无锡迎宾楼菜馆名厨刘俊英创制，已有 80 年的历史。选用无锡特产小箱豆腐，改刀成长方形块，入油锅炸制后，在每块的中间挖去一部分豆腐，然后填满肉馅，再在肉馅上面嵌上大虾仁，放入锅中加配料、调料烹制而成。此菜色呈桔红，鲜嫩味醇，荤素结合，老少皆宜。

红汤百叶，常州特色名菜。这是常州流传甚广且经久不衰的家常菜，选取常州名特产横山桥百叶改刀成菱形片，用香菜、洋葱、芹菜、蒜泥等小料与色拉油熬成香油。取砂锅，将炸过的小料加水烧开后，捞去小料，加调料调味，放入开水浸泡百叶，淋上熬制的香油烧开，撒青蒜花即成。百叶软嫩糯滑，十分爽口。

白汁鼋菜，苏州传统名菜。鼋，即鳖，亦称甲鱼、团鱼。甲鱼全年均有，唯以农历四月、九月最为肥壮，前者称"菜花甲鱼"，后者称"桂花甲鱼"。饭店在制作此菜时宜先用大锅多量烹制，食用时再用小锅加料复烧。出锅后甲鱼裙边透明光亮，汁黏如胶，鱼肉酥烂脱骨，肥香入味，入口咸中微甜。

❖ 第四节　徐海风味 ❖

徐海风味是江苏北部地区的主要地方流派，以徐州、连云港（古称海州）为中心，这里山水相连，河湖相通，山海相依，东有云台山，西有云龙山，依偎着海州湾、骆马湖、微山湖畔。徐州地处江苏西北部的四省交汇处，是中国历史文化名城。连云港地处江苏东北部，是历史悠久的东海名郡。

一、徐海美食发展简况

徐海风味菜，出自徐州沿东陇海线至连云港一带。徐州建城已达 3 000 年，地处京沪、陇海铁路要冲，饮食市场颇为繁华；连云港为我国的天然良港，所产海鲜甚多。徐州、连云港地区是我国东夷族的发祥地，邳州大墩子、刘林和新沂花厅等新石器时期文化遗址的出土文物证明，早在 6 000 年前徐州一带就有了人类活动。连云港地区人类活动的历史可上溯至 1 万年前，上古时期农业部落东夷族在这里发源，分属古东夷部落、郯子国等，古称瀛洲；秦以后则分别称为朐县、郁州等。近代以来，徐海菜以鲜咸为主，五味兼备，风格淳朴，注重实惠，餐饮业发展兴旺。

1. 徐海风味美食的形成

徐海地区是中华饮食文化的发祥地之一，《禹贡》中记载："海、岱及淮惟徐州。"徐州是中华养生学家彭祖的故国，连云港之地曾是烹饪学家、商朝宰相伊尹周游和居住过的地方，饮食文化源远流长。徐州古称彭城，4 000 多年前，彭祖烹调雉羹，献给尧帝而受封建立大彭氏国。彭祖善于烹调，创造了天下第一羹"雉羹"和天下第一菜"羊方藏鱼"，被尊称为中华烹饪的鼻祖。屈原在《楚辞·天问》中写道："彭铿斟雉，帝何飨？受寿永多，夫何久长？"这进一步表明了彭祖在推动我国饮食文化方面所做出的贡献。汉代楚辞专家王逸注曰："彭铿，彭祖也。好和滋味，善斟雉羹，能事帝尧，帝尧美而飨食之"。[①] 中国"烹调之圣"、商代辅国宰相伊尹晚年曾在连云港灌云的伊芦山和大伊山隐居，他是古代一位了不起的名厨，精通烹饪，并以烹饪之术来比喻治国之道。商汤任命他为宰相。在伊芦山，伊尹用山上的奇泉水酿造酱油、调制药膳、制作菜肴，为早期地方菜肴的发展奠定了基础。

秦汉之际，西楚霸王项羽建都彭城。从这里走出的布衣皇帝汉高祖刘邦则一统天下，开创了历史上辉煌的汉王朝。这里是两汉文化的发源地，又有"刘邦故里，项羽故都"之称。《西京杂记》记录了"东食西迁"的状况，并翔实记录了徐州丰县的生活民俗迁入长安的缘由和内容，同时也说明了徐州丰县的饮食文化对汉代长安的影响。西汉淮南王刘安发明了豆腐和豆腐制品，极大地丰富了菜肴品种。汉代食物资源的开拓和域外烹饪原料的引进，"东厨具肴膳，椎牛烹猪羊"的汉代画像石中的画面，无不表现当时当地饮食的兴盛。东汉末年，曹操迁徐州刺史治彭城，始称徐州。汉代的朐港，因其临海、通运的优越地理位置，已直接与越南、缅甸、印度、斯里兰卡交通。南北朝时，海州外通日本、朝鲜，内达建康（今南京）。到了唐代，海州港成为中国的一个繁荣的商港，是对日本、高丽、新罗、百济等国直接通商的口岸，番舶云集，商贾如织。据《太平广记·李邕》载，海州港一次就可停泊大船 10 艘，装"珍货数百万"。商贸的昌盛，催动当地餐饮业兴旺，适合各国商人、水手、翻译口味的饭铺酒家相继增多。

宋代，朝廷与高丽通商，为便于接待海外商旅，特在海州设"新罗坊"，所建"高丽亭馆"堂皇别致。苏东坡曾三次来海州，写下了 14 首诗和 2 首词，回忆了他在"景疏楼"和"高丽亭馆"饮酒抒怀的情景。苏东坡曾在徐州任职一年多时间，他亲自主庖，对徐州的饮食也形成一定的影响。东坡讲究美食，善于探讨烹法和食法。据考证，徐州著名的"把子肉"就是起源于苏公的东坡肉。云龙山下乾隆行宫遗址既是乾隆四次南巡驻足徐州的佐证，也是这位偏好饮食的帝王为徐州饮食添上一枝奇葩的铁证。[②] 乾隆帝下江南所到之处行宫接驾的饮食都是当时各地特色佳肴和美馔。

近代以来，徐海风味的店铺不断增多，出现了一些名店，如徐州花园饭店、宴春园饭庄、汪家羊肉馆、九阳春饭庄、功德林素菜馆、兴隆园菜馆、兴盛园菜馆、宴霖园、两来风酒楼、三珍斋菜馆、凌云楼羊肉馆等；连云港的陇海饭店、味芳楼、六合春、天乐园、大盛园、万香居、华洋酒楼、鸿宴楼、新雅酒家、醉仙居、聚乐园、天顺楼等。1925 年，陇海铁路徐海段通车至新浦、大浦。大浦港经过多年的营建，开埠时已有 5座码头，一时四方商贾云集，成为繁华之地，盐官、夫役、脚力、商贩，吆喝喧哗，每

---

① （汉）王逸. 黄灵庚点校. 楚辞章句. 上海：上海古籍出版社，2017：86.

② 丁震. 徐州饮食文化初探. 四川烹饪高等专科学校学报，2010(5)：10.

到夜晚灯火辉煌，热闹异常，街上有名的餐馆达 20 多家。① 后来大批淮阴、扬州和山东客商来此，一些淮扬菜、山东菜名厨受聘来此，促进了当地饮食烹饪技艺的提高，其中周边的河南、山东帮风味菜也落户于此，与本地菜品共同发展壮大。

2. 徐海风味中的地方菜

徐州、连云港地区地处江苏的北部，东濒海州湾，北接山东，西临安徽，南部是江苏的宿迁、淮安、盐城。因其区位的特点，当地人的饮食风格又与山东、安徽比较接近。徐州自古为兵家必争之地和商贾云集之中心，素称"五省通衢"和"军事重镇"，为我国重要的交通枢纽、能源基地和工业基地。连云港是我国重要的海陆交通枢纽，新亚欧大陆桥的东桥头堡，海洋水产养殖业发达，其中对虾产量占全国总产量的一半以上。

徐州菜

徐州历史悠久，饮食文化渊源深厚。彭祖文化的影响以及历代文人辈出，这里有着深厚而灿烂的饮食文化。尧舜时期，因彭祖制羹献尧帝而被奉为烹饪行业的祖师爷，因而"雉羹"是中国有文字记载的最早的一道菜。相传春秋时代的齐国名厨易牙，长于调味，他曾三次来徐州学艺，得到彭祖直系传人的真传。后来，齐桓公九会诸侯，易牙为之制作"八盘五簋"的筵席。有古诗为证："雍巫膳馐祖钱铿，三访师寻古彭城。九会诸侯任司庖，八盘五簋宴王公。"易牙，雍人，名巫，故称雍巫。他在徐州学艺、传艺，制作了多款菜肴和筵席。

彭祖的饮食养生之道，对以后汉文化的形成和发展起着重要的作用。汉代是徐州饮食文化繁盛时代，从汉代画像石中可见一斑。有庖人凭案宰牲、烧火做菜等场面，食物原料就有鸡、鱼、兔、羊等，烹饪方法有烤、炙、煮、烧、炖、熬等，不少画像石中的食物烹制场面大，也较壮观。在菜品的制作方面，如汉初大将樊哙善制的"鼋汁狗肉"，博得当地人的喜爱，特别是汉高祖刘邦尤爱此食。而"烤羊肉""烤羊腿"较为普遍，成为当时官僚、贵族的常备之物。

徐州饮食历来讲究养生，深谙食物的四性五味，从彭祖的雉羹，到现代风靡的伏羊，无不体现着养生的哲理，其流传下来"麋角鸡""云母羹"，以及易牙创制"易牙五味鸡"等，均有一定的食疗作用，至今仍在广泛流传。徐州的养生菜与药膳菜对后人影响甚大。

徐州的"雉羹"（俗称饣它汤）历代流传，在《乾隆轶事》一书中，第四十二章载"在两江总督尹继善导引下，乾隆抄小路来到徐州城西……去喝饣它汤"，② 乾隆只买半碗饣它汤，与尹两人品尝。乾隆尝后非常满意，认为其水平不亚于宫廷饮食，本应付半文小钱，却付了十两纹银，并随手写下"饣它汤鲜美堪称徐州一绝"字样。《乾隆轶事》是依据《清史

---

① 高文清. 连云港饮食文化. 北京：中国文史出版社，2012：10.
② 丁爱华. 乾隆轶事. 南京：江苏文艺出版社，1998：423.

稿》和《清实录》的史实而作。据徐州菜馆业《饮食史料》记载：民国六年（1917 年），康有为参加张勋复辟活动曾来徐州，在西园菜馆就餐时题诗："元明庖膳无宋法，今人学古有清风。彭城李翟祖笾铿，异军突起吐彩虹。"诗中的"李翟"，指徐州厨行的两位名师，即康熙年间的李自尝和清末民初的翟世清，他们皆尊彭铿为祖师，是清代徐州著名的烹饪大师。

徐州风味菜在社会的发展和历史流传过程中，利用传统工艺、调味技艺，经历代传承形成了地方传统菜、彭祖养生菜、民间乡土菜及吸收改良外帮符合当地人饮食习惯的菜品等。

连云港菜

连云港因前临连岛，背靠云台山而得名。连云港菜，又称胸海菜。早在商代，烹饪之圣、一代贤相伊尹曾在这里居住。近现代连云港学术界研究成果表明，灌云伊芦山与伊尹以及与古海州传统饮食有着千丝万缕的联系。史称"煮海之利，重在东南，而两淮为最"，两淮盐区的中心在淮河，淮河以北称淮北盐场，淮河以南称淮南盐场。两淮所产盐均称为淮盐。以连云港市为中心的淮北盐场，是我国四大盐场之一。淮北盐业有着悠久的历史，早在战国时期，海州海边已有煮海制盐的"灶民"（即盐民）。西汉时，淮北盐业已有一定的规模。《盐铁论》中提到的"胸卤之盐"，便是海州一带产的盐。《史记·货殖列传》也说，彭城以东的东海有煮盐之饶。唐代，海州每年要向国家上缴盐二万斛。北宋时，淮北盐业日益兴旺，海州有板浦、惠泽、洛要三场，产盐量达 47.7 万余石。盐税历来是政府财政收入的重要来源。淮北盐业对海州一带的经济发展起到了很大的促进作用。

明清时期，海州、板浦商贾云集，市场繁荣。民间流传"穿海州，吃板浦"。新浦（今连云港市政府所在地）的形成和兴起，也是盐业发展的结果。所谓"吃板浦"指的就是板浦菜，板浦菜亦称盐商菜，通俗地说就是"吃在板浦"。因为"岁产百万金"的板浦，"盐池汇宝，四方通衢，盐商富贾云集，文人墨客汇聚，市井繁荣兴旺，民俗风情淳朴"。明清时期，板浦菜的兴旺与盐商、官吏们的饮食奢华是分不开的。板浦菜中的山珍海味、美馔佳肴是富商们铺张、奢靡的生活所形成的，如用鱼脑做成的"长生羹"，用鱼籽制成的"珍珠串"，鸡舌炒对虾命名"凤凰过海"等。《镜花缘》的作者李汝珍的兄长李汝璜，曾任板浦场盐课司大使，板浦菜在《镜花缘》中描述十分细腻，真实可信。李汝珍对"一肴可抵十肴之费"的"燕窝席"进行了详细描绘，共计冷、热菜肴、点心30 多种，"惟以价贵为尊"，这就是当时盛行海州地区的"燕窝席"。它是当时板浦商贾菜的代表。从古至今，盐、梅作为最原始的调料，"若作和羹，惟尔盐梅"，而两淮盐、板浦醋正是连云港胸海菜的真美之味。清代袁枚《随园食单》曰："镇江醋颜色虽佳，味不甚酸……以板浦醋居第一，浦口醋次之。"品味连云港的海鲜，加上板浦的"滴醋"，堪称绝配，珠联璧合。

连云港菜在盐商的带动下，一度兴旺发达。在板浦菜的鼎盛时期，一个千户小镇，酒店多达 30 余家，比较有影响的如四海春、杨国春、杏林春、小禾、小乐意、华洋、万香聚、异香斋、杨福记饭店等，家家生意兴隆。有的饭店经常动用上百只母鸡熬汤，汤汁用大水缸存放。板浦名流富商宴客档次堪比宫廷，胜似官府。[①] 连云港菜在传统板浦菜的影响下，逐渐形成了以盐商菜、海味菜、民间乡土菜为主流菜品的风格。由于区位的优势特点，又受淮扬菜、山东菜的影响，而特色的海味菜在江苏美食中独树一帜。

3. 发展中的徐海风味

徐州地区土地肥沃，气候暖湿，山水陆地相间，独特的自然环境，为植物的栽培、动物的养殖、矿物的开采提供了有利条件。徐州菜继承彭祖遗风，形成了"以鲜为主，五味兼蓄"的饮食风味，清而不薄，浓而不浊，讲究食疗、食补，制作精良，注重实惠，追求本味，适应面广。徐州肴馔多用家禽、家畜、水产等产品制作，风味独特，徐州的彭城鱼丸、饦汤、羊方藏鱼、地锅鸡、把子肉和伏羊美食名闻天下；丰县的热粥、反手烧饼，睢宁的豆腐、香肠，贾汪的素火腿，邳州的苔干，新沂的烧杂鱼、捆香蹄等等在当地美名远扬。

徐州地区广大民间的日常饮食较为简单、朴素，但又有自己独特的一面。一些季节性的蒸菜和传统的烧杂拌、特色羊排等，从选料到烹制，都保持了徐州传统饮食的原汁原味。如徐州地方饭菜合一的乡土蒸菜，选择时令野菜马齿苋等原料洗净后沥干水分，用少许油稍微拌一下，然后用干面粉拌匀，直到菜叶都均匀地黏上面粉，即上笼蒸 20 余分钟出锅。出锅后，可以凉拌，也可以用热油、辣椒炒制的辣椒油或蒜泥调味食用。这是地道的风味土菜，是城乡居民喜爱的素菜，既保护了原料的营养价值，口感又清香、酥软、爽朗。

来源于徐州市县和鲁南交界处的微山湖地区广大农村的地锅菜，以前，在微山湖上打鱼的渔民，劳息都在船上，因船上条件所限，一日三餐就地取材，都在船上解决，船上有一小泥炉，炉上坐一口铁锅，下面支几块干柴，按家常做法煮上一锅菜，锅边还要贴满面饼，于是便产生了这种饭菜合一的烹调方法。地锅菜肴的汤汁较少，口味鲜醇，饼借菜味，菜借饼香，具有软滑与干香并存的特点。[②] 现在，地锅菜已成为徐州饮食文化的特色标志和美食代表，凡是来到徐州的客人，在体验徐州饮食文化的时候，没有不先探寻、品尝徐州地锅菜的。

徐州地处苏、鲁、徽、豫之间，特别是受齐鲁饮食文化影响较多，许多烹饪工艺取多地之长，如吸收鲁菜的酱制类菜肴特色，像酱爆肉丝、酱排骨、酱鸡、酱肘子、酱汁茄子等，已成为徐州菜兼收并蓄的一大特点，而红烧鱼、红烧肉、虎皮肉、把子肉的制作又体现了苏、鲁文化的有机结合。改革开放之后，徐州饮食文化又吸收多地制作风格为我所用，如川菜的麻辣鲜香，比较符合徐州地区的饮食口味，他们在吸收的同时也进

---

① 李登年. 东海名郡话盐梅. 连云港美食，2015(1)：17.
② 聂太港. 浅谈地锅菜技法. 烹调知识，2004(1)：25.

行适当的改良，在用料上突出自身的特点，在口味上走自己的麻辣风格。徐州代表的烹饪大师有：尹玉考、胡德荣、殷汝伦、王献立、秦忠义、卢志祥、张庆华、刘金明、刘福民、纵兆敏、季广辉、韩勇健、王树长、朱诚心、周诚、陈勇等；代表的传统名菜有：霸王别姬、彭城鱼丸、羊方藏鱼、糖醋黄河鲤、沛公狗肉、雪花八卦鸡、天下第一羹、梁王鱼、邳州清炖兔子、拔丝楂糕、冬瓜四灵、开洋炒苔菜夹等。

连云港地处海州湾，东濒黄海，南接江淮，北临齐鲁，优越的地理位置、丰富的物产资源，奠定了连云港朐海菜的基础。这里山海相连，介于苏、鲁两大风味之间，就地取材、口味鲜咸适口、靠海吃海是当地人民饮食的主要特点。在用料上，以水产、山味、畜禽、蔬菜居多。境内海岸线长，水质优良，海产丰富，品种质优，见于史书记载的"鳞介鱼虾"多达60余种：对虾、彤蟹、比目鱼、鲳鱼、鳓鱼、加吉鱼、鲈鱼、沙光鱼、白虾、仔乌、鱿鱼、八带鱼、海带、海参、海蜇、紫菜、贝类……品种繁多，数不胜数。

连云港人烹制海鲜有独到之技，特别是海边人，不仅有识别海鲜、善调海鲜的窍门，更有吃海鲜的绝技真功。在吃彤蟹、对虾、海螺、香螺、乌贼、醉虾等方面有独特的技巧，吃得干净而快速，方便自如，也反映了海边人对海鲜的认知和加工、对海鲜烹制技术的掌控和料理以及对海鲜的情有独钟。

在地方特产和菜肴上，有营养丰富的灌云豆丹，鲜美无比的凤尾虾，气味芳香的酒醉螃蟹，清香鲜嫩的生熏黄鱼，肉鲜汤美的蟹黄煨鱼肚等，都是连云港特色菜肴。其特色的点心小吃如板浦凉粉、赣榆煎饼、板浦小脆饼等，都是风味独特的美味佳品。连云港板浦汪恕有滴醋酸甜的调味，加上连云港菜肴本身的特点，浓郁的连云港味道，"食连云港海鲜，蘸板浦滴醋，品汤沟美酒"，可让人回味悠长。

连云港地区受海洋文化的影响，海州传统饮食文化底蕴丰厚，既有南方菜的鲜、脆、嫩的特色，又融合了北方菜的咸、浓、厚的特点，形成了鲜咸适口、注重实惠的独特风格。随着现代餐饮的发展和对外交往的扩大，其菜品近年来逐步向清淡精致方向发展，用料广泛，善于调味，注重火候，讲究时令，尤其以善制海鲜著称。近60年来，连云港涌现出许多著名的烹饪大师，代表人物有：孙方亭、卞家才、孙松林、吕广忠、周承祖、高振江、陈实、刘文春、郁正玉、苏正标、陈权、吉志祥、任义兵、郑志强、董晓明、庄国强等；代表的经典名菜有：油卤烧鸡、奶汤鱼皮、清汤大乌参、爆海贝、锅煸鲈鱼、红烧沙光鱼、红烧加吉鱼、爆炒乌花、锅巴鱿鱼、凤尾对虾、香炸云雾茶、赣榆鸡瓜菜、黄芽菜煸、八宝酿枇杷等。

二、菜品风味特色

徐海风味地处江苏北部，其主要风味特点是：注重选材，较擅长水产海味制作，烹调方法多用炸、煎、煮、蒸、扒；口味上鲜咸适口，略带辛辣，色调浓重；重视养生，讲究时令，注重实惠，南北皆宜；民间菜、仿古菜，体现了淳朴、古典的文化特色。

1. 取料广泛，特产丰富，多用奇物

徐海地区有山有水，更有广阔的平原。这里河鲜、湖鲜、海鲜四季不断，家禽、家畜产品丰富，瓜果蔬菜接连上市。在主食原料方面，除食用大米以外，面粉、杂粮的食用比例也较大。除常年供应的动植物原料以外，当地还有许多特色原材料。

地方特产原料品种多，质量优。苔干是徐州的特产蔬菜品种之一，主产区在邳州南部，不仅畅销国内，而且远销日本、东南亚。由于咀嚼时发出清脆的响声，人们又美其名曰"响菜"。山楂，又名红果。每年秋冬之交，徐州周围山区一片火红，环绕着铜山区境内。山楂制成的食品如蜜饯山楂、糖葫芦、拔丝山楂等成为当地的特色菜品。连云港特色原材料葛藤粉，是用野生植物葛藤的块根加工制成的淀粉，唐宋时就被列为贡品。李汝珍在《镜花缘》中写道："葛根最解酒，葛粉尤妙"。云台山山高林密，气候湿润，适合葛藤的生长，漫山遍野随处可见。葛藤具有清心明目、止咳润肺、清热除烦、降压止痛等功能。连云港海鲜原料十分丰富，特产原料对虾，个大体肥，壳薄色清，肉色明净，味道鲜美，有虾类"明星"之称。海州湾是我国对虾的主要产地之一，用其所产烹制的盐水对虾、煎烹虾段、凤尾虾等，是海鲜特色佳肴。

徐海人在原料的选择上，乡土气息较浓，对多种昆虫食品也是情有独钟，如徐州、连云港人爱吃蝉蛹、蚕蛹、蝎子、豆丹等奇特食物。它们虽形象丑陋，但风味绝佳，系高蛋白食品，被当地人普遍接受，也得到不少外地人的追捧。

2. 鲜咸适口，浓淡兼备，略显辛辣

徐海风味的总体特色主要是以鲜为主，五味兼蓄，清而不薄，浓而不浊。因徐州、连云港地区处于江苏的北部，临近山东，气温比苏中地区偏低，所以菜品的口味介于苏、鲁之间。相较于淮扬和苏锡风味，徐海菜肴口味偏重，颜色相对偏深，乡土气息较浓。

徐海一带习尚五辛，但用量不多，风格朴素，注重实惠，其菜品口味略咸。徐州人喜食辛辣，爱吃葱、姜、蒜、香菜、芥菜、茴香菜、辣椒等刺激味重的植物性食物，且特别喜爱生吃，在一些凉拌菜中大多喜欢放一些刺激味重的调料，既杀菌又开胃。这与山东南部一些地方饮食习惯相似，已是当地人饮食的一种特色。

徐海菜肴中的河鲜菜、海鲜菜丰富，为了突出河、海产品的鲜美之味，在烹制时，将它们以淡爽、淡雅的口味特色呈现在客人面前，或蒸、或煮、或白灼、或烧烩，都是为了充分展现河、海产品的鲜美之味。蒸菜是徐海地区最常见的乡土菜之一，一般选用新鲜的蔬菜，如芹菜、莴苣叶、槐花、榆钱、萝卜、胡萝卜、茭白、牛蒡等，将它们洗净晾干后，拌以面粉，上笼蒸熟，这些素菜的口味相对比较清淡，食时拌以蒜泥、辣椒酱等，炒制也可。随着社会的发展，近来菜肴渐趋清淡，其菜品多醇正鲜嫩、淡雅爽口。

3. 善用海味，烹法多样，注重实惠

连云港依山傍海，是江苏海洋文化最为发达的地区之一。海州湾，有许多珍稀而名贵的鱼、蟹、虾、贝类品种。加吉鱼肉质坚实细腻，鲜嫩醇美；沙光鱼肉嫩若凝脂，味美绝伦；梭子蟹膏丰腴美，奇鲜压群肴；东方对虾口味细嫩、脆爽，鲜美异常；蛤蜊鲜

香嫩滑，鲜美爽利；牡蛎肉肥美爽滑，味道鲜美；西施舌天生丽质，汤汁鲜浓；海蜇爽口清鲜……各式海鲜，突出一个"鲜"字。在烹制海鲜上，当地市民方法多样。如加吉鱼有红烧、干烧、炖、清蒸、酱汁等法；沙光鱼可烧、椒盐、干炸、清蒸，也可制成鱼球，炒制鱼米等；梭子蟹、黄螯蟹可做成蟹黄豆腐、芙蓉套蟹、蟹黄煨鱼肚、红烧软皮蟹等；对虾可制成蒸虾段、凤尾虾、兰花虾球等；贝类可煮、可炒、可蒸，也可配制各类菜肴。各类小海鲜，可以生剖取肉爆炒，还可以与其他菜同烹，当地人最常见的吃法是清煮，食用时佐以姜末、盐、醋即可。

在连云港纵横交错的海河水网中，生长着一种通体透明、洁白柔软、无骨无刺的麻虾，它是虾族中的"小不点"，就像针尖那么小。沿海渔民用手网在河中捕捞后制成虾酱，这是赣榆地方特产之一。虾酱是美食谱系中最富个性的品种，用其烹制菜品、蘸吃面食是绝妙的食品。当地名菜"虾酱吊饼"，用饼蘸酱，风味绝佳，令人赞不绝口。除海鲜之外，徐海风味中的河鲜也很有特色，如灌河珍味四鳃鲈鱼、黄河故道里的鲤鱼、微山湖的四孔鲤鱼、骆马湖的白鱼、云龙湖的花鲢等，都是特色美味的品种。

4. 重视养生，讲究时令，适应四方

徐海菜重视养生由来已久，被行业视为"医食同源"的活典，在菜品的制作上，无论取料于何物，均注重食疗、食补作用。这主要源于彭祖的饮食养生思想。彭祖作为一位身体力行的养生大家，在远古时代实现了长寿的愿望，后人对其经验进行了归纳和总结，主要体现在：阴阳平衡、五味调和、顺时养生、遵循自然、食饮有节、定时定量、药食同功、合理配伍，而重视烹饪工艺、调和滋味是彭祖养生的精髓所在。如"雉羹"治好了尧帝的厌食症；"羊方藏鱼"开创了"鱼""羊"为"鲜"之先例；彭祖食疗菜"麋角鸡"具有治风痹、止血、益气力、补虚劳、填精益髓、壮阳悦色等功效。徐州菜肴继承古老的彭祖食疗方，如"云母羹""水晶饼""乌鸡炖薏"等食养菜品，都具有养生延年的疗效，一直得到徐州地方人民的重视和享用，而彭祖的养生思想对后人的影响甚大。

注重时节，货吃当时，是徐海风味的特色。海州民谚云："花下藕，苔下韭，正月菠，冬瓜妞。"就是说，荷花盛开时藕最脆嫩，韭菜抽苔时最好吃，正月菠菜最适口，刚落花的冬瓜小而嫩。

徐海饮食讲究"天人合一"，就是根据自然界春夏秋冬四时的变化规律，采取相应的养生措施。饮食顺应四时，可以保证人体内阴阳气血平衡，使正气充足，这在养生保健、防病治病方面尤为重要。《彭祖养生经》记录彭祖曰："食戒过多，饮戒过深，食饮有节，起居有恒。"食饮有节和四时调饮，成为当地人饮食养生的指导原则，如徐州的雉羹、云母羹、伏羊文化等，流传至今，为现代百姓饮食养生提供了借鉴。

三、代表菜品

1. 霸王别姬与爆乌花

霸王别姬是徐州地方传统名菜。公元前 202 年，楚霸王项羽兵败彭城，被困垓下，

图 8-7 霸王别姬

夜饮帐中，忽闻四面起楚歌，自知败局已定，因慷慨悲歌："力拔山兮气盖世，时不利兮骓不逝，骓不逝兮可奈何，虞兮虞兮奈若何。"虞姬和曰："汉兵已略地，四面楚歌声，大王意气尽，贱妾何聊生。"和歌声落，合帐皆泣。项羽欲突围，但又不忍丢下虞姬，难舍难分。虞姬乃执酒奉饮，舞剑助兴，舞毕自刎，以免项王后顾之忧。项羽突围后也自刎于乌江。

徐州人民为纪念在推翻暴秦统治中立下了汗马功劳的英雄，并怀念那位心系国运、大义凛然的绝代佳人，创制了"霸王别姬"这道名菜，流传至今。新中国成立后，国家领导人来徐州视察工作，都品尝过这道名菜，并给予赞扬。这道名菜经已故名厨裴继洪改进，借鸡、鳖形象的烘托，使霸王别姬这一历史题材，含意委婉，意境甚妙。此菜鸡、鳖肉质鲜嫩，汤浓味醇。

爆乌花，连云港海鲜传统特色名菜。乌花为鲜乌贼鱼的脯片加工而成。乌贼鱼属乌鲗科动物，无针乌鲗或金乌鲗，体内近漏斗管附近有贮黑水的黑囊，在海中遇敌逃遁时就施放墨汁，故称墨鱼。又因其头部有触腕似缆，遇风浪时可黏石上，故又名缆鱼。乌贼鱼肉厚味美，可鲜食，亦可制干，骨可入药。雌墨鱼的卵腺，干制成乌鱼蛋，列海味八珍之一。

图 8-8 爆乌花

爆乌花是每个港城厨师必须学做的菜肴。在治理干净的墨鱼肉上，刮成荔枝花刀块，放入开水中氽一下，沥净水，这时墨鱼卷曲，花刀绽放。将炒锅置旺火上烧热，放油，投入葱末、姜末、蒜末，炸香后放入乌花、水发玉兰片、木耳、青豆、香菜，加入绍酒、白糖，用水淀粉勾芡，装盘后撒上胡椒粉即成。运用爆炒的方法，烹制速度要快，否则乌花会老而硬，不够爽嫩。在连云港，无论高、中、低档宴席，还是亲朋小聚家宴，均有爆乌花这道菜。此菜刀工精细，脆嫩色白，滋味鲜美，是普遍受连云港人欢迎的菜品。

2. 名菜品选粹

糖醋黄河鲤鱼，徐州传统名菜。鲤鱼，又称花鱼、龙鱼，形态美观，肉质肥厚。千百年来，徐州人一直将其作为吉祥如意的珍馐、喜庆筵席上必备的佳馔。"无鲤不成席"在当地已成风俗。此菜装盘后鲤鱼头尾上翘，如欲跳龙门之势，浇上琥珀色的卤汁后，吱吱作响，色呈金黄，外酥脆里鲜嫩，甜酸适口，深受中外宾客赞赏。

羊方藏鱼，徐州传统名肴。相传此菜为彭祖所创。一日，他的儿子夕丁捕到一条鱼，央母烹制，其母正炖羊肉，遂把羊肉剖开，将鱼藏入，待鱼熟后取出与夕丁食之。彭祖归家食羊肉，觉有异香，问明其缘由后，即如法炮制，果然鲜香非凡。清康熙年间，状元李蟠品尝此菜后即兴题联："一箸鱼羊鲜馔解解解老饕之馋，调理大羊美羹试试试厨师之技"。此联至今仍为人们熟知，并一直流传。

冬瓜四灵，徐州传统名菜。据《大彭烹事录》记载：清乾隆二十八年（1763年），东阁大学士刘墉去南京公干，往返两次都途径徐州，均在易牙居菜馆用餐，对易牙居的名菜甚是赞誉。席中有一主菜冬瓜四味，是以冬瓜加火腿、鸡肉、鱼肉、甲鱼肉烹制而成，色形并茂，荤素相兼，四味有别又互为添美，深得刘墉赞赏，又题诗相谢："龙肝凤髓岂能品，麟滋龟味何处寻。途径彭城易牙居，一餐品过菜四灵。"他以火腿、鸡肉、鱼肉、甲鱼喻为"龙凤龟麟"四灵。此菜因此而得名。清末又经书法家钱食之仿书，当时各家大饭店均经营此菜。菜肴制作精细，选料讲究，冬瓜碧绿，汤鲜汁醇，味美而厚。

拔丝楂糕，徐州特色名菜。徐州山楂味浓色艳，酸甜适口，早在北宋时期就成为贡品。以徐州山楂为原料制成的山楂糕，更是出类拔萃。现今徐州厨师多用楂糕为原料烹制肴馔，其中以拔丝楂糕、桂花楂糕羹最为著名。此菜用中小火熬糖拔丝，拉出的丝长数米而不断，入口外皮甜脆，内里软糯，酸甜爽口。

红烧沙光鱼，连云港传统名菜。沙光鱼是连云港市的地方特产，资源较为丰富。它栖息于近岸浅海或入海河口处的咸淡水中，肉质色白细腻，有独特的风味。当地有一首民谣，生动地描述了沙光鱼的生长规律和上市的季节性。"正月沙光熬鲜汤，二月沙光软丢当，三月沙光撩满墙，四月沙光干豺狼，五月脱胎六还阳，十月沙光赛羊汤。"秋天是沙光鱼最肥美的季节，家家户户争相制作，有红烧、干烧、红焖、炒、烩、氽汤等多种做法。此菜色泽酱红，肉质鲜嫩，咸中带酸，味美可口，是当地脍炙人口的美味佳肴。

爆海贝，连云港传统名菜。海贝，连云港沿海均产，赣榆区柘汪、涛雒一带沿海产者质优。海贝肉质洁白细嫩，形似小舌头，遇物触及便缓缓竖起，稍停片刻，又复原状，为海产贝类的上品。此菜以香菇、笋片、青豆、韭黄诸料，用旺火爆炒而成，食之贝肉鲜美滑嫩，韭黄辛香，为海贝美馔。

锅煸鲈鱼，连云港特色名菜。取灌河所产鲈鱼，外表呈青灰色，两侧和背鳍有黑褐色的斑点，其鳃盖膜上各有两条橙红色斜条纹，恰如四片外露的鳃叶，故称"四腮鲈鱼"，当地人习惯叫"灌河四腮鲈"，是江苏有名的特产之一。此菜做法别具一格，沿脊背由头至尾剖开（成双头双尾状，腹部相连），在肉面上剞十字形刀纹，挂糊油炸后用调料进行烹制。成菜色泽酱红，鲜香酥嫩，美味可口。

油卤烧鸡，连云港东海县传统名菜。相传清朝初期，东海县桃林镇上有一马姓大户人家的掌勺厨师，用腊月熬熟的猪板油，配以芝麻油、香料、调料熬成油卤，用来制作烧鸡，此卤越用越醇，香味越浓，称"老油卤"。用老油卤卤制的鸡，色泽红亮，香味浓郁，鸡肉酥烂，热食冷食均宜。至此，桃林镇的烧鸡名声大振，成为当地宴席上的美馔，馈赠亲友的礼品。

第九章

江苏地方菜肴赏与析

江苏食馔精美而丰富，各地佳肴，斗艳争芳，脍炙人口，体现了江苏五千年历史文明的灿烂辉煌。游走于江苏各地，都有不同寻常的美食相伴，有的历史悠久，有的掌故诱人，有的制法独特，有的特色奇异，这些菜点美食在历史的长河中与当地人民的生活已密不可分，水乳交融，并为江苏各地人民所钟爱。这里从乡土人文的日常生活中去挖掘、去采集，把江苏人喜爱的美食加以整理，并进行分析、解读和赏析，让那些分布于江苏民间的美食闪耀出更加迷人的光彩。

第一节　江苏传统的三大味型

人们的口感，不仅是舌尖上辨出的滋味，也包括口腔内的一切乃至咽喉在内的协调感受。谚语云："无油无盐，吃死不甜。"这里的"甜"是鲜美有味之意。的确，在调料中油与盐是最基本的。我们做菜，可以无油，却不可无盐。几千年来的中国饮食，在菜肴烹调上早已形成了自己的调味特色，油盐酱醋糖、葱蒜酒椒姜，这是中国菜必不可少的调味料。各地的自然风味随着地域和气候的不同而形成差异。从江苏各地区人们的饮食口味来看，尽管各式各样的味型被人们所喜爱，但就江苏范围来说，最有影响和最有代表性的味型当属红烧、咸鲜、糖醋三大主要味型。这里将从这三大味型方面进行分析和解读。

一、江苏人最爱的红烧风味

全国各地菜品的风格特色，绝大多数都是由不同地区使用的调味料所决定的。中国的特色调料就是酱油、葱、姜、八角等。中餐相较于外国各地餐式的不同，其最大的特点就是使用"酱油"调味。江苏菜的许多美味佳肴都是由它调制出来的，最典型的就是由酱油所调制成的"红烧风味"。

江苏地区的人们最酷爱的菜肴风味，莫过于利用酱油和糖等调料调制出的"红烧类"菜，如红烧（猪）肉、红烧牛肉、红烧羊肉、红烧鸡块、红烧鱼等。而在这些红烧类菜肴中最有代表性的菜又是什么？绝大多数人，特别是男人都会选择"红烧肉"，这已是深入人心的菜了。从苏南到苏北，各大小饭店、餐馆的餐厅都会在其菜单中列出它，可称得上是中国肉类菜肴中的经典。因为，食客们要吃荤，都自然会想到"红烧肉"。它是最普通、最简单也是最具魅力的菜肴，甚至是许多男人百吃不厌的佳品。它的最大好处是突出了猪肉自身的肥瘦搭配、荤香肥腴的鲜美特色。不同的宴会上也经常提供着，以满足不同人群的需要。在江苏各地单位的食堂菜单上，也会定期有红烧肉、红烧牛肉、红烧羊肉、红烧鸡块、红烧鸭块、红烧鱼、红烧肉圆、红烧萝卜、红烧土豆等菜肴出现。红烧菜肴在江苏乃至全国是最普及不过的，高至宴会接待，低至小餐馆、大排档以及普通百姓的日常餐桌上，几乎家家会做、人人爱吃。各地农村的家常菜、乡土菜也是以红烧风味占主导的。水乡人家捕的各种鱼基本都喜欢用红烧之法烹制，如红烧鲫鱼、红烧小杂鱼、红烧昂刺鱼、红烧甲鱼、红烧马鞍桥、红烧鳗鱼、红烧鲶鱼、红烧虎头鲨、红烧泥鳅等，几乎是人人都喜欢的菜肴。庄稼人家宰一头猪，各个部位也是以红烧为主的，红烧五花肉、红烧大肠、红烧蹄髈、红烧肉圆、红烧猪手、扒烧整猪头、六合猪头肉、卤猪肚、卤猪耳、卤猪肝等，都是以红烧的方式、用咸甜口味而烹制的。

这里所讲的"红烧风味"是一个广义的"红烧"概念，更确切地说应该是"咸甜风味"带酱油烹制的菜品，即是用多量酱油烹制的颜色红润的各类菜肴。它也包括红煨、红焖、红扒等烹制的菜肴，诸如樱桃肉、东坡肉、腐乳肉、红煨牛肉、酒焖羊肉、扒烧蹄髈、酱汁肘子、冰糖甲鱼、栗子烧肉、土豆烧肉、干菜烧肉等。

红烧菜肴在明清时期已被人们广泛运用，那时人们大多利用"酱"或"酱油"加"糖"来调味，为了烧制的菜肴色泽光亮，还常常利用糖色缀色。如清代编入《调鼎集》中的"东坡肉"："肉取方正一块，刮净，切长宽约二寸许，下锅小滚后去沫，每一斤下木瓜酒四两，炒糖色入，半烂，加酱油，火候既到，下冰糖数块，将汤收干，用山药蒸烂，去皮衬底，肉每斤入大茴三颗。"[①] 在该书中，有关"红烧"的菜肴还有红烧肉、红烧苏肉、红烧猪头、红烧羊肉、红烧鲤鱼唇尾，还有较多的红炖、红煨、酱烧等类菜肴。书中的大多菜品为当时扬州盐商童岳荐先生所编抄和记载。

红烧风味，主要的调料是盐、糖、酱油，酱油起着重要的作用。酱油是在酱的基础上派生出来的一种调味品。它是我国特产调料之一，有着悠久的历史。在江苏南北地区，红烧风味的调料比例是有一定差别的，南方糖偏多，北方糖偏少，但酱油是不可或缺的。

我们翻检一下20世纪后期的菜谱，先看《中国名菜谱·江苏风味》，有红烧大乌（鱼）、红烧沙光鱼，另外，酱方、蜜汁火方、枣方肉、樱桃肉、酱汁肉、糟扣肉、腐乳汁肉、扒烧整猪头、无锡肉骨头、酱油嫩鸡、贵妃鸡翅、苏州卤鸭、老烧鱼、青鱼甩

---

① （清）佚名. 张延年校注. 调鼎集. 郑州：中州古籍出版社，1988：261.

水、荷包鲫鱼、大烧马鞍桥等，①都是红烧风味类的菜肴。这里简要将几款红烧风味的调料进行比较，可以看出江苏人的喜爱程度。

表9-1　江苏风味红烧菜肴调料对比　　　　　　　　　　　　　　　单位：克

菜 肴	酱油	白糖	精盐	辅助调料	主料	相关调料
红烧大乌	50	25	2.5		1 000	葱、姜、醋
大烧马鞍桥	100	20	55	糖色10	1 000＋300	葱、蒜、姜、醋、胡椒粉
无锡肉骨头	55	25	10		500	葱、姜、八角、桂皮
青鱼甩水	50	30			500	葱、姜

在江苏，红烧风味也有偏甜和偏咸的差异。苏南人的红烧是偏甜的，如无锡的"酱汁排骨"（即无锡肉骨头），白糖的量是偏重的，这是当地的风味所致。无锡的厨师也做过多次的研究，若糖的量减少了，那就不是这种特色了，风味就有点逊色，缺少了排骨应有的魅力。而到了徐州、连云港，红烧菜肴的含糖量要低，因为这里的人对多糖不是很感兴趣。而扬州、南通、泰州的苏中地区，即是甜咸各占其半，不偏不倚，甜咸适中。

许多食客到苏南周庄去旅游，都会品尝当地的名菜"万三蹄"。这"万山蹄"通体酱红，光泽滑润，因火工独到，蹄髈烧得很酥，不用刀，只要拿一双筷子，按住盘中的蹄，再用手指捏住露出的骨头，轻轻地一抽就可把骨头抽出来。很多人挡不住色、香、味的诱惑，顾不上肥脂，高高兴兴地吃了起来。因其口感好，不油不腻，可让人大快朵颐。苏南的枣方肉、樱桃肉、酱汁肉等都是相同的风格。而蜜汁火方和上海的红烧冰糖甲鱼，都是蜜汁芬芳、味甜而咸香的甜咸味型菜肴。

二、统领南北的咸鲜风味

咸鲜风味是远古时期的祖先最早品尝的味道，从煮海水为"盐"以后，祖先们就开始了咸鲜风味的饮食生活。经过千万年的发展，不论各种各样的味型千变万化，但最适合人们口味的还是淡雅之美的咸鲜味。它的特色是可以品尝到食物新鲜本原的味道，新鲜的原料中只要加点盐就可以了，如烤熟的土豆撒点盐，煮熟的芋芳蘸点盐，氽熟的鲜鱼补点盐，蒸熟的鲜肉浇点咸汁，羹汤中放点盐更鲜美等。

江苏东部沿海地区的海鲜菜是以咸鲜风味为主导的，南通、盐城、连云港地区海产原料的加工烹制基本都是咸鲜味占主流。新鲜的海产品不加雕琢，加点盐就鲜美无比。黄鱼、鲳鱼、带鱼、文蛤、竹蛏、梭子蟹、扇贝、西施舌、对虾、加吉鱼、牡蛎、虾婆、泥螺等海味烹制的菜肴，都以咸鲜味型为主打，体现出鲜美之味、淡爽之味。如雪

---

① 江苏省饮食服务公司. 中国名菜谱(江苏风味). 北京：中国财政经济出版社，1990.

菜蒸黄鱼、油浸吕四带鱼、糟鲳鱼、铁板文蛤、爆炒黄泥螺、清蒸梅子鱼、白灼金钩虾、清氽西施舌等，口味鲜美，略带咸味，是咸鲜风味的突出代表菜品。

江苏地区运用咸鲜味调制，代表性的调味品除了"食盐"以外，经过后来的发展加工，还有虾油、蟹油、虾子酱油、虾酱、豆豉、鲜酱油等，而调制咸鲜味的普通调料就是"食盐＋味精"，这也是使用最广泛、调制最普通的味型。

在江苏菜中，如果按照味型来统计菜肴，那品种最多的味型就是咸鲜风味了。在江苏的广大地区，最突出的主干味型就是咸鲜味，咸味中带鲜正是江苏菜品的基本风格。一年四季，人们在烹制荤素原料中，加点盐就是最美的滋味。根据江苏人饮食菜品的制作特点，咸鲜味型的菜肴可以分以下几类。

最普通的一类是炒、拌各类蔬菜，如炒土豆丝、炒青菜、炒豆芽、炒韭菜、炒苋菜、拌黄瓜、拌海蜇、拌豆腐、虾子拌芦笋等，生菜、花菜、豆苗、山药、扁豆、白菜等蔬菜的炒制，基本都是以咸鲜味型为主。从地域来讲，苏南地区咸鲜味较清淡，苏北地区相对浓厚些。

第二类是汤菜，如千家万户的炖老鸡汤、冬笋老鸭汤、鱼头豆腐汤、萝卜丝鲫鱼汤、番茄蛋汤、榨菜肉丝汤、虾皮紫菜汤、冬瓜海带汤、萝卜排骨汤等无一不是咸鲜口味的。

第三类是蒸煮菜，如各大饭店制作的瓢儿鸽蛋、白汁稀卤笋、面蒸素菜、荷叶粉蒸鸡、盐水鸭、鸡粥菜心、一品罗汉斋、掌上明珠、金蹼仙裙，以及家庭制作的清蒸鲈鱼、清蒸带鱼、蒸鸡蛋、盐水花生、盐水毛豆等，都是以咸鲜味为主导的。

第四类是烩、扒菜，也都是以咸鲜味为主的。只是在咸鲜菜肴中，有的菜肴会稍加入点糖，以增鲜提味，如烩鱼肚、烩蹄筋、烩肉圆、烩肉皮、鸡腿扒乌参、扒三鲜、开洋扒蒲菜等。江苏人擅长的烹调方法炖、焖、煨、焐类的菜，也是以咸鲜味为主，个别菜肴也会加点糖。

第五类是其他烹调类的菜肴，有些花色菜如香炸云雾、虾仁拉丝蛋、珍珠笋、黄芽菜煸、霸王别姬、网油鸡卷等，有的是采用油炸，有的是烧制，有的是综合烹调法等，都是咸鲜味型的。

江苏人虽说吃糖量相对较多，但也不是所有的菜肴都放糖的，根据《中国名菜谱·江苏风味》分析，加糖与不加糖的菜肴相比，占比例较大的还是不加糖的咸鲜风味的菜肴。如上述五类的菜肴多数是不加糖的，许多不加酱油的菜肴也几乎不加糖，如表9-2所示。

表9-2 江苏菜肴咸鲜风味比例选　　　　　　　　单位：个

菜肴类别	山珍海味菜		禽蛋菜		水产菜		其他类菜	
	加糖	不加糖	加糖	不加糖	加糖	不加糖	加糖	不加糖
所占数量	6	15	32	37	50	59	20	23

表 9-2 中简单将江苏风味中加糖与不加糖的菜肴做了比较，表中显示，不加糖的菜肴是多于加糖的，而这些不加糖的菜肴绝大多数是咸鲜风味，常以食盐、味精调制为主。但因不同菜肴的风味需要，"咸鲜味型也可用酱油、白糖、香油及姜、盐、胡椒调制。调制时需掌握咸味适度，突出鲜味，并努力保持以蔬菜为烹饪原料本身具有的清鲜味；白糖只起增鲜作用，须控制用量、不能露出甜味来；香油亦仅仅是为增香，须控制用量，勿使过头。"① 在上述归纳的菜肴中，有些加糖的菜肴只有 0.5～1 克的用糖量，也属于咸鲜味的菜肴，糖在菜肴中主要起提鲜的作用，要吃不出甜味。从全国范围来看，咸鲜味型是使用最广、品种最多、八方咸宜的大众化味型。我国各地的咸鲜风味几乎差别不大，只是北方略咸于南方，这是南北方气候差别的缘故。

三、妇孺喜好的糖醋风味

在江苏人的餐桌上，常常出现一些糖醋风味的菜肴，如名闻遐迩的松鼠鳜鱼、百姓喜爱的虾仁锅巴、令人传颂的糖醋鲤鱼、儿童最爱的糖醋排骨、赞不绝口的油爆虾、栩栩如生的菊花青鱼，等等。

江苏人虽说是喜爱甜味，但更爱甜酸味，故男女老少都特别爱吃糖醋风味的菜肴。糖醋排骨、糖醋里脊、糖醋鱼、糖醋瓦块鱼是南北地区的人都念念不忘的，更是妇女和儿童的最爱。近 30 年来，几乎所有的家长都曾给自己的小孩吃过"糖醋排骨"这道菜，这是儿童们的偏爱，而且是刻骨铭心的喜欢。江苏的"苏式熏鱼""糖醋瓦块鱼"人人爱吃，江苏各地的饭店里都有叫卖。这里所说的糖醋风味，是指以糖和醋或番茄酱、水果汁等主要调料为主调制的味型，是一个广义的范畴，既包括糖醋味，也包括酸甜味；既有重糖醋味，也有轻糖醋味；还包括用番茄酱或水果汁调制的甜酸味等。

糖醋风味口味酸甜，在江苏有味浓汁厚的重糖醋与风味清新的轻糖醋之分。前者的代表品种有：糖醋鳜鱼、熘瓦块鱼、菊花青鱼等，这种菜品大体上以脆熘居多。后者的代表品种有：茄汁鱿鱼筒、五柳鱼、熘三丝鱼卷等，基本上以软熘、滑熘为主。

除以上两种糖醋味之外，南京菜品中还有一种小糖醋，其特色是：口味醇正，清淡适口，酸中带甜，甜中有香，别具一格。更重要的是它比较适合南方人的口味习惯，如果以卤汁的色彩来划分，小糖醋可分为有色和无色两大类。② 所谓有色类，用的是有色调味品，如镇江香醋，其品种有：料烧鸭、扁大枯酥、烹刀鱼、素熘脆筋等；无色类，使用的是无色调味，如白醋，其品种有：桂花仔鸡、绣球鱼、熘鱼丁、熘肉花、烹明虾片、花鼓鸡肉、三丝鸡卷等。

在餐饮界，江苏的糖醋味型是传统的代表味型，在烹饪工艺的教科书中是传统糖醋味型的代表。而广东地区的糖醋汁，因其临近港澳和东南亚，最早吸收西方菜肴制作中

---

① 张富儒. 川菜烹饪事典. 重庆：重庆出版社，1985：234.
② 胡长龄. 金陵美肴经. 南京：江苏人民出版社，1988：45.

调味汁的提前预制，其制作方法大多是一次性大量配制，且配料品种较多。

江苏地方菜系糖醋汁的配制方法与北京等其他地方菜系的方法大致相似，只是在糖和醋的用量比例上有些差别。京、沪、川、扬等地用醋略重，苏州、无锡等地则用糖略重，且一般都是现用现做。

用料分量：植物油约50克，米醋50克，白糖60克，红酱油20克，葱、姜、蒜末各少许，水100克。

加工方法：先将油下锅烧热，然后下葱、姜、蒜末炒一下，使香味透出；再下水、红酱油、糖、醋等，烧沸即成。

在菜肴制作中加糖、加醋的量偏多就成为糖醋风味的菜品。四川也有不少糖醋菜品，比如当地有影响的"荔枝味"，它就是酸甜味，是醋略多于糖，口味特点是"酸甜"，如荔枝腰花、荔枝肉片、荔枝鱿鱼卷等；而糖醋味的"甜酸味"，是糖略多于醋。这是调制糖醋风味巧妙变化的特色。

糖醋风味菜肴在江苏各地都比较受人们欢迎，每个家庭都有制作糖醋菜肴的经历。这里选取《中国名菜谱·江苏风味》中的几款糖醋味型的菜肴作一比照。

表9-3 江苏地方的糖醋风味菜肴 单位：克

江苏风味菜肴	主料分量	精盐	白糖	香醋	酱油	番茄酱	相关调料
糖醋黄河鲤（徐州）	750		200	150	50		葱、蒜、姜
糖醋活鲤鱼（无锡）	750	10	100	20（白醋）		100	蒜泥
醋熘鳜鱼（扬州）	1 000		250	75	75		葱、蒜、姜
菊花青鱼（江苏）	350	6	150	7.5		100	蒜泥、葱

中国菜肴中的糖醋味型大多运用的是"熘"制烹调法，熘又可分为脆熘、滑熘和软熘。脆熘又称炸熘或焦熘，运用此法制作的菜肴外酥脆、里香嫩，如江苏的松鼠鳜鱼、糖醋瓦块鱼等；滑熘又称醋熘或糟熘，如醋熘白菜、糟熘鱼片等；软熘的菜肴鲜嫩滑软，汁宽味美，如西湖醋鱼、软熘豆腐等。糖醋味型中有大糖醋和小糖醋（轻糖醋）之别。熘菜中大多数为糖醋味，也有一些不是糖醋味的，还有一些炒和熘制菜为轻糖醋菜，如江苏的五柳青鱼、熘松子牛卷、荔枝鱼、熘鱼白、料烧鸭等。

现代的糖醋风味，随着番茄酱、番茄沙司的广泛应用，大多菜品已一改传统的白糖、醋、酱油的配比方式，而以番茄酱为主料进行调配糖醋汁，抑或叫"茄汁"。目前传统的松鼠鳜鱼、菊花鱼、瓦块鱼等菜肴，基本都采用番茄酱来调制，一方面颜色比较鲜亮美观，另一方面菜肴摆放时间略长也不会影响其本色（因采用多量酱油调味的糖醋菜摆放稍久颜色就深黑，影响美观）。

现在饭店的糖醋菜肴也在不断改良出新，以往菜肴中糖醋卤汁的口味比较单纯而稀薄，有的厨师就在糖醋卤汁上进行了改进，他们在糖醋卤汁中添加了适量的冰糖、山楂、柠檬汁等天然酸甜果汁，使糖醋卤汁的口味变得厚实自然起来，而外观的颜色则保持不变，受到众多消费者的喜爱。

《第二节 鱼米之乡的水乡佳肴》

水是万物之源，水是江苏凸显的文化符号。江苏地势低平，水系发达，有太湖、洪泽湖、骆马湖、高邮湖等大小湖泊290多个。江苏跨江滨海，海岸线1 000多公里，长江横穿东西约425公里，京杭大运河纵贯南北约718公里，还有淮、沂、沭、泗、苏北灌溉总渠等大小河流2 900多条。

苏南的小桥流水，水穿街巷，苏北里下河地区水网密布，水丰草美。水乡生态环境优越，物产丰富，可谓"一年十八熟，天天有鱼虾"。丰富的水产鱼虾是江苏人日常餐桌上四季常食的食物原料，"出门不要带干粮，只要河边走一趟"，这是乡镇百姓生活的平常之事。

水中的生物多，经常食用的鱼虾类有青鱼、草鱼、鲢鱼、鳙鱼、鲫鱼、鲤鱼、鳊鱼、鲚鱼、鲂鱼、银鱼、白鱼、黑鱼、鳝鱼、鳅鱼、甲鱼、塘鳢鱼、昂刺鱼、鳗鱼、白虾、河虾、小龙虾等等。水乡如此多的鱼类和虾，在1990年《中国名菜谱·江苏风味》中，共计有菜谱299个，其中"水产菜"就有108个，占整个菜谱的36.12%。江苏人的日常生活离不开鱼虾的菜品，正如现代京剧《沙家浜》中所说的"一日三餐有鱼虾"。江苏人爱吃鱼虾，更会制作鱼虾，这里从民间厨房入手再到地方餐馆，领略一下鱼虾的制作特色。

一、尝一尝水乡的鱼

1. 太湖银鱼常念想

图9-1 三味香酥大银鱼(无锡周国良制作)

太湖美，美就美在太湖水。在太湖之滨的苏州、无锡人，一年四季以水吃水，鱼虾烹制的菜点众多，吃法多样，而最让人念想的是银鱼。居"太湖三宝"之首的银鱼，色白无鳞，细嫩透明，既可鲜烹，又可干制。它肉质细嫩，营养丰富，无鳞、无骨、无刺、无肠、无腥味，可烹制各种美味佳肴。太湖银鱼有大银鱼(面丈鱼)、中银鱼(雷氏银鱼)和小银鱼(短吻银鱼)之分，三种银鱼吃法不一样。小银鱼比较适合做成银鱼羹、银鱼焖蛋、银鱼炒蛋，中银鱼适合做成脆皮银鱼，大银鱼则更适合做成香脆银鱼、清蒸银鱼。银鱼羹鲜味浓郁，老少皆宜；银鱼炒蛋肥香嫩鲜；脆皮银鱼外脆里嫩，色泽金黄，香酥可口。早在明代，江南一带就有挂糊的"干炸银鱼"菜了，现代更有芙蓉银鱼、香松银鱼、鸡火银鱼汤、香脆银鱼等。无锡名菜"香脆银鱼"别具风味，外脆里嫩，色泽金黄。一般只需将银鱼调味后挂糊、裹上面包粉油炸即可。在苏南的家庭，家家会做"银鱼涨蛋"，制作速度快，方法简便，鲜嫩爽口，是城镇乡村百姓的最爱之物。

2. 扬子江畔河豚鲜

每年春天，在扬子江畔的镇江、扬中、泰州、江阴、靖江、张家港等地一直有河豚洄游。早在唐宋时期，这里就有人食用河豚。由于河豚的毒性问题，围绕河豚鱼的话题一直比较多。古今许多名人有歌咏诗篇的，有食后感言的。"蒌蒿满地芦芽短，正是河豚欲上时"，苏东坡的诗句点出了季节和特色，是绝代的名篇。多少年来，全国四面八方的人到江苏都想一尝河豚为快！"拼死吃河豚"之语，尽管道出了河豚的毒性，但更多的是吸引人拼命地想这毒性处理后的河豚之美，由此，人们蜂拥而至，品尝者日众。现如今，扬子江中已没有野生的河豚了，好在江苏中洋集团的养殖基地大面积地养殖河豚(控毒)，提供了丰富的原料资源，可解决人们的口福之需。每年的春季，在江苏扬中、江阴、镇江、泰州、常州等地以及扬子江畔地区的饭店、餐馆，河豚供不应求。在这些地区的饭店企业，烹制河豚的厨师需经过专门训练，取得合格证方准制作。目前，在扬中、江阴等地河豚制作的菜品也不断创新和增多，除传统的红烧河豚、秧草烧河豚外，人们已开发出"河豚宴"，有冷热不同菜肴、甜咸不同点心供人们品尝，是值得体验一番的。

3. 淮安鳝鱼软又爽

鳝鱼，又称长鱼、黄鳝。其味甚美，俗有"小暑黄鳝赛人参"的乡谚，江苏全省地区都有生长，而以淮安地区最负盛名。淮安湖泊众多，四季都可捕捉到黄鳝。在淮安菜中，黄鳝有多种吃法，可以制成上百种佳肴，清代的盐商招待客人就有"鳝鱼席"。淮安地区庖厨擅长以鳝鱼为主料，制作风味各异的鳝鱼菜，来到淮安能够品尝到淮安的鳝鱼，才算真正领略到淮扬名菜的风味。淮安鳝鱼的做法令人叫绝的有：软兜长鱼、炒鳝糊、大烧马鞍桥、煨脐门等。"软兜长鱼"，又名"炒软兜"，是淮安地区著名的菜肴。它选用端午前后的笔杆粗的长鱼，精心烹制。制作时只取黄鳝背脊肉，经荤汤氽一下，再以适当的火候煸炒，配上多种作料，趁热下箸，脊背乌光烁亮，口味软嫩异常。"煨脐门"取长鱼腹部肉，经氽、烫、煨烹制而成，风味纯软酥烂，汤汁卤白，滑爽利口。"大烧马鞍桥"，取鲜活肥大的鳝鱼剖腹后切成数段，加热后收缩成马鞍形，因此得名。淮安的厨师甚至于江淮一带的百姓家中，常用五花肉片与鳝鱼段同烧，谓之"龙虎斗"，有滋阴健体的功用。

4. 天目湖边鱼头壮

溧阳天目湖旅游胜地以天目湖鱼头而著名，到溧阳一定要去天目湖，到天目湖一定要尝尝天目湖鱼头。在南方地区，会吃鱼的人对鱼头情有独钟，整鱼上桌，其筷子所指，必取鱼头无疑。江苏多湖泊河汊，鱼虾聚生，厨师也善烹河鲜，这是美食家的口福。鳙鱼，即为鳙鱼，俗称花鲢鱼、胖头鱼，因为此鱼头占身体的三分之一以上。这一美味诱惑，早在《本草纲目》中就被人发现了："鳙之美者在于头。"这种硕大的鱼最好选取八斤以上，取鱼头，鱼鳃骨下面的鳃丝红润，眼睛深陷，入油锅稍煎一下去腥，盛入大砂锅内，放入葱、姜、绍酒等调料和辅料，以文火煲制两小时以上，最后依顾客的喜好撒一把青蒜末、香菜、胡椒粉等，上桌后盖子一掀，鱼汤还在嘟嘟地蹿泡，看上去很魅人。开吃后，鱼唇嫩滑，鱼舌韧软，鱼脑膏腴，鱼眼圆润，鱼肉细嫩，鱼汤白净鲜香。溧阳天目湖宾馆朱顺才大师利用天目湖水生资源大鱼头，制作出独具一格的"天目湖大鱼头"，在省内外产生了深远的影响，慕名前来品尝的客人络绎不绝，也为地方经济创造了很高的价值。

5. 朱坝小鱼锅贴美

朱坝是江苏洪泽区的一个小镇，离县城五六公里，小镇不大，却有一条闻名的美食街，饭店鳞次栉比，且都以卖小鱼锅贴为主，生意十分红火。此小鱼锅贴曾是洪泽湖一带渔民们的家常便饭。其做法非常简单，用一口稍大一点的铁锅，里面放入小半锅湖水，再将洗净去鳞的小杂鱼连同盐、蒜、姜等调料一起放进去，也可放一些豆腐或时令蔬菜。待锅烧开时，在锅边"贴"上玉米或白面做成的锅贴（小面饼），盖上锅盖，用文火焖烧。大约15分钟的工夫，一锅有饭有菜、有汤有水的渔家饭便做好。渔民们之所以常吃小鱼锅贴，既是就地取材，也是废物利用。因为大鱼都可以到市场上卖，小鱼卖不了什么价钱，只好一锅烩自己吃了，既方便又可以饱腹，这实在是不得已而为之。昔日渔家百姓的普通饭菜如今却登上了大雅之堂，吸引了周边及各地人专程来品尝。因其鱼鲜饼香，目前连南京等地的一些饭店都有经营这种乡土风味十足的饭菜，以满足人们追求绿色、自然的渔家风味。

6. 苏乡土步鱼儿香

土步鱼，又名塘鳢鱼，苏北人称为"虎头鲨""虎头呆子"。土步鱼被叫做呆子，可能是因为其长相傻憨，性子懒懒散散的，动作缓慢，再如上黑乎乎的颜色、短胖的个头，受了惊吓即便跑了，过会儿还会回到原处，免不了送了性命。所以，苏北水乡的小孩都会在水码头上摸虎头鲨。

此鱼冬日伏于水底，附土而行，一到春天便至水草丛中觅食，此时鱼肥质嫩，肉白如银，较之豆腐，有其嫩而远胜其鲜，为江苏水乡独特的鱼鲜。捕捞到的土步鱼，人们习惯用它炖鸡蛋。将土步鱼宰杀、去鳞及内脏，洗净，投入沸水中焯水，捞出冲去浮沫。将鸡蛋打入汤盆内，加精盐、绍酒、葱花、味精，用筷子打散后，加鲜汤搅拌均匀，再把鱼放入，上笼蒸15分钟左右，至鱼肉成熟取出，淋入油即可食用。此菜蛋嫩色黄，鱼肉鲜嫩，味道鲜美。另外，民间做法最普通的就是红烧，味道甜咸适中，鱼肉鲜嫩无比。而饭店做法就更讲究了，在苏州、无锡地区，人们酷爱塘鳢鱼，将鱼去骨取肉，可制成"椒盐塘鱼片""莼菜汆塘鱼片""糟溜塘鱼片"等名菜，其口感细嫩，是饭店叫座的菜肴。

7. 里下河区鱼荡漾

里下河地区是"里运河"与"下河"区域之间的一个整体区域，包括高邮、宝应、兴化、姜堰、东台五个县市区的地区或部分地区。这里地势低洼，有锅底之称。里下河平原除了无垠的田野，就是纵横的水网和星罗的湖泊。它湖荡相连，河网纵横，高邮湖、宝应湖、大纵湖等诸多湖泊如同一颗颗闪耀的珍珠被条条银色的河流串连在一起，形成河湖连片、交错成网的水天秀色。这里是我国粮食水稻的生长基地，是苏北地区富饶的鱼米之乡。

里下河地区的河湖里盛产黑鱼、鳜鱼（鲻花鱼）、鲫鱼（刀子鱼）、鳊鱼、鲤鱼、甲鱼、鳝鱼（长鱼）、泥鳅、河鳗（毛鱼）、昂刺鱼、虎头鲨、螃蟹及各种小鱼小虾。这些水产品几乎成了水乡家庭的家常便饭，每个村镇上都有渔民或垂钓者，吃鱼是很普遍的事。里下河地区的人们几乎是吃鱼长大的。20世纪时，只要勤劳，到河湖边上走一趟就会有收获：摸河蚌、钓长鱼、抠螃蟹、戳黑鱼、稇螺蛳、捉泥鳅、摸"呆子"（虎头鲨）、撒渔网，等等，这些是乡村人常做的捕捞之事。

在里下河地区招待客人，没有其他高档食材，各种鱼虾随到随吃。炝虾、盐水虾不可缺少，红烧鱼、鱼圆汤每餐必备。20世纪80年代时期，比较高级的饭菜，就少不了甲鱼、鳗鱼（毛鱼）、长鱼，人们简称为"毛、甲、长"；特色的土菜，有麻虾炖蛋、汪豆腐、韭菜炒蚬子、炒昂刺鱼片、雪菜虎头鲨、红烧小鳞鲥、青菜糁子饭等。

8. 人人都爱鲫鱼汤

鲫鱼是江苏河汊中最为普通的，苏南、苏北的人都爱喝鲫鱼汤。鲫鱼有青褐背（野生）、白背、金黄（池塘养殖）之分。青背鲫鱼盛产地是太湖内湖五里湖，它的生命力较强，捕捉后能放在竹篓筐内入河中活养，随吃随烹。南京六合的龙池鲫鱼，体大头小，鲜美肥大，背厚腹小，头背乌黑，出肉率高；氽汤味道鲜美，色浓如奶。这是因为这里紧靠滁河，河水常年不断地渗入，良好的自然环境使然。苏北里下河中有许多野生的青背鲫鱼，捕捉后人们常放在家里的水桶内养殖，三至五天鲜活如常。用活鲫鱼烧汤，是水乡地区家中常有的事。将鲫鱼治理干净，在鱼脊背两侧剖斜十字刀纹，放铁锅中用热油两面煎黄，加绍酒、葱结、姜片和清水，烧沸后撇去浮沫，盖上锅盖，移至小火煮到汤色乳白时，再移至旺火上，加调料、配料，烧2分钟端离火口，拣去葱、姜，盛入大汤碗内。鲫鱼现杀现烹，现烹现吃，肉质鲜嫩，汤色乳白，味香浓醇。在江苏，家家会烹，人人爱吃，更是各地产妇增加乳汁的妙品。广大城乡居民爱用鲫鱼烧萝卜丝汤，汤浓似奶，鱼肉鲜嫩，萝卜丝绵软柔糯。而利用鲫鱼汤制作的鱼汤面，是许多餐馆和家庭的常备食品。

9. 民间一鱼百味享

江苏人爱吃鱼，善吃鱼，还注意鱼的合理利用。不管是家庭厨房，还是酒店接待都注意充分利用原材料。在多地的饭店，有一鱼多吃之菜，还有全鱼席、百鱼宴。如1.5

公斤的青鱼，普通家庭可以做成一鱼四吃的菜肴：五香熏鱼、青椒鱼片、清蒸鱼丸、鱼头豆腐。

冷菜"五香熏鱼"，将鱼肉切成大的厚片，腌渍后在油锅内炸至发黄，捞出加入酱油、醋、姜、葱、白糖、五香粉，用小火爆透入味，收干卤汁而成。热菜"青椒鱼片"，将鱼肉去大刺，切成鱼片，上浆煸炒后，再和青椒片炒制。"清蒸鱼丸"，鱼肉斩蓉，加蛋清、淀粉、精盐搅拌上劲，用小勺将鱼蓉挤成鱼丸，入油锅中炸熟后码入碗内，加清汤调味，蒸 30 分钟，反扣盘内，淋汁即可。"鱼头豆腐汤"，将鱼头、鱼皮、鱼肠、鱼鳔等杂料，用油略煎后，放入清水、豆腐、葱、姜、盐、酒，烧煮成白汁，调以胡椒粉、蒜花即成。

人们可按照鱼的不同部位选择不同的烹饪方法，鱼头炖汤、红烧，鱼尾、鱼肚裆可制成葱烧划水、红烧肚裆等。民间鱼肉的菜品就更加丰富了，炒鱼片、炒鱼丝、炒鱼丁、炸鱼条、烧鱼块，可用多种配料烹制成菜；制成蓉后，还可以制成鱼圆、鱼面、鱼丸、鱼饼，家常菜肴就更多了，鱼片炖蛋、椿芽鱼条、汤泡鱼片、糟溜鱼片、酸菜鱼片、珍珠鱼丸、瓜姜鱼丝、香炸鱼片、芙蓉鱼丝、糖醋瓦块鱼等，这些都是水乡人家的常备菜品。

10. 江苏人家鱼味长

江苏地区的水产鱼类多，各地都有自己的鱼菜特色。就一般家庭而言，鱼类菜是每家每周不可或缺的菜品。苏南、苏北地区常食用的鱼有河产青鱼、草鱼、鲤鱼、鳊鱼、鳜鱼、白鱼、鲴鱼、鲈鱼、黄鳝、泥鳅、甲鱼等及海产黄鱼、鲳鱼、带鱼、海鳗、沙光鱼、海蜇等。各地饭店、餐馆制作的鱼类菜品就更丰富了。从筵席大菜到民间乡土菜，水产鱼类始终都是主角。松鼠鳜鱼、醋熘鳜鱼、叉烧鳜鱼、菊花青鱼、青鱼甩水、清蒸白鱼、糟煎白鱼、荷包鲫鱼、酥鲫鱼、白汤鲫鱼、葱油鲫鱼、芙蓉鲫鱼、油浸鳊鱼、软兜长鱼、炖生敲、梁溪脆鳝、拆烩鲢鱼头、将军过桥、红烧大乌、荔枝鱼、醋椒鲤鱼、糖醋黄河鲤、蒜头烧鲶鱼、三鲜脱骨鱼、煎塘鱼饼、醋熘塘鱼片、白汁鼋鱼、八宝鼋鱼、生炒甲鱼、黄焖鳗、粉蒸鳗鱼、白汁鲴鱼、红烧昂刺鱼、椒盐银鱼球、清蒸鲥鱼、双皮刀鱼、清蒸刀鱼、清烩鲈鱼片、红烧沙光鱼、蝴蝶鱼、鲃肺汤、泥鳅钻豆腐等，还有各种小鱼、鱼杂、鱼籽、鱼鳔以及各类"全鱼宴"等，各不相同的鱼菜花样，孕育和滋养了水乡的江苏人民。在注重鱼的原汁风味上，江阴人更是发挥到了极致。当地著名的"江阴刀鱼饭"，将刀鱼钉在木锅盖上，待饭蒸熟后，开盖时只见刀鱼肉自然落入米饭上，锅盖上留下完整的刀鱼骨头，吃前浇刀鱼浓汁，味道极其鲜美，原汁本味之妙，给人以无限的念想。

二、品一品水乡的虾

1. 苏南太湖湖虾鲜

太湖湖泊河港众多，是虾生长的好地方。太湖边的渔民捕虾主要用虾笼，他们摇着小渔船，放入湖中百米以上的虾笼，次日去取。有"甲天下"之誉的太湖白虾，活着的时候浑身透明，被捕捞上来以后脱水而死，身体则会变成米白色。白虾壳薄，肉细嫩、味鲜美，营养价值甚高，养生又美味。当地人常见的做法是"盐水虾"，可最大程度体现白虾的鲜味。虽说白虾体形小巧，但滋味魅人，为其他淡水虾所不及。太湖除白虾外，还有青虾等。青虾体大肉多，是制作"油爆虾"上好的品种。此品虾壳松脆，虾仁软嫩，咸中带鲜，因其装盘时满盘通红，又称为"鸿运当头"，食用时既有虾的肥感，又无腻感。苏州名菜"三虾豆腐"更是一绝。所谓"三虾豆腐"，就是用虾仁、虾子、虾脑一起烧豆腐。利用当地生产的小箱豆腐，用大火烧开微火焖，以使豆腐入味。此菜做成后豆腐牙黄、虾仁洁白，色泽淡雅，加之豆腐滑嫩，三虾鲜美，其味之绝，真是妙不可言。

每年农历五六月份，是湖虾上市的旺季，这时的虾晶莹饱满，体形硕大，生命力特别旺盛，尤其是一只只雌虾（即子虾），腹部饱孕虾子，头部长满虾脑，滋味更美。以太湖虾制作的菜肴，色、香、味俱全，诸如碧螺虾仁、凤尾虾、盐水虾、炒虾仁、炒三虾、双味虾等，其中"太湖炝活虾"最具独特。它是将刚出水之鲜活虾略做修剪，在酒、酱油、麻油、腐乳汁等调料制成的卤汁中浸泡片刻，即可享用。此虾壳薄而肉嫩，味美就在一个"鲜"字，这是苏南老饕们下酒的嘉馔。

2. 海州对虾风味殊

连云港海州湾渔场是中国对虾的最佳生长地。对虾，又名大虾、明虾。历史上，曾按对计数算价，又因在海内双双成行，勾结如环，故名对虾。对虾个大味美，鲜嫩可口，含有丰富的蛋白质和钙、磷等矿物质，是海味珍馐。1958年，连云港市水产研究所开始试验人工繁殖，人工养殖的东方对虾，比天然的小一点，但因为人工养殖生长期短，池水无污染，所以比天然的虾肉质更嫩。为了对虾繁殖基地品种的优良，海州湾人将人工养殖的虾苗一批又一批投放到大海里，又在海滩上开掘一方方虾塘，并建立国家级海州湾中国对虾资源保护区。

对虾为虾类之冠，为高级宴席上不可缺少的佳品。海州人烹对虾方法很多，大致有蒸煮、油炸、面拖等。对虾既可以制作成各类点心，也可加工成各种菜肴。如传统的连云港名菜"凤尾对虾"，将虾去壳（留尾壳），去掉沙肠，刮去尾部黑斑，剖开脊背，斩断虾之筋络，将对虾调味后挂入蛋糊，手提虾尾逐只蘸满蛋糊（尾壳不蘸糊），放油锅炸至金黄色，撒上花椒盐。成菜色泽金黄，虾尾鲜红，外香酥、里鲜嫩，味美爽口。地方特色虾肴还有：水晶虾仁、清炒凤尾虾、清蒸大明虾、鸡汁枇杷虾、炸熘对虾段、铁板对虾、椒盐对虾等。近几年来的创新菜如双味大明虾、芙蓉虾花、锅贴明虾、香芋蓉对虾、培根明虾、姿色木瓜虾等已成为宴席上的特色佳肴。但当地老百姓最常见的

图9-2　香芋蓉对虾(无锡施道春制作)

方法还是盐水对虾，即把新鲜对虾投入有盐、葱、姜的水锅中煮开即可，原汁原味，鲜美异常。当地渔民还将其加工成无头对虾、虾仁和钳籽米，均为虾味上品。

3. 淮扬风味虾肴美

苏北洪泽大湖，一碧万顷，鳞甲百族，湖滨百里网悬渔，虾蟹泼泼出网箱。淮水上，大湖中，一代代浮家泛舟，出没风波，才有了鱼美虾鲜、美不胜收的渔美赞歌。洪泽湖大青虾味美肉嫩，驰名久远。早在清代末期，洪泽湖的大青虾就在"南洋劝业会""巴拿马国际博览会"上被陈列展出。20 世纪 70 年代，洪泽湖的青虾年产量在 600～800 吨，1980 年产量达到 1 200 吨。在青虾产量逐年上升、产值逐年扩大的基础上，洪泽湖青虾的延伸产品——虾米、解冻虾仁等产品也成为出口创汇的重要产品。洪泽湖青虾，具有个体大、皮壳薄、肉多质嫩等优点。盐水煮虾，赤甲炫目，淮安人寒冬时将大虾加甜面酱炒青葱；个头小的留凤尾，红白相续皆是色、香、味、形俱美的隽品。除晒干虾米外，活虾洗出的虾子烘干，一年中烧菜做汤，用来增鲜调味。另有一种白米虾，用其挤出的虾仁，白嫩鲜美，"白炮虾仁"为淮扬名品。青虾之虾脑，加蛋液调料烹制的"虾脑蛋花汤"，是夏秋间儿童们的最爱。

高邮湖、邵伯湖、大运河等地的鱼虾每天活跃在当地的菜市场上，当地人吃虾，可盐水，可油爆，可面拖，亦可挤出虾仁，再行烹调。在初夏时分，"盐水虾"比较清爽，其外壳鲜红，味道鲜美，加之活虾在加热后自然蜷曲，造型也十分逗人。"油爆虾"汁包味浓，油光闪亮，下酒、吃面皆宜。扬州人吃虾，最美的是虾仁蛋炒饭。扬州人制虾的方法很多，在章仪明主编的《中国维扬菜》(1990 年)一书中介绍的以虾为主料的菜肴有 12 个，即葫芦虾蟹、宝石虾仁、养油白炒虾仁、交切虾、琵琶虾、燷虾、炸凤尾虾排、翡翠虾球、腐乳炝虾、虾蓉藕粉圆、松蕈拌虾仁、清汤捶虾。扬州名菜"葫芦虾蟹"，利用虾仁和大虾一同制作，用网油包虾仁入锅炸制，形态逼真，色泽金黄，吃口松脆鲜嫩。"养油白炒虾仁"用火腿丁、青豆、葱白段与虾仁一起炒制，白、绿、红三色分明，虾仁鲜嫩味美。"翡翠虾球"用新鲜蚕豆米与虾仁、肥膘肉斩蓉一起拌和，挤成圆子入油锅成翡翠虾球，再炒制而成，碧绿虾球，荤素搭配，营养丰富。"虾蓉藕粉圆"是以虾蓉作馅，裹入藕粉之中，入沸水滚蘸，再用鸡汤烹制，撒火腿末、香菜而成。

4. 盐城南通虾味浓

盐城地处黄海之滨，既有丰富的小海鲜，又有大纵湖、射阳河、黄沙港、新洋港、苏北灌溉总渠等，淡水资源极为丰富。这里的条虾，呈长条形，因外壳白里透清，故又名"白条虾"。此虾虾壳柔软，肉质鲜嫩，用此虾制作的"生炝条虾"是盐城地方名菜，早在明代洪武年间就为盐城节令佳品。明代时当地就流传"生吃螃蟹活吃虾"，即指醉蟹炝虾。民国年间，盐城街市上以"松涛菜馆""奇茗菜馆"的生炝条虾最为著名。而在民间，百姓捕捞的条虾生炝、熟炒亦为平常。在盐城的饭店里，利用河虾、海虾烹制的菜肴较多，如盐酥虾、软炸条虾、凤尾腐皮虾卷、柚丝黄糊虾、柚丝炒虾仁、翡翠虾仁托、糯米球炒河虾、芙蓉虾仁、金丝凤尾虾、韭菜炒米虾、麻虾蒸鸡蛋等。

南通地处江海，这里的海虾、江虾、河虾为当地人提供了很好的海、河资源。二月份捕捞小虾、鹰爪虾、青虾，主要是晒虾米，四月份嘎巴虾上市，五月份爬虾应市，七、八月大虾面市。南通和盐城盛产世界上最小的淡水虾——麻虾，如芝麻那么大。麻虾生长于沿海海边的淡水河中，为虾卵产籽后生长不久的小虾子，它永远长不大，但产量相当多，尤其是海安、如东等地，一年四季都有捕捞。南通人最爱吃的是麻虾酱和虾油。南通和盐城大丰区的麻虾酱都是黄海之滨的特产。当地渔民打捞的众多麻虾，用面粉与少许煮熟的黄豆以及麻虾做成"麻虾酱"，味道极其鲜美。在南通、大丰以及泰州兴化都是极具特色的地方名品。麻虾炖蛋、麻虾烧豆腐、麻虾馄饨是这些地区的特色菜品。每逢清明前后，南通、盐城居民都生产制作虾油。他们利用海滨采购海麻虾，随即加盐腌制，然后进行贮缸发酵，经过3个月的日晒夜露发酵，去渣煎熬制成的虾油，成为当地名品。用虾油烹调豆腐、百叶、油炸干等，别具风味，其鲜美之味可以烹制多种荤、素菜肴，其味美不胜言。

5. 南京虾馔展新颜

南京人不仅善于吃虾，还特别擅长制作虾肴。秦淮河、石臼湖、固城湖及扬子江河虾、湖虾、江虾，为南京提供了很好的虾源。水乡之地，不分苏南苏北，餐桌上的虾都被看作美味，只是吃法不同。醉虾是江苏各地普遍食用的，南京人也不例外，而盐水虾、油爆虾、炒虾仁等，也是南京人常备的菜品。不拘河虾、江虾、湖虾、对虾、罗氏虾、竹节虾，江白虾是南京人的最爱，其通体透明，白得纯粹，盐水煮制鲜美异常。

在物以稀为贵的年代，南京的虾肴就异常有名。新中国建立之初，南京的餐馆里虾肴就较丰富。著名的"凤尾虾"是马祥兴菜馆的当家花旦，民国时期就赫赫有名，许多国民党元老品尝过。20世纪60年代，以胡长龄为旗帜的一代宗师，对南京菜进行了多方位探求，为南京的本土菜品大胆地进行研究和开发，涌现出一大批地方名菜，而虾类菜成为开发菜品中的主流。在胡长龄大师撰写的《金陵美肴经》(1988年)一书中，水产类菜肴共25个，其中虾类菜肴占9个，都是南京名馔，分别是糖醋明虾、烹明虾段、卷筒虾蟹、秋叶虾、雨花凤尾、翡翠虾饼、蛋包虾仁、高丽虾、凤尾虾托；山珍海味类中有2个虾菜，一是绣球干贝，一是锅贴干贝；其他类中也有4个虾菜，即香炸云雾、芙蓉虾仁、美人笋、柴把笋。这6道菜，虾仁都是重要的主料、次主料。许多传统的南京菜，虾仁是重要的主料、黏着料，许多花色菜和重要接待菜品，都离不开虾，如荷包虾、纸包虾、虾仁豆腐、菊花虾饼、芦蒿虾饼、面包虾仁等。在重要宴会的接待场所，如东郊宾馆、金陵饭店、钟山宾馆、紫金山庄等，因河虾、湖虾是江苏天然的美味，在外事接待中总少不了它的身影，清炒虾仁、白玉虾圆、香煎虾饼等都是地地道道的南京菜，其色泽白净，不加雕琢，口感鲜美，嫩爽可口，是一款款必不可少的特色雅馔。

6. 盱眙龙虾与龙虾节

近20多年来，盱眙的小龙虾在全国名气大增，影响范围极广。真是小红龙虾，红透了半边天，成为盱眙人的美食品牌。小龙虾，学名克氏螯虾。该虾适应性强，繁殖快。盱眙大街小巷中卖小龙虾的餐馆特别多，而且有许多品牌餐厅，盱眙龙虾卖到了南京、上海、苏州、杭州、北京及全国。龙虾肉味鲜美，风味独特，虾黄具有蟹黄味，蛋白质含量高，脂肪含量很低。盱眙以"十三香小龙虾"的品牌打响，一路挺进全国。在江苏，无论是豪华宾馆、高级酒楼，还是乡镇小店、街头排挡，食客们每天蜂拥而至，以一尝龙虾为快事。如今的香辣龙虾、蒜蓉龙虾、酱香龙虾、红烧龙虾等不断问世，人们抓取吮汁，手剥牙咬，埋头吸肉，是何等惬意，特别得到广大年轻人的喜爱和追逐。在龙虾餐厅和朋友边吃边饮，边侃边剥，吃得自在，吃得有味，吃得洒脱。

新世纪初，伴随着小龙虾在市场上大热，地处洪泽湖畔的盱眙乘势举办龙虾节，从2000年龙年龙虾节到2001年第一届中国龙虾节，再到2021年第21届中国盱眙国际龙虾节，盱眙龙虾影响力持续提升。龙虾节突出地方特色，贴近时代潮流，让龙虾产业与龙虾节庆相互促进、相得益彰。盱眙龙虾产业从最初的"捕捞＋餐饮"模式发展成为集科研、养殖、加工、餐饮、冷链物流、节庆等为一体的完整产业链，形成了"一虾先行，诸业并进"的良好格局。在养殖环节，盱眙依托10万亩虾稻共生省级现代农业产业示范园等重点板块，提升龙虾养殖规模、质量；在小龙虾上做大文章，对虾稻共生种养、繁养分离进行科技研发，对龙虾稻米生产、龙虾深加工、龙虾及龙虾香米等进行宣传经营，促进产业提质增效，实现龙虾产业倍增，为地方经济发展做出了大贡献。

三、蟹螺蚬蚌味绵长

1. 食蟹须作江苏行

江苏是一个吃蟹最佳的地方，这里不仅是我国产螃蟹最多的省份，产量占全国百分之五十以上，而且名产螃蟹较多，自暑至冬，均有供应。螃蟹为特色鲜美的食物原料，是江苏家庭时常食用的菜肴之一，更是每家饭店提供的时令佳馔。江苏湖泊众多，水网密布，因此淡水螃蟹资源很多，著名的有阳澄湖大闸蟹、洪泽湖金爪蟹、兴化红膏蟹，以及白马湖、高邮湖、大纵湖、固城湖的螃蟹等，都是国内名贵的螃蟹产品。

明末清初的文学家李渔在《闲情偶寄》中说："蟹之鲜而肥，甘而腻，白似玉而黄似金，已造色香味三者之至极，更无一物可以上之"，[①] 对蟹的特色和美味进行了概括性的表述。

螃蟹入馔历史悠久，江苏人有地利之优势，食蟹最为容易。当今，螃蟹身价极高，可与海参、鲍鱼媲美。江苏各地的饭店蟹肴颇多，有出蟹肉的，有用蟹黄的，有用全蟹的；既可作为主料烹制菜肴，也可作为辅料配制菜肴；既可烹制荤菜，也可烹制素菜。

---

① （清）李渔. 闲情偶寄. 上海：上海古籍出版社，2000：284.

蟹肉、蟹黄是我国菜品配制中重要的咸味辅助料。但各种烹制方法的蟹肴中,人们大多还是愿意吃整只的清蒸蟹。

"清蒸大闸蟹"是现代人最认可的吃法,因为蟹的原味可尽情吮吸。蟹的整体,由自己去打理,去糟取精,剔骨食肉,揭脐,掀盖,食砣,啃足,一切自我把控。这种吃法虽然有点繁琐,但人们愿意这样剔剥费神,自任其劳。尽管螃蟹的吃法有很多,可以用蟹肉、蟹黄做成各式各样的菜肴。若是要吃它的本味、尝它的鲜美,却非整只蒸煮不可。

螃蟹是一种高营养、高鲜美、高乐趣的美食,尤其是食用之乐,无与伦比。不同于其他菜品用筷子夹到嘴里,螃蟹,需要食客自己动用十个手指及嘴唇、舌头,自掰自剥自食,其劳中有乐,劳中有味。在江苏,螃蟹除了清蒸以外,其他著名的菜肴有雪花蟹斗、蟹粉狮子头、软煎蟹盒、蟹油水晶球、炒蟹脆、炒蟹线、裹烧蟹、蟹粉豆腐、灌蟹鱼圆等。

2. 螺蚬蚌味鲜又美

江苏河湖的水产家族中还有一些小型贝壳类的水鲜物品,这类物品成为当地普通老百姓的最爱。这就是河塘湖泊中的螺蛳、蚬子、河蚌等,因为它们的口感鲜美,口味异常,博得了广大人民的由衷喜爱。这些水产原料几乎很少上大饭店的餐桌,因为有外壳,食用时不方便,必须用手抓取食用,所以大多数出现在小餐馆和家庭餐桌上。

螺蛳,苏北人又叫螺螺,为方形环棱螺,又名方田螺,江浙一带人俗称为"螺蛳",是淡水螺的一个物种,属于田螺科环棱螺属的腹足类软体动物。其贝壳中等大小,壳质厚、坚固,外形呈长圆锥形,有7个螺层,栖息于河流、湖泊、池塘等,喜好夜间活动和摄食,其食性较杂,常以泥土中的微生物和腐殖质及水中浮游植物、幼嫩水生植物、青苔等为食。螺蛳喜栖息于底泥富含腐殖质的水域环境,如水草茂盛的湖泊、池沼、田洼或缓流的河沟等水体中。江苏人传统的捕捞螺蛳工具是专门的三角形"稆网",可以将螺蛳从河底"稆"上来。捕捞人习惯用一根长长的竹竿,根部绑上一张连着篾片的畚箕型渔网,又称"稆网",网口成三角形。捕螺蛳时,捕捞人拿着竹竿贴着河底慢慢推行,苏北人称为"稆螺蛳"。比螺蛳个头大的俗称田螺,田螺的足肌发达,位于身体的腹面,在我国的大部地区均有分布,对水体水质要求较高,可在夏、秋季节捕获。

螺蛳,一年四季生产繁殖,肉供食用,味美,营养价值高,尤以12月至次年2月间的肉质为最好,有"清明螺,抵只鹅"之说。捕捞和采购的螺蛳一定要用清水养殖几天,每日换一两次水,水中放入适量的盐,滴几滴油,待其吐泥、排便。对于田螺,还要用刷子刷去外壳的淤泥或青苔。总之,要清理和清洗干净的螺蛳或田螺才能进行烹调食用。

"五香笃螺蛳"是大街食档中经常叫卖的小吃,味道特别好,吸引了许多大人小孩。其制作方法是比较讲究的,生螺蛳买回来要养在水中2~3天,让螺蛳将泥沙、排泄物排净，再搅拌擦洗螺壳上的黏附物，清洗后剪去螺尾部（以便吸食和作料入味）入锅，用豆油或菜油炒一下，加入花椒、八角、葱、姜、干辣椒末、绍酒、酱油、五香粉和骨头汤煮熟。装满螺蛳的锅在炭火锅的微火上笃笃地冒着小泡，购买者要多少盛多少，盛好后洒上胡椒粉，配一根牙签，让不善吸者和小孩使用。

蚬子，是河湖中的软体动物。它不像螺蛳一般生活在浅水处，可以游移在淤泥表层，可以吸附在水草上面，获取的方法较多。蚬子大都生活在较深的水域，有点像河蚌，蛰伏在软泥中，靠斧足前行。蚬子介壳形状像心脏，有环状纹，颜色因环境而异，常呈棕黄色、黄绿色或黑褐色。蚬子的肉可食用，壳可药用。在苏北水乡，传统获取蚬子的方法是，用一种专门的工具"扒"。这种工具由蚬网和蚬耙组成。夏秋之季，常会有三五成群的渔船扒蚬子，一般是把蚬网沉到河底，用蚬耙把藏着蚬子的淤泥扒入网中，然后洗刷淤泥就得到蚬子了。

江苏所见的河蚬子壳长约40毫米，高30毫米。壳质厚而坚硬，外形呈正三角形，两侧略等称。壳面呈黄绿色、黑褐色或黑色，有光泽，壳内呈淡紫色、鲜紫色或瓷状光泽。河蚬栖息于江河、湖泊内，江苏几乎所有淡水河沟里都有。捕捞蚬子的渔家，还要忙着煮蚬子，煮蚬子的灶具就是船头早已垒好的"土墩子"，上面置一大锅，一次可煮上百斤蚬子。蚬子煮熟了，倒入挂在船帮水中的大竹篮里，接着用竹帚把子猛一搅动，这样蚬壳就沉入篮底，蚬肉就"漾"在上层，然后用竹篾编成的抄子把蚬肉抄起来，[①] 就可拿到市场上销售。蚬壳有多种用途，也可回收他用。

韭菜炒蚬子是最家常的一道乡土菜。蚬子个头小，不易取鲜肉，一般用沸水煮后再取肉食用。韭菜洗净，切成3厘米长的段。油锅烧热，放入韭菜煸炒，加盐炒至九成熟待用。油锅烧热，放葱、姜炸香，再放入蚬子肉，炒至九成熟时，放入炒好的韭菜，加少许酱油、糖，颠翻炒匀，撒上胡椒粉即可装盘。此菜蚬白韭绿，十分下酒下饭。此外，利用蚬子炖鸡蛋、烧豆腐，都是独特的美味佳肴。

河蚌，在江苏里下河地区叫"河歪""歪歪"，属于软体动物门瓣鳃纲蚌科，是一种普通的贝壳类水生动物，江苏各地的河湖内都有生长。

河蚌生活在淡水湖泊、池沼、河流等水底，半埋在泥沙中，有两瓣卵圆形外壳，壳质薄，易碎，有纹理；壳面光滑，左右同形，呈镜面对称，且生长线明显；壳顶突出；绞合部无齿，其外侧有韧带，依靠其弹性，可使两壳张开。蚌的运动器官是呈斧状的肌肉，叫"斧足"。河蚌的运动能力很弱，主要靠斧足在水底泥沙中缓缓犁行。运动时蚌体浅埋于泥沙中，伸出斧足向前插入泥沙，斧足大量充血使其膨大并以黏液附于泥沙上，然后肌肉收缩牵引蚌体向前滑行。人们所食用的就是河蚌的斧足，食用时先要用刀背将蚌肉捶松，使其肉质松软。

江苏的河湖港汊中均有河蚌生长，它的食物主要是单胞藻、原生动物和有机碎屑

---

① 刘春龙. 乡村捕钓散记. 北京：人民文学出版社，2010：147.

等，如滤食藻类、微生物、甲壳动物的残屑及植物叶片等。河蚌也需要进行清水养殖处理，使其扒去泥沙和污物。食用前需把河蚌清洗干净，用菜刀沿缝处将河蚌切开后，先去掉黄色的鳃，再清除背后黑色的泥肠，刮去腐质，挤出污浊，用清水漂洗，直至把蚌肉中的黏液洗净。用河蚌为主料做菜，适合烧、烹、炖，因河蚌本身极富鲜味，故烹制时不要再放味精，盐要适量，以免鲜味反失。

江苏各地的老百姓习惯将河蚌与咸肉、豆腐一起烹制，这是家庭和餐厅比较受欢迎的一道菜肴。而河蚌烧青菜，是乡村农家常制作的方法，原料就地取材，烹制简单，两者搭配，一绿一白，汤汁白净，口味绝佳。

"河蚌咸肉豆腐煲"，把河蚌肉取出洗净，切成均匀的小块（较硬处用刀柄捶几下），用盐搓洗 2～3 遍，洗净河蚌上的黏液。将河蚌放入砂锅中，加绍酒、姜片和水烧开后撇去浮沫，加入切好的咸肉片，烧开后转小火，约半小时后，再加入豆腐和冬笋片，用小火炖至河蚌肉软烂、豆腐起孔后加盐调味，起锅时撒些胡椒粉即成。

四、水生植物与家禽

1. 水生蔬菜味清香

水生蔬菜是指在淡水中生长的、可供作蔬菜食用的微管束植物。它是我国的一类特色农产品和传统优势农产品。江苏的水生蔬菜资源极其丰富，品种较多，主要有莲藕、茭白、茨菇、荸荠、水芹、芡实、莼菜、菱角、蒲菜、芦蒿、水芋等。江苏水资源丰富，也是水生蔬菜种植面较广的地区，主要有太湖沿岸地区、里下河地区和洪泽湖沿岸，这是国内面积最大、种类和品种最丰富的集中产区。

江苏气候温和、雨水充沛，是水生蔬菜集中的产区。江苏水生蔬菜种植历史悠久，经验丰富，种植资源也最为齐全。如苏州的"水八仙（鲜）"是莲藕、茭白、茨菇、荸荠、水芹、菱角、芡实和莼菜 8 种水生蔬菜的合称。南京沙洲圩上"水八鲜"，历来流传有一首歌谣："春暖花开茭儿菜，四季鲜鱼街上卖，五红六月花香藕，七月鲜菱摇船摘，八月桂花茭瓜香，鸡头果实采不败，九月重阳钓大虾，寒冬腊月茨菇挖。"这里除了鲜鱼和大虾，其他 6 种水鲜都是水生蔬菜。20 世纪 20 年代前后，南京饮食店几乎都用"水八鲜"为原料四时供应，常年不断。苏中里下河地区的莲藕、茨菇等的生产更占据了全国同类产品的半壁江山，仅该地区的宝应县年产莲藕就达 50 万吨以上。在 2014 年以前，我省的许多水生蔬菜就作为江苏省地理标志产品被农业部、国家工商总局注册登记，如江苏宝应莲藕、太湖莼菜、宝应茨菇、淮安蒲菜、溧阳白芹、洪泽芡实、金湖芡实。国家对地理标志产品进行认可和保护的初衷，主要是保持产品独特的品质，提高产品的声誉。

这些水生蔬菜都是地方特色原材料，也是江苏各地家庭餐桌上不可或缺的食材，一年四季长年不断，多为乡土菜品和地标菜品。城市宴席上主要作为清香可口的时蔬提供。代表菜肴如：虾仁炒芡实、桂花鸡头果、蜜汁捶藕、琥珀莲子、糖醋泡藕、虾子茭白、开洋扒蒲菜、鲜虾荸荠饼、芦蒿炒香干、水芹炒肉丝、菱米红烧肉、茨菇老鸭汤、鸡火莼菜汤。许多水生蔬菜具有特别的鲜美之味，清代美食家袁枚也是推崇备至，从《随园食单》中可见一斑。如："煨鲜菱，以鸡汤滚之；上时，将汤撤去一半，池中现起者才鲜，浮水面者才嫩。加新栗、白果煨烂尤佳；或用糖亦可；作点心亦可。"[①] "茭白炒肉、炒鸡俱可。切整段，酱醋炙之尤佳。煨肉亦佳，须切片，以寸为度。"[②] "芋性柔腻，入荤入素俱可；或切碎作鸭羹；或煨肉；或同豆腐加酱水煨。徐兆璜明府家，选小芋子入嫩鸡煨汤，妙极。"[③] 从书中的几款菜看来看，袁枚对这些水生蔬菜是大力推荐、特别喜欢的。

2. 鸭鹅家禽水中鲜

江苏人食用的水生家禽主要是指鸭、鹅等以水面为生活环境的禽类动物。江苏河港众多，鸭、鹅大都在有水的地方生活，如河流、芦荡、岸边等场所活动，鸭群、鹅群善于在池塘中戏水，他们在水中寻食，田野边的野菜、野谷也是他们的食物原料，故江苏的鸭类菜、鹅类菜十分丰富。

我国是世界上养鸭最早的国家，江苏是我国养鸭最早的地区，春秋战国时期《吴地记》中就有筑地养鸭的记载，到了两汉时期，鸭已经成为我国三大家禽（鸡、鸭、鹅）之一，代表品种有高邮麻鸭，以产双黄蛋著称。它也是南京板鸭的主要原料。我国也是世界上养鹅历史最早的国家之一，饲养量与出栏量约占世界的90%。江苏有肉质好、产蛋多的太湖鹅。在江苏各地的水网地区，都有鸭、鹅的生长繁殖，江苏各地人养鸭、养鹅，也特别喜爱烹制鸭、鹅的佳肴，代表性的菜肴有：南京的盐水鸭、金陵烤鸭、料烧鸭、美人肝，扬州的三套鸭、馄饨鸭，苏州的母油船鸭、南林香鸭、苏州卤鸭、甫里鸭羹，南通的油焖脆皮鸭，无锡的烤炖全鸭、清炖硕鸭、酥肥鸭块，常州的糟鸭、丹阳延陵鸭饺、金坛的清蒸鸭饺等；无锡的云林鹅，扬州的盐水鹅，南京江宁东山老鹅等。南京食鸭历史悠久，鸭的利用之充分、烹制制法之精、鸭肴数量之多，均为国内之冠，且有不同风格的"全鸭宴"。

清代《随园食单》中收有鸭馔"蒸鸭、鸭糊涂、卤鸭、鸭脯、烧鸭、挂炉鸭、干蒸鸭、徐鸭"8款，《调鼎集》所收鸭馔（包括鸭舌、鸭掌等）共有58款之多。江苏人食鸭方法多样，整只烹制，最宜烧、烤、炖、卤、酱，还用扒、煨、焖、炸等。若将整鸭加工成块，采用爆、熘、烹、炒等方法制作，适应多种调味。

鹅是食草动物，消费者已将它列为绿色、安全的食品。江苏养鹅量大。2002年，鹅肉被联合国粮农组织列为21世纪重点发展的绿色食品之一，鹅肉的价值越来越得到人们的重视。江苏人善于以鹅入馔，以常熟、常州、南京等地的红烧鹅和扬州的盐水鹅为代表。仅扬州市就有2 100多个盐水鹅售卖摊点，扬州市盐水鹅年消费达1 600万只

---

① （清）袁枚. 随园食单//续修四库全书(第1115册). 上海：上海古籍出版社，1996：684.
② （清）袁枚. 随园食单//续修四库全书(第1115册). 上海：上海古籍出版社，1996：682.
③ （清）袁枚. 随园食单//续修四库全书(第1115册). 上海：上海古籍出版社，1996：683.

以上。各地乡镇的食鹅量也很大，鹅肉鲜美、肥嫩可口，食用方法很多：可切块红烧，亦可制成醇香迷人的糟鹅，色泽淡雅、鲜嫩爽口的盐水鹅，还有风味独特的风鹅，五味俱全、香味浓郁的五香鹅，骨中带香、肉中有味的酱鹅，色泽金黄、外脆内酥的烤鹅，紫里透红、油香四溢的腊鹅等。用鹅的翅、头、爪、内脏加工后，其价格要远高于鸭、鹅的肉。江苏无锡的代表菜"云林鹅"，以太湖母鹅制作，鹅肉肥嫩，酥烂脱骨，香气扑鼻，口味清鲜。

第三节　技精艺湛的特色美馔

江苏传统名菜丰富多彩，名目繁多，也是名厨、大师辈出之地。这里从各地名菜技艺入手，揭示江苏地区美食菜品的特色和技术的同时，也从影响深远的民间菜和广大普通百姓的角度出发，探讨在江苏各地广受百姓欢迎的菜品，并进行归纳、解读和赏析，让那些在各地饭店和市井民间受广泛好评的菜品展示出来，以便得到进一步推广和发展。

一、"三圆"制作遍江苏

"圆子"是江苏地区饭店和家庭的厨房里经常制作的一种菜肴。若按字面解释，"圆子"象征着团圆，象征着每个家庭团团圆圆，和和气气；更象征着生活幸福美满圆满，特别是到了春节，它是必不可少的家常菜，家家户户的厨房里都会飘散着圆子的香味。

20世纪70年代开始，江苏餐饮业的厨师很重视"三圆"制作，把这个技术作为厨师的基本功。所谓"三圆"，即指肉圆、鱼圆、虾圆。作为一个厨师，都必须要学习这样的技术。在民间，一些地方乡镇的厨师也把这个技术作为自己的技术要点。即使在民间的家庭主妇，也都会制作肉圆、鱼圆和虾圆。进入21世纪，由于虾的成本较高，所需的量也不多，制作虾圆的人相对少了，肉圆、鱼圆则成为江苏厨师技术等级考试必做的项目。

进入清代，中国烹饪技术有了很大的发展。过去人们大多是将整块的原料加热烹制，清代开始将多种肉类加工剁碎成泥、蓉状，再制作菜肴。在《随园食单》中有许多这样的菜肴，如八宝肉圆、空心肉圆、杨公圆、鱼圆、虾圆。

"八宝肉圆"："猪肉精肥各半，斩成细酱，用松仁、香蕈、笋尖、荸荠、瓜姜之类，斩成细酱，加芡粉和捏成团，放入盘中，加甜酒、秋油蒸之。入口松脆。家自华云：肉圆宜切不宜斩。必别有所见。"

"空心肉圆"："将肉捶碎郁过，用冻猪油一小团作馅子，放在团内蒸之，则油流去，而团子空心矣。此法镇江人最善。"

"杨公圆"："杨明府作肉圆大如茶杯，细腻绝伦，汤尤鲜洁，入口如酥。大概去筋去节，斩之极细，肥瘦各半，用纤合匀。"①

"鱼圆"："用白鱼、青鱼活者破半，钉板上，用刀刮下肉，留刺在板上。将肉斩化，用豆粉、猪油拌，将手搅之。放微微盐水，不用清酱。加葱、姜汁作团，成后，放滚水中煮熟，撩起，冷水养之。临吃，入鸡汤紫菜滚。"②

"虾圆"："虾圆照鱼圆法，鸡汤煨之，干炒亦可。大概捶虾时不宜过细，恐失真味，鱼圆亦然。或竟剥虾肉，以紫菜拌之亦佳。"③

《随园食单》是袁枚在江苏南京写就的一部烹饪著作，这里记录了江苏南京、苏州、扬州等地的菜肴制作技术。应该说清代的江苏厨师已经善于制作"三圆"了，而且技术已较为高超，得到了当时美食家袁枚的赞赏。

新中国建立以后，"三圆"制作在江苏已成为厨师必备的技术，各地的饭店几乎都有"三圆"的供应。相较于"鱼圆""虾圆"，"肉圆"是最为普通的，城市、乡村一般家庭都会制作，过年过节家家都有制作肉圆的经历，也是小孩儿最喜爱和向往的大菜。"鱼圆"的制作在各地饭店中也较为普遍，只是在家庭中一般主妇难以操作，技术要求相对较高。"虾圆"的制作相对偏少些，因为河虾的量不多，价格也较高，饭店中大多是宴席接待中提供，制作也有许多技术关键，所以近些年来全省制作的量不大。

1. 肉圆

肉圆是三圆中最普通的圆子，几乎家家会做，人人爱吃，也是家宴和各个饭店的必备之菜。"肉圆"小者称"肉丸子"，大者又称"狮子头"。在苏北的大部分地区，"肉圆"又称"肉驼子"，这是家家年夜饭必备的佳肴。扬州、镇江人称肉圆为"刮肉"，也称"斩肉"。在江苏的每个单位食堂里总是少不了"红烧肉圆"这道菜。冬天，人们都喜欢用大砂锅放煤炉上炖"肉圆"，将其端上桌还有"咕咕咕"的微沸声，锅盖一揭，热气腾腾，那股清香鲜美的味道很诱人。镇江、扬州人炖的"大刮肉"更嫩，吃时，必须用汤匙轻轻地移至小碟中，入口油而不腻，鲜嫩清醇。淮安人喜欢用当地的蒲儿菜衬底，称为"蒲儿菜炖驼子"，蒲菜形似嫩笋，食时洁白清香、鲜美脆嫩。这里选取几种"肉圆"的制作方法。

金陵圆子：为南京传统名菜。民国张通之在《白门食谱》中说：金陵南乡人家养的猪皮薄而肉肥香，入釜中一煮即烂。南京厨师制造圆子，精选南乡优质猪肉为原料，配以水发蹄筋垫底，经精细加工后，肉圆酥烂鲜香，蹄筋软糯醇美，汤汁稠浓味厚。选用猪上脑肉剁成米粒状，虾米斩成末，一同放碗内，加鸡蛋、精盐、葱姜末、清水搅拌上劲，做成丸子，抹上湿淀粉，放锅中煎成两面发黄。取砂锅，放入氽烫的猪肋条肉，上面再放上水发蹄筋，舀入猪肉汤，加葱姜、绍酒，置火上，将肉丸铺在蹄筋上面，再加猪肉汤及调料，覆盖青菜叶，盖好锅盖，置旺火上烧沸，移至微火上焖 2 小时左右，揭

---

① （清）袁枚. 随园食单//续修四库全书（第 1115 册）. 上海：上海古籍出版社，1996：658.
② （清）袁枚. 随园食单//续修四库全书（第 1115 册）. 上海：上海古籍出版社，1996：670.
③ （清）袁枚. 随园食单//续修四库全书（第 1115 册）. 上海：上海古籍出版社，1996：678.

去青菜叶，撇去浮沫即可上桌。

钦工肉圆：因产于淮安楚州区钦工镇而得名，为康熙年间朝廷钦差大臣驻钦工督工治水时所创，并成为贡品。钦工肉圆以本地纯天然饲养的生猪后臀精瘦肉为主要原料，经独特工艺制作而成。其肉圆口感脆嫩，味道鲜美，富有弹性，爽而不腻，适应当今高蛋白、低脂肪健康饮食的要求，是招待嘉宾、馈赠亲友、健体养颜、老少皆宜的上等肉食制品，曾获得省、市多项名菜、名优证书。

鸭蛋黄狮子头：狮子头，即是大肉圆，成品的外表一粒一粒的很均匀，像狮子的头。用蟹粉、河蚌、风鸡等代替则叫蟹粉狮子头、河蚌狮子头、风鸡狮子头。将猪肋条肉洗净切成石榴米大小，再用刀稍微排斩几下，放入大碗内，加入葱花、姜米、绍酒、精盐、味精、胡椒粉、鸡蛋、干淀粉搅拌，并掼上劲。取大砂锅一只，放入鸡汤，上火烧沸后，将肉蓉分成 12 份，每份中包入 1 只鸭蛋黄，两手沾上清水，将肉在两手中交替掼成圆形，下入汤锅中，加少许精盐、绍酒，转小火焖约 2 小时左右至酥嫩透里。小青菜心放入砂锅中烫熟后，围放在砂锅四周，上桌即成。

2. 鱼圆

鱼圆，又称鱼丸，是鱼肉经剁碎、搅拌成鱼蓉或鱼泥后，做成圆球状，再下锅经加热而成型。鱼圆色洁白，嫩而有弹性，味似鱼，滑似脂，汤鲜味醇，是江苏人喜爱的菜肴之一。因鱼圆鲜嫩爽口，很适合老人、小孩。做好的鱼圆，可以加青菜或菠菜等，做成多种蔬菜鱼圆汤。

江苏各地适合制作鱼圆的鱼很多，如白鱼、鳜鱼、青鱼、鲢鱼、草鱼等。目前厨师和家庭制作鱼圆的原料大多以 2.5 公斤以上的草鱼、青鱼为主。因为这种鱼的背脊发达，肉质鲜嫩，洁白刺少，腥味较轻，吃水量大，味道鲜美。草鱼、青鱼含有丰富的不饱和脂肪酸，对血液循环有利；还含有丰富的硒元素，经常食用有抗衰老、养颜的功效。

图 9-3 双色双味圆

鱼圆臻品：出骨刀鱼球、清汤鱼圆、彭城鱼丸

出骨刀鱼球，江苏著名的传统美食菜品，为常熟名菜。刀鱼口味鲜美，但细刺骨较多，食用时甚为不便。常熟市所产刀鱼较为肥嫩。1920 年，常熟山景园名厨郑小六创制了出骨刀鱼圆的方法，为方便品尝者，将刀鱼去骨取肉，并保持原有刀鱼的鲜美之味，配以虾仁，加工成蓉，做成鱼丸。此菜一经创制后，很受广大顾客喜爱，曾风行一时。菜肴银色鱼圆浮于汤面，碧绿菠菜衬底，汤清味鲜，鱼球非常细腻白嫩，入口即化。因刀鱼比其他鱼的肉质更嫩，所以制成后的鱼圆，在汤中呈圆形，夹在筷子上显长形，放在盘中似扁形。

南京传统的"清汤鱼圆"是一道别具一格、功夫独到的品种。选用白鱼或青鱼肉，加水、葱姜汁、绍酒搅上劲，直接挤成鱼圆。它的制作与众不同，有四不放的特点：一不放鸡蛋清，二不放淀粉，三不放味精，四不放肥猪膘肉和油脂。有些地方制作鱼圆时，鸡蛋清少不了，一是增加制品的分量，二是增加成品的口感和色泽以及光滑度，三是增加鱼圆的浮力等。而南京的四不放鱼圆，既体现了鱼圆原本的风味特色，原汁原味，又确实突显了制作鱼圆的难度。

江苏徐州传统名菜"彭城鱼丸"，又名"银珠鱼"和"鱼粉珠"。清代康熙年间"悦来酒家"是徐州名牌老店，店主门徒李自尝曾以一尾鲤鱼制四道菜：银珠鱼、醋熘鱼丁、多味龙骨、鱼衣羹，其中"银珠鱼"最为著名。清代状元李蟠在该店品尝此四菜后曾赋诗赞曰："鲤鱼脱骨化银珠，多味龙骨腹中围。大海漂浮王子衣，鸾刀纷纶糖醋熘。点化肴羹瑶台献，千载毛遂遗风留。"康有为在徐州品尝后挥毫题联："彭城鱼丸闻遐迩，声誉久驰越南北"。自此，银珠鱼改成彭城鱼丸，上席之鱼丸如银珠，极富质感，深受当地群众的喜爱。

酿馅鱼圆：灌蟹鱼圆、灌汤鱼圆、五丁鱼圆

灌蟹鱼圆，取用青鱼肉与蟹粉套酿而制，这是在"八宝肉圆"的基础上创制而成的。江苏多地在传统鱼圆的基础上创制了酿制馅心的鱼圆，"灌蟹鱼圆"是其特色菜品之一。将炒制的蟹粉晾凉后，做成莲子大小的丸子作馅；再将搅匀的鱼蓉用手挤出鱼圆时塞入蟹馅1粒，放冷水锅中加热捞出成鱼圆。此菜以苏北古城如皋为其代表。以此制成的"灌蟹鱼圆"柔绵而有弹性，白嫩宛若凝脂，内孕蟹粉，色如琥珀，浮于清汤之中有"黄金白玉兜，玉珠浴清流"之美。在烹制鱼圆汤时，缀以透有腊香的红色火腿、清鲜爽口的翠绿菜心、柔中有脆的褐色木耳、清脆鲜嫩的牙黄笋片，绚丽悦目的色彩，烘托出鱼圆之白，丰富多彩的美味，突出了鱼圆之鲜。

若以蟹粉馅心调换成"皮冻"粗丁丸子，用同样的方法制成，即为"灌汤鱼圆"。这就是《随园食单》中"空心肉圆"的改制，以鱼肉代替猪肉而成。

泰州市有一道著名的"五丁鱼圆"。旧时，泰州有一户经营饮食业的朱姓人家，尤善做鱼圆，因所做鱼圆形体较大，故人称"朱家大鱼圆"。由于其用料讲究，制作认真，所以朱家鱼圆色白、光滑、鲜嫩，颇具特色。后来泰州厨师在继承前人技艺的基础上，开发了含有5种馅心的"五丁鱼圆"。五丁者，火腿肉、香菇、笋、蛋糕、青豆也。以这五种细丁调拌成直径2厘米的丸子作馅，酿入鱼圆中央，加热，用鸡汤、火腿、笋、香菇与鱼圆一起烧制成鱼圆汤。此菜外白净而鲜嫩，内韧香而爽口。

地标美食鱼圆：兴化沙沟鱼圆、江宁谷里鱼圆、洪泽蒋坝鱼圆

在江苏"地标"美食中，有三地的特色鱼圆：一是泰州兴化的"沙沟鱼圆"，二是南京江宁的"谷里鱼圆"，三是洪泽的"蒋坝鱼圆"。

兴化沙沟鱼圆是流传民间的特色产品，相传清代就已盛产，是沙沟人招待贵宾的美味佳肴。兴化水乡"水落鱼虾常满市"，淡水鱼特别丰富。沙沟鱼圆大多选用上等草鱼之肉斩成肉糜，加入猪油，配以葱姜汁、盐，经十多道工序，并搅拌上劲，挤成大鱼圆。其制作方法分红、白两种，可水汆，可油汆。油汆鱼圆放入油锅后，稍滚就浮，盛起来上桌，圆圆滚滚，色泽金黄，里面肉色雪白，油而不腻。其风味特色一是细腻，二是鲜嫩，三是有韧性。地道的沙沟人戏称鱼圆为"鱼驼子"，因它外形圆滑而饱满。

江宁谷里鱼圆已有百年的历史，是当地男女老幼喜爱的名品菜肴。2009 年被列为江宁区非遗项目，吸引了南京及周边地区众多食客，成为谷里农家乐中的热门美食之一。谷里鱼圆一般选用肉质厚实而刺少的翘嘴白、大头鲢，剔骨后将鱼肉剁成碎末，根据数量添加适量的鸡蛋清，加上适量水，将鱼蓉搅拌至黏手，然后用手指挤捏成圆形下入凉水的铁锅内，鱼圆下水后漂浮在水面，然后中小火加热。食用时再用鸡汤与配料一起加温煮熟。

洪泽蒋坝鱼圆相传已有二百余年的历史，制作中讲究刀工、盐功、火功，为本地传统筵席菜。原料以洪泽湖黄尖鱼或白鱼最佳，草鱼、青鱼次之。选脊背肉，去皮剔骨刺，细布过滤，刀背轻剁成糊，然后加盐、白糖、蛋清、葱姜汁、水等，搅拌至黏手，入水起漂为准。左手挤糊，右手持匙做成细长椭圆形鱼圆，迅疾轻置冷水锅中，文火加热，致鱼圆外表成膜。食用时加调味和配料，撒青蒜花、胡椒粉，洁白鲜嫩，入口即化。

3. 虾圆

虾圆、虾球、虾饼的制作都是利用河虾仁精心加工而成。清代《调鼎集》中有虾饼、虾圆、脍虾圆、炸虾圆、烹虾圆、炸小虾圆、虾圆羹、醉虾圆、瓤虾圆等菜肴。"炸虾圆：制如圆眼大，油炸作衬菜。"[①]《随园食单》中的"虾饼：以虾捶烂，团而煎之，即为虾饼。"[②]《红楼梦》中也有"虾丸鸡皮汤"的记载。苏州城过去大户人家也经常吃虾饼子和虾丸汤。虾饼子的制作方法是将挤出的新鲜虾仁搭配少量肉膘，放入青石臼中加鸡蛋捶击至糊状，加调料拌制后挤成小球状，放入中火油锅中氽成金黄色虾饼子，再加配料继续烹烧，放少量白糖起锅装盘。或者做成虾丸汤，与火腿和莼菜一起烧制。许多人家把剔出来的虾壳熬汤，汤熬好后再去掉虾壳，用虾壳汤烧虾丸汤。这是废物利用，是一举两得的好办法。

虾圆是传统南京菜中使用较为广泛的菜品。南京胡长龄大师将虾蓉的制作分为硬蓉、软蓉和嫩蓉三类。制作"虾圆"主要为硬虾蓉，其制作方法是：先将挑好的虾仁洗净斩蓉，然后根据不同的烹调需要，取适量的熟肥膘(实膘)，细切成半米粒状的碎粒，将斩好的虾蓉，加精盐、绍酒、姜葱汁、蛋清，顺一个方向搅上劲，最后放加工好的熟肥膘，并加适量干淀粉拌和均匀，即成硬蓉。有些菜肴为了增加它的脆嫩等特色，还需加拍散斩碎的荸荠、鲜嫩蚕豆等原料，掺入硬蓉，使之厚实，饶有风味。这种硬虾蓉可运用于炸、煎、贴等以油为传热介质的烹调方法。由于油的温度高于水的温度，在制作硬虾蓉时，只宜放入少量蛋清(必须调散)和适量的半米粒状的熟肥膘，在加热过程中起

① （清)佚名. 邢渤涛注释. 调鼎集. 北京：中国商业出版社，1986：442.
② （清)袁枚. 随园食单//续修四库全书(第 1115 册). 上海：上海古籍出版社，1996：678.

间隙和油润的作用，防止成品收缩变形，且又鲜嫩油润。此外，硬虾蓉也可以被挤成小球制成"炸虾球""煎虾饼"等。

鸡汤虾圆：随园菜，为宴席之上品。成品色泽乳白，口感细腻，味鲜滑嫩。新鲜河虾剥去壳，洗净，沥干水分，用刀压碎微斩，放入容器中，加精盐、绍酒、蛋清、淀粉调成糊状；蘑菇切片。锅上火放入鸡汤，将虾糊用手挤入锅中成虾圆如鸽蛋大小，待烧沸后，撇去浮沫，加入蘑菇和调料，使虾圆烧透后速起锅，盛入汤碗中，撒入川椒粉即可。

白玉虾圆：随园菜改良产品。色泽洁白如玉，鲜而松嫩，形圆不瘪，细腻味美，鲜虾本味。将新鲜河虾剥去外壳，洗净，沥干水分，将虾肉塌成粗粒状；熟肥膘捶碎，荸荠去皮拍碎。把塌后的虾粒，置容器中，加蛋清、精盐、绍酒、姜汁、淀粉调成糊状。锅上火烧热，放油，油温约一成（约 60℃），速将虾糊挤成虾圆入锅（虾圆直径 3.5 厘米），然后以小火养透，待虾圆慢慢浮起至熟，捞出沥油，装入盘中，以甜酱蘸食即可。

炸虾球：南京名菜。成品表面光滑，圆而不瘪，虾球橙黄，形似核桃，香脆鲜嫩。将新鲜河虾仁洗净，沥干水分，斩蓉放入碗内；荸荠洗净，削皮用刀拍散、斩碎，略挤去水分；熟肥膘切成米粒状的小丁，放盘内。将虾蓉加绍酒、精盐、葱姜汁、蛋清（调散）搅拌上劲，加熟肥膘、荸荠和匀，放入干淀粉拌和均匀。炒锅上火，放入色拉油，烧至四成热，用手将虾蓉挤成直径 3 厘米左右的虾球，放入锅内，炸至虾球浮出油面，离火，捞出沥油，用番茄酱和花椒盐蘸食。

二、砂锅炖焖味醇浓

在江苏人的饮食生活中，从南到北的人都特别喜爱老祖先留下的陶器炊具，利用这种陶制锅具制作的菜肴，在省内广为流传，男女老少都有一种吃的情结，其中的砂锅菜已成为城乡居民日常生活中最爱的菜品之一。

1. 朴实清新的乡土风格

陶釜、砂锅之器的炖焖烹制法，是由人类早期使用的水烹法演化而来的一种独特技法。在漫长的烹饪发展中，陶器能够长盛不衰，正是因为其炖制的菜品肉质鲜香、酥烂脱骨、汤醇味美、原汁原味的风格，为城镇乡村的各族人民所喜爱。

大约在八九千年前的新石器时代，我们的祖先就发明了陶器。江苏宜兴是我国的"陶都"。据宜兴考古挖掘，在距今六七千年前的西溪遗址、骆驼墩遗址，就发掘了陶器三足鼎、筒形釜，这是早期烹煮肉食的器具。用陶土加工烧制而成的砂锅，是中华民族特色浓郁的烹饪器具。砂锅传热性能慢，保温性能极佳，配合柴火烹煮，菜肴味道不易散失，保证原汁原味，乡土风味浓郁。

古风之食法，如今在江苏城镇乡村餐馆与家庭的餐桌上都时常出现。各种荤素原料都可以用砂锅来烹制，特别是立冬以后，气温骤降，人们会更加渴望从餐桌上袭来那袅袅热气，当砂锅菜上桌，伴随着"咕噜咕噜"微微沸腾的响声，掀开锅盖那一瞬间，香气弥漫，美味扑鼻，特别温暖舒服，让人陶醉和想念。江苏砂锅菜最著名的菜肴要数清炖狮子头、砂锅鱼头等。

江苏地区特有的器皿，还有宜兴的紫砂。紫砂炖锅、紫砂炖盅、紫砂汤盆、紫砂碟盘……让人目不暇接。在造型上，除了常见的大盘小碟之外，还有螃蟹、甲鱼、鸭、南瓜等异形紫砂餐具，这是江苏炖焖菜品的独特魅力。紫砂这种纯天然的餐具，与其他餐具相比，在保温、质感、手感、口感方面，具有自然美、古朴美、形色美和文化美等多种特点。可以说，从城镇到乡村，紫砂烹饪在江苏餐饮业中已具有较高的地位和价值。

江苏全省水网成片，人们不仅将鱼头、鱼尾、鱼杂用砂锅炖制，即使养殖的家畜、家禽也常用砂锅清煨、慢炖。从烹饪食用的角度看，当地人们最擅长的烹调方法就是炖、焖、煨、焐，就是由于江苏人爱用砂锅烹制菜肴。自古江苏乃文人荟萃之地，一方水土培育了小火慢炖、原汁原味的"文人菜"，注重火工，突出主料，强调本味，清淡适口，一直沿袭至今；明清时期的盐商和文人追求菜肴烹制时"浓而不腻，淡而不薄，酥烂脱骨而不失其形，滑嫩爽脆而不失其味"的美妙境界。砂锅炖焖、味美醇和的个性特色影响着民间百姓，并形成一系列名肴，如清炖蟹粉狮子头、炖生敲、母油鸭、清炖鸡孚、砂锅菜核等。

砂锅炖煨制法，是运用多量水传热、长时间恒温加热，能均匀持久地把外界热能传递给内部原料，相对平衡的环境温度有利于水分子与食物的相互渗透，砂锅中汤温保持在一定范围内，使原料内所含的氮浸出物能够被充分溶解，鲜香成分溢出得越多，砂锅菜肴滋味就越鲜醇。由于汤汁微沸，对原料组织结构的变形破坏力相对较小，这样不仅能够保持原料的形状完整，而且可使器皿中汤汁清鲜醇厚，肉质酥软不碎。由于砂锅器皿要求原料密封于容器中，因罐口盖封严密，因此鲜味物质挥发较少，使汤汁醇清、肉质酥烂，较好地保持了菜肴的原汁原味。对于所炖制的原料，需先经过初步熟处理后，才能放在砂锅中，以保持汤汁的清纯和鲜美。

自古及今，砂锅的应用与流行，与几千年来江苏老百姓一如既往的酷爱有关。砂锅的炖制，主要适宜多人合餐。而今，各客小砂锅、紫砂炖盅在饭店中十分流行，每人一盅，既保持特色风味，又方便卫生，在宴会上得到人们的广泛欢迎。不论中国炊具经过多少次变迁，而陶釜虽然易破，且貌不华彩，但它始终立于不败之地，原因在于它的特殊功效是许多现代化的金属炊具所望尘莫及的。如冬笋砂锅炖全鸡、枸杞炖乌鸡、板栗炖鹌鹑、砂锅东坡肉、砂锅鞭笋炖猪手、砂锅炖猪下水、黄豆炖猪爪、花生炖牛尾、鞭笋老鸭煲、天麻炖鱼头、砂锅雪菜炖黄鱼、砂锅粉皮炖鲩鱼、火腿干贝炖冬瓜、砂锅一品豆腐等。砂锅导热慢，散热慢，保温时间长，加热时汤汁气化少，原料在罐内封闭受热，又能保持住原料的营养不外溢，直到汤醇料烂，能保证菜肴的清正纯美等特点，用砂锅烹制的菜肴，无金属等异味，大都具有独特而美妙的风味。

图9-4　汽锅原盅靓汤

2. 砂锅烹饪形成的美味

砂锅菜品一般选用无异味和质地韧性的原料以及一些海味干货，如老鸡、鸭、鹅、鸽、鹌鹑、牛、羊、猪肉及干贝、鲍鱼、鱼皮、鱼骨等，也选用一些鱼类及其他动物，如鳖、龟、鳝鱼等，常用根、茎、菌类蔬菜作为辅料一同炖制，一般嫩小或有异味的原料不宜炖制。

江苏传统菜品中的砂锅炖菜丰富多彩，如清汤火方、金腿脊梅炖腰酥、清炖兔子、清炖狼山鸡、醉蟹清炖鸡、清炖鸡孚、母油船鸭、烤炖全鸭、清炖硕鸭、炖家野、炖生敲、砂锅鱼头、虫草炖甲鱼、炖菜核、冬菇笋炖老豆腐、海底松炖银肺、荷花集锦炖等等。这里介绍几款菜肴。

清炖全鸭

从《中国名菜谱·江苏风味》中看到，清炖鸭有两个，一个是"清炖硕鸭"，一个是"烤炖全鸭"。清炖硕鸭，源出于无锡光复门内石狮子尼庵，清末年间，有一股上海茧商到无锡收购蚕茧，进庵游玩，并在庵中进餐。庵内有两个尼姑做出了清炖硕鸭，其味特佳，影响一方。一经传出，游客纷纷到尼庵预订。从此此菜成为无锡地方名菜。此菜汤色澄清，味道醇厚，鸭肉酥烂，鸭形完整。

1930年3月开业的无锡迎宾楼菜馆，该店名厨刘俊英根据无锡地方风味中酥烂醇厚的口味特点，将全鸭先烤后炖，使其别具一格。改进后的烤炖全鸭，既保持了烤鸭的香鲜肥嫩，又增添了炖鸭的酥烂厚醇，尤其是汤浓味鲜，成为无锡菜馆中的上品。

醉蟹清炖鸡

泰州兴化市中堡乡善制醉蟹。清代《调鼎集》中介绍当时醉蟹制法时曾记曰："三十团脐不用尖，好糟斤半半斤盐，好醋半斤斤半酒，听君留供到年边。"这也正是民间制作醉蟹的经验之谈。中堡乡醉蟹名播国内外，而醉蟹炖鸡也就成为水乡兴化每宴必备的佳肴。此菜将老母鸡及葱姜等放入砂锅内炖3小时至酥烂，放入醉蟹及醉蟹卤上火烧沸，将火腿片、香菇片、笋片摆放其上，再用中小火烧沸即成。两鲜同烹，鸡酥汤醇，酒香扑鼻，食之鲜香可口。

海底松炖银肺

海底松炖银肺是江苏南通传统名菜，采用陈年海蜇头与猪肺同炖而成。海蜇头去衣膜洗净，在沸水中烫泡使其酥软再浸漂，火腿切马牙块蒸至酥烂。猪肺清水灌白，抽去气管筋络(保持完整)，下水锅焯水后装入砂锅，放调料用小火炖3~4小时至酥烂，放入海底松、火腿，炖至沸，加精盐即成。成菜海蜇头形似松枝，猪肺色白如银，酥烂如豆腐，用调羹舀食，入口即化，汤清味醇，并具有化痰、健肺等多种疗效。此菜是老年人的可口美肴。

炖菜核

炖菜核是南京传统名菜。以青菜中之名种"矮脚黄"为主要原料烹制而成，此青菜具有鲜嫩、叶肥、梗白、心黄、无筋的特色。用鸡脯肉、火腿片、冬笋、冬菇等料相配，覆盖在菜叶上，周围露出菜头，炖至酥烂。此菜原系清朝驻南京两江总督府的厨师烹制，原名叫"炖菜心"。后经已故名厨孙衡山改进，称炖菜核。金陵名厨胡长龄大师在前人的基础上又做了改进，使其味道更加鲜美。此菜棵形完整，菜叶鲜嫩，菜心柔软，味美鲜香，汤醇味厚。

三、羊肉依然香南北

多少年来，江苏人大多认为羊肉是西北地区人的主要食物原料。在新疆、西藏、青海、甘肃、宁夏、内蒙古等地区，人们是普遍食用羊肉的，烤全羊、烤羊肉串、手把羊肉、炖羊肉等。而江苏人大多是不食或很少食用羊肉的，只有到寒冷的冬天，个别人才会食用以御寒保暖。翻开 1990 年出版的《中国名菜谱·江苏风味》，在"肉类菜"一栏的 30 个菜肴中，没有一个是羊肉菜肴。再查找 1979 年出版的《中国菜谱（江苏）》，在"肉菜类"一栏的 29 个菜肴中，也没有一例是羊肉菜。再向前找，1958 年出版的《江苏名菜名点介绍》，有"猪、牛、羊肉菜"一栏，共 15 道菜，有一款是"红烧羊肉"，查看此菜是嘉定名菜(1958 年嘉定县已划归上海市)。根据这些信息可以说明，在 20 世纪的江苏，较为有档次的餐馆、酒店的菜肴是没有羊肉菜供应的(清真菜馆除外)。但这不能说明江苏地区不卖羊肉，在广大的乡镇、县城以及城市的小型饭店中，城镇的市井中，家庭的厨房中还是有羊肉菜的。尽管江苏代表性的菜谱中未录入，但民间还是有一定的市场的。

实际上，清代的江苏也有一些有名的羊肉菜肴。如袁枚在《随园食单》中介绍了羊头、羊蹄、羊羹、羊肚羹、红煨羊肉、炒羊肉丝、烧羊肉 7 种菜肴，还提到了"全羊法"72 种菜肴，只是未介绍具体菜肴。清代《调鼎集》中介绍了很多的羊肉菜肴，仅"炖羊肉"一菜就有五种炖法："大尾羊肉入汤一滚，即将肉切大块，不用原汤，更入河水煮烂，加花椒、盐，白炖。又，加酱油红煨。又，配黄芽菜炖。又，配红萝卜炖。又，配冬笋炖。"①。

就江苏各地而言，江南、江北尤其喜欢"红烧羊肉"，而徐州地区更喜欢"白烧(白煮)羊肉"。特别是进入 21 世纪，羊肉菜肴已进入江苏的普通家庭，饭店中多种羊肉的口味也得到许多人的青睐，并在一些地区产生很大的影响。虽然过去"养在深闺人未识"，而今却越发成为江苏人重要的肉食原料，许多羊肉产品已得到广大平民百姓的喜

---

① (清)佚名. 邢渤涛注释. 调鼎集. 北京：中国商业出版社，1986：240.

爱，并成为许多地区的"地标菜"而影响省内外。

徐州与伏羊文化

徐州人吃羊肉在我国是很有名的，"冬吃三九，夏吃三伏"，一年四季无时不食羊，且经营者甚众，专营的风味羊肉馆也多，而且是常年生意兴隆，特别是一入伏，万人食羊已是徐州夏天的一大特色。吃伏羊是徐州的传统饮食习俗，为国内仅有，经历代流传，已形成了一种地方风味浓郁的饮食习惯。徐州地区最早吃伏羊叫"尝新节"，又叫"姑姑节"。当地有民谣说："六月六，接姑姑，新麦馍馍熬羊肉。"因此时，新麦登场，羊羔肥壮，便于人们操办酒席以款待。

徐州人食羊肉，一是本地处于丘陵地带，草木茂盛，这为山羊放牧提供了得天独厚的生存条件，也为徐州人吃羊肉提供了丰富的食物原料。当地的山羊经过一段时期的喂养，肉质肥壮，肥瘦相宜，膻味极少，用此羊肉烹制，汤汁浓白，鲜嫩香醇，是羊肉中上好的食材。二是当地民间的民风习俗所致，与古代民间流传的习俗有关，古代民间有用羊祭祀"伏腊"活动，如汉代杨恽在《报孙会宗书》说"田家作苦，岁时伏腊，烹羊炰羔，斗酒自劳"，正是民间的习俗所流传。现如今，徐州伏羊节已在全国影响很大，伏羊文化也进一步传遍全国。

淮阴码头汤羊肉

淮阴古镇码头镇的码头汤羊肉，是淮安地区特色的羊肉菜品。这种汤羊肉是汤、肉并美，而不是羊肉汤。它是经过特定的烹调加工，装上碗，一半汤、一半肉。汤，看上去稀，舀起来稠，送进嘴黏，咽下肚滑，有一种独特的鲜、香、美、爽的口味。至于羊肉，一上筷，酥而不散，一进嘴，骨离筋化，回味无穷。汤羊肉制作用料考究，烹调独特，其烹调制作看似与家常一般，当一般人如法炮制的时候，却总也得不到那种独特的味道。这种汤羊肉的鲜美，也得益于码头镇的水质，食之毫无腥膻之味，为冬令食补之佳品。码头汤羊肉的品种也较多，焖羊肉、爆羊肉、爆羊杂等，口味爽口精致。淮安市的羊肉品牌不少，博里羊肉、黄集羊肉都很有名。

南通海门羊肉

自古南通的农民就养羊，品种以山羊居多。而南通地区最有名的要数海门"提汤羊肉"，有白汤的、红汤的，有白切的，也有专卖羊汤的。所谓"提汤羊肉"，就是把羊肉煮烂以后拆掉骨头，压实在盆内，做冷切羊肉、红烧羊肉、羊肉粉丝、羊肉面等。海门山羊是全国著名的山羊地方品种之一。真正的海门山羊肉膻味少，脂肪分布均匀，无论红烧、白煮，均肥而不腻，鲜美可口。其营养价值高，蛋白质含量多，是肉食中的珍品。不仅本地人喜欢，上海人也喜欢，现在上海已经开设了多家"海门羊肉"的连锁店。海门人烧煮的羊肉香甜肥糯。据有经验的厨师介绍，红烧羊肉的关键在于"焯水"，要焯三次水，每次都要用力揉搓，然后再加进羊油，加作料小心炖煨，直至酥烂。这种羊肉的制作过程是比较考究的，与《调鼎集》中的"煨羊肉"同出一辙。其羊肉好吃，或许是沿用了传统的烹煮技法。

吴中藏书羊肉

藏书羊肉以其技艺独特、肉香汤鲜、味美可口、营养丰富而深受人们喜爱，成为传统的苏州地方名吃而风靡江南。在明清时代，当地农民就有从事杀羊、烧羊肉、卖羊肉的副业，清末开始到苏州城里开店设坊，建国初期在繁华商业区开设 10 余家集体羊肉店。藏书羊肉以活杀山羊为原料，以白烧羊肉、羊肉汤、羊糕和红烧羊肉为主要品种。如今，当地政府鼓励发展羊肉深加工，拓展藏书羊肉产业链，本地生产的"藏书羊肉"真空包装系列产品已初具规模，品种有羊肚、羊鞭、红烧羊肉、红烧羊腿、羊肉水晶糕、清蒸羊肉、清蒸羊蹄、羊肉芦粽等，突破了传统消费的季节和形式的限制，丰富了"藏书羊肉"美食文化。

镇江东乡羊肉

老镇江人品尝羊肉最喜欢的是肉质细嫩、不膻不腻的东乡羊肉，而烹制东乡羊肉最负盛名的是姚桥镇的儒里。这里已经有上百年的制作历史。东乡羊肉的制作工艺十分严格，须选用当地生长的短毛公山羊，烹制后的羊肉只有香味，而无膻味。其口味的关键还有一个特色的土设备，这就是"大木桶"。制作羊肉是用木桶箍在铁锅上面，铁锅有多大，木桶就要多大，木桶是专门定制的，两人合抱将木桶放在铁锅上后，底部再用水泥封死。而木桶的材质与用在房屋大梁上的木头一致，据说这样焖烧出来的羊肉才好吃。木桶上的锅盖是左右分开的，打开锅盖，当肉煮烂能被戳动时，取出拆出骨头。拆骨再红烧，是东乡羊肉的"绝招"。将拆骨后的羊肉再切成大块，放入锅内，佐以各种调料，精心烹制 4 个小时左右，出锅时羊肉红光油亮、松酥鲜嫩。

金坛儒林羊糕

常州金坛区儒林镇的儒林羊糕历经数百年长盛不衰，以传统配方煨煮，富有嚼劲、味香鲜美，是冬令进补的最佳食品。经过几代人的努力、传承和发展，成为常州及周边地区百姓十分喜爱的风味食品。每逢秋冬，数十家羊肉店遍布儒林街头巷尾，鲜味四溢、满街飘香。买羊糕的、喝羊汤的人络绎不绝。羊糕现在用上了真空包装，常温下放置十天半月不会变质，还成为馈赠亲友的最佳礼品。

最早儒林人是用秘方独制的草扎羊糕。先把现宰的活山羊洗净后放入一口放了几十种草药和各种调料的老汤锅里，羊肉煮熟煨烂后拆去骨头，然后把肥肉和瘦肉一层层搭配均匀，趁热卷成小卷，再用洗净沸水煮过的新鲜稻草，取几根用手指绕成绳状，把卷好的羊肉一道道密集地捆好扎紧，冷却即可。食用时除去稻草，把羊肉卷切成糕片状，老陈汤锅特殊的美味和新鲜稻草的清香味融合在一起，再根据各人的口味蘸上不同的调味佐料，食之香鲜筋道，沁人心扉。

四、菜肴制作善变化

1. 菜品的制作与出新

从全国来讲，江苏的厨师在菜品制作方面是敢于大胆出新的。历史上的许多新菜都是大师们的努力探索与不断开拓而得来的。早在20世纪30年代，南京胡长龄大师就对传统的京苏菜(南京菜)进行了研究设计。有一次，老板给胡长龄出了一道难题，要其做一道"冬瓜鸡"，于是胡师傅选择厚肉冬瓜为原料，修成17厘米长、15厘米宽的长方块，在瓜瓤面剜二分之一深度的长方洞，在皮面雕成汉文花纹，炒上咖喱鸡丝填入洞内，上笼蒸熟，反扣盘内，浇上奶白汁，美其名"奶油冬瓜方"。此菜卤汁奶白晶莹，鸡丝香辣鲜嫩，冬瓜味美烂糯，乃夏令绝美佳肴。除此而外，他观察到一些主顾乏味，厌腻了常食的山珍海味，就设计出"以素代荤"的菜肴，用龙口粉丝和虾蓉精心制作了"素鱼翅"，并对"炖菜核""芽姜鸡脯""炖生敲""熏白鱼"进行了大胆的设计改进，赋予这些传统肴馔以全新的面目，深受食客的赞赏。

技法常变，菜品常新。江苏厨师善于从烹饪技艺的变化入手开发新菜品，这是一个既高明又有创意的设计。汉代《淮南子》中就记有"屠牛之技"："今屠牛而烹其肉，或以为酸，或以为甘，煎熬燎炙，其味万方，其本一牛之体。"这种技艺变化和利用，运用得法就可以有新的菜品出现。只要在烹饪方法上做一些探索研究，就会产生意想不到的效果。

《易经》中曰："穷则变，变则通。"这就是说，当我们要解决一个问题而碰壁、没有办法可想时，就要变换一下方式方法，或者调整顺序，或者改变一下形状、颜色、技法等，这样可以设计出连自己也感到意外的解决方法，从而收到显著的效果。

江苏菜品变化万端的风格特色，吸引了各方的广大顾客，在各个餐饮场所，宾客们常为千变万化的烹饪技法而拍手叫绝，那一款款、一盘盘不同技艺的菜品，如镜箱豆腐、肉酿生麸的"酿馅原料"的应变，雀巢虾仁、冰罩虾球的"配物装饰"技法的运用，八宝肉圆、灌汤鱼圆的"扩散思维"的设计，真可谓"技法多变，新品不竭"。这些利用禽畜鱼虾、瓜果菜谷的可食原料，经江苏广大厨师灵巧的双手，变化各种烹饪技法制作而成的各式菜点，正是运用"改变技艺"创意的结果。

纵观江苏各地的菜点，从古到今就是在变化中而不断推陈出新的。翻开清代饮食专著《调鼎集》一书，此书共分十卷，菜品相当丰富。在"虾仁、虾肉"中，有炖、烩、瓢、烧、拌、炒、炙、烤、醉、酒腌、面拖、糟、卤等烹制法，还有包虾、虾卷、虾松、虾饼、虾干、虾羹、虾糜、虾酱等，可谓变化多端，这些不同的菜品都是历代烹调师们不断改变加工和烹制技法而形成的。

厨师们在传统技法的基础上敢于变化，使烹饪技艺锦上添花，创意无穷。江苏传统筵席中的"全席宴"，如全鱼席、全鸭席、百鸡宴、全羊席、蟹宴等，使用的主料只有一种，主料每菜必用，所变的仅是辅料、技法和风味。全席中主要靠主料运用各式技法来变换品种，并且要求所有菜点烹制技法不同，制作难度大，但特色鲜明，向称为"屠龙之技"。这种"不变中有变，变中有不变"的全席正是"菜肴变化出新"的精髓，靠的就是厨师们灵活运用技法的技巧。如南京现代"鸭宴"中的糟熘鸭三白、火燎鸭心、红曲鸭膀冻、香椿拌肫花、鸭舌芙蓉皇帝蟹、松仁鸭肝生菜包、孜然鸭心串、文武鸭、果仁鸭片烧茄子等。这些"鸭"菜肴，就是在传统菜的应变中体现其风格特色的。

在江苏菜品制作中，大师们不断创制新菜的例子是很多的。在市场经济条件下，开发新菜品、注意为菜品塑造鲜明的个性特色是有利于竞争的。若在创新菜品制作中设计得有个性、有风格，这样的创新菜品定会受广大顾客欢迎。

例1：莲藕锅贴蟹

赏析：传统的藕盒，是用两块藕片夹入肉馅挂糊油炸而成。此菜的设计，是藕片夹入蟹黄肉馅挂糊油炸。但设计风格特别另类，使传统的平面造型用立体的风格展示，可让人眼睛一亮。从其餐具与装盘来看，十分洋气、大气。设计者匠心独运，使传统菜进一步提炼升华，这是一道值得我们推广的新创佳作。

例2：蟹粉生敲鸽蛋

赏析：炖生敲是南京传统风味菜肴。传统制法是将鳝鱼活杀去骨后，用木棒敲击鳝肉，使肉质松散，而后油炸后炖制，故名。这里取"生敲"配菜，以增加菜品的香酥醇厚。此菜用油炸锅巴垫底，用蟹粉、鸽蛋烩制"生敲"，不仅风格变化，而且增添了香脆的口感，使酥烂香韧的菜肴更耐咀嚼。

2. 追求新意的江苏菜品

餐饮市场是不断变化的，饭店的菜品也在变化中赢得了广阔的市场。近些年来，江苏的厨师不断摸索创新菜的规律，从不同的角度设计开发出许多新颖的菜肴，以满足广大顾客的需求。归纳来看，江苏地区的创新菜品主要从以下设计思路方面取胜。

（1）技术方面寻突破

中国烹饪技术博大精深，各地都有自己独特的烹调技法，设计者利用自己的技术特长展现独有的风格特色，可以为菜品设计与创新提供最好的思路。制作者利用技术精湛的功夫，保证菜品质量过硬，是一定会得到广大顾客所青睐和赞许的。即使普通的鱼丝、腰花，如果制作者能够刀工整齐划一，剞花深浅均匀，就是一款设计优秀的作品。

例：菜心白鱼圆。太湖白鱼肉质细嫩，用其制作鱼圆色泽白净，鱼肉细腻，且富有弹性，没有精湛的技术很难达到此要求。设计者为了满足客人的要求，就必须创作出既美味又美观的菜肴。鱼圆用菜心围边，成菜后不仅色泽可人、外形漂亮，而且味道爽口、滑润，营养搭配也合理均衡。

（2）造型奇巧来取胜

在菜品美味的基础上，菜品的设计能否打动人心，这就需要有敏锐的构思和独特的审美，使菜品的外观与众不同，以达到出奇制胜的效果。即使较普通的菜品如"蛋炒饭"，可以用小碗扣装，也可以用模具盛装，会产生不一样的效果。

图9-5　菜心白鱼圆（无锡徐平制作）

例：冰罩水晶鲍。这是一款大胆创意而奇特的菜品，以2只气球和2瓶矿泉水为物料，气球套气球，中间倒入矿泉水，放入冷冻箱，待冰结成形就成了一只冰罩。这里的冰罩水晶鲍，是将鲍鱼加工烹制后摆入盘中，然后放上冰罩。其造型别致，气宇轩昂，高贵典雅；周围配上四种不同的蔬菜丝，口感交相呼应，更加味美爽口。

（3）菜肴构思找新意

菜品设计需要有独特的眼光，构思巧妙而独特，就会给人以惊喜。构思时或者将两个本来毫不相干的内容有机地结合在一起，或者运用逆向思维来设计创新，就如反弹琵琶一样，达到出奇制胜的效果。如广东的"大良炒鲜奶"，香港的"火烧冰淇淋"等。

例：如意笋。设计者利用鲜嫩完整的冬笋外壳，加工成喇叭花状作为盛器，这是一个立意新颖的创意。菜品运用太湖虾仁、蟹黄与肥膘、笋尖肉一起调制成馅心，包入其内制成如意卷形，蒸熟后切成块，成吉祥的如意卷，与步步高的竹笋相对应，其口味鲜爽，既有农家乡土风格，是原色、原味、原形的结合，又体现了雅俗共赏的创意特色。

（4）运用组合巧变化

图9-6 双色炒饭（南京缪进制作）

就菜品的设计创新而言，组合就是创新，让不同的原料、技法、口味有机地组合在一起，就会产生意想不到的效果。在菜品设计中，可以是菜肴和点心的组合，也可以是中西菜点的结合，还可以是不同地域菜品之间的组合，都可以产生不同寻常的效果。

例：双色炒饭。炒饭，以往多配荤料如虾仁、火腿等与其共炒，如今的宴会上，人们已对荤料炒饭以及多油炒制颇有微词，换配以瓜果蔬菜，既清爽利口，又色彩悦目，且有降低胆固醇、减少血脂、净化血液等作用。此品采用菜叶炒饭与蛋黄炒饭两种，用圆柱形器具套压成圆柱体上、下两层，双色双味，营养丰富，成形雅致。

（5）强化地域显特色

不同地区有不同的特色、不同的风格，利用本地区特色的原材料、特色的技法既可以嫁接到传统菜式上，也可以创制出新颖的菜品来。往往越是地域风格浓郁的菜品就越是具有影响力的产品，运用当地的土原料、土方法、土调味、土餐具，或许就能制作出特色的菜品来。

例：锅贴银鱼。此菜运用江苏太湖特色之原料精制而成。太湖银鱼肉质滑嫩、细腻、鲜美；太湖白虾肉质细嫩、润滑，制成虾胶后有韧劲，口感顺滑而富有弹性。

此菜的制作以传统技法为主体，在原有的虾胶中加进了银鱼，不仅在表层上酿制银鱼，虾胶中也有银鱼的香鲜之味，再用干贝丝和荠菜配饰共烹，既增色又增香，渲染出独特的风味。

（6）变化味型兑新汁

顾客对菜品的真正取舍大多是以口味而决定的，好吃与否，成为许多人选择餐厅的主要依据。当设计菜品中想不出好的造型时，可以在口味上动脑筋。味是菜品的灵魂，利用好的食材，调配出带有个性配方的调味汁，制作出别人难以模仿的菜品口味，就可以无往而不胜。

例：三味土豆泥。土豆作为一种生活中最为常用的食材，被中外人士广为食用，吃法也多种多样。聪明的设计者，为了丰富菜品的味道，结合中外的不同食法，合理演化，将蒸熟的土豆去皮，制泥蓉，与多种调料调和，制成三个大小一致的小型球体，分别用橙汁、酸奶、番茄沙司淋在土豆球上，简易的造型体现的却是不同的风味，此菜干净雅致，色味不同，清爽利口，营养开胃。

（7）巧用器具添光彩

现代菜品的制作仅仅依靠原有的手工技术是远远不够的。现代化的设备、工具是菜品质量保证的前提。获取新的器具可以使菜肴锦上添花，还可以带来新的菜品风格，特别是实用的机械设备和可快速操作的实用工具、模具。如可以定时定温的蒸烤箱要比凭感觉、凭经验的普通烤箱省时省力，且能保质保量。

例：汽锅双味。这是利用猪仔排、农家草鸡制作的宜兴地方名菜。汽锅是宜兴特有的紫砂炊具，现已流传到全国各地。此"锅"并不是普通意义上的锅，它外观似钵而有盖，揭盖一看，中央有突起圆腔通底气嘴，汽锅上笼蒸时，蒸汽由气嘴进入汽锅，高温蒸汽将食物蒸熟。因此汽锅内的汤全为蒸汽和所溶出的肉汁鲜味，此汤可谓是以一当十、鲜美非常。这是其他器具达不到的口感效果。

附：江苏省百道乡土地标菜名单

江苏省农业农村厅、江苏省文化和旅游厅、江苏省商务厅颁发苏农产〔2020〕11号文件，"关于公布江苏省百道乡土地标菜名单的通知"，各地认真开展乡土地标菜推介活动，依托地理标志产品、绿色有机食材，深入发掘乡土地标美食，推动"农文旅""商贸服"融合发展，经各地申报、网络投票、专家评审、综合评定，决定推介100道菜品为江苏省百道乡土地标菜，现予以公布。

江苏省百道乡土地标菜名单

一、南京（11个）

1. 六合头道菜　2. 六合猪头肉　3. 高淳清蒸固城湖大闸蟹　4. 高淳水八鲜鱼头

5. 溧水东屏鱼头　6. 溧水洪蓝手抓鸡　7. 江宁东山老鹅　8. 江宁谷里鱼圆炖鸡汤

9. 浦口老山泉水甲鱼汤　10. 栖霞八卦洲炒芦蒿　11. 南京江北长芦板鸭

二、无锡(6个)

12.无锡太湖醉蟹　13.无锡酱排骨　14.无锡肉酿面筋　15.宜兴汽锅双味　16.宜兴咸肉煨笋　17.江阴顾山扇子骨

三、徐州(8个)

18.贾汪汴塘热白豆腐　19.贾汪茱萸山地小公鸡　20.沛县红烧微山湖四鼻孔鲤鱼　21.邳州尖椒焖小鱼　22.铜山高皇羊肉汤　23.睢宁烧鸡　24.新沂窑湾扣肉　25.新沂窑湾银鱼抱蛋

四、常州(8个)

26.溧阳天目湖砂锅鱼头　27.溧阳清炒白芹　28.溧阳扎肝　29.天宁焦溪香糟扣肉　30.金坛儒林羊糕　31.武进寨桥老鹅　32.武进芙蓉螺蛳　33.武进横山桥红汤百叶

五、苏州(8个)

34.常熟徐市羊汤　35.吴中藏书红烧羊肉　36.吴江清炒香青菜　37.张家港蟛蜞豆腐　38.张家港草头干蒸肉糕　39.相城稻草扎肉　40.昆山万三蹄　41.苏州清蒸阳澄湖大闸蟹

六、南通(10个)

42.海安麻虾炖鸡蛋　43.海安小蒜炖咸肉　44.如皋清炒黑塌菜　45.如东㧟茶竹蛏汤　46.如东清炖狼山鸡　47.海门红烧山羊肉　48.启东沙地文蛤饼　49.启东醉泥螺　50.启东油浸吕四带鱼　51.启东青皮茄子洋扁豆河虾汤

七、连云港(6个)

52.灌云红烧豆丹　53.海州凉拌板浦凉粉　54.东海桃林烧鸡　55.东海红烧老淮猪肉　56.赣榆小鱼煎饼　57.赣榆清蒸梭子蟹

八、淮安(7个)

58.洪泽杂鱼锅贴　59.洪泽蒋坝酸汤鱼圆　60.金湖蒜泥龙虾　61.盱眙十三香龙虾　62.淮安钦工肉圆　63.涟水鸡糕　64.淮阴码头汤羊肉

九、盐城(7个)

65.射阳清蒸鲳鱼　66.建湖九龙口砂锅鸭　67.东台麻虾肉圆　68.阜宁杀猪菜　69.响水麻辣蜗牛　70.盐都红烧大纵湖白壳螺蛳　71.盐都烩土膘

十、扬州(9个)

72.宝应蜜汁捶藕　73.宝应荷藕狮子头　74.高邮香酥麻鸭　75.高邮菱塘盐水鹅　76.邗江黄钰盐水鹅　77.仪征大仪酱牛肉　78.江都红烧邵伯龙虾　79.江都宜陵香辣螺蛳　80.广陵红桥羊肉

十一、镇江(6个)

81.句容天王金蝉花炖老母鸡汤　82.句容下蜀狮子头　83.扬中秧草烧河蚌　84.丹徒宝堰红烧甲鱼　85.丹徒世业洲红烧大鱼头　86.镇江新区东乡羊肉

十二、泰州(8个)

87．泰兴祁巷全家福　88．泰兴香荷芋烧肉　89．姜堰溱湖八鲜　90．姜堰蒋垛猪头肉　91．靖江提汤羊肉　92．高港刁铺红烧羊肉　93．兴化沙沟鱼圆　94．泰州干丝

十三、宿迁(6个)

95．沭阳钱集老鹅　96．泗洪清蒸洪泽湖大闸蟹　97．泗阳新袁羊肉　98．泗阳膘鸡　99．宿豫凉拌丁嘴金菜　100．宿城烩银鱼

第十章

江苏美点小吃品与鉴

苏式面点以米、面为主料。苏锡糕团、淮扬细点、秦淮点心等制作精巧、造型讲究、馅心多样，并随着季节的变化和习俗应时更换品种。沿海的南通、盐城、连云港除采用一般的原料外，还利用海产以及植物的花、叶、茎等为原料制皮作馅，创制出芙蓉藿香饺、文蛤饼、鲸鱼饼、沙光鱼饺等。在品种繁多的面点中，尤以软松糯韧、香甜肥润的糕团和精美精巧的细点见长，且重视调味，咸点略带甜味，馅心注重掺冻，汁多肥嫩，味道鲜美，如淮安文楼汤包、镇江蟹黄汤包、扬州三丁包子、翡翠烧卖以及茶馓、酥油烧饼、莲子血糯饭、五色大麻糕、松子枣泥糕等驰名全国。在馅心的配制上，春夏有荠菜、笋肉、干菜等，秋冬有虾蟹、麻鸭、雪笋等。苏、锡船点，形态各异，栩栩如生，被誉为食品中的精妙艺术品。

《第一节　江苏美点小吃制作特色》

江苏面点品种繁多，五彩斑斓，那蕴含其中的浓郁乡土韵味，那古色古香的格调，那美丽的传说，那市井的、乡村的传奇故事，无处不在散发着淳厚的生活气息。苏式面点以粮食作物为主要原料，以包捏技艺来展现特色，以馅心调制变化来增进美味，以熟制后色、香、味、形作为面点的标准，以其营养合理、适时应节、制作精细、注重馅心、造型典雅、品种繁多等优点深受各地人们的欢迎，并以其悠久的历史和地方特色在祖国饮食的百花园里散发着别样的光彩。

一、源自民间，根植乡土

江苏面点根深叶茂，它是在民间的土壤中培植和孕育起来的，翻开江苏饮食文化史料，见诸文字记载的面点品种，可以上溯到距今三千多年左右。《楚辞·招魂》中就记有加蜜的甜食点心。汉代是中华面点的早期发展阶段，农作物的普遍种植，粉、面食品也开始形成，在相关的书籍中，记有农家点心，有蒸饼、煮饼、水溲饼、酒溲饼、枣糕等。三国东吴、南朝时期、隋唐宋元时期的江苏均有许多面点小吃店，点心经营者有店肆、摊贩，也有推车、肩挑叫卖的沿街兜售小贩；还有售某种食物的专卖面点店。这些主食面点店铺，大都会里有，中小城市里也有。明清时期是江苏面点发展的成熟时期，讲究时令，每月都有不同的点心小吃面市，那时出卖食品的店铺就用不胜枚举的各式面点供应给食客。

江苏面点风味，在选料上以地方土、特、名、优的原料为主，如阳澄湖和洪泽湖的螃蟹、宝应的藕粉、宜兴的板栗、泰兴的白果、兴化的芋头、常熟的血糯米、吴中的芡实、泰州的麻油、太仓的糟油、镇江的香醋、高邮的鸭蛋、南通的文蛤、盐城的麻虾、扬州的虾子等食材，是制作面点馅心最好的食材。蟹黄汤包、藕粉圆子、栗蓉月饼、蜜汁银杏、桂花糖芋艿、血糯八宝饭、文蛤饼、桂花糖藕、南荡鸡头汤等，这些名特产品所制作成的食品具有良好的品质，制成的点心小吃从民间来，口味佳，营养好，得到了四面八方客人的一致好评。如扬州富春茶社的"鸡汤面"的"汤"，系采用老母鸡的原汁原汤原味，一般多用清汤，汤色清澈，清而不淡。"共和春饺面"，面汤用的虾子是特制的，多采用湖虾的籽，味鲜口醇。

江苏的点心小吃来源于乡土民间。"黄桥烧饼"因产于苏北黄桥镇而得名。黄桥烧饼之所以出名，与陈毅、粟裕指挥的"黄桥战役"密切相关，《黄桥烧饼歌》从苏北唱到苏南，唱彻解放区，使黄桥烧饼名扬大江南北。淮安朱坝"小鱼锅贴"本是渔民船上食用的主食，因捕获的大鱼出售，而剩下的小鱼为自家所吃，渔民们就在自家船上的大灶，将小鱼放在锅中煮，锅的上部贴上用面粉做的饼馍，盖好锅盖，鱼煮熟了，饼馍也蒸熟了。小鱼的鲜美，饼馍的干香，馍中有鱼的鲜味（锅中煮鱼的汤汁溅到饼馍上），这是一道主副食结合的鲜美异常的小吃食品，如今已进入到南京等地的饭店。

农历十月初一，俗称"十月朝"，这个季节刚好是新米上市，新稻入仓，在武进地区家家户户将新糯米烧成饭，并和芝麻、白糖、黄豆粉做成"糯米糍团"来尝新。糍团除了蒸了吃，还可以放在油里煎，煎成的糍团更好吃，香味扑鼻，硬香耐嚼，除了自己吃，还送给城里的亲戚朋友，大家尝尝新。糍团，这种传统的美食，已有千年的历史，它从乡土来，融合了浓浓的民俗文化。

千百年来，江苏面点已成为城乡人民不可缺少的方便食品，并伴随着一代又一代的华夏子孙，在历史发展的长河中，协同各式主副食品，为中华民族饮食史写下了光辉的篇章。面点以它独特的个性特色、品种多样、风格别具和雅俗共赏的风格在食品大世界中独步，而且在世界饮食文化史上放射出灿烂的光辉。

二、主副搭配，食养调和

江苏面点小吃的制作主要以大米、小麦为主料，以副食品原料为馅心。从饮食角度来看，正体现了中华民族主副搭配的饮食原则。江苏地区自古以稻米为主食，祖先们除了将其制成饭、粥等食品外，还利用精湛的技艺，将谷类粮食制成粉食，揉制面团，包入畜、菜、果类副食，变着花样解决人们的饭食问题。由此形成了花样繁多的面点小吃食品。

主副搭配的面点制作具有科学的合理性。首先，它适合中国国情。中国是以农业为主的大国，要解决众多人口吃饭问题，唯有依赖粮食作物。从经济上看，粮食种植地域广，产量大，价格低，普通居民也有条件以粮食、蔬果为常食之品，如汤圆、米饼、米糕、包子、饺子、烧饼等。而畜禽等养殖物，较之粮食产量要小得多，价格也贵，无条件的居民常难食用，只能作为补充物辅助食用。

其次，它符合平衡膳食、养生健身的总体要求。营养学常识告诉我们，人体需从外界摄取必要的食物，以维持生命与健康。谷类的主要成分是碳水化合物，平均占整个谷类的70％，它是供给人体热能最经济的来源。之所以成为主食，主要是它能提供人体以热能。我国人民所需要的热能有3/4是由粮食供给的，谷类中大都含有5％～8％的蛋白质和1％～2％的脂肪，还含有钙、磷、铁等矿物质和数种维生素。谷类与肉类的经济价值相比，前者便宜得多，既容易种植，又易于保管。

主副搭配的原则，使人体摄取食物更加完善。因此，面点中的包子、饺子、烧卖、馅饼等类都是把畜、菜、果作为辅助的馅心或配角来对待，如荠菜团子、玫瑰方糕、赤豆汤圆、鲜肉包子、白菜饺子、三鲜烧卖、南瓜饼、排骨面等。

江苏面点制作的精髓是主副搭配，通过两者搭配，更好地满足人们的口味需要，使人爱吃、想吃，以饱人口腹；也更加符合人们的身体之需。但面点制品提供人们食用的根本目的，还是为了养生健体。面点制作的意义，既注重食用与养生相结合；也通过熟制而成的美味可口的成品，去满足人们养生健体的需要。因此，食养调和又成了江苏面点基本原理的根本。

江苏面点制作，以主食为主，主副兼备。从营养学来看，是十分科学的，它符合平衡膳食的基本思想。利用谷类主食作皮，配合多种副食作馅，使食物满足身体的营养需要。为了维持人体的健康，必须把不同食物合理地搭配起来食用。通过主食皮坯料和辅食馅料有效的结合，使膳食中所供给的各种营养素与人体所需要的营养素能保持平衡。应该说这种平衡是膳食平衡的核心与目的。江苏面点制作"皮＋馅"的食养调和，就体现了食物多样化与平衡膳食的要求。

江苏面点讲究食养调和，是人的健康的需要。原料要搭配，五味要调和。面点制作首先讲究浓淡适宜，即所谓可口，这是指面点食用时的浓淡程度。其次是各种味道的搭配，注重五味得宜，其灵魂就是"平衡"。面点制作在调馅中始终遵循这样的原则，馅心与皮面的结合，给人以清淡爽口之美味。这里的"淡爽"，不是指单调乏味，淡而无味，简单马虎，也不是说在调味时慎用咸味调味品，而是淡而不薄，淡中见真，淡中有浓。面点的至味，恰恰又在于调动一切手段突出本味，少用调味品。其淡雅、淡爽的特色，与面点口味的丰富性、独特性和多样性，是辩证的统一。面点淡爽风格的调味原则同时也是健康原则和美学原则，是面点师对口味调制追求技术美、艺术美的一种境界。

三、讲究口味，技艺精湛

江苏面点为人们所喜爱，最大的特色在于原料的品质和口味的鲜美。馅心花式繁多、口味丰富，是江苏面点的一大特色。一种原料可以制出几种、十几种不同的馅心和风味。苏式面点重视馅料的汤汁鲜美，常采用虾子、蟹黄等原料掺和调制，在肉馅中多利用肉皮冻、高汤的佐拌，使得汤包卤汁丰盈。在面条的汤汁中，也多使用鱼汤、肉汤、骨头汤调制，以保证点心小吃的口味纯正、醇厚和鲜嫩。如苏州的"三虾面"，利用虾子、虾脑、虾仁的佐配，使得面条的口味独具特色，美不胜收。江苏点心小吃，调味喜轻偏淡。关于调味品的使用，除继承传统风味外，许多小吃品种也向多味方向发展。在原色原味的基础上，还少量使用番茄酱、咖喱酱、大葱、蒜泥、辣椒酱、香辣粉等调味品，但最主要还是利用小吃原料本身的原汁原味进行调味，达到五味调和百味香。扬州名点"千层油糕"吸取了古代千层馒头的其白如雪、揭之千层的传统技艺，创制出绵软甜润的特色。和面时将酵种面与面粉揉成生面筋状，要求稀、软、绵而有黏性、韧性，当可拉成韧性较强的长条时，再静置面团使其饧发。饧置后的面团擀开长条后，自右向左卷叠成 16 层的长条形，这时轻擀、轻压再翻身，对叠四折后用擀面杖轻轻压成边长 30 厘米的正方形油糕坯（每折 16 层，共为 64 层）。和面、擀面、叠面、压面是制作千层油糕的关键，这是糕绵软嫩、甜润适口、揭之千层、呈半透明状的主要原因。

地处华东地区的江苏，在面点制作技艺、饮食习惯上也逐渐体现出各自的乡土风格特色。客观存在的物质基础，为江苏百花齐放的面点风格提供了条件。经过几千年的发展演变和广大人民特别是广大面点制作者的辛勤劳动，而今，在我国面点的百花园中，多种多样的风味特色竞相绽放：有传统的官府面点，有各具特色的地方面点，有众多的民间面点，也有色彩斑斓的宴会面点；有精工细作的高档面点，也有普通的杂粮面点。它们各有所长，各显技艺，形态美观，味美可口，成为江苏食苑中一株鲜艳而独特的奇葩。

在江苏丰富的面点中，各个品种都具有自己的独特风格。古代，人们就讲究面点制作的工艺水平，清代袁枚《随园食单》中记载的许多特色点心，其技艺绝佳。如"千层馒头"："其白如雪，揭之如有千层。""萧美人点心"："凡馒头、糕、饺之类，小巧可爱，洁白如雪。""小馒头"："手捺之不盈半寸，放松仍隆然而高。""小馄饨"："小如龙眼，用鸡汤下之。"说明古代的面点制作已达到相当高的水平。

江苏面点艺术性强，技艺精湛，色、香、味、形俱佳，这是江苏面点的共同特点。面点制作尤重捏塑的形象，强调给人视觉、味觉、嗅觉、触觉以美的享受，注重内在美与外在美的和谐统一，始终坚持馅心的味美可口与面点色、形美观生动，特别注重外表形态的变化，讲究一饺十变、一包十味、一酥十态、一卷十样的特色，运用多种造型制作技法，使江苏面点既能食用好吃、充饥饱腹，又形象生动、朴实自然，且富于时代气息和民族特色。在明清文人的饮食书籍中，对面点食品的质量要求特别强调其感官特色，在色、香、味、形、器诸方面已有许多明示和要求。这在《易牙遗意》《随园食单》等书籍中已较普遍。如"薄荷饼"："头刀薄荷连细枝为末，和炒面馉六两、干沙糖一斤，和匀，令味得所。""卷煎饼"："两头以面糊黏住，浮油煎，令红焦色。""陶方伯十景点心"："奇形诡状，五色纷披，食之皆甘，令人应接不暇。"

注重形态的变化是江苏面点制作独特的个性。如江苏传统面点"船点"，利用米粉面团包上馅心可制成千姿百态的动植物形态，像绿茵白兔、群鹅戏水、什锦船点、硕果粉点等；各式酥点如莲蓉荷花酥、荷花莲藕酥、灵芝酥、田螺酥、鲍鱼酥、粽子酥、香菇酥、松鼠酥等，造型生动、色彩和谐，给人一种美的享受。江苏面点具有制作别致、技法巧妙、色彩鲜明、神形兼备、小巧玲珑、味美可口的特点，并能真正达到"观之者动容，味之者动情"的美妙的艺术境地。

面点制品以淀粉、蛋白质为主的粮食作主要原料，配之相应的荤、素馅心，可使食品主副结合、荤素搭配、主食与杂粮有机配合，这些都是符合饮食营养均衡的。江苏面点的美，讲究自然成趣，华丽而不妖艳，清新而不平庸，突出真、善、美，以食物的质地美为主，辅之以形、色、器的艺术美。我国古代很讲究美食与美器的合理搭配，并形成江苏面点技艺绚丽多彩的重要特色。

四、适时应节，雅俗共赏

江苏面点应时应节，在一年四季的日常生活中，不同的时令均有独特的面点品种。江苏面点的这一特点，古代早已体现。清代顾禄《清嘉录》载苏州人食俗，那时人们正月吃春饼、元宵、圆子油馓；二月吃撑腰糕、煎饼；三月吃青团焐熟藕；五月吃秤锤粽；七月吃巧果；八月吃月饼、糍团；九月吃重阳糕；十一月吃冬至团、餳糖；十二月吃腊八粥、年糕……那时的应时应典、当令宜时的特点已十分鲜明。厨师们根据地方风俗习惯和季节的更替，采用时令新鲜蔬菜和荤食，配上不同的原料，制成各式时令面点。在烟花三月、鸟语花香的春季，春卷、韭菜饼、青团是人们喜爱的食品；时逢盛夏酷暑，凉团、绿豆糕、西瓜冻之类的清凉面点，助人消暑解渴；秋季天气转凉，正值蟹肥菊黄、莲藕入市，人们便采藕制饼，取蟹制包；冬季气候寒冷，人们爱吃些热气腾腾而又能起滋补作用的面点，故有八宝甜糯饭、小笼汤包、莠汤烧卖等。还有许多面点是应节令而生的，如正月的元宵、清明的青团、端午的粽子、中秋的月饼、重阳的花糕、春节的年糕等。江苏面点是江苏人民创造的物质和文化的财富。从文化角度讲，它们寓情于吃，使人们的饮食生活洋溢着健康的情趣。

江苏面点方便可口，取材较为简便，制作的范围、场地也不需要过于大而繁复，制作除灵活多样以外，成品取之方便、食之易于饱腹，绝大部分品种都具有广泛的平民性。如糖粥、阳春面、葱油饼、黄桥烧饼、鲜肉粽子等，这些大众化面点，口味鲜香，为群众所喜闻乐见，一般以蒸制式、水煮式、煎贴式、焙烙式、烘烤式、炒爆式、炸汆式、凝冻式较多。就江苏地区来看，小笼汤包、三丁包子、麻鸭菜包、生煎包、素菜包子、水酵馒头、茭白烫面饺、双色麻饼、荠菜春饼、石梅盘香饼、王兴记馄饨、翡翠烧卖、蟹黄养汤烧卖、四季烧卖、千层油糕、大麻糕、梅花糕、蜂糖糕、香酥糕、银丝面、白汤大面、刀鱼卤面、虾子饺面、金春锅贴、淮安茶馓、葱油火烧、小笼茶糕、咸猪油糕、百果蜜糕、枣泥拉糕、桂花糖年糕、薄荷水蜜糕、定胜糕、玫瑰大方糕、黄松糕、豆瓣泥糕、五色玉兰饼、桂花小元宵、酒酿圆子、炒糖心元宵、冷糍团、麻团、猪油八宝饭、莲子血糯饭、桂花糖芋艿、荸荠饼、山药饼、鲸鱼饼、文蛤饼、藕粉圆子、歆汤、芙蓉藿香饺、鱼汤面、鸡丝两面黄等。这些面点小吃都来源于乡野市井，并得到江苏人民的普遍喜爱。

在面点制作中，以宴席面点的要求最高。宴席面点讲究味、形精美，提倡粗料细作，注重美食美色。厨师们凭着高超技艺，将这些不同的皮和馅加以千变万化的组合与造型，可制作成各式各样的花样面点品种。

面点制品具有独特风味，即使是同一品种，各地均有自己的制作风格，并适应各方人士。就猪肉馅心而言，江苏地区馅心重视掺冻，汁多肥嫩，味道鲜美，小笼包、汤包驰名全国。各式包、饺、饼所用馅料不同，工艺、营养、风味等也各有特色，男女老幼都可因人而异，大小贵贱都可以各自取用，其他制品亦然。江苏面点可适应各行各业、各个层次的人食用，真可谓四方皆宜、雅俗共赏。

第二节　江苏美点小吃畅享录

江苏面点小吃花样多、应时节、口味醇、馅心足、做工细、造型美。各式包子皮薄馅大，汤汁丰盈，馅心多变，花式精巧。面条以软韧多重汤汁或注重面条本身质地，覆盖以荤素各式浇头而味美鲜香，让人留恋。苏式糕团软松糯韧、香甜肥润，各地都有一些特色名品，使人食之难忘。松脆的酥饼，南北特色各异，精品众多，更是地方性食品中的礼品，为妇孺儿童所钟爱。应时小吃多以应时鲜蔬配荤腥或腊味、果脯、蜜饯、粮食、干果、泥蓉制馅，且变化多端。江苏点心小吃调味清鲜香醇，突出主料本味，咸味则咸中带甜，以咸定味，以甜提鲜；甜味则糯香黏滑，甜纯适口。江苏点心小吃兼有北方面点的浓郁实惠、南方点心的精细多姿的特点，形质统一，美誉华夏。

一、美点小吃香飘四方

江苏是美点小吃王国，这里有数不清的点心和小吃，每个城市都有令人叫绝的特色品种。许多地区还有小吃供应的集散地，如南京的夫子庙、苏州的观前街、无锡的崇安寺、常州的双桂坊等，都是江苏美点小吃的汇聚之地。这些丰富多彩的品种吸引了四面八方的来宾，许多餐饮企业正以崭新的姿态让海内外宾客吃得满意、吃出特色。

1. 珍品名吃魅力强

包饺多变味无穷

江苏苏式面点是中国传统面点的重要师承者，各式包饺品种丰富多样、变化无穷。从 1988 年出版的《维扬风味面点五百种》一书中看，发酵面点的"风味馅心包子类"有 44 个品种，"象形包子类"有 25 种，"花卷、夹子类"有 31 种，水调面团的"蒸饺类"有 53 种，"烧卖类"有 21 种，"汤包、锅贴、饽饽类"有 22 种等。这些品种还不是很全面，但大体能代表江苏地区的包子、蒸饺的品种特色。

包子、蒸饺的变化，主要体现在两个方面：一个是馅心的变化，通常来说，有什么样的馅心就会有什么样的包子、饺子；另一方面是造型的变化，即是象形包饺，这体现在手工、手法上的变化。

包子馅心的变化：三丁大包、五丁包子、水晶包子、素菜包子、三鲜包子、火腿包子、蜜枣包子、鸡肉包子、山药包子、五仁包子、雪笋包子、干菜包子、蟹黄包子、细沙包子、枣泥包子、双冬包子、叉烧包子、牛肉包子、韭黄包子、马齿苋包子、芝麻糖包子、萝卜丝包子、芽菜包子、柿饼包子等。

包子造型的变化：石榴包子、寿桃包子、柿子包子、苹果包子、佛手包子、鸭蛋包子、黄梨包子、秋叶包子、刺猬包子、玉兔包子、螃蟹包子、金鱼包子、小猪包子、葫芦包子、梅花包子、灯笼包子、嵌花包子、荷花包子、开花包子、糖三角等。

蒸饺馅心的变化：蟹黄蒸饺、菜肉蒸饺、干菜蒸饺、虾仁蒸饺、海参蒸饺、鸡肉蒸饺、细沙蒸饺、枣泥蒸饺、笋肉蒸饺、山药蒸饺、牛肉蒸饺、三鲜蒸饺、鱼肉蒸饺、鲜肉蒸饺、素菜蒸饺等。

图 10-1　花色蒸饺

蒸饺造型的变化：月牙蒸饺、一品蒸饺、三色蒸饺、冠顶蒸饺、四喜蒸饺、梅花蒸饺、四角蒸饺、对叶蒸饺、车轮蒸饺、梅花蒸饺、兰花蒸饺、菊花蒸饺、蝴蝶蒸饺、蜻蜓蒸饺、金鱼蒸饺、孔雀蒸饺、鸳鸯蒸饺、莲蓬蒸饺、知了蒸饺、凤凰蒸饺、燕子蒸饺、草帽蒸饺、白菜蒸饺、飞轮蒸饺、簸箕蒸饺、蝙蝠蒸饺、船饺、鸽饺、桃饺等。

除此之外，江苏各地还有一些特色品种和新开发的馅料。如宜兴市阳羡的"螺肉包子"，用螺蛳肉与五花肉、笋丁一起制馅而成；泰州市的"秧草包子"，以特色蔬菜秧草作馅，成熟后的包子碧绿清香、咸甜爽滑，口感独特，味美无比。目前江苏的餐饮市场上普遍使用的莲蓉馅、奶黄馅以及多种复合馅，如金沙奶黄馅、肉丝莲蓉馅、烤鸭菜馅、枣泥百果馅等，深受广大食客的欢迎。

三丁大包，是扬州百年老店"富春茶社"传统名点之一，至今已有近百年历史。该店师傅经多年操作，不断改进，包子质量日益提高。馅心用鸡肉、猪肉和笋等按一定比例搭配而成。在刀工上，要求鸡丁大于肉丁，笋丁小于肉丁，并用鸡汤烩制，素有"荸荠鼓形鲫鱼嘴，三十二纹折味道鲜"之赞，是广大群众喜爱的维扬特色点心之一。若在馅心中再加入海参和虾仁，即成五丁大包。该成品的特点是包子大，馅心多，鸡肉鲜，冬笋嫩，猪肉香，油而不腻，甜馅可口。

四喜蒸饺。民国时期在南京"金陵春"中西办馆就有销售，当时的政府官员常在这里招待外宾，由于外国人喜尝中国菜肴，金陵春不仅供应京苏大菜，还能供应中西合璧的菜肴，这在民国初期是非常不易的。1934 年秋末，南京胡长龄大师在金陵春掌厨。他主理的"燕翅双烤席"中的名点便有四喜蒸饺。该点花分四瓣，包捏得当，手感轻巧，并使四褶分布匀称，填上四种不同颜色的蔬菜，色泽分明，外形清晰，加之造型别致，味美鲜嫩，很受食客的欢迎。

就地取材饼芬芳

江苏地区的小吃品种大多是根据本地生长的原材料而现做现吃的。乡村、市井百姓秉持"当地有什么，我们就吃什么"的原则，就地取材制作小吃品。宜兴盛产栗子、百合，当地人就顺应土产制作百合栗子羹、飘香板栗酥、板栗莲藕酥等。宝应人盛产莲藕、茨菇，当地人制作藕夹、藕粉羹、茨菇豆腐汤等。秋季板栗飘香，江苏人用嫩栗子取肉煮熟，捣成泥，与糯米粉拌和，包入用乌枣制成的枣泥馅，做成"桂花栗饼"，用温火煎熟装盘，另浇上加热的糖桂花汁食用，柔糯滑润，既香且嫩，风味绝佳。

南通地区的启东、如东等地盛产文蛤，人们利用文蛤制作的"文蛤饼"是江苏沿海居民喜爱的小吃食品，一般以文蛤肉和猪肉配以荸荠等脆嫩蔬菜，剁蓉调味后和成饼坯，投入平底锅中煎至两面金黄时，烹入骨汤和绍酒，略焖后淋上麻油即成。成品软嫩清鲜爽口，故民间有"吃了文蛤饼，百味都失灵"之说。文蛤，又称蛤蜊、花蛤、沙蜊、车螯，是一种卵圆形的贝壳软体动物。因其肉质鲜美异常，素有"天下第一鲜"之誉。

鲸鱼饼是盐城地区独有的风味小吃，是盐城沿海地区季节性产品。每当春季，鲸鱼上市，鱼饼香脆，味特鲜美。鲸鱼，古称"石首鱼"，其体较长，腹部呈圆形，为银白色，背部呈深灰色，头前部细长成管状，吻扁平似鸭嘴，故又称"鸭嘴鲸"。利用鲸鱼制作的鲸鱼饼仍呈鱼形，是闻名江苏的海味小吃佳品。其制作是将去骨的鲸鱼肉酿入调好味的猪肉蓉馅，制成椭圆形鱼饼，放入面粉鸡蛋稀糊中裹上面糊，取出，放平底锅中油煎至熟，食时蘸以香醋更佳。

江苏小吃荸荠饼，取本地生长的荸荠，去皮切成米粒状，与糯米粉等一起和面、下剂、按扁，包入蜜枣糖油馅，制成小饼形，放入小油锅中两面煎制成熟，装盘。锅中放入清水、白糖、玫瑰酱，上火熬成糖浆、勾芡，浇荸荠饼上即成。荸荠，又称地栗、马蹄，肉质洁白，脆甜多汁，是一种很好的水生蔬菜。与米粉一起制作的荸荠饼，芳香扑鼻，味美鲜甜，清爽可口。

特色小吃最难忘

鸭血粉丝汤是南京近 30 年来特别风靡的特色小吃。它几乎称霸南京的小吃市场，全南京市大街小巷的"鸭血粉丝汤"专卖店遍地开花，超乎寻常。南京号称"鸭都"，素有"金陵鸭馔甲天下"之誉。利用煮鸭的原汤配上爽滑的粉丝、凝结的鸭血、酥嫩的鸭肝、软韧的鸭肠，食之令人回味无穷。在外地人看来，这真是一个奇妙的小吃。据李其功的《边吃边聊》记载："中央电视台节目主持人敬一丹来南京，主人在请她吃了一碗鸭血粉丝汤后，她问：我还能再来一碗吗？还有更厉害的，作家刘震云到这儿吃了一碗鸭血粉丝汤，胃口大开，哪里还满足再一碗一碗地添，立刻让店家找了个脸盆来，盛了满满一大盆鸭血粉丝汤。"[①] 从原料上看，鸭血粉丝汤就是一个绝配，用煮鸭的原汤，配上不同质地的原材料，色泽清新，淡香扑鼻，汤汁鲜美，口味独特，健康营养。人们对它的感觉就是："鸭血粉丝汤真好吃！"

藕粉圆子是盐城地区的独特品种，已有200多年的历史。一般做圆子都用糯米粉，以藕粉制作可谓独具匠心。它以藕粉做外皮，其馅心也很精致，是将经过腌渍的糖板油丁，加杏仁、核桃仁、松子仁、花生仁、金桔饼等多种果料制成，外层均匀圆滑，富有弹性，色泽透明而呈深咖啡色，馅心甜润爽口，沁人肺腑，细嚼余香不绝，清香可口，营养丰富，有健胃益血之功能。圆润透明的藕粉圆子泡在浓汤之中，半浮半沉，看上去像一个个漂动的茶色圆球，夹在筷子上柔韧而富有弹性，吃在嘴里细嫩爽口，有嚼头，余香不绝，既可作为夏令小吃，也可作为宴席甜菜。盐城建湖、阜宁等地置办筵席宴请亲朋必不可少。著名作家巴金率访问团莅临建湖城时，曾品尝其味，交口称赞。1958年藕粉圆子在江苏省名菜名点评比中享誉全省。经济学家费孝通品尝后，在报刊上撰文评价，称之为"珍品"。

芙蓉藿香饺，是南通人夏季食用的特色小吃。藿香是草本植物，其味清凉芳香，可入药。南通人夏季饮茶以其叶同泡，有醒胃和中、消暑化湿之功用。点心师以藿香叶作饺皮，桂花豆沙作馅，食之清凉祛暑，使人增进食欲。将鲜嫩藿香叶用剪刀剪成7厘米直径的椭圆形，放温水中泡软，吸干水分，在叶中间放上桂花豆沙馅，对折合拢成生坯。另用鸡蛋打成发蛋糊，放入面粉和米粉调成蛋泡糊，再将藿香饺生坯逐个放入裹上糊，下温油锅中炸熟捞出即可。成品表面洁白如雪，隐隐含绿，犹如芙蓉花朵含苞待放；入口软嫩，香甜爽口，食后口味清凉，余香良久，是夏暑时令小吃。

南荡鸡头汤，是苏州地区特色的小吃。鸡头，即芡实，在中秋节前后上市，以苏州市郊黄天荡（南荡）所产为佳。其果实为圆球形，状如鸡头，故名。剥去其外层的壳和薄膜，即为鸡头肉。鸡头肉籽粒浑圆饱满，颜色米黄，鲜品清香淡雅；煮后香气浓郁，入口软糯，嚼后回甜。其营养丰富，含蛋白质、脂肪、糖类及维生素，具有健脾滋补之功能。制作时将鸡头肉用水漂洗，在不锈钢锅（不用铁锅，防止变色）内加清水烧沸后，将鸡头肉倒入煮熟呈透明状时即离火。将白砂糖和糖渍桂花均匀放入每只碗中，将烧好的鸡头肉连汤一起舀入碗中即成。汤清澈见底，香嫩甜糯。因生长地区较少，目前鸡头米

---

① 李其功. 边吃边聊：饮食漫笔及小吃地图. 北京：世界知识出版社，2007：141.

已成为稀缺之物。从其营养和口感方面来看，它已成为较高档的植物性原料，在宴席上受到广大食客的喜爱。

莲子血糯饭，是江苏常熟特色小吃，它取用鸭血糯制作而成。鸭血糯，简称血糯，是常熟著名特产，产于常熟西部圩区。因其米粒色泽殷红，犹如滴滴鸭血，故名。常熟鸭血糯，已有100多年的种植历史。据历史文献记载，清代时，常熟鸭血糯被列为向皇室进献的贡米，故又名"御米"。其特点是：米粒细长，色泽殷红，米质透明。利用它制作的"血糯八宝饭"，佐以桂花、蜜枣、白糖等，衬以白糖莲子，入口黏而不糊，食之甜而不腻，并且含有多种氨基酸、蛋白质和生物吡咯色素，具有养血滋阴、强身补血等功效，特别对年老体弱者有强身滋补作用，因此名闻大江南北。鸭血糯加工时须与普通白糯米混合同煮，一般血糯与白糯比为3比7，这样黏性和色泽适中。制作莲子血糯八宝饭，可将两种米混合后放入清水中浸泡4～5小时，捞出来置放笼屉内蒸熟，后辅以白糖、油及蜜饯等佐料，装碗后再回蒸或加油拌炒。

2. 小吃早茶大市场

秦淮小吃风味殊

古往今来，南京的商业繁华中心——十里秦淮，热闹繁华名闻遐迩，尤其是夫子庙地区更是秦淮小吃的圣地。秦淮古河畔的夫子庙俗称孔庙，东晋在此立太学，历经唐、宋、明、清，几经扩建，更以繁华著称。20世纪初，民国政府建都于南京，官宦商贾云集，人口倍增，尽管国土上战争频繁，但都城依然歌舞升平。故秦淮风味超乎寻常地生存发展起来，在2平方公里的范围内小吃点心店不胜枚举，有23家之多。这里经营的小吃有油炸干、豆腐涝、五香回卤干、五香茶叶蛋、油条、火烧、蒸儿糕、小刀面、馄饨、汤圆、小元宵等品种，这是当时物美价廉的小吃。每逢开科考试之年，夫子庙前更是摊贩林立。

新中国成立后，有着悠久历史的秦淮小吃，既继承了传统特色，又具有浓郁的地方风味，小吃品种多达两百多个，咸、甜、荤、素，丰富多彩，一年四季皆有特色，应时品种有春卷、各式炒面、烧卖、凉粉、油堆、油饺、洗沙油糍、小笼茶糕等。四月初八日，早点店用乌叶做"乌饭"供应，"乌饭裹油条"是群众喜爱的早点。永和园茶点社创建于清末的"雪园"，供应品种有杂色点心、花色蛋糕、什锦干丝、小笼包、菜肉包子、雪笋包、荠菜烧卖、虾肉烧卖、虾肉蒸饺、萝卜丝酥饼、千层油糕、蟹黄烧饼、五仁小烧饼、开花馒头、五丁包子、八宝饭等。1917年开业的"六凤居"，原来只有一间小门面的小铺，经营着葱油饼和豆腐涝，传统特色鲜明，味道绝佳。创业于清光绪年间的"奇芳阁"，这家百年老店以经营麻油素干丝、素什锦菜包、鸭油酥烧饼等叫绝，后来又增加荽儿菜烫面饺、荠菜烧饼、鸡丝面、豆沙包、翡翠烧卖、牛肉蒸饺、牛肉馄饨和多种清真菜肴，蜚誉石头城。历史名店"蒋有记"，1980年恢复营业后，其牛肉蒸包、牛肉煎包、鸭油烧卖、牛肉锅贴、牛肉汤等吸引来宾，生意兴旺。贡院西街上的"莲湖糕团店"，日常供应的有赤豆酒酿元宵、桂花夹心小元宵、五色糕团、千层糕、卷心糕、如意糕、清米糕、马蹄糕、豆沙米糕、麻团、汤圆、甜粥等，每天食客盈门，日日火爆。"秦淮人家""晚晴楼"除了供应大菜以外，"秦淮风味小吃宴"成为招待贵宾的理想美食，以秦淮小吃为主题，把秦淮小吃的著名品种一一展现，为广大宾客带来不一样的感受，融情、趣、味于一体，使人兴趣盎然，回味无穷，受到中外宾客的赞誉。

荠儿菜烫面饺。南京传统清真小吃，是南京初夏季节性特色名点。荠儿菜是南京人在春夏之交最喜食的水鲜蔬菜，是应市时间较短的特色蔬菜，其他城市则很少见。用此菜制作的烫面饺，异常清鲜爽口，是久食荤菜和喜吃清淡者可口的妙物。取荠儿菜剥皮用沸水烫过，与金针菇、猴头菇、口蘑、香菇、木耳、油面筋一同切碎，加芝麻、麻油等拌匀制成馅心。面粉用热水烫面，擀成饺皮，包入馅心，捏成月牙饺形上笼蒸熟即成。其口感清香、滑嫩、味鲜。

虾肉烧卖。南京秦淮小吃名品。取河虾仁，沥干水分，用盐渍后加蛋清、淀粉浆和好。另取虾仁斩蓉，猪肉剁成细泥，一起放入容器内，加入盐、白糖、姜葱米搅拌入味，再加入清水后搅拌上劲，放少许芝麻屑拌和成馅。面粉用热水烫面，擀成烧卖皮，中间放入虾蓉馅，包制成形时，在烧卖的顶部嵌上几颗虾仁，均匀整齐地放入笼内蒸熟。其口味鲜嫩，虾仁玉白，食之爽口。

扬州泰州早茶旺

扬州和泰州的早茶是闻名全省、享誉全国的。早茶是当地一种民间饮食风俗，该习俗和广东地区一样，一直根植于民间，融于人们日常生活当中。苏中地区的扬、泰人，就这样一直延续着吃早茶的传统。

当地人们所说的"早上皮包水"，即是指扬州、泰州的早茶。清晨一杯香茗相伴，边吃喝、边聊天，还能欣赏到评书、古乐等极具本地特色的说唱艺术表演。扬州有名的富春茶社的茶联很有特色，直言："佳肴无肉亦可，雅淡离我难成。"喝早茶，讲究的就是这份慢慢的"闲适"。茶馆有高级的，也有普通的，普通的茶馆主要以百姓大众为对象，开支相对少些，正如一茶馆的对联："忙里偷闲，喝碗茶去；苦中作乐，烫壶酒来。"

扬州以老字号"富春茶社""冶春"最负盛名。扬州人说"吃早茶"，早茶的茶一定不能是配角：一种是"魁龙珠"——由三种茶拼兑而成，取自龙井味、珠兰香、魁针色，不减色不变味，由于这种茶融苏、浙、皖名茶于一壶，故又称"魁龙珠"为"三省茶"；一种为本地产"绿杨春"，绿杨春成品纤细秀长，形似新柳，色泽翠绿油润，汤色清澈明亮，香气高雅持久，滋味鲜醇，叶底嫩绿匀齐。

扬州早茶种类繁多，面点小菜精雅味美，主要有白汤脆鱼面、虾子馄饨、蟹黄汤包、三丁包子、千层油糕、扬州干丝、肴肉等。扬州包子有三丁包、五丁包、肉包、菜包、豆沙包、豆腐皮包、干菜包、萝卜丝包，其他名点有蟹黄蒸饺、千层油糕、翡翠烧卖、双麻酥饼、鸡丝卷子、葱油烧饼、生煎馒头、黄桥烧饼等。在早茶品种中，扬州酱菜也深受喜爱，乳黄瓜、嫩姜、菜瓜、宝塔菜等，都蕴含着酱香，让人食欲大开。

供应早茶的店铺很多，且多数店均有分店，著名的有冶春茶社、富春茶社、五亭吟春、卢氏古宅、德春、菜根香、花园茶楼、共和春、锦春、毛牌楼、皮包水、蒋家桥、必香居、食为天等。此外，扬州的大街小巷还有许多包子店和面条店，同样也深受食客们的喜爱。

泰州早茶，选用的茶水一般以清淡的绿茶或沁人的花茶为主。一壶上好的龙井，配上一盘烫干丝，一碗鱼汤面，再加上一笼蟹黄包，这是当地人必点的老三样。泰州的烫干丝口感滑嫩，可口美味，成了泰州早茶最必不可少的食物之一。清末民初时，富春、海陵春、怡园、者者居、大东酒楼等茶馆应运而生，而且生意一直火爆。当时就推出了鱼汤面、大煮干丝、小笼汤包等品种。如今泰州大街小巷仍然遍布着许多经营早茶的大小店铺，其中以富春酒店、大陆饭店、皮包水茶楼和者者居等 10 多家酒店早茶最为闻名。

泰州早茶中的干丝是遐迩闻名的。它是由豆腐干切成的，切干丝者先用刀将一块豆腐干均匀劈成 20 片左右，再斜铺切成如火柴棒相当的细丝，然后倒进沸水里反复冲烫，再加调料调味。泰州人在吃早茶时，大多也是选择以魁针、珠兰和龙井三者掺和配制的"福香"茶，这种茶兑泡之后，色泽清澈，浓郁醇厚。泰州早茶中的点心品种丰富，有蟹黄汤包、笋丁肉包、萝卜丝包、三丁大包、香菇青菜包、干菜包、虾仁蒸饺、糯米烧卖、千层油糕等。根据季节特点，茶馆还会推出用荠菜、秧草、马兰头为原料制作的菜包、烧卖，其味道滑嫩鲜美，清香宜人。鱼汤面的鱼汤甚为考究，以野生鳝鱼的骨头、小鲫鱼、大猪骨用葱姜煸炒后，以大火慢慢熬制而成。面食是泰州早茶中的压轴戏，包括了鱼汤面、鲜肉小馄饨、干拌面、熬面、炒面等多个品种。

泰州早茶传统特色店有会宾楼鼓楼店、者者居、王三大酒店、皮包水茶楼、古月楼、富士吉大酒店、新天地大酒店、大陆饭店、新翠绿饭店、美丽华大酒店、望海楼酒店等。走遍泰州，遍布全城大大小小的餐馆、饭店，早茶品种各有特色。

泰州兴化市的早茶几十年来一直兴盛不衰，利用当地土特产黄豆制作干丝，利用本地鱼、虾、蟹制作鱼汤面、蟹黄包、虾仁盖浇面以及各式包子、饺子、馄饨、烧饼、烧卖、米饼等

图 10-2 烫干丝

花样繁多，成为"油菜花之乡"独特的休闲美食，影响四方。

3. 苏南苏北酥饼香

自粉食原料的出现以来，就有了面饼和米饼。面饼中加入一定量的油脂，就成了酥饼。酥饼是我国自古以来的重要食品之一。自汉代胡麻、胡饼的引进，到南北朝时期出现了用芝麻制作的酥饼。从胡饼的引进到酥饼的改进，历史的演化、民众的喜爱，使得

用面粉做饼、芝麻助香、经过烘烤的酥饼花样丰富，源远流长。

所谓"酥饼"带芝麻一类的食品，在江苏城镇乡村的饮食网点还是以"烧饼"最为普遍，许多市井乡镇都有制作烧饼的摊档。最早出现烧饼文字的是北魏《齐民要术》，并有很详细的制作记述："面一斗，羊肉二斤，葱白一合，豉汁及盐，熬令熟，炙之，面当令起。"① 饼是入炉烘烤，用羊肉作馅。宋代，《梦粱录》卷十三中多次记载烧饼，有早市卖者，也有日午叫卖者，品种有普通烧饼，还有特殊的品种，如糖蜜酥皮烧饼。② 这是江南一带的制作状况。在江苏地区，明代宋诩《竹屿山房·杂部·养生部》中有烧饼的记载，其曰："用酵和面，缄豆沙或糖面，擀饼润以水，染以熟芝麻。俟酵肥，贴烘炉上自熟。"③ 与此同时记载的还有"蜜酥饼（三制）""酥油饼（即髓饼）"，还有"糖酥饼""蜜和饼""糖面饼""复炉饼"等，这些都是烧饼的同类。

清代袁枚的《随园食单》中有特色"烧饼"品种的记载："用松子、胡桃仁敲碎，加糖屑、脂油和面炙之，以两面黄为度，面加芝麻。扣儿会做。面箩至四五次，则白如雪矣。须用两面锅，上下放火，得奶酥更佳。"④ 袁枚特别强调了面粉的加工，扣儿这人做得较好，将面粉过筛极细，白如雪，口感更加酥松。这是选料较讲究的烧饼。《调鼎集》中的"烧饼"为糖烧饼，其制作："每白面二斤，饴糖、香油各四两，以热水化开，糖、油打面作饼外皮，又用纯油和面作酥，裹各种馅。"⑤ 此烧饼已接近现代的制作，只是和面时加入了糖，使得烧饼更加酥脆甜香。对于市场上普通的烧饼那就更加简单了，许多是没有馅心，只是放点盐和葱花而已。其价格便宜，食之饱腹，适宜普通百姓。

民国以后，城镇乡村都有制作烧饼的摊贩，广大老百姓食用烧饼也是较普遍的事，主要是解决人们的早餐问题。就江苏各地的烧饼品种而言，如泰州的"大炉烧饼"，盐城的"草炉烧饼"，根据形状的不同，还有"蟹壳黄烧饼""朝牌烧饼"，不包任何馅心的烧饼，俗称"草鞋底"，而连云港板浦镇有一种大而长的烧饼，足有四五个普通烧饼大小，没有馅心，只是椒盐味，可供多人食用。根据馅心的不同，品种就更加丰富了。

同样是用芝麻制作的酥饼，各地在名称上也有不同，如泰兴的黄桥镇有"黄桥烧饼"，常州人的芝麻酥饼称为"常州大麻糕"，苏州人的芝麻酥饼称为"枣泥麻饼"，南通人的酥饼称为"西亭脆饼"，宿迁人的酥饼称为"乾隆贡酥"等。

在泰州的地方史料中，当地制作烧饼的人很多。清末民国人夏兆麐为泰州人，所撰《吴陵野纪》卷七中就曾记载本地的"大炉烧饼"："用炉烘烤，名为烧饼。小炉用炭烧，不若大炉用草烧者其味较香，馅用酥与豆糖及葱油之类。"⑥ 现在"大炉烧饼"在泰兴

① （北魏）贾思勰. 齐民要术. 北京：中华书局，2009：921.

② （宋）吴自牧. 梦粱录. 杭州：浙江人民出版社，1980：148.

③ （明）宋诩. 竹屿山房·杂部//景印文渊阁四库全书（第871册）. 台北：台湾商务印书馆，1982：135.

④ （清）袁枚. 随园食单//续修四库全书（第1115册）. 上海：上海古籍出版社，1996：691.

⑤ （清）佚名. 邢渤涛注释. 调鼎集. 北京：中国商业出版社，1986：740

⑥ 俞扬辑注. 泰州旧事摭拾. 南京：江苏古籍出版社，1999：99.

一带店家还在如法炮制，只是由"草"改为"炭"了，食用者每天络绎不绝。

盐城地区传统的"草炉饼"，是采用古代较早期烧饼制作方法。草炉饼工艺讲究的是"酵正、火正、碱正"，运用发酵面，使用传统的兑碱法，食之面香，口味纯正，深受广大群众的喜爱。草炉饼的炉子是专门定做的无釉砂缸，缸底卧放嵌入灶中，去掉缸底就是炉口，而"草炉饼"使用的燃料是柴草、稻草和小麦秆，不但没有烟火味，还有一种草香味，食之爽朗舒心。汪曾祺在小说《八千岁》中也有记载："右边是一家烧饼店，这家专做'草炉烧饼'。这种烧饼是一箩到底的粗面做的，做蒂子只涂很少一点油，没有什么层……这种烧饼便宜，也实在，乡下人进城，爱买了当饭。几个草炉烧饼，一碗宽汤饺面，有吃有喝，就饱了。"可惜，现在很难吃到了！与"草炉饼"较相似的盐城"挂炉烧饼"，其炉子也是用大口的砂缸，横卧用土砖堆砌架起，将缸底敲掉，缸口朝里，缸底朝外，作为炉门，周围用砖块垒砌一个炉灶。这个炉灶的内部十分光滑，缸的底端是烧火的炉膛，使用的草只能用小柴或麦秸，缸的四周就是贴饼的地方。普通烧饼用的是"桶炉"，而"挂炉烧饼"用的是卧式缸炉。每次制作，都要用柴草将炉膛烧烫，以保持一定的温度后才能贴制烧饼。一只炉子需 2～3 人操作，一人打饼，一人贴铲，另一人烧火。打饼的师傅将已发好的面搓成长条划上两条线，不规则刷上一层糖浆，最后不规则撒上一层芝麻，切成长方形块块，便完成了原料的准备，打饼师傅会两手左右开弓从炉膛左右两侧，一直贴到炉子内。待金黄成熟后再铲出一块块炉饼。趁热而食，又香又脆又酥，是一种物美价廉的大众化食品。乡镇的人家喜爱将挂炉烧饼晒成干，备以待客，亲友登门，用开水一泡，加上红糖，即成一碗可口的烧饼茶。现如今，全省各地乡镇还有很多地方用"桶炉"制作传统的烧饼，已由过去的草炉改为用炭火烤制了，其风味特色依旧。而大部分制作烧饼已改用烤箱烤制，制作环境有很大的改观，但口味要略逊色些。论起烧饼的种类，江苏绝对领先全国，几乎每个市、县到镇都有自己的特色烧饼。

下面介绍几种江苏各地流行的酥脆而香的芝麻酥饼。

黄桥烧饼酥嫩黄

黄桥古镇人以种植元麦、小麦为主要食粮，丘陵地上种植的芝麻可充分利用，生猪养殖多，猪油是日常生活中必不可少的食料，这些都是当地人制作烧饼的好素材。猪肉制成的肉松成为烧饼的最主要馅料，猪板油熬制后的油渣是其他馅料中最主要的辅料。黄桥烧饼在民国时期就流行于苏北与沪宁线一带，扬州、南京、上海等地均有出售。1939 年，新四军东进开辟抗日根据地时，在名闻中外的黄桥反摩擦的战役中，新四军苏北指挥部在陈毅、粟裕的领导下，带领黄桥民众家家磨面、烧水、和面，赶制烧饼。一时间男女老幼推车、挑担、肩扛，经大道、抄小路，从四面八方为前线新四军将士送烧饼的人络绎不绝。当时有一支群众喜爱的《黄桥烧饼歌》："黄桥烧饼黄又黄，黄黄烧饼慰劳忙，烧饼要用热火烤，军队要把老百姓帮。同志们呀吃个饱，多打胜仗多缴枪……"从此黄桥烧饼在为人民服务的历史上添上了光荣的一页。该饼饼色嫩黄，饼酥

图 10-3　黄桥烧饼

一层层，一触即落，上口酥松不腻。其品种有蟹黄、虾仁、火腿、枣泥、细沙、雪里蕻、豆苗、干菜、香蕈、蘑菇、糖油、肉松、五仁等，味各不同，为全国家喻户晓的特色产品。

香脆松软大麻糕

常州大麻糕，江苏省地方名特食品。其制作工艺始于清咸丰年间，由仁育桥畔的长乐茶社王长生师傅创制，距今已有 160 余年历史。其面团揉功独到，皮薄酥重，制作考究，注重火候，有甜咸不同口味，成品色呈金黄，香脆松软甜鲜，层次分明。

麻糕是常州人叫了一百多年的名称，出了常州就不叫麻糕，通常糕厚而饼薄，只有常州人把这饼状类食品称为"糕"。常州大麻糕的制作十分精细而考究，从选料、配料、油酥的制作、馅心的配制、面粉的发酵、酵面的用量、加进多少油酥及馅心，直至一道道的成形工艺、烘烤的时间及火候都十分讲究和规范，就是麻糕出炉都要用特制的铲子和兜子，才能把大麻糕从麻糕桶中取出。而今创制的"椒盐麻糕"，是按传统配方制作的"咸馅蘸糖"工艺，这种椒盐麻糕咸而不烈、甜而不腻，还加了松仁、瓜子仁、桂花，其口味更好。

鸭油烧饼质地酥

鸭油酥烧饼，又称草鞋底烧饼，为南京清真传统名点。在南京贡院街鳞次栉比的茶馆饮食店中，老字号奇芳阁茶馆不但南京人喜欢光顾，外地过客也常慕名前往。奇芳阁茶馆开设于清代光绪年间，1917 年股东失和，散伙收歇。后因废科举，贡院辟为市场，股东朱寿仁、刘海如等便在贡院买了块地，开了这间新奇芳阁茶馆。开业以后能容纳 200 人的楼面常常座无虚席。

烧饼素来被视为大路货，但新奇芳阁的烧饼却不同凡响。这里的酥烧饼皆用鸭油和制，其品种有糖油、萝卜丝、荠菜等，尤以荠菜烧饼最受称道。那甜咸酥透、香气扑鼻的各式烧饼，在当年的夫子庙是独一无二的。每当荠菜上市之际，购者纷至沓来，去迟一步，即告售罄。现在日常供应的鸭油酥烧饼，色泽金黄，质地酥脆，有鸭油和芝麻的独特芳香，每天食者络绎不绝。

惠山油酥香甜松

惠山油酥，原名重油烧饼，别名金刚肚脐，是无锡传统名点。选用上等白面粉加豆油拌和再酿进椒盐馅心，撒上芝麻制成。其形似棋子，以桃肉、青梅子、糖瓜条、桔皮、糖、素油等 10 多种原料作馅，用精面粉和芝麻作皮，具有素、香、甜、酥、松的风味。此品相传始于明代，其说有二：一是明末时明宗室的朱圣谕携眷来到无锡惠山脚下，一时苦于生计。某日朱圣谕踱进古华山门，目光无意落在袒胸露腹的四大金刚的肚脐上，突然想起宫中有种重油酥饼，大小像金刚的肚脐一样。他由此决定以做这种宫中的点心为生，并将之称作"金刚肚脐"。二是明初，在惠山脚下一些佛寺制作的素食，专供进香者食用，距今已有 600 多年历史。清代惠山寺住持惠性法师给油酥起了个外号"金刚肚脐"，从此名传四方，沿用至今。如今，惠山油酥慰奉乡邻，远播四方，随着制作工艺的改善以及制作工具的进步，越发受到无锡以及周边地区人们的喜爱。

双麻酥饼芝麻香

双麻酥饼是扬州的传统名点，是 20 世纪 40 年代由面点大师张广庆所创制的。这是在原双麻小烧饼的基础上加以改制的，变发酵面为不发酵，变烘烤法为油煎烙，采用水油面和油酥面两块面，制成双麻酥饼。其馅心又分甜、咸两大类，甜的有糖油、五仁、枣泥、豆沙、玫瑰等，咸的有干菜、葱油、火腿、肉松、香肠、鸡丝等。所谓的"双麻"，指的是酥饼两面都蘸满芝麻。它不同于一般烧饼，普通的烧饼和酥饼都是在一面蘸芝麻，这就是两面香脆的特色。传统的小烧饼是用发酵面为主坯，少加点油酥面，而改良后的双麻酥饼，采用的是油酥面团，经擀制、叠压、成剂、包馅等过程。两面蘸好芝麻后，传统的制法是先用平底锅两面烙制定型，然后用油锅炸制成熟，再用平底锅烘烙，以减少饼内油量，这样吃起来清爽利口。成品外香脆，内松软，馅心油润适口，内皮层层起酥。

西亭脆饼酥而脆

西亭脆饼，原名西亭复隆茂白脆，是南通西亭地区的著名点心，始于清代光绪年间。因其用料考究，做工精细，具有酥甜香脆、美味可口的独特风格。早在西亭镇上就有做茶食的能手，因当地人喜欢吃脆饼，他们就在脆饼上动脑筋，加油加糖，外加桂花、桔皮，并将方形改成长条，上面洒上芝麻。此外，他们还改革了筒炉，把握住火功，终于制作成别具一格松脆香酥的脆饼。脆饼上市后，全镇轰动，倍受顾客欢迎。曾任清政商务大臣的张謇，因祖居西亭，每年要回西亭祭祖，每次都要品尝脆饼。他除了自己爱吃外，还用脆饼作为礼品赠送华商、外商及达官贵人。张謇还亲自为该店题名"复隆茂"。如今，西亭脆饼更深受普通老百姓的欢迎。西亭脆饼选用上等精白面粉为主料，以传统制作工艺加工，用嫩酵面调制水油面，包上干油酥，开酥成形后，撒上芝麻，用黄泥炉微火烘烤，表面黄而不焦；脆饼的工艺考究，每只饼有 18 层次，脆酥异常。西亭脆饼从 1980 年起获得国内外 10 多种奖项，是江苏省优质食品。

乾隆贡酥松脆透

宿迁乾隆贡酥，是江苏著名的美食点心，也是烧饼家族（原名叶家烧饼）中的一种。该名得益于乾隆二下江南之时（1757 年），途经骆马湖皂河古镇，在皂河用膳时，当地官员就把叶家烧饼作为贡品送上去，乾隆皇帝品尝后赞不绝口，从此，皂河叶家烧饼就叫乾隆贡酥，一直流传至今。乾隆贡酥的制作，遵循古法，坚持传统制作工艺，匠心烘焙，其最大特点是有四绝之美，即香、脆、酥、透。香即饼香、油香、芝麻香。脆，即沾唇即碎，饼需轻拿轻放，夏天放置 3～5 天香脆依旧。若是用袋包装，脆皮可保持 1 个月以上。酥，就是松软，不但皮酥，内里如一。透，就是玲珑剔透，外形美观。刚出炉的烧饼白生生、黄澄澄，一颗颗晶莹闪亮的芝麻仁镶嵌其间，诱人食欲，酥透可口。

枣泥麻饼双麻满

枣泥麻饼是苏州历史悠久的传统名点，是烤制浆皮类糕点的代表之作，多由糕点食品厂生产完成。它采用白砂糖、饴糖、鸡蛋、猪油、面粉和油制作皮面，以枣泥、松仁、胡桃仁等为馅心，双面沾铺芝麻，精心焙烤，芝麻粒粒饱满，色泽金黄香甜，枣泥细腻醇郁，松仁肥嫩清香，玫瑰芬芳扑鼻，具有色香兼顾、形味并重、松脆可口的特色。

枣泥麻饼有荤素两种，都香甜可口。做馅料用的黑枣肉、大松子仁、猪板油和脱壳芝麻都必须优选品种，以保证麻饼的口感与味道，并使出炉的麻饼达到内软外酥，齿下留香的口感。在制作上，枣泥麻饼的揉制面、拌馅料、包饼、上烤炉、烤制的温度等都有很多讲究。目前代表性的品种有稻香村枣泥麻饼、木渎枣泥麻饼、相城麻饼等，其配料、工艺、规格、风味都各尽其妙。代表性的馅料品种有松子枣泥、松桃枣泥、松子豆沙枣泥、枣泥白糖、枣泥猪油、松仁桂花、玫瑰猪油、猪油豆沙、百果猪油等。

精美酥松车轮饼

车轮饼是江苏省宿迁地区的传统名点，盛产于宿城区洋河镇等地。车轮饼为油炸食品，主要原料为面粉、白糖、青红丝、生猪板油、冰糖等。制作后需热食，色泽金黄，口感细腻。据传说，清代乾隆皇帝下江南时路经洋河镇，品尝了该酥饼后，与大学士纪晓岚交口称赞。而后，有人针对车轮饼的口感特色配诗题曰："洋河有饼若车轮，香脆酥甜妙化神。莫道京华糕点好，品来不及此奇珍。"多少年来，这种油香扑鼻的洋河车轮饼，代代相传，远近闻名。

车轮饼的制作，使用油酥面团，用水油面包裹油酥面，经过擀面、叠面、再擀制、搓条、下剂子，包入用核桃仁、瓜子仁、金桔饼、糖桂花、红绿丝制成的馅心，因两种酥面揉和起来的面皮包饼，一经油炸，既能沾唇即碎，酥脆适口；在外观上又能现出美丽的花纹，令品尝者吃得舒心。特别是现炸的酥饼，层层酥脆，还能吃出"咯吱响"的声音。

二、汤包吮吸皮薄卤足

江苏地区的发酵面在元末明初就已经很有名气了，在苏州人韩奕的《易牙遗意》一书中就有大酵面、小酵面之分。用大酵面制作的包子有三丁包子、鲜肉包子、野鸭菜包、素菜包子、豆沙包子、生煎包子等；而用小酵面制作的包子有小笼包子、灌汤包子、紧酵包子等。《易牙遗意》中的"小酵"有两法："用碱，以水或汤搜面。其搜面，春秋二时用春烧沸滚汤，点水便搜；夏月滚汤，誊冷，大热用冷水；冬月百沸汤点水，冷时用沸汤便搜。"又法："用酒糟面晒干收贮，每用酌量多少，以滚汤泡，放温暖处，候起发，滤其汁和面。"① 这里主要说的是"小酵"面，而今的汤包、小笼包之类的点心，有些饭店已不用小酵面了，而是用水调面擀皮制作。不管是小酵面还是水调面，只要保持包子的汤汁不破裂，吃口柔韧爽滑，保持美好的口感特色，就是佳品。

江苏的细点包饺，精工细作，赫赫有名。在江苏各地城镇，都有小笼包子供应，且各地都有自己的特色，每天都有络绎不绝的人流加入品尝和食用的行列。江苏人对包子的制作十分讲究，一只中小型的包子，其皱褶要求多而均匀，并有"荸荠鼓形鲫鱼嘴，三十二纹折味道鲜"之誉。省内各地的小笼汤包皱褶要求也较高，大汤包的褶要有30个之多，小笼包子的褶也不少于20个。包子不仅在于外形，其内馅的制作要求也较高，要汤汁丰盈。这就是江苏点心制作的特点，利用皮冻掺入肉馅中，食之汤卤充足，味美悠长。人们走到江苏的许多地区，都有让人食之萦绕的美点包子。这里选取江苏较有名气的汤包，以供品评与鉴赏。

1. 蟹黄汤包味鲜绝

镇江汤包蟹馅美

江苏镇江的蟹黄汤包，有悠久的历史。民国时期的"同兴楼""宴春"两家的产品较好。它的特点是全年供应，没有季节性，且皮薄、汤多、馅鲜。食时，佐以镇江香醋，其味更美。凡来镇江旅行的客人均慕名前往，以一尝为快。

镇江蟹黄汤包制作精细，用料严格，其馅心采用新鲜猪肉斩剁而成，蟹黄则是采用活蟹剥肉，经过特殊加工熬制成蟹黄蟹油。馅心要将切碎的皮汤冻和肉馅一起搅拌调制而成，晶莹透明，融为一体。包子的面皮采用小酵面，其柔韧而有劲道，手拍剂子成皮，形成四周较薄、中间稍厚的状态，这样才能兜得住汤而不致掉底。汤包捏制24褶，24道花纹的收口处形成鲫鱼嘴，放在笼里像座钟，夹在筷上像灯笼，工艺十分精良。做好的汤包体小、形美、皮薄、馅足、汤饱、味鲜。汤包只宜热吃，汤包内皮冻经蒸制后会还原成液体，因此在食用时千万小心，待稍凉后小口慢吸，味美异常。

靖江汤包蟹肉满

靖江与镇江都濒临江畔，饮食以江鲜水产为主，个大肉足的螃蟹同样是当地名产。靖江蟹黄汤包是近40年来的后起之秀。其特点主要是馅料和面皮。在馅料方面，以当地的蟹黄、蟹肉入馅，加上用农家散养的老母鸡、富含胶原蛋白的猪皮熬制而成的肉皮冻。面皮方面，既要做到皮薄如纸，又要足够柔韧筋道，在和面、揉面、擀皮、包捏的过程中以保证面皮的可塑性，使其在蒸制、移动和客人食用环节不致破裂。面皮韧性筋道是汤包不破不裂的关键，当食客吮吸汤汁后，面皮完好如初，若佐以姜醋也同样美味诱人。

靖江蟹黄汤包，看似简单平常，只是柔韧的面皮包裹着一汪汤汁而已，但口感绝

---

① （清）韩奕. 易牙遗意//续修四库全书(第1115册). 上海：上海古籍出版社，1996：630.

美，不易干硬破裂，诀窍就在于从选材、熬汤、擀面、捏制、蒸制等每一个环节都必须精准细致，若某一个环节出了问题都会使汤包前功尽弃。这正是江苏汤包非常奥妙的关键所在。

淮安汤包数文楼

淮安文楼汤包，自清朝道光年间开始出名。当时淮安设有淮安府、漕运总督署，京城常派钦差来，河下镇的盐商也多，因此这种汤包驰名于省内外尤其是北京。做汤包的面团是烫面，不发酵。蟹黄汤包，包子似半透明体，皮外可以看到包子里面的蟹黄，大约在中秋节后蟹肉肥时开始供应，到农历十一月份停止。一般地，汤包馅料是鸡肉、猪肉、蟹，更贵重的也可以加入虾仁、海参、鱼皮等。

传统的淮安汤包，以文楼的最好。文楼的蟹黄汤包，制作工艺精湛：一是用水调面，皮面较薄，透亮明澈；二是馅心以肉皮、鸡丁、肉块、蟹黄、虾米、竹笋、绍酒等多种配料混合而成；三是把冷冻后的馅心纳入包内，出笼后汤色晶莹不破，口张汤满而不溢。汤包汤汁丰盈，而拿取汤包是一门学问，需要有经验的厨师小心翼翼地撮入碟内，倒上香醋，撒上姜米。上席后，食用时以嘴开小口，再吸入汤汁，汤鲜美可口。现在餐厅服务人员都会配以吸管，可小心吸食包中的汤馅，最后再品尝面皮的美味。有诗赞曰："桂花飘香菊花黄，文楼汤包人争尝，皮薄蟹黄馅味美，入喉顿觉周身爽。"

加蟹小笼包冠江南

常州加蟹小笼包，原名加蟹馒头。据《常州府志》记载，常州加蟹小笼包产生于清朝道光年间，由常州小河沿浮桥南堍的万华茶楼首创，后经马根宝、裴老海等名师改进制作技术。它的独到之处，一在皮薄韧性，二在馅料松嫩，三在汤卤鲜美。

面团的调制是用刚刚发起尚未完全发足的嫩发面，这样方能保证面皮既紧实、富有韧性又具有通透感。一般50克面粉做6张皮，大小、厚薄都要均匀一致。馅料以猪肉为主，再加以蟹肉、蟹黄调制，不加味精，靠糖、姜、葱、料酒、盐来提鲜。将制好的皮冻与肉馅调和在一起，经笼一蒸，胶冻融化，形成美味的汤汁。蟹膏的熬制过程十分讲究，必须选用上好的猪油，熬至金黄，放入葱、姜、蒜等去腥，然后将事先准备好的蟹黄倒入锅中煸炒熬制。熬制好的蟹膏冷却后置于冰箱内冷冻；制皮、包馅后，经6分钟的蒸制，蟹膏的鲜香完全融化在汤汁中，与猪肉、皮冻的肥嫩交融在一起，鲜香肥嫩的加蟹小笼包形成了，食之满口汁水，肉馅有弹性，口味丰美。

龙袍汤包蟹味鲜

南京六合龙袍有一款绝佳的美食——龙袍蟹黄汤包。据记载龙袍蟹黄汤包已有两百多年的历史，相传，曾为朝廷贡品。此"龙袍"二字，指的是南京市六合区的龙袍镇。

龙袍蟹黄汤包馅心松爽，卤多汁浓，以其用料讲究、配方独特、制作精良而著称。长期以来龙袍蟹黄汤包的制作恪守传统技艺，以保证产品的制作质量。每年菊黄蟹肥时，都要吸引大江南北数十万食客前来一饱口福。据《六合县志》记载："龙袍蟹黄汤包清末即负有盛名，以皮薄、馅嫩、味鲜、不腻而著称，于制蟹油、皮汤、做馅、擀皮、捏包、火蒸等工序均有严格要求，看起来似秋菊吐艳，吃起来鲜而不腻。"制作者在和面揉面、馅心加工、熬制皮冻等方面也是精益求精，以保证皮薄、馅大、卤足、鲜美之特色。

2. 灌汤包子皮包卤

无锡小笼包重汤汁

无锡小笼包，当地人又称小笼馒头。追溯源头，无锡小笼包是从北宋灌汤包发展而来的，它最大的特点是咸中带甜、皮薄汁多，早在民国时期就享誉沪、宁、杭一带。每逢年节、喜庆之日，小笼包似乎是家家不可缺少之物。无锡小笼包不光重汤汁，而且重肉馅。既要用上好的鲜肉做馅，还要做出鲜美的汤汁，这是无锡小笼包的个性特色。

无锡小笼包有别于其他地方小笼包的特点就在于它较甜，这与无锡当地人嗜甜的口味有关。随着现代饮食养生与健康的重视，一些店铺减少了小笼包馅料中糖的用量，口味渐渐向鲜洁、清淡的方向转变。实际上，微甜风格的小笼包更显无锡的特色。人们对无锡小笼包的评价是："夹起不破皮，翻身不漏底，一吮满口卤，味鲜不油腻。"

扬州汤包灌汤足

扬州的灌汤包是早餐茶点中不可缺少的重要角色。据《邗江三百吟》"灌汤包子"条引言："春秋冬日，肉汤易凝，以凝者灌于罗盘细面之内，以为包子，蒸熟则汤融不泄。扬州茶肆，多以此擅长。"

扬州早点店的灌汤包一般一人一小笼，一笼一只，个个如拳头大小，汤包皮薄如纸，吃法奇特，肉馅与鲜汤同居一室，啜吸着浓浓的汤汁，嚼着醇香的肉馅，便就将吃面、吃肉、吃汤三位一体化，是一种整合的魅力。因汤包里汤汁丰满，食用时宜"先开窗，后喝汤"。吃时先把吸管插入包子中，待热气散发少许，再小心地吸取汤汁。灌汤包子用料考究，制作精细。它以精面粉烫面制皮坯，选用肋条肉为馅心，用鲜骨髓汤打馅，配以十多种上等调料佐味，制成的包子鲜香肉嫩、皮薄筋软，外形玲珑剔透，汤汁醇正浓郁，入口油而不腻。

薄皮包子刘长兴

南京刘长兴面馆以经营面条和薄皮包子名闻遐迩，自 1927 年开业以来，至今已有90 多年的历史。薄皮包子是南京著名的风味小吃，其特色是制作馅心时只加酱油，不加盐和味精，以保持原汁原味，成品皮薄馅大，卤多肉嫩，汤汁盈口，咸甜适口。传统薄皮包子的面皮是小酵面，要求筋道而软韧，每只包子必须是 24 个明细的花纹皱褶，中间留一个小洞口似鲫鱼嘴，置旺火上蒸熟，揭开笼盖，包口卤汁充盈，包皮色白光亮；卤汁进口，鲜美异常，不感油腻。包子的肉馅是用夹心肉加入剁制好的皮冻，辅以调料和葱姜汁等作料，最后用麻油拌透。肉皮冻的胶质使得汤汁黏稠、肉香浓郁。食之，皮薄筋软，蘸香醋、姜丝，鲜美和浓郁之味更被充分地激发出来，为顾客所称赞。

鸡鸣汤包卤丰盈

南京的名食小吃鸡鸣汤包，是许多老南京人的心头念想。鸡鸣汤包起源于 20 世纪

50年代，其说法有二：一是由老市长彭冲带领几位面点名师去苏州学习，并在苏式指甲包的基础上改良发展而来的；二是由苏州人居银根带到南京，居银根在鸡鸣酒家担任总厨，他在原苏式汤包的基础上，运用发面工艺，选用上等猪肉，研制出甜中带咸、咸中带鲜的鸡鸣汤包。正宗的鸡鸣汤包小巧精致，皮薄且透亮，一口咬下去，能品尝到甘甜的汤汁，汤色清澈，卤汁丰盈，鲜而不腻，蘸些香醋，更可以化解猪肉的油腻，肉馅饱满紧实。鸡鸣汤包包好以后，要翻着放在蒸笼里，这也是鸡鸣汤包最明显的特色所在："肥肥大大，肚脐眼朝下。"慢慢咀嚼，猪肉的鲜嫩搭配汤汁的鲜甜，简直妙不可言。

在江苏，汤包处处有。泰兴市的曲霞蟹黄汤包和丹阳市金鸡蟹黄汤包都是江苏有名的汤包。曲霞蟹黄汤包选用优质草鸡、鸽子、大骨头、猪皮等煨熬成汤，再和以蟹肉、蟹黄和新鲜猪肉馅，并佐以10多种调料，保证汤清不腻，稠而不油，香浓鲜美。金鸡蟹黄汤包的馅心选用蟹黄、蟹肉熬成蟹油，再用老母鸡、筒子骨、猪蹄熬制汤汁冷冻成皮膏，蟹油、皮膏与鲜猪肉末拌成馅心，保证了原料的原汁原味。

三、苏式面条精品众多

面食，常常是北方人的专利。北方人吃面食是全国闻名的，各种面食品种多，花样多，因为这是北方人的主食。许多外省人对江苏的面条质量不是太了解，总以为比不上北方的面条。实际上，北方的面条粗犷、硬实、筋道，如刀削面、油泼面、拉面。江苏的面条细腻、雅致，绵、醇、鲜、润。按地域来看，江苏是鱼米之乡，是一个以大米为主食的地区，哪有那么多的人喜欢吃面？应该是吃米饭、喝米粥、食汤圆、煎米饼，抑或是像广东、广西人那样吃米线、米粉条。然而，江苏人不仅喜欢吃大米饭和糕团，而且也喜欢吃面条。江苏的面条不同于北方的面条粗、宽、大、厚，而是比较小、比较细，是精巧型的，在汤面中更能够入味，盛面的碗也相对小些，体现的是精致的特色。

江苏各地的点心品种丰富，面食方面也有巨大的消耗。最典型的是面条，江苏人爱吃面条也是全国闻名的。看看苏南城市苏州，面条的消费也是数一数二的。据统计，苏州大市范围内一天要吃掉600吨左右面条。就苏州的面馆来看，据不完全统计，大概有大小店铺26 340家。这是一个可观的数字。苏州面馆遍地开花，就带"兴"字的老字号来说，朱鸿兴、同得兴、陆长兴、裕兴记……就开了很多家分店。苏州饮食一年四季花样不同，即使吃面条也有讲究，如2月、3月的阳春面，5月、6月的清风三虾面，5月到10月的枫镇大面，8月、9月的蟹粉面，10月、11月的秃黄油面。

再说镇江的"锅盖面"，镇江人一般每天早上都是以一碗锅盖面而完成早餐的。扬州、泰州的早茶是闻名全国的，吃早茶的主食往往都离不开一碗热汤面。这些面条的消费都是可观的。而江苏人吃面条是讲究浇头的，浇头的风味决定了面的风格，如肉丝、爆鱼、焖肉、大肉、鳝糊、虾仁、牛肉、排骨、鸡肉、三虾、三鲜、什锦、蹄髈、腰花、猪肚、肥肠、白汤、雪菜、素鸡、素浇、香菇等。下面介绍江苏较有特色的面条。

1. 江苏面条味悠长

在江苏各地游览，不管到哪里，总会对那里的面条情深意长。就苏南、苏北比较而言，最讲究、面条品种最丰富、最有吃面文化的地方首选苏州，而且四季名品最多，带有浓厚的"雅"气；而食用最广泛、最有平民性和普遍性的地方要数镇江，镇江有很多大大小小的面馆，而且他们都卖一种面，曰锅盖面，当地人亲切地称其为"盖面"，镇江市区绝大多数人每天早餐都是被锅盖面征服的，此地的面条有较多的"民"气；无锡、常州、扬州的面条各有各的绝活，都有一些名品，优雅中带有一点"文"气；南京的面条因掺杂了部分北方的特色，在雅致方面、在面汤和面条的质感方面比不上前面的城市，但有北方的豪迈，以前销售最旺的是小煮面、皮肚面，现在是一些盖浇面，如大肉面、牛肉面、熏鱼面，多了点"豪"气。许多县市级城镇中的面馆也有许多叫绝的面条，如江阴的红汤面、东台的鱼汤面、昆山奥灶面等，街巷上都会飘来面香，当地人都有独特的吃面情怀。而到吴江、江阴、兴化等地的菜市场采购来的面条，由于面条的质感特色，也会带来不同寻常的口感和风味。

江苏人吃面条有自己的特色，那就是善于制汤、调卤、烹浇头。如苏州的枫镇大面和奥灶面，汤美鲜醇；淮安、泰州的鳝鱼面汤卤味鲜。在江苏，如果一碗面没有独到之处、没有深厚的功底，是打动、吸引不了人的。区别于阳春面，江苏多为"花色面"，多带浇头，食料丰富多彩，也称为"浇头面"。

江苏人吃面，是以带汤水的"浇头面"为主的。因此，汤是各面馆的看家绝活，若面汤的配方独特，就成了看家本领、独门秘籍。汤是骗不过客人的嘴巴的。故此，汤是面条的灵魂，好的商家自然是不敢怠慢的。

面条有没有特色，"浇头"也是关键。苏州枫镇大面的特色就在于"焖肉"，汤是用白汤，汤汁清澄鲜醇，而焖肉工艺也较复杂，达到入口松软、酥烂，并有淡淡的酒酿香味。这是夏季特有的品种，成为苏州城的一大绝活。苏州三虾面是比较绝妙的高雅面条。它时令性较强，每年的端午节前后，江南河湖中的雌虾进入产卵期，以太湖所产的白虾品质为上，渔民形象地称之为"蚕子虾"。所谓"三虾"，即是虾身上的三宝：虾子、虾脑、虾仁。制作时需先剔出虾子，再剥虾仁，剩下的虾壳与虾头一同熬制鲜汤，再从虾头里剥出结成深橘红色的小块虾脑。这时才将面条下熟过水，连同虾子与虾脑，一并放入虾汤，用小火煨煮，让"三虾"的浓鲜味渗入面中。虾仁肥美、嫩；虾子饱满，鲜；一粒粒形似红米的虾脑硬实，香。此味道的绝妙在于清、鲜、嫩、香，那鲜美的虾汤让人流连难忘。

在淮安市运河边吃鳝丝面，其"浇头"就是一盘很实在的炒鳝丝，用的是"笔杆青"的鳝鱼，炒制也很地道，这个面条吃起来不一般，味美嫩滑。而泰州的"鳝糊面"，汤是用烫、划鳝鱼剩下的头和骨头，经过油炸后放入汤锅内，与猪骨等一起熬制而成，汤色白净，没有味精，鲜美异常，大多数客人连面带汤一起食用。这种汤面食之绝妙，带来的是惬意和享受。

连云港市的蟹胥面，其"浇头"是花一番功夫的。每当清明和中秋前后，黄海之滨的连云港河蟹和海蟹上市，当地市民利用蟹的独特鲜味争相制作蟹胥面。制作浇头的关键在于用蟹胥熬制汤汁，然后用汤汁下面条，以小青菜及菠菜同煮。取海蟹或河蟹洗净去鳃毛，捣烂如泥，用水搅匀，入笊篱过滤，使蟹肉全部流出，去蟹壳渣；用油、葱、姜、盐、料酒和蟹胥加水煮汤，放入煮熟的面条食之。蟹胥面不仅鲜美异常，还具有散淤血、接筋骨的食疗效果。

宜兴的鸭浇面有几百年的历史。宜兴水乡，有一种小麻鸭，肉质鲜嫩，以此鸭烹制后作为浇头，原汤原汁，滋味鲜美。用小碗盛着，搭配面，是宜兴人独有的吃法，一口面、一口汤，鸭肉酥又香。1924年，郭沫若先生在宜兴大街上吃过"鸭浇面"，大为称赞。他认为宜兴人吃面比较讲究，都另有小碗盛的"浇头"，蒸鸭的滋味真不错，后来也写成"鸭饺面"。据郭沫若先生记载，当时宜兴街市十家门面，有八九家是卖吃的，而这八九家中又大多数卖鸭浇面。

20世纪80—90年代，南京丁山宾馆的一小碗鱼汤面卖12元人民币，每天供不应求，饭店每天采购20公斤鲫鱼，宰杀后专为这锅面汤而备，货真价实，吃的是银丝面，喝的是纯鱼汤，食客都夸好。

刀鱼是江阴的著名水产，味极鲜美。江阴刀鱼面与众不同，系将刀鱼剔去骨头，用鱼肉与面粉一起拌和做成面条，所以味道特好。此面条光滑不腻，面汤鲜而不肥，浇头种类繁多，味也各不相同，是面条中的一绝。因刀鱼上市时间短，清明节前开始供应，约一个月。过去扬州的刀鱼羹卤子面也很有名，常常是许多老饕们的春天妙品。只是现在长江刀鱼日渐稀少，价格也很昂贵，绝非是普通寻常人家品尝得到的，渐渐此品也就消失了。

常州银丝面是江苏著名小吃。因面条洁白如银，纤细如丝，故而得名。一个星期不吃银丝面，常州人总觉得少了点什么，银丝面在常州几乎占了早餐的半壁江山。

南京皮肚面，是许多年轻人追逐的对象，汤鲜而醇，面弹有劲，料足而精。汤用大骨、老鸡煨制，味厚色醇，香浓鲜美，面劲道爽滑。面中优选多种美味食材，营养丰富，滋味丰腴，堪称面中上品。

阳春面是扬州面的代表，据说清朝时扬州知府伊秉绶品尝过此面条后，大为赞赏："虾籽鲜味汤，胡椒青蒜香，三月品阳春，唯有仙人尝。"阳春面口感软硬适中，汤头鲜美清爽，深受扬州人的喜爱。但饺子面似乎更受扬州人欢迎。饺面是很多扬州人的常规早餐，饺子面有点类似广东云吞面的吃法，扬州人的饺面里有饺子（馄饨）和阳春面，配上红汤，撒上胡椒粉，味特香，香而不辣。

要说素面，数无锡广福寺和南京鸡鸣寺的最为有名，在当地都很有影响，吃素面的人络绎不绝。其浇头里有面筋、笋干、黑木耳、黄花菜等，每一样蔬菜都有着极大的魅力；面汤上面飘着一层清亮的素油，还撒着白芝麻，一碗下肚，满口生香。

2. 面条味香飘四邻

枫镇大面焖肉香

苏州的面条品种很多，但较有特色和影响的首推枫镇大面，创制于太平天国年间。枫镇，即寒山寺所在地的枫桥镇。大面就是加焖肉浇头的面。又因其以老汤调味，不用酱油，汤汁澄清，故当地人俗称"白汤大面"。这是苏州人认为"最难做、最精细、最鲜美"的一碗面。

枫镇大面具有较强的时令性，过去只在夏至立秋两个季节之间供应。在苏州面中，枫镇大面的汤算得上是最具特色的。虽然是荤汤，却要求一清见底。汤底用肉骨、鳝骨、螺蛳、虾脑壳、酒酿、冰糖熬制而成。旧时，最正宗的枫镇大面必须选用酒厂里酿酒剩下的酒糟，酒气氤氲，十分浓郁。后经过改良，逐渐变成加入酒酿制作。枫镇大面的浇头是一块焖肉，焖肉制作上比较严格，必须是精选的五花肉，经过 4 个半小时的焖烧，焖制时不放酱油，单靠盐来调味，起锅后撒上葱花和绵白糖而成。面条所用的汤水、白肉都要在半夜制作好，清晨即出售，现烧现卖，因其肉质白嫩、入口而化、汤色澄清、味道鲜香而成为苏城夏季名小吃。

一碗面端上桌，细白的面条，绿葱点点，白糟粒粒，加上一块白嫩透明的焖肉，使人顿觉清新；做到面轻、汤宽，白肉浇头酥烂鲜实，面汤清鲜味醇，淡淡的酒香与面香结合，细细品之，汤汁清澄，焖肉细嫩，鲜滑醇香，风味绝美，食之难忘。

奥灶面中有奥妙

奥灶面是苏州昆山奥灶馆的一块金字招牌，以红油爆鱼面最为著名。红油爆鱼面，面条细白，汤色酱红，现已成为江苏地区的特色名品。奥灶面，也可简称为"奥面"，现在的解读是"奥妙在灶头"，即奥妙的灶头煮出风味奇特的面。当初，得名"奥灶"是谐音"龌龊"，意为不太干净的意思。因为最初经营奥灶面的面馆又小又旧，黑咕隆咚；经营者陈老太太年纪大、手脚慢、眼睛不仔细，因此被老食客戏称为"龌龊面"，更主要的是老太太制作的面深受食客的追捧，这个怪名称反倒使它不胫而走。

爆鱼面的最大特色首先在于红油，所用原料均取自活青鱼，将鱼宰杀切块后投入锅中煎、煮（加水），再与爆鱼的油汁勾兑成红汤，色泽棕红，浓厚鲜香。其次，就是作为"面浇"的爆鱼，采用的是鲜蹦活跳的出自昆山市双洋潭或是阳澄湖的肥嫩青鱼，以五斤左右为准。奥灶面味美鲜醇，关键要做到"三烫"：面烫，捞面时不在温水中过水，而在沸水中过水；汤烫，配制好的面汤放在铁锅里，用余火焖煮，保持其温度；碗烫，碗洗净后，放在沸水中取用，不仅保暖，还消毒卫生。因此，即便是在数九寒天，食客食之也能冒汗。

鱼汤面条东台艳

江苏东台鱼汤面相传在乾隆三十三年就开始有名了。它是用鲫鱼熬汤，浇入下好的面条中制成的。1942 年此面曾作为我国佳肴在巴拿马博览会上展出，并受到各国来宾的高度赞赏。其特点是：汁浓汤白，清爽不腻，面白味鲜，营养丰富，四时八节老少咸宜。

传统的东台鱼汤面制作工艺的绝活在"汤"料上，选择了野生鲫鱼、鳝鱼、鳝鱼骨、猪大骨、猪板油等作为原料。将鲫鱼宰杀洗净，猪板油炼熟，黄鳝氽熟划肉，鳝骨泡水，猪骨焯水；用猪油将鱼、鳝骨炸透、黄鳝肉炸脆，大锅放清水烧开，放入炸透的鱼、鳝骨，大火熬制、小火熬透至汤浓白时，用汤筛过汤去渣，加上猪骨、生姜、葱、绍酒熬煮，这样制成的鱼汤，黏稠似乳，滴点成珠。煮熟面条与乳白色汤料融合，这时可自己调味加盐和白胡椒粉。成品具有高蛋白、低脂肪且富含活性钙和各种氨基酸的特点，食食后不上火、不口干，营养丰富，符合当代人所追求的膳食养生。

镇江一怪锅盖面

锅盖面，被人们戏称为"镇江一怪"，叫"面锅里面煮锅盖"（面锅大，锅盖小）。当面条下入沸水锅后，用一只小锅盖盖在面汤上。其特点是：杉木锅盖漂在沸水上，可巧妙地控制沸水翻滚的方向，面条被牢牢地压在锅盖下，不断地被沸水煮开，这样煮出来的面条劲道，能极好地控制面条的生熟软硬，煮好的面条也因此呈现弹韧爽口的口感。

锅盖面的汤料是要下功夫的，包含专门熬制的锅盖面酱油（事先浇在面汤里）、"老料子"（浇头制作好后盛入碗中）和少许面汤。自制的酱油，一般为虾子入锅煮沸后，放入白糖溶解，倒入酱油，再次煮沸后关火冷却，锅盖面酱油中糖的加入，赋予了汤头独特的鲜甜口感。在煮面的大锅旁，有一个盛放"老料子"的小桶，颜色与酱油差不多，这可是各家面馆的独门秘籍。

与其他面条浇头不同的是，锅盖面的浇头藏在面条的下面，深藏不露，别有洞天，越吃越觉得丰富和满足。其"浇头"的种类相当丰富，常见的有牛肉、牛肚、腰花、猪肝、鳝丝、肉丝、素什锦、大排等，店家经营相当灵活，根据食客的喜好，浇头可以选取两种浇头的"各半"，一种浇头的"双份"，还有"小杂""大杂""全家福"等不同样式和风格，让客人舒心而来，满意而归！

鲜嫩劲道长鱼面

淮安长鱼面，遍布淮安的大街小巷，因其肉嫩味鲜、面条劲道、面汤鲜美、营养丰富而被人们称道。做长鱼面的关键是长鱼浇头。一碗正宗的长鱼面浇头，对长鱼的要求很高，必须选用"笔杆青"粗细的新鲜野生长鱼，将其去骨后，佐以辣椒丝、蒜、洋葱等配菜，热油煸炒，淋以麻油出锅，鲜香入味，色香味俱全。汤料必须是精心熬制的长鱼骨、猪骨头汤，这样的长鱼面才风味独特，有营养，更有魅力。选用略微加了碱水的手工面，配上用长鱼骨熬制的面汤，再加上软兜长鱼和新鲜蔬菜炒制的浇头，美不胜言。

长鱼浇头，就和淮安名菜"软兜长鱼"是一样的。刚端上桌的长鱼面香气扑鼻，用筷子轻轻一挑，整个面碗都热气缭绕。所以，长鱼必须当天现氽现划（剔骨）才够味，入口柔中带爽，鲜中提香，撒上胡椒粉，味鲜美，有股韧劲儿，是唇齿的享受。火候过了，长鱼就老了，柴了；火候不够，又会夹生，腥软；如果长鱼又腥又硬，没有鲜美爽滑的味道，那一定是前一天没有用完在冰箱里保存过的，口味则大相径庭。

虾子饺面风味鲜

虾子饺面，俗称"龙虎斗"，是扬州十佳小吃之一。"饺面"是扬州的地方特色，也是平民生活的象征。一碗饺面既能吃到饺子，又能吃到面条。这种饺子，其实就是"馄饨"。在扬州、淮安及其下属的县市中，过去都把馄饨称为饺子，所以，"馄饨面"就顺其自然唤作"饺面"了。扬州的虾子饺面，虾子是重要的调味料，饺面的鲜、香与虾子的风味密不可分。虾子是扬州的地方特产，在菜肴和小吃中主要起提鲜的作用。扬州的虾子主要是河虾子或湖虾子，每年四五月份，直至伏天，在清水中将河虾子冲洗出来，然后经过暴晒、炒制等过程，再加工、贮存在缸中，使用时碾碎即成虾子。或者用虾子酱油代替虾子调料。

虾子饺面是扬州极普通的一道小吃，价格公道，很多小吃店都有售卖，也有专门经营饺面的店铺。在老扬州的早茶、下午茶时段，饺面是常备的小食之一。其特点是：汤、饺、面同食，汤清饺嫩，面条滑润，别具风味。

韧滑爽口曹公面

曹公面，又称"曹顶面""跳面"，为南通地区名吃。南通抗倭民族英雄曹顶，在明朝嘉靖年间，曾于城山路旁开设面食店，主营"刀切面"，由他配制的海鲜汤鲜美绝伦，经营的面条店生意极为兴隆，民间称此面为"曹公面"。因其生产量大，仅靠手擀面难以完成，需要借助身体的力量来擀压面条。在面案上，将擀压面的竹杠一头插在固定洞内，面案面团放在竹杠下，人坐在竹杠上一遍遍地压下去，随着竹杠晃动的惯力，身体随之压下来，既省力，擀面速度又快，而且面条极为有韧性，吃起来别有风味，这就是所谓的"跳面"。更为奇特的是他那把切面的宽刀，将近有三尺长。1557 年，倭寇犯通州，曹顶偕守军与倭寇作战，提大刀与倭寇拼杀。后人为纪念他，塑曹顶提刀跨马像于墓上，另建"曹公祠"瞻仰供奉。为了纪念这位民族英雄，"曹公面"一直流传至今。

曹公面的特点是鲜香爽滑，柔韧筋道。盛面的碗大面汤多，汤由猪骨、鸡骨、虾皮、文蛤等多种上好材料文火熬制而成，既注重口感鲜美，也有丰富的营养价值。因面条筋韧柔滑爽口、汤汁鲜美异常，1999 年被评为"江苏名小吃"。

四、苏式糕团美名传扬

江苏稻米的种植有九千年的发展历史。进入汉代，米食的花样不断增多，出现了"糗饵粉餈"，即是糕团的前身。南北朝时，团形食品开始流行，当时称之为"饳"，加糖者称糖饳，大个者叫大饳。宋代，糕团品种已较丰富，当时糯米粉、粳米粉、麦面、豆面均已能做糕了，而团形食品的称谓又多了起来，如丸、团、圆子、团子等。明清是江苏糕团发展的重要时期，各式糕团琳琅满目，就《调鼎集》中单糕品就有五十多种，其中有不少精品，制法很有特色，其糕料有菜蔬、豆类、果品、杂粮、花卉等。苏州、扬州、南京一带有脂油糕、雪花糕、软香糕、百果糕、三层玉带糕、沙糕、茯苓糕、水晶糕、八珍糕、喇嘛糕等，都是当地的名产。《易牙遗意》中的"生糖糕"制法："粳米四升，糯米半升，春秋浸一二日，捣细。蒸时用糖和粉，捏着碎块，排布粉内。候熟，搦成剂，切作片。"① 《随园食单》中的"脂油糕"制法："用纯糯粉拌脂油，放盘中蒸熟，加冰糖捶碎入粉中，蒸好用刀划开。"而"雪花糕"制法："蒸糯饭捣烂，用芝麻屑加糖为馅，打成一饼，再切方块。"② 这些糕品的制作方法，在 20 世纪后期一直沿袭着，只是后来减少了油量和糖量。

团形食品一年四季均有供应，如麻团、汤团、青团、凉团、糍团等。当时有关"团"的制作食谱也很多。《清嘉录》载："八月二十四日，煮糯米，和赤豆作团，祀社，谓之餈团。"《吴中岁时杂记》载："腊月二十四夜……以米粉裹豆沙馅为饵，名曰社灶团。"《随园食单》中的"萝卜汤圆"："萝卜刨丝，滚熟去臭气，微干，加葱、酱拌之，放粉团中作馅；再用麻油灼之，汤滚亦可。春圃方伯家制萝卜饼，扣儿学会，可照此法作韭菜饼、野鸡饼试之。"③ "水粉汤圆"："用米粉和作汤圆，滑腻异常。中用松仁、核桃、猪油、糖作馅，或嫩肉去筋丝捶烂，加葱末、秋油作馅亦可。""作水粉法"："以糯米浸水中一日夜，带水磨之，用布盛接，布下加灰，以去其渣，取细粉，晒干用。"④ 《调鼎集》中的"神仙果"："三分白米，一分籼米，六分糯米，作团如纽扣大，蒸熟，可入菜中，可作点心，扬州作之尤佳。"⑤ 这种团形食品简易方便、造型特别、品种繁多，取名吉祥、寓意吉利，得到了江苏人民的由衷喜爱，长久地传承了下来。

进入民国时期，饮食更加平民化了。在我国饮食文化方面，面点制作凸显出北、中、南三大风味流派。长江流域依托黄金水域，气候宜人，盛产稻米，人杰地灵，中部的面点流派以南京、苏州、扬州为代表形成了别具一格的苏式面点。而苏式面点的典型代表除了维扬细点、秦淮茶点外，即是鱼米之乡的"苏式糕团"。苏式糕团品种各异，在食品中独树一帜，江苏也成了独步天下的"糕团王国"。

1. 苏式糕团的品类

在江苏丰富多彩的米食文化中，最具特色的无疑是糕团文化。在糕团文化中，最有影响的是江南吴地食俗，并渗透于四时八节的节日与节气中。江南糕团的品类，主要是以米类及杂粮类的糕团为主，不包括面粉制品、蛋制品的糕团。

苏式糕品的演绎

我国食糕以南方为多，南方用糯，北方用秫，有直接用米者，有磨成粉再熟制者。糕是以米粉制作为主，也可用面粉制作，根据糕的品种不同，可分为松质糕、黏质糕、酵浆

① （清）韩奕. 易牙遗意//续修四库全书（第 1115 册）. 上海：上海古籍出版社，1996：610.
② （清）袁枚. 随园食单//续修四库全书（第 1115 册）. 上海：上海古籍出版社，1996：686.
③ （清）袁枚. 随园食单//续修四库全书（第 1115 册）. 上海：上海古籍出版社，1996：692.
④ 同③.
⑤ （清）佚名. 邢渤涛注释. 调鼎集. 北京：中国商业出版社，1986：767.

糕、面粉糕、蛋糕等几大类。苏式米糕的品类主要有松质糕、黏质糕和酵浆糕三类。

一是松质糕类。松质糕以米粉为主要原料，一般制法是将糯米粉与粳米粉各半掺和，加水、糖拌成散松的粉粒状，和粉时不可粉质过烂，否则就不松软，如赤豆松糕、猪油百果松糕、黄松糕、玫瑰方糕、茶糕、麻糕等。赤豆松糕，是将赤豆煮烂，用砂糖略拌，取掺和的松质米粉 2/3，与拌糖的赤豆轻轻拌和。取糕框，铺上干笼布，层层撒上赤豆粉糕坯(不要用手压粉粒)，铺平后，将另外的 1/3 糕粉过筛后，层层铺在赤豆粉上，撒上青红丝，上笼蒸熟即可。绿豆松糕亦然。

二是凉糕、黏质糕类。凉糕可分为米制的凉糕和米粉制的凉糕两种。米制的凉糕如糯米凉糕、白元香糕、芝麻糕等。米粉制的凉糕如藕丝糕、柠檬冷糕、龙须糕、枣泥糕等。黏质糕做法与松质糕相同，只是在拌粉蒸熟后，要倒入搅拌机里，再加入适当的冷开水，打透要匀，如年糕、蜜糕等。糯米糕，北方叫江米糕，是最普通的糕点，即将糯米淘洗，放入盆内加水蒸烂，用净湿布包起，放入案板揉碎、揉黏，再放入长方形木框内(框内涂油垫净湿布)，压平，冷却后去掉木框，切成小长块，放入盘内，撒上白糖即可。若中间夹一层果酱、豆沙、枣泥，风味更佳。

三是酵浆糕类。酵浆糕即是用米粉发酵制成的膨松糕点，如著名的水塔糕、棉花糕等。这种糕主要限于大米粉(即籼米类优质米)。水塔糕、棉花糕的制作方法是，先取出米粉浆加糕肥(即发过酵的糕粉)拌和搅匀，置于较暖处发酵，待起泡，稍有酸味时，放入绵白糖拌和，使糖溶化被吸化，再加发酵粉、枧水，搅拌均匀，即可用于制作成品。两糕的投料略有不同，制作时可使用蒸、烘、炸等多种制法。近几年，水塔糕在江苏十分流行，它是酵浆糕品的代表品种。

苏式糕点丰富多彩，除上述这些糕类外，还有利用各式水果、干果、杂粮、菜蔬等制作的糕品，如栗糕、枣糕、松仁糕、花生糕、桂圆糕、杏仁糕、菱粉糕、山药糕、百合糕、莲子糕、荸荠糕、薄荷糕、扁豆糕、豇豆糕等。

苏式团子的演绎

苏式团子是利用米类和杂粮食品制作而成，主要包括汤团(汤圆)、元宵、麻球(麻团)等品种。汤团，一般用压干水磨粉制作，也有用米粉调制成团的，水磨粉团需取少部分煮成熟芡再拌和。其馅心有甜、咸两种，制作也较为简单，将粉团剂子搓圆，捏成圆窝形，包入馅心，从边缘逐渐合拢收口，即成团子。煮时开水下锅，用手勺推出旋涡，边下边搅，不使黏结，煮至成熟即可。圆子，较汤团小，如南方的鸽蛋圆子、珍珠圆子，其馅心多为甜味，制法与汤团相似。有些圆子煮熟后沾上芝麻屑食用。珍珠圆子制成生坯后，滚上泡透的糯米，上笼蒸熟食用。凉团，是夏日冷点，将掺拌的糯米粉、粳米粉加糖和水调成稀软状，上笼蒸熟后，晾凉。下剂后包入豆沙或枣馅，蘸上芝麻屑即可直接上桌食之。如米粉中掺入菜汁、麦汁可制成青团。

元宵是我国南北方的节令食品。其馅心大多为甜馅，花色也很多，多数是麻仁、白糖、桂花、玫瑰馅。馅心制成较硬的馅，将其切成小方丁，然后在糯米粉中多次蘸水滚沾成圆球形。元宵煮的方法与汤团相似，煮熟后盛入碗内，加清汤食用，较汤团稍硬一些。

麻球，分苏式、广式两种，基本做法相同。苏式麻球是以米粉（占82％）、面粉（占18％）混合调制的粉团，而广式麻球全部用米粉调制粉团。苏式麻球，是把米粉、面粉与糖调和均匀，加入熟芡和开水，揉成团，下剂，包入糖或豆沙馅，滚匀芝麻，油炸成熟。炸时先"炸外壳"，后温油"养透"，最后加大火，用勺不停搅动，炸至金黄色，外壳发硬即可。广式麻球炸法与苏式相同，但较简单，待麻球炸至受热浮起时，移小火上炸四五分钟，使其胀发，呈金黄色即可出锅。

江苏地区利用米类制作的团类制品还有富有特色的四喜汤团、雪花团子、五仁西米团、南瓜团子、炒肉团子、蛤蜊团子、萝卜馅团子、姊妹团子、擂沙圆、摧皮圆、玫瑰元宵、果馅元宵等。

2. 苏式糕团的魅力

苏州糕团销售旺

江苏糕团以苏州为最。关于苏州的糕团，唐代时已很有名。白居易、皮日休等人的诗词中屡屡提到苏州的"粽子""粔籹""旃檀饵"（紫檀木之香水和粉做的糕），等等。宋时，据范成大《吴郡志·卷二·风俗》载，苏州一带每一节日均有节食，如上元的糖团，重午的角黍（粽子）、水团，重九的花糕等。明清之际，苏州的糕团品种更加丰富。这在苏州人韩奕的《易牙遗意》中就可知晓，书中共收了江南名点20多种，其中就有藏粢、五香糕、水团、松糕、生糖糕、裹蒸、夹沙团、炒团、玛瑙团等。苏州人顾禄在《清嘉录》《桐桥倚棹录》中均记述了较多的苏州糕团，如圆子油餶、撑腰糕、青团、乌米糕、薄荷糕、䬷团、重阳糕、冬至团、年糕、拉糕、扁豆糕、蜜橙糕等。

苏州拥有一大批糕团店，最具有代表性的是观前街上创始于清道光元年的"黄天源糕团店"，目前是我国最大的以米粉制品为主的专业饮食店，以其浓郁的吴地特色而名闻中外。该店全年供应品种多达200多种，每天供应各式糕点多达60余种。其他有创始于清乾隆三十八年的稻香村，所制八珍糕极其有名；创始于清光绪十二年的叶受和所制的桂花白糖糯米云片糕、小方糕、婴儿糕极有特色；创始于清乾隆四十年的桂香村，所制五色粳粉大方糕松软易消化，并有多种花卉图案若隐若现，特别诱人食欲。这些糕团店主人自己选择和采购上好的粳米、糯米和籼米，每天清晨加工水磨粉，按传统的配方制作生产。除了这些知名的品牌糕团店外，苏州大街小巷中还有一些不知名的店铺，每个店也有一些特色的品种吸引众多的食客。

苏州糕团店售卖的炒肉馅团子、粢毛团、松花粉团子、双馅团子，都是人们的最爱。双馅团子是由黑芝麻粉和豆沙组成的双馅，也是用熟的糯米粉团做皮子包成的，两种馅心隔开，一只团子两种味道。

苏州人喜欢米食糕团，一年四季都有适时花色品种推出，如正月初一糖年糕、猪油年糕、糕汤圆子，正月十五糖汤圆子，二月初二油煎年糕，三月清明节青团子，四月十四神仙糕，五月初五各式粽子，六月绿豆糕、薄荷糕、米枫糕，七月十五豇豆糕，八月十五糖芋艿、糖油山芋、焐熟藕，九月初九重阳糕，十月南瓜团子，十一月冬至节冬至团子，十二月各式年糕。除此之外，苏州糕团还按苏州人的风俗习惯推出适销品种，作为喜庆礼品，相互馈赠，以示祝贺。如老人做寿、小孩满月、姑娘出嫁、新房上梁等，都有相对应的糕团满足消费者的需求。

无锡糕团应节尝

无锡人的日常饮食离不开各种糕团，老人祝寿用寿团、寿糕；新房子上梁或者乔迁用定胜糕；姑娘出嫁用蜜糕和铺床团子；小孩满月和周岁生日有剃头团子和周岁团子，入学有扁团子等。在民俗饮食方面，几乎和苏州地区相近似。糕团贯穿了无锡人一生所有重要的时刻。

无锡人最讲究不时不食，除了各种蔬菜、水果、水产等注重时节外，各种糕团也讲究时令，一年四季都有相对应的糕团应市。在不同的节气、节日，都要品尝一口时兴的糕团。年糕为春节的传统食品，分红糖、白糖、麦青三种，色不相同，形制都如薄砖，晶莹剔透，柔软细腻，香糯丝滑。春节时，农家都会做糖年糕，把刚蒸好的糯米粉团压得结实，以便于贮存，浸在水中几个月不变质。到了大年初一早餐，家家要吃"糕丝汤"或"糕丝团圆"，这是年初一食俗中最重要的标配。其吃法可蒸可煮，可煎可烤。农历三月十四日要吃大方糕，其皮薄馅重，色泽洁白，热蒸供应，名传锡城。清明节，无锡家家食"青团"，以纪念吴地的伍子胥（比屈原早两百多年）。早春时节，猪油糕最受欢迎；到了夏天，薄荷糕、黄松糕等冷糕团最受追捧；秋天的枣泥拉糕和重阳糕颇受青睐；冬天的蜜糕和桂花糕更是喜爱。定胜糕是无锡糕团中最为喜庆的糕点，无锡人每逢喜事，依然保留着摆、送、吃定胜糕的习俗。冬至日吃冬至团也是无锡的一大习俗，民间老百姓有"吃了冬至团大一岁"之说。无锡人吃汤团特讲究馅心的配置，当地最著名的是传统的"五色汤团"，由五种不同甜、咸馅心组成。

无锡最著名的传统糕点"玉兰饼"，它不叫糕团，是糕团中较特别的、最具地域风情的糯米制品，创始于清道光三十年，由无锡孙记糕团店创制，是从民间用玉兰花瓣做面拖饼的方法中得到的启发。现今的玉兰饼已成了无锡常见的小吃，以外皮香脆、粉饼软糯、甜咸适口、香味诱人为上品，人们戏称此为油煎的扁汤团。

常州糕团艺精良

常州人吃糕团也有悠久的历史。常州糕团店始创于清末，至今已有一百多年。早期原址设在常州钟楼下，后来迁移多次，才搬至县直街。此店原来的名字叫"四喜汤团店"。常州糕团店是以做四喜汤团起家的，至今四喜汤团仍是糕团店的招牌点心。传统的四喜汤团分咸、甜两种不同口味，甜的有豆沙和芝麻，咸的为荠菜和鲜肉，外形也根据馅心的不同而不同。另外，分布在常州各地的汤团店较多，如双桂坊美食城、园外园汤团店、三鲜美食城、苏糯焦溪团子店等。

"四喜汤团"是常州特色名点，也是常州十大美味之一。米粉团子搓成一个个小胚子，馅心依次是豆沙、百果、芝麻和鲜肉，将其分别包捏成一个个小汤圆。汤圆收口的形状有讲究：豆沙馅的寿桃形，百果馅的圆滚滚，芝麻馅的两头尖，鲜肉馅的腰鼓形。如今有些店家将百果馅的改为荠菜、萝卜丝等馅心，以调众口。四喜汤团现已成为日常小吃随时供应了。常州的"双酿团子"，在外看是一只裹了香甜椰丝绒的胖团子，里面一半黑芝麻馅，一半红豆沙馅，一口咬下去才会发觉其中的奇妙，工艺精良。

糕团食品应时而出。每年正月十五，常州家家户户吃元宵。常州人习惯用没有馅的小元宵，在沸水中煮好，加入酒酿，撒上桂花，团如玉粒，软糯弹牙，酒香四溢，清甜爽口。清明前后"艾草青团"上市，这是常州人的节令食品。常州人的青团，讲究一个地道手工。取江南的艾草嫩叶青汁，与糯米粉一起揉入，包入细腻的豆沙馅，或芝麻馅、荠菜肉馅以及蛋黄肉松馅，绵密细腻。吃"重阳糕"是常州人重阳节的习俗。红色的血糯米粉、橙色的南瓜泥、紫色的番薯泥、绿油油的蔬菜汁，来自田野的好食材，蒸出的五彩重阳糕、松花软印糕、堆花寿桃团、四喜特色菜团子，都吸引人的眼球。常州糕团做工精美，富有江南水乡神韵，一件件系列糕团品种，给常州人带来健康美味的口福。

南京糕团有市场

民国时期，南京夫子庙的糕团店林立，花色品种丰富多彩，江浙各地的特色元宵亦传到夫子庙地区。有叠元宵、包元宵等多种形式。"桂花香馅裹胡桃，江米如珠井水淘。见说马家滴粉好，试灯风里卖元宵。"诗中的"滴粉"，即为水磨糯米的吊浆米粉。传统的四喜汤圆更是元宵中的上品。它用吊浆米粉制成，皮薄馅大，制作十分考究，是夫子庙著名的风味小吃。汤圆里面糅合上等的猪板油，上口一包卤，肥香润滑，老少皆爱。

20 世纪 80 年代，尽管南京城区有许多北方人，但南京糕团店还是有很大的市场。当时南京有几家糕团店很有名气，如新街口大华电影院对面的"三星糕团店"，每天顾客盈门，排队进餐。早在 1949 年，郝、张、毕三家个体汤团店联合经营，定名为"三星"，即福、禄、寿三星，也就是三星汤团店。1961 年，由南京市政府牵线，引进了苏州"黄天源"糕团品种后，三星汤团店正式更名为三星糕团店。其特色品种有四喜麻团、四色汤圆、青团和桂花糕，还有萨其马、水饺等。当时比较有名的还有随园糕团店，传统的品种有玫瑰桃仁麻糕、如意团等。

目前，在南京经营的糕团店还有不少，但规模都不是很大，较为著名的有：莲湖糕团店，在夫子庙地区，每天顾客盈门，人流量很大，一般需排队等候用餐，主打豆沙瓜仁蜜糕、马蹄糕、赤豆酒酿元宵；芳婆糕团店，在南京名气很大，新老顾客门庭若市，店堂人头攒动，主打酒酿元宵、芳婆糕、乌饭；许阿姨糕团店，主打蛋黄肉松青团、豆沙青团、马蹄糕；桃源村糕团店，主打海盐脆脆团、红豆卷、桂花切糕等；城南糕团店，主打桂花糖芋苗、三色糕。其他还有一些糕团店，经营的糕团主要有：蛋黄肉松松子青团、花生青团、蛋黄肉松切糕、紫薯红豆切糕、四玉糕、桂花米糕、浮云糕等。许多店也都有几家分店分布在南京各城区。

南通应时皆蒸糕

据《崇川咫闻录》和《通州志》记载，在南通地区的时令食俗中，岁首迎新要食手巾糕、百果花糕；立夏食大方糕、萝卜饼；夏月食绿豆葛粉糕、藿香饺等。潮糕是春分到端午节的季节食品。它用粳米屑蒸成，又松又软，清清爽爽，不沾牙齿，带有桂花香味和甜味，是应时的大众食品。印糕也是南通地区百姓喜爱的传统糕点，因其形状像官印而得名。印糕历史悠久，也是春季的应时点心。蒸印糕须用木框蒸笼，每次蒸16小方块，每块印着福禄寿喜、牡丹菊花之类的文字和图案，糕内有豆沙糖馅，口感软而不黏，松而不散。九月重阳节，当地要食重阳糕，吃菊花酒。南通人在重阳糕上都要插一面纸质的小彩旗，糕的原料有米面或麦面两种，中间要夹大枣、核桃、栗子肉、红绿丝等。

每年的农历腊月是南通地区广大百姓制作糕点的黄金时期，四乡八镇的农家总要晒糯米、碓米屑，准备蒸糕。"村村都向磨坊跑，米麦车推或肩挑。磨屑归来忙整夜，麦蒸馒头米蒸糕"，写的是那时的南通人过年之前忙碌蒸糕的情景。这里的蒸糕主要是指"大方糕""米糕""手巾糕"。为了便于贮藏，有些人家把这些糕切成片晒干，蒸、煮、炒、炸，供平常食用。

苏北糕团当主粮

苏北地区以稻米为主粮，由于稻米丰富，当地人的主食除了米饭、米粥，就是制作米饼、米团和米糕。每年的腊月，是苏北里下河地区的百姓制作糕团的时节，家家淘米，舂米粉、蒸米糕、做米团、炸炒米等，数量大的要忙碌好几天。米糕、米团是用糯米与粳米或籼米按一定的比例掺和、浸泡后晾半干，然后用石磨、碓臼或机器加工成米粉制作而成。米团的馅心多种多样，有菜馅，有肉馅，这些品种不宜存放。但大多是赤豆馅和实心的，一些人家要做几百斤（少则几十斤），放在大水缸里存放几个月，只要勤换水，可以一直吃到春天的农忙时节。还有一些人家用高粱粉与糯米粉掺和做成红色的团子。团子的形状也有不同，有圆的，有鸭蛋形的，有扁的，有把顶部捏得尖尖的，这主要是区别于其他的馅心。当地人做团子的同时，还做一些米糕，米糕形状也是多样，有圆的、长的、方的、菱形的糕模，有的还要盖上红色的印章，以讨个吉利，寓意红红火火。糕蒸熟了要晒干，过去苏北许多农村的冬天，村村舍舍晒糕是一道风景线，红日高照、场院街头、稻草堆前到处用大板凳、门板搁起来的糕搁子，上铺芦席、蒲席，铺满了雪白的米糕。米糕晒干了，可以存放到秋冬，吃法多种，可烫、可煎、可入粥锅、泡饭锅食用。有的米糕上还加一些小玩艺，如猪、牛、羊、元宝、菱等，以预示来年六畜兴旺，发财致富，顺顺当当，这是人们对美好生活的祝愿和向往。

第三节 江苏面点技艺开发与利用

新中国成立以后，社会的发展变化带来了人们生活水平的变化，人们在面点的需求方面也有了新的要求，希望吃到原料多样、品种丰富、口味多变、营养适口、简单方便的食品，在原有面粉、米粉的基础上，向杂粮、蔬菜、鱼虾、果品为原料的面点方向发展，要求生产出既美观又可口、既营养又方便、既卫生又保质的面点品种。

一、杂粮美食点心技艺的拓展

图 10-4 象形香菇

米、麦及各种杂粮是制作面点的主要原料，成熟后都具有松、软、黏、韧、酥等特点，但其性质又有一定的差别，有的可以单独使用，有的可以混合使用。面点品种的丰富多彩，取决于皮坯料的变化运用和面团的不同加工调制手法。新中国成立以后，江苏面点制作在原有米粉、面粉为主的情况下，不断扩大主料的运用，在杂粮粉料上不断开拓新品种，为江苏面点的发展开掘了一条宽广之路。

广泛使用皮坯原料，是现代江苏面点的一个突破口。这些杂粮原料均含有丰富的糖类、蛋白质、脂肪、矿物质、维生素、纤维素，对增强体质、防病抗病、延年益寿、丰富膳食、调配口味都能起到很好的效果。现在江苏各大饭店和特色餐馆都在广泛利用这些杂粮，制作出许多的宴席点心和特色小吃。

1. 传统杂粮面点的加工制作

现代面点制作，以追求健康为目的，合理进行面团的调制，把过去人们认为的粗粮之品通过锦上添花的加工制作，使其面貌一新，营养平衡，成为适应现代人们需求的并乐于享用的食品。如玉米、高粱、小米、荞麦等，这些杂粮原料除加工成饭、粥食品外，经合理加工和调制还可制成许多特殊的风味品种。

如今玉米已成为江苏餐饮企业的热门食品，人们对它的价值有了新的认知，玉米的营养十分丰富，特别是其抗癌和防衰老的作用被人们所重视。从营养吸收的角度出发，玉米宜于同豆类、大米、面粉等食物混合制作，这样更能提高玉米的营养价值。玉米加工成粉，粉质细滑，吸水性强，韧性差，用水烫后糊化易于凝结，至完全冷却时呈现爽滑、无韧性、有些弹性的凝固体。玉米粉与面粉、米粉掺和后可制各式发酵面点及各式蛋糕、酥饼、煎饼等食品，如玉米馒头、玉米包子、玉米花卷、玉米蜂糕、玉米千层糕、玉米烧卖、玉米蛋糕等。

小米是我国传统的杂粮，其营养全面、丰富，富含维生素 B1、B2，脂肪含量亦高于大米、小麦，不饱和脂肪酸、亚油酸、亚麻酸占 85.7％。小米的各种营养成分易被人体吸收，消化率达 90％以上。小米磨制成粉面可制成各式糕、团、饼，掺入面粉可制作各式发酵食品，通过合理的加工也可以制成小巧可爱的食品，如小米面窝头、五香馒头、小米面蜂糕、小米丝糕、小米面煎饼、糖酥煎饼、烤小米饼等。

荞麦是西南边远高寒山区、少数民族地区主要的民食，我们可以拿来充分利用，制作可口的点心。荞麦的营养价值很丰富，并且美味可口、壮体益寿，特别是其具有明显的防病治病的药理生化功能，是其他任何食物所不及的。它的蛋白质成分比其他谷物或面粉都高，接近于牛奶或鸡蛋中的蛋白质；赖氨酸的含量也很高，容易被人体吸收，是目前世界各国公认的高级营养品。荞麦经过加工磨粉，可制成面食、煎饼或各类点心食品，如荞面馍馍、荞面蒸饺、荞麦米团、荞面扒糕、荞面煎饼、荞面凉团、荞面猫耳朵等。

2. 根茎蔬果的掺粉调制

现代面点在主坯的加工上，更加重视粉料的掺和，以达到营养的互补。我国富含淀粉类的杂粮蔬果原料异常丰富，这些原料经合理加工后，可制成丰富多彩的面食糕点。根茎蔬果原料的产品研发，从营养和口感方面出发，宜与其他粉料掺和，这样不仅可改变其原有口味的不足，而且能够增加其特殊风味。山药含有多种营养素，可以强健机体，滋肾益精，其色白、细软、黏性大，蒸熟去皮捣成泥与面粉、米粉掺和能做各式糕点，如山药糕、山药卷、八宝山药桃、鸡粒山药饼、水晶山药球、素馅山药饼、山药面条、山药凉糕、冰糖山药羹等。红薯(亦称甘薯、番薯、山芋等)含淀粉很多，因其糖分大，与其他粉料掺和后有助于发酵，将红薯煮熟、捣烂，与米粉等掺和后，可制成各式糕团、包、饺、饼等，如薯松糕、蒸薯圆、薯粉家常饼、香麻薯蓉枣、桂花红薯饼、薯粉烧饼、红薯米粑等。马铃薯(亦称土豆)是食用广泛的菜蔬，性质软糯细腻，去皮煮熟捣成泥后，可单独制成煎、炸类各式点心；与面粉、米粉等趁热揉制，亦可做各类糕点，如生雪梨果、土豆饼、薯仔饼、薯仔丸子、土豆角等。芋艿(亦称芋头)，含有大量的淀粉、蛋白质和维生素等，性质软糯，蒸熟去皮捣成芋泥，软滑细腻，与淀粉、面粉、米粉掺和，能做各式糕点，如芋头糕、芋头年糕、咸馅芋饼、芋艿包、珍珠芋丸、炸椰丝芋枣、脆皮香芋夹等。

而今人们利用杂粮和根茎蔬果类原料富含淀粉的特色，研制开发出许多面食糕点，将这些原料加热制蓉或制粉后，与澄面、米粉、面粉掺和，揉制成面团，可制成风味独特的烘、烤、炸、蒸、煎等类食品。如莲子作为药食兼用资源，具有非常高的营养和药用价值，其氨基酸组成比较齐全，尤其是赖氨酸含量丰富。因此，将莲子粉添加到小麦粉中，通过合理的营养互补，能解决谷物食品中赖氨酸含量不足等营养失衡问题。莲子加工成粉，质地细腻，口感爽滑，除制作莲蓉馅外，作为皮料与面粉或米粉掺和，可制成多种米糕、面饼、糍团以及各种造型品种。南瓜色泽红润，粉质甜香，将其蒸熟或煮熟，与面粉或米粉调拌制成面团，可做成各式糕、饼、团、饺等，如油煎南瓜饼、甜香南瓜包、素馅南瓜饺、象形南瓜团等。百合可制成百合糕、百合蓉鸡角、三鲜百合饼、四喜百合丸、桂花百合饼等；马蹄（荸荠）粉可制作马蹄糕、九层糕、芝麻糕、拉皮和一般夏季糕品等；茨菇可制成茨菇家常饼、茨菇面窝头、茨菇面饺等。这些食品不仅在江苏餐饮企业中被广泛开发利用，而且已成为机械生产的特色食品供城乡居民享用。

3. 各种豆类的变化调配

豆类食品是面点制作的特色原料。豆类含有丰富的蛋白质，一般为 20％～40％，豆类蛋白质的氨基酸组成与动物性蛋白质相似，其中赖氨酸的含量丰富，只有蛋氨酸的含量低。豆类与谷类配合使用，谷类蛋白质则是赖氨酸含量低、蛋氨酸含量高，两者混合使用，可以相互补充，提高蛋白质的营养价值。

玉米面窝窝头，过去老百姓就是用玉米面加水和成，做成圆圆的形状，颜色金黄。后来人们将其做了一些变化，他们在玉米面中加入了适量的豆粉，再放白糖、桂花，制作得小巧玲珑。这种配制，不仅味美，而且营养价值也较高。因为玉米面中缺少的赖氨酸和色氨酸可以从黄豆粉得到补充，而黄豆粉缺乏的蛋氨酸又可从玉米面中得到补充，从而提高了蛋白质的质量。而今的"窝窝头"，经过面点师进一步出新，在玉米面、豆面中加入糯米粉，用蜂蜜、牛奶和面，其口感软糯甜香，营养更加丰富。

绿豆加工成粉，粉粒松散，有豆香味，经加温也呈现无黏、无韧的性质，香味较浓，常用于制作豆蓉馅、绿豆饼、绿豆糕、杏仁糕等，与其他粉料掺和可制成松糕、黏糕及各类点心。赤豆软糯，沙性大，煮熟后可制作赤豆泥、赤豆冻、豆沙、小豆羹，与面粉、米粉掺和后，可制作各式面食糕点。扁豆、豌豆、蚕豆等豆类具有软糯、口味清香等特点，蒸、煮成熟后均可捣成泥制作馅心，与米粉、面粉掺和可作为面食糕点的面皮，制成各式糕团、面食点心。

二、花色油酥制品的研究与创新

1. 江苏油酥点心的制作与发展

油酥制品是江苏面点制作中重要的一大类别。明代的《竹屿山房·杂部》中的"酥油饼"就有水油面包干油酥为皮的制作。"用面五斤为则，芝麻油或菜油一斤，或加松仁油，或杏仁油少许，同水和面为外皮，纳油和面为馅，以手揉摺二三转。又纳蜜和面，或糖和面为馅锁之，擀饼置拖炉上熟。"① 这是江苏记载较早的层酥面团，其方法与现在完全一样，在用油方面更有讲究，松仁油、杏仁油都是较高档的食用油品，我们现在还很少用到。

---

① （明）宋诩. 竹屿山房·杂部//景印文渊阁四库全书（第 871 册）. 台北：台湾商务印书馆，1982：135.

1905 年江苏名点"盒子酥"已非常有名，原名金钱盒子酥，状如小钱，用于高档筵席。1919 年苏州松鹤楼厨师张福庆改进制作方法，放大为银圆大小，改称为"盒子酥"。当时苏州市外宾接待常请张福庆师傅制作这种点心，招待国际友人。

盒子酥是明酥中的"圆酥"品种，式样精致美观，酥层清晰，酥香松脆，味甜不腻，入口即化。其馅心有豆沙、玫瑰、枣泥、火腿、猪肉等多种；式样除"和合"式外，还有眉毛、七星、千层、百合、菊花、元宝、鸳鸯、佛手、寿桃等十余种之多。这些品种是当时花式油酥制品的式样，体现了江苏面点师的探究与钻研。

新中国成立以后的江苏餐饮业，广大面点师不断研究，在明酥的品种上又有许多突破，除了上面这些花式外，又研发了藕酥、苹果酥、鹅酥、蜜枣酥、梅花酥、荷花酥、海棠酥、青蛙酥、蛤蜊酥、青椒酥、白兔酥、蝙蝠酥、金鱼酥、核桃酥、石榴酥、兰花酥、菊花酥、元宝酥、河蚌酥、绣球酥、竹笋酥、樱花酥、秋叶酥、三角酥等等。

南京市是油酥点心较为发达的地方，早在民国和新中国成立初期南京就以油酥点心在省内著名，当时苏式面点是以苏州的糕团、扬州的酵面和南京的酥面三足鼎立而名声远扬。与胡长龄大师同时代的尹长贵大师，是特一级面点大师，他与胡长龄大师一起担任 1983 年全国烹饪名师技术表演鉴定会的专家评委。他制作的花色酥点在国内名噪一时，他的高徒董玉祥在其指导下，曾于 1994 年在北京科学技术出版社出版了《金陵宴点》一书。书中记载的点心，都是当时在南京餐饮饭店中宴会接待的较高档的点心，其中有一半以上的内容都是他创作的油酥品种，共 38 款，并且书本采用彩色印刷，图文并茂。在书的前面，有中华人民共和国专利局原局长高卢麟签字颁发的三个油酥制品的"外观设计"专利图片，一是"枇杷酥"，二是"虾酥"，三是"松鼠酥"。这是董玉祥师傅 40 年左右的研究书籍，是花费了不少精力的作品。正如南京大学原校长匡亚明先生在"序言"中所说："他制作的酥点除继承了南京点心的层次清楚、丝纹清晰、口感松酥的特点外，还在外观造型的美化上狠下功夫，颇具观赏价值。像安如泰山的'佛手'，婀娜多姿的'菊花'，昂首争鸣的'青蛙'，跃跃欲试的'狡兔'，安然自若的'白鹅'等都形似神合，栩栩如生。这些造型精美、意趣高雅的点心，就像一首首形象的诗，一幅幅立体的画，常令食客叹为观止，不忍下箸。更重要的是用口一尝，其味之美，更胜于外形之美，形美与味美相互结合，真可谓是'文质彬彬'的食品艺术的佳作。"[1] 在我们今天看来，这些作品并非尽善尽美，但我们也能感觉到当时南京地区油酥制品的功力和制作水平已具有了一定的高度。

进入 21 世纪，江苏省的花式酥点制作进一步拓展，在江苏省各类烹饪大赛中都会产生一些新颖创意的产品，如足球酥、皮包酥、竹笋酥、石榴酥、草帽酥、鲍鱼酥、绣球酥等。有些品种尽管过去已经有了，但比赛的式样远远超过过去，在酥层、外形等方

---

① 董玉祥. 金陵宴点. 北京：北京科学技术出版社，1994：1.

图 10-5 河豚酥

面都有突破。特别是江苏省教育厅自 2007 年开始举办中职学校技能大赛，每年一届的烹饪技能大赛，在面点项目"油酥点心"中，每年都有新的油酥作品问世。这些年来面点师们又相继创制了灯笼酥、雨伞酥、木桶酥、酒坛酥、花篮酥、灵芝酥、香菇酥、香蕉酥、田螺酥、粽子酥、海豚酥、鱿鱼酥、企鹅酥、松鼠酥、刺猬酥、金牛酥、山羊酥、河豚酥、梅花鹿酥等。这些油酥制品已不是几十年前的设计模样，难度越来越大，创意越来越好，彰显出江苏各地的面点师和职业学校老师刻苦钻研和认真攻关的勤奋态度和工作劲头。如"松鼠酥""刺猬酥"等，已不是"直酥"的样式，而是酥的横截面向外，是毛茸茸的姿态，感觉更加逼真。每年比赛，油酥点心都是赛场展台的最大亮点，其品种新颖，制作得法，层次均匀，各种动植物点心栩栩如生。

在油酥制作的手法上也进行了大胆的突破，面团调制后在起酥、擀制、叠制方面面点师们的基本功扎实，手法灵活，酥品层次清晰。目前，许多饭店的明酥点心制品可以实现大批量的制作，且利用苋菜汁、橙汁、菠菜汁等一系列天然、生态的原料配制成高级宴会点心，得到了广大宾客的喜爱与享用。

明酥类制品利用水油面包入干油酥，经过擀、叠、卷后，使两块面团均匀地相互间隔，形成具有一定间隔层次的油酥坯料，将其包入馅心，捏制成形，成品成熟后，显现出明显的层次且酥松膨大，外形饱满，色泽美观，光洁松柔，入口酥化。要想把一个明酥作品做好，需要多道工序及其擀、叠、包捏的基本功。就关键点来说，第一关键是起酥，和面的手法、水温、油量的配比、面团的软硬、擀制的平衡用力等都是特别讲究的。第二是包捏造型，手上用力要轻重适宜，把握得当，既要塑外形，又不能用力压着酥层，影响层次。第三关键是酥点的成熟，在油锅内把控油温，油温低了，酥点含油，层次张不开；油温高了，酥点颜色变黄变深，还容易将其炸飞走形，还不能用力翻动，防止炸后出现破裂、漏馅、松散等毛病。

油酥制品难就难在创意，这是需要精心设计和研究的，全省各中职学校的老师们每年动了不少脑筋，为了让学生在比赛中有一个很好的发挥，每个指导老师都花了不少心血，所以才能取得如此丰硕的成果。这些获得殊荣的作品，也成了全国各地学校及企业学习的范本，走向了全国。

2. 创新油酥点心作品赏析

草帽酥。赏析：21 世纪初，江苏面点师突破传统的思维，从圆酥的制作中，联想到"草帽"的形态，制作出别具风采的草帽酥。制作者构思精巧，匠心独运。它是在传统的"盒子酥"基础上的创新之作。该作品设计巧妙，形状逼真，手法娴熟，晶莹剔透，酥层清晰，成熟后色泽白净而均匀，充分体现了设计制作者高超而精湛的技艺水平。

馒头酥。赏析：一个圆馒头或圆餐包是再普通不过的造型，但如何设计制作让人眼前一亮就在于巧妙的构思。此酥点采用紫薯粉与面粉的结合，经起酥、擀叠，用圆酥制作方法制成圆馒头外形，包入奶黄馅，酥层层层环绕，造型圆润而饱满，天然的色彩、朴实的造型，让人耳目一新。

灵芝酥。赏析：灵芝是一种天然的食药兼具的菌类。面点设计师以此为样本进行大胆的描摹设计，利用可可粉与面粉两者组配结合，使双色巧妙地搭配，宛如枝干上活灵活现的灵芝。本品以圆酥为制作元素，两层相合，从外形和色泽上下功夫，可可色的酥层制作清晰，盘中装饰一个枯老的树干，酷似天然灵芝的造型，达到了天然而完美的艺术效果。

松鼠酥。赏析：将松鼠的造型借用到酥点上面，近几年来多地在做这方面的研究，有简易造型的，直接用直酥折弯造型，较为抽象。如今，设计者别开蹊径，用两块酥面组合，松鼠身体上装入双耳、双爪，其特色之处在于尾巴，制作者一反常态不用直酥直接装配，而是将尾巴的酥面切断、刀切面做成绒毛状，其功妙不可言，可称上品，其手法也是近年来层酥制品的新创之举。

图 10-6　松鼠酥

皮包酥。赏析：皮包酥是近几年江苏省烹饪技能大赛上的作品，曾出现过两种风格，一是男士皮包，用直酥的方法做出包形，包的两边也有直的酥层，是黏贴的直酥，外沾上芝麻，包带用可可粉调制的面团做成。二是女士小包，女士小包相对比较复杂，用编织的方法，将直酥的条经交叉编织更显其难度，小包精致，成品色泽白净，包带用咖啡色面与白色面搓成麻花形，整个外形精巧可爱，功夫扎实，设计精美。两者各有特色，各有巧妙之处。

三、太湖船点与宴席面点的发展

1. 太湖船点的制作与开拓

船点是江苏省无锡、苏州地区的特色点心，是面点制作中出类拔萃的名点之一。苏锡太湖船点起源于明清时期的太湖流域，与太湖船菜一起作为太湖船宴的重要组成部分。

船点相传发源于明清时期苏、锡水乡的游船画舫之上，当初采用米粉和面粉捏成各种动植物形象，在游船上作为点心供应，因而得名。后来经名师精心研究，专用米粉为原料，制作出的船点精巧玲珑，既可品尝，又可观赏。船点的馅心甜的有玫瑰、豆沙、糖油、枣泥等，咸的有火腿、葱油、猪肉、鸡肉等。在传统制作中，一般动物品种用咸馅，植物品种用甜馅。当时的面点制作者以精湛的艺术，将粉团经过染色，捏制成各种花卉、飞禽、水果、蔬菜等形状，制作精巧，形态逼真，馅心讲究，专供游人品尝。现在江南一带制作的船点，一般都用在高级宴席上，或者在节日作特种供应。

20世纪60—70年代，是苏锡船点的发展时期，苏州的船点以黄天源糕团店为代表，领头人为冯秉钧糕点大师；无锡船点以老迎宾楼为代表。这时期苏锡两地的糕团师傅们多次交流，并在苏锡船点的基础上，把船点中的花卉瓜果、鸟兽禽鱼应用到糕团图案中。

图10-7　太湖船点（苏州吕杰民制作）

黄天源糕团店的大师冯秉钧创制的"花好月圆""天女散花""老寿星""鱼乐图""虎丘山图景"等富有诗情画意的米制点心图案，在糕团上表现出来，给人以逼真的艺术美和脍炙人口的糕团香，色彩斑斓，造型动人，立体感强，为喜庆、馈赠之佳品，在江苏尤其是苏锡地区产生了很大的影响。这实际上也是船点的制作升华，一点也不亚于西方传来的"生日蛋糕"。20世纪80—90年代，在苏州、无锡、南京外事饭店的宴席接待中，都会有一道"太湖船点"供客人品赏。当时南京的东郊宾馆、南京饭店、双门楼宾馆、丁山宾馆、胜利饭店五家外事饭店中，船点是每天宴会必须供应的点心品种，由于其外形美观、馅心鲜美，得到了外宾及国内客人的普遍欢迎。

船点制作有四个过程，即揉粉、配色、包捏成形、熟制。船点一般是用干磨粉以煮芡的方法揉制粉团。船点配色一般取用自然色素，如菜汁、南瓜泥、胡萝卜蓉揉入粉团中，不但色泽好，营养也很丰富。每个剂子包成馅心后捏制成各色动植物的形状，然后上笼蒸熟，趁热涂上素油，装盘而成。目前可制作的植物品种有大蒜头、蚕豆、青椒、胡萝卜、黄瓜、茄子、苦瓜、月季花、菊花、菱角、橙子、荸荠、丝瓜、核桃、芋头、苹果、寿桃等，动物品种有鸡、鸭、鹅、白兔、金鱼、鲤鱼、鸽子、小鸟、鹦鹉、企鹅等。

进入21世纪，江苏的烹饪大赛和餐饮企业都在船点制作方面进行了一些开拓，如利用白色米粉团制作"千姿白鹅""绿茵白兔""白鸽迎春"等，利用南瓜泥、胡萝卜汁、苋菜汁、紫薯泥与米粉的结合制成"硕果累累""象形南瓜""象形紫薯""象形荸荠"等一系列造型美点，成为各地顾客喜欢吃、愿意点的产品。特别是江苏省职业院校技能大赛的面点作品，连续多年的项目"创新面点——米粉点心"，要求粉点不着颜色，注重形态。经过多年的比赛，涌现出许多新颖而独特的品种。此大赛的推广，对全省餐饮企业的产品开发起到了一个推动作用。这些都为太湖船点的继承与发展开辟了新的市场。

2. 江苏宴席点心制作水平的提升

宴席面点区别于一般早点、饭点等普通面点的制作，它要求制作规格化、口味多样化，技法、熟制要各具特色，不能雷同，主要体现它的精致化、多变性。江苏地区宴席点心在制作时都真正注意到了以下几点。

（1）风格的独特性、统一性

宴席面点的配备与整个宴席的菜肴格调一致。在制作上，主要发挥面点之所长，即施展本地本店的技术专长，避开劣势，充分选用名特物料，运用独创技法、名点名法，力求新颖别致，振人耳目，有些地域特色品种，使人一朝品食，面点风格、特色难忘。在日常的宴席接待中，淮扬菜就得有正宗的淮扬名点；太湖船宴就有太湖船点；南京民国宴就是民国时期的风味面点；全席菜也是用其主料配合而行。风格独特、统一，给人以一种高雅美、新鲜美，本身就是一种和谐的美。这些特点自然具有美学价值，受人欢迎。

（2）工艺的多变性、丰富性

不论何种宴席，都应根据客人的不同需要合理、灵活安排点心单。在安排面点品种时，既要注意风格的统一，又应避免面点色、香、味、形单调和工艺的雷同。尽管面点在宴席中所占比例不多，但人们都努力体现变化的美。一桌宴席，二道、三道、四道、六道面点，都显示各自不同的风格和个性。馅料方面，鸡、鱼、肉、蛋、豆等分别选用；馅味特色上，甜、咸、鲜、香、荤、素交错；面团品种上，烫面、酥面、酵面、粉面等适当变化；成形上，叠、擀、包、捏、卷和饼、饺、糕、团、花色等组合不同；熟制技法上，讲究蒸、煮、煎、炸、烤、烙有所区别；质感上，注重酥、脆、软、糯、嫩、滑有所差异，做到干点、湿点、水点的组配。这样的设计安排，可使面点具有动态美，不枯燥，体现中华面点的制作特色。

（3）制作的精致性、合理性

江苏面点突出工艺性，在准备周密的情况下，单有多变、丰富还不够，还应该努力做到精湛，符合科学营养知识。在宴席点心的配备上，江苏面点师多强调突出风味，展现美好形态，呈现精湛而丰富的技法，使江苏面点的风格特征在面点师的创作中，更加美味可口，增进食欲。这就需要面点师具有扎实的基本功和高超的制作技巧。这种技艺技巧，不应是唯美主义的，把工艺制作强调到不合适的程度，见佛贴金，乱加造型，看上去蝶飞凤舞，花枝招展，吃起来味同嚼蜡，难以下咽，就违背了中华面点色、香、味、形、质、养的传统要求。这种过于追求精细逼真的制作方法，是不可取的，也是宾客所不欢迎的。

另外，有人认为面点在宴席中占的比例较少，便马虎、应付了事。这本身就是对面点制作的不重视。江苏面点工艺独特，技术精湛，宴席面点就是一个最好的表现平台。在色、香、味、形、质、养的前提下，粗制滥造、草率应付、重色低味、时长工费等，都是不符合宴席面点制作原则的。

3. 宴席面点的开发与市场需求

一桌丰盛的宴席，没有面点配合就好比红花缺乏绿叶。在饮食行业中有句俗语，叫作"无点不成席"。随着人们生活水平的提高和国际交往的增多，江苏宴席面点制作技术在饮食、旅游行业中的地位日益重要。

怎样发挥和突出面点自身的优势？从面点自身着眼，应该发掘其潜力。宴席面点是整个宴席中的一个优美的插曲，如何使这支插曲在整个旋律中打动宾客，这就要在面点的制作上下功夫。总之，就是要使面点有个性、有特色，体现与菜肴的不同，使人们对这段插曲产生浓厚的兴趣，并留下深深的印象。

（1）力求色泽素雅、简洁自然

很多人都想把面点制作得很漂亮，以此来吸引客人，但需注意两点。第一，浓妆艳抹，一味地在色彩上下功夫的面点，尽管一时吸引客人，但宾客终"不忍下箸"，造成适得其反的效果。第二，精雕细刻，一味地在时间上下功夫的面点，不能适应高效率的生产制作和生活节奏，加之长时间的手触处理，影响卫生，这也是宾客所不予接受的。

我们提倡"清水出芙蓉"，以淡雅的自然风格、简洁大方的制作特色，以质地美、自然美赢得客人的喜爱，如水晶玉兔，洁白莹亮，形态酷似，配味郁香甜润；四喜蒸饺，简洁美观，五彩缤纷，皮薄馅大，配味鲜香。

（2）注重制作形态的简易变化

宴席面点的数量一般根据宴席的档次而定，一般是二道、三道、四道面点，较高级的也有六道、八道点心。配备点心应注重面点制作形态的简易变化。面点造型是通过成形技法再现出来的。面点技法多样，宴席面点的制作就是要选用灵活多变的包捏、卷镶、模印等技法展现各种方形、圆形、长形、花卉形、动植物形的不同平面、立体图案。如一块油酥面团，既可做成梅花、海棠花、兰花等色彩缤纷的花卉，也可捏制成玉兔、白鹅、金鸡等生动形象的动物。同是水调面团，即可捆出状如粉丝、整齐利落的圆、扁面条，也可擀出薄如纸、圆如月的单饼。宴席面点在符合宴席级别、口味的同时，考虑形态的变化多姿，做到不拘一格、简易适口是很有必要的。

（3）把控精致小巧可口实用

宴席面点上席一般有两种，一是间隔上，即顺应菜肴的特点配上面点；一是不间隔上，即几盘面点前后连着上。上席的面点品种一般有糕、团、饼、酥、卷、角、片、包、饺、面、羹、冻等。无论是何种上法，无论是哪类点心，根据人们的就餐特点，一般总是以量少精细为妙。提倡小巧精妙，目的是以小取胜，以精取优。宴席面点以每单只不超过25克为宜，每道面点（整形）以不超过250克为佳。特别是价高、级别高的宴席，面点品种多，更应讲究面点的玲珑、精致、可口。大件菜肴之后，配上小巧可爱的花色细点，可以使食客在品尝和散席之余，留下难以磨灭的印象，以此抬高面点的知名度。

（4）突出乡土风味和本地特色

江苏每个地区都有许多风味独特的面点品种，为了充分突出宴席面点的特色，可在宴席中展现出本地的独特风味品种，使宾客领略正宗的乡土风味，增加宴席的气氛和主人的诚意。宴席中配上富有地方特色的名点，将其置于整个宴席之间，可使席面增色，同时也体现对宾客的友好和尊重，具有双重效果。地方风味宴席更应如此，更应表现面点的地方特色，这是自古以来江苏宴席面点配备不可忽视的一个重要内容。

第十一章

江苏美食与主题文化宴席

    江苏宴席文化自古以来就较为发达，而较完整的文化主题宴席早在明清时期就已经比较成熟，如江苏多地的"船宴"，淮安的"全羊席""全鳝席"等。随着社会的不断发展与进步，文化主题宴席已成为一种新的餐饮文化现象。特别是1978年改革开放以后，各地餐饮企业积极发掘本地的宴席文化主题，开发适合本土本店的宴席文化资源。

    宴席接待菜单的发展随着时代的需求已越来越强调其风格、主题、特色，在现代餐饮经营中，根据消费时尚、饭店特色、时令季节、客源需求、原料个性、仿古溯源、人文风貌、菜品特色等因素，选定某一主题作为宴席活动的中心内容，以此为营销的标志，吸引公众关注并调动顾客的进食欲望，使其产生购买行为。文化主题宴席经营的最大卖点是赋予一般的经营活动以某种主题，围绕既定的主题来营造宴会的经营气氛。宴席中所有的菜品、色彩、造型、服务以及活动都为主题服务，使宴席主题及其菜单成为客人识别的特征和菜品消费行为的刺激物。目前江苏各地的主题宴席非常丰富，这里取其部分特色主题宴席进行阐述和分析。

❧ 第一节 江苏主题文化宴席设计分析 ❧

    宴席，又称筵席、宴会、酒会、燕会、宴饮，是人们为满足习俗或社交礼仪需要，以餐饮为主线活动的聚会。古往今来，江苏宴席菜品精美，主旨突出，形式典雅，气氛热烈，各地的宴席活动独具风采。

一、江苏地区主题宴席的发展

    宴席、宴会是从筵席引申发展而来的。在我国，有关筵席的记载早在周代就有记述。《周礼·春官·司几筵》贾公彦注云："凡敷席之法，初在地者一重即谓之筵，重在上者则谓之席。"《礼记·乐记》云："铺筵席、陈尊俎、列笾豆"，也是指铺在地上的筵席，后来则专指宴饮酒席。筵席本来没有饮食的意思，只是铺设在地上供人们坐垫的家庭生活用品。古代先民的家庭陈设十分简陋，没有床、椅、桌等家具，只是把用苇子和竹子编的席子铺在地上供人踉坐。而筵和席较相近，区别是筵长席短，筵粗席细，筵铺在地上，席铺在筵上。古代先民的饮食没有其他的场所和设备，只能在筵和席上踉坐而食，这就使筵席和饮食联结在一起。从早期的"案""鼎"到唐代出现了"桌""椅"，人们从踉座中解放出来，筵席失去了铺陈的作用，但"筵席"这个名称却被保留下来，从饮食场所转变为菜点酒品的代称。

江苏为鱼米之乡，宴席设计基本都围绕江苏餐饮文化的特色，在原材料的选择上，以水产品原料为主的宴席主题较多，如全鱼宴、全蟹宴、水鲜宴、刀鱼宴、龙虾宴、渔家宴、水八鲜宴等。江苏历史名人较多，有些历史名人尽管不是江苏人，但常常到江苏游历、做官，留下了许多足迹，也在江苏品尝过不少美食。因此，各地的名人主题宴席也较多。江苏历史上产生了许多名著，有些作者是江苏人，有些曾在江苏生活过，有些书中的故事发生在江苏，所以，凡是与江苏有关系的著名人物都有餐饮企业研究开发。不少主题宴席以江苏各地的地理位置、地形特点和风俗习惯为主，由此也出现了一些地域文化类的宴席，如陶都风情宴、凤城锦绣宴、西楚风光宴、追江赶海宴、芦荡船宴等。

寻找江苏古代饮宴主题的记载，也会零星看到一些主题宴席菜品的影子。明清时期，江苏地区的"船宴"，设宴于游船上，船家摆宴，以淡水水产品原料和当地的植物原料为主。《扬州画舫录》载朱竹垞《虹桥诗》云："行到虹桥转深曲，绿杨如荠酒船来。"清人沈朝初《忆江南》词："苏州好，载酒卷艄船。几上博山香篆细，筵前冰碗五侯鲜，稳坐到山前。"明清船宴的流行吸引了不少雅士和名流，由此，船宴渐渐得到发展，船菜船点也便兴旺发达起来，成了一种专门的风味美食。

太湖，面积2445平方公里，是我国五大淡水湖之一。太湖美，美在太湖水。它辽阔苍茫，烟波浩淼，被称为"吴中胜境"，以自然风光秀丽、雄浑而著称于世。太湖的淡水资源十分丰富，太湖明珠的无锡，土肥物饶，向称为"鱼米之乡"。人们研制的"太湖船宴"，以太湖水产品资源和当地的特产原料为主，整个宴席主题突出，风格独特。这里分别介绍两个酒店的"太湖船宴"。

其一：活炝虾、八味佳碟、太极鱼脑、银鱼双味、翡翠塘片、太湖野鸭、雪花蟹斗、荷叶焗鳜鱼、太湖船点、鱼米烧卖、扁豆酥糕、湖珍馄饨、时令三蔬。

其二：蟹黄银丝、鱼米满仓、无锡烤鸭、脆皮银鱼、鸭味双鲜、灌蟹鱼圆、西施豆腐、刺猬戏果、农家小院。

"船在水中行，人在画里游""极目览秀色，舒心品佳肴"，中外宾客在无锡游船上的赞誉可谓道出了太湖船菜集食、赏、行、憩于一船这一绝美的特点。活鱼活虾系挂在船艄鱼篓放养活水中，现捕现宰现烹，鱼虾鲜嫩，汤汁浓醇，上品食材，鲜料现烧，精工细作。太湖船菜成为江南水上美食旅游特色项目而蜚声海内外。

在众多的宴会菜单中，还有一些是以某一种原材料为主做成的一桌酒席，如全羊席、全鳝席(兴起于同治、光绪年间淮安地区)、豚蹄席等，这些都是早期江苏主题宴席菜单类型。据清代《清稗类钞》记载:"清江庖人善治羊,如设盛筵,可以羊之全体为之。蒸之、烹之、炮之、炒之、爆之、灼之、燻之、炸之。汤也、羹也、膏也、甜也、咸也、辣也、椒盐也……多至七八十品,品各异味。号一百有八品者,张大之辞也。中有纯以鸡鸭为之者。即非回教中人,亦优为主,谓之全羊席。同光间有之。"这是记载清代同治、光绪年间淮安之地的"全羊席",可见,那时江苏地区的烹饪技术已达到一定的高度。

古代的主题宴席主要以宫廷、官府、商贾、文人等为主体,多以季节主题、庆贺主题和祭祀主题为主,大多以某一种原料、风格、特点来答谢宾客。新中国成立以后,接待宾客的第一宴,就是以江苏风味淮扬菜为主体的宴席——"开国第一宴"。以后的 30 年内,各地的宴席基本都是以本地风味为主的主题宴席。当时在江苏省外办接待处的宾客菜单中,大多都写着"江苏风味宴"等。如 20 世纪 70 年代,江苏省外事办公室的"江苏风味宴"接待菜单:

江苏风味宴

冷菜: 白嫩油鸡　　盐水河虾　　金珠口蘑　　红皮糟鹅
　　　水晶肴蹄　　鸡油白菜　　蓑衣黄瓜　　挂霜莲米
热菜: 海棠鲍脯　　清炒虾仁　　虾子冬笋　　银牙金丝
　　　烧马鞍桥　　松鼠鳜鱼　　蟹粉狮子头　砂锅菜核
点心: 三丁包子　　黄桥烧饼　　千层油糕　　苏式汤圆
甜羹: 冰糖银耳
水果: 陵园西瓜

二、江苏主题宴席菜单设计特点

纵观江苏各地主题宴席菜单的创设,一般具有以下几个方面的特点。

1. 从文化的角度加深菜单主题的内涵

江苏餐饮市场比较注重文化性的开发,从 20 世纪 80 年代开始就显现出这种特色,最典型的是南京的宾馆、饭店"美食文化节"的出现,掀起了主题宴席的高潮。现代餐饮消费市场和消费对象都出现相对个性化的现象,企业在经营中为了吸引更多的消费者,或者为了满足不同消费者的进食目的和进食需求,都在设计和打造不同风格特色的主题菜单。在设计时为了满足客人的要求,往往在主题的深层次开发上注重考虑这些个性化顾客的特殊需求,通过举办各种"文化"的主题活动来巩固和吸引各路的客源市场。

(1) 菜品的特色反映主题的文化内涵

从各地的主题宴席菜单来看,菜单的核心内容,即菜式品种的特色、品质基本都反映文化主题的饮食内涵和特征,这是主题宴席菜单的根本。如苏州的"阳澄蟹宴"(常熟虞城大酒店），以原料为主题的风格，所有菜品必须围绕螃蟹这个主题，宴席中汇集清蒸大闸蟹、蟹黄橄榄鱼丸、蟹斗水晶虾仁、菜心蟹粉鱼肚、蟹黄瑶柱白菜、芦笋炒蟹柳、脆炸蟹钳、蟹黄状元饺、蟹粉酥皮盏等菜点，可谓"食蟹大全"。淮安的"白鱼宴"（淮阴宾馆），是围绕白鱼来做文章，洪泽湖盛产白鱼，淮白鱼，是从夏禹到明清时期的贡品，它是淮地水产鱼类中极具代表的品种。刚出水的白鱼就船而烹，其味最佳。白鱼清蒸、盐腌、糟渍等皆美味可口，熘橄榄鱼、蟹粉芙蓉、脆皮淮鱼糕、三鲜烩鱼饼、鲍汁鱼方、醋椒鱼圆、生熏白鱼、白鱼干贝盅、鱼饺烩海参、清蒸白鱼、鱼汤面等，让人食欲大振。"普天同庆宴"以欢庆为主题，整个菜单围绕欢聚、同乐、吉祥、兴旺，渲染庆祝之气氛。

（2）菜单的确定针对目标客源市场

根据目标顾客设计主题宴席菜单，这是餐饮经营的常规。因此，主题菜单的确定，主要针对所期望的目标客源市场，价格定位也与之相适应。同样的主题，会有不同的菜单，特别是不同档次、风格的菜单。不同的地区、不同的客源市场，其菜单是有差别的。

文化具有深厚的内涵。在确定宴会主题后，企业经营策划者往往围绕主题挖掘文化内涵，寻找主题特色，设计文化方案，制作文化产品和服务，这是最重要、最具体、最花精力的重要一环。独特的主题，运用独特的文化选点，主题宴席菜单自然就会获得圆满的成功。

例：水晶之恋宴（常州富都商贸饭店）

在宴席的设计上，有许多创意的风格，在装盘和摆台装饰上采用中西结合的手法，使整个宴席生机盎然，"恋"字冰雕更加贴切宴席，宴席的品位、场景变化无穷。灯光搭配使宴席更加亮丽、时尚，更符合现代新婚夫妇的浪漫情怀。

江南八单碟：烤虾、萝卜卷、脆中脆、鱼蓉卷、烟熏鸭脯、三味黄瓜、油醋菠汁卷、蜜汁双味

明月高汤鲍：大连鲍、粉丝结、枸杞子、鸽蛋、翅汤

美味龙虾球：小澳龙、乌冬面、鱼蓉、西芹、吉士粉

香辣帝王蟹：帝王蟹、九层塔、青红椒米、黑椒

烧汁煎紫芋：紫山芋、烧汁

翡翠裹牛腩：牛腩、脆皮糊、菠菜汁

富贵石榴包：虾蓉、野山菌、牛肝菌、草菇、金针菇、红鱼子

双味江石斑：石斑鱼、菜心、白果、糖醋汁

火瞳老鸡煲：草鸡、大白菜、火腿

（3）菜单菜品围绕文化主题的中心而展开

各地餐饮企业的主题菜单、菜名及技术要求紧紧围绕文化主题这个中心展开。从地域文化主题的菜单来看，基本考虑到菜单菜名的文化性、主题性，使每一个菜都能见到

主题的影子，这样可使整个宴席场面气氛和谐、热烈，让宾客产生美好的联想。

　　而今的餐饮经营并不仅仅只是一个商业购买的经济活动，实际上，餐饮经营的全过程始终贯穿着文化的特性。在策划宴席主题菜单时，更是离不开"文化"二字。地方特色菜单的地方菜品文化渲染，不同地区有不同的地域文化和民俗特色。以某一类原料为主题的菜单，都能突出某一类原料的个性特点，从原料的不同部位，到原料食品的利用、古今中外菜品烹制特点等，强调某一种"原料"文化的展示。如南通的"追江赶海宴"（日月楼大酒店）紧紧围绕南通滨江临海的地理优势，把江海文化揉入菜单中，菜品包括原汁海蚌、日月烩竹蛏、芙蓉海蜇皮、扇面大明虾、双味梭子蟹、蟹粉鲜鲴鱼、熘蛙式黄鱼、清炖狼山鸡、蛤蜊鸡冠菜、海鲜灌汤饺、蟹黄养汤烧卖、三味海鲜汤等。这一设计使每一个菜都与地方江海文化紧密相连。在宴席的服务中，年轻的服务员在端上每一道江海菜时，都会恰到好处地说出该道菜品的制作特色，给客人增加不少食趣。

　　"寿庆喜宴"的菜单，每一款的菜肴都与"寿""喜"相关，尽量渲染寿庆喜宴的文化氛围，让就餐者沉浸在"寿庆"幸福的喜悦之中。当然，菜肴制作也要味美可口，相得益彰。

　　例：寿庆喜宴

麻姑献寿（拼盘围碟）　　　合家欢乐（彩色虾仁）

祥和如意（佛手鱼卷）　　　蟠桃盛会（鸽蛋海参）

吉庆有余（鲍鱼四宝）　　　花开富贵（桃仁花菇）

松鹤延年（寿星全鸭）　　　长命百岁（蛋黄寿面）

寿比南山（猕桃银耳）　　　五彩果盘（时令果拼）

2. 从市场的角度突出主题宴席的个性化

　　餐饮经营中主题文化菜单的设计，实际上是餐饮经营的需要，是市场竞争的需要。有的主题宴席是为了活动接待的需要，如庆祝主题宴、迎宾主题宴等；有的主题宴席是为了节日烘托气氛的需要，如除夕团圆宴、中秋享宴、重阳登高宴等。但大部分主题宴席是为了吸引客源，利用地域个性特色来谋划不同的经营主题。只有不断创设鲜明、独特的宴席主题活动，才能在餐饮经营中树立自己的品牌特色，获得最佳的经济效益。

　　（1）强调主题的个性化与差异性

　　从设计策划角度来说，主题菜单应考虑主题文化强烈的差异性，在推出某一个主题时，要求主题个性鲜明，与众不同，形成自己独特的风格，而不是泛泛之作。笼统的、泛泛的、面面俱到的菜单是一种综合性的菜单，它没有主题，没有特色，只是考虑和顾及方方面面的客人。而主题菜单，只考虑一个独特的主题，菜单的制定必须具有特有的风格。此菜单非彼菜单，具有了独特性和差异性，也就有了吸引人的魅力。菜单越是独特，就越是吸引人，越是能产生意想不到的效果。于此，江苏各地根据个性化、差异化的要求涌现了不少特色主题宴，如启东的带鱼宴、全蟹宴（梭子蟹），江阴的霞客宴，扬中的河豚宴等，都体现了各地的个性文化。

差异化是主题宴席菜单创设优势的武器。差异越明显，餐厅在竞争中的优势就越多，成功的机会也就越大。而主题宴会菜单的特色在于强调差异，即餐厅通过塑造一种独特、新颖的形象，使自己的产品与服务区别于竞争对手，甚至优于竞争对手，以此实现吸引客人之目的。

需要注意的是，主题宴席菜单的差异化，切忌重复和随大流，现实市场上一波又一波的"跟风式经营"，使得一个又一个的模仿者成为市场的淘汰者。因此，餐饮企业应正确分析自身的优势和劣势，发挥本企业各种资源的综合优势，形成其他企业一时难以模仿的宴席主题，从而逐步提高自己的知名度。

餐饮企业在设计菜单、寻求主题时，一方面要考虑顾客的需求与喜好程度，另一方面也要根据企业的实际情况，既要考虑到菜单的差异化，也要考虑到实际成本以及回收利润问题，一味地扩大差异而收效甚微是不可取的。在选择主题时，也不能难度太大，要根据自己的地域特点和饭店的实际状况。我们提倡的是雅俗共赏、方便快捷的宴席主题策划。因此，只要能引起广大消费者的兴趣，产生独特个性，就会带来一定的市场关注。

（2）主题宴席需要特色环境的配合

随着时代的发展进步，人们已不满足过去已有的简单、单调、重复的传统餐厅带给人的按部就班的进餐方式，许多客人特别是喜欢猎奇的客人，他们迫切希望一种新的菜单形式带给人们全新的体验。在主题菜单设计后，也需要有特色的卖场环境与之相匹配，由此，随着宴会主题的不断突出和顾客的不断需求，带有主题性的菜单和与之相匹配的餐饮场所也就相继出现。

宴席主题文化确定以后，除了进行菜单的制定以外，许多餐饮企业借助于餐厅的环境表现，尤其重视场景、氛围、员工服饰等方面的装饰，以形成一种浓厚的主题文化，在服务的过程中、服务的形式上、服务的细节上、服务标准的设计上、活动项目的组织上，均有鲜明的主题作贯穿。主题宴会突破了传统餐饮仅提供产品这一模式，而是为顾客提供一种"体验服务"，把自己培植的主题文化产品奉献给每一位就餐的客人，为其带来一种特殊菜品、特殊的环境、特殊的享受。一个餐饮企业在不同时候推出不同风格的宴席主题，这就使得企业的餐饮经营有声有色，风格各异，并常常给客人带来全新的、有个性的菜品体验。

对于主题宴席服务工作的开展，每一次服务都是一次技能的提高、经验的积累，可以使宴席的服务和管理人员不断地提高自我、挑战自我。同时，不同主题宴席在菜式品种、环境、服务上的要求也不尽相同，因而宴席工作人员只有针对客人的需求，不断地进行调整和创新才能赢得客人的认可和满意。

3. 从技术的角度用丰富的技法突出特色

一桌宴会菜单就像一曲美妙的乐章，由序曲到尾声，应富有节奏和旋律。各地餐饮企业在制定主题菜单时，既考虑到菜单风格的统一，又注意避免菜式的单调和工艺的雷同，努力体现变化的美。一桌宴席菜肴，从冷菜到热菜通常由多道菜组成，菜品愈多，愈应显示各自不同的个性。整个菜肴用丰富多彩的美馔佳肴，就像乐章的"主题歌"，引人入胜，使人感到喜悦和回味无穷。宴会的效果如何，关键就在于菜肴的组配。人们知道，音乐必须有抑扬顿挫的节拍才悦耳，绘画必须有虚实浓淡的画面才优美感人，主题宴席菜品的组配也必须富于变化，有节奏感，在菜与菜之间的配合上，要注意荤素、咸甜、浓淡、酥软、干稀之间的和谐、协调，菜品相辅相成，浑然一体。

应该说，一桌丰盛的主题宴席菜单，其构成形式是丰富多彩的。它主要表现在原料的使用、调味的变化、加工形态的多样、色彩的搭配、烹调的区别、质感的差异、器皿的交错、品类的衔接等方面，只有这样，主题宴席才会有节奏感和动态美，既灵活多样、充满生气，又增加美感，促进食欲，这是主题宴席菜单获得成功的基本保证。

(1) 原料使用：鸡、鸭、鱼、肉、豆、菜、果——围绕主题而匹配；

(2) 调味变化：酸、甜、辣、咸、鲜、香、复合味——清鲜浓淡多起伏；

(3) 形态多样：丝、条、块、片、丁、球、整只——迎合主题而变化；

(4) 色彩搭配：赤、橙、黄、绿、青、蓝、紫——渲染主题的色彩；

(5) 烹调区别：炒、烧、烩、烤、煎、炖、拌——多样技法的并存；

(6) 质感差异：软、嫩、酥、脆、爽、糯、肥——口感丰富而多变；

(7) 器皿交错：盘、碗、杯、碟、盅、钵、象形——尽显主题之风格；

(8) 品类衔接：菜、点、羹、汤、酒、果、甜品——多种组合有生机。

不论何种主题宴会菜单，都应在营养、用料、刀法、烹调技法、口味、质感、色泽等方面有所变化。在制定菜单时，既要注意风格的统一，又应避免菜式的单调和工艺的雷同，努力体现变化的美。

如"华江龙虾宴"烹饪技术的展现特色：南京华江饭店从 2001 年开始，精工打造华江龙虾品牌，最旺之时，一天可销售 2 000 千克。他们在十三香龙虾的基础上，相继研制出梅干菜龙虾、酱骨龙虾、奶香烤虾等脍炙人口的 20 多种口味。在此基础上，他们精加工、调口味、变手法，提高工艺，推陈出新，利用不同的烹调方法、不同的造型、不同的口味、不同的质感等，于 2005 年推出"华江龙虾宴"，获得了国家、省市等多种奖项。

主盘：荷塘虾趣。采用龙虾肉、虾壳为原料制作而成，造型栩栩如生。

冷盘：牡丹虾片、白玉虾书、糟油虾钳、三色虾糕、水晶虾冻、碧绿虾球、五彩虾蛋、如意虾卷。采用龙虾为主料，制作成 8 种口味冷碟。

热菜：鲜虾狮子头：龙虾肉、肥膘、马蹄，洁白圆润，鲜滑细腻；

　　　瑶柱绣球虾：龙虾球、瑶柱丝、胡萝卜丝、火腿丝，色泽艳丽，酥嫩味美；

　　　橙味脆皮虾：大虾仁、橙汁，虾球黄亮，外脆里嫩，酥甜可口；

　　　虾黄凤尾虾：凤尾龙虾、虾油，形似凤尾，味道鲜美；

　　　奶香烤龙虾：大龙虾、牛奶、黄油，色泽红润，肉质嫩滑，奶香浓郁；

十三香龙虾：深水龙虾、多种香料，麻香适口，香味十足；

凤尾吉他酥：龙虾带尾壳、油酥面，形似吉他，形状逼真；

虾肉芦蒿饺：虾肉制成虾片，包芦蒿馅，色泽洁白，鲜嫩爽口；

虾球浸时蔬：龙虾黄虾油、时令蔬菜，虾油鲜腴、蔬菜碧绿、清香利口。

图 11-1 随园风味宴

三、江苏主题宴席的分类与特色

1. 江苏主题宴席的分类

在注重宴席的差异性方面，各地餐饮企业的设计者们都围绕本地、本店的个性文化而创设主题，使得主题文化丰富多彩。根据宴席的性质和主题，通常将宴席分为以下几类。

（1）庆祝迎宾宴席

庆祝迎宾类宴席在人们的生活中非常普遍，也是接待宴会中所占比例最大的一种宴席形式。此类宴席包含各类庆祝活动，如庆功表彰、婚寿庆祝、大型活动的祝贺或庆典、重要宾客的欢迎等。对外来重要宾客的欢迎宴，所用菜肴、点心应当选用突出当地特色的菜点，以体现地方性的特色文化为宜。

例：南京青年奥林匹克运动会迎宾宴（南京紫金山庄）

冷盘：迎宾冷盘。

汤菜：金陵四宝汤。

热菜：雀巢爆羊柳、香炸大明虾、黑椒煎牛排、香烤银鳕鱼、白灼翠芥蓝。

其他：金陵美点、水果、冰淇淋。

（2）地域特色宴席

这是主题宴席中使用最多的一种宴会形式，主要以本地区为主，从地域特产原料、特色食品以及地域独特的文化等来展示。江苏鱼米之乡，多地以水产品原料来设计主题，如各式鱼宴、蟹宴、虾宴、渔家宴、船宴、湖鲜宴、运河宴等；或以独特的地域文化来展示，如凤城锦绣宴、秦淮小吃宴等。

例：龙城印象宴（常州都喜天丽富都青枫苑酒店）

龙城，即常州。龙城印象宴，是常州都喜天丽富都青枫苑酒店在老常州菜的基础上不断创新改良而完成的地方特色主题宴席。

冷菜：姜汁金坛水芹、麒麟鲥鱼酥、山药冰淇淋、晋陵盐水鸭、虾籽拌茭白、脆皮香酥肉、冰镇樱桃鹅肝、浇汁海蜇皮。

热菜：清炒凤尾虾仁、茅台坛子肉、堂炒鸡枞菌、椒麻蟹壳骨、如意家祭菜、文火盐焗小牛肉、椒盐鹅翅、山泉炖划水、鸡汤手剥笋、咸香菜薹。

汤菜：青枫第一锅。

点心：延陵传统小麻糕、龙城萝卜干炒饭。

八道冷菜多为常州的地方特色家常菜肴，营养丰富，也更符合常州人的口味。十道热菜经过改良，加入创意，将常州人丰富的饮食文化融入了创新之中。汤菜和点心具有浓浓的家乡味，让人回味无穷。

（3）民俗风情宴席

每个地区都有自己独特的民俗特色，该类宴席以体现本地本土的民俗民风为主题，选择的内容比较广泛，可以给消费者以全新体验。如果能够深挖本地区的文化特色，将本土的传统服装、饰物、音乐、歌舞、餐具、菜点、习俗等表现出来，形成一个系统化的、完整的主题，就更能够吸引消费者。

例：芦荡情缘宴（常熟华联宾馆）

"芦花放，稻谷香，岸柳翠"，常熟独特的吴中风情，芦荡风景秀丽明媚；竹林幽径、阡陌莘香、柳堤闻浪、隐湖问渔、双莲水暖，佳景成趣。此宴以芦荡风景为背景设计主题宴，选常熟丰富的水产为主要原料，集常熟菜肴精粹，情系芦荡，缘定今生，款款佳肴美点散发出喜庆、温馨、浪漫的气息。

冷菜：孔雀开屏、八味冷碟。

热菜：虞山叫花鸡、满载而归、金牌扣肉、兰花鸭舌、蟹黄鱼线、鱼米满仓、琵琶虾蟹、牡丹鳜鱼、南腿菜扇、清汤鱼圆。

点心：鱼香酥卷、玫瑰与刺猬包。

水果：水果花篮。

（4）农家乡土宴席

这是以反映农家生活为主题的宴席形式。这类宴席活动的主题是借助于体现农家生活的场景、氛围、环境、菜肴等，将消费者从原有的生活方式中解脱开来，体验一种具有农家生活环境、生活内容的原汁原味性。这在各个地区都可以策划经营。

例：江阴农家宴（华西金塔宾馆）

过去在江南一带，凡家中遇有喜庆之宴通常是"几大碗""猪八样"之类的菜肴。而今，江阴人不断将"乡土菜""家常菜"升华，讲究菜肴的色、香、味、形，做到常吃常新。

冷菜：螃蜞螯、盐水虾、层层脆、如意鱼卷、百叶糕、咖喱茭白、牡丹海蜇、鹌鹑皮蛋。

热菜：翠珠鱼米、田螺仔鸡、稻香腌鲜、面糊蟹块、咸鱼烧肉、老鸭馄饨、豆米咸菜。

点心：洗沙小方糕、香菇素菜包。

汤菜：上汤鱼蓉蛋。

主食：翡翠炒饭、三鲜面夹板。

水果：翠盅果香。

（5）保健养生主题宴席

它是以倡导健康养生饮食为主题，为客人提供有益保健养生的就餐环境和菜肴、食品的宴席。这类主题菜单的设计，以追求健美与长寿为目的，人们到饭店用餐，都希望以最新的科学理论做指导，以食物代替药物来强身健体。在策划设计主题宴时，如果能突出保健、强身的功效，就可起到一举两得的效果。这是人们在饮食中都很向往的事情。菜点的选择和烹调从营养、卫生、生态、健康的角度出发，意在通过饮食有效地为客人的健康服务。菜品的配膳多运用中国传统文化中的食料、药膳养生的观念，并结合现代人所特有的一些健康常识，科学引导客人消费。

例：如皋长寿宴（如皋丽都假日酒店）

图11-2　金坛-茅山道养宴

南通如皋市丽都假日酒店曾成功举办了由百名百岁寿星参加的"太平盛世万岁宴"，受到了社会及老龄研究专家的广泛好评。他们在继承传统饮食文化的基础上，总结如皋170多位百岁寿星的饮食秘诀，形成了富有特色的长寿佳肴食谱，推出了"长寿宴专席"，选用的原料都是如皋地方具有长寿品位的土特产品，有以民谣"如皋萝卜咯嘣脆，吃了能活一百岁"中如皋萝卜为主料制作的"赛雪梨"；有以芋艿为主料制作的"养颜玉如意""天香芋艿"；有以银杏果、胡萝卜为主料制作的"四喜同堂"；有以南瓜为主料制作的"翡翠金瓜"，还有"天水长生果""佛手青瓜"等20多种长寿菜肴。长寿点心中，有以如皋民谣"玉米糁子粥打底，一直喝到九十九"中玉米为主料制作的"养生玉米羹"。他们还走访了一些百岁老人后整理出来一份"百岁老人食单"，其菜品有：五香豆腐、虾仁炖蛋、龙天蛋、八宝豆腐、坛子焖肉、白菜豆汁麻油汤、莲子木耳羹、牛乳蜜枣粥、三鲜水饺、豆沙包、韭菜蛋包等。

（6）怀旧复古类宴席

此类宴席以怀旧复古为主题，通过历史的再现，给客人以身临其境的感受。如无锡乾隆宴、西施宴，镇江三国宴，扬州红楼宴、八怪宴，南京仿明宴、民国宴，南通张謇宴等，都通过对历史文化的深度挖掘，融入现代科技和文化元素，创造一种怀旧复古的宴席氛围。

例：徐福东渡宴（连云港香海锦泰餐饮服务公司）

徐福，秦代方士，齐地琅琊郡（今连云港市赣榆）人，为求仙药远渡重洋，历经千辛万苦，在水尽粮绝的困境中，以惊人的求生欲望，靠活剥生吞鱼虾果腹充饥，终东渡扶桑成正果。徐福被日本人尊为"农耕神""蚕桑神"和"医药神"。为此，连云港市香海锦泰餐饮服务公司为挖掘传统饮食文化，查阅资料、搜寻轶闻、求贤拜师、实地考察，成功开发研制了"徐福东渡宴"。

冷盘：徐福东渡图（一衣带水）、手撕鳐鱼干、葱烤鲻鱼籽、老醋泡海带、茶香熏鲅鱼、酒醉黄钳蟹、生炝黄泥螺、蠓虾酱、梭蟹渣、甜焖瓜、咸豆子。

热菜：一桶天下、兰花大虾、上汤西施舌、龙鱼狮子头、油爆乌花、鞭蓉海蜇、锅贴干贝、缘禄寿司、玉莲蟹黄墨鱼球、麒麟加吉鱼、秘制鲍汁扣花胶、虾子扒海参。

点心：酥点、海英菜插酥饼。

主食：梭子蟹粥、蛎黄面须。

果盘：满载而归。

（7）以节日为主题的宴席

借助于不同的节日，推出与节日文化内涵相符的宴席形式，如九九重阳登高宴、除夕团圆宴、中秋宴等。不同的节日都有不同的文化内涵及表现形式，开发节日主题宴席时应注意选择有针对性的节日文化元素，以满足不同年龄段人士的饮食需求。

例：除夕团拜宴

龙凤呈祥——龙虾美味拼　　　辞旧迎新——金陵片皮鸭

普天同庆——虾仁炒带子　　　群星璀璨——时蔬白鱼丸

鸿运丰年——红烧大团鱼　　　福星高照——一品海参盅

万家欢乐——鲍鱼焗鸡翅　　　百业兴旺——三菇烩六耳

前程似锦——虫草炖土鸡　　　百年好合——莲子百合羹

永结同心——香酥芝麻饼

2. 江苏美食主题宴席的特色

现代餐饮经营促销，可取的内容相当广泛，就宴席主题而言也是十分广阔的。美食宴会主题是餐饮经营活动所要表达的中心思想，它决定了餐饮活动对市场的吸引力。实际上，只要能通过美食所能体现出来的主题都可以策划，只是要考虑目标顾客的感兴趣程度。基于此，餐饮在确定主题文化时，应进行扎实的需求调研。就主题宴席而言，可以是地域的、民族的，也可以是民俗的、人文的，还可以是特产原料的。实际上，只要确定一个主题，然后根据主题收集整理资料，人们便会依照主题特色去设计菜单。

江苏地域主题文化设计的宴席情况，主要体现三大特色。

第一，让各地乡土原材料展现新的容颜。这里既有单一类原料制作的主题宴席，也有综合类原料制作的主题宴席。单一原料类如盱眙龙虾宴、无刺刀鱼宴、天目湖鱼王宴、洪泽蟹宴、南京全鸭席、淮安白鱼宴、淮安长鱼席、启东带鱼宴等；综合原料类如骆马湖湖鲜宴、姜堰溱湖八鲜宴、无锡灵山素宴、茅山全素宴、鱼羊宴、扬州三头宴、太湖渔家宴、南通追江赶海宴等。

第二，让沉寂的历史文化焕发新的风采。这里既有历史名人，也有古代名著，还有时代风采的展现，体现了江苏历史文化深厚的渊源。名人宴如乾隆宴、西施宴、霞客宴、东坡宴、彭祖养生宴、鉴真素宴、秦少游宴、板桥宴、梅兰宴、张謇宴、吴王宴、万三宴、徐福东渡宴、扬州八怪宴、八仙宴等；名人家宴如宿迁项府宴、卢氏家宴、盛宣怀家宴、汪氏家宴等；名著宴如红楼宴、金瓶宴、西游素宴、儒林宴、随园宴、西厢喜庆宴等；不同的时代宴如三国宴、六朝宴、仿明宴、民国宴等。

第三，让江苏各地的特色文化竞相开放。这里包括地域文化、季节文化、民俗文化等多方面，其内容较为丰富，具体可分为：一是反映地域、气候、风情特色文化的宴席，如江宁四季宴、陶都风情宴、凤城锦绣宴、西楚风光宴、古运河风情宴、龙城风情宴、江阴农家宴、太湖船宴、兴化陈堡草荡宴等。二是具体事由宴，如开国第一宴、迎宾宴、芦荡情缘宴、水晶之恋宴、彭祖营卫宴等。三是地方小吃宴，如夫子庙小吃宴、姑苏小吃宴、双桂坊名点宴等。

例：江宁春之宴

江宁春之宴，紧紧围绕南京江宁区地方文化而展开，包括地方原料、地方风味、农耕文化、民风乡俗、乡贤典故等，整体宴席以江宁区地方春季特色原料为主，菜品的来源都与江宁区各乡镇街道有关。在注重食物原料和烹饪工艺的变化中，也突出了春季补肝养阳的养生之道。

东山盐水鸭（配五味冷碟）：碧绿肴肉（农家土猪）、梅子爆鱼（龙山水库）、葱油双笋（方山笋、茝）、香芹风鸡（农家风鸡）、老卤豆腐（陆郎特产）、香拌荠菜（本土荠菜）。

牛首群英会（宁城全家福）：牛首山踏青习俗始于东晋，盛行于唐代。牛首是南京江宁春天的象征。用鱼肚、鸡片、鱼皮、白灵菇、火腿等，浓汤大烩、大鼎、咸鲜味。

春盘送五福（五丝卷春饼）：春日食春饼，起源于唐代。最早春饼是与合菜同放在一个盘里的，这就是"春盘"。用双色春卷皮，卷食芋头丝、京葱丝、黄瓜丝、熟胡萝卜丝、卤鲍鱼丝。

翠映白玉虾（芦蒿河虾饼）：芦蒿与虾仁一起制作虾饼，配热炝凤尾河虾，各客装，咸鲜味。

方山焗牛排（柴火烤牛排）：现场展示分割，黑椒味、孜然味。蓝标牛排（5指）、土豆、胡萝卜、芦笋、花菇、黑椒汁、辣椒孜然碎，用方山柴火烤制。

谢家五柳鱼（五味桃花鳜）：东晋谢安在东山营楼造墅，并立下战功。谢家爱吃五柳鱼，经略加改良，煎焗小鳜鱼，用大沙煲，加豉椒酱（豆豉、海鲜酱、柱候酱、花生酱、辣椒酱、排骨酱等），下垫独头蒜，制作成复合味。

汤山菜花鳖（汗蒸湖中鳖）：用鸽蛋、蹄筋、土豆、炸的生姜丝、鸡油等。

通之空心圆（荬虾狮子头）：民国张通之撰《白门食谱》，其母善作空心肉圆。此菜经改良，用荬儿菜、虾仁与猪肉一起制成空心狮子头。清炖3小时，白菜叶裹住，用三虾（虾籽、虾脑、虾仁）、荬儿菜、黑猪五花肉、白菜叶、蟹粉、菜胆制作而成。

百合养生汤（香蕈煨百合）：用清鸡汤、百合、羊肚菌1片，利用羊肚菌清炖百合。

秣陵菊叶板（菊叶炒春笋）：江宁秣陵郊外野蔬飘香，取用菊花脑、玉板（笋尖）用鸡汤氽制。

湖熟烧鸭饼（翡翠鸭酥饼）：湖熟镇因其历史文化底蕴深厚素有"小南京"之誉，湖熟鸭更是闻名遐迩。取用湖熟烤鸭、鸭油，与荠菜一起制作成翡翠烧鸭小酥饼，金黄酥香。

琥珀虾仁饺（虾仁春笋饺）：这是一款柳叶薄皮灌汤虾饺，柳叶形。用虾仁、鸡汤、笋丁、豆腐丁等制馅。

松露野蔬饭（野菜末炒饭）：用江宁钱家渡的大米煮饭，与松露、野蔬一起炒饭。

五色水果拼（五种水果篮）：用5种当令水果拼装。

图 11-3 常州龙城宴菜单

第二节 以地方特产原料为主题的宴席

江苏各地食物原料十分丰富，地处苏南、苏北的不同地区，由于自然条件有一定的差异，各地方都有自己非常丰富的特产原料，饮食的风味多姿多彩。在几十年的餐饮经营中，各地的餐饮企业根据本地的特色原料或著名特产，尽可能地探索研究和开发利用并设计出许多本地特色鲜明的主题宴席，许多主题宴席不仅成为本企业的代表品牌和特色品种，也成为一个城市靓丽的餐饮招牌，吸引着四面八方的客人。

一般来说，主题原料确定以后，厨师们就能围绕主题设计出主题菜单。在设计创意中，每个菜品都与主要原料有关系，或炒、或烹，或煎、或炸，或蒸、或煮，口味变化，造型变化，色彩变化，再注重菜品的名称美化，就是一张美妙的菜单。如民间的"全菱宴"，整桌菜品都以"菱"为主料进行安排策划：红菱青萍、盐水菱片、椒麻菱丁、蜜汁菱丝、酸辣菱条、虾仁红菱、糖醋菱块、里脊菱茸、才鱼菱片、鱼肚菱粥、酥炸菱夹、鸡茸菱花、肉蒸菱角、拔丝菱段、莲米菱羹、红烧菱鸭、菱胯炖盆、菱花酥饼。

各地餐饮企业在设计主题菜单时除了原料的主题运用外，也会注重宴席台面的整体设计和餐具的综合利用。这里主要针对菜单文化进行分析和述要。

一、单一原料主题宴

以单一原料为主题的宴席，在各地区较为普遍，只要根据当地的土特产原料进行发挥，运用多种烹调方法和文化的设计，就可以展现出本土文化特色，如南通刀鱼宴、启东梭子蟹宴、扬中河豚宴、连云港全驴宴、海州泥鳅宴、宝应荷藕宴等。这些主题宴席不仅展示了本地的特产原料，而且将地方文化与饮食风味特点展示在客人面前。从另一角度来看，原料特色主题宴，就是地方饮食文化的一张特色名片。

1. 金陵全鸭席

南京人早在南北朝时期就擅烹鸭肴，而今以板鸭、盐水鸭最为有名。南京金鹰大酒楼的厨师们根据南京"金陵鸭都""金陵鸭馔甲天下"的美名，花时间查资料、请教专家学者及餐饮界的老前辈，创制了新的"全鸭席"，即以鸭为主要原料，从冷盘到热菜，皆有鸭子，但味道不同，形状也各异，体现了南京的"鸭"文化特色。菜单如下：

八味冷碟：盐水鸭、酱鸭头、泡鸭舌、卤鸭肫、拌鸭掌、浸鸭肝、糟鸭心、炝鸭肠。

八大热菜：菠萝鸭、石榴鸭、葫芦鸭、葵花鸭、叉烤鸭、松子鸭颈、生菜鸭松、三七馄饨鸭。

汤羹：翡翠鸭羹。

点心：鸭油酥烧饼、鸭肉水饺。

2. 淮安长鱼席

"长鱼席"是淮安的传统宴席，以长鱼为原料贯穿于宴席的每道菜点之中，为淮安独有。宋代时，淮安的长鱼就已经是著名的家乡美味了。清代起，淮安的"长鱼席"就已经赫赫有名。淮安宾馆根据传统的制作技艺和特色，设计了"长鱼席"菜单。

冷菜：双龙戏珠、麻线长鱼、炝斑肠、水晶脯脑、脆皮龙鳞、椒盐龙骨、卤荔枝鱼、挂霜雪球、如意长鱼。

热菜：软兜长鱼、锅贴长鱼、翡翠长鱼圆、乌龙凤翅、水晶长鱼饼、白煨脐门、蒲菜生敲、叉烤长鱼方、红酥长鱼、清汤菊花鳝。

点心：长鱼烧卖、长鱼汤包。

果盘：时令水果。

3. 天目湖鱼王宴

天目湖，原为沙河水库，这里风景秀丽，气候宜人。天目湖宾馆的"砂锅鱼头"成为当地著名的特色菜肴。他们以"砂锅鱼头"为龙头产品，开发并推出一系列鱼类菜肴，并通过不断地完善，推出了"天目湖鱼王宴"。主料为天目湖鳙鱼，其菜肴突出绿色、天然，在博采众家之长的同时，兼顾地方特色，并注重菜肴的营养搭配。菜单如下：

冷菜：八喜福临门（鱼鳞冻、鱼糕、鱼皮丝、手撕咸鱼、香干、笋干、野山菌、田间野菜）。

热菜：天目极品鲭、一品脑黄金、明月高钙骨、鱼鳞满天下、鱼燕寻珍宝、蝴蝶鳙鱼鲦、碧绿映红裙、群鱼献殷勤、砂锅鱼头王、溧阳炒白芹、雪菜野竹笋、南瓜酿乌饭。

4. 洪泽蟹宴

美丽清纯的洪泽湖生长、繁殖的大闸蟹，因其背部"H"形字样的特色商标滋润着一代代的洪泽人。洪泽湖，我国第四大淡水湖，湖内水生资源丰富，有鱼类近百种，水生植物如莲藕、芡实、菱角在历史上素享盛名，曾有"鸡头、菱角半年粮"的说法。洪泽湖的螃蟹更是远近驰名，由于水流清澈，水草肥美，特别适宜螃蟹生长，"H"形大闸蟹，在良好的生态环境里滋养，其蟹肉丰满，味质鲜嫩，黄多油丰而享誉国内。根据"H"形大闸蟹设计的"金牌蟹宴"确有一种独特的风格。菜单如下：

涧水湖鲜汇：以大闸蟹为主盘的四味冷碟，涧水，为洪泽区高良涧镇。

蟹酥五粮液：以鸡头米、菱角米等五种杂粮与蟹肉、虾仁一起烹制。

龟山映鱼球：龟山湖区盛产白鱼，以其肉酿入蟹膏，配置菜蔬之汁，三味相间。

闸蟹一品鲜：以 H 形大闸蟹，佐配 4 荤 4 素 8 种不同的当地原料，莲藕、芋艿、茭白、冬瓜、鳝鱼、野生甲鱼、河蚌、小杂鱼，品野问珍，味中有味。

蟹菊狮子头：以大闸蟹的蟹膏装点着本地特色的狮子头，嫩如脂玉，香如脂菊，味如脂蜜。

蟹粉烩鱼肚：取鳙鱼头最佳部位，用多味鲜美之料一气呵成，有鲜、嫩、韧、浓、醇、爽、烫七大特色。

养生石榴包：取用山药、葛米、莲子、胡萝卜、蟹钳肉、湖虾仁一同调理作馅，外用菜包制成石榴形。

H 蟹闯天下："洪泽湖大闸蟹，身背 H 闯世界。"这句央视广告语已深深印入人们的脑海。"壳薄胭脂染，膏腴琥珀凝"，把酒玩味之时有"蟹八件"让人细细品味吮吸着鲜美和营养。

金钱焗玉脂：利用当地常食之玉脂，纳蟹黄之味，以金钱造型，象征着渔家儿女以湖鲜带来的富贵之乐。

五味蟹锅贴：利用渔民的"小鱼锅贴"进行改良，取用高粱、玉米、面粉、南瓜、芝麻、蟹粉、小活鱼分别制成五种不同的"锅贴"，五色相间，营养爽脆。

蟹味像生菱：以当地田边双味薯仔紫薯、土豆为主料，加工制作成乡野的菱角形。

醉蟹炖湖鸭：醉蟹与湖中鸭相佐治，两者清炖相融，野味香，湖味鲜，汤更清，味更浓。

二、综合原料主题宴

综合原料主题宴席，所用原材料不是某一种主料，而是一个类别的原料组成的宴席菜单。如素宴，凡是植物性原料(有的不包括辛辣味的刺激性原料)都可利用；湖鲜宴，只要是湖泊里的原料都可利用。相类似的还有连云港海鲜宴、徐州鱼羊宴、扬州三头宴等。渔家宴或百鱼宴，是以各种鱼类为主料而设计的宴席；而船宴，也是以淡水产品原料以及水乡的蔬菜为主体的。特色的"水果宴"，则整桌菜品都离不开水果。

时令水果宴

果香精美碟	裙边雪梨踵
芙蓉瓜丝羹	宫灯蜜瓜鸡
红烛荔枝鸽	菠萝柱候鸭
橘络烩牛肉	姜汁龙利果
四色蔬果拼	三鲜苹果球
苏式南瓜团	樱桃如意汤
猕猴西米盅	长寿熏鱼面

1. 句容茅山全素宴

冷菜：茨菇脆片、香素脆鳝、素味烧鹅、五香烤麸、百合水芹、酸辣白菜、桂花糖藕、山楂色拉。

味碟：油炸花生、泡红椒圈、芝麻荠菜、甜香腐乳。

热菜：五彩素虾仁、茅山佛跳墙、薄饼包双脆、小米烩鲍脯、苏轼素烧肉、八珍葛粉圆、糖醋熘素鱼、道家烙白玉、罗汉时令蔬、顶汤素鱼球。

点心：多层栗蓉糕、三鲜洋芋梨、芝麻酥层饼、飘香长寿面。

甜品：桃胶炖雪梨。

2. 无锡灵山素宴(灵山素食馆)

冷菜：云游天下。

冷碟：佛光普照(8味碟)

热菜：法界春色、金玉满堂、天下粮仓、母子相会、吉祥三宝、紫气东来、吉祥如意、白龙驮经、功德圆满。

点心：灵山素包。

主食：灵山素面。

水果：什锦果拼。

3. 宿迁渔家宴

冷菜：宿豫早春(松仁马兰)、司吾清晓(白斩嫩鸡)、仓基莲唱(温拌藕片)、白鹿渔歌(酥烤鲫鱼)、龙泉夜雨(泉水扎肉)、马陵秋月(骆马湖咸鸭蛋)、草堰耕云(凉拌黄花菜）、梅村煮雪（蜜汁马蹄）。

汤羹：翡翠银鱼羹。

热菜：堂吃火焰虾、新派鱼羊鲜、秘制卵石鸭、外婆家笃豆腐、鳝筒蒸咸肉、红袍状元、糖蒜乌鱼片、霸王别姬、菌汤鱼馄饨、白龙戏珠、骆马湖小炒皇、芦蒿香干。

点心：乾隆御贡酥、水晶山楂糕。

主食：宿迁籴米线。

4. 苏州三虾宴（仲夏）

冷菜：江南冷食汇（葱油蒜蓉虾、虾籽太湖鹅、豆泥虾籽山药、椒泥贝丝白茄、虾油熏黄鱼）。

热菜：凤尾炒三虾、虾籽油条银鳕鱼、虾籽花胶素火腿、虾卤桃凝牛肋骨、鳝肉虾脑狮子头、虾籽当令双蔬。

点心：焦糖南瓜乌米饭。

主食：半卤五虾面（虾卤、虾油、虾籽、虾脑、虾仁）。

甜品：枇杷蜂蜜布丁。

水果：时令鲜果拼。

5. 姜堰溱湖八鲜宴（姜堰区烹饪协会）

冷菜：石桥明月、禅房修竹、西湖返照、南楼读书、北村莲社、花影清皋、东观归渔、绿树垂槐（以溱湖八景命名）。

热菜：三鲜鱼饼、鸡汁虾球、豆苗鸭片、碧波麻鸭、鸳鸯螺蛳、豆豉蒸白条、溱湖簖蟹、菜核香菇、菌香金丝鱼、金钩水芹、雀巢相会、一品大鹅。

汤羹：蚬子豆腐羹。

点心：状元对糕、荠菜春卷。

甜品：双色马蹄糕。

主食：熬面、素四鲜（荷藕、四角菱、马蹄、芋头）。

水果：时令水果。

利用本地区的特色原料、地标食物原料开发地域风味浓郁的主题宴席，不仅影响深远，而且对地方传统饮食文化的传扬起到很重要的作用。

第三节　与名人名著和时代相关主题的宴席

江苏地方历史名人众多，每个朝代都涌现出许多文化名人。目前，全省各地餐饮业在历史名人的开发上也出现了许多很有价值的主题名宴。如徐州彭祖宴、刘邦布衣宴，丰县高祖宴，宿迁项王宴，苏州吴王宴，昆山万山宴、无锡西施宴、乾隆宴，常州东坡宴、盛宣怀家宴，南通张謇宴、八仙宴，江阴霞客宴，连云港徐福东渡宴，泰州梅兰宴，兴化板桥宴，扬州八怪宴、鉴真素宴，高邮秦少游宴等。

一、地方与名人特色主题宴

1. 乾隆宴

无锡湖滨饭店研制。乾隆皇帝六次南巡，每次必到无锡。乾隆特别喜爱苏锡菜，据史料记载，乾隆四处巡游，日常膳食制作的主厨张东官，即系苏州府人，其身怀绝技，能烹制一手苏锡之地的美味佳肴。在江南，乾隆微服私访，出没酒肆茶楼，品尝各地风味菜肴。于此，无锡地方烹饪名师们经过长期准备，查阅大量关于乾隆六下江南的史料，走访有关文史专家，经过挖掘、整理和研究，在继承的基础上，仿古但不拘泥于古，运用现代烹饪技艺设计制作了一套"乾隆宴"菜单，兼具华贵之气和江南水乡之特色。

"乾隆宴"菜单

金龙迎贵宾（八味冷碟）

湖鲜满台飞	游龙绣金钱	太湖银鱼羹
大红袍蟹斗	天下第一菜	红嘴绿鹦哥
三凤桥排骨	乾隆龙舟鱼	五子伴千岁
天香芋艿乐	翡翠玉兰饼	无锡小馄饨
时令水果盘		

2. 张謇宴

南通日月潭大酒店研制。这是为纪念中国近代杰出爱国主义者、教育家、实业家、清末状元、江苏南通人张謇而研制的特色宴席。整个宴席菜单以张謇日常生活中特别爱吃的菜肴为基础，适当增加了部分富有南通地方特色的菜点和日月潭大酒店的特色菜肴。

"张謇宴"菜单

冷菜：葱油蜇皮、糟香黄鱼、姜末蛏鼻、胭脂萝卜、紫菜虾卷、家乡咸肉、五香素鸡、金腿黄花菜。

热菜：菠菜江虾、国色天香、枇杷文蛤、香芋羊塔、炸烹梭子蟹、原汁鸡鲍翅、八宝鳜鱼、蟹粉烧三海、八卦双泥、大头咸菜豆瓣。

面点：江海明珠（大麻团）、蟹黄汤包。

汤：海底松银肺汤。

水果：什锦水果。

3. 霞客宴

江阴烹饪大师杨治明先生研制。徐霞客，无锡江阴人，名宏祖，字振之，号霞客，是我国明代伟大的地理学家、探险家和旅行家。徐霞客不入仕途，淡泊功名，在34年间，在不受政府委派、没有朝廷资助的情况下，只身走遍了大半个中国，足迹遍及江苏、安徽、浙江、山东、河北、河南、山西、陕西、福建、江西、湖北、湖南、广东、广西、贵州、云南 16 个省。他留下的《徐霞客游记》是中国乃至世界文化之瑰宝。

江阴杨治明大师，在花甲之年沿着徐霞客当年的足迹，收集各地菜肴之精华，整理徐霞客游记中的人文典故和多地美食，与众多厨师精英通力合作，精心设计出集三道茶、花色冷拼、八味美碟、十二道热菜、多味点心的"霞客宴"。

"霞客宴"菜单

香茗菜点：普洱茶、三七花茶、黄金贵茶配五小碟点心。

冷碟：梁溪脆鳝、杭州酱鸭、白云猪手、灯影牛肉、手撕龙虾、开洋蕨菜、云南草芽、酒香螺。

热菜：霞客故里鱼米香、扬子春潮涌源头、齐鲁燕冀寄情丝、黄山奇峰憾宏祖、楚游盛火夺魂魄、中原大地中华魂、东海名珠蕴三事、寺院上品罗汉斋、群峰逶迤漓江游、金沙水泊云崖暖、天国大理蝴蝶泉、木公家宴满山珍、黄果树瀑布尽朝晖。

一桌"霞客宴"，可品味到各地的名菜佳肴，犹如随徐霞客一起探险、旅游，陶醉于祖国的大好河山之间。

4. 梅兰宴

泰州宾馆研制。江苏泰州，古称海陵，为中国京剧一代宗师梅兰芳先生的故乡。1994 年，为纪念梅兰芳先生百年诞辰之际，泰州宾馆经过多年的探讨研究，研制成"梅兰宴"，并向社会推出，以表达家乡人民对大师的深切怀念之情。

"梅兰宴"将戏曲与烹饪文化相结合，以梅兰芳先生 18 个代表剧目为背景，以戏成菜，同时汲取梅先生日常饮食习惯，并吸收巡演时期所品泰州名馔。多年来，根据现代人饮食和营养的要求，结合新原料和新烹饪技艺的运用，对"梅兰宴"不断地改进和完善，受到各界人士的欢迎。

"梅兰宴"菜单

冷菜：天女散花。

主拼：梅兰争艳。

围碟：红茄睡莲、生鱼芙蓉、茭白兰花、目鱼秋菊、鸭脯理菊、炝腰山茶、酥蜇牡丹、玉色绣球、卤舌月季、向日葵花。

热菜：龙凤呈祥、玉堂春色、双凤还巢、桂英挂帅、断桥相会、黛玉怜花、霸王别姬、锦枫取参、奇缘巧会、嫦娥奔月。

汤菜：游园惊梦。

甜品：碑亭避雨。

点心：荠菜春卷、海陵麻团。

主食：鱼汤刀面。

水果：养颜果盘。

二、地方与名著特色主题宴

在我国六大古典名著中，都或多或少与江苏有许多联系。《儒林外史》的作者吴敬梓，晚年号文木老人，又自称秦淮寓客。他的祖上在定居安徽全椒以前，原居江苏六合。他33岁迁居南京。该书就是以南京及周边地区为主，以揭露科举制度为中心内容的讽刺小说。《水浒传》的作者施耐庵，元末明初兴化人，船家弟子，童年随父到苏州，在浒墅关读书。该书是我国第一部描写农民起义的长篇作品。《西游记》作者吴承恩，号射阳山人。先世江苏涟水人，后迁徙淮安山阳（今江苏淮安）。全书歌颂了知难而进、积极乐观的斗争精神。《红楼梦》的作者曹雪芹，13岁以前在南京度过，过着饮甘餍肥、锦衣纨绔的生活，北迁后坠入困顿，晚年家道巨变。书中场景大多描绘的是南京及其周边地区人们的生活及饮食境况。《三国演义》中的吴国，是以江苏镇江、南京等地为主，其中也记录了一些江苏的地方食品。《金瓶梅》中与江苏徐州之地发生了许多渊源关系，等等。故此，江苏多地的餐饮企业多年来把地方文化与美食紧密融合，设计开发出一系列的名著主题宴席，如徐州的金瓶梅宴、扬州的红楼宴、南京的儒林宴、镇江的三国宴、连云港的西游山珍素宴、淮安的西游记素斋宴等。

1. 红楼宴

红楼菜是曹家府第菜。曹家最鼎盛时期为曹雪芹祖父曹寅时代。康熙六次南巡，曹寅四次接驾，深得康熙宠信。曹家居南京、扬州60多年，饮食多为淮扬风味。扬州丁章华先生运筹与推动红楼宴的研制历时20多个春秋，他梳理资料，考察论证，磨砺提炼，完成了"红楼宴"的设计。红楼菜以其美味、丰盛、精致见长，给人以高层次饮食文化艺术的享受。

红楼宴菜单

一品大观：有凤来仪、花塘情趣、蝴蝶恋花。

干　　果：栗子、青果、白瓜子、生仁。

调　　味：酸菜、荠酱、萝卜炸儿、茄鲞。

贾府冷菜：红袍大虾、翡翠羽衣、胭脂鹅脯、酒糟鸭信、佛手罗皮、美味鸭蛋、香脆素鱼、龙穿凤翅。

宁荣大菜：龙袍鱼翅、白雪红梅、老蚌怀珠、生烤鹿肉、笼蒸螃蟹、西瓜盅、醉鸡、花篮鳜鱼卷、姥姥鸽蛋、双色刀鱼、扇面蒿秆、凤衣串珠。

怡红细点：松仁鹅油卷、螃蟹小饺、如意锁片、太君酥、海棠酥、寿桃。

水　　果：时令水果拼盘。

2. 西游素宴

名著《西游记》的作者是淮安人，写的多为连云港花果山之植物。书中第八十六回描述了淮安一带的三十几种野菜，有黄花菜、白蔌丁、马齿苋、马兰头、狗脚迹、猫耳朵、剪刀股等，后又写道："油炒乌英花，菱科甚可夸；蒲根菜并茭儿菜，四般近水实清华。"淮安饮食业烹饪大师和地方史学家，对名著《西游记》所涉及的斋菜点进行了系统的挖掘整理，经本地寺院香积厨大师执勺，完成了"西游记素斋宴"制作的全过程。

"一部西游未出此山半步，三藏东传并非小说所言"。随着"西游记热"，慕名前来连云港花果山的游客逐年增多，人们在陶醉"海古神幽奇"之余，寻仙桃奇果、觅花果山珍。为此，连云港烹饪大师苏正标凭借多年的烹饪功底，采用花果山的山珍野味，打造了"西游山珍素宴"。

"西游记素斋宴"菜单（淮安）

凉菜：西游风光、橄榄脆莴笋、红袍萝卜卷、花椒煮菜菔、姜辣淮时笋、木耳豆腐皮、面筋拌香椿、芥末拌瓜丝、蜜汁调仙芋。

热菜：油炒乌英花、柴把玉豆筵、香煎马齿苋、菱茎拌菱心、蒲根菜并茭儿菜、猴首白蔌丁、马兰枸杞头、白烩黄花翅、素蟹粉白菜、野蒿青蒿抱耳菇。

汤菜：四般近水实清华。

点心：荠菜扁食、瑶池仙桃。

果盘：潺潺瀑布挂帘帷（水果盘）。

"西游山珍素宴"菜单（连云港）

冷盘：花果仙境、长生果、山楂片、果脯、海苔、簾卷飞瀑、木耳拌百叶、面筋香椿芽、椒油山蕨菜、芥菜拌槐花、姜辣地卷皮、蜜汁调榆钱。

热菜：嫩焯黄花菜、酸蒸白蔌丁、浮蔷马齿苋、江荠雁肠英、油炒乌英花、马兰枸杞头、菱科甚可夸、蒲根菜并茭儿菜、定海神针（素刺身）、大战流沙河（素燕窝）、巧借芭蕉扇（素鱼翅）、取经归来（素鲍鱼）。

点心：神山花果（船点）、酥点、瑶池仙桃。

甜羹：葛粉元宵。

果盘：御果园。

三、反映时代特色的主题宴

以某一历史时期为主线索，在挖掘和设计宴席菜品时，首先把框架定格在某一历史时期，这在国内餐饮企业的主题筵席中也是较普遍的。这些主题筵席主要集中在我国六大古都。南京是六朝古都，十朝都会，历史上也曾留下许多饮食文明和饮食菜品。在挖掘整理时，必须寻找某个时期的资料，浏览这个时期的历史文献及其食谱，勾画出与宴席主题相关的内容。然后根据当时当地的特点及原料情况进行设计。如南京六朝宴、仿明宴、民国宴等，始终围绕那个时期南京的人物、原料供给、菜品特色，不能超出这个主题范围，否则就会适得其反。

1. 秦淮仿明宴

明朝之初，南京是全国政治、经济、文化中心。随着经济的发展，人民的生产生活趋于安定。洪武年间，在城南等交通要道兴建了 16 座大型酒楼，饭店林立，小吃繁多，船宴盛行，各种饮食菜肴富有特色。《儒林外史》中描写城南地区餐饮店家"每日五鼓开张营业，直到夜晚三更方才停业"，说明明初秦淮市场繁荣，生意兴隆，各式菜肴品种繁多。秦淮区风味小吃研究会于 20 世纪 80 年代中后期对明代菜肴进行了挖掘研制，在继承的基础上求发展，从而使明代菜谱与民间传说、诗词典故融为一体。在第二届秦淮美食月活动中推出系列仿明菜，具体菜品有以下几种。

玛瑙白玉	展荷览鲫	银湖落雁
乌龙报恩	游龙戏凤	凤游绿竹
水晶蹄膏	积善有余	三仙聚会

2. 南京民国宴

**图 11-4　民国宴的宣传单
（南京中央饭店）**

民国的南京，作为全国政治经济文化中心，集聚了各方贤达、各界精英，汇聚了东西南北各地文化风情，也造就了南京饮食的兴盛。民国大菜大多肇始于走出深宫大院的宫廷厨师、官宦家厨之手，延续了历代餐饮文化的精髓，促成了宫廷菜、贵族菜的大众化，也成就了普通百姓的美食盛宴。另外，也吸取了外埠菜肴的精华，融合了各地及海外佳肴的特色。2011 年，南京市提出打造民国菜餐饮文化名片，多家餐饮企业积极配合，挖掘和整理资料，一时间整理出许多经典菜肴，包括宋美龄钟爱的"瓢儿鸽蛋"、孔祥熙喜欢的"宫廷凤尾虾"、鲁迅念念不忘的"酒凝金腿"、因张学良而命名的"少帅坛子肉"，等等。

南京民国大菜还包括：金陵叉烤鸭、炖生敲、锅贴干贝、一品全家福、叉烤鳜鱼、香炸云雾、翡翠虾饼、鱼酥海参、裹烧蚕豆、贵妃鸡翅、清炖鸡孚、炖菜核等。设计者围绕民国的菜品进行编排、制作和创新，寻找一些与民国有关的名人、典故进行统筹，如偏爱素食的孙中山、少食多得的蒋介石、吃喝在所不辞的谭延闿、美容养生的宋美龄、食疗加保健的孔祥熙、平民化食客于右任、味兼南北的张学良等，在原料的利用、技法的变化、口味的起伏、色彩的搭配、餐具的运用、成品的装盘等方面全方位编排，给人一种既有传统、又有创新的融合理念，统筹兼顾各方面的需求，产生了不一样的民国风情之效果。

民国宴菜单（南京御尚·句府）

菊叶润喉汤	餐前水果盘
风味八冷碟	清炖扒鸡孚
辽参焖生敲	南京全家福
裹烧茭白块	菊花活鳜鱼
米虾灼红苋	香椿软煎卷
金鱼小烧卖	鸭油酥烧饼
南京牛肉面	

3. 仿随园宴

南京是随园菜的发源地。袁枚生活在南京 50 多年，其《随园食单》中的大部分菜点都与南京有很大的关系。20 世纪 80 年代中后期，南京烹饪大师薛文龙先生就对《随园食单》中的菜品进行深入的研究。随园菜，绝大多数就是乾隆时期南京的地方菜，不少出于家厨王小余之手。他精选出 100 多个菜肴加以挖掘整理，演绎创新。在他担任第一任金陵饭店行政总厨时，就对外推出"随园菜"，得到了日本及港澳地区餐饮界同行的认可，并慕名前来学习、品尝。这里选取薛文龙大师研制的"随园宴"菜单一例。

"随园宴"菜单

冷碟七味：家乡咸肉、拌腐衣、酸辣白菜、油焖笋、香糟嫩鸡、酒醉蟹、红乳鲜贝。

热　　菜：红煨鹿筋、韭黄炒蟹、叉烧野鸡、鳆鱼炖鸭、红煨羊肉、冬笋菜心、清汤鱼圆。

点　　心：栗子蒸糕、糟油春饼。

甜　　菜：红枣山药羹。

第四节　以江苏地域文化为主题的宴席

江苏之地，水网密布，跨江濒海，一条大运河将苏南、苏中、苏北相连在一起，气候四季分明，南北温差 2.7℃。在这里，南北地域的不同，气候、物产和习俗的不同，不同地区的人们食品制作和口味特点也存在着许多差异。特定的地域文化，由于自然环境、条件在一定程度上限制着地域性文化的发展，有时甚至决定着人们对生活方式的选择，自然而然地形成各地区的饮食风格特色。

一、反映地区文化特色的主题宴席

地域饮食文化是人们赖以寄托和生存的深层次文化，其形成是历史的产物，同时是自然环境、条件作用的结果。严格说来，各地区、各县市都有自己特殊的风味肴馔，若将这些具有独特风味的肴馔开发并组成一个系列，在原料选择、调料运用、烹调技艺等方面都有自己的特点，各种肴馔的制作在内部又有一定的联系，构成一个特色整体，这就形成了地域文化特色的主题菜单。

在徐州睢宁地区的历史上，东晋时期，古邳（今睢宁）出了一位首富石崇，他所居住的金谷花园，豪宅成片，一派繁华，成为睢宁最为热闹的商业、饮食与娱乐中心。此后，有名厨设计、推出一代名宴——金谷宴，其主要特色即为睢宁传统风味。今日，睢宁当代名厨刘勇先生及其助手，在前人的基础上将传统睢宁风味加以创新、改进，使"金谷宴"更加丰富、成熟。

睢宁地方风味——金谷宴菜单

冷菜：王集香肠、五香扒鸡、香椿豆腐、卷筒腊皮、金谷河虾、蒜泥肚丁、红油百叶、葱油搅瓜。

热菜：腊皮肉丝、葱爆睢宁豆腐、南瓜托面、干煸绿豆饼、板栗小鸡、白门楼牛肉、山药糕、杞桥长鱼。

主食：菜煎饼、大酥饼。

汤羹：玉米羹、萝卜粉丝汤。

点心、水果：各两道。

1. 地方特色的府第宴

以古今地区名人名府之家宴为特色设计主题宴席，是近些年来弘扬地区名人文化的一张宣传牌。如扬州盐商巨富卢绍绪的"卢氏家宴"，常州听松楼打造设计的清代洋务派代表人物盛宣怀为主题的"盛宣怀家宴"，高邮秦邮宾馆打造的以汪曾祺为主题菜品的"汪氏家宴"等。

例：项府迎宾宴

宿迁市旅游局委托设计的"项府迎宾宴"，是以宿迁旅游资源项王故里为基础，突出宿迁本土的原材料，融合当地传统的烹饪技术，结合相关史料、民间传说，经过反复推敲、精心研制的特色宴席菜单。该主题宴旨在弘扬西楚饮食文化精髓，整合宿迁饮食资源，彰显宿迁地方特色，发扬项羽进取精神，以进一步提高宿迁的知名度。整桌宴席汲取宿迁美食之精华，融历史、文化、风情、烹饪、养生于一体，以突出菜品的浓郁香醇来设计搭配菜肴，给人们带来文化和美味的双重享受。除此之外，宴席在原料的造型、盘饰、菜品口味上都考虑到地域特色和古文化的风格，餐具的运用、服饰的配搭以汉文化为主调，显现出浓重的历史文化风韵。

宿迁"项府迎宾宴"菜单

冷菜：下相四酊（烹毛刀鱼、飘香仔鸡、金桂山药、油爆大虾）。

热菜：雄霸天下（霸王一鼎鲜）、钟吾渔歌（三白煎鱼饼）、龙凤天配（汗蒸仔鸽鳝）、白玉藏珍（古法烙豆腐）、临淮鱼汛（骆马湖鱼头）、斗酒彘肩（香料炙猪蹄）、羊方藏鱼（鱼羊合鲜烩）、故里野蔬（什锦田园蔬）。

点心：玫瑰酥饼（玫瑰车轮饼）、西楚朝牌（芝麻玉带饼）、泗水汤饼（槐花面须汤）、项里蒸饺（马苋菜蒸饺）。

甜品：梧桐甜羹（山楂雪梨羹）。

水果：花开满园（什锦水果盘）。

图 11-5 项府宴·服务场景

菜单赏析："项府迎宾宴"紧紧围绕"项府"文化设计整套菜单，关键是要设计几道创意特色的亮点菜品。该主题宴的创新菜肴有："雄霸天下"，该菜由牛鞭、膘鸡（本土原料）、甲鱼、开洋、老母鸡、鸽蛋、松茸等炖制而成，以鼎为盛器，体现开宴之气势。鼎既是古代祭祀的礼器，也是王权的象征。食之滑润软糯、醇香四溢、营养丰富、风味独特。"钟吾渔歌"，这是一款思乡菜，与项羽有一段"剪不断，理还乱"的缘分。项羽少年时辞别故乡，随叔父项梁南下吴中。吴中临近太湖，他经常会食到"太湖三白"的名馔，即白鱼、白虾、银鱼，因为有了这一层情结，对乡亲故旧之味才情有独钟。"龙凤天配"，取自项羽与虞姬喜结良缘以后，家乡人民无不欢欣鼓舞，项羽是盖世英雄，虞姬是绝代佳人，英雄伴美人，真是"天生一双"的绝配。于是家乡父老乡亲便用"黄鳝煨乳鸽"以示纪念。"斗酒彘肩"，这道菜是正史里唯一记载与项羽有关的菜肴。此菜的设计以"鸿门宴"上"项庄舞剑，意在沛公"的描述而创制，取自虎将樊哙护驾刘邦并在宴席上食肉的一段叙述。项羽非常欣赏樊哙的英武之气，"赐壮士一只猪蹄膀"。樊哙以盾牌置于地上作盘，将猪蹄膀置于盾牌之上，用手中的宝剑边切边食。项羽见此情景，又对樊哙说："壮士，你能再饮一杯吗？"整个酒席间，充满英武豪迈之气。鸿门宴是特殊的就餐环境，此菜肴的设计，用古老的炙法将蹄髈烤熟上席，由厨师现场切肉。席间奉上此菜时，附酒一杯，主人举杯，宾主共饮。此种食俗反映了宿迁地区的民风淳朴，充满率真与豪放之情，亦可让酒席再度掀起高潮。

2. 地方季节特色宴席

一年有四季春、夏、秋、冬，中国传统有四时八节的递换、冷暖风雨霜雪等气象的变化，不仅影响着农作物的春播、夏长、秋收、冬藏，同时也作用于各种生物和人体。自然界的日、月、四季周期性变化，"人也应之"。天热的时候，人的表皮血管扩张，排汗增加，以调节维持人体的产热和散热平衡。天冷时，腠理又会紧闭，排尿增加。季节的饮食便由此而生。

自古以来，我国饮食就有四季之别，春夏秋冬有四季食单。根据不同的季节设计不同的主题宴席在民间也较流传，如春回大地宴、夏日清凉宴、七月流火宴、中秋硕果宴、果实宴、冬季冰花宴等。

例1：苏州四季宴之夏之宴

苏州"夏之宴"菜单

冷菜：湖塘月色（主盘）。

　　　虾子白切肉、兰花苏茭白、秘制新卤鸭、姑苏压酒菜、带子盐水虾、糟香豆腐干、娄东熏鲳鱼、葱油萝卜丝（单盘）。

热菜：新风太湖三虾、生炒怪味鳝片、吴中瓜姜鳜鱼、桃园三品结义、荷叶粉蒸肉相、珍宝鸡火蒸菜、清凉西瓜童鸡。

点心：苏式金钱方糕、御赏点西施舌。

主食：焖烧绿豆新粥。

水果：时令水果拼盘。

菜单赏析：菜单以苏州夏季的食物原料为主体，从冷菜荷塘月色，到本地盛产的茭白，给人的最大特色是清夏之气。每至夏令时节，新鸭上市，松鹤楼的卤鸭肉嫩味鲜。端午时节，太湖虾，子脑盈满，是苏州人吃虾的最好季节，带子盐水虾、新风太湖三虾，应节而食。夏季食鳝鱼正当时，有"小暑黄鳝赛人参"之说。瓜姜鳜鱼，也是夏季的开胃炒菜。用新鲜的荷叶包制粉蒸肉，一股清香之味喷薄而来，带给人爽爽的清凉。汤菜西瓜童鸡，西瓜清香飘逸，为传统苏式菜肴。苏州点心金钱薄荷方糕更体现清凉之味。整个宴席菜单，体现了浓浓的夏日清凉惬意之感。

3. 地方人文特色宴席

江苏许多城市文化灿烂，人文发达，历史文化名人众多。地方人文特色宴席，可根据地方名人的诗词歌赋、历史上的人文活动以及地理独特的优势等，将其有机地串联起来，谱写地方美食文化宴饮之歌。该类宴席的开发，需要深入挖掘历史史料，从文化传播的角度出发，对接当前本地域的特点，便于餐饮企业文化的推广。

例：江宁咏怀宴

江宁的历史悠久，文化遗存丰厚，文人墨客留下了大量诗文，成为江宁一笔宝贵的财富。江宁咏怀宴以江宁的人文特色为主题，以江宁地区历史上的名人咏怀诗篇为主要内容，结合江宁地区的主要物产而精心设计主题宴席。本宴席的冷菜以清代乾隆年间江宁县官袁枚所著的《随园食单》中的"随园菜"为依据，热菜主要以江宁大地历史灿烂的文化和独特区位优势的风味特色为主导，并从夏季养生的角度进行宴席菜品的设计。

江宁咏怀宴菜单

冷菜：稻香一品鸭（主盘）。

随园八味碟（单盘）。

干蒸鸭舌、酒焖卤鸭、醋熘爆鱼、油灼肘肉、松子栗糕、立万豆腐、香素烧鹅、渍香珠豆。

热菜：盛鼎全家福、夏日荷塘鲜、原味清水牛、意长河中鲜、荷香焗乳鸽、少帅小坛肉、四喜养生圆、黄焖湖中鳖、双味有机蔬。

点心：红楼栗粉糕、生煎高粱包。

主食：杂粮滋养粥。

水果：时令水果盘。

菜单赏析：江宁咏怀宴的冷菜以湖熟鸭制作的"盐水鸭"为主盘，八味冷盘以袁枚《随园食单》中的"随园菜"为主体。"白门城外好秧田，梅雨初晴六月天。"清代乾隆年间的袁枚曾在江宁县担任县官4年，这首《劝农歌》是他担任县官时抒写了白门城外的江宁六月的农忙时节。袁枚很重视农业生产，经常下乡巡视农情，与农民接触。江宁的许多菜肴也被他收录在《随园食单》中。上面八味冷菜都是根据袁枚食单中菜品改良而制作的，它们分别来源于随园菜品中的干蒸鸭、卤鸭、醋搂鱼、油灼肉、栗糕、程立万豆腐、素烧鹅、香珠豆，在制作中增加了现代江宁地方菜制作元素和营养配膳的特色。

热菜"盛鼎全家福"以朱元璋的《春望牛首》诗中引出。该诗气势磅礴、意境高远，眼中风物妖娆。"遥岑峙立势苍然，春听莺啼景物鲜。叠嶂倚天江月外，三山映带石城边。"洪武盛世，江宁万物复苏，物产渐次丰富，商业也一派崭新的景象。菜品以海参、鱼肚、干贝、鸽蛋、猪肚及本土昂刺鱼片组成，汤醇味浓，滋味鲜美，彰显祥泰人和。"夏日荷塘鲜"，以北宋政治家、文学家王安石晚年退居江宁，纵览江宁风光，在《九日随家人游东山》中，他悠然自得，钟情山水。"相随东山乐，及此身无憾。"在食物原料方面，各种水鲜也是他的钟爱之物。本品取用河塘诸鲜，以新鲜的河虾仁、鸡头米、蟹粉、荷花、芦笋等一起烹制，一股清新扑鼻而来，多种水鲜的结合，清、香、雅的并列，给人一种清新淡雅之美。"原味清水牛"，以江宁清真风味为主，元明时期，回民不断从西域来南京江宁落户，清代回民人口迅速增加，仅湖熟街道就有一千余名回民。本品选用优质牛肉，用文火吊制牛肉清汤，清澈的牛肉原汤，配上优质的清水牛排，食之爽朗、清雅利口。"意长河中鲜",以苏轼赴任汝州,路过江宁,与隐居钟山的王安石首次会见,盘桓一月有余,两人消除了隔阂,相处甚欢,苏轼《东山》诗中表达了对谢安的怀念,也有与王安石"意长日月促"的感怀。这里用秦淮河鳜鱼、瑶柱与谷里大鱼圆一起调理,配上宝塔菜,味美异常。

宴席的下半场:"荷香焗乳鸽",唐代李白对东山的美景顿生感慨:"花枝拂人来,山鸟向我鸣。田家有美酒,落日与之倾。"对远来的客人,江宁人的餐桌上已摆满了菜肴和美酒,等待客人的是传统的美味。这里运用传统的盐焗制法,将乳鸽码味,取大砂锅,用荷叶、白色皮纸包裹,放大盐中生焗,其鲜美、异香风味独具一格。"少帅小坛肉",是张学良的最爱,每逢宴请他必点此菜。这里用羊肚菌与五花肉同烹,旺火烧沸后,加盖用中小火炖焖至酥烂入味。菜品色泽红亮,肥而不腻,香气扑鼻,诱人食欲。"四喜养生圆",乾隆三年三月,吴敬梓从溧水返南京,途经秣陵关,但觉杏花簇簇、春风渗颜,心情很是愉快。"一带江城新雨后,杏花深处秣陵关。"秣陵的蔬果满园,这里用本土的南瓜制蓉做羹,用山药泥与虾仁以及胡萝卜粒、荠菜粒一起制成的山药球,色泽优雅,成菜色、香、味、养俱佳。"黄焖湖中鳖",清初著名的文学家、江南大儒陆世仪有《江宁谣》等多首诗作。他写江宁之故实,特别提到"酒肆茶坊处处开,迎宾馆客巧安排"的餐饮接待情况。江宁水域盛产甲鱼等多种鱼类,而野生甲鱼更是美不可言。该品选用甲鱼裙边,用高汤煨制,口味咸鲜,营养丰富。"红楼栗粉糕",江宁织造府之饮食是《红楼梦》美食文化的源泉。曹雪芹于康熙五十年诞生在江宁织造府内。织造府第的菜肴、点心是曹雪芹幼年生活的记忆。书中第37回中的"桂花糖蒸新栗粉糕"是用1/3糯米粉拌和栗粉,蜜水拌润,加入白糖,蒸熟,用玛瑙碟子盛着,食之。桂花相伴,栗香适口,软糯味美,老少皆宜。"时令水果盘",以江宁横溪西瓜为主,配夏天新鲜的水果,用特色果盘盛装,每人一品,甜爽可口、温馨。

二、以地域风情为特色的主题宴席

每个地方都有自己的特色菜品。民国时期至20世纪70年代,江苏各地婚丧嫁娶都流行着"六大碗""八大碗"的筵席方式,坐的是八仙桌,以大碗盛装菜肴,这已成为当时的流行,代表性的有南通的"八大碗"、盐城的"八大碗"等。"八大碗"上菜是一道道上,按菜品和做事风俗习惯顺序上菜,吃完一道菜,撤掉,再上下一道菜。苏北各地的筵席菜肴大同小异,泰州、扬州、淮安等地区也基本相似。

20世纪80年代以后,各地宴席发生了变化,特别是饭店、酒楼的宴席,增添了许多文化色彩。在对外接待、餐饮营销方面增加了许多文化成分,在宴席的策划方面从不同的角度强化地域文化的特色,显现出异彩纷呈的宴席格局。

1. 苏州风物宴

"上有天堂,下有苏杭。"苏州为我国著名的鱼米之乡,山川秀美,物产丰饶,一年四季,瓜果菜蔬,鱼鳖蟹虾,品种繁多。得天独厚的自然环境和丰富的禽蛋鱼蔬形成苏州菜肴以河鲜为主的特色。20世纪90年代中期，苏州一饭店在长期的烹饪实践中，结合饭店经营特点，吸收了西菜和各地菜肴的技法，进行了大胆的尝试，形成了中西结合、荤素结合、菜点结合、果菜结合等一系列烹饪特色。"风物宴"的制作选料严谨，注重色香味形，菜谱安排四季有别，在菜肴命名上尽可能反映苏州的人文地理风貌。

风华锦绣菜单

冷菜：卤鸭（主盘）。

橘子火松、茅台鸭掌、香嫩熬鸡、葱油海蜇、

煮盐水虾、麻辣鱼条、虎皮核桃、糖醋瓜条（单盘）。

热菜：金香玉琢（彩色拼虾鸡）、阳澄风光（巴城大闸蟹）、江南稻熟（太湖野放鸭）、和合二仙（芙蓉炒蟹糊）、志和新献（柠檬汁鳜鱼）、绿肥红瘦（竹辉香排肉）、石湖串月（雪菜鱼圆汤）、珠圆玉润（明珠蟹肉团）、长生香蓉（花生蓉香糕）、南塘秋意（南塘鸡头米）。

2. 龙城风情宴

这是常州菜根香酒楼挖掘地方风味特色菜肴，打造主题菜单的一种有益的探索与尝试。其宗旨是进一步弘扬吴越文化，经过多年的挖掘和整理，让散失在民间的珍贵文化遗产，成为常州文化宝库中的一份瑰宝。

中华恐龙景（冷菜）：以百叶卷、西芹、巧克力、牛肉等多种卤菜摆拼而成，模拟常州中华恐龙园实景，构思精巧，造型酷似，各式卤菜口味鲜美。

双味大虾：选用明虾、基围虾，运用中西结合的烹调法制作，虾仁白亮，鲜爽嫩滑，甜咸双味，四周围以蛋黄卷，色泽金黄，入口香脆。

蛋塔鸽松：选用鸽脯肉、松子仁精心制作而成，肉滑软嫩，松仁芬芳，食之酥香。

满载而归：用鸡脯为原料精制而成，其形若菠萝，载入龙舟，表层嫩黄，入口即酥，内含鸡蓉，鲜嫩味美。

乡村烤兔肉：以兔肉为原料，多味香料合成，香辣咸甜，味感浓烈，脆嫩兼备。

常州豆斋饼：此为常州地方特色产品，以大豆斋饼为主，夹入馅心。以虾仁、冬笋、马蹄、猪肉末拌制，经炸制，形似金钱，表层香脆，肉质松软，用多味酱料蘸食。

灯盏布袋鸭：以地产公麻鸭经脱骨加工，内填海参、蹄筋等八种原料，煨制而成。菜品汤汁浓郁，色泽红亮，多姿多味，下燃灯盏，烘托气氛。

白汁鮰鱼：鮰鱼肉厚无刺，鲜嫩不腥，汤汁乳白，稠浓黏唇。

龙城糟扣肉：龙城特色菜肴，用猪肋肉加酒糟精制而成，糟香扑鼻，甜咸适度，酥烂有余。

八宝甜饭：以糯米、豆沙及多种干果、蜜饯为原料制成，色泽艳丽，香甜软糯。

田园三宝：以冬瓜、莴苣、胡萝卜为原料，加热后组合拼摆，色泽明快，清淡脆嫩。

3. 古运河风情宴

无锡穆桂英美食城研制。无锡市区古运河被称为无锡人民的母亲河。自吴王夫差开凿邗沟算起，已有2 400多年的历史。古运河沟通江苏南北，其间河塘淀泊星罗棋布。历史文化古迹众多，物产丰富多样，充满浓郁的江南水乡风情。

锦鸡报春来：一组冷菜，八样冷碟，荤素搭配，制成花卉样，如百花盛开。

梁溪素脆鳝：在传统菜的基础上再创新，以香菇为主料，形态上以假乱真。

鱼米满仓归：黑鱼肉切成鱼米，盛装在黄瓜刻成的渔船中，映衬着鱼满仓。

兰花焖鳗段：此为苏锡传统名菜"黄焖河鳗"，四周围上鱼蓉制成的兰花。

金丝裹虾球：太湖虾制成蓉，裹上金黄色糖丝。

南禅豆腐花：无锡南门的豆腐和豆腐花十分有名，是街头巷尾叫卖的传统小吃。

油爆元宝虾：无锡传统名菜"油爆虾"的改良菜，壳酥肉嫩，香甜轻咸。

锡式烤肉方：猪肋经烤制后色泽酱红，酥香扑鼻，盘边点缀多样船点，构成江南农家小院的景色。

香酥银鱼排：选自太湖银鱼，挂糊、拍面包糠后油炸，放入蒜苗做成的竹排上，展现出渔民满载而归的景象。

茭白烩四宝：以无锡特产茭白，与莴苣、胡萝卜一起削成橄榄状和香菇一起烩制而成。

山龟延年汤：这是以山龟与人参、枸杞熬制的汤菜，营养丰富，食疗功效显著。

太湖船点美：按照江南船菜中的太湖船点，制成动植物形状，造型别致，形态逼真，是宴席佳点。

皇亭玉兰饼：无锡著名点心。用糯米粉、大米粉掺和包馅，煎制而成。

锦绣江南春：各式时令水果放入西瓜盅内，寓意江南锦绣春色。

4. 兴化陈堡草荡船宴

兴化市陈堡镇政府委托研制的地方特色主题宴。陈堡镇距兴化市19公里、距泰州市28公里，是一个水陆交通十分便捷的鱼米之乡、果蔬之乡、美丽之乡，具有万亩蔬菜生产、万亩水产品养殖、万亩农业示范方、百万只家禽饲养四大种养基地的区域特色，是兴化农业结构调整示范乡镇。陈堡镇有大面积的草荡，这里水产品养殖和蔬菜种植文化十分发达。根据当地的气候特点、食物原料情况、本土人文特色以及民风民俗等，对地方乡土文化、特色菜品进行取舍、加工、提升、拓展、嫁接、开发，设计了一套适合本地人口味，满足现代本地人、兴化人及外地人需要的"草荡船宴"。

"陈堡草荡船宴"菜单

冷菜：陈堡熏烧拼（主盘）。

　　　草荡炝虾、卤冻小鱼、陈堡咸蛋、糖醋小排

　　　唐庄百叶、皮蛋豆腐、香素茨菇、五香蚕豆（八单盘）。

热菜：草荡瓦罐香、虾仁鸡头米、陈堡双味鲜、柴火烤肋排、干锅草荡鹅、鳝段烧猪手、蟹黄焗豆腐、郊外双味蔬、鱼头炖菜核。

点心：双色素菜包、家乡摊米饼。

主食：萝卜鲞菜饭。

水果：番茄水果盘。

菜单赏析：冷菜"陈堡熏烧拼"，水乡特色风味冷菜，由多味"熏烧"熟食组成。每到下午三点钟，兴化城乡各地的"熏烧"摊点布满了热闹的街头巷尾，剁一盘熏烧鸭子、斩一盘熏烧鹅、切一盘熏烧猪耳实属常事。这里的"熏烧"不是烟熏而制的熟食，而是卤煮而成的，如熏烧肉、熏烧猪头肉、熏烧猪尾巴、熏烧鸭四件等，皆是用老卤烧制蒸煮而成的。成品卤香熟烂而不散，浓郁香醇，熟焖味美。

热菜"草荡瓦罐香"，以陈堡水乡草荡餐用器砂锅、瓦罐为烹饪用具，此菜以当地草荡里的甲鱼为主料，通过煮熟剔骨，与鸽蛋、鳜鱼丝一起烹制，食之温暖舒爽。"陈堡双味鲜"采用陈堡草荡人们最爱的昂刺鱼和虎头鲨，两者共同的特点是刺少、肉多且厚，肉质细嫩，味道鲜美。这里巧妙地将两种美味融合在一起烹制，配上碧绿的草头，色、味俱美，营养丰富。"干锅草荡鹅"，陈堡的芦苇草荡里盛产大白鹅。故此，当地百姓的婚丧嫁娶办宴席无鹅不成席。此品采用干锅烹制技法，在红烧的基础上使鹅的口味更香浓，吃在嘴里更鲜美，汤汁更醇厚。"鳝段烧猪手"，兴化的宴席菜离不开鳝鱼，因鳝鱼四季皆有，利用乡村黑猪的猪手与鳝段一起烹制，采用白烧之法，猪手的油脂和胶质充分融入鳝鱼中，使得鳝鱼更加酥嫩软糯，汤汁浓稠。"鱼头炖菜核"，根据当地最有代表性的菜肴"花鱼烧青菜"改良而成，利用当地草荡里的大鲢鱼头炖汤，配制雪白圆润的鱼圆，与青菜心用小火炖焖而成，使得整个菜肴汤汁醇和、鱼肉鲜嫩、菜核酥烂、鱼圆爽嫩。"家乡摊米饼"，是兴化乡村传统的摊饼，用上好的籼米粉发酵后，加水调制成厚糊粉状（传统的是用稀饭调制米粉而制糊状），在尖底锅边四周用米糊摊成圆形的米饼，上面色白而暄软，下面色黄而香脆，食之香、甜、脆、软。"番茄水果盘"，以当地供应的四种时鲜水果进行匹配拼摆，果盘中间的主角是"陈堡番茄"，陈堡蒋庄的番茄已成为江苏省地标农产品，经过 30 年的科学培育，已成为陈堡人发展致富的成功之路。

三、以地域典型食品为主题的宴席

我国的典型食品很多，与江苏有关的典型食品也非常丰富。利用某种独特的食品，通过精心的策划与渲染可开拓出主题宴会。扬州的包子、苏州的糕团、无锡的馄饨等都是宴席开发的主题。

典型食品主题宴会的策划与植物的种植过程有极为相似的地方。首先是选种与培植，选好了种子，精心培植将是获得丰收的关键和前提。餐饮要创设某一主题宴会，首先要选好品种，即选择什么典型食品（如西安市有饺子宴、泡馍宴），许多主题宴会的成功，正是从选种开始。

1. 秦淮小吃宴

南京夫子庙地区是南京历史文化名城的古城风貌区。随着历史上各种节令风俗的产生，秦淮传统的时令糕点茶食因时更新，成为我国"四时茶食"的产生地和发源地之一。夫子庙一带饭馆茶楼、摊贩小吃，鳞次栉比，形成了独具秦淮传统特色的饮食之集中点。20 世纪 80 年代以来，秦淮区政府号召饮食界继承、研究、开发、出新地区风味小吃。通过努力，夫子庙地区的许多饭店、餐馆相继策划、开发了"秦淮风味小吃宴"，因其工艺精细、造型美观、选料考究、风味独特而著称。在茶盒四干果以后，凡小吃都是以一干一稀搭配上桌。秦淮小吃宴菜单有：

五香茶叶蛋—雨花茶	烧鸭干丝—鸭血汤
牛肉锅贴—金牌牛肠	酥油烧饼—鸡汁回卤干
什锦菜包—原汁筋页	薄皮包饺—豆腐脑
鸡汁馄饨—油炸臭干	糯米甜藕—春卷
雨花石汤团—牛肉粉丝汤	

图 11-6　秦淮风味小吃宴（南京秦淮人家）

2. 姑苏小吃宴

苏州得月楼菜馆研制。苏州小吃久负盛名，一年四季小吃交替不断，荤素、甜咸、干湿、冷热一应俱全，是苏州饮食文化中的一朵奇葩。苏州小吃在宋代的古籍中就有记载，20 世纪初的《苏州小食志》《吴中食谱》详细介绍了苏州小吃及小吃名店。旧时的"玄妙观小吃"为全国著名的地方小吃群。姑苏小吃宴将苏州名小吃汇集成宴，展现苏州小吃风貌。姑苏小吃宴菜单有：四味碟（开胃小菜）、豆腐花、鸡丝小馄饨、三色圆子、蟹黄小笼、南瓜猪油糕、鱼味春卷、四喜蒸饺、钳花小包、桂花鸡头米、蛋黄小松糕、兰花酥、火末烧卖、炸金砖、苏式小方糕、南瓜饼、喜寿桃团、风车酥、煎饺、葱油饼、眉毛酥、花色蒸饺、蟹壳黄。

江苏各地的主题宴席品种是较多的，由于篇幅的限制不能一一展示出来，只能选取部分内容进行说明。经过对江苏省各地方的主题宴席研究和总结，各地主题宴席的设计水平也不均衡，设计深挖地方文化不足，缺少深层次的文化内涵；有些主题宴席使用的原材料不符合现代的生态意识和环保意识；有些是把相关的原材料、菜肴食品简单地堆砌或排列，显得比较单薄，不够耐人寻味。

总之，在地域文化、人文观念、民俗特色、菜名修饰，主题宴还需进一步推敲，更有一些菜品还是花架子较多，注重造型的多，手工摆弄的多，还没有真正回归到文化与食用的层面，在卫生方面、口味的精美和多样化方面还需不断提升，这是值得以后人们创作时参考的。

第十二章

江苏美食文化的传承与发展

进入 21 世纪，在新时代饮食潮流的推动下，江苏美食如何以独特的地域文化个性，发挥自身的优势，创造更加辉煌的业绩，这是每个美食制作人员及餐饮行业都应思考的问题。新时代连锁餐饮的发展、中央厨房的流行、网上订餐的火爆等，社会越是发展，对美食的追求就越强烈，餐饮业的发展也就越光明。无论是传统餐饮品牌，还是互联网餐饮品牌，自始至终都无法脱离餐饮和美食的本质。

在现代餐饮新的环境下，江苏美食怎样更好地提高自己的知名度，成为每个餐饮工作者必须关心和关注的问题。我们应该认识到全球市场的开拓对地方美食制作技术和企业可持续发展的重要性。今天，美食生产与制作也从传统作坊式的生产走向一体化大厨房和中心厨房生产，食品机械大量地走进了现代化厨房，半机械化、机械化和自动化生产成为当今厨房生产、加工的主要特色。许多餐饮企业利用中心厨房的生产加工使烹饪操作规模化、规范化、标准化，既减轻了手工烹饪繁重的体力劳动，又使大批量的食品品质更加稳定。我们正处在一个社会变革与包容创新的时代，江苏美食制作技术也在不断地融合与吸收，在继承传统美食的同时并与时代同步，江苏美食定将放射出熠熠的光彩。

第一节　江苏美食的影响与传播

江苏美食文化丰富多彩，是与江苏各地民众的制作创造分不开的。江苏大地的平原、湖区、丘陵、沿海的不同地区共同孕育了江苏的美食文化。从历史发展来看，传统美食的族群传播是最普遍的现象。古代各地的庙会、集市、商业街坊、酒楼茶馆等既是江苏美食产品集中的场所，也是人们获取美食信息的场所和传播美食文化的场所。而口头语言、美食产品的叫卖则是最直接、最方便、最深刻的传播工具。可以说，各地族群之间交往的人际传播和商业往来的传播最为普遍和实用。如今，各地的商业网络、美食活动、美食博览会、烹饪技能大赛等是江苏美食文化传播的主渠道；特别是大众媒体的介入，使人与人之间的信息传递间接化和远距离化，原来是人与人之间的直接传递，心传口传直截了当，现在是人与物、人与书刊、广播、网络接触，或是用电视机、手机等机械发生联系。加之现代交通体系发达更是加快了美食文化的传播，所有这些都促进了江苏美食文化在全省、全国乃至全球的传播和影响。

一、"美食江苏"显现的文化特色

江苏地区的美食产品由于风味的多样性和清淡平和的主体特点，得到了人们的广泛认可，其特色菜品也成为国宴及各地宴会接待中经常出现的品种。从 20 世纪 80 年代起，江苏美食的加工制作，品种的风味特色以及突出本味的优势，使之成为适应四方的美味佳品。近 30 年来的"淮扬菜传播""常州餐饮现象"成为江苏美食的代表，"美食江苏"，从平和里走出神奇，由润物无声到誉满神州，是无数餐饮人默默奉献、注重品质的结果。

1. "美食江苏"的风格特点

"美食江苏"的最大特点是：清鲜淡雅，咸淡适口，味养兼备。

江苏美食的制作在调味上有自己的个性，从口味要求来讲，一般江苏菜品的口味相对较平和清淡，咀嚼时感到特别舒雅爽口。江苏菜品的味型主要是咸鲜味、咸甜味和酸甜味三大类，主要显现的是食物的原味，重视本味，几乎没有刺激性的味道，能够体现雅淡味爽之特色。从美食制作本身来讲，调味品毕竟处于从属的、辅助的地位，它始终不可替代原料本身的滋味。从食疗与营养的角度来看，"淡味""真味"更符合江苏人营养与养生的需要。古人在饮食上多反对厚味、重视淡味。清代顾仲《养小录》的"序言"中明确地提出了淡味的问题："烹饪燔炙，毕聚辛酸，已失本然之味矣。本然者，淡也。淡则真。"[1] 曹庭栋在《老老恒言》书中亦说："凡食物不能废咸，但少加使淡。淡则物之真味真性俱得。"[2] 这正是江苏美食的特色所在。

江苏美食讲究食养调和，原料要搭配，五味要调和，是人的健康的需要。菜点制作首先讲究浓淡适宜，咸甜适口，这是指菜品在食用时的可口程度。其次是各种味道的搭配，注重五味得宜，其灵魂就是"平衡"。江苏美食在制作中始终遵循这样的原则，特别是水产原料和新鲜蔬菜，烹制后总给人以清淡爽口之美味。这里的"淡爽"，不是指单调乏味，淡而无味，简单马虎，也不是说在调味时慎用咸味调味品，而是淡而不薄，淡中见真，淡中有味。菜品的至味，恰恰又在于调动一切手段突出本味，少用调味品。其淡雅、淡爽之特色，与菜点口味的丰富性、独特性和多样性，是辩证的统一。菜点淡雅风格的调味原则同时也是健康原则和美学原则，也是江苏烹调师追求技术美、艺术美对口味调制的一种境界。

2. "美食江苏"的文化特征

从"美食江苏"的自然习性和人文特征来看，蕴含着丰富的文化特性。江苏美食最

---

① （清）顾仲. 养小录. 北京：中国商业出版社，1984：2.

② （清）曹庭栋. 老老恒言. 北京：人民卫生出版社，2006：9.

集中体现出鱼米之乡、水韵文化的特征，即美食文化的开放性、包容性、灵巧性、创新性和享受性。

开放性。江苏水陆交通便利，市场繁荣，自古是中外交流的理想之地。特别是改革开放以后，开放的环境，赋予了江苏人开放的思维方式，反映到饮食上来，就是"华洋共处、中西结合"的开放心态，对于外来食品都是有选择的接纳，由此，在江苏各地各式各样的美食异彩纷呈。饮食业中，外地菜、外国菜的经营走进了江苏的市场，几乎全国各地菜品、世界各地风味都有食肆经营，以适应各种客人的饮食需要。一些本地酒店、餐馆也推出"粤菜""潮州菜""湖南菜""四川菜""火锅"以及"兰州拉面""刀削面""肉夹馍"等各地特色食品，令食客口味常新。

包容性。江苏历来是南北文化兼容的地区，而伴随开放性的文化，也必定存在包容性，这两者是相互联系的。水韵江苏具有兼容并蓄的特征。江苏饮食文化在保持传统特色的前提下，吸收外来文化之长，充分运用各地文化的优势为我所用。这种包容不是简单的"拿来主义"，而是在传统的基础上加以改造、创新，化为己有。如声名远扬的"黑椒生炒甲鱼"，是从江苏古烹饪中改制而来；"白扒猴头菇"是继承了宫廷御膳制法；酒店接待特色菜"海鲜酥盒"是由西餐菜品演化而来。

灵巧性。江苏人灵巧变通的特性，在江苏美食文化活动中得到充分的体现。灵活思变的江苏人，不论何种物料，经过厨师之手，都可成为美味可口的佳肴。江苏厨师秉承"传承而不守旧，创新而不忘本"的理念，在继承传统风味中，不因循守旧，在创新开发中不脱离传统风格。其菜式在追求清、鲜、爽、嫩风味特色的基础上，脚踏实地继承江苏美食的精华和主要的调味原则。在市场开发中，根据市场需求和顾客需求，灵活多变地引用世界各地的原材料、调味汁，不断移植、改良和配制，推出新菜品、创造新菜式，使江苏美食常吃常新，充满活力。

图 12-1 梦里水乡

创新性。江苏饮食行业的厨师很注重菜品的开拓创新。在社会发展和餐饮市场的推动下，为满足不断增长的物质文化需要，他们不断开拓求新。在食物原材料上，他们大量利用国外的食料为我所用，如美国的夏威夷果，加拿大的北极贝、象拔蚌，东南亚的香茅、瓜果等，不断运用外国原料，注入新的活力。各大酒店和餐饮集团公司经常举办创新菜比赛，遴选新颖的菜品来满足消费者需求，每年都涌现一批新款菜品投放市场，从翠珠鱼花、生炒甲鱼、酥皮海鲜、蟹鳗狮子头、麻酱游水虾，到锅贴干巴菌、麦香龙虾、盐水皇鸽、雨花石汤圆、虾蟹伊府面等，使得江苏餐饮兴旺繁荣。

享受性。江苏的饮食市场异常火爆，连续多年成为国内餐饮消费的领头羊。尤其是双休日、节假日，在酒店、餐馆的餐厅里，通常是朋友聚会、全家聚餐，这是新时代人们生活水平提高的结果。江苏的自然条件相对较好，人们的生活水平相对较高，走进餐厅用餐已成为生活享受的一个方面。另外，在酒店和餐馆的装潢设计方面，也更加具有文化性，各式主题餐厅频频出现，带有某种文化特色的主题餐厅带给人们一种全新的视觉效果，即使是乡土风格的餐厅，也演绎得文化氛围浓郁，农家草房、瓦房、乡土亭台、小桥流水、果园菜园，人们置身其中，徜徉在大自然悠闲的氛围中，获取物质享受的同时，也得到了精神的愉悦和满足感。

二、世界美食之都：扬州、淮安

自 2021 年 11 月 8 日江苏淮安当选为"全球创意城市网络——美食之都"后，中国 5 个入选的城市中，江苏占到 2/5。至此，在中国"顶尖"美食版图中，淮扬菜中的"淮"与"扬"也再次得到国际"官方认证"，携手飘香世界、美味领航。

1. 扬州美食蜚声海内外

2019 年 10 月 31 日，联合国教科文组织官方微博发布消息，扬州入选"世界美食之都"。扬州美食文化历经数千年的技艺精进与勇于创新，已成为这座城市走向世界的一张亮丽名片。

"世界美食之都"是联合国教科文组织创意城市网络的七大主题之一。当时联合国教科文组织所授予的美食之都全球共有 26 个，扬州成为继成都、顺德、澳门之后第四个获此殊荣的中国城市。

隋代大运河的开凿，加速了扬州地方经济的发展，扬州成为贯通南北的经济发展要地，富甲四方。中国古代运河的大动脉，扬州自古就是各地食材、厨艺的汇聚之地，又是"盐粮集散地"，特别是明清时期盐业交易的繁盛，商业文化更让扬州成为富足之地，盐商们的生活讲究与奢侈，练就了淮扬菜的精工细作，精益求精，使其走上选料严格、制作精细、造型雅致、注重本味、精益求精的淮扬菜制作之路。扬州不仅是一座历史文化名城，更是淮扬菜的发源地，自古以来名厨辈出。正是在这样一个商业发达、文化底蕴深厚的地方，扬州城几乎与美食是不可分割的。在一代代餐饮人的坚守与执着的奋斗中，坚持守正创新，先后被行业协会授予"中国淮扬菜之乡""国际美食之都"的荣誉称号，如今再获"世界美食之都"桂冠，正是体现了扬州美食的国际影响力。

扬州拥有国内最健全的烹饪教育培训体系。而今扬州延续名厨辈出的特色，依旧是我国烹饪教育最为发达的城市之一。1983 年，经教育部、商业部和江苏省人民政府批准，江苏商业专科学校设立了新中国成立以来的全国首个烹饪高等教育专业——中国烹饪系烹饪专业。扬州在形成完善的烹饪教育体系的同时，积极拓展海外招生渠道，通过短期游学、中期集训和三年以上高等学历的教育活动，每年向世界各地输送优秀厨师数千名。扬州的烹饪教育，包含了中职烹饪、高职烹饪和本科烹饪，为全省、全国乃至海外培养各类烹饪人才数万名，为我国的烹饪教育写下了浓墨重彩的一笔。

扬州美食活动接连不断、异彩纷呈，定期举办相关美食节展，吸引海内外游客前来体验美食。其美食活动包括扬州（国际）美食节、中国·扬州两岸素食文化节、中国（扬州）早茶文化节、中国淮扬菜美食节等。2005 年 4 月在中国扬州淮扬菜美食节期间举办了烹饪技能大赛；2020 年举办了中国扬州淮扬菜美食节暨第二届中国扬州早茶文化节。近年来，扬州在传承保护中坚持守正创新，大力推进扬州早茶品牌化、特色化、国际化，趣园、冶春、富春、花园茶楼等茶社已成为网红打卡地。其他节庆如瓜洲江鲜美食节、螺蛳大众美食旅游节、中国双黄鸭蛋节和高邮旅游美食节等，美食节庆活动可以让美食因交流互鉴更加精彩。这些节庆活动促进了扬州地方餐饮业的发展，也成为扬州美食产业步入快车道的"新引擎"。

入选"世界美食之都"，对扬州市高质量发展具有重大意义。

第一，有利于提升餐饮产业的竞争力。扬州拥有餐饮及食品加工类企业 3 万多家，通过"世界美食之都"的品牌效应，可以培育发展一批带动能力强的美食龙头企业，有针对性地打造一批名街、名店、名厨、名菜，切实增强消费吸附能力，促进餐饮产业转型升级，创新发展，形成规模效应。

第二，有利于提升城市国际影响力。美食是扬州对外交往的闪亮名片，成为"世界美食之都"后，可以通过打造新美食展示窗口、美食节庆会展、美食文化传播等，以美食为媒，开展美食文化方面的交流，发挥美食文化在国际文化交流中的独特作用，持续扩大扬州的国际知名度和影响力。

第三，有利于打造国际文化旅游名城。旅游离不开美食和美景，扬州美名在外，除了瘦西湖的美景，很大程度上也因为有扬州炒饭、扬州包子、大煮干丝等美食。在创成"世界美食之都"的基础上，可以通过美食与旅游的融合发展，以运河为线、美食为媒，促进城市旅游品质进一步提升，以扬州美食在国内外游客中的知名度、美誉度和影响力，吸引更多游客来扬州，将扬州打造成国际旅游重要目的地。以"世界美食之都"和"世界运河之都"的"两都"同建，打造国际文化旅游名城。①

"世界美食之都"的荣誉为扬州走向国际舞台打响了"美食文化牌"。不少专业人员

---

① 姜师立. 打响"世界美食之都"品牌，弘扬运河饮食文化. 扬州日报，2020-04-10(03).

也提出了许多好的建议。

第一，借助"淮扬菜"文化，扩大与"世界美食之都"城市的交往，共建世界美食"朋友圈"；更要在"美食＋"融合发展上下功夫，充分发挥美食在旅游、科技和经贸合作中的独特作用，为扩大扬州对外交流合作做出积极贡献。[①] 将名闻遐迩的全国地标美食如扬州早茶、扬州包子、扬州炒饭、扬州狮子头等，进一步向品质化、品牌化、细分化、创意化发展。在狠抓餐饮质量的同时，让外地游客在品尝正宗扬州美味的时候，增强对品牌的认同感，从而形成品牌效应。

第二，借鉴国内其他城市建设"世界美食之都"的经验，认真研究扬州美食产业发展的突出问题和关键环节，有针对性地出台促进美食产业发展的政策措施。加强餐饮企业家队伍建设，助力美食产业名企、名店、名街、名厨、名菜、名小吃发展，推动创新创业、载体建设、推广交流。[②] 注重创新美食产品，实现扬州美食产业的可持续发展，要依托扬州丰厚的历史文化资源对美食产品进行设计打造、开发包装。

第三，推进标准化建设，促进精品化发展。政府相关部门应当对于出台的标准进行定期监督考察，这样既可以促进扬州餐饮企业的创新竞争意识，又有利于保证美食产品的质量，还可以为消费者提供切实可靠的信息。菜品的质量有了保证，菜品也会朝着精品化的方向发展。

第四，丰富美食文化传播形式，建设地方特色美食网站。在互联网时代，政府和行业协会应多方位推出并强化"扬州美食"网站，专门推荐扬州的特色美食、标准化食谱、美食名店，满足食客对于扬州地方特色产品的需求。

要说国际影响力，莫过于驰名海内外的"扬州炒饭"，其味美适口，滑润不腻，颇具独特风味，是中国饭品中的佼佼者。在世界上，只要有中国人的地方就会有这香味四溢的炒饭。晚清之时，随着扬州的厨师到海外开餐馆谋生，"扬州炒饭"陆续传到东南亚、日本、欧美等地，成为海外华人餐馆中必不可少的经营品种，名气也越来越响，颇受各地消费者的欢迎。如今，它已经成为海内外对于中华美食的一个符号记忆。

2. 淮安美食荣耀享天下

2021年11月8日，联合国教科文组织官网宣布消息：淮安成功申创"世界美食之都"。这是继江苏扬州获此称号后，中国第五个城市成功跻身世界"美食之都"之列。

淮安是淮扬菜的主要发源地、传承地之一，具有深厚的美食文化底蕴。淮扬美食是新中国"开国第一宴"的基准菜品。淮安建成了全国最大的主题文化博物馆——中国淮扬菜文化博物馆，成立了淮扬菜文化产业工作委员会，组建了淮扬菜集团，每年安排专项资金用于淮扬菜文化产业的传承与创新。淮安淮扬菜还是国家侨办"中餐繁荣计划"的重要组成部分。

淮安是中国食品名城，具有坚实的食品产业基础。全市食品产业产值已突破1 000

---

①② 陈扬. 放大"世界美食之都"品牌效应，推进淮扬菜国际化、大众化. 江苏政协，2020(6)：36-38.

亿元，汇聚了食品类一大批骨干龙头企业。截至2020年底，全市范围内共有各类大小餐饮店4万多家，从业人员25万余人，餐饮年销售额210亿元，拥有以"盱眙龙虾""淮安红椒"为代表的地理标志商标129件，位居全国设区市前列。淮安有较发达的烹饪教育，有10所院校开设烹饪专业，累计培训了中高级厨师数万人次。

淮安地处中国南北地理分界线，四河穿城，五湖镶嵌，水域面积占市域面积的1/4，被誉为"漂浮在水面上的城市"。淮安独特的绿色生态环境造就了龙虾、大闸蟹、芡实、蒲菜等优质丰富的食材。

"世界美食之都"的荣耀来源于淮安政府和人民对美食文化的热情奉献和文化支持。五年来，淮安深化国际交流，促进文明互鉴。赴联合国教科文组织总部举办淮扬美食品鉴会，到20多个国家和地区开展美食推介，通过"走出去、请进来、云互动"与"美食之都"城市深化交流。10多年来，淮安发展品牌节庆，展示美食魅力，连续举办三届(淮安)国际食品博览会，专设淮扬菜大师邀请赛等系列活动，打造"一县一特"品牌，每年举办盱眙国际龙虾节、洪泽湖国际大闸蟹节等，在人民日报、中央电视台、欧洲时报、今日头条等50多家境内外媒体传播。

淮安市成功举办了12届"中国淮安淮扬菜美食文化节"，自2002年9月由淮安市人民政府、中国烹饪协会、江苏省经贸委共同举办了首届"中国淮安·淮扬菜美食文化节"以来，到2021年每年金秋都举办"中国淮扬菜美食文化节"活动，地方政府为打造"吃在淮安"品牌，精心策划美食活动，推动淮扬菜创新发展，展现了中国淮扬菜之乡丰厚的文化底蕴，如家庭厨艺电视大赛、淮扬菜展示、淮扬菜技能大赛、淮扬菜名厨名菜技艺表演、淮扬菜美食文化及其产业化研讨会以及经贸洽谈会、旅游观光等。除此之外，还举办了20届"中国·盱眙国际龙虾节"、15届"中国洪泽湖国际大闸蟹节"，创造了多项全国"第一"和"唯一"。一年一度的美食文化节，已成为淮安展示形象、繁荣文化、发展经济的重要平台。2020年，全市规模以上食品企业应税开票销售超400亿元。

多年来，淮安市政府加大政策扶持，加快产业发展，出台了进一步加快淮扬菜产业发展实施意见，市财政每年安排1000万元，支持引导美食文化的传承创新，累计研发112道创新菜品，推出62家美食名店，培育45个餐饮龙头企业，评出40位烹饪大师，建成16条特色美食文化街区，并推行多项举措，践行为民理念，推进美食惠民；推进退渔还湖，以美食就业等方式，实现洪泽湖10万渔民上岸安置；推进龙虾富民，发挥215亿元盱眙龙虾品牌价值优势，开设龙虾连锁店3000多家，全市20万人从事相关产业；推进免费品尝，每年2万多名低收入居民受益。

在文化建设方面，探索跨界融合，加强协同创新。美食影视作品《泡菜爱上小龙虾》《美食大冒险》等拍摄完成；美食小说《北上》获第十届茅盾文学奖；美食新媒体视频《献给世界的礼物——淮扬美食》，获2019迈阿密—美洲·中国电视艺术周短视频金奖"金珍珠奖"。

盱眙龙虾、洪泽湖大闸蟹、淮安红椒、淮安大米、淮安蒲菜……一个个特色品牌让越来越多的消费者深深记住了淮安味道。"世界美食之都"的成功申创,为淮安走向国际化的舞台吹响了美食冲锋号,市政府商务局提出了许多新的举措。

第一,坚定不移地深化国际合作。淮安将更好地在全球范围内传承和弘扬淮扬菜美食文化,加强与瑞典厄斯特松德、土耳其加济泰普、厄瓜多尔、波托维耶霍、西班牙布尔戈斯等城市交流,探讨未来建立友好城市关系。

第二,坚定不移地贯彻国家战略。淮安将更好地推进淮扬菜产业向特色化、国际化转型升级,在全国范围开展精品淮扬菜推介,邀请部分境外驻华机构代表、侨领、美食餐饮界知名人士参加,精准宣传推广淮安特色美食文化,探索淮扬菜产业园区建设,进一步扩大美食产业规模。

第三,坚定不移地履行国际承诺。淮安将促进创意城市网络组织的各类活动顺利开展,更好地推进美食文化交流展示、学术研究、人才培养、产业合作共享共赢;积极配合教科文组织总部、创意城市网络秘书处,对欠发达地区开展援助项目。

第四,坚定不移地践行美食惠民。淮安将深入挖掘文学、影视等作品的美食元素,加快推进美食创意衍生产品的征集制作,推动美食与旅游、文化和创意更加紧密深入的融合;加快推进御码头、河下古镇美食街区打造,集聚一批淮安特色美食品牌,形成集中展示淮扬美食文化的窗口,推进美食文化、食品产业健康发展,增强市民获得感。[①]

三、江苏美食文化与地方菜点的传布

1. 江苏美食活动异彩纷呈、香飘四方

进入21世纪以来,为弘扬江苏美食文化,在全省各地区政府领导下,在行业协会和商业主管部门的不断努力下,江苏的美食活动风起云涌,异彩纷呈,最典型的、规模最大、最有代表性的是"江苏国际餐饮博览会"连续举办了11届,反响热烈,参与人数最多,活动主题最多,全省各地餐饮协会积极组团参与活动,每年选用不同的主题,由江苏省餐饮行业协会主办,围绕餐饮主题做大文章,为期3天的活动内容广泛多样。以第十届餐饮博览会为例,餐博会以"健康餐饮、品质生活"为主体,展会面积近23 000平方米,3 000多家企业参展参会,展会吸引了美国、俄罗斯、韩国、澳大利亚、新西兰、荷兰、菲律宾、智利、捷克、阿根廷、安哥拉、吉尔吉斯斯坦等20多个国家和地区中餐行业组织,长三角一市三省30多个城市餐饮行业协会组团观摩,注册专业买家达12 000多人。餐博会创新办展模式,积极开展线上展会,线上线下同步互动,有机融合。现场展会包括主题展览、技能竞赛、行业峰会、互动交流、美食展演、产业对接六大板块;线上展会以云展示、云对接、云洽谈、云签约等形式展示酒店餐饮供

---

① 淮安市人民政府. 淮安成功入选"世界美食之都". 淮安日报,2021-11-09(01).

应链品牌、餐饮企业形象、餐饮新零售，线上平台浏览量达 200 多万人次，意向性交易额超 20 亿元。

餐博会期间，举办了 2020 年江苏省餐饮行业职业技能竞赛总决赛、2020 长三角行业烹饪大师邀请赛、"淮盐杯"第九届江苏省创新菜烹饪技能竞赛，举办了 2020 江苏省餐饮行业职业技能竞赛专项赛总决赛，包括青年名厨大赛总决赛、第十届江苏乡土风味大赛总决赛、团膳快餐大赛总决赛、冷盘食雕食艺总决赛、机关膳食营养餐大赛总决赛等；启动了由江苏省广播电视总台和江苏省餐饮行业协会联合主办的 2020 中国味道美食盛典；举行了江苏菱塘民族旅游美食主题推介、2020 非遗美食直播展演；开展了苏韵好礼、美食相伴江苏特色美食伴手礼选品活动等。

大运河美食嘉年华活动从 2019 年首届大运河文化旅游博览会开始也已连续举办了 3 届，以"寻味运河·共享美好"为主题，由江苏省文化和旅游厅、省餐饮行业协会承办，旨在充分展示大运河的全域美食文化，进一步繁荣文化旅游供给，满足百姓品质消费需求，推动文、旅融合和高质量发展。大运河美食嘉年华由名宴名菜展示、美食展销、非遗展演、互动体验等配套互动组成。大运河地方名宴展，反映了运河沿线人民的生活气息，生生不息的人间烟火味道，如扬州冶春早茶宴、盐城八大碗、南通八碗八、扬州三头宴、常州东坡宴、徐州彭祖宴、泰州梅兰宴、苏州雅厨·和风宴、无锡阳羡生态宴、淮安运河宴等。地方名宴展，在菜点的展示方面，用活态地标美食，呈现人们对美好生活的向往，如淮安盱眙龙虾、蟹粉蒲菜，徐州地锅鸡，宿迁黄狗猪头肉，扬州维扬细点，泰州五味干丝，无锡酱排骨等。大运河非遗美食展演活动，邀请了运河沿线非遗美食代表性传承人现场操作表演等。

全省各地市每年都会分别举办规模不同的地方美食博览会，推介地方食材，展演地方美食，邀请大师表演，进行地方美食比赛等。各地区还举办地方美食节活动，邀请四方地方餐饮协会、烹饪协会进行烹饪技艺交流表演，举行厨艺大奖赛等有关餐饮美食相关联的多项活动。各个地级市和许多县级市都陆续举办过美食文化博览会或美食节，积极推广本地美食产品，举办烹饪技能大赛，为地方经济和美食文化的发展都做出了巨大贡献。

2. 各类烹饪大赛名师辈出、美食传扬

20 世纪 80 年代以后，江苏省烹饪技能大赛从 1984 年启动。江苏省商业厅、旅游公司联合举办的首届"美食杯"烹饪技能锦标赛于 1984 年 10 月 11 日在江苏南京饭店正式开始，比赛历时 6 天，70 名红案厨师、20 名白案厨师参加了角逐，聘请了 22 位特级厨师、名师组成评判组，总裁判长由胡长龄担任，副总裁判长由薛文龙和张祖根担任，评判队伍中都是当时江苏烹饪队伍中德高望重的大师级人物，有苏州的刘学家、扬州的董德安、南京的杨继林等。本次大赛的规模和档次不亚于现在的全国烹饪大赛，是一场浓重而有秩序的高档次比赛，每个城市参赛代表队分商业系统和旅游系统两大块，最后评出最佳菜肴奖 15 名，最佳冷盘奖 10 名，最佳点心奖 5 名，优秀菜点奖 7 名。以上获奖个人各晋升一级工资。获奖的人员都是现在大师级的人物，他们是：无锡季裕才、胡法津、倪伯荣、宗战平、陈寿忠、周建清，南京高祥龙、孙建平、林文志、罗金标、张犁心、朱文宪、于益贤、李海兴、李联怿、刁筠宝，苏州田建华、强云飞、朱冠柱、张全福，镇江李传信、吴宝华、吴继辉、葛德友，扬州徐永珍、陈恩德，盐城王荫曾，常州唐志卿，淮安吴明千，南通武宏旭、陈锦泉，徐州叶舒领，连云港刘文春，泰州王怀龙等。

继第二届无锡"渔乡杯"烹饪大赛以后，江苏烹饪大赛开始与全国大赛接轨，全国大赛每隔 4 年举办一次，江苏省也是 4 年一次在全国大赛之前进行比赛，获奖选手参加全国大赛。江苏省烹饪大赛的主办方主要是江苏省烹饪协会，协同省内许多厅局，参加比赛的获奖者可以晋升一级技术等级，目前已连续举办了 8 届。在每次大赛中，都涌现了一大批技术能手和技术骨干，产生了一批省市级的技术工匠，创新了上百种菜点美食，为江苏餐饮业的持续发展做出了巨大贡献。

江苏省旅游局 1998 年 12 月在南京饭店美食城举办了首届星级旅游饭店名厨名菜点交流展示会，这是一场高规格的烹饪活动，大赛评委由省内各地专家和上海旅游高等专科学校的老师共 9 人组成，全省各地 138 家旅游饭店参加，257 道菜点参与比拼。根据选手作品的质量以及工龄和担任厨房管理工作的时间，最后分别授予五星至一星名厨荣誉称号。此次活动组织严密，条理有序，展现了旅游局系统的接待水平和管理水平。

在江苏省政府的直接指导下，由江苏省人力资源和社会保障厅主办的"江苏技能状元大赛"每两年举办一次，是江苏规格最高、项目最多、范围最广、奖励力度最大的职业技能大赛，其中的"烹饪赛项"已经成功举办了 3 届。大赛以"匠心铸造梦想，技能点亮人生"为主题，每个赛项设职工组和学生组。职工组参赛对象为企事业单位生产一线职工，学生组参赛对象为职业院校、技工学校、高等院校在校生。2014 年在常州举办的状元大赛中，首次设置"烹饪赛项"，比赛内容有冷菜、热菜、面点和雕刻四项，获奖者必须是四项全能。这是新中国成立以来全省烹调师参赛的最高层次大奖赛，为广大烹饪工作人员钻研烹饪技术、技能点亮人生带来了巨大的动力。

江苏省职业院校技能大赛·烹饪类比赛已连续进行了 16 年，培养了一大批烹饪专业优秀学生，为社会输送了一大批技术骨干人员。中职学校中参加比赛并获奖的金牌选手可直接进入扬州大学旅游烹饪学院烹饪专业本科班学习，毕业后可直接被全省乃至全国中等职业学校录用，成为学校的技术骨干人员。许多年轻教师发挥了重要作用，带领学生参加全国、全省比赛，取得了优异的成绩。而银牌选手可直接进入高职院校烹饪专业学习，毕业后为国内餐饮企业也输送了一批优秀的人才。每年的大赛都产生出一批实用价值很高的新菜品，经过精心创作的获奖菜品不仅引领了餐饮市场，许多创新菜品也成为省内、国内各大企业普遍采用的新品种。如宴会中的各客冷盘、鱼蓉、虾蓉菜肴，特别是油酥点心制品，灵芝酥、灯笼酥、田螺酥、粽子酥、金牛酥、绵羊酥、海马酥、河豚酥等，为江苏美食的经营市场提供了一大批新特菜品。

全省多个行业都相继举办过烹饪技能赛事。省属各集团、企事业单位都力求把员工的饮食生活放在第一位，都会不定期地举办单位食堂厨师烹饪大赛，为江苏美食文化打造和烹饪技能提高添砖加瓦。机关事业单位、高校食堂的套餐大赛，主办方为了使食堂的伙食口味更好、更有营养，在规定伙食标准的情况下，对参与套餐比赛的厨师进行评判。江苏交通控股有限公司主办的"苏高速·茉莉花"美食节，从2018年开始已连续举办了4届，在比赛现场，来自江苏高速各大服务区的大厨纷纷拿出"独门秘籍"，煎炒烹炸、蒸煮焖炖，各显身手，各展神通。一道道独具匠心、色香味形俱佳的作品，让人赏心悦目，赞不绝口。通过厨艺的比拼，提振了服务区消费信心，也提升了服务区的品质。

由中国侨联主办，江苏省侨联、江苏省餐饮行业协会承办的经典淮扬菜海外推广研习班分别在扬州、淮安举办，来自美国、俄罗斯、德国、荷兰、澳大利亚、阿根廷、尼日利亚、菲律宾等24个国家和地区的中餐从业者、海外侨社负责人100余人参加了研习班，把许多江苏美食、淮扬菜点介绍给世界各地的朋友们。在省侨联的支持和主导下，南京、扬州、淮安等城市派专业大厨、淮扬名师走进国外大使馆、孔子学院，推介中国美食，展演江苏美食，推广江苏名菜，搭建友好桥梁，多批次走出去的餐饮人现场表演江苏美食，均得到了国外各地嘉宾的由衷赞许和高度评价。

全省各地烹饪大赛主题多样，如多地市的"农家菜烹饪大赛""乡土菜烹饪大赛"等；各地市的美食节异彩纷呈，如连云港灌云县"灌云豆丹美食文化节"，南通启东市"启东海鲜美食节"，昆山市"夜昆山国风美食节"，盐城市"杨侍生态美食节"，金湖县"江苏金湖荷花美食节"等。这些活动不仅展示了江苏各地美食文化的风采和魅力，也为江苏美食文化的扩展与传播起到了很好的推动作用。

四、"常州餐饮现象"与美食唱响

近30年来，在全省各地的美食中，各地餐饮水平都有所提高，整体的接待档次均有所提升，主要表现在餐饮企业装潢档次提高，环境改善，各地创新菜普遍增多，费时费工的菜品在减少，批量生产的菜肴在增多，而在菜品质量方面，传统菜的制作质量提升缓慢，城市的餐饮质量水平发展不均衡，这是一个全国的现象。从城市餐饮整体水平比较来看，江苏常州市餐饮接待水平总体平稳，菜品质量相对保证，厨师们的工作态度认真，技术水平发挥很稳定，钻研菜肴、制作菜肴的功夫扎实。所以，"常州餐饮现象"得到了全国餐饮行业同行的认同。

21世纪初的近20年，常州作为苏南地区镶嵌在京杭大运河畔的一颗明珠，餐饮业发展迅速，散发着不同耀眼的餐饮经营亮点，形成了一批在国内或沪宁大动脉线上知名度较高的餐饮企业。常州人均年餐饮消费则是全国平均水平的两倍以上。

2005 年中国餐饮常州峰会后，在沪宁线上声名鹊起的常州餐饮，终于成长演变为整个行业研究、学习、借鉴的样板。"常州餐饮现象"的出现是多方面的，其兴旺的原因很大程度上缘于常州餐饮企业之间的竞争没有停留在发展初期的低层次的恶性价格竞争，而是比菜品创新、比管理、比环境、比服务，最终促使了整个行业的发展提高。在温馨的环境里，常州餐饮企业在服务上也是讲究的，让你亲身体验到亲情服务、超值服务和超前服务。

21 世纪初的国内多个餐饮、烹饪协会以及酒店、餐饮培训机构到过常州举办培训现场会，考察、参观餐饮企业，品尝常州美食，探讨常州美食的内涵。仅中国食文化研究会分别于 2005 年 4 月、2007 年 3 月、2009 年 10 月三次在常州举办常州餐饮业考察活动，全国餐饮企业共有 300 多家、450 多人参加。他们在考察交流时说："由于常州的餐饮一直走在全国的前列，接受我们考察的常州餐饮企业无论是菜品的出品、饮食文化、装修、服务，还是经营管理等都非常值得全国餐饮业学习，特别是丽华快餐、大娘水饺、好福记、长兴楼、常州饭店、天目湖宾馆等一大批在国内乃至于发展到国外的著名优秀企业。大家反馈的信息表明，常州市餐饮业的发达程度的确高于许多大中城市，非常值得各地餐饮企业考察、学习和借鉴。"①

近几年来从省内各地重要的餐饮接待情况来看，一批批来江苏考察工作的人员经过对全省餐饮菜品的制作质量比较，都基本对常州餐饮的接待水平和菜品质量评价最高。

常州餐饮虽没有得天独厚的背景、历史久远的传承，但餐饮业的发展繁盛与兴旺以及老百姓的热情冠于沪宁，享誉华夏，除了得益于政府的大力支持、市民对美食的热忱，更应归功于常州餐饮人的奋发、勤勉与执着。常州人均餐饮消费荣登江苏省榜首，政府创建美食街区活动、"唱响常州菜"的评比活动等，制定《常州美食街区创建标准》，美食街区涵盖了各种档次、风格、口味的菜式，满足了当地老百姓和外地食客的不同消费需求。

常州餐饮的魅力是多方面的，归纳起来主要体现在以下三大方面。

第一，菜品精致重创新。常州餐饮是较早强调菜品制作质量标准的。针对不同厨师每天做同一道菜味道有差别，早在 21 世纪初常州餐饮企业就特设了出品总监，每一道菜品摆上餐桌前，他们要看菜品色泽、造型是不是符合标准，当然最重要的是口味是不是符合标准。当大厨们推出创新菜品的同时，他们就开始调制标准化的调味汁，饭店里所有的厨师都按照规范的操作步骤，添加这些标准化的调味汁，以保证菜品质量的稳定。菜品质量的稳定在常州还只是基本要求，他们还要求精致。精致的设计从盛菜的容器开始，在常州你会发现很多盛器已经不再是普通的碗碟，而是精致的艺术品。菜品本身则是讲究造型的，他们都在精心研究每个菜品的设计和装盘，在口味丰美的情况下尽量做到美轮美奂。这些精致的菜品既提高了菜品的附加值，

---

①　中国食文化研究会. 第三次常州餐饮考察活动. 食在中国，2009(7)：34.

也让食客得到了美的享受。

常州餐饮人对菜肴的创新以及为此而开展的各种形式的交流是很到位的，追求菜肴质量和不断创新的精神是可敬的。饭店企业的经营者们常常亲自挂帅，带厨师外出考察，这已成为他们日常经营管理工作的重要组成部分，厨师通过对其他饭店的名菜精品进行钻研总结，根据本店的经营特色加以改良。餐饮集团的老板为一道菜、一席宴亲自远赴千里考察研究，资深餐饮前辈下厨与员工共同切磋技艺，新入行的老板聘请高厨，引进技术，这早已成为常州各家餐饮企业的共识。对于企业定期推出的创新菜品，企业在营销上下功夫，消费者消费满一定的金额后，免费送消费者试餐券，客户在一次两次的免费品尝后，终于渐渐接受了新菜品。

第二，服务温情且亲情。常州餐饮企业高度重视餐饮服务，为餐饮消费者提供了非常好的消费体验。从双桂坊长兴楼老店开始，服务开始真正进入常州餐饮发展的视线。随着原城中路美食街的兴起，常州餐饮业服务水准的提高也进入了一个新的时代。在这里企业不仅关注满足顾客基本的就餐需求，而且将环境、服务、细节等影响顾客认知度和满意度的每个环节融入了对客服务。在常州食客的心目中，酒店的服务往往成为他们选择就餐场所的首选要素，从满足顾客需求到为客人创造意外与惊喜，最终感动客人，成为常州餐饮企业对服务追求的目标。另外，服务中细节的把握也让客人进一步感受到了企业的服务水准，比如服务员会主动告诉客人菜点得够了；针对高血糖顾客，酒店会特意准备相应的饮料、菜肴和水果；食客中有小朋友，服务员会时刻关注他们的情绪变化，及时提供他们喜爱的食品；开席稍晚，一小碗笃烂面奉上，既不撑胃也免空腹饮酒；宴席开始，两名服务员上菜换碟，服务左右。这种只有五星级酒店才有的服务，已成为常州餐饮的一大特色。

温馨的环境里，企业在服务上讲究的是亲情服务和超值服务。如进门有迎宾，永远是一张张微微含笑的清纯的脸；靓丽的女引导员温婉而不做作，热情而不殷勤；入座后一杯温茶，让你不觉得候客的寂寞；外地的客人问路，可以给他一张地图；看到客人杯子里的茶水没有了，不等客人要求，主动将水续上。这些小小的细节已成为常州餐饮的平常服务，也是管理者的智慧，这一套标准而独特的服务模式，使服务成为常州餐饮的独特标签。

第三，行业自律价平稳。常州餐饮还有一道亮丽的风景，即是同行间的信息沟通与交流。"同行是冤家"对常州餐饮来说早已成为过去，老板之间管理经验的真诚探讨，不同饭店厨师之间的厨艺交流，餐饮企业相互之间的信息沟通，已成为常州餐饮互帮互学的主流风尚。另外，常州餐饮特别注意行业自律，在地方行业组织的带领下，从经营管理者到厨师服务员，都很注重自身学习，关心政治，关心社会，提高自身素质，保持和珍惜企业形象。每个企业经营者都严格遵守行业公约，不搞价格战，不相互挖人才，不相互诋毁，由此筑起了常州餐饮产业的坚强壁垒，有力地震慑了那些靠价格战和不规范的竞争手段而搅乱市场、浑水摸鱼的外来投机餐饮，为餐饮业的健康发展起到了积极的促进作用。[①]

在注重质量的基础上，常州菜口感适应性强，菜肴的性价比高。由于不打价格战，常州餐饮的价位一直比较平稳，所有餐饮企业同类菜品价格惊人地接近，饭店老板们在价格上互相默契，更多地关注如何提升出品质量、服务质量，如何在企业经营管理中导入新思维、新理念。总体感觉在常州的饭店吃饭物有所值，在沪宁线上的价位比较适中，由于不打价格战，让利于民，常州地方的菜肴价格相对于周边城市要平稳、适中得多。越是价格稳定、适中，越是带来大批的人流，也吸引越来越多周边地区的客人，再加上服务到位，菜肴质量过硬，这就为来常州餐厅用餐的客人带来不一样的感觉。外地餐饮企业来学习、考察的也不断地兴旺起来。随着市场的发展，常州餐饮消费逐渐回归理性，城市中的奢侈消费在常州餐饮业中转瞬即逝，消费者的追求回归到农家菜、家常菜，健康膳食、平衡膳食成为食客津津乐道的话题。

常州人以"饮食为人生之至乐"为向往，追求美食，讲究美味，把提高饮食质量视为提高生活质量的基本要素之一。早在 20 年前，常州人就喜欢下馆子，每人每周都会至少一次到饭店吃饭。一般都会叫一帮朋友、亲戚一起下馆子，你来我往，下馆子的频率较高，高于江苏其他地区乃至全国各地。这就是常州人均消费高的原因。常州餐饮另一神奇之处，是孕育了中国两大品牌快餐公司："丽华快餐"和"大娘水饺"。特别是丽华快餐已遍布全国许多大中城市，为常州餐饮快餐早期走出江苏、采用科技发展之路绽放出熠熠光辉。

在书稿即将付梓之际，传来佳讯。2022 年 12 月 7 日，世界中餐业联合会授予常州"江南美食之都"称号。未来餐饮的发展，还需常州广大餐饮人不断努力，守正创新，攻克难关，才能永远走在时代的前列。愿常州餐饮人在推进常州餐饮业高质量发展方面夯实基础，做大品牌，争创佳绩！

图 12-2 水乡情韵

千帆竞渡的餐饮业，多数的餐饮企业如过江之鲫，盲目跟风者居多，而脚踏实地地把控菜品质量者寥寥。许多企业用直接成熟不加调制的半成品原料和现成的不加调配的

---

① 王新华. 常州餐饮业火爆原因探析. 餐饮世界，2005(8)：32.

调味汁，是做不出上乘和高端的菜品的。餐饮企业一方面应重视美食文化品牌的传播，另一方面更要加强品质管控，保证出品质量和服务质量。尽管餐饮业会遇到这样和那样的形势干扰，但我们仍然不可忽视这些基础工作。愿江苏各地餐饮能够共同努力，使江苏在文化大省、经济大省之外，一直保持着"美食大省"的美誉度。

第二节　江苏美食与非物质文化遗产

江苏美食文化渊源深厚，美食类非物质文化遗产极为丰富，并形成了显著的特点，主要表现在三个方面。一是地域特色鲜明。江苏美食类非物质文化遗产整体上具有浓郁的江南韵致和水乡风貌，不同地区又呈现出鲜明的地域性特色。二是传统美食的手工技艺丰富。江苏物产丰饶，经济繁荣，人文发达，苏州有"人间天堂"之美称，扬州历史上曾是繁华的大都市，南京为"十朝都会"商业繁荣，江苏地区经济的富庶促进了手工技艺的发展和兴盛。三是美食风格多样，影响四方。江苏美食文明和独特的技艺形成了自身独特的风格，而清鲜平和的口味特点也吸引了四面八方的客人。江苏美食文化独特的品格，又以其自身的特质和魅力屹立在中华大地上。

一、美食类非物质文化遗产及其价值

美食作为我国重要的文化遗产，已得到社会各界的高度重视。"非物质文化遗产"一词，近几年来更多地进入人们的视野，在电视、广播、网络各种媒体中频频出现，并与人们的生活越来越接近，人们对其认识和了解逐渐增多，国家也有专门机构（文化和旅游部非遗司）对其进行宣传、保护、申报和管理等。

1. 烹饪技艺与非物质文化遗产

烹饪是技艺，是文化，也是遗产。烹饪传统技艺，是我国非物质文化遗产的一个重要类别。非物质文化遗产又称无形遗产，简称"非遗"。2003 年，联合国教科文组织通过了《保护非物质文化遗产公约》（简称《公约》），该《公约》对非物质文化遗产做了明确的界定和定义。我国参照联合国教科文组织的《公约》，由国务院颁布的、代表了中国政府意见的、具有权威性的《国务院办公厅关于加强我国非物质文化遗产保护工作的意见》的附件《国家级非物质文化遗产代表作申报评定暂行办法》（简称《暂行办法》），对非物质文化遗产作了具体的界定："非物质文化遗产是指各族人民世代相承的、与群众生活密切相关的各种传统文化表现形式（如民俗活动、表演艺术、传统知识和技能，以及与之相关的器具、实物、手工制品等）和文化空间"。[①] 2011 年 2 月我国颁布了《中华人民共和

---

① 参见《国务院办公厅关于加强我国非物质文化遗产保护工作的意见》（国办发〔2015〕18 号），国务院办公厅 2005 年 3 月 26 日发布。

国非物质文化遗产法》，对非物质文化遗产的界定和分类，和上述《暂行办法》中的分类方法大致相同。其定义为：各族人民世代相传并视为其文化遗产组成部分的各种传统文化表现形式，以及与传统文化表现形式相关的实物和场所。

国家级名录将非物质文化遗产分为十大门类，分别为：民间文学，传统音乐，传统舞蹈，传统戏剧，曲艺，传统体育、游艺与杂技，传统美术，传统技艺，传统医药，民俗。

中国烹饪技艺是非物质文化遗产认定中的重要部分，它归类于"传统技艺"类。2006年5月20日国务院发出通知，批准文化部确定并公布《第一批国家级非物质文化遗产名录》，并先后于2008年、2011年、2014年、2021年分别确定公布了第二批、第三批、第四批、第五批名录。为了对传承于不同区域或不同社区、不同群体持有的同一项非物质文化遗产项目进行确认和保护，从第二批国家级项目名录开始，设立了扩展项目名录。扩展项目与此前已列入国家级非物质文化遗产名录的同名项目共用一个项目编号，但项目特征、传承状况存在差异，保护单位也不同。

江苏的非物质文化遗产是中华民族非物质文化遗产的有机组成部分，是江苏先民的杰出创造，是中华文明的伟大结晶和全人类的共同财富。江苏美食的非物质文化遗产中，含有丰富的精神信息、历史信息、科学信息、文化信息，具有很高的精神价值、历史价值、科学价值、文化价值、审美价值、教育价值、实用价值、经济价值等多种价值。

2. 非物质文化遗产与饮食文脉

非物质文化遗产的传承保护和发展利用，有助于促进文化繁荣、保持人类文化的多样性，有助于增强民族凝聚力和国际软实力，有助于丰富群众精神生活、促进文化资源的利用、发展文化产业。近10多年来，我国对非物质文化遗产传承和保护工作十分重视，研究的机构和人员也不断增多。根据2005年国务院下发的《国务院关于加强文化遗产保护的通知》中对非物质文化遗产的定义，可以将其归纳出这些关键点：①主要以非物质形态存在；②与群众生活密切相关；③世代相传；④活态流变；⑤传统文化烙印较深；⑥地域色彩鲜明。中国传统烹饪技艺都符合这些关键要点。

人类非物质文化遗产保护本质上就是保存具有永恒人类价值的族群记忆。从舌尖上的味道到指尖上的技艺，每一项烹饪传统技艺传承的背后都包含着先人的智慧与情感，蕴藏着我们的文化基因与精神信仰。江苏美食类非物质文化遗产，不仅是人类共同的文化瑰宝，还是人类文明的"活态"延续。保护好、传承好、利用好灿烂的非遗文化，对于延续历史文脉、坚定文化自信、推动文明交流互鉴、建设社会主义文化强国具有重要意义。

从前五批申报的以饮食为主题的非物质文化遗产类型来看，各地申报的内容花样众多，申报单位大多缺乏认知的研究和规范的整理，许多申报项目只是为了装点门面、扩大影响，或者是满足地方职能部门的政绩需要。这种"重申报、轻研究、少保护"的行为，是各省市区的一个普遍现象。导致这种现象产生的根源，主要是大家对《保护非物质文化遗产公约》缺少严肃认真的学习态度，在一知半解中蠢蠢欲动，在以讹传讹中快速上位，更有甚者在几十年的"中国烹饪热"的狂躁与浮躁中，催动了"积极向上"的热情。

在饮食类非物质文化遗产的认识上，我们确实走过一些弯路，大家的认识和研究还不足，没有深刻理解其中之要义。国内的一些烹饪协会和餐饮协会一贯主张将中国八大菜系中的名菜名点、名厨刀工技艺认定为饮食文化遗产代表作。这些是误读国际上饮食文化遗产的定义，过于偏重烹饪技艺的思路，偏离了非遗申报的方向，是很难引导国内各地科学地开展饮食文化遗产的传承保护工作的。饮食类非物质文化遗产不应是这种高、大、上的刀工技法、名厨绝技，也不是某个特色菜品、烹饪技术，它不仅仅属于烹饪队伍的群体，而应该是围绕着饮食的各种文化实践，必须要包含享受饮食的群体，即全民共享性，是属于民众日常生活的内容。这种技艺首先应该回归日常生活，然后才能走向全国、走向世界。技艺类非物质文化遗产也可以这样理解：它是与人们日常生活密切相关的、具有传统特性的文化。非遗的本质不在"技艺"本身，而在于民众群体文脉的传承。

在中国烹饪的制作与研究中，烹饪与文化遗产的问题也越来越得到人们的重视和关注。烹饪生产制作属于手工技艺范畴，而个性十足的手工技艺如果失去了它的技艺传承链条，就会失传，特别是那些带有许多制作特色和秘诀的菜点产品。

自古以来的中国烹饪技艺，有的已经失传了，有的被保留了下来，有的虽保留了但产品的特色已走了样。在国务院已经公布的国家级非物质文化遗产名录中，2008 年发布的第二批共 510 项，[①] 其中饮食烹饪方面有 30 项，菜肴面点方面占其中的 14 项。从各省区来看，入选省一级的非遗项目就更加丰富了。加强对烹饪非物质文化遗产传承人的保护至关重要，否则就会出现"人在艺在，人亡艺绝"的现象。在这方面，江苏地区进行了许多有益的探索，如遴选烹饪制作技艺传承人；成立"非物质文化遗产传习所"，给传承人授牌、带徒、传习，使传统技艺得以延续。

二、江苏美食：国家级非物质文化遗产名录

在国家级非物质文化遗产名录的介绍中，一开始就醒目地说明：建立非物质文化遗产代表性项目名录，对保护对象予以确认，以便集中有限资源，对体现中华民族优秀传统文化，具有历史、文学、艺术、科学价值的非物质文化遗产项目进行重点保护，是非物质文化遗产保护的重要基础性工作之一。联合国教科文组织《保护非物质文化遗产公约》要求"各缔约国应根据自己的国情"拟订非物质文化遗产清单。建立国家级非物质文化遗产名录，是我国履行《公约》缔约国义务的必要举措。《中华人民共和国非物质文

---

① 参见《国务院关于公布第二批国家级非物质文化遗产名录和第一批国家级非物质文化遗产扩展项目的通知》，国发〔2008〕19 号，2008-02-23.

化遗产法》明确规定："国家对非物质文化遗产采取认定、记录、建档等措施予以保存，对体现中华民族优秀传统文化，具有历史、文学、艺术、科学价值的非物质文化遗产采取传承、传播等措施予以保护。""国务院建立国家级非物质文化遗产代表性项目名录，将体现中华民族优秀传统文化，具有重大历史、文学、艺术、科学价值的非物质文化遗产项目列入名录予以保护。"[①]

饮食类项目归类在"传统技艺"大类中。目前，江苏饮食类（与烹饪技艺相关）的国家级非物质文化遗产名录主要是三项，其中"扬州富春茶点制作技艺"和"南京绿柳居素食烹制技艺"是传统技艺类，而"徐州伏羊食俗"归属于"民俗"大类。

1. 扬州富春茶点制作技艺

第二批国家级非物质文化遗产名录项目；项目序号：944；编号：Ⅷ-161。

扬州富春茶社位于扬州老城区得胜桥，于光绪十一年（1885 年）由扬州人陈霭亭创建。最初创设的是"花局"，后其子陈步云在"花局"的基础上改建茶社，至今已经历137 年，虽几经周折，但始终以"花、茶、点、菜"四绝而享有盛名。

富春茶社前身为富春花局，以四时花卉供人观赏而知名。1912 年改建为茶社，文人墨客来此赏花品茗，因而知名于世。时至 1937 年，供应的茶点已有 20 多个品种，随着四季的转换，供应的茶点各有不同，春有翡翠烧卖，夏有糖藕，秋有蟹黄汤包，冬有煨面。1937 年至新中国成立前，战乱频仍，民不聊生，茶社生意清淡，濒临倒闭。新中国成立后，在政府的关怀扶持下，茶社获得新生，特别是 1978 年十一届三中全会后，在改革开放的方针指引下，这座百年老店才开始走上健康发展的道路。

自 1983 年后，富春茶社一直是扬州市效益最好、声誉最佳的饮食店。1994 年至1998 年，富春茶社先后注册了富春品牌系列商标。1990 年，富春三丁包、翡翠烧卖获商业部"金鼎奖"；1997 年，中国烹饪协会评定富春三丁包、千层油糕、翡翠烧卖为"中华名小吃"。富春茶社 2001 年 12 月被中国烹饪协会评为"中华餐饮名店"；2006 年12 月被商务部认定为第一批"中华老字号"。

富春茶社从改善企业经营机制入手，红案和白案组都建立了以名师为首的质量小组，严格把好原料、加工、外形、风味和色泽这五关，代表的点心品种有翡翠烧卖、千层油糕、三丁包子、五丁包子、双麻酥饼、蟹黄包子、荠菜包子、雪笋包子、野鸭菜包、黑芝麻包子、糖藕、火腿粽子、双麻烧饼、萝卜丝酥饼、春卷、蛋糕、开花馒头、蒸饺、油饺以及鸡丝面、各式煨面、炒面等；创新品种有玉果粉点、月宫玉兔、三鲜雪梨、沙仁锅饼、脆皮包、素什锦包、明虾杯等。富春茶社先后出版了《维扬风味面点五百种》《中国淮扬菜·淮扬面点小吃》等著作。

富春茶社的传统特色载誉海内外，其良好服务和厨师的高超技艺，吸引了一批又一

---

① 参见：中国非物质文化遗产网：http://www.ihchina.cn/project.html

批海内外游客。富春茶社的维扬细点，色味俱佳、闲静雅适的特色，被公认为淮扬菜点的正宗代表。文化名人巴金、朱自清、冰心、林散之、吴作人、梅兰芳、赵丹等都留下墨宝和赞誉。1985 年以来，富春茶社多次荣获部、省、市表彰，多次被授予省、市级"文明单位"。

国家级非物质文化遗产富春茶点制作技艺国家级传承人徐永珍，女，1944 年生，江苏扬州人，中式面点高级技师，第七届全国人大代表，元老级中国烹饪大师，淮扬菜烹饪大师，中国烹饪协会原副会长，扬州富春茶社原总经理，曾获江苏省优秀女企业家、全国技术能手、全国"三八"红旗手、全国劳动模范等称号。[①] 1984 年，江苏省首届美食杯烹饪大赛在南京举行，徐永珍大师通过其扎实的技艺与独特的创新，凭借"玉果粉点""双麻酥饼""野鸭菜包"等面点制作技压群芳，一举夺得"最佳点心师"的桂冠，成为江苏省第一位"点心女状元"。在 1983 年、1988 年和 1993 年的全国第一、第二、第三届烹饪大赛中，徐永珍共获得 3 枚奖牌，同时带领团队夺得了团体赛金牌。富春茶点制作技艺第二代传承人是尤红霞、张春兰；第三代传承人是叶千金、张福香；第四代传承人是吴玉芷。

2. 南京绿柳居素食烹制技艺

第五批国家级非物质文化遗产名录项目；项目序号：947；编号：Ⅷ-164。

南京地区的素食传统与当地的历史文化有密切联系。早在南北朝时期，建都建康（今南京）的南朝梁武帝，由于信奉佛教，大量佛寺集中于都城，而佛教提倡食素，寺庙饮食皆为斋饭。帝王在宫廷中大力推行素食，专设素局，从而带动了南京素食业的发展和兴盛。当地流传着"南京人不识宝，一口白饭一口草"的俗语，"草"指蔬菜一类，是人们喜爱素食的真实反映。发展至清代，江南一带的素食已逐渐形成行业。

南京绿柳居素菜馆始创于清末，位于秦淮河畔桃叶渡附近（今南京市秦淮区夫子庙桃叶渡一带），以经营素食菜肴为特色。生于清同治年间的南京人陈炳钰，于清光绪年间曾在清宫"素局"专职从事宫廷素食烹制，后返乡进入绿柳居继续从事素食烹制，将宫廷素食的烹制技艺和菜谱带到了绿柳居，使南京的素食烹制进入了新的发展。民国时期南京为首都，百业兴盛、名流聚集，再次推动了当地素食业的繁荣。期间当地厨师糅合了寺庙素食、宫廷素食与民间素食的技艺，带到绿柳居，融会贯通，丰富了绿柳居烹制技艺，并逐渐自成体系，以南派素食的形象吸引当时众多名人政要前来尝新换味。1960 年初，绿柳居素菜馆按政府要求，移至秦淮区太平南路以扩大素食影响力，陈炳钰受邀任顾问，其高徒王寿岭、魏彩龙、陈德银等名厨汇集到绿柳居。

绿柳居素菜馆取用新鲜应季的蔬菜、菌类、豆制品等为原料，讲究节令、品质、新

---

① 参见：https://www.sogou.com/品读扬州-weixin.qq.com-2019-12-19.

鲜，善用菊花脑、枸杞头、木榉头、坚果等本地特产，根据菜肴品种和季节选择不同原材料，这是绿柳居素食制品质量的重要物质保障。南京的江心洲、八卦洲之渚与沙洲圩自古就以蔬菜种植为主，盛产芦蒿、菊花脑等四季应时、新鲜绿色的特色蔬菜，为素食烹制提供了得天独厚的自然条件和高品质的原材料。民国年间，戴季陶、孔祥熙、蒋经国、白崇禧、宋氏姐妹都是绿柳居的常客；近现代，赵朴初、梅葆玖等多次光临惠顾，著名画家齐白石、陈大羽，著名书法家林散之、萧娴等人，在品尝后称赞不已，挥毫泼墨。

绿柳居素食烹制技艺工艺精细，造型逼真，注重变化，通过包、叠、搓、揿、卷等手工技法，用炸、熘、爆、炒、蒸、炝等烹饪方法制成各种美味素食佳肴，具有原汁原味、鲜、嫩、脆、香等特点；特色制法吊汤提鲜，可用全素原料吊出红白两种鲜汤；代表品种什锦素菜、素菜包子每天销售量一千多份；还善于运用以素托荤的手工技艺，制成素刀鱼、素牛肉、八宝鸭等象形菜、造型菜，做到"荤有素就有"，形状及口味都与荤菜相似，可以假乱真。其他代表的素食品种，冷菜有素火腿、素鸭肫、素烤鸭、四喜烤麸、卤香菇；炒素类有炒蟹粉、炒蟹糊、滑炒鱼片、爆炒腰花、凤尾虾、宫保鸡丁、苦瓜百合；宴席类菜有桂花肉、咕咾肉、糖醋黄鱼、脆鳝鱼、植物四宝、多色虾仁、明月鸽蛋、银牙素翅、猴头海参、罗汉观斋等。绿柳居菜馆先后荣获"中华老字号""中华餐饮名店""中国商业服务名牌"等称号，绿柳居素菜包荣获商业部"金鼎奖""中国名点"金奖，以及"中华名小吃"和"国际名小吃"等称号。

绿柳居第一代传承人陈炳钰，1873年生于南京，曾在清宫担任御厨，后投身绿柳居，将宫廷素食技艺传到民间，为素食烹制技艺（绿柳居素食烹制技艺）的形成发展奠定了重要基础。第二代传承人魏彩龙，1912年生，陈炳钰徒弟，曾在南京本帮菜的餐馆工作，将京苏大菜烹饪技艺带到绿柳居，使传统的素食烹制技艺得到发展。第三代传承人陈德银，1923年生于南京，魏彩龙徒弟，曾在寺庙中从事素食菜肴的烹制，将寺庙素食烹制技艺带到绿柳居。第四代传承人张志军，陈德银徒弟，培养学生90余人。他在保持绿柳居烹制特色的基础上，对传统技艺进行改良，使该技艺更加便捷、科学，扩大了该技艺的知名度和影响力。第五代传承人包永祥，张志军徒弟，在继承传统烹制技艺的基础上研发了一批创新菜式，使绿柳居的素食更时尚、更受大众欢迎。

目前，绿柳居素食烹制技艺，完整地保持着传统的制作工序，主要由绿柳居的厨师集体传承。此外，绿柳居成立了素食制作技术研究院，开办素食技艺培训班，已形成传承梯队，这是该技艺不断延续的群体基础。

3. 徐州伏羊节

第五批国家级非物质文化遗产名录项目；项目序号：1553；编号：X-179。

徐州伏羊节归类于民俗类，它是徐州地方的传统美食节日，此风俗流传至今。于每年传统农历初伏之日开始，至末伏结束，持续一个月。"伏天吃伏羊"历史悠久，最早可追溯到上古尧舜时期。在伏天吃羊肉对身体是以热制热，排汗排毒，将冬春之毒、湿气驱除，是以食为疗的创举。

据考，早在帝尧之时，篯铿以"雉"代"羊"烹羹而献帝尧，尧由于常食此羹而"受寿永多"，于是封"铿"于彭，是名彭铿。彭祖之母是生长于大漠的族人，具有食羊的饮食习惯，彭祖因此还创制了"羊方藏鱼"的食用技艺。徐州汉画像石中有食羊的反映，见证了当时徐州地区食羊风俗的形成。徐州伏羊节的背后是博大精深的彭祖养生文化。夏季湿热，人们贪凉，食欲减退，容易造成体内积热，如果吃上一碗美味的羊肉，喝上一碗香醇的羊肉汤，不仅可以增强食欲，同时也能促进排汗，驱散体内湿毒，调理阳虚体质。徐州民谚："伏天一碗羊肉汤，不用大夫开药方"。"伏羊节"食羊，兼具品尝美食和食疗保健的作用。

徐州伏羊节文化还融汇了浓厚的帝王文化情结。自古徐州就为华夏九州之一，有超过6 000年的文明史和2 600年的建城史，是著名的帝王之乡，有"九朝帝王徐州籍"之说。徐州是两汉文化的发源地，有"彭祖故国、刘邦故里、项羽故都"之称。《汉书》载：皇帝"伏日，诏赐从官肉"，当时的"官肉"即为三牲之首的羊肉，而明确指明"伏日"，皇帝与从臣们共享"伏羊"已是确信无疑了。①

徐州汉画像石中的《庖厨图》非常生动地描绘了大户人家紧张做饭的情景，被史学家们视为徐州的民俗画卷。食物中有两条羊腿，有烧烤的羊肉串，说明汉代起徐州人对羊肉就情有独钟。因此徐州伏羊节民俗中蕴含着深厚的两汉文化。

徐州东临淮海，西接中原，南拥江淮，北扼齐鲁，有"五省通衢"的美誉。从每年夏季的入伏开始，以徐州为中心的苏、鲁、豫、皖接壤地区就有夏季吃"伏羊"的民俗传统。2002年，在徐州市人民政府推动和商业、餐饮部门参与下，举办了徐州第一届"伏羊美食文化节"。首届伏羊节，全市有100余家饭店参与，民俗学会作为主办单位，各大新闻媒体报道节庆盛况。2009年经中国烹饪协会实地考察，徐州市被认定为"中国伏羊美食之都"，并在7月14日举行的2009中国（徐州）彭祖伏羊节开幕式上举行了授牌仪式。

2002年以后，每年的入伏伏羊节就成了徐州人的民俗节日，它是徐州仅次于春节的重大节日。"伏羊节"不仅是徐州市民的一项民俗节日，也成为周边地区人民喜闻乐见的习尚。徐州人的"伏羊节"，既是区域文化对民族文化的升华与凝聚，也是特色文化对传统文化的传承与弘扬。

每年的节庆活动精彩而纷呈。徐州900万人对伏羊节表现出特别的热情与关注，每年入伏第一天，彭祖伏羊节都会如期举行，彭城大街小巷呈现"万人吃伏羊"的壮观场景，至2021年共举办了18届伏羊节。在过往的伏羊节中，各种节庆活动缤纷多彩，每

---

① 陈家振，刘会敏. 徐州"伏羊节"的前世今生. 第十五（2018）届中国羊业发展大会论文集，2018.

届各有不同，举行过的庆典活动主要有：(1)祭祀彭祖大典，怀念彭祖对我国羊肉饮食文化发展做出的贡献。(2)"彭祖"圣火传递。采集"伏羊美食节"圣火火种，在徐州各个市区和江苏主要城市进行传递，宣传伏羊美食文化。(3)伏羊节吉祥物评选。如2006年中选的卡通吉祥物是一只肥羊在大汗淋漓地扇扇子，它憨态可掬，惟妙惟肖地表达出伏天吃伏羊的神态，彭祖伏羊节组委会将其命名为"福羊"。(4)网络伏羊节。2020年首次推出，联合电商平台，开发"伏羊大优惠"微信小程序优惠福利活动，助推商贸市场；2021年开展线上"一带一路国家嘉宾伏羊节美食体验""海外华侨联谊活动""伏羊大优惠联购活动""伏羊美食公益行"等精彩活动。(5)伏羊美食展销。各企业展现各式羊肉菜品，如伏羊美食烧烤、浓香的羊肉汤展销等。(6)伏羊特色菜、主题宴评定。主会场和分会场每年都分别举办羊肉美食、美宴评选活动并对社会公开，宣传徐州范围内的羊肉美食美宴佳肴。(7)开展伏羊论坛和彭祖养生文化座谈。举办羊美食文化论坛，邀请专家、学者探讨徐州羊产业发展经验和前景等。其他还有"羊卡通服装群羊游""美好伏羊摄影"、文艺演出和徐州地方特色民俗展演活动等。多项异彩纷呈的节目陪伴着香气扑鼻的羊肉美食。

从第三届伏羊节起，就吸纳了南京、郑州、邯郸等近10个城市的同行参加伏羊节活动。至此，"伏天吃伏羊"的风俗从淮海地区向全国蔓延，上海、山东、安徽、江苏、辽宁、湖北、浙江等省市均在入伏期间举办伏羊节。

江苏省国家级非物质文化遗产名录项目除了上面这几类美食外，还有著名的调味品和酒、茶类，具体项目是：第一批的镇江恒顺香醋酿造技艺(镇江市)，第二批的丹阳封缸酒传统酿造技艺(丹阳市)、金坛封缸酒传统酿造技艺(常州市金坛区)，第三批的苏州洞庭山碧螺春绿茶制作技艺(苏州市)，第四批的淮盐制作技艺(连云港市)，第五批的洋河酒酿造技艺(宿迁市)、雨花茶制作技艺(南京市)。

三、江苏省美食类非物质文化遗产名录

江苏省非物质文化遗产名录，是经江苏省人民政府批准，由江苏省文化和旅游厅确定并公布的非物质文化遗产名录。江苏是中国古代文明发祥地之一。为使江苏省的非物质文化遗产保护工作规范化，省文化和旅游厅发布《江苏省非物质文化遗产保护条例》，条例分总则、非物质文化遗产的调查、非物质文化遗产代表性项目名录、非物质文化遗产代表性项目的保护单位和代表性传承人、非物质文化遗产的传承与传播、保障措施、法律责任、附则8章59条，自2013年4月1日起施行。

江苏省人民政府先后批准命名了四批省级非物质文化遗产名录：2007年3月24日第一批江苏省非物质文化遗产名录(共计123项)，2009年6月20日第二批江苏省非物质文化遗产名录(共计112项)，2011年6月20日第三批江苏省非物质文化遗产名录(共计63项)，2015年1月江苏省文化厅公示第四批江苏省非物质文化遗产名录(共计245项)。根据四批次的省级非物质文化遗产名录项目，归纳如下。

表 12-1　江苏省饮食类非物质文化遗产名录

序号	项目名称	申报地区	批次
1	南京板鸭、盐水鸭制作技艺	南京市江宁区	第一
2	三凤桥酱排骨烹制技艺	无锡市	第一
3	黄天源苏式糕团制作技艺	苏州市	第二
4	稻香村苏式月饼制作技艺	苏州市	第二
5	叶受和苏式糕点制作技艺	苏州市	第二
6	西亭脆饼制作技艺	南通市通州区	第二
7	黄桥烧饼制作技艺	泰兴市	第二
8	常州梨膏糖制作技艺	常州市	第二
9	采芝斋苏式糖果制作技艺	苏州市	第二
10	宝应捶藕和鹅毛雪片制作技艺	宝应县	第二
11	如皋董糖制作技艺、秦邮董糖制作技艺	如皋市、高邮市	第二
12	马祥兴清真菜烹制技艺	南京市鼓楼区	第二
13	陆稿荐苏式卤菜制作技艺	苏州市	第二
14	苏式卤汁豆腐干制作技艺	苏州市	第二
15	界首茶干制作技艺	高邮市	第二
16	横山桥百叶制作技艺	常州市武进区	第二
17	三和四美酱菜制作技艺	扬州市	第二
18	常州萝卜干腌制技艺	常州市钟楼区	第二
19	淮安茶馓制作技艺	淮安市	第二
20	靖江肉铺制作技艺	靖江市	第二
21	常熟叫花鸡制作技艺	常熟市	第二
22	沛县鼋汁狗肉烹制技艺	沛县	第二
23	镇江肴肉制作技艺	镇江市	第二
24	刘长兴面点制作技艺	南京市	第二
25	昆山奥灶面制作技艺	昆山市	第二
26	镇江锅盖面制作技艺	镇江市	第二
27	楚州文楼汤包制作技艺	淮安市楚州区(现淮安区)	第二
28	靖江蟹黄汤包制作技艺	靖江市	第二

续表

序号	项目名称	申报地区	批次
29	扬州炒饭制作技艺	扬州市	第二
30	平桥豆腐制作技艺	淮安市楚州区	第二
31	太仓糟油制作技艺	太仓市	第三
32	太仓肉松制作技艺	太仓市	第三
33	钦工肉圆制作技艺	淮安市楚州区	第三
34	石港腐乳酿制技艺	南通市通州区	第三
35	合成昌醉螺制作技艺	盐城市亭湖区	第三
36	木渎石家鲃肺汤制作技艺	苏州市吴中区	第三
37	徐州饣它汤工艺	徐州市	第三
38	秦淮(夫子庙)传统风味小吃制作技艺	南京市秦淮区	第三
39	乾生元枣泥麻饼制作技艺	苏州市吴中区	第三扩展
40	常州麻糕制作技艺	常州市武进区	第三扩展
41	常州芝麻糖制作技艺	常州市钟楼区	第三扩展
42	白蒲茶干制作技艺	如皋市	第三扩展
43	淮安全鳝席烹制技艺	淮安市	第四
44	太湖船菜	无锡市	第四
45	太湖船点	无锡市梁溪区	第四
46	清水油面筋	无锡市新吴区	第四
47	何首乌粉制作技艺	滨海县	第四
48	高邮咸鸭蛋制作技艺	高邮市	第四
49	藏书羊肉制作技艺	苏州市吴中区	第四
50	码头汤羊肉烹制技艺	淮安市淮阴区	第四
51	永和园面点制作技艺	南京市秦淮区	第四
52	安乐园清真小吃制作技艺	南京市秦淮区	第四
53	王兴记小吃	无锡市梁溪区	第四
54	共和春小吃制作技艺	扬州市广陵区	第四
55	阜宁大糕制作技艺	盐城市阜宁县	第四扩展
56	惠山油酥制作技艺	无锡市梁溪区	第四扩展

续表

序 号	项 目 名 称	申报地区	批 次
57	鸡鸣寺素食制作技艺	南京市玄武区	第四扩展
58	甪直萝卜制作技艺	苏州市吴中区	第四扩展
59	东台鱼汤面制作技艺	东台市	第四扩展
60	南京板鸭、盐水鸭制作技艺	南京市	第四扩展

　　除上面这些美食品种之外，还有一些地方菜制作技艺，具体有：第三批的苏州织造官府菜制作技艺(苏州市平江区)、第四批的锡帮菜烹制技艺(无锡市)、苏帮菜烹制技艺(苏州市)、淮帮菜烹制技艺(淮安市)、京苏大菜烹制技艺(南京市鼓楼区)。在"传统技艺"中还有一大批酒类、茶类和少量的调味品，酒类如汤沟酒、双沟酒、高沟酒、铜罗黄酒、后塍黄酒、海门颐生酒、王四桂花酒、玉祁双套酒、东台陈皮酒、樱桃酒、糯米陈酒、黑杜酒、泰州白酒、丰县泥池酒、沛县酒、窑湾绿豆烧酿制技艺等；其他如连云港云雾茶、盐城海盐晒盐技艺、汪恕有滴醋、恒升香醋、浦楼白汤酱油、华士冰油等，这些就不一一列举说明。另外在民俗方面还有一些食俗，如扬州"三把刀"、扬中河豚食俗、沛县汉宴十大碗食俗。

　　江苏美食类非物质文化遗产名录主要体现了以下特点：

　　第一，浓郁的地域特色。江苏的非物质文化遗产是在江苏这一特定的地域内形成的。江苏东临大海，地平山少，平原辽阔，水网稠密，湖荡众多。江苏的现代工商业兴起较早，饮食业也较为发达，在烹饪技艺上讲究精工细作，精益求精。在原料上，南京的板鸭、盐水鸭取自江宁湖熟镇的麻鸭；宝应捶藕来源于千百年来当地土特产原料——藕；白蒲茶干、横山桥百叶、合成昌醉螺等都是本地域的食材。在技艺上，如扬州的富春茶点，包子的馅心变化多端，干丝的刀工精细整齐；南京绿柳居的素食，以素托荤，变化万千，形状酷似；苏州糕团的松糕、拉糕、各式汤团丰富多变；淮安文楼汤包、靖江蟹黄汤包、秦淮(夫子庙)传统小吃等都带有鲜明的地方特色，体现江苏"鱼米之乡"的原料特色、口味特色、精工特色。

　　第二，厚重的文化资源。江苏有悠久的文明史，在烹饪技艺上一代代文化传承、接续不断，许多项目具有千百年的历史。如徐州饣它汤与彭祖文化有关，有天下第一羹之誉，开创了羹汤之先河；沛县鼋汁狗肉，来源于秦汉时期的地方制作，一直传承不衰；宝应捶藕在明代就成为御膳，鹅毛雪片是宝应藕粉的专称，在清代一直为皇室贡品；惠山油酥饼产生于明代，还有一段历史佳话，因其香甜酥松的风味名传四方；如皋董糖来源于明末清初董小宛的制作技艺；钦工肉圆为康熙年间朝廷钦差大臣驻钦工镇督工治水时所创并成为贡品；苏州枣泥麻饼已有二百多年历史，历来是苏州人作为馈赠亲友的礼品；南京马祥兴清真菜馆创建于1845年，在民国时期就赫赫有名，得到了许多知名人士的拥护和光顾。太湖船菜、黄桥烧饼等都有较深厚的文化底蕴和历史厚重感，每个美食都有一段难忘而可歌的记忆。

第三，深远的传布影响。江苏美食文化在长江、运河文明的千年流淌中，融合南北技艺，突出鱼米之乡优势和商业繁华的氛围，再加上十朝都会与美食天堂的地域特点，使得江苏美食技艺精湛、品种繁多，并且流布广泛。60 多种江苏非遗美食，都是经历了千年、百年的传承。虽是一些地域性很强的美食名品，却在国内和海外影响甚远，有的是名声远播，被外地人所青睐；也有的美食远销海外，走进东南亚及欧美的华人杂货店和食品超市，像南京板鸭、扬州包子、无锡三凤桥排骨、三和四美酱菜、太仓糟油、镇江香醋等，被海外各国人民所喜爱。特别是在旅游发达的今天，各地游客入乡随俗，专程探访非遗美食，以一饱口福而大快朵颐。在非遗美食传授的明档厨房，许多消费者在用餐的同时既可以一睹技艺高超的烹调师烹制美食的全过程，还可得到非遗特色美食味觉的快感。江苏省级非遗美食已成为各地区域家喻户晓的日常必备食品，且根深叶茂，时代流传。许多项目已经承载了一代又一代人的美食梦想。

第三节　江苏美食文化的创新发展

江苏的美食产品琳琅满目，但能够被广大顾客所熟悉的产品才是人们心目中的品牌产品。美食文化的传承与创新，要求开发的菜品能够被顾客所接受、所推崇，并被客人普遍认同，如苏州松鹤楼的"松鼠鳜鱼"，扬州富春茶社的"三丁包子"，南京绿柳居的"素菜包子"，镇江宴春酒楼的"水晶肴肉"，无锡三凤桥的"酱汁排骨"等，这些招牌菜因销路好，最受客人欢迎，已成为一个城市的招牌和名片。美食的创新发展，就是要研制新品菜、打造招牌菜，这样才会得到广大消费者的喜爱。如南京市招牌食品"盐水鸭"，许多饭店都有制作，不少饭店的制作特色分明，不亚于已有的品牌，在餐饮行业已形成一定的口碑，同样得到广大消费者的欢迎。

一、保持地方传统特色与开发创新

1. 江苏美食制作的创新与智慧

中华民族有五千年的饮食文明史。江苏饮食发展至今是江苏各地烹调师不断继承与开拓的结果。几千年来随着历代社会、政治、经济和文化的发展，江苏饮食也日益发展，烹饪技术水平不断提高，创造了众多的烹饪菜点，而且形成了风味特色鲜明、菜品适应四方的独特风格，已成为我国一份宝贵的文化遗产。

江苏美食的悠久历史文化，是江苏广大劳动人民共同创造的结晶。江苏各地方的许多烹饪经验，历代古籍中大量饮食烹饪方面的著述，有待我们今天去发掘、整理，取其精华，运用现代科学加以总结提高，把那些有特色、有价值的民族烹饪精华继承下来，使之被更好地发展和利用。社会生活是不断向前发展的，与社会生活关系密切的烹饪，也是随着社会的发展而发展的。这种发展是在继承基础上的发展，而不是随心所欲地创造。纵观江苏烹饪的历史，我们可以清楚地看到，烹饪新成就都是在继承前代烹饪优良传统的基础上产生的。

春秋时期，易牙在江苏传艺，创制了"鱼腹藏羊肉"，创下了"鲜"字之本，此菜几千年来一直在江苏各地流传。经过历代厨师制作与改进，至清代，在《调鼎集》中载其制法为："荷包鱼，大鲫鱼或鲩鱼，去鳞将骨挖去，填冬笋、火腿、鸡丝或蚌螯、蟹肉，每盘盛两尾，用线扎好，油炸，再加入作料红烧。"后来民间将炸改为煎，腹内装上生肉蓉，更为方便、合理。现江苏各地制作此菜方法相似，但名称有异，如"荷包鲫鱼""怀胎鲫鱼""鲫鱼斩肉"。江苏徐州厨师依古法烹之，流传至今的是"羊方藏鱼"。我国各地风味菜点的制作，无一不是历代的劳动人民在继承中不断充实、完善、更新，才有今天的特色和丰富的品种。

江苏地区常年时蔬不断，鱼虾现捕现食，各种鱼类以及著名的芦蒿、菊花脑、马兰头、草头、泰兴白果等，为江苏的乡土风味菜奠定了物质基础。厨师们开发的菜品有芦蒿饼、芦蒿狮子头、菊叶鱼圆、菊叶饼、草头包子、马兰菜松、白果栗糕等。就连云港对虾而言，可带壳烹调，亦可去壳取肉炮制，可炒、可扒、可焗、可炸、可煎等，均可开发新菜。就河虾"炒制"而言，人们从"炒虾仁"入手，创制出炒虾球、炒虾片、炒虾花、炒凤尾虾；由虾仁入手，加工制作成虾蓉、虾线、虾面、虾面片、虾条，这些都是通过开拓创新而来的成果。虾线、虾面是在虾球、虾圆的基础上通过精心设计而得到的富有创见的品种。

创新只有源于传统且高于传统，才有无限的生命力。只有弥补过去的不足，使之不断地完善，才能永葆特色。在江苏等地，我们也看到许多人在改良传统风味时，把传统正宗的精华都改得消失殆尽，剩下的都是花架子，显然是得不到顾客认可的。这不是发展，而是倒退；不是创新，而是随心所欲地乱折腾，是毁誉。菜点的创新应根据时代发展的需要、根据人的饮食变化需要，而不断充实和扩大本风味特色。

需要说明的是，开发创新不是脱离传统，也不等于照抄照搬、把其他流派的菜肴拿来就算作自己的菜。我们可以借鉴学习，学会"拿来"改良，但一只菜的主要特点仍要体现江苏本地风味传统，只能是菜品局部调整使之合理变化，这种改良创新应该是值得提倡的。

2. 发扬地方特色与开拓新产品

继承和发扬传统风味特色是饮食业兴旺发达的传家宝。如今，江苏许多城市的饭店在开发传统风味、重视经营特色方面取得了可喜的成绩，并力求适应当前消费者的需要，因而营业兴旺，生意红火。

继承传统、发扬传统，就是要立足中华餐饮传统文化的优势，充分吸收前人的烹饪技艺和经验，让传统的烹饪技艺、名菜名点的特色尽情显现。但这不是简单的复制，那些一成不变地将什么帝王宴、接驾宴之类的糟粕照搬过来，眼睛只盯着燕窝、鱼翅一类的珍稀、野味，是违背时代精神的，是背离社会发展的，是反人类文明的。中国美食的基本核心是追求与环境的友好和共存，天地人合一精神。在继承中需要一批技艺精湛的厨师队伍，既爱岗敬业，又善于博采众长，认真钻研厨艺，努力创新，敢于挖掘传统的精华，更好地服务社会、服务人民生活。

彰显传统、捍卫传统，自古以来就不排斥创新，历代的烹饪发展就是最好的说明。社会发展在不断地给我们提供创新的方向和途径，继承、创新、稳定、发展，使我们的传统不断裂，使我们的发展不离轨，在传统特色的基础上，在时代的更进中，不断地发扬光大。各地方在设计创制新菜品时，激励人们常吃常新的消费需求，坚持地方风格特色，与时俱进，在变化中求生存，在创新中求发展，这是地方菜发展的重要原则。

谈论继承传统特色，也要敢于纠正那些不合现代时宜的老一套做法，以适应新时代的需要。20 世纪 70 年代，人们提倡"油多不坏菜"，如今已过时了，已不符合现代人的饮食与健康的需求。江苏传统的"千层油糕""蜂糖糕""玫瑰拉糕"等需要加入一定量的糖渍猪板油丁，随着人们生活的变化，其量都必须适当地减少，甚至不用动物油丁。清代宫廷名点"窝窝头"也被江苏的烹调师改良制作进入人们的宴会桌面，但已不局限于原来的玉米粉加水了，而增加了米粉、蜂蜜和牛奶，其质地、口感都发生了新的变化。江苏传统的"糖醋鱼"，本是以香醋、白糖烹调而成，随着西式调料番茄酱的运用，几乎都将香醋、白糖改以番茄酱、白糖、白醋了，从而使色彩更加红艳。与此相仿，"松鼠鳜鱼""菊花鱼""瓦块鱼"等一大批甜酸味型的菜肴也相继作了改良。

返朴也时尚，时尚必多变。就菜品的继承而言，需要做强特色产品、打造传统品牌菜品，做出能适应现代人尤其是大众饮食需要的菜品。菜品的设计由简到繁，再由繁到简，人们学会了变化，从乡土菜制作的灵感，发展到地方菜、官府菜。今天，吃野菜、嚼菜根的潮流，成为美食设计的一个重要内容，各地都有特色的乡土农产品原料，诸如南瓜藤、红薯叶、马齿苋、野苣、野荠菜、黄秋葵、藜蒿、鱼腥草、蕨菜、地耳、胡葱等田园山野蔬菜，已经成为各地餐桌上的明星。玉米、菱角、胡萝卜、山药、南瓜、红薯等，直接蒸、煮后端上餐桌，或制作特色菜点，成为现代菜品设计创新的又一主流。

3. 本土菜的发展与外来文化的吸收

"本土"者，即乡土、本地的放大，它可指一个村、一个镇、一个县、一个市、一个省，再放大一个大区乃至全中国。我们这里说的"本土菜"，主要是指本省菜、本市菜、本县菜。本土菜倘若失去了本地文化的特性，也就失去了它的真正价值以及自身应有的魅力。

"越是地方性和民族性的东西就越有世界性"，这个科学论断是颠不可破的。本土菜是区别于其他地区的具有地方性的东西，只有以本土的饮食文化发展态势为基础，才有无限的生命力。反之，日本人来了，你给他吃生鱼片；法国人来了，你给他上牛排；美国人来了，你带他去吃肯德基家乡鸡，那他们还有什么饮食兴致？或者，全国东西南北中的饭店，都搞毫无特色的千菜一味，那就更倒人胃口。不管是哪儿来的客人，品尝透着浓郁乡土气息和民族传统的本土风味饮食，如南京的盐水鸭、徐州的地锅鸡、淮安的炒软兜、盐城的麻虾蒸蛋等，更能激起他们的食欲和兴趣，使他们留下美好回忆的同时，还能领悟和感受到地方美食文化底蕴的魅力。

图 12-3　本土特色市场的魅力（南京大牌档）

苏州的松鼠鳜鱼和南京的盐水鸭分别是苏州、南京的两大本土王牌，每天吸引着成千上万人品尝，它不会因苏州、南京的众多外来风味而受到影响。不仅如此，它还会在保持本土特色的基础上不断地向外拓展，这正是地方本土特色文化的魅力，才有如此的生命力和影响力。

本土菜品的地域性要求制作者注重地方特色和乡土气息的体现，设计、制作与突出自身地域特色的菜点品种。在菜品的生产制作中不必盲目照搬别的地区的东西，而要突出本土特色，从而用本土美食文化的独特性，来尽可能地吸引中外宾客对本土烹饪文化殊异性的追求。

广泛运用本地的食物原材料，是制作并保持地方特色菜品的重要条件。每个地区都有许多特产原料，每个原料还可以加以细分，根据不同部位、不同干湿、不同老嫩等进行不同菜品的设计操作，在广泛使用中高档原料的同时，也不能忽视一些低档原材料、下脚料，诸如鸭肠、鸭血、臭豆腐、臭干之类。它们都是制作地方菜的特色原料。

在原材料的利用上，也要敢于吸收和利用其他地区甚至国外的原材料，只要不会有损本地菜的风格，都可拿来为我所用。在调味品的利用上，只要能丰富地方菜的特色，在尊重传统的基础上，都可充实提高。如南京丁山宾馆的"生炒甲鱼"一菜，成为南京的地方特色菜之一，它是在清代《随园食单》基础上的再创造。原文云："将甲鱼去骨，用麻油炮炒之，加秋油一杯，鸡汁一杯。"大厨们在创制时，在保持传统风味的基础上，烹制时稍加蚝油，起锅时加少许黑椒，其风味就更加醇香味美。像这种改良，客人能够接受，厨师也能发挥，从而大大丰富了本地风味菜的内涵，使菜品口味在原有的基础上得到了升华。

不同地区间的相互吸引、交流互补，是本土文化最具魅力、令人心仪神往的方面之一。文化学理论认为，文化涵化既是一种过程又是一种结果。这是两种或两种以上文化接触后相互采借、影响所致。作为广大宾客可以惊讶而又陌生地感知、体验外来菜点风味，产生令人新奇超脱的审美愉悦，对于这种外帮、异域烹饪风味的采借，不同的人会产生不同的效果，关键在于怎么拿来所用。作为所在市县和地区，也会因外族宾客涌入而承纳文化新质，越是经济发达的地区，借鉴外来的成分就越多。

在地方风味特色经营方面，无锡大饭店以无锡本帮菜为主，并吸纳四川、广东两大风味。在菜品的制作方面，20多年来，他们采用了"请进来，走出去"的方法，多次与四川烹饪界名流广泛交流接触，从简单的引进发展到现在的引进、移植、改良和创新。如针对江南人爱吃湖鲜的爱好，他们制作了"干煸大虾""泡菜条烧白鱼"等菜肴。在菜品的口味上，他们根据客人的不同需求而改良，如研究创制的"乡村田边鸡""鱼香金衣卷""虾肉苹果夹""南瓜回锅肉""辣子大虾""川卤牛尾"等一系列菜肴都是受客人好评的改良型川菜。此外，他们采用本地特产"太湖三白"为原料，与川菜的调味和烹饪手法相结合，在保持了太湖特产鲜、嫩、滑、爽的基础上丰富了口味，如"凉粉仔虾""酸菜白虾""麻酱游水虾""红汤香辣银鱼"等，这些菜肴的口味适应性广，已成为企业的精品特色菜肴。

21世纪，各地人员的流动已是一种常态。一些非本土的餐饮店、外国的大酒店随着资金的积累纷纷冲出自己的领地向外扩张，在城市的餐饮市场，一家又一家的饭店、餐馆拔地而起、迎面走来，进入人们熟悉的视线，人们认可也罢、拒绝也罢，他们驻地扎根后，通过自己的经营手段带来了兴旺的市场，并接二连三地发展下去。一城之中各种不同风格的酒店、餐馆共存，谱写了多彩缤纷的欢乐之歌。

城市由于人口集中，分工复杂，人际交往频繁，文化传播、文化积累的信息量也比较大，政治、军事、经济和文化机构汇集了四面八方能人志士，加之外事交往和庞大的流动人群，使得城市餐饮汇集了东西南北地区的风味（包括外国风味），从而满足四面八方人群的口味需要。由于城市所处的特殊地位，由此涌现了不同地区风味的特色菜品和外国餐饮菜品。这是社会经济发展的需要，也是城市不同地缘人群的饮食需求。

图12-4　酥盒白鱼米（南京薛大磊制作）

图12-5　藜麦虾球（连云港陈权制作）

二、美食的设计创新与市场接轨

在江苏各地的餐饮市场上，美食创新品种层出不穷。现在人们已充分意识到，美食的设计在酝酿、研制阶段，首先要考虑到当前顾客比较感兴趣的东西，即使研制古代菜、乡土菜，也要符合现代人的饮食需求，传统菜的翻新、民间菜的推出，也要考虑到目标顾客的需求，那就是紧紧与餐饮市场结合。

在开发创新菜点时，从餐饮发展趋势、菜点消费走向上做文章，已成为人们的共识。现代餐饮经营需要我们准确分析、预测未来饮食潮流，做好相应的开发工作，这要求我们的烹调工作人员时刻研究消费者的价值观念、消费观念的变化趋势，去设计、创造并引导消费。

未来餐饮消费需求更加讲究科学和保健。因此，制作者需注重开发清鲜、雅淡、爽口的菜品，在菜品开发中忌精雕细刻、大红大绿，且不用有损于色、味、营养的辅助原料，以免画蛇添足。

1. 围绕市场需求进行菜品设计

在餐饮业中，只有菜品的不断变化才能长久地吸引人。江苏的餐饮人都在时刻准备着，许多企业定期推出新产品。如今，餐饮业竞争白热化，就需要我们的大厨们具有危机感，对菜品的创新有新的思路。为了迎合市场的变化，江苏餐饮人有许多新的思考。

（1）瞄准市场上火爆的菜品

餐饮市场都有流行潮流，抓住这种潮流中的流行菜、畅销菜、网红菜，撷取有价值的菜品作为研究开发的对象，不失为一种开发设计的思路。销售火爆的菜品，其口味能够迎合大众所好，菜品用料实在、有特点，制作和食用方法比较有新鲜感，菜品价格能被顾客普遍接受等。如以前流行的"香辣蟹""桑拿基围虾""酸菜鱼"，其口味、制作都有独特的内容，容易得到广大消费者的认可和喜爱，同时还有一些刺激性。因此，餐厅开发新菜从畅销火爆菜入手，是非常明智的举措，它是菜品设计的便捷之径。

从各地知名餐厅来看，大凡经营得比较成功的餐厅，几乎都有畅销菜。这里所说的畅销菜，主要是餐厅中最受欢迎、被客人点击率最高的菜品。在某一个餐厅，一般畅销菜也就是 1～2 道，最多不超过 10 道，但销售金额却占了总营业额的一半以上。如江苏盱眙的"十三香小龙虾"，淮安的"炒软兜"，南京江宁区的"东山老鹅"，在当地一直畅销不衰。

餐厅在开发火爆畅销菜式时要抓住菜品的制作关键，把好食材关和口味关。如南京狮王府餐厅的"盐水乳鸽"，进店的客人都会点此菜肴，它口感鲜嫩，色泽靓丽，味美诱人。由于食材和配方的独特，许多餐厅难以模仿制作，或达不到应有的效果。人们在食材的选取方面有特殊的要求，在加工制作上有规定的程序，这就是制作诀窍。所以，在以火爆畅销菜为蓝本制作过程中，要深入地做过细的工作，不能简单拿来，以免适得其反。

餐饮企业对于市场上的流行菜、畅销菜要进行分析取舍，不是所有的流行菜、畅销菜都照单全收，引进流行菜时要符合本企业厨房的水平和能力，不可以别人怎么卖自己也一成不变跟着这样卖，那样就完全是在抄袭别人，做不好还会沦为"东施效颦"。如果能依照自己的烹调专长将这些菜品稍做变化后再推出，将会使开发的新菜更具有市场吸引力。

（2）开发独具魅力的菜品

在餐饮市场上，总有一些菜品始终得到消费者的喜爱，那就是时尚的、健康的菜品。面对如今的餐饮食尚，低脂肪、减肥、美容、长寿菜品是广大消费者极力推崇和喜爱的，研发这类菜品定会得到市场的认可。

现如今，森林蔬菜具有广阔的市场前景，是风靡全球的五类健康食品之一。据现代营养学家们的科学分析，森林蔬菜含有人体所需的蛋白质、脂肪、碳水化合物、维生素、矿物质等营养成分，其胡萝卜素、维生素的含量普遍高于一般蔬菜。如蕨菜对心脏病、高血压等症有良好的辅助治疗作用；银耳能增强机体的免疫功能，具有抗癌功效；猴头菇可以治疗消化不良、体弱消瘦、胃溃疡等症。此外，森林蔬菜所含的纤维素，有助于肠胃蠕动，可以预防肠癌的发生。

野山菌由于无污染，营养丰富，药用价值高，因而成为当今营养学家们提倡多食用的绿色时尚食品。鸡枞菌，乃食、药兼用菌，是著名的野生食用蘑菇之一，具有益胃、清神、止血治痔等功效，可治疗肝炎、心悸、肾虚等疾病。松茸菌，被视为"菌中之王"，其味道鲜美，香气扑鼻，是宴会上的稀有佳肴，具有较高的药用价值。中医认为，松茸菌具有强身、益肠胃、止痛、补肾壮阳、理气化痰、驱虫等功效，还有治糖尿病和抗癌等作用。

粗杂粮成为新时代饮食的新宠。据专家们的科学分析，粗杂粮均含有丰富的营养，常食五谷杂粮，方能健康长寿。"粗"食中含有大量的纤维素。纤维素具有良好的润肠通便、降血压、降血脂、降胆固醇、调节血糖、解毒抗癌、防胆结石、健美减肥等重要生理功效，它还能稀释胃肠里食物中的药物、食品中的添加剂以及一些有毒物质，缩短肠内物质通过的时间，减少肠内有害物与肠壁的接触时间。

女士们关注的减肥食品可以健美瘦身，如绿豆芽、韭菜、黄瓜、白萝卜、冬瓜、番木瓜、梅子、魔芋等；老年人多吃抗衰老食品，如芝麻、核桃、胡萝卜、甲鱼、菌类等。以上这些食品都是现代餐饮市场十分畅销的食品，利用这些原材料制作成各式菜品，是市场上十分受欢迎的、独具魅力的，这正是菜品设计开发的最好的选项和途径。

2. 以食用和营养之品质引领市场

（1）摆正食用与审美的关系

可食性是菜品的主要特点。菜品的真正价值是什么？是"食用"二字。没有人到饭店花钱购买菜肴是为了"看"的。作为所开发的菜肴，首先应具有食用的特性，要消费者感到好吃，而且是越吃越想吃的菜，才有生命力。不论什么菜，从选料、配伍到烹制的整个过程，都要考虑菜品做好后的可食性程度，以适应顾客的口味为宗旨。有的创新菜制成后，分量较少，叫人们无法分食；有些菜看起来很好看，可食用的东西不好吃；有的菜肴原料珍贵，价格不菲，但烹制后未必好吃；客人不喜欢的菜，就谈不上它的真正价值，说白了就是费工费时，得不偿失。随着社会进入发展和享受阶段，人们又不仅仅为了填饱肚子，他们需要的是物质与精神的双重享受。因此，审美的功能越来越显示出它的份额。设计创新菜品的根本目的，是为了提高其食用价值，通过一定的烹饪艺术手法，可使人们在食用时增添审美的效果，食之觉得津津有味，观之又令人心旷神怡。

食用与审美寓于菜肴制作工艺的统一体之中，而食用则是它的主要方面。菜品烹饪工艺中一系列操作技巧和工艺过程，都是围绕着食用和增进食欲这个目的进行的。它既能满足人们对饮食的欲望，又能使人们产生美感。在创作菜品时，制作者必须正确处理两者之间的关系。任何华而不实的菜品，都是没有生命力的。所以，脱离了食用为本的原则，而单纯地去追求艺术造型，这将背离烹饪的规律，也是广大顾客所反感的。现代餐饮经营竭力反对那些矫揉造作的"耳餐""目餐"的造型菜，而以食用性为主、审美性为辅，像松鼠鳜鱼、荔枝腰花、素鲍鱼、梅花饺、像生雪梨果等，使之各呈其美的造型菜品才是人们真正所需求的并具有旺盛生命力的菜品。

（2）注重营养与美味的结合

营养卫生是食品最基本的条件，对于创新菜品这是首先应考虑的。它必须是卫生的，有营养的。一个菜品仅仅是好吃而对健康无益，也是没有生命力的。如今，饮食均衡、营养的观点已经深入人心。当我们在设计创新菜品时，应充分利用营养配餐的原则，把设计创新成功的健康菜品作为吸引顾客的手段，同时，这一手段也将是菜品创新的趋势。从某种意义上说，烹饪工作者的任务，应该是引导人们用科学的饮食观来规范自己的作品创新，而不是随波逐流。

当今人们评判一款菜品的价值最终必定都落在"养"和"味"上，如"营养价值高""配膳合理""美味可口""回味无穷"等。欣赏菜品，也必须细细地"品味"。人们品评美食，开始或不免为它的色彩、形态所吸引，但真正要评其美食的真谛，并不在色、形上，这是因为饮食的魅力在于"养"和"味"。菜品制作的一系列操作程序和技巧，都是为了使其具有较高的食用价值、营养价值，能给予人们以美味享受的菜品，这是制作菜品的关键所在。

菜品设计创新的最高标准是什么？可谓众说纷纭。人们在创作实践中容易犯的最大错误就是往往把"味"排在第一位，而不是把营养平衡排在第一位，甚至是只讲"味"这一条。许多大大小小的疾病，特别是"现代文明病"，都是由于长期营养不平衡引起的。有些菜的味是由不健康的调味品所形成的，如"老油""口水油"的口感比新油口感香得多；增加某些添加剂的调味品比未加的更有味。菜品是食用品，随着人们生活水平的提高，人们对菜品的卫生、食用价值的要求越来越高。这是新时代人们对菜品的要求，也是不可逆转的。货真价实、原料新鲜、营养合理、口味独特，既是商业道德的要求，也是企业菜品设计和技术质量的表现，是企业能够长久兴旺的准则。菜品设计一旦违反了这个原则，必然会招致消费者的反感，餐厅因此而走向关门的路也就越来越近了。

（3）把握菜品质量第一关

一个创新菜品的质量好坏，是其能够推广、流传的重要前提。质量是一个企业生存的基础，创新菜的优劣状况，体现该菜品的价值。没有质量，就没有生产制作的必要，否则就是一种浪费，不仅是原材料的浪费，也是生产工时的耗费。

食材的质量是菜品设计创新的前提，选择各地区的特色原材料，如太湖里的银鱼、高邮湖的麻鸭、田野里的丝瓜等，各地特色、地道的新鲜食料，是菜品质量的基础。我们经常会看到各种烹饪大赛或企业的创新菜比赛，许多菜品生熟不分、造型混乱，对原料长时间的手触处理，乱加人工色素甚至不洁净的操作过程，这些菜品虽外表漂亮，口味也不差，但菜品的质地受到了损坏，甚至带来了一些负面影响。如一些菜品将烹制的热菜摆放在琼脂冻的盘子上，一冷一热，成型时就会乱七八糟；用超量的人工合成色素来美化原料和菜品，使其颜色失真，显得做作，也污染原料；有些菜品用双手长时间的接触，动作拖泥带水等。这些菜品虽然造型较好，但菜品的质量遭到了破坏。

影响菜品质量的因素是多方面的，包括用料的不够合理、构思的效果不好、口味的运用不当、火候的把握不准确等。在保证菜品质量的前提下，餐饮企业还要考虑到菜品制作的时效性。在市场经济时代，企业对菜肴的出品、工时耗费要求也较严格，过于费时的、长时间人工操作处理的菜肴，已不适应现代市场的需求，它不仅影响企业的经营形象，也影响菜品的生产速度。

作为商品的菜肴，不论什么菜，从选料、配伍到烹制的整个过程，都要考虑到成菜后的可食性，以适应顾客的口味为宗旨。有些菜看起来很好看，可食用的东西不好吃；有的菜肴原料珍贵，价格不菲，只运用现成的调料，烹制后味很枯燥等，这些菜品，厨师忙了半天，客人又不喜欢，说白了就是糟蹋原料，违背客人意愿。许多菜品设计者不去研究客人的饮食需求，只图自己的个人喜好或一厢情愿，把菜肴制作得花枝招展，这样长此以往，企业菜品的质量就会葬送在这些花里胡哨的菜肴里，其生意也就可想而知了，到头来只有门庭冷落的出路。

菜品设计在注重形美的同时反对一味地为了造型而造型，不惜时间而造型。现代厨房生产需要有一个时效观念，我们不提倡精工细雕的造型菜，提倡的是菜品的质量观念和时效观念相结合，使创新菜品不仅质美、形美，而且适于经营、易于操作、利于健康。

3. 从实用出发体现菜品的价值

（1）菜品设计尽量减少工时耗费

开发设计新菜品，是要求适应广大顾客的。经统计调查，有86％的顾客是坚持大众化的，所以为大多数消费者服务，这是菜肴创新的方向。创新菜的推出，要坚持以大众化原料为基础。过于高档的菜肴，由于价格过高，食用者较少。因此，新菜品的推广，要立足于一些容易取得、价廉物美的原料，广大老百姓能够接受，其影响力才能深远。如十多年前家常菜风行，江苏地区许多烹调师在家常风味、大众菜肴上开辟新思路，创制出一系列的新品佳肴，如香芋对虾、鳜柳干丝、板桥蚕豆、玉环瑶柱、芦蒿鱼饼、肉汁萝卜、蟹粉芦荟、荠菜山药羹等，受到了各地客人的喜爱，这些饭店、餐厅也由此门庭若市，生意兴隆。我国的国画大师徐悲鸿就曾说过："一个厨师能把山珍海味做好并不难，要是能把青菜、萝卜做得好吃，那才是有真本领的厨师。"

新菜点的烹制应简易，尽量减少工时耗费。随着社会的发展，人们发现经过过于繁复的工序、长时间的手工处理或加热处理后，食品的营养、卫生会大打折扣。许多几十年甚至几百年以前的菜品，由于与现代社会节奏不相适应，有些已被人们遗弃，有些经改良后逐步简化了。另外，从经营的角度来看，过于繁复的工序也不适应现代经营的需要，费工费时做不出活来，也满足不了顾客时效性的要求。现在的生活节奏加快了，客人在餐厅没有耐心等很长时间；菜品制作速度快，餐厅翻台率高，座次率自然上升。所以，新菜品的制作，一定要考虑到简易省时，甚至可以大批量地生产，从而提高生产效率，如上海的"糟钵头"、福建的"佛跳墙"、无锡的"酱汁排骨"等都是经不断改良而满足现代经营需要的菜品。

（2）菜品设计应考虑顾客的消费

一个新菜品的问世，需要投入很多精力，从构思到试做，再改进、直到成品，有时要试验许多次。所以，我们不主张一味地用高档原料。菜品的创新是经营的需要，新菜品也应该与企业经营结合起来，所以，衡量一个新菜品主要看其点菜率情况，以及顾客食用后的满意程度。如果能够尽量降低成本，减少不必要的浪费，就可以提高经济效益。相反，如果一道新菜品成本很高，卖价很贵，而绝大多数的消费者对此没有需求，它的价值就不能实现；若是降价，则企业会亏本，那么，这个菜就肯定没有生命力。

研发新菜品，更需要利用较平常的原料，通过独特的构思，创制出人们乐于享用的菜品。新菜品的精髓，不在于原料多么高档，而在于构思的奇巧。如"鱼肉狮子头"，利用鳜鱼或青鱼肉代替猪肉，食之口感鲜嫩，不肥不腻，清爽味醇；"晶明手敲虾"，将大明虾用澄粉敲制使其晶明虾亮，焯水后炒制而成，其原料普通，特色鲜明。所以，创新菜品既要考虑生产，又要考虑消费，与企业、与顾客都要有益。

（3）菜品设计要拒绝浮躁之风

从近几年各地烹饪大赛中广大烹调师制作的创新菜品来看，每次活动都或多或少产生一些构思独特、味美形好的佳肴，但也经常发现一些菜品，浮躁现象严重，不遵循烹饪规律，违背烹调原理，对菜肴进行不洁的加工与造型，如把炒好的热菜放在冰凉的芦笋竹排上；用南瓜或萝卜雕刻成大树，将单个菜肴挂在树枝上；把炒好的、烧好的长条形原料用手工编成网、打成结、做成凉席；把油炸的鱼块再放入水中煮等，这些都是违背烹饪规律的下等之作。

历史上任何留下不衰声誉的创新菜品，都是拒绝浮躁的，都是遵循烹饪规律的。有些年轻厨师不从基本功入手，舍本求末，在制作菜肴时，不讲究刀工、火候，而去乱变乱摆，导致新菜品就像一堆垃圾，根本谈不上美感；有些厨师盲目追求菜肴和口味的变化，却像涂鸦一样不知所云，让人费解。

近些年来菜品设计的点缀之风蔓延，干净、雅致的点缀固然重要，但许多饭店似乎做过了头。他们把有些生的甚至不可以吃的原料作为热菜的装饰品，如生的面团、生的葱蒜，有的还加入较艳丽的色素，有的加入手工长时间处理的萝卜雕花等，让人看了很不舒服；有的用陶土、泥人等不洁物品进行点缀装饰，使人没有食欲；有的咸味冷菜也模仿西方的餐盘点缀方式，用甜果汁（如蓝莓汁）作点缀，中国人与西方人爱蘸甜食的习惯不同，特别是北方人不爱吃甜味汁，许多厨师"依样画葫芦"而不明辨习俗，有的果汁在盘边乱糟糟，不清爽，很是败人胃口。更有甚者，他们将雕刻品、装饰品做得很大甚至超过菜肴本身，看起来很不卫生，这应引起人们的特别注意。许多年轻的厨师把功夫和精力放在菜品的装潢和包装上，而不对菜品下苦功钻研。如一款"五彩鱼米"，他们将精力放在"小猫钓鱼"的雕刻上，而忽略了"鱼米"的光泽，切的大小也是技术平平。装饰固然需要，但主次必须明确。由此，急功近利的浮躁之风不可长，而应脚踏实地把每一个菜做好。因为现在的饮食强调的是生态的、健康的、安全的、雅致的，这些是需要广大菜品设计者去认真思考和研究的。

三、美食文化的推广更新与思考

在当代烹饪发展过程中，烹饪工作者有责任和义务通过自身的努力，在食品的营养、卫生、科学、合理原则指导下，创制出更多更好的营养、保健、益智、延衰的菜肴、点心，来满足人们多样化的食物消费需要，满足时代的需要。

1. 体现江苏烹饪文化特色

江苏美食味美可口、芳香扑鼻，已成为全国各地公认并喜爱的菜品。江苏烹饪在漫长的历史进程中创制并积累了大量菜、点的工艺技术，形成了严密的工艺流程。江苏烹调善用火候，从而产生了众多的烹调法。以烹饪特色为依据，可归纳为炖、焖、煨、焐、蒸、烧、炒、烤。江苏厨师尤重视对烹调法的掌控和对热能的运用，通过调节火力的大小、强弱，用火时间的长短、间歇，以及不同的操纵火的方法，使菜品产生不同的加热效果，显现出不同的菜品风格特色。如清炖蟹粉狮子头、炖母油鸭、叉烤鳜鱼、烤叫花鸡、烧樱桃肉、酱汁排骨等，都在于用火的技术、大小的把控。这是菜品形成特色的关键所在。

江苏厨师运用烹调法的效果在于赋色、定型、增香，还反映在滋感、风味和养生三方面。加之运用火候时，常常配合使用挂糊、上浆、拍粉、勾芡、淋汁等技法，相辅相成。烹调时使油与水的浸润，可使菜品形成酥、脆、柔、嫩、软、烂、滑、糯、挺、韧等不同的质地感觉，产生令人口齿舒适的触觉效果。特别是滋感的多种多样，是江苏美食形成地域文化风格的又一独特之处。

江苏菜品以养生保健为特色，在传统养生理论的基础上，以辨证施治理论为指导，将食物进行有机组合。厨师通过独特的烹调加工方法，制成具有防病、治病、强身、健体等功效的特殊物质；依循传统的"五谷为养，五畜为益，五果为助，五菜为充"的膳食结构，开发传统养生菜品，谱写江苏饮食文明的辉煌成就。

2. 烹饪生产与标准化的实现

江苏烹饪辉煌的历史是在长期的农业社会创造的，是中国古代高度发达的农业文明的产物。但是，到了现代的工业社会，也应随着时代的发展进行自我的完善。因此，烹饪的标准化、产业化已成为摆在我们面前的重要课题。这是江苏美食走向未来急需探讨和解决的问题。

标准往往是一个产品质量的开始，要体现一个产品长期稳定，就必须有一套严格的标准。从烹饪技术生产来讲，只有标准化生产，才能使我们的美食制作优势得到更大的发挥。如原料标准的制定，烹饪技术与工艺标准的制定，加工工具与设备标准，计量标准，成品质量标准与评价标准等，都应是我们制定标准的基础工作。

（1）原料标准的制定

食品原料是菜点加工制作的基础，无论从原料的采购、运输、储存，到原料的选择、粗细加工、烹调的每一个环节，都是以原料为基础进行的。食品原料质量标准确定的内容包括品种、产地、产时、规格、部位、品牌、厂家、包装、分割要求、营养指标、卫生指标等方面。这些方面的质量好坏都直接影响着成品的质量，因此必须首先制定原料的标准。

根据原料的使用情况，其标准应该具体分为原料的规格标准、清洗标准、搭配标准等。标准的制定，必须在进行较大规模的统计调查基础上，得出原料在品种、质量、等级、比例、营养成分等方面的规格标准，然后再根据菜点的风味、营养等要求认真制定相应的原料搭配标准。

（2）烹饪工艺标准的制定

烹饪工艺的标准要根据某一菜品的生产工序，分别做好分阶段的工艺指标。需要烹饪经验丰富的专业技术人员对菜品的烹调方法、口味特点等多方面进行定量分析，进一步明确和制定菜品制作的工艺流程，并经反复实践后，制定卫生指标、微生物理化指标等各个方面的产品质量标准手册。

在标准制定过程中，根据其流程可分为半成品加工和成品加工两部分。半成品加工的标准，对烹饪制作中的切割、涨发、腌渍、上浆、挂糊等工艺进行必要的参数额定，以制定其相应的标准；成品加工标准则包括熟制处理、感官效果等，如油温的控制、加热时间的长短、火力的大小、质地口感要求等，每项指标都应有一个稳定的标准，以保证产品质量的稳定性。

（3）用具与设备标准的制定

对一些传统名菜来说，如果没有定型的标准化生产设备，只注重传统的手工操作，就不可能形成生产的规模化和标准化；如果只是单纯的机械化操作，就可能失去名菜的风味特点，因此，在实践中，应通过摸索、尝试，寻找一条传统手工操作与工业机械化操作相结合的方法。

加工工具与设备包括炊具、刀具、器械、设备和盛器等。其标准相对比较容易做。因为目前在食品机械、食品保藏、包装机械和工艺、厨房设备和用具上都取得了很大成就。现代化的机械设备为标准化的产品制造提供了良好的条件。

（4）成品质量标准的制定

制定质量标准是保持菜点质量稳定和风味特色的前提。因此，应对成品的质量要求做出具体规定，如口感的松脆度、口味的轻重等。菜点成品的质量标准主要包括可食用性、安全性和感官质量标准，以及用量、价格等标准。感官质量标准要充分反映出菜品自身的特色，并进一步细分为质地、质感、色泽、形状、滋味等方面。在制定菜点成品的这些标准时，首先应对菜品进行系统的整理和研究，找出最佳的方案作为其标准的尺度，确保成品质量达到最优效果。

3. 美食发展的未来思考

江苏美食的发展前景广阔，潜力巨大。随着经济的不断发展，百姓生活水平的不断提高，未来江苏餐饮业的发展将更加辉煌。

重视美食文化的建设将是未来餐饮的发展方向。各地方政府在打造美食文化的同时，更要重视餐饮技能发展和人才队伍的培养。广大烹调师、面点师也要不断加深文化知识的学习，丰富自己的文化内涵，提升企业的烹饪文化。在创制菜品的同时，也要学会菜品文化的提升、美食主题的设计、美食活动的培植、美食品牌的营造，让江苏美食文化向全方位、多层次发展。

（1）原料生态化

可持续农业和天然、生态食品原料越来越受到世人的普遍关注和青睐，各地餐饮企业对此也越来越重视。传统的农业蔬菜采用合理的有机肥料种植、生长，维持了食物原料的持续稳定，遵循了人与自然的协调与统一。美食的制作宜取安全、营养、无公害的食物原料，食用天然谷物和蔬菜以及水产品、禽畜产品等，这样才能使美食达到最佳的效果。但普遍推广和应用绿色生态食品还有很长的路要走，需要江苏餐饮人的共同努力。

（2）配制营养化

食物不仅仅是为人们提供维生素、矿物质、碳水化合物、脂肪及蛋白质等。现代人们由于维生素和矿物质缺乏引发的相关病症以及蛋白质、脂肪摄取过多所带来的肥胖，都是人体营养缺乏或过剩而导致的后果。从直觉上我们知道，我们吃的食物越健康，对我们的身体越有利。不难想象，如果我们吃的蔬菜和肉类产品都是有机农业的产物，我们也一定会身强体壮。我们不能强迫所有人都来讲究美食营养，少吃垃圾食品，但食品营养化、美食合理化十分重要。应该说，美食制作者、烹调师必须要提高自身素质，学习营养学，这也是至关重要的。

（3）菜品品质化

厨房出品品质标准化一直是餐饮企业所向往的。菜肴出品质量的稳定和高品位是所有餐饮经营管理者的共同追求。在品种繁多、规格各异、变化频繁的中餐市场，虽然很难完全做到标准化，但至少可以做到分阶段的标准化操作，对出品质量同样可以起到稳定和控制的作用。在原材料、粗加工、配份、调味汁、装盘等诸方面可以统一采购原料、有效控制规格，保障菜品的规格质量，这样可以有效防止厨师审美不一而导致出品卖相各异的弊端，做到有标准、有规范，才能保证菜品品质的优良。

（4）品种多样化

江苏美食丰富多彩。全省多地每年举办的美食节，如扬州、淮安的中国淮扬菜美食文化节，江苏省餐饮行业协会每年举办的江苏国际餐饮博览会以及各类烹饪赛事，连续三年的江苏省大运河美食文化节等，这些都得到全省乃至全国餐饮行业的高度重视和支持，许多活动和烹饪赛事、烹饪菜品的多样化风格给国内外朋友留下深刻的印象。江苏各地市的美食街、美食城，多种风味并举，大菜、小吃琳琅满目，现场制作的各式地方风味食品让人大快朵颐，一饱口福。美食风格多样，将是未来餐食的主体风貌。

（5）用餐方便化

随着现代社会生活的发展，用餐方便化成为人们饮食生活的重要内容。社会向前发展，生活节奏加快，家庭劳动的社会化已是社会发展的大趋势。近几年来，方便化、预制化的菜品得到了飞速的发展。江苏不少餐饮企业开发了许多地标菜、特色菜，特别是易于包装、外卖的食品，许多整桌宴席菜的外卖也兴旺发达起来。如南京绿柳居连锁企业的食品加工产品，各式冷菜、面点、多种热菜等即食类、半制成品类食品系列十分畅销，许多酒店的特色热菜外卖市场发达兴旺，特别是节日，红烧狮子头、清炖甲鱼、秧草烧大巴鱼等菜品的外销市场前景美好。金陵饭店因"金陵大肉包"而每天门庭若市，大肉包也走进了盒马超市，成为平常百姓家中的日常食品。用餐方便化已成未来饮食发展的大趋势，餐饮企业经营的市场将不断延伸，前途将十分广阔。

（6）美食情趣化

美食文化应贯穿于餐饮文化的始终。从服务迎宾开始，到餐厅场景布局设计、餐桌摆台、绿化装饰、热情服务，到菜品的盛装设计、食器与菜品的搭配等一整套接待，无一不显现出美食情趣化的内涵。菜品的色香味形、菜名的寓意、菜单的设计等，都应具备形神兼备、雅俗共赏的特点，让宾客在餐厅的用餐体验中感受到物质文明与精神文明的有机结合。把美食与场景、美术、音乐、戏剧、舞蹈等艺术欣赏相结合，使人们在品尝美食的过程中，既得到一种美好的物质享受，也得到一种高尚的精神享受。

参考文献

1. 本书编委会. 南京民国时期经典菜肴. 南京：江苏教育出版社，2009.

2. 蔡葵. 楚汉文化概观. 南京：南京师范大学出版社，1996.

3. 曹庭栋. 老老恒言. 北京：人民卫生出版社，2006.

4. 常州市商务局，常州市文化广电和旅游局，常州日报社. 食美常州. 南京：凤凰出版社，2019.

5. 陈家振，刘会敏. 徐州"伏羊节"的前世今生. 第十五届（2018）中国羊业发展大会论文集，2018.

6. 陈书禄. 江苏文化概观. 南京：南京师范大学出版社，1998.

7. 陈翔燕，肖向东. 无锡人"嗜甜"的文化因素浅探. 江南论坛，2008（3）：47-49.

8. 陈直，邹铉. 黄瑛整理. 寿亲养老新书. 北京：人民卫生出版社，2007.

9. 陈作霖. 金陵琐志九种·金陵物产风土志. 南京：南京出版社，2008.

10. 崔寔. 石声汉校注. 四民月令校注. 北京：中华书局，2013.

11. 丁震. 徐州饮食文化初探. 四川烹饪高等专科学校学报，2010（5）：10-12.

12. 二毛. 民国吃家. 上海：上海人民出版社，2014.

13. 菲利普·费尔南德斯·阿莫斯图. 何舒平，译. 食物的历史. 北京：中信出版社，2005.

14. 高岱明. 中国美食淮扬菜. 南京：江苏人民出版社，2012.

15. 高文清. 连云港饮食文化. 北京：中国文史出版社，2012.

16. 葛恒展. 淮安名特产品. 北京：中共党史出版社，2002.

17. 顾禄. 清嘉录·桐桥倚棹录. 北京：中华书局，2008.

18. 顾仲. 养小录. 北京：中国商业出版社，1984.

19. 韩奕. 易牙遗意//续修四库全书（第1115册）. 上海：上海古籍出版社，1996.

20. 何良俊. 四友斋丛说：三十八卷. 北京：中华书局，1959.

21. 忽思慧. 饮膳正要. 上海：上海书店，1989.

22. 胡长龄. 金陵美肴经. 南京：江苏人民出版社，1988.

23. 华永根. 食鲜录：老苏州的味道. 苏州：古吴轩出版社，2015.

24. 黄裳. 金陵五记. 北京：商务印书馆，2017.

25. 贾思勰. 石声汉校释. 齐民要术. 北京：中华书局，2009.

26. 江苏人民出版社. 江苏特产风味指南. 南京：江苏人民出版社，1983.

27. 江苏省地方志编纂委员会. 江苏省志(1978—2008)·旅游餐饮志. 南京：江苏凤凰科学技术出版社，2015.

28. 江苏省服务厅. 江苏名菜名点介绍. 南京：江苏人民出版社，1958.

29. 江苏省旅游局. 江苏风味. 南京：江苏省旅游局编印，1986.

30. 江苏省烹饪协会，江苏省饮食服务公司. 中国名菜谱(江苏风味). 北京：中国财政经济出版社，1990.

31. 江苏省饮食服务公司. 中国小吃：江苏风味. 北京：中国财政经济出版社，1985.

32. 蒋赞初. 六朝时代金陵的饮食文化. 中国烹饪，1990(12)：8-9.

33. 兰陵笑笑生. 金瓶梅：张竹坡批评第一奇书. 济南：齐鲁出版社，1991.

34. 乐史. 太平寰宇记//纪昀，永瑢，等. 景印文渊阁四库全书(第470册). 台北：台湾商务印书馆，1982.

35. 李斗. 扬州画舫录. 扬州：江苏广陵古籍刻印社，1984.

36. 李汝珍. 镜花缘. 长春：吉林文史出版社，1995.

37. 李时珍. 本草纲目. 北京：人民卫生出版社，1979.

38. 李延寿. 南史. 北京：中华书局，1975.

39. 李渔. 闲情偶寄. 上海：上海古籍出版社，2000.

40. 梁实秋. 梁实秋谈吃. 哈尔滨：北方文艺出版社，2006.

41. 林洪. 山家清供. 北京：中华书局，2013.

42. 刘安. 淮南子全译. 贵阳：贵州人民出版社，1993.

43. 刘春龙. 乡村捕钓散记. 北京：人民文学出版社，2010.

44. 刘熙. 释名. 北京：中华书局，2016.

45. 陆粲，顾起元. 庚己编·客座赘语. 北京：中华书局，1987.

46. 陆军. 中国江苏名菜大典. 南京：江苏科学技术出版社，2010.

47. 陆容. 菽园杂记. 北京：中华书局，1985.

48. 陆文夫. 美食家. 北京：人民文学出版社，2014.

49. 陆文夫. 人之于味：陆文夫散文. 杭州：浙江文艺出版社，2015.

50. 马成广. 中国土特产大全. 北京：新华出版社，1986.

51. 枚乘. 七发//瞿蜕园选注. 汉魏六朝赋选. 上海：上海古籍出版社，2019.

52. 南京市商务局，南京餐饮商会. 南京味. 南京：江苏凤凰科学技术出版社，2016.

53. 倪瓒. 江兴祐点校. 清閟阁集·列朝诗选. 杭州：西泠印社出版社，2010.

54. 倪瓒. 云林堂饮食制度集//续修四库全书(第 1115 册). 上海：上海古籍出版社，1996.

55. 潘俊，李臻. 镇江菜的历史传承与创新. 四川旅游学院学报，2019(1)：14-17.

56. 潘宗鼎，夏仁虎. 金陵岁时记 岁华忆语. 南京：南京出版社，2006.

57. 浦江吴氏. 吴氏中馈录//纪昀，永瑢，等. 景印文渊阁四库全书(第 881 册). 台北：台湾商务印书馆，1982.

58. 钱峰. 徐州饮食. 北京：中国文史出版社，2019.

59. 钱泳. 履园丛话. 上海：上海古籍出版社，2012.

60. 邱庞同. 一江之隔味不同：八方饮食漫笔. 北京：中国轻工业出版社，2009.

61. 屈原. 林家骊译注. 楚辞. 北京：中华书局，2015.

62. 邵万宽. 创新菜点开发与设计. 3 版. 北京：旅游教育出版社，2018.

63. 邵万宽. 从清代文献记载看江苏文士与盐商的食生活. 古籍整理研究学刊，2021(3)：50-54.

64. 邵万宽. 汉魏时期米麦粉料的加工. 四川旅游学院学报，2014(5)：4-6.

65. 邵万宽. 江苏当红总厨创新菜. 南京：东南大学出版社，2008.

66. 邵万宽. 民国《白门食谱》与南京民间饮食. 农业考古，2020(4)：199-205.

67. 邵万宽. 明代烹饪技艺与菜肴制作的成就. 农业考古，2018(6)：202-208.

68. 邵万宽. 明代特色面点制品考释. 农业考古，2013(4)：257-261.

69. 邵万宽. 明清时期我国面食文化析论. 宁夏社会科学，2010(2)：127-130.

70. 邵万宽. 清代《随园食单》与当代江苏烹饪. 美食研究，2020，37(1)：17-22.

71. 邵万宽. 苏北"高铁时代"与盐城地方餐饮发展的探讨. 江苏商论，2018(4)：20-22.

72. 邵万宽. 现代餐饮经营创新. 沈阳：辽宁科学技术出版社，2004.

73. 邵万宽. 元代《云林堂饮食制度集》食饮技艺探赜. 农业考古，2019(3)：152-157.

74. 邵万宽. 中国美食设计与创新. 北京：中国轻工业出版社，2020.

75. 邵万宽. 中国烹饪概论. 4 版. 北京：旅游教育出版社，2021.

76. 邵万宽. 中国四大风味菜系传统调味特色的比较研究. 中国调味品，2015，40(8)：132-135.

77. 邵万宽. 中华面点文化概论. 南京：东南大学出版社，2021.

78. 邵万宽. 主题宴会菜单的研究与策划. 饮食文化研究，2006(3)：70-76.

79. 沈复. 浮生六记(外三种). 上海：上海古籍出版社，2000.

80. 司马光. 胡三省音注. 资治通鉴. 北京：中华书局，2013.

81. 司马迁. 史记. 长沙：岳麓书社，2001.

82. 宋诩. 宋氏养生部. 北京：中国商业出版社，1989.

83. 宋诩. 竹屿山房. 杂部//纪昀，永瑢，等. 景印文渊阁四库全书（第 871 册）. 台北：台湾商务印书馆，1982.

84. 宋应星. 天工开物//续修四库全书：古籍整理出版的宏伟工程. 上海古籍出版社，2002.

85. 孙静安. 栖霞阁野乘（外六种）. 北京：北京古籍出版社，1999.

86. 唐鲁孙. 酸甜苦辣咸. 2 版. 桂林：广西师范大学出版社，2013.

87. 唐鲁孙. 唐鲁孙谈吃. 2 版. 桂林：广西师范大学出版社，2013.

88. 陶毂，吴淑. 孔一校点. 清异录·江淮异人录. 上海：上海古籍出版社，2012.

89. 陶弘景. 本草经集注：辑校本. 北京：人民卫生出版社，1994.

90. 汪小洋，徐四海，姚义斌. 江苏地域文化概论. 南京：东南大学出版社，2011.

91. 汪曾祺. 故乡的食物. 南京：江苏文艺出版社，2010.

92. 汪曾祺. 旧人旧事. 南京：江苏文艺出版社，2010.

93. 王冰. 黄帝内经素问. 北京：人民卫生出版社，1963.

94. 王长俊. 江苏文化史论. 南京：南京师范大学出版社，2005.

95. 王稼句. 姑苏食话. 苏州：苏州大学出版社，2004.

96. 王建中. 淮安饮食文化史略. 扬州大学烹饪学报，2005，22（2）：19-23.

97. 王凯旋. 秦汉生活掠影. 沈阳：沈阳出版社，2002.

98. 王仁兴. 中国古代名菜. 北京：中国食品出版社，1987.

99. 王文清. 江苏史纲（古代卷）. 南京：江苏古籍出版社，1993.

100. 王荫曾. 亲民化的美食. 香港：中国人文科技出版社，2014.

101. 王振忠. 明清淮安河下徽州盐商研究. 江淮论坛，1994（5）：72-82.

102. 王忠东. 美食美器宜帮菜. 北京：中国商业出版社，2016.

103. 闻惠芬. 太湖地区先秦饮食文化初探. 东南文化，1993（4）：1-8.

104. 巫乃宗. 江海食脉：南通烹饪文化今古谈. 苏州：苏州大学出版社，2017.

105. 无名氏. 居家必用事类全集：饮食类. 北京：中国商业出版社，1986.

106. 无锡味道编委会. 无锡味道. 苏州：古吴轩出版社，2020.

107. 吴白匋. 二三十年代的南京菜馆. 中国烹饪，1990（12）：5-6.

108. 吴炽昌. 客窗闲话. 石家庄：河北人民出版社，1985.

109. 吴敬梓. 儒林外史. 南京：江苏古籍出版社，1998.

110. 吴涌根. 新潮苏式菜点三百例. 香港：香港亚洲企业家出版社，1992.

111. 吴曾. 王仁湘注释. 能改斋漫录：饮食部分. 北京：中国商业出版社，1986.

112. 吴自牧. 梦粱录. 杭州：浙江人民出版社，1984.

113. 武利华. 徐州汉画像石通论. 北京：文化艺术出版社，2017.

114. 夏轩. 常州菜的历史沿革和现状分析. 大观周刊，2012(31)：11.

115. 萧子显. 南齐书. 北京：中华书局，1972.

116. 小横香室主人. 清朝野史大观. 上海：上海科学技术文献出版社，2010.

117. 徐国保. 吴文化的根基与文脉. 2版. 南京：东南大学出版社，2018.

118. 徐珂. 清稗类钞. 北京：中华书局，1986.

119. 杨炫之. 周祖谟校译. 洛阳伽蓝记校释. 北京：中华书局，1963.

120. 姚察，姚思廉. 梁书. 北京：中华书局，1973.

121. 叶梦珠. 阅世编. 北京：中华书局，2007.

122. 佚名. 邢渤涛注释. 调鼎集. 北京：中国商业出版社，1986.

123. 于学荣. 中国烹饪大师集：江苏专辑. 南京：南京出版社，2009.

124. 余怀. 板桥杂记(外一种). 上海：上海古籍出版社，2000.

125. 俞希鲁. 至顺镇江志. 南京：江苏古籍出版社，1999.

126. 俞扬辑注. 泰州旧事摭拾. 南京：江苏古籍出版社，1999.

127. 俞允尧. 秦淮古今大观. 上海：上海世界图书出版公司，2010.

128. 袁枚. 随园食单//续修四库全书(第1115册). 上海：上海古籍出版社，1996.

129. 袁晓国. 淮扬菜. 南京：译林出版社，2015.

130. 张通之. 白门食谱//随园食单·白门食谱·冶城蔬谱·续冶城蔬谱. 南京：南京出版社，2009.

131. 张亦庵，天生我虚，等. 船菜花酒蝴蝶会. 沈阳：辽宁教育出版社，2011.

132. 章仪明. 中国淮扬菜. 北京：中国轻工业出版社，1990.

133. 赵荣光，季鸿崑，李维冰，等. 中国饮食文化史：长江下游地区卷. 北京：中国轻工业出版社，2013.

134. 赵绍印，宋国盛，姜川. 徐州汉画像石中的饮食器具. 四川烹饪高等专科学校学报，2010(2)：9-12.

135. 镇江市政协文史资料委员会，镇江市餐饮、烹饪协会. 镇江味道. 南京：江苏人民出版社，2018.

136. 郑燮. 郑板桥文集. 成都：巴蜀书社，1997.

137. 郑玄注. 孔颖达正义. 礼记正义. 上海：上海古籍出版社，1990.

138. 中国菜谱编写组. 中国菜谱江苏. 北京：中国财政经济出版社，1979.

139. 中国烹饪编辑部. 中国烹饪·江苏专辑. 中国烹饪，1983(7).

140. 中国烹饪编辑部. 中国烹饪·南京专辑. 中国烹饪，1990(12).

141. 中国烹饪编辑部. 中国烹饪·苏州专辑. 中国烹饪，1988(5).

142. 中国烹饪编辑部. 中国烹饪·扬州专辑. 中国烹饪，1991(2).

143. 周丹明，沙佩智. 苏州菜与清宫御膳. 紫禁城，2015(2)：52-63.

144. 周彭，钟益，吴越. 江苏特产. 南京：江苏科学技术出版社，1982.

145. 朱宝鼎，胡畏. 南京烹饪集萃. 南京：南京出版社，1991.

146. 左思. 吴都赋//高步瀛. 文选李注义疏. 北京：中华书局，1985.

后 记

我是 1977 年恢复高考后的首批烹饪专业学员，毕业后分配到当时江苏省外办管理的南京饭店做厨房工作，在这里工作了 5 年半，于 1985 年 8 月调到南京旅游学校（现南京旅游职业学院）担任烹饪专业教师。进入学校后，我开始在《中国烹饪》《中国食品》《美食》《中国食品报》《餐饮世界》《国际食品》《烹调知识》《上海食品》《东方美食》等报纸杂志上发表烹饪专业方面的文章，从技术探讨、地方名吃到后来的饮食文化、菜品创新、厨房管理等，至 2000 年陆续发表了 200 多篇烹饪类文章。2000 年以后，我又在烹饪工艺、餐饮经营、菜品开发、古今美食文化研究等方面发表了研究论文 100 余篇。

饭店厨房工作期间，我亲身经历了 1984 年 10 月在南京饭店举办的江苏省首届"美食杯"烹饪技艺锦标赛，连续 6 天，全省的烹饪高手在这里角逐和比拼，亲眼目睹了各位大师的烹饪制作过程；1985 年亲身体察了全省旅游系统准备赴多国参与外事接待和技艺交流的大师在南京饭店集训的 3 个月。调入学校后，亲身聆听了南京烹饪泰斗胡长龄大师的烹饪理论与制作的课程，并多次与胡大师一起参与烹饪评判；1991—1993 年学校公派去欧洲荷兰文华酒店担任中餐厨师长 2 年；在担任学校培训处主任、天马职业技能鉴定所工作期间，亲自组织了全省旅游系统第一、第二期总厨师长培训班和江苏省旅游系统特级厨师第一、第二期培训班（1994—1996 年），并为全省培训、考核、鉴定了千名以上厨师；担任了江苏省烹饪技能大赛第三、第四、第五届评委，江苏省状元大赛烹饪项目第一届总裁判长、第二和第三届评委；多次担任全国职业院校烹饪大赛评委。在担任学校烹饪系主任、烹饪与营养学院院长的 12 年，因工作关系，经常与江苏各地餐饮行业协会和同行进行交流与合作。

2016 年夏，随文化部项部长一行考察青海果洛地区非物质文化遗产传承培训成果，我作为承担青海果洛地区餐饮、烹饪人员的培训教师和负责人，走访学员所在的饭店和学员菜品制作情况，所到之处，与学员们交流学习心得以及了解他们的需求。从青海回宁后，我就一直在思考，我研究了近 40 年的烹饪、餐饮文化，却没有对本省的饮食做过系统的研究，只是只言片语、碎片化论述，现在已临退休，应该做一些家乡饮食文化系统研究之事。于此，我便在江苏旅游文化研究院申报了"江苏美食文化的开发与研究"的课题，借助课题的研究可以扩大自己的思路，利用已有的研究成果，将江苏美食的过去、现在进行全面的梳理。

近10年来，我走遍了江苏的大好河山，从洪泽湖堤岸到骆马湖渔舟，从连云港连岛渔场到启东吕四渔港，从灌西盐场到太仓沙溪，从板浦古镇、窑湾古镇、黄桥古镇、淮安码头古镇到扬中三茅镇、江阴月城镇、吴江盛泽镇，从如皋长寿村到阜宁金沙湖，铜山食鲤、邳州煮虾、常熟蒸肉、仪征吃鹅、丹阳品粥(麦粥)、东山(太湖)访茶，特别是到13个地级市餐饮企业的多次考察与交流后，江苏美食留给我太多的记忆。

本书多从源头第一手资料入手，从美食的历史文化出发，以此梳理江苏美食文化传统之脉，更多地让人们了解过去、了解传统、了解美食的传承脉络，知道传统美食从哪里来，而不至于人云亦云，莫衷一是。

在撰写材料时，要想有个性特色，与众不同，必须深入下去，挖掘、收集、整理、提炼，拿出一本有血有肉、有史可查、概括全面的书稿。但回过头来又感觉到，江苏人文荟萃，美食众多，各地都有许多特色美食品种，无法用一本书就能概括周全，没有办法，只能忍痛割爱加以选择，相同地方美食少谈，多记录一些影响深远的品种。

本书以江苏美食为主题，没有从菜系的角度去阐述探讨，只是因为谈菜系的书太多、太滥了，而且菜系的说法多是行业、民间的说法，目前学术界不够认同这个名词，许多地方是唯我独尊，唯我独优，缺少现代的全局意识。实际上地方美食特色是固有的，而地方餐饮发展与地方经济发展有着密切的关系。

江苏是一个整体，从美食的历史文化到现在江苏美食的发展，我把古代至近代部分列为"上篇"，现代部分列为"下篇"，这样条理清晰，一目了然。在先人的历史足迹以及留下的美食文字中，让后人了解不同时期江苏美食的演进，领略到江苏这片土地深厚的文化积淀，历代名师名厨开拓与进取、包容与创新的古今传承。新中国成立以后，江苏美食的发展日新月异，尤其是20世纪80年代以后，江苏鱼米之乡的饮食风格在众多餐饮人、文化人的齐心努力下，为江苏餐饮写下了浓墨重彩的一笔。美食研究书籍独领风骚，地方特色美食五彩缤纷。

书稿完成后，中国饮食文化研究专家、扬州大学著名教授邱庞同先生欣然为本著作序，我衷心感谢先生对我一贯的厚爱！需要说明的是，由于本人的学识局限，书中的缺憾与不足之处难免，诚恳地期望专家、同仁和广大读者批评指正。

邵万宽

2022年8月于南京朗晴寓所